中 国 国 家 标 准 汇 编

2008 年修订-91

中国标准出版社　编

中 国 标 准 出 版 社
北　京

图书在版编目（CIP）数据

中国国家标准汇编：2008年修订．91/中国标准出版社编．—北京：中国标准出版社，2009
ISBN 978-7-5066-5572-9

Ⅰ．中…　Ⅱ．中…　Ⅲ．国家标准-汇编-中国-2008
Ⅳ．T-652．1

中国版本图书馆CIP数据核字（2009）第198789号

中国标准出版社出版发行
北京复兴门外三里河北街16号
邮政编码：100045
网址 www.spc.net.cn
电话：68523946　68517548
中国标准出版社秦皇岛印刷厂印刷
各地新华书店经销
*
开本 880×1230　1/16　印张 36.5　字数 1 103 千字
2009年12月第一版　2009年12月第一次印刷
*
定价 200.00 元

ISBN 978-7-5066-5572-9

出 版 说 明

1.《中国国家标准汇编》是一部大型综合性国家标准全集。自1983年起，按国家标准顺序号以精装本、平装本两种装帧形式陆续分册汇编出版。它在一定程度上反映了我国建国以来标准化事业发展的基本情况和主要成就，是各级标准化管理机构，工矿企事业单位，农林牧副渔系统，科研、设计、教学等部门必不可少的工具书。

2.《中国国家标准汇编》收入我国每年正式发布的全部国家标准，分为“制定”卷和“修订”卷两种编辑版本。

“制定”卷收入上年度我国发布的、新制定的国家标准，顺延前年度标准编号分成若干分册，封面和书脊上注明“20××年制定”字样及分册号，分册号一直连续。各分册中的标准是按照标准编号顺序连续排列的，如有标准顺序号缺号的，除特殊情况注明外，暂为空号。

“修订”卷收入上年度我国发布的、被修订的国家标准，视篇幅分设若干分册，但与“制定”卷分册号无关联，仅在封面和书脊上注明“20××年修订-1，-2，-3，……”字样。“修订”卷各分册中的标准，仍按标准编号顺序排列（但不连续）；如有遗漏的，均在当年最后一分册中补齐。需提请读者注意的是，个别非顺延前年度标准编号的新制定的国家标准没有收入在“制定”卷中，而是收入在“修订”卷中。

读者配套购买《中国国家标准汇编》“制定”卷和“修订”卷则可收齐上一年度我国制定和修订的全部国家标准。

3. 由于读者需求的变化，自1996年起，《中国国家标准汇编》仅出版精装本。

4. 2008年制修订国家标准共5946项。本分册为“2008年修订-91”，收入新制修订的国家标准9项。

中国标准出版社

2009年10月

目　　录

ICS 25.040
N 10

GB

中华人民共和国国家标准

GB/T 16657.2—2008/IEC 61158-2:2007
代替 GB/T 16657.2—1996

工业通信网络 现场总线规范 第2部分:物理层规范和服务定义

Industrial communication networks—Fieldbus specifications—Part 2: Physical layer specification and service definition

(IEC 61158-2:2007,IDT)

2008-06-30 发布 2009-01-01 实施

中华人民共和国国家质量监督检验检疫总局
中国国家标准化管理委员会 发布

前　言

GB/T 16657 的本部分等同采用 IEC 61158-2:2007《工业通信网络　现场总线规范　第 2 部分:物理层规范和服务定义》(英文版)。本部分与 IEC 61158-2:2007 在技术内容上没有差异,为方便我国用户使用,在文本结构编排上进行了适当调整,并按 GB/T 1.1—2000 的要求进行编辑。

本部分所作的主要编辑性修改如下:

——删除 IEC 61158-2:2007 的前言,按 GB/T 1.1—2000 重新编写了前言;

——根据 GB/T 1.1—2000 进行编辑性修改。

本部分的附录 A、附录 F、附录 G、附录 I、附录 J、附录 K、附录 M、附录 N、附录 O、附录 Q、附录 R 为规范性附录。

本部分的附录 B、附录 C、附录 D、附录 E、附录 H、附录 L、附录 P 为资料性附录。

本部分代替 GB/T 16657.2—1996。

本部分由中国机械工业联合会提出。

本部分由全国工业过程测量和控制标准化技术委员会第四分技术委员会归口。

本部分起草单位:机械工业仪器仪表综合技术经济研究所、北京航空航天大学、上海自动化仪表股份有限公司、上海工业自动化仪表研究所、北京交通大学、北京机械工业自动化研究所、北京华控技术有限责任公司、施耐德电气(中国)投资有限公司。

本部分主要起草人:刘丹、潘长清、王岩、王春喜、王麟琨、包伟华、缪学勤、孙昕、梅恪、欧阳劲松、刘云男、祁泓、华镕。

本部分所代替标准的历次版本发布情况为:

——GB/T 16657.2—1996。

引　言

0.1　概述

本部分的制定是为方便实现自动化系统各组成部分的互联。它与 IEC 61158-1 所描述的“三层”现场总线参考模型所定义的其他标准有关。

0.2　物理层概述

本部分的主要目的是提供一组通信规则，这些通信规则是依据对等物理(Ph)实体在通信时要执行的步骤来表达的。

物理层从数据链路层接收数据单元，对它们进行编码，必要时增加通信成帧信息，并将所形成的物理信号发送到一个节点上的传输媒体。然后，信号被一个或多个节点所接收，在将数据单元传送给接收设备的数据链路层之前，先进行解码，必要时去掉通信成帧信息。

0.3　文件概述

本部分包含对应 IEC 61158-4-1～IEC 61158-4-18 中规定的不同数据链路层(DLL)协议类型的物理层规范。

注 1：使用的协议类型号在整个 IEC 61158 系列中是一致的。

注 2：包括类型 1、类型 2、类型 3、类型 4、类型 8 和类型 16 的规范。类型 7 使用类型 1 规范。其他类型不使用本部分给出的任何规范。

注 3：为便于参考，类型号在章标题中给出。这意味着给出的适用于该类型的规范，并不排斥用于其他类型。

注 4：由标准的使用者决定选择条款的互操作集。对基于 IEC 61158 系列的标准通信行规参照 IEC 61784 系列。

物理层的一般模型如图 1 所示。

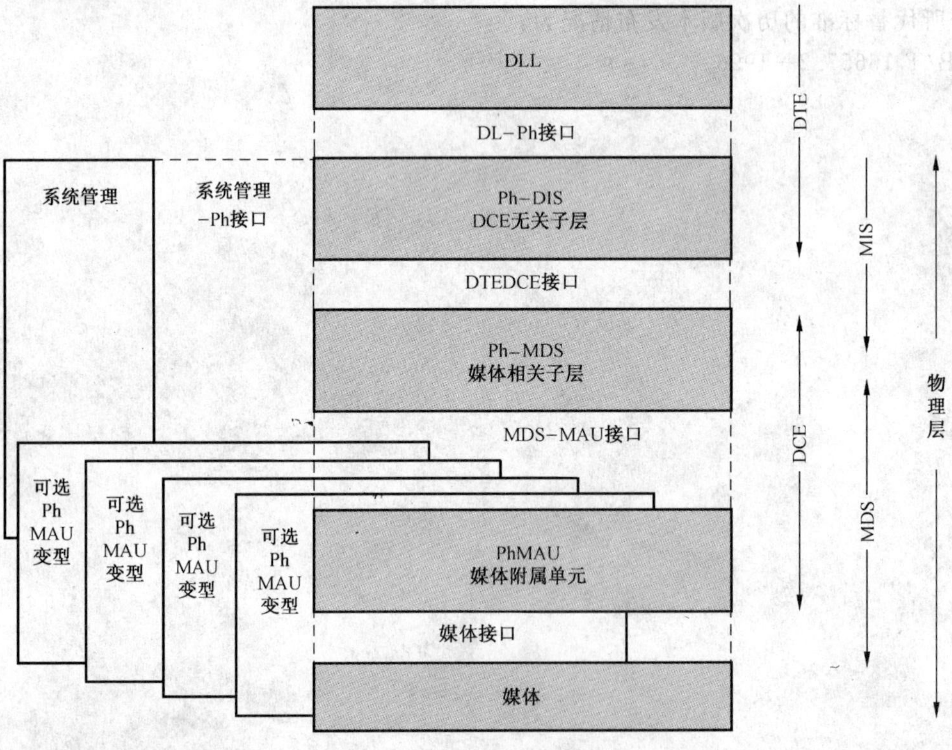

图 1　物理层通用模型

注 5：协议类型使用该结构单元的子集。

注 6：鉴于类型 8 使用比其他类型更复杂的数据通信设备无关子层(DIS)，使用术语无关子层(MIS)加以区分。

所有变型和类型的公共特征如下：

——数字数据传输；

——无独立的时钟传输；

——半双工通信(双向通信,但在每一时刻只有一个方向的通信)或全双工通信。

0.4 本部分规定的主要物理层类型

0.4.1 类型1媒体

0.4.1.1 类型1:电缆

对于双绞线媒体,类型1规定了如下所述的两种耦合模式和不同信号速率：

a) 电压模式(并联耦合),150 Ω,数据速率为31.25 kbit/s~25 Mbit/s;

b) 电压模式(并联耦合),100 Ω,31.25 kbit/s;

c) 电流模式(串联耦合),1.0 Mbit/s,包含两个电流选择项。

电压模式类型可通过使用变压器的电感耦合实现。如果本部分的隔离要求通过其他方法实现,则本要求不是强制的。

类型1双绞线(或非双绞线)媒体物理层提供下列选项：

——不通过总线导线供电;非本质安全;

——通过总线导线供电;非本质安全;

——不通过总线导线供电;本质安全;

——通过总线导线供电;本质安全。

0.4.1.2 类型1:光纤

类型1光纤的主要类型如下：

——双光纤模式,数据速率为:31.25 kbit/s~25 Mbit/s;

——单光纤模式,31.25 kbit/s。

0.4.1.3 类型1:无线

类型1无线规范提供在任意比特速率下的通用频移键控(FSK)/相移键控(PSK)无线能力。

0.4.2 类型2:同轴电缆和光纤

类型2规定下列变型：

——同轴铜缆媒体,5 Mbit/s;

——光纤,5 Mbit/s;

——网络访问端口(NAP),可用于编程、配置、诊断或其他目的的点到点临时附加机械装置;

——中继设备子层(RM,RRM)和冗余物理层。

0.4.3 类型3:双绞线和光纤

类型3规定了下述的同步传输：

——双绞线媒体,31.25 kbit/s,电压模式(并联耦合),有如下选项：

- 通过总线导线供电:非本质安全;
- 通过总线导线供电:本质安全;

和下述的非同步传输变型：

——双绞线媒体,最高可达12 Mbit/s,ANSI TIA/EIA-485-A;

——光纤,最高可达12 Mbit/s。

0.4.4 类型4:电缆

类型4规定了具有如下特性的电缆：

——RS-485电缆媒体,最高可达76.8 kbit/s;

——RS-232电缆媒体,最高可达230.4 kbit/s。

0.4.5 类型8:双绞线和光纤

物理层也能够直接通过另一种媒体访问及其传输协议,将传输媒体通过媒体访问接收的传输数据单元传送给另一个设备。

类型8规定了下述变型:

——双绞线,最高可达16 Mbit/s;

——光纤,最高可达16 Mbit/s。

这些传输媒体的一般特性如下:

——全双工传输;

——不归零(NRZ)编码。

电缆变型提供下述选项:

——不通过总线电缆供电,非本质安全;

——通过总线电缆和其他导线供电,非本质安全。

0.4.6 类型12:电缆

类型12规定了具有下述特性的电缆:

——低压差分信号传输(LVDS)电缆,最高可达100 Mbit/s。

0.4.7 类型16:光纤

类型16规定了使用光纤的2 Mbit/s、4 Mbit/s、8 Mbit/s和16 Mbit/s的同步传输。

0.4.8 类型18:媒体

0.4.8.1 类型18:基本媒体

类型18-PhL-B规定了在屏蔽三芯绞线电缆上平衡方式传输信号。规定了通信数据速率最高可达10 Mbit/s,传输距离最大可达1.2 km。

0.4.8.2 类型18:供电媒体

类型18-PhL-P规定了在4芯非屏蔽电缆上平衡方式传输信号,这种4芯非屏蔽电缆为扁平或圆形结构,且带有规定的用于通信信号和嵌入网络配电的导线。规定了通信数据速率最高可达2.5 Mbit/s,传输距离最大可达500 m。

工业通信网络　现场总线规范
第2部分:物理层规范和服务定义

1　范围

本部分规定了对现场总线组成部分的要求,也规定了必要的媒体和网络配置要求以确保在以下方面达到一致:

a)　在数据链路层差错校验前的数据完整性;

b)　在物理层上设备间的可互操作性。

现场总线物理层符合 ISO/IEC 7498 中定义的 OSI 7 层模型的层 1,但有例外:对于一些总线类型,帧定界符在物理层,而对于其他类型帧定界符在数据链路层。

2　规范性引用文件

下列文件中的条款通过 GB/T 16657 的本部分的引用而成为本部分的条款。凡是注日期的引用文件,其随后所有的修改单(不包括勘误的内容)或修订版均不适用于本部分,然而,鼓励根据本部分达成协议的各方研究是否可使用这些文件的最新版本。凡是不注日期的引用文件,其最新版本适用于本部分。

GB 3836.4—2000　爆炸性气体环境用电气设备　第 4 部分:本质安全型"i"(eqv IEC 60079-11:1999)

GB 3836.15—2000　爆炸性气体环境用电气设备　第 15 部分:危险场所电气安装(煤矿除外)(eqv IEC 60079-14:1996)

GB/T 12269—1990　射频电缆总规范(idt IEC 60096-1:1986)

GB/T 14598.13—1998　量度继电器和保护装置的电气干扰试验　第 1 部分:1 MHz 脉冲群干扰试验(eqv IEC 60255-22-1:1988)

GB/T 15157.7—2002　频率低于 3 MHz 的印制板连接器　第 7 部分:有质量评定的具有通用插合特性的 8 位固定和自由连接器详细规范(idt IEC 60603-7:1996)

GB/T 15695.2　可编程序控制器　第 2 部分:设备要求和测试(GB/T 15695.2—2008,IEC 61131-2:2007,IDT)

GB/T 15629.3—1995　信息处理系统　局域网　第 3 部分:带碰撞检测的载波侦听多址访问(CSMA/CD)的访问方法和物理层规范(idt ISO/IEC 8802-3:1990)

GB 16895.3—2004　建筑物电气装置　第 5-54 部分:电气设备的选择和安装　接地配置、保护导体和保护联结导体(IEC 60364-5-54:2002,IDT)

GB 16895.21—2004　建筑物电气装置　第 4-41 部分:安全防护　电击防护(IEC 60364-4-41:2001,IDT)

GB/T 17626.2—2006　电磁兼容　试验和测量技术　静电放电抗扰度试验(IEC 61000-4-2:2001,IDT)

GB/T 17626.3—2006　电磁兼容　试验和测量技术　射频电磁场辐射抗扰度试验(IEC 61000-4-3:2002,IDT)

GB/T 17626.4—2008　电磁兼容　试验和测量技术　电快速瞬变脉冲群抗扰度试验(IEC 61000-4-4:2004,IDT)

GB/T 17967—2000 信息技术 开放系统互连 基本参考模型 OSI服务定义约定(idt ISO/IEC 10731:1994)

GB/T 18015.1—2007 数字通信用对绞或星绞多芯对称电缆 第1部分:总规范(IEC 61156-1:2002,IDT)

GB/T 20540.4—2006 测量和控制数字数据通信 工业控制系统用现场总线 类型3:PROFIBUS规范 第4部分:数据链路层协议规范(IEC 61158-4 type 3:2003,MOD)

IEC 60050-731 国际电工词汇 第731章:光纤通信

IEC 60079-25 爆炸性气体环境用电气设备 第25部分:本质安全系统

IEC 60169-8 射频连接器 第8部分:外导线内径为6.5 mm(0.256 in)的卡口锁紧射频同轴连接器 特性阻抗50 Ω(BNC型)

IEC 60169-17 射频连接器 第17部分:外导线内径为6.5 mm(0.256 in)的螺纹连接射频同轴连接器 特性阻抗50 Ω(TNC型)

IEC 60189-1:1986 聚氯乙烯绝缘聚氯乙烯护套低频通信电缆电线 第1部分:一般试验和测量方法

IEC 60529 外壳提供的防护等级(IP代码)

IEC 60760 扁平式快速连接终端器

IEC 60793(所有部分) 光纤

IEC 60794-1-2 光缆 第1-2部分:光缆总规范 光缆基本试验方法

IEC 60807-3 频率低于3 MHz的矩形连接器 第3部分:具有梯形金属外壳和圆形接触件的系列连接器详细规范 具有封闭式接筒的后插/后松的可拆卸压接型

IEC 60874-10-1 光纤和光缆连接器 第10-1部分:与A1型多模纤维连接的BFOC/2.5光纤连接器详细规范

IEC 61158-4-2 工业通信网络 现场总线规范 第4-2部分:数据链路协议规范 类型2原理

IEC 61158-4-3 工业通信网络 现场总线规范 第4-3部分:数据链路协议规范 类型3原理

IEC 61754-2 光纤连接器接口 第2部分:BFOC/2.5型连接器门类

IEC 61754-13 光纤连接器接口 第13部分:FC-PC型连接器

IEC 61754-22 光纤连接器接口 第22部分:F-SMA型连接器门类

ISO/IEC 7498(所有部分) 信息技术 开放系统互连 基本参考模型:基本模型

ISO/IEC 8482 信息技术 系统间通信和信息交换 双扭线多点互连

ISO/IEC 9314-1 信息处理系统 光纤分布式数据接口(FDDI) 第1部分:令牌环物理层协议(PhY)

ANSI TIA/EIA-232-F 数据终端设备和数据电路间的接口-采用串行二进制数据交换的终端设备

ANSI TIA/EIA-422-B 平衡电压数字接口电路的电气特性

ANSI TIA/EIA-485-A 用于平衡数字多点系统的收发器的电气特性

ANSI TIA/EIA-644-A 低压差分信号(LVDS)接口电路的电气特性

3 术语和定义

ISO/IEC 7498的术语和定义以及下列术语和定义适用于本部分。

3.1 通用术语和定义

注:许多定义适用于多种协议类型,但并不一定适用于所有协议类型。

3.1.1

活动 activity

现场总线设备输入端出现的信号或噪声大于该设备接收器信号门限的现象。

3.1.2

安全栅　barrier

为满足本质安全的要求，限制电流和电压进入危险区的物理实体。

3.1.3

比特　bit

由一个“1”或“0”组成的数据单元。

注：一个比特是可被传输的最小数据单元。

3.1.4

总线　bus

干线和与其连接的所有设备。

3.1.5

电缆接口连接器　cable plant interface connector；CPIC

进行检测和一致性测试的点，也是网络设备和电缆的接口。

3.1.6

通信部件　communication element

现场总线设备中用于通过总线与其他部件通信的部分。

3.1.7

连接器　connector

一种耦合部件，用于将一个电路或通信部件的媒体与另一个电路或通信部件的媒体连接起来。[IEEE Std 100—1996，经修改]。

3.1.8

耦合器　coupler

干线和分支间，或干线和设备间的物理接口。

3.1.9

数据通信设备　Data Communications Equipment；DCE

与现场总线连接的设备的具体媒体、调制和编码相关部分，包括该设备中的物理层较低部分。

3.1.10

数据终端设备　Data Terminal Equipment；DTE

与现场总线连接的设备的具体媒体、调制和编码无关部分，包括该设备中的物理层最高部分和物理层之上所有层。

3.1.11

分贝(毫瓦)　decibel(milliwatt)；dB(mW)

功率的对数单位，以 1 mW 为基准(也写为 dBm)。

$$P_{\mathrm{dBm}}=10\ \lg(P_{\mathrm{mW}})$$

注：如果 P_{mW} 是以 mW 为单位的测量功率，则 P_{dBm} 是以 dB(mW)为单位的功率的对数表示，或等价于 dBm。

3.1.12

定界符　delimiter

分隔和构成数据项的标志。

3.1.13

设备　device

连接到现场总线上的物理实体，至少由一个通信部件(网络部件)组成，也可能配有一个控制部件和/或终端部件(传感器、执行器等)。

注:一个设备可能包含多个节点。

3.1.14

有效发射功率　effective launch power

由发送器耦合进光纤波导芯的有效功率。该功率通过连接到CPIC的标准测试光纤进行测量。

3.1.15

有效功率　effective power

在时间中点测量的高(Hi)电位绝对光功率(以毫瓦为单位)和在时间中点测量低(Lo)电位绝对光功率(以毫瓦为单位)的差值,用dBm表示。

注:有效功率被认为可测量影响接收器的条件且比传统测量更加准确,例如:峰值和平均功率。有功功率的测量方法将作进一步研究。

3.1.16

差错　error

计算值、观测值、测量值或条件与规定或理论上的正确值或条件之间的差异。

3.1.17

消光率　extinction ratio

在时间中点测量的高(Hi)电位绝对光功率(以毫瓦为单位)与在时间中点测量低(Lo)电位绝对光功率(以毫瓦为单位)之比。

注:下面给出一个计算有效功率和消光率的例子。若在时间中点测量的高电位为105 μW,且在时间中点测量的低电位为5 μW,那么其差值为100 μW。因此,有效功率是10 lg((100 μW)/1 mW),它等于－10.0 dBm。消光率是(105/5),等于21∶1。

3.1.18

光缆　fiber optic cable

包含1根或多根光纤波导的光缆,并带有容易处理和保护光纤的护套材料。

3.1.19

光纤接收器　fiber optic receiver

通信设备内光器件和电子器件的组合,可接受通过CPIC由通信设备接收的光信号。

3.1.20

光纤接收器工作范围　fiber optic receiver operating range

必须在CPIC上明示的光功率范围,以确保满足比特差错率规范。

3.1.21

光纤发送器　fiber optic transmitter

通过CPIC发送光信号进入光纤波导的设备。

3.1.22

光纤波导　fiber optic waveguide

用于从一个地点到另一个地点间传输光信号的柔韧且透明的线束。

3.1.23

帧　frame

一组连续的数字时间片,其中每个数字时间片的位置可通过参考成帧信号来标识。

[IEEE Std 100—1996]

3.1.24

本质安全　intrinsic safety

在规定的试验条件下,一个电路或一组电路在正常工作状态或特定的故障状态下产生的任何电火花或热效应都不能点燃特定的易爆环境的一种设计方法。

[GB 3836.4—2000]

3.1.25

隔离 isolation

信号传输系统部分的物理和电气的布局方案，以防止部分内或部分之间的电干扰电流。

[IEEE Std 100—1996]

3.1.26

超时传输 jabber

因设备故障，在媒体上连续不断的传输。

3.1.27

抖动 jitter

由各种原因造成的，脉冲边缘的50%转变点相对于理想位置的偏移。

3.1.28

曼彻斯特编码 Manchester encoding

把单独的数据和时钟信号组合成一个适合串行通道传输的自同步数据流的方法。

3.1.29

媒体 medium

在两点或多点之间传输通信信号的电缆、光纤或其他物质。

3.1.30

网络 network

包括所有的媒体、连接器、中继器、路由器、网关和相关节点通信部件，用以把一组给定的通信设备相互连接起来。

3.1.31

节点 node

网络中一个分支的端点，或一个或多个分支的交汇点。

[IEV 131-02-04]

3.1.32

有源星形光耦合器 optical active star

从一个输入光纤接收到信号，并经放大转发给很多输出光纤的有源设备。可对接收的信号进行重新定时。

3.1.33

光下降时间 optical fall time

一个脉冲从90%有效功率变为10%有效功率所用的时间，该时间被规定为正常比特时间的百分数。

3.1.34

无源星形光耦合器 optical passive star

将来自输入光纤的信号进行组合后，并分配给输出光纤的无源设备。

3.1.35

光上升时间 optical rise time

一个脉冲从10%有效功率变为90%有效功率所用的时间，该时间被规定为正常比特时间的百分数。

3.1.36

峰值发射波长 peak emission wavelength

λ_p

最大发射强度所对应的波长。

3.1.37

接收器　receiver

通信部件的接收电路。

3.1.38

中继器　repeater

通过接收和转发所有信号，以增加在给定媒体上信号可正常转发的距离和设备数量的双端口有源物理层设备。

3.1.39

段　segment

以其特性阻抗端接的现场总线的一段干线电缆部分。

注：在一个逻辑链路内用中继器来链接各段，并用桥来构成一个现场总线网络。

3.1.40

独立供电设备　separately powered device

不通过现场总线信号线接收其工作功率的设备。

3.1.41

屏蔽　shield

把电场限制在电缆中，并保护电缆不受外部电气影响的一种外包的接地金属层。

注：金属外壳、铠装和接地的同心导线也可以作为屏蔽。

3.1.42

分支　spur

作为连接终端电路的一段线路(即接在干线某一点上的连线)。

注：在本部分也使用了可代替的具有相同含义的术语"分支电缆"。

3.1.43

终端器　terminator

在一个电缆段的两端连接的电阻，用以防止在电缆的末端发生反射。

注：对于类型2，终端器安装在BNC或TNC插头内。

3.1.44

收发器　transceiver

将接收和发送设备组合在一个外壳内，采用共用的电路进行发送和接收。

[IEEE Std 100—1996 modified for non-radio use]

注：根据类型和实现，一个媒体附属单元可以是收发器或包含收发器。

3.1.45

发送器　transmitter

通信部件的发送电路。

3.1.46

干线　trunk

对于许多其他线路(分支)起主要供给源作用的一种主通信干道。

3.1.47

典型半强度波长　typical half-intensity wavelength

$\Delta\lambda$

辐射强度不小于最大强度一半的频谱分布的波长范围。

3.2　类型1：术语和定义

3.2.1

活动　activity

见3.1.1。

3.2.2

安全栅　barrier

见3.1.2。

3.2.3

总线　bus

见3.1.4。

3.2.4

电缆接口连接器　cable plant interface connector;CPIC

见3.1.5。

3.2.5

通信部件　communication element

见3.1.6。

3.2.6

连接器　connector

见3.1.7。

3.2.7

耦合器　coupler

见3.1.8。

3.2.8

数据通信设备　Data Communications Equipment;DCE

见3.1.9。

3.2.9

数据终端设备　Data Terminal Equipment;DTE

见3.1.10。

3.2.10

毫瓦分贝　dBm

见3.1.11。

3.2.11

定界符　delimiter

见3.1.12。

3.2.12

设备　device

见3.1.13。

3.2.13

有效发射功率　effective launch power

见3.1.14。

3.2.14

有效功率　effective power

见3.1.15。

3.2.15

光缆　fiber optic cable

见3.1.18。

3.2.16

光纤接收器 fiber optic receiver

见3.1.19。

3.2.17

光纤接收器工作范围 fiber optic receiver operating range

见3.1.20。

3.2.18

光纤发送器 fiber optic transmitter

见3.1.21。

3.2.19

光纤波导 fiber optic waveguide

见3.1.22。

3.2.20

帧 frame

见3.1.23。

3.2.21

高斯最小频移键控 Gaussian minimum shift keying

一种用频率 F_c+f 表示“1”,用 F_c-f 表示“0”的频率调制方式,其中 f 等于比特速率除以4,且在加入到载波信号前,载波频率需通过一个高斯滤波器。

3.2.22

本质安全 intrinsic safety

见3.1.24。

3.2.23

隔离 isolation

见3.1.25。

3.2.24

超时传输 jabber

见3.1.26。

3.2.25

曼彻斯特编码 Manchester encoding

见3.1.27。

3.2.26

媒体 medium

见3.1.29。

3.2.27

网络 network

见3.1.30。

3.2.28

节点 node

见3.1.31。

3.2.29

光下降时间 optical fall time

见3.1.32。

3.2.30

光上升时间 optical rise time

见3.1.34。

3.2.31

峰值发射波长 peak emission wavelength

λ_p

见3.1.36。

3.2.32

中继器 repeater

见3.1.38。

3.2.33

段 segment

见3.1.39。

3.2.34

独立供电设备 separately powered device

见3.1.40。

3.2.35

屏蔽 shield

见3.1.41。

3.2.36

分支 spur

见3.1.42。

3.2.37

终端器 terminator

见3.1.43。

3.2.38

收发器 transceiver

见3.1.43。

3.2.39

发送器 transmitter

见3.1.45。

3.2.40

干线 trunk

见3.1.46。

3.3 类型2:术语和定义

3.3.1

活动 activity

见3.1.1。

3.3.2

比特 bit

见3.1.3。

3.3.3

消隐或消隐时间 blanking or blanking time

节点在发送信号后,在被允许接受信号前所必需的时间长度。

3.3.4

总线　bus

见 3.1.4。

3.3.5

通信部件　communication element

见 3.1.6

3.3.6

连接器　connector

见 3.1.7。

3.3.7

数据通信设备　Data Communications Equipment;DCE

见 3.1.9。

3.3.8

毫瓦分贝　dBm

见 3.1.11。

3.3.9

定界符　delimiter

见 3.1.12。

3.3.10

设备　device

见 3.1.13。

3.3.11

结束定界符　end delimiter

用于标识帧结束的特殊符号序列。

3.3.12

端节点　end node

生产或消费节点。

3.3.13

差错　error

见 3.1.16。

3.3.14

帧　frame

见 3.1.23。

3.3.15

隔离　isolation

见 3.1.25。

3.3.16

超时传输　jabber

见 3.1.26。

3.3.17

曼彻斯特编码　Manchester encoding

见 3.1.27。

3.3.18

媒体 medium

见 3.1.29。

3.3.19

M_symbol

由物理层传输并编码的 MAC 比特数据的表示。

3.3.20

MAC 帧 MAC frame

在媒体上传输的包含一个前导码、起始定界符、数据、CRC 和结束定界符的 M_symbol 集合。

3.3.21

网络 network

见 3.1.30。

3.3.22

网络访问端口 network access port

允许一个临时节点通过连接到一个永久节点的 NAP 而连接到链路的物理层变型。

3.3.23

节点 node

见 3.1.31

注：一个节点又是一个到链路的连接，该链路要求一个单独的 M_ID。

3.3.24

非数据符号 non-data symbol

物理层曼彻斯特编码信号，用于定界符，不传输数据。

3.3.25

光电隔离器 optical isolators;optos

位于节点物理层收发器内，将电流转换为光信号，再将光信号转换为电信号的部件。

3.3.26

永久节点 permanent node

连接到网络但不使用网络访问端口(NAP)物理层变型的节点。

注：该节点可能有选择地支持 NAP 物理层变型以允许临时节点连接到该网络。

3.3.27

冗余媒体 redundant media

使用多个媒体以降低通信故障。

3.3.28

中继器 repeater

见 3.1.38。

3.3.29

段 segment

见 3.1.39。

3.3.30

屏蔽 shield

见 3.1.41。

3.3.31

时间片 slot time

用于监测预期传输所必需的最大时间。

注：在隐性令牌传递期间，每个节点为每个丢失的节点等待一个时间片。

3.3.32

分支　spur

见3.1.42。

注：是网络分接头不可或缺的部分。

3.3.33

起始定界符　start delimiter

用于标识帧起始的特殊符号序列。

3.3.34

分接头　tap

从一个节点或分支到干线电缆的连接点。

注：一个接头可在不中断链路的情况下容易地移去节点。

3.3.35

终端器　terminator

见3.1.43。

3.3.36

工具软件　tool

与用户交互以完成一些功能的可执行的软件程序。

3.3.37

收发器　transceiver

见3.1.43。

3.3.38

短暂节点　transient node

使用连接到永久节点NAP的NAP物理层媒体，且基于临时使用确定要连接到网络的节点。

3.3.39

发送器　transmitter

见3.1.45。

3.3.40

干线　trunk

见3.1.46。

3.3.41

干线电缆　trunk cable

电缆系统的总线或主要部分。

3.3.42

干线电缆段　trunk-cable section

在任意两个分接头间的干线电缆。

3.4　类型3：术语和定义

3.4.1

活动　activity

见3.1.1。

3.4.2

安全栅　barrier

见3.1.2。

3.4.3

比特时间　bit time

传输一个比特的时间。

3.4.4

总线　bus

见3.1.4。

3.4.5

通信部件　communication element

见3.1.6。

3.4.6

证实(原语)　confirmation(primitive)

[GB/T 17967—2000]

3.4.7

连接器　connector

见3.1.7。

3.4.8

耦合器　coupler

见3.1.8。

3.4.9

数据通信设备　Data Communications Equipment;DCE

见3.1.9。

3.4.10

数据终端设备　Data Terminal Equipment;DTE

见3.1.10。

3.4.11

毫瓦分贝　dBm

见3.1.11。

3.4.12

设备　device

见3.1.13。

3.4.13

DL实体　DL-entity

[ISO/IEC 7498-1]

3.4.14

光缆　fiber optic cable;FOC

见3.1.18。

3.4.15

帧　frame

见3.1.23。

3.4.16

指示(原语)　indication(primitive)

[GB/T 17967—2000]

3.4.17

本质安全 intrinsic safety

见 3.1.24。

3.4.18

隔离 isolation

见 3.1.25。

3.4.19

超时传输 jabber

见 3.1.26。

3.4.20

媒体 medium

见 3.1.29。

3.4.21

(N)实体 (N)-entity

[ISO/IEC 7498-1]

3.4.22

(N)服务 (N)-service

[ISO/IEC 7498-1]

3.4.23

网络 network

见 3.1.30。

3.4.24

节点 node

见 3.1.31。

3.4.25

Ph 实体 Ph-entity

[ISO/IEC 7498-1]

3.4.26

Ph 服务 Ph-service

[ISO/IEC 7498-1]

3.4.27

中继器 repeater

见 3.1.38。

3.4.28

请求(原语) request(primitive)

[GB/T 17967—2000]

3.4.29

复位 reset

[ISO/IEC 7498-1]

3.4.30

段 segment

见 3.1.39。

3.4.31

独立供电设备　separately powered device

见 3.1.40。

3.4.32

屏蔽　shield

见 3.1.41。

3.4.33

分支　spur

见 3.1.42。

3.4.34

站　station

节点。

3.4.35

终端器　terminator

见 3.1.43。

3.4.36

收发器　transceiver

见 3.1.43。

3.4.37

发送器　transmitter

见 3.1.45。

3.4.38

干线　trunk

见 3.1.46。

3.5　类型 4:术语和定义

3.5.1

活动　activity

见 3.1.1。

3.5.2

总线　bus

见 3.1.4。

3.5.3

连接器　connector

见 3.1.7。

3.5.4

数据通信设备　Data Communications Equipment;DCE

见 3.1.9。

3.5.5

数据终端设备　Data Terminal Equipment;DTE

见 3.1.10。

3.5.6

设备　device

见 3.1.13。

3.5.7

空闲计数器 idle counter

用于测量位周期数量的计数器,在此期间,对于半双工模式下的标准类设备和简单类设备,在物理链路上的信号电平为高。

3.5.8

隔离 isolation

见3.1.25。

3.5.9

媒体 medium

见3.1.29。

3.5.10

网络 network

见3.1.30。

3.5.11

标准类设备 normal class device

可发起发送和应答请求,并可作为服务器(响应者)和客户端(请求者)的设备,也称为对等体。

3.5.12

屏蔽 shield

见3.1.41。

3.5.13

简单类设备 simple class device

可应答标准类设备发出的请求,并只能作为服务器或响应者的设备。

3.5.14

发送器 transmitter

见3.1.45。

3.6 类型6:本条已被删除

注:本条只是编辑上的占位。

3.7 类型8:术语和定义

3.7.1

活动 activity

见3.1.1。

3.7.2

总线耦合器 bus coupler

通过打开环并将环分成段,并在该点集成另一个环的设备。

3.7.3

电缆接口连接器 cable plant interface connector;CPIC

见3.1.5。

3.7.4

通信部件 communication element

见3.1.6。

3.7.5

连接器 connector

见3.1.7。

3.7.6

毫瓦分贝　dBm

见 3.1.11。

3.7.7

有效发射功率　effective launch power

见 3.1.14。

3.7.8

有效功率　effective power

见 3.1.15。

3.7.9

光缆　fiber optic cable

见 3.1.18。

3.7.10

光纤接收器　fiber optic receiver

见 3.1.19。

3.7.11

光纤接收器工作范围　fiber optic receiver operating range

见 3.1.20。

3.7.12

光纤发送器　fiber optic transmitter

见 3.1.21。

3.7.13

光纤波导　fiber optic waveguide

见 3.1.22。

3.7.14

帧　frame

见 3.1.23。

3.7.15

入向接口　incoming interface

从前位设备接收数据并向前位设备发送数据的接口，发送的数据通过一个出向接口接收。

3.7.16

隔离　isolation

见 3.1.25。

3.7.17

本地总线　local bus

带可选媒体规范的网络的一个环形段，通过总线耦合器连接远程总线。

3.7.18

本地总线设备　local bus device

在本地总线上作为从站工作的设备。

3.7.19

主站　master

在网络上控制数据传送的设备，通过发送报文启动从站的媒体访问，并建立控制系统的接口。

3.7.20

媒体 medium

见3.1.29。

3.7.21

光接收器最小灵敏度 minimum optical receiver sensitivity

光传输系统要获得小于10～9比特差错率时,光接收器输入需要的最小光功率。

3.7.22

网络 network

见3.1.30。

3.7.23

光下降时间 optical fall time

见3.1.32。

3.7.24

光上升时间 optical rise time

见3.1.34。

3.7.25

出向接口 outgoing interface

发送数据到下一个从站的接口,此数据通过这个接口接收,再经另一个出向接口发送到下一个从站,或经一个入向接口到前一个从站并返回主站。

3.7.26

峰值发射波长 peak emission wavelength

λ_p

见3.1.36。

3.7.27

聚合光纤 polymer optical fiber;POF

塑料光纤波导的规范特性符合IEC 60793。

[光纤类型:A4a(980/1000)]

3.7.28

塑料护套玻璃光纤 plastic clad silica fiber;PCS

由玻璃芯和塑料护套组成的光纤波导管,其标称特性符合IEC 60793。

[光纤类型:A3c(200/230 μm)]

3.7.29

远程总线 remote bus

环形网络段。

3.7.30

远程总线设备 remote bus device

在远程总线上作为从站工作的设备。

3.7.31

远程总线链接 remote bus link

两个远程总线设备的连接。

3.7.32

环形段 ring segment

网络的一个段。

注:主站构成第一个环形段,更多的环形段可通过总线耦合器链接。

3.7.33

屏蔽　shield

见3.1.41。

3.7.34

从站　slave

一个只有被前一个从站或主站启动后才访问媒体的设备。

3.7.35

半高光谱全宽　spectral full width half maximum

$\Delta\lambda$

辐射强度在不小于最大强度的一半时，光谱分布的波长范围。

3.7.36

终端器　terminator

见3.1.43。

3.8　类型12：术语和定义

3.8.1

活动　activity

见3.1.1。

3.8.2

比特　bit

见3.1.3。

3.8.3

连接器　connector

见3.1.7。

3.8.4

耦合器　coupler

见3.1.8。

3.8.5

数据通信设备　Data Communications Equipment；DCE

见3.1.9。

3.8.6

数据终端设备　Data Terminal Equipment；DTE

见3.1.10。

3.8.7

定界符　delimiter

见3.1.12。

3.8.8

设备　device

见3.1.13。

3.8.9

差错　error

见3.1.16。

3.8.10

帧　frame

见3.1.23。

3.8.11

空闲　idle

在 EOF 和 SOF 之间的媒体上的信号。

3.8.12

隔离　isolation

见 3.1.25。

3.8.13

抖动　jitter

见 3.1.27。

3.8.14

曼彻斯特编码　Manchester encoding

见 3.1.28。

3.8.15

媒体　medium

见 3.1.29。

3.8.16

网络　network

见 3.1.30。

3.8.17

接收器　receiver

见 3.1.37。

3.8.18

屏蔽　shield

见 3.1.41。

3.8.19

终端器　terminator

见 3.1.43。

3.9　类型 16:术语和定义

3.9.1

衰减　attenuation

接收器光功率小于发送器光功率的现象。

3.9.2

安全栅　barrier

见 3.1.2。

3.9.3

比特　bit

见 3.1.3。

3.9.4

位填充　bit stuffing

在连续 5 个逻辑"1"之后,发送器自动插入一个逻辑"0"的过程。这个插入的"0"可被接收器自动移除。"0"信号可造成信号边缘的改变,使得接收器能够恢复接收时钟。

3.9.5

连接器　connector

见 3.1.7。

3.9.6

数据通信设备　Data Communications Equipment;DCE

见3.1.9。

3.9.7

数据终端设备　Data Terminal Equipment;DTE

见3.1.10。

3.9.8

毫瓦分贝　dBm

见3.1.11。

3.9.9

定界符　delimiter

见3.1.12。

3.9.10

装置　device

见3.1.13。

3.9.11

差错　error

见3.1.16。

3.9.12

光缆　fiber optic cable

见3.1.18。

3.9.13

帧　frame

见3.1.23。

3.9.14

F-SMA 连接器　F-SMA connector

符合IEC 61754-22中的F-SMA标准的连接器。

3.9.15

填充信号　fill signals

由连续7个"1"和1个"0"组成的序列。

3.9.16

抖动　jitter

见3.1.27。

3.9.17

媒体　medium

见3.1.29。

3.9.18

网络　network

见3.1.30。

3.9.19

节点　node

见3.1.31。

3.9.20

倒转不归零　non-return-to-zero-inverted;NRZI

信号转换只发生在有规律的固定时间点上,这些时间点与比特速率的传输时钟脉冲同步;一个信号边缘变化只分配给逻辑“0”。

3.9.21

光下降时间　optical fall time

见3.1.33。

3.9.22

光上升时间　optical rise time

见3.1.35。

3.9.23

填充　pad

为保证报文达到正确操作所要求长度而加入的八位位组序列。

3.9.24

峰值发射波长　peak emission wavelength

λ_p

见3.1.36。

3.9.25

接收器　receiver

见3.1.37。

3.9.26

中继器　repeater

见3.1.38。

3.9.27

中继器功能　repeater function

已经被一个节点接收的报文在逻辑上被传递,并将时钟恢复到下一个节点的特性。

3.9.28

发送器　transmitter

见3.1.45。

3.9.29

典型半强度波长　typical half-intensity wavelength

$\Delta\lambda$

见3.1.47。

3.9.30

零比特流　zero bit stream

按NRZI编码的逻辑零序列,导致在传输线上正常信号边缘变化(仅用于测试模式)。

3.10　类型18:术语和定义

3.10.1

活动　activity

见3.1.1。

3.10.2

位　bit

见3.1.3。

3.10.3

总线 bus

见3.1.4。

3.10.4

通信部件 communication element

见3.1.6。

3.10.5

连接器 connector

见3.1.7。

3.10.6

数据通信设备 Data Communications Equipment;DCE

见3.1.9。

3.10.7

数据终端设备 Data Terminal Equipment;DTE

见3.1.10。

3.10.8

设备 device

见3.1.13。

3.10.9

差错 error

见3.1.16。

3.10.10

隔离 isolation

见3.1.25。

3.10.11

媒体 medium

见3.1.29。

3.10.12

网络 network

见3.1.30。

3.10.13

节点 node

见3.1.31。

3.10.14

接收器 receiver

见3.1.37。

3.10.15

段 segment

见3.1.39。

3.10.16

屏蔽 shield

见3.1.41。

3.10.17

分支 spur

见3.1.42。

3.10.18

站 station

具体表示一个节点的网络设备。

3.10.19

终端器 terminator

见3.1.43。

3.10.20

收发器 transceiver

见3.1.44。

3.10.21

发送器 transmitter

见3.1.45。

3.10.22

干线 trunk

见3.1.46。

4 符号和缩略语

4.1 符号

4.1.1 类型1:符号

符号	定义	单位
A_{max}	设备间最大衰减	dB
AD_{max}	设备间最大衰减失真	dB
BR	标准比特速率	Mbit/s
ΔBR	与 BR 的最大偏移	—
CS_{max}	形成群的耦合器的最大间距	m
Din_{min}	设备的最小输入阻抗	kΩ
dBm	以1 mW为基准的功率的对数单位	dB(mW)
F_c	在频移键控使用的中心载波频率	kHz
F_{c+f}	在频移键控中对应于逻辑“1”的频率	kHz
F_{c-f}	在频移键控中对应于逻辑“0”的频率	kHz
f_r	对应标称比特速率的频率	MHz
f_{min}	对应标称比特速率的标称最小频率	MHz
f_{max}	对应标称比特速率的标称最大频率	MHz
$f_{QTO_{max}}$	QTO_{max} 测量的最大频率	MHz
L_{max}	设备间最大距离	m
MD_{max}	设备间最大不匹配失真	dB
N+	非数据符号“正”:一个比特时间为高电平的曼彻斯特编码信号,用于定界符,不传送数据	—
N−	非数据符号“负”:一个比特时间为低电平的曼彻斯特编码信号,用于定界符,不传送数据	—

N_{max}	设备的最大数量	—
P	八位位组传输的标称周期	s
PICS	协议实现的符合性声明	—
QTO_{max}	静态发送器最大输出	mV
T_{bit}	标称比特宽度	μs
ΔT_{bit}	与 T_{bit} 的最大偏离	—
T_{rf}	信号上升或下降最大时间	ns
V_{DD}	电源最大正电压(或最小负电压)	V
V_{IH}	高电平最小输入电压	V
V_{IL}	低电平最大输入电压	V
V_{OH}	高电平最小输出电压	V
V_{OL}	低电平最大输出电压	V
Z	阻抗;电阻和电抗(电感或电容)的向量和	Ω
Z_{fr}	特性阻抗;在频率 f_r 下电缆和其终端器的阻抗	Ω
Z_0	特性阻抗;在已定义频率范围内电缆和其终端器的阻抗	Ω

4.1.2 类型 2:符号

符号	定义	单位
dBm	以 1 mW 为基准功率的对数单位	dB(mW)
f_r	对应于比特速率的频率	Hz
GND	电源地	V
H	物理信号——高电平	—
L	物理信号——低电平	—
M_0	媒体访问控制——数据符号“0” 在 DL-Ph 接口,表示发送和接收采用曼彻斯特编码的数据“0”的符号,该曼彻斯特编码信号在前半个比特时间为低电平,在后半个比特时间为高电平	—
M_1	媒体访问控制——数据符号“1” 在 DL-Ph 接口,表示发送和接收采用曼彻斯特编码的数据“1”的符号,该曼彻斯特编码信号在前半个比特时间为高电平,在后半个比特时间为低电平	—
M_ND+	媒体访问控制——非数据符号“正” 在 DL-Ph 接口,表示发送和接收采用曼彻斯特编码的用于非数据定界符的符号,该曼彻斯特编码信号在一个完整比特时间为高电平	—
M_ND−	媒体访问控制——非数据符号“负” 在 DL-Ph 接口,表示发送和接收采用曼彻斯特编码的用于非数据定界符的符号,该曼彻斯特编码信号在一个完整比特时间为低电平	—
Rx_H	接收——高电平(NAP 接口)	V
Rx_L	接收——低电平(NAP 接口)	V
Tx_H	发送——高电平(NAP 接口)	V
Tx_L	发送——低电平(NAP 接口)	V

V_{in}	以同轴屏蔽层为参考的同轴电缆中心导线的电压(V_{in}+或V_{in}−)	V
V_{sense}+	数据灵敏度正限值	V
V_{sense}−	数据灵敏度负限值	V
V_{sense}H	载波灵敏度上限值	V
V_{sense}L	载波灵敏度下限值	V

4.1.3 类型3:符号

符号	定义	单位
dBm	以1 mW为基准功率的对数单位	dB(mW)
f_r	对应于比特速率的频率	Hz,kHz,MHz
N−	非数据符号"正":一个比特时间为高电平的曼彻斯特编码信号,用于定界符,不传送数据	—
N+	非数据符号"负":一个比特时间为低电平的曼彻斯特编码信号,用于定界符,不传送数据	—
P	八位位组传输的标称周期	s
R_d	下拉电阻	Ω
R_t	总线终端器	Ω
R_u	上拉电阻	Ω
SYN	帧(空闲周期)的同步比特	s
t_{BIT}	比特时间是传输一个比特所用的时间	s
T_{SBIT}	扩展容差(仅用于停止位)	s
T_{SYN}	同步时间	s
T_{SYNI}	同步间隔时间	s
V_{DD}	电源最大正电压(或最小负电压)	V
V_{IH}	高电平最小输入电压	V
V_{IL}	低电平最大输入电压	V
V_{OH}	高电平最小输出电压	V
V_{OL}	低电平最大输出电压	V
VP	正电压	V
Z	阻抗:电阻和电抗(电感或电容)的向量和	Ω
Z_0	特性阻抗;在已定义频率范围内电缆和其终端器的阻抗	Ω

4.1.4 类型4:符号

符号	定义	单位
V_{cc}	电源最大正电压(或最小负电压)	V
GND	电源地	V

4.1.5 类型6:本条已删除

本条只是编辑上的占位。

4.1.6 类型8:符号

符号	定义	单位
dBm	以1 mW为基准功率的对数单位	dB(mW)
f_r	对应于比特速率的频率	Hz

V_{cc}	电源最大正电压(或最小负电压)	V
GND	电源地	V

4.1.7 类型 12:符号

符号	定义	单位
f_r	对应于比特速率的频率	MHz
N−	非数据符号“正”:一个比特时间为高电平的曼彻斯特编码信号,用于定界符,不传送数据	—
N+	非数据符号“负”:一个比特时间为低电平的曼彻斯特编码信号,用于定界符,不传送数据	—
T_{bit}	标称比特时间	μs
Z	阻抗:电阻和电抗(电感或电容)的向量和	Ω
Z_0	特性阻抗:在已定义频率范围内电缆和其终端器的阻抗	Ω

4.1.8 类型 16:符号

符号	定义	单位
j	抖动	μs
J_{noise}	光信号抖动	μs
J_{t_2}	在 t_2 时的抖动	μs
$J_{t_{scyc}}$	在 t_{scyc} 时的抖动	μs
P	功率	dBm 或 μW
P_{RmaxH}	光高电平最大接收功率	dBm 或 μW
P_{RmaxL}	光低电平最大接收功率	dBm 或 μW
P_{RminH}	光高电平最小接收功率	dBm 或 μW
P_{TmaxH}	光高电平最大发送功率	dBm 或 μW
P_{TmaxL}	光低电平最大发送功率	dBm 或 μW
P_{TminH}	光高电平最小发送功率	dBm 或 μW
P_x	功率阈值	dBm 或 μW
t_{cable}	每单位长度的电缆所造成的信号传输延时(约 5 ns/m)	ns
t_{fri}	从站输入的光低电平时间	ns
t_{fro}	从站输出的光低电平时间	ns
t_{rep}	由前位从站造成的接收信号的延时(输入-输出)	ns
t_{ring}	主站报文通过网络并再次到达主站所必需的时间	μs
t_{RPAT}	对于 AT,从站内将中继器功能切换到发送器功能所需最大转换时间	μs
$t_{RPAT.2}$	对于 AT,从站 2 内将中继器功能切换到发送器功能所需最大转换时间	μs

4.1.9 类型 18:符号

符号	定义	单位
V_{DD}	为数字逻辑部件供电的电源电压	V
V_{OL}	输出低电平电压	V
V_{OH}	输出高电平电压	V
V_{IL}	输入低电平电压	V
V_{IH}	输入高电平电压	V

4.2 缩略语

4.2.1 类型1:缩略语

CTS	Clear-to-send signal(from DCE)	清除发送信号(来自DCE)
DCE	Data communication equipment	数据通信设备
DIS	DCE independent sublayer	DCE无关子层
DL	Data-link(as a prefix) [ISO/IEC 7498-1]	数据链路(作为前缀) [ISO/IEC 7498-1]
DLE	Data-link entity	数据链路实体
DLL	Data-link layer [ISO/IEC 7498-1]	数据链路层 [ISO/IEC 7498-1]
DTE	Data terminal equipment	数据终端设备
EMI	Electro-magnetic interference	电磁干扰
IDU	Interface data unit [ISO/IEC 7498-1]	接口数据单元 [ISO/IEC 7498-1]
IS	Intrinsic safety	本质安全
LbE	Loopback-enable signal(to MAU)	回送使能信号(至MAU)
MAU	Medium attachment unit (for wire media, MAU=transceiver)	媒体附属单元(对于电缆,MAU=收发器)
MDS	Medium dependent sublayer	媒体相关子层
min o/p	Minimum output voltage peak-to-peak	输出最小峰-峰值电压
MIS	Media independent sublayer	媒体无关子层
NRZ	Non-return-to-zero code	不归零码

注:高电平=逻辑“1”,低电平=逻辑“0”。

Ph	Physical(as a prefix) [ISO/IEC 7498-1]	物理的(作为前缀) [ISO/IEC 7498-1]
PhE	Physical layer entity [ISO/IEC 7498-1]	物理层实体 [ISO/IEC 7498-1]
PhL	Physical layer [ISO/IEC 7498-1]	物理层 [ISO/IEC 7498-1]
PhICI	Physical layer interface control information [ISO/IEC 7498-1]	物理层接口控制信息 [ISO/IEC 7498-1]
PhID	Physical layer interface data [ISO/IEC 7498-1]	物理层接口数据 [ISO/IEC 7498-1]
PhIDU	Physical layer interface data unit [ISO/IEC 7498-1]	物理层接口数据单元 [ISO/IEC 7498-1]
PhPCI	Physical layer protocol control information [ISO/IEC 7498-1]	物理层协议控制信息 [ISO/IEC 7498-1]
PhPDU	Physical layer protocol data unit [ISO/IEC 7498-1]	物理层协议数据单元 [ISO/IEC 7498-1]
PhS	Physical layer service [ISO/IEC 7498-1]	物理层服务 [ISO/IEC 7498-1]
PhSAP	Physical layer service access point [ISO/IEC 7498-1]	物理层服务访问点 [ISO/IEC 7498-1]

PhSDU	Physical layer service data unit [ISO/IEC 7498-1]	物理层服务数据单元 [ISO/IEC 7498-1]
pk	Peak	峰值
pk-pk	Peak-to-peak	峰-峰值
RDF	Receive-data-and-framing signal(from DCE)	接收数据和成帧信号(来自DCE)
RFI	Radio frequency interference	射频干扰
RTS	Request-to-send signal(to DCE)	请求发送信号(至DCE)
RxA	Receive-activity signal(from DCE)	接收活动信号(来自DCE)
RxC	Receive-clock signal(from DCE)	接收时钟信号(来自DCE)
RxS	Receive signal(from MAU)	接收信号(来自MAU)
SDU	Service data unit [ISO/IEC 7498-1]	服务数据单元 [ISO/IEC 7498-1]
TxC	Transmit-clock signal(from DCE)	发送时钟信号(来自DCE)
TxD	Transmit-data signal(to DCE)	发送数据信号(至DCE)
TxE	Transmit-enable signal(to MAU)	发送使能信号(至MAU)
TxS	Transmit signal(to MAU)	发送信号(至MAU)

4.2.2 类型2:缩略语

BNC	Bayonet Neill Concelman(connector for coaxial cable having a bayonet-type shell with two small knobs on the female connector, which lock into spiral slots in the male connector when it is twisted) [IEC 60169-8]	同轴电缆连接器 [IEC 60169-8]
DCE	Data communication equipment	数据通信设备
DL	Data-link(as a prefix) [ISO/IEC 7498-1]	数据链路(作为前缀) [ISO/IEC 7498-1]
DLL	Data-link layer [ISO/IEC 7498-1]	数据链路层 [ISO/IEC 7498-1]
MAC	Medium access control(lower section of the data-link layer, interfacing with the physical layer)	媒体访问控制(与物理层交互的数据链路层的较低部分)
MAC ID	Medium access control identification-address of a node	媒体访问控制标识:一个节点的地址
MAU	Medium attachment unit(for wire media, MAU=transceiver)	媒体附属单元(对于电缆,MAU=收发器)
MDS	Medium dependent sublayer	媒体相关子层
MIS	Media independent sublayer	媒体无关子层
NAP	Network access port(local access to a device, i. e. not via the bus)	网络访问端口(对设备的本地访问,即不通过总线)
NetEnable	Transmit-enable signal	发送使能信号
NUT	Network update time [IEC 61158-4-2]	网络刷新时间 [IEC 61158-4-2]

Ph	Physical(as a prefix) [ISO/IEC 7498-1]	物理的(作为前缀) [ISO/IEC 7498-1]
PhL	Physical layer [ISO/IEC 7498-1]	物理层 [ISO/IEC 7498-1]
pk	Peak	峰值
Rcv	Receive	接收
Rx	Receive	接收
RxCarrier	Receive-carrier signal	接收载波信号
RxData	Receive-data signal	接收数据信号
RxPTC	Receive-data signal(NAP interface)	接收数据信号(NAP 接口)
RM	Repeater machine (mechanism for extending bus length, providing multiple medium interfaces, and allowing medium redundancy)	中继机制(为扩展总线长度,并提供多个媒体接口和允许媒体冗余的机制)
RRM	Ring repeater machine(mechanism for providing a ring topology on optical medium)	环中继机制(为光纤提供环型拓扑的机制)
SMAX	Scheduled maximum address [IEC 61158-4-2]	预定的最大地址 [IEC 61158-4-2]
TNC	Threaded Neill Concelman(threaded version of the BNC connector) [IEC 60169-17]	有螺纹的 BNC 连接器 [IEC 60169-17]
Tx	Transmit	发送
TxDataBar	Transmit-data signal(inverted)	发送数据信号(反向)
TxDataOut	Transmit-data signal	发送数据信号
TxPTC	Transmit-data signal(NAP interface)	发送数据信号(NAP 接口)
Xmit	Transmit	发送

4.2.3 类型 3:缩略语

ASC	Active star coupler	星型有源耦合器
BER	Bit error rate	比特差错率
CO	Converter	变换器
CTS	Clear-to-send signal(from DCE)	清除发送信号(来自 DCE)
DCE	Data communication equipment	数据通信设备
DGND	Data ground	数据地
DIS	DCE independent sublayer	DCE 无关子层
DL	Data-link(as a prefix)	数据链路(作为前缀)
DLE	Data-link entity	数据链路实体
DLL	Data-link layer [ISO/IEC 7498-1]	数据链路层 [ISO/IEC 7498-1]
DLPDU	Data-link protocol data unit [ISO/IEC 7498-1]	数据链路协议数据单元 [ISO/IEC 7498-1]
DTE	Data terminal equipment	数据终端设备
DUT	Device under test	被测设备
EMC	Electro-magnetic-compatibility	电磁兼容
EMI	Electro-magnetic interference	电磁干扰

FEC	Forward error correction	前向纠错
FISCO	Fieldbus intrinsically safe concept [7]	现场总线本质安全概念
FO	Fiber optic	光纤
FOC	Fiber optic cable	光缆
IS	Intrinsic safety	本质安全
LbE	Loopback enable signal(to MAU)	回送使能信号(至 MAU)
LSS	Line selector switch	线选开关
M/S	Master/slave station	主站/从站
MAU	Medium attachment unit (for wire media, MAU=transceiver)	媒体附属单元(对于电缆，MAU=收发器)
MDS	Medium dependent sublayer	媒体相关子层
MIS	Media independent sublayer	媒体无关子层
n	Number of a station	站号
NRZ	Non-return-to-zero code	不归零码

注：高电平＝逻辑“1”，低电平＝逻辑“0”。

OST	Overshot of transition	转换过冲
PC	Physical contact	物理接触
Ph	Physical(as a prefix)	物理的(作为前缀)
Ph-ASYN-DATA	Physical data service for asynchronous transmission	异步传输的物理数据服务
PhE	Physical layer entity [ISO/IEC 7498-1]	物理层实体 [ISO/IEC 7498-1]
PhICI	Physical layer interface control information [ISO/IEC 7498-1]	物理层接口控制信息 [ISO/IEC 7498-1]
PhID	Physical layer interface data [ISO/IEC 7498-1]	物理层接口数据 [ISO/IEC 7498-1]
PhIDU	Physical layer interface data unit [ISO/IEC 7498-1]	物理层接口数据单元 [ISO/IEC 7498-1]
PhL	Physical layer [ISO/IEC 7498-1]	物理层 [ISO/IEC 7498-1]
PhM	Ph-management	Ph 管理
PhMS	Ph-management service	Ph 管理服务
PhPCI	Physical layer protocol control information [ISO/IEC 7498-1]	物理层协议控制信息 [ISO/IEC 7498-1]
PhPDU	Physical layer protocol data unit [ISO/IEC 7498-1]	物理层协议数据单元 [ISO/IEC 7498-1]
PhS	Physical layer service [ISO/IEC 7498-1]	物理层服务 [ISO/IEC 7498-1]
PhSAP	Physical layer service access point [ISO/IEC 7498-1]	物理层服务访问点 [ISO/IEC 7498-1]
PhSDU	Physical layer service data unit [ISO/IEC 7498-1]	物理层服务数据单元 [ISO/IEC 7498-1]
pk-pk	Peak-to-peak	峰-峰值

RDF	Receive-data-and-framing signal(from DCE)	接收数据和成帧信号(来自DCE)
REP	Repeater	中继器
RFI	Radio frequency interference	射频干扰
RTS	Request-to-send signal(to DCE)	请求发送信号(至DCE)
RxA	Receive-activity signal(from DCE)	接收活动信号(来自DCE)
RxC	Receive-clock signal(from DCE)	接收时钟信号(来自DCE)
RxS	Receive Signal(from MAU)	接收信号(来自MAU)
Stn	Stations(master or slave)	站(主站或从站)
TPC	Twisted-pair cable	双绞线
TxC	Transmit-clock signal(from DCE)	发送时钟信号(来自DCE)
TxD	Transmit-data signal(to DCE)	发送数据信号(至DCE)
TxE	Transmit-enable signal(to MAU)	发送使能信号(至MAU)
TxS	Transmit Signal(to MAU)	发送信号(至MAU)
UART	Universal asynchronous receiver/transmitter	通用异步接收器/发送器

4.2.4 类型4:缩略语

CTS	Clear-to-send signal(from DCE)	清除发送信号(来自DCE)
DCE	Data communication Equipment	数据通信设备
DL	Data-link(as a prefix) [ISO/IEC 7498-1]	数据链路(作为前缀) [ISO/IEC 7498-1]
DLE	Data-link entity	数据链路实体
DLL	Data-link layer [ISO/IEC 7498-1]	数据链路层 [ISO/IEC 7498-1]
DTE	Data terminal equipment	数据终端设备
MAU	Medium attachment unit (for wire media, MAU=transceiver)	媒体附属单元(对于电缆,MAU=收发器)
MDS	Medium dependent sublayer	媒体相关子层
MIS	Media independent sublayer	媒体无关子层
NRZ	Non-return-to-zero code	不归零码

注:高电平=逻辑"1",低电平=逻辑"0"。

Ph	Physical(as a prefix) [ISO/IEC 7498-1]	物理(作为前缀) [ISO/IEC 7498-1]
PhE	Physical layer entity [ISO/IEC 7498-1]	物理层实体 [ISO/IEC 7498-1]
PhL	Physical layer [ISO/IEC 7498-1]	物理层 [ISO/IEC 7498-1]
PhICI	Physical layer interface control information [ISO/IEC 7498-1]	物理层接口控制信息 [ISO/IEC 7498-1]
PhID	Physical layer interface data [ISO/IEC 7498-1]	物理层接口数据 [ISO/IEC 7498-1]
PhPDU	Physical layer protocol data unit [ISO/IEC 7498-1]	物理层协议数据单元 [ISO/IEC 7498-1]
RTS	Request-to-send signal(to DCE)	请求发送信号(至DCE)
RxS	Receive Signal(from MAU)	接收信号(来自MAU)

TxE	Transmit-enable signal(to MAU)	发送使能信号(至 MAU)
TxS	Transmit Signal(to MAU)	发送信号(至 MAU)

4.2.5 类型 6:本条已被删除

注:本条只是编辑上的占位。

4.2.6 类型 8:缩略语

BC	Bus connector	总线连接器
BLL	Basic link layer	基本链路层
BSY	Busy	忙
CPIC	Cable plant interface connector	电缆接口连接器
CRC	Cyclic redundancy check	循环冗余校验
CTS	Clear-to-send	清除发送
DL	Data-link(as a prefix) [ISO/IEC 7498-1]	数据链路(作为前缀) [ISO/IEC 7498-1]
DLL	Data-link layer [ISO/IEC 7498-1]	数据链路层 [ISO/IEC 7498-1]
DI	Data In	数据输入
DLPDU	Data-link process data unit	数据链路处理数据单元
DO	Data out	数据输出
DS	Data select	数据选择
GND	Ground	地
ICI	Interface control information	接口控制信息
ID	Identifier	标识符
LbE	Loopback enable	回送使能
LSB	Least significant byte(octet)	最低有效字节(八位位组)
MA	Medium activity	媒体活动
MAC	Medium access control	媒体访问控制
MAU	Medium attachment unit	媒体附属单元
MDS	Medium dependent sublayer	媒体相关子层
MIS	Media independent sublayer	媒体无关子层
MSB	Most significant bit	最高有效位
NRZ	Non-return-to-zero	不归零
PCS	Plastic-clad silica fiber	塑料护套玻璃纤维
Ph	Physical(as a prefix) [ISO/IEC 7498-1]	物理(作为前缀) [ISO/IEC 7498-1]
PhE	Physical layer entity [ISO/IEC 7498-1]	物理层实体 [ISO/IEC 7498-1]
PhICI	Physical interface control information	物理接口控制信息
PhIDU	Physical interface data unit	物理接口数据单元
PhL	Physical layer [ISO/IEC 7498-1]	物理层 [ISO/IEC 7498-1]
PhPDU	Physical protocol data unit	物理协议数据单元
PhSDU	Physical service data unit	物理服务数据单元
PNM1	Peripherals network management of layer 1	层 1 的外围网络管理

POF	Polymer optical fiber	聚合光纤
RI	Reset-in	输入复位
RO	Reset-out	输出复位
RqDly1	Request delay 1	请求延时 1
RqDly2	Request delay 2	请求延时 2
RTS	Request-to-send	请求发送
RxA	Receive-activity	接收活动
RxC	Receive-clock	接收时钟
RxCR	Receive control line	接收控制线
RxD	Receive data	接收数据
RxS	Receive sequence	接收序列
RxSL	Receive select line	接收选择线
SL	Select line	选择线
TRst	Coding and decoding(of the Reset PhPDU)	编码和解码(复位 PhPDU)
TxC	Transmit clock	发送时钟
TxCR	Transmit control line	发送控制线
TxD	Transmit data	发送数据
TxS	Transmit sequence	发送序列
TxSL	Transmit select line	发送选择线

4.2.7 类型 12:缩略语

EBUS	A Type 12 physical layer as described in this international standard	在本部分中描述的类型 12 物理层
EOF	End of Frame	帧尾
LVDS	Low Voltage Differential Signaling	低压差分信号传输
PCB	Printed Circuit Board	印刷电路板
RxS	Receive Signal	接收信号
SOF	Start of Frame	帧头
TxS	Transmit Signal	发送信号

4.2.8 类型 16:缩略语

DPLL	digital phase locked loop	数字锁相环
HCS	hard clad silica(glass fiber)	硬护套玻璃光纤
IC	Integrated circuit	集成电路
LED	light emitting diode	发光二极管
LSB	least significant bit	最低有效位
MSB	most significant bit	最高有效位
NRZI	non-return-to-zero-inverted	倒转不归零
POF	polymer optical fiber(plastic fiber)	聚合光纤(塑料光纤)
RxCLK	receiving clock	接收时钟
RxD	received data	接收的数据
TxCLK	transmitting clock	发送时钟
TxD	transmitted data	发送的数据

4.2.9 类型 18：缩略语

CMOS	Complimentary Metal Oxide Silicon-a class of digital logic interface specifications	互补型金属氧化物半导体：一种数字逻辑接口规范
DA/DB	Data A and Data B-the communications signal pair	数据 A 和数据 B 通信信号对
DG	Data Ground-zero potential communications signal reference	数据地-通信信号的零电位基准
FG	Field Ground-the zero potential device reference	现场地：设备零电位基准
NRZI	Non-Return to Zero Inverted	倒转不归零
PhL-B	Physical layer-Basic type	物理层：基本类型
PhL-P	Physical layer-Powered type	物理层：供电类型
RxS	Receive Signal	接收信号
SLD	Shield-linear Faraday cage	屏蔽：线性法拉第笼
TTL	Transistor-Transistor Logic-a class of digital logic interface specifications	晶体管-晶体管逻辑：一种数字逻辑接口规范
TxE	Transmit Enable	发送使能
TxS	Transmit Signal	发送信号
UL	Unit Load	单位负载

5 DLL-PhL 接口

5.1 概述

本条定义了所需的物理服务(PhS)原语和使用这些原语的限制。

注 1：数据链路-物理接口是在虚拟机之间的一个虚拟服务接口；由于本部分不要求该接口外露，因此对物理信号线没有提出要求。

如图 2 所示，PhIDU 应按照 ISO/IEC 7498 的要求在 DLL 和 PhL 之间传送。

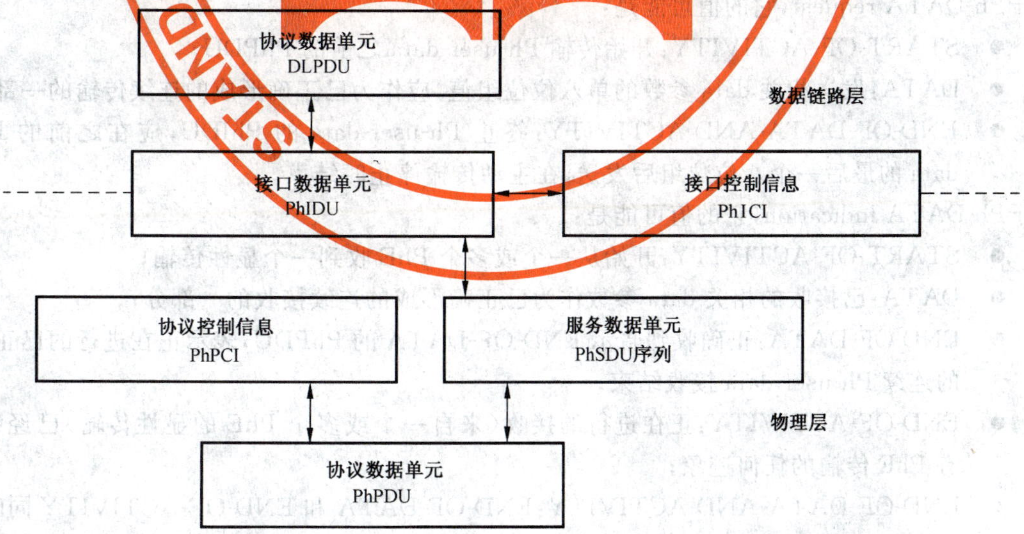

注：PhPCI 和 PhICI 的支持是类型特定的。

图 2 DLL-PhL 接口数据单元之间的映射

注 2：这些服务用于 DLL 实体和与之相关的 PhL 实体之间的 PhIDU 交换。该传输是协同操作的 DLL 实体之间事务处理的一部分。本条所列出的服务是为DLL实体协同操作提供的基本服务，通过这些服务它们能够在共享的通信媒体上进行传输和数据交换。如果需要的话，可提供数据交换的同步及其相关操作。

注3：合理的分层要求(N+1)层实体不被干预，并且(N)服务接口没有过度约束，(N)层提供它的(N)服务所使用的方法。因此，Ph服务接口不需要DLE了解PhE的内部细节(例如：前同步码、后同步码和帧定界符信号模式、每波特的位数)，而且不应妨碍PhE使用适当的改进技术。

注4：基于工业实际应用，规定了许多不同的DLL-PhL接口。

5.2 类型1：必需的服务

5.2.1 PhS的原语

5.2.1.1 概述

在PhL-DLL接口，PhS-user数据交换的最小单位是一个八位位组。

5.2.1.2 Ph-CHARACTERISTICS Indication

PhS应提供以下服务原语来报告基本PhS工作特性(可能在DLL传输、接收和调度活动中使用)：

Ph-CHARACTERISTICS indication(minimum-data-rate，framing-overhead)

其中：

——minimum-data-rate：应规定有效的最小数据传输速率(单位bit/s)，包括任何定时容差。

注1：标称数据速率为(1±0.01%)Mbit/s的PhE，应规定最小数据速率0.999 9 Mbit/s。

——framing-overhead：应规定传输不直接传送数据的PhPDU(例如：PhPDU传送前同步码、帧定界符、后同步码、帧间“静默”等等)所用的比特周期(数据速率的倒数)的最大数。

注2：如果framing-overhead的值为F并且两个DL报文的长度为L_1和L_2，那么发送一条长度为L_1+F+L_2的报文所花的时间至少等于发送两条长度为L_1和L_2的即时连续报文所花的时间。

5.2.1.3 PhS发送和接收服务

PhS为发送和接收应提供以下服务原语：

——Ph-DATA request(class，data)

——Ph-DATA indication(class，data)

——Ph-DATA confirm(status)

其中：

——class应规定PhIDU的PhICI组件：

对于Ph-DATA request，它的值可能是：

- START-OF-ACTIVITY：开始传输Ph-user-data之前的PhPDU；
- DATA：发送相关data参数的单八位位组值，应作为已正确形成的连续传输的一部分；
- END-OF-DATA-AND-ACTIVITY：终止Ph-user-data的PhIDU，应在之前的Ph-user-data的最后一个八位位组后发送，在主动传输停止时结束。

对于Ph-DATA indication，它的值可能是：

- START-OF-ACTIVITY：开始从一个或多个PhE收到一个显性传输；
- DATA：已接收的相关data参数作为已正确形成的连续接收的一部分；
- END-OF-DATA：正确收到暗示END-OF-DATA的PhPDU，表示正在进行的已正确形成的连续Ph-user-data接收结束；
- END-OF-ACTIVITY：正在进行的接收(来自一个或多个PhE的显性传输)已经结束，没有PhE传输的任何迹象；
- END-OF-DATA-AND-ACTIVITY：END-OF-DATA和END-OF-ACTIVITY同时发生。

——data应规定PhIDU的PhID组件。它由要发送的Ph-user-data(Ph-DATA request)的一个八位位组，或者已成功接收的Ph-user-data(Ph-DATA indication)的一个八位位组组成。

——status应规定成功或者本地检测到的用于判断失败的原因。

Ph-DATA confirm原语应提供关键的物理同步反馈，以保证在第一个发送完成之前，禁止DLE启动第二个发送。在 PhE 完成发送之后,才发送最终的 Ph-DATA confirm。

5.2.2 PhS 特性报告

PhS 负责把与 DLE 操作相关的 PhS 特性通知给 DLE。当 PhE 启动时,在每个 PhE 的 PhSAP 上,PhE 应发出一个 Ph-CHARACTERISTICS indication 原语来报告 PhS 特性。

5.2.3 Ph-user-data 的发送

PhE 应决定所有发送定时。当 DLE 发送一个 PhSDU 序列时,它应通过生成一个正常格式的 Ph-DATA request 序列来发送 PhSDU 序列。该序列由一个规定 START-OF-ACTIVITY 的 request,后面 3～300 个连续的规定 DATA 的 request(每个 request 传送一个 PhSDU),以及最后的规定 END-OF-DATA-AND-ACTIVITY 的 request 组成。

PhE 应发送 Ph-DATA confirm 原语,表示每个 Ph-DATA request 已完成,并准备接受一个新的 Ph-DATA request;Ph-DATA confirm 原语的 status 参数应传送相关 Ph-DATA request 成功或失败。直到 PhE 发送对应于第一个 Ph-DATA request 的 Ph-DATA confirm 后,DLE 才能发送第二个 Ph-DATA request。

5.2.4 Ph-user-data 的接收

PhE 应用一个正常格式的 Ph-DATA indication 序列来报告一个已接收的传输,该序列由下列之一组成:

a) 一个规定 START-OF-ACTIVITY 的 indication,后面为连续的规定 DATA 的 indication(每个 indication 传送一个 PhSDU),然后为一个规定 END-OF-DATA 的 indication,最后为一个规定 END-OF-ACTIVITY 的 indication;

b) 一个规定 START-OF-ACTIVITY 的 indication,后面为连续的规定 DATA 的 indication(每个 indication 传送一个 PhSDU),然后为一个规定 END-OF-DATA-AND-ACTIVITY 的 indication;

c) 一个规定 START-OF-ACTIVITY 的 indication,可选地,后面为一个或多个连续的规定 DATA 的 indication(每个 indication 传送一个 PhSDU),最后为一个规定 END-OF-ACTIVITY 的 indication。

最后的序列用于指示未完成的或不正确的接收。在被接收的 PhSDU 序列或在 PhE 的接收过程中检测到差错时,将禁用带有 class 参数为规定 DATA、END-OF-DATA,或 END-OF-DATA-AND-ACTIVITY 的其余 Ph-DATA indication 原语,直到规定 END-OF-ACTIVITY 和 START-OF-ACTIVITY 的 Ph-DATA indication 分别报告当前活动周期结束和下一个活动周期开始为止。

5.3 类型 2:必需的服务

5.3.1 概述

5.3 定义了使用它们所必需的物理服务(PhS)原语和约束。

在任何 PhL 变型的实现中,DLL-PhL 的接口不必是外露的。此接口可位于节点内部,也可在半导体器件的内部。但如果声明符合 DLL-PhL 接口,那么它应符合 5.3 的要求。

5.3.2 M_symbols

DLL-PhL 接口上的 PhL 接口数据单元应为 M_symbol,如表 1 所示。M_ND 符号应用来为起始和结束定界符生成独特的数据模式。

表 1 数据编码规则

数据位(通用名)	M_symbol 表示
数据“0”	M_0 或者{0}
数据“1”	M_1 或者{1}
“non_data＋”	M_ND＋或者{＋}
“non_data－”	M_ND－或者{－}

5.3.3 **Ph-LOCK indication**

Ph-LOCK indication 应通过 MDS 提供数据锁或者 Ph-symbol 同步的表示。Ph-LOCK indication 的有效状态应为真(true)或假(false)。只要有效的 Ph-symbol 在 MIS—MAU 接口出现，并且 DLL-PhL 接口的 MAC_Symbol 定时符合时钟精度要求，那么 Ph-LOCK indication 值为真。Ph-LOCK 在帧间(媒体上没有 Ph-symbol 出现时)或无论何时数据同步丢失，或者定时不符合时钟精度要求时，Ph-LOCK indication 值为假。Ph-LOCK indication 在起始定界符开始之前应为真。

5.3.4 **Ph-FRAME indication**

Ph-FRAME indication 应提供来自 MAU 的有效数据帧的指示。Ph-FRAME indication 有效的状态可以为真(true)或假(false)。当 Ph-LOCK indication＝true，并且收到第一个有效的起始定界符时，Ph-FRAME indication 值为真。在接收到下一个 M_ND 符号(紧跟着起始定界符)，或者 Ph-CLOCK indication＝false 时，Ph-FRAME indication 值为假。

注：这个信号提供到 DLL 的八位位组同步。

5.3.5 **Ph-CARRIER indication**

Ph-CARRIER indication 应表示媒体上出现信号载波。当在任何最近 4 个 M_symbol 时间内，MIS—MAU 接口的 RxCARRIER 为真时，Ph-CARRIER indication 值为真，其他情况下为假。

5.3.6 **Ph-DATA indication**

Ph-DATA indication 应表示表 1 中的 M_symbol。有效符号应为 M_0、M_1、M_ND＋或者 M_ND－(或 M_symbol)。当 Ph-LOCK indication 为真时，Ph-DATA indication 表示从 MAU 解码的 M_symbol。

5.3.7 **Ph-STATUS indication**

Ph-STATUS indication 应表示从 MAU 接收的帧的状态，如表 2 所示。有效符号应为 Normal，Abort和 Invalid。在收到一个由起始定界符、有效的曼彻斯特编码数据(非 M_ND 符号)和结束定界符组成的帧(Ph-FRAME indication＝true)之后，Ph-STATUS indication 应指示 Normal。在收到一个由起始定界符、有效的曼彻斯特编码数据和另一个起始定界符组成的帧(Ph-FRAME indication＝true)之后，Ph-STATUS indication 应指示 Abort。在收到一个由起始定界符和检测到的不是起始或者结束定界符一部分的任何 M_ND symbol 组成的帧(Ph-FRAME indication＝true)之后，Ph-STATUS indication 应指示 Invalid。

表 2 Ph-STATUS indication 真值表

Ph-STATUS indication	Ph-FRAME indication	信号帧中的起始定界符	结束定界符检测	任意无定界符的曼彻斯特违规
Normal	true	1	true	false
Abort	true	2	无关	false
Invalid	true	1	无关	true

5.3.8 **Ph-DATA request**

Ph-DATA request 应表示要传输的 M_symbol。有效符号应为 M_0、M_1、M_ND＋或者 M_ND－，如表 1 所示。当没有数据要传输(并且 Ph-FRAME request＝false)时，Ph-DATA request 值应指示 M_0。

5.3.9 **Ph-FRAME request**

当 Ph-DATA request 表示的 M_symbol 被编码为合适的 Ph-symbol 并且传递到 MAU 时，Ph-FRAME request 应为真；而当没有有效的 Ph-symbol 传递到 MAU 时，应为假。

5.3.10 **Ph-JABBER indication**

如果 MDS—MAU 接口检测到一个大小等于或者超过 1 024 个八位位组(8 192 个 M_symbol)的

帧(Ph-FRAME indication＝true),并且 Ph-JABBER-TYPE request 为真,那么 Ph-JABBER indication 应为真。如果 MDS—MAU 接口检测到一个大小等于或者超过 2 048 个八位位组(16 384 个 M_symbol)的帧(Ph-FRAME indication＝true),并且 Ph-JABBER-TYPE request 为假,那么 Ph-JABBER indication 应为真。在其他情况下,Ph-JABBER indication 应为假。一旦 Ph-JABBER indication 的值置为真,那么它会被 MDS 锁定在这种状态,直到 Ph-JABBER-CLEAR request 为真,或者节点的电源被切断并恢复,或者节点被初始化为止。

5.3.11 Ph-JABBER-CLEAR request

在正常操作情况下,Ph-JABBER-CLEAR request(可选的)应为假。当需复位已被锁在真状态的 Ph-JABBER indication 时,应为真。

5.3.12 Ph-JABBER-TYPE request

如果节点是传输数据源("NODE")时,Ph-JABBER-TYPE request 应为真;如果节点重发从其他节点已接收的数据(例如,充当来自其他节点数据的"REPEATER",见附录 G)时,那么 Ph-JABBER-TYPE request 应为假。

Ph-JABBER indication 和 Ph-JABBER-TYPE request 的组合如表 3 所示。

表 3 Jabber indication

Ph-JABBER indication	Ph-JABBER-TYPE request	帧长度
true	ture＝"NODE"	≥1 024 个八位位组
true	false＝"REPEATER"	≥2 048 个八位位组
false	ture＝"NODE"	<1 024 个八位位组
false	false＝"REPEATER"	<2 048 个八位位组

5.4 类型 3:必需的服务

5.4.1 同步传输

应使用类型 1 所规定的服务(见 5.2)。

5.4.2 异步传输

5.4.2.1 PhS 发送和接收服务

用于异步传输(Ph-ASYN-DATA)的数据服务包括两个服务原语:请求(request)原语用于由 DLE 请求一个服务;指示(indication)原语用于向 DLE 指示一个接收。这些原语的名称如下:

——Ph-ASYN-DATA request

——Ph-ASYN-DATA indication

这些原语的瞬时关系如图 3 所示。

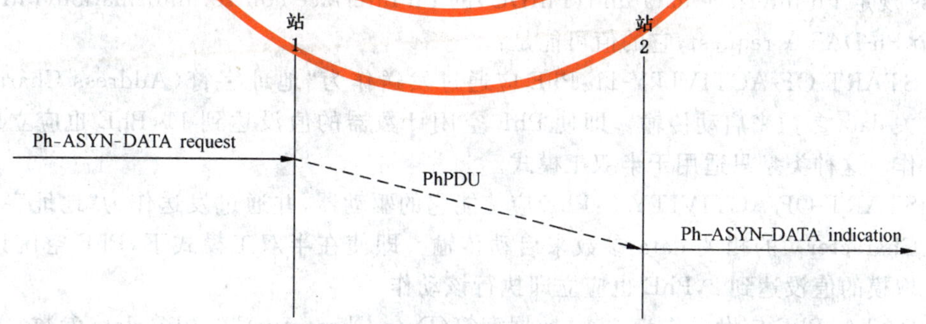

图 3 异步传输的数据服务

5.4.2.2 服务和交互的详细规定

本条以一种抽象的方式详细描述服务原语及有关参数。参数包含在 PhL-DLL 接口上交换的 PhS-user 数据，PhS-user 数据交换的最小单位是一个比特。

原语的参数：

——Ph-ASYN-DATA request(DL_symbol)

参数 DL_symbol 应具有指定 PhIDU 的 PhID 组件的下列值之一，其可能取值应为：

a) ZERO 对应于二进制"0"；

b) ONE 对应于二进制"1"；

c) SILENCE 当无 DL_symbols 要传输时，停用发送器。

将 Ph-ASYN-DATA 请求原语从 DLE 传递到 PLE，以请求将给定的符号发送到现场总线媒体。

这种原语的接收将引发 PhE 尝试编码并且发送 DL-symbol。

Ph-ASYN-DATA request 是每个 DL-symbol 周期(t_{BIT})仅产生一次的原语。PhE 可以用本地定义的证实原语来证实该原语。

——Ph-ASYN-DATA indication(DL_symbol)

参数 DL_symbol 应具有下列值之一：

a) ZERO 对应于二进制"0"；

b) ONE 对应于二进制"1"。

将 Ph-ASYN-DATA indication 原语从 PhE 传送到 DLE，以指示从现场总线媒体接收到一个 DL-symbol。对 DLE 接收该原语的结果未作规定。

Ph-ASYN-DATA indication 是每个 DL-symbol 周期(t_{BIT})仅产生一次的原语。

5.5 类型 4：必需的服务

5.5.1 概述

应依照 ISO 7498 的要求在 DLL 和 PhL 之间传递 PhIDU。

5.5.2 PhS 原语

5.5.2.1 概述

现场总线协议中传输的最小单位是一个八位位组。这是在 PhL-DLL 接口 PhS-user 数据交换的最小单位。

5.5.2.2 PhS 发送和接收服务

PhS 为发送和接收提供以下服务原语：

——Ph-DATA request(class,data)

——Ph-DATA indication(class,data,status)

——Ph-DATA confirm(status)

其中：

——class 规定 Ph-interface-data-unit(PhIDU)的 Ph-interface-control-information(PhICI)组件。

对于一个 Ph-DATA request，它的值可能是：

- START-OF-ACTIVITY-11：PhE 应通过发送作为"地址字符(Address Character)"的相关 data 参数来启动传输。即使 PhE 空闲计数器的值没达到 11，PhE 也应立即执行该动作。这种类型只适用于半双工模式。
- START-OF-ACTIVITY-2：PhE 应使能它的驱动器，并通过发送作为"地址字符(Address Character)"的相关 data 参数来启动传输。即使在半双工模式下，PhE 空闲计数器对 10 取模的值没达到 2，PhE 也应立即执行该动作。
- DATA：PhE 应发送作为一个"数据字符(Data Character)"的相关 data 参数。
- END-OF-ACTIVITY：PhE 应等待直到所有之前从 DLE 接收的数据传输完成后，才终止传输。不应传输相关 data 参数。

对于一个 Ph-DATA indication，它的值可能是：

- START-OF-ACTIVITY：PhE 接收到一个"地址字符(Address Character)"，其值在相关

data 参数中给出。相关 status 参数规定成功或者本地检测到的失败原因。

- DATA:PhE 接收到一个“数据字符(Data Character)”,其值在相关 data 参数中给出。相关 status 参数规定成功或者本地检测到的失败原因。
- LINK-IDLE:PhE 检测到链路上信号电平为“空闲(Idle)”的状态持续了 30、35、40、50、60……个比特周期。相关 status 参数说明链路在“空闲(Idle)”状态持续了 30、35、40 或更多个比特周期。这种类型只适用于半双工模式。

——data 规定 PhIDU 的 Ph-interface-data(PhID)组件。它由要传输的 Ph-user-data(Ph-DATA request)的一个八位位组,或者已成功接收的 Ph-user-data(Ph-DATA indication)的一个八位位组组成。

——status 规定成功或者本地检测到的失败原因,或者说明相关的 LINK-IDLE indication 指示链路活动后在“空闲(Idle)”状态持续了“30”、“35”、“40 或更多”个比特周期。

Ph-DATA confirm 原语提供必要的反馈,使 DLE 能够向 DLS-user 报告故障,如链路短路或者由于噪声引起的成帧差错,并且提供必要的严格物理定时,以保证在第一个发送完成之前,禁止 DLE 启动第二个发送。

5.5.3 Ph-user-data 的发送

5.5.3.1 概述

当 DLE 有一个 DLPDU 要发送,并且链路访问系统授权 DLE 可以发送时,那么 DLE 将发送 DLPDU,包括一个连接的 FCS。生成一个 Ph-DATA request 序列需按如下步骤:

a) 在半双工模式下,如果要传输的 DLPDU 是一个确认(Acknowledge)或立即应答(Immidiate-reply)DLPDU,或者这个传输是一个证实或无证实 DLPDU 的立即再发送,那么第一个 request 应规定 START-OF-ACTIVITY-11。如果队列中一个证实或者无证实 DLPDU 的传输开始启动,那么第一个 request 应规定 START-OF-ACTIVITY-2。在全双工模式下,第一个 request 应总是规定 START-OF-ACTIVITY-2。

b) 第一个 request 之后应紧跟规定 DATA 的连续的 request,并最后以一个规定 END-OF-ACTIVITY 的 request 作为结束。

PhE 发送 Ph-DATA confirm 原语,表示每个 Ph-DATA request 已完成,并准备接受一个新的 Ph-DATA request。Ph-DATA confirm 原语的 status 参数应传送相关 Ph-DATA request 成功或失败。

5.5.3.2 Ph-user-data 的接收

PhE 用 Ph-DATA indication 来报告一个已接收的传输,它由下列之一组成:

——一个规定 START-OF-ACTIVITY 的 indication;

——一个规定 START-OF-ACTIVITY 的 indication,随后为规定 DATA 的连续的 indication。

每个 indication 有一个相关 status 参数,说明相关数据的成功接收,或者本地检测到的失败原因。

5.6 类型 6:本条已被删除

注:本条只是编辑上的占位。

5.7 类型 8:必需的服务

5.7.1 概述

PhIDU 在 DLL 和 PhL 之间交换数据。为传递数据,DL-Ph 接口(MAC-MIS 接口)将使用下面的服务原语:

——Ph-DATA requst

——Ph-DATA confirm

——Ph-DATA indication

5.7.2 PhS 原语

5.7.2.1 Ph-DATA request(PhICI,PhIDU)

该服务原语用来从 MAC 子层向 MIS 传递数据单元,PhICI 参数决定将要被发送的接口数据单元

(PhIDU)的接口组件，包含下面的值：

——ID_Transfer

请求开始一个用于传输标识/控制数据的数据序列。

——data_transfer

请求开始一个用于传输用户数据的数据序列。

——start_ID_cycle

由主站请求开始一个用于传输标识/控制数据的标识周期。

——start_data_cycle

由主站请求开始一个用于传输用户数据的数据周期。

——user_data

请求传输由 PhIDU 参数(标识/控制数据或用户数据)定义的用户数据的数据单元。

——CRC_data

请求发送由 PhIDU 参数定义的校验和的数据单元。

——CRC_status

请求发送由 PhIDU 定义的校验和状态的数据单元。

——user_data_idle

请求发送 user_data_idle 报文。

——CRC_data_idle

请求发送 CRC_data_idle 报文。

——CRC_status_idle

请求发送 CRC_status_idle 报文。

注：start_data_cycle 和 start_ID_cycle 参数仅仅由主站 MAC 子层支持。

PhIDU 参数定义将要被传递的接口数据单元的数据组件。只有在 PhICI＝user_data、CRC_data 或 CRC_status 的情况下，它由一个比特构成。

5.7.2.2 Ph-DATA confirm(status)

该服务原语是对 Ph-DATA request 原语的确认，同时用于同步。status 参数指示相关的 Ph-DATA request 原语是否被成功执行。

5.7.2.3 Ph-DATA indication(PhICI,PhIDU)

该服务原语用来从 MIS 向 MAC 子层传递一个数据单元。PhICI 参数定义要被传递的接口数据单元(PhIDU)的接口组件，并可假定如下值：

——ID_transfer

指示用于传输标识/控制数据的数据序列的开始。

——data_transfer

指示用于传输用户数据的数据序列的开始。

——user_data

指示已正确接收用于传输用户数据(标识/控制数据或用户数据)的数据单元，该用户数据由 PhIDU 参数定义。

——CRC_data

指示已正确接收用于传输校验和的数据单元，该校验和由 PhIDU 参数定义。

——CRC_status

指示已正确接收用于传输校验和状态的数据单元，该校验和状态由 PhIDU 参数定义。

——user_data_idle

指示已接收 user_data_idle 报文。

——CRC_data_idle

指示已接收 CRC_data_idle 报文。

——CRC_status_idle

指示已接收 CRC_status_idle 报文。

PhIDU 参数定义了已被接收的接口数据单元的数据组件，它由一个比特构成。

5.7.3 交互概述

注：在通过 DL-Ph 接口进行数据传输时，数据序列（用户或标识数据传输）和校验序列（校验和数据传输）是不同的。

下面的内容适用于图 4～图 7。

——如果一个数据周期的数据序列后面跟随一个标识周期的数据序列，那么对于标识周期，标记为（+）的交互被忽略。

——如果一个标识周期的数据序列后面跟随一个数据周期的数据序列，那么对于数据周期，标记为（+）的交互被忽略。

5.7.3.1 数据序列

5.7.3.1.1 主站

图 4 和图 5 给出了一个主站（控制板）DL-Ph 接口的数据序列（标识周期和数据周期）的交互。

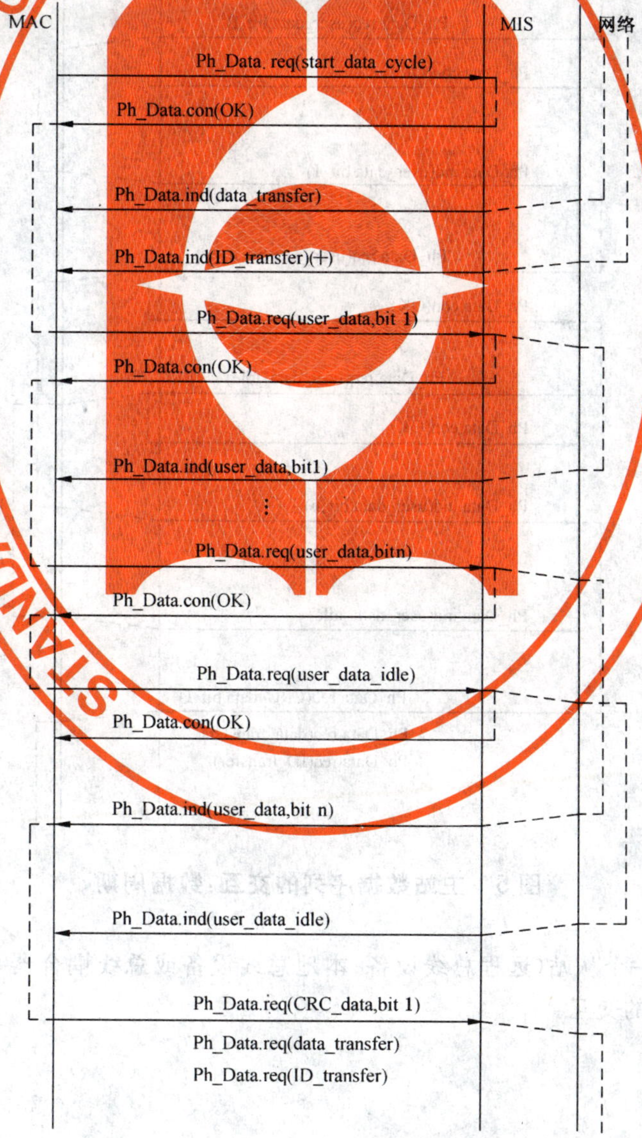

图 4 主站数据序列的交互：标识周期

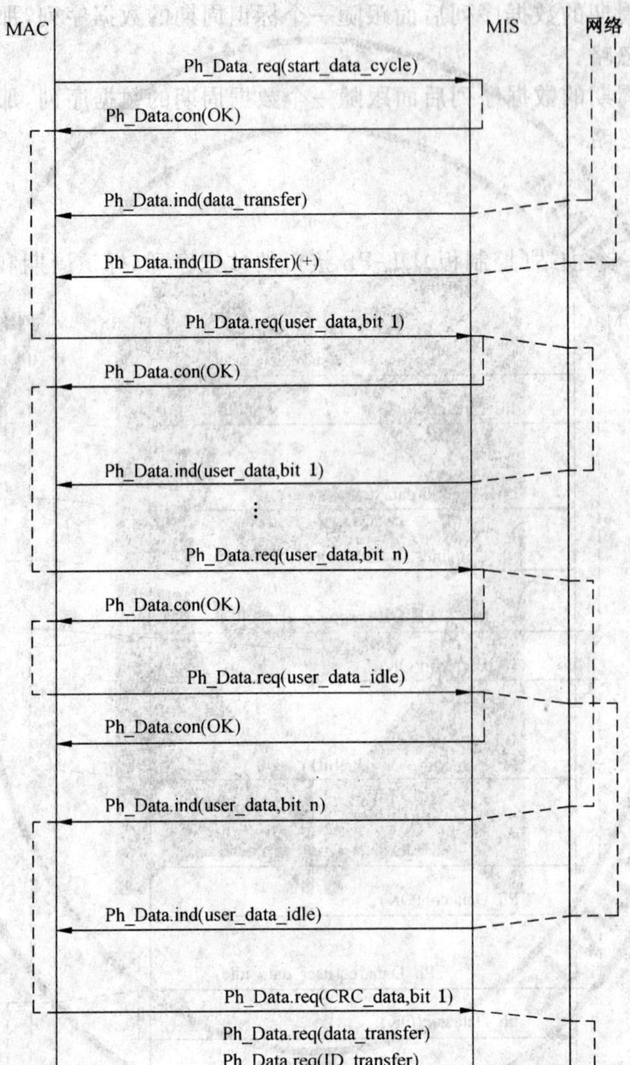

图 5　主站数据序列的交互:数据周期

5.7.3.1.2　从站

图 6～图 7 给出了一个从站(远程总线设备、本地总线设备或总线耦合器)DL-Ph 接口的数据序列(标识周期和数据周期)的交互。

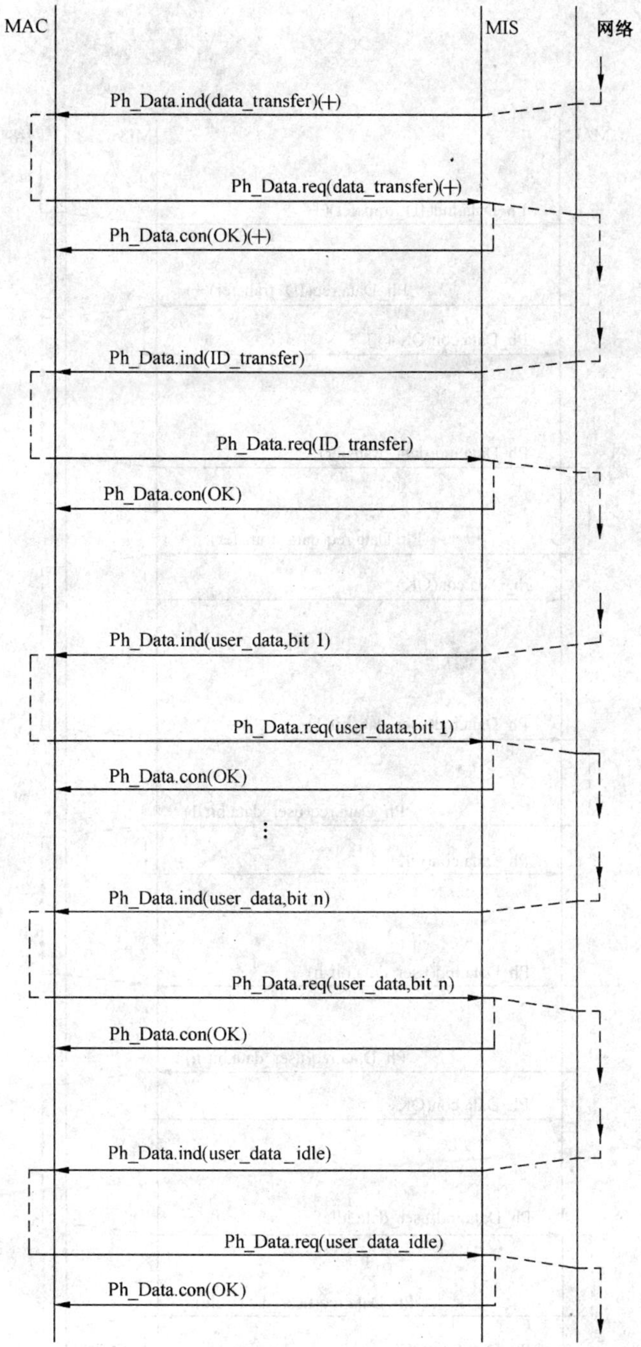

图 6　从站数据序列的交互:标识周期

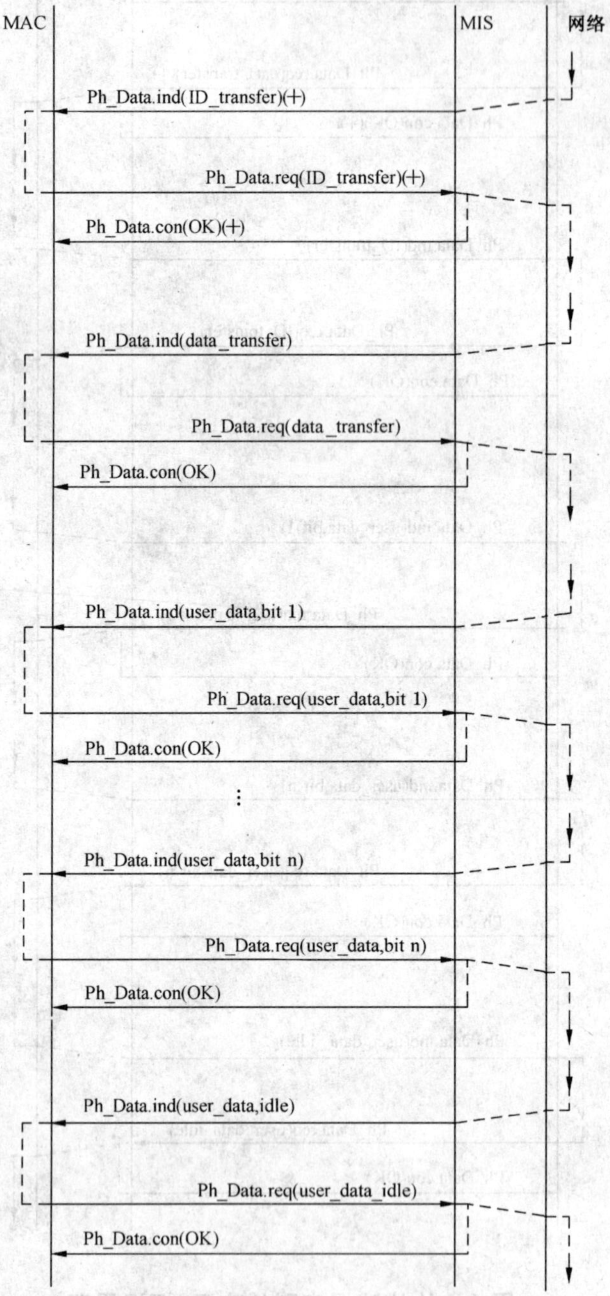

图 7　从站数据序列的交互:数据周期

5.7.3.2　校验序列

5.7.3.2.1　主站

图 8 给出了一个主站 DL-Ph 接口校验序列的交互。

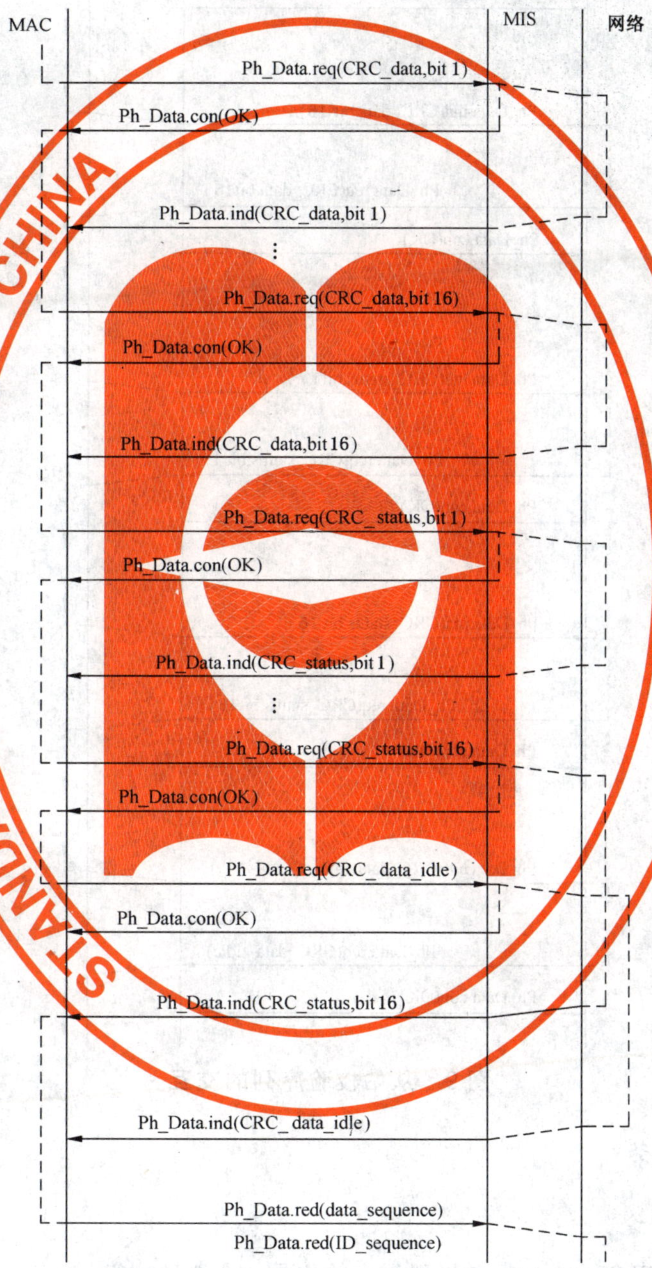

图 8　主站校验序列的交互

5.7.3.2.2　从站

图 9 给出了一个从站 DL-Ph 接口校验序列的交互。

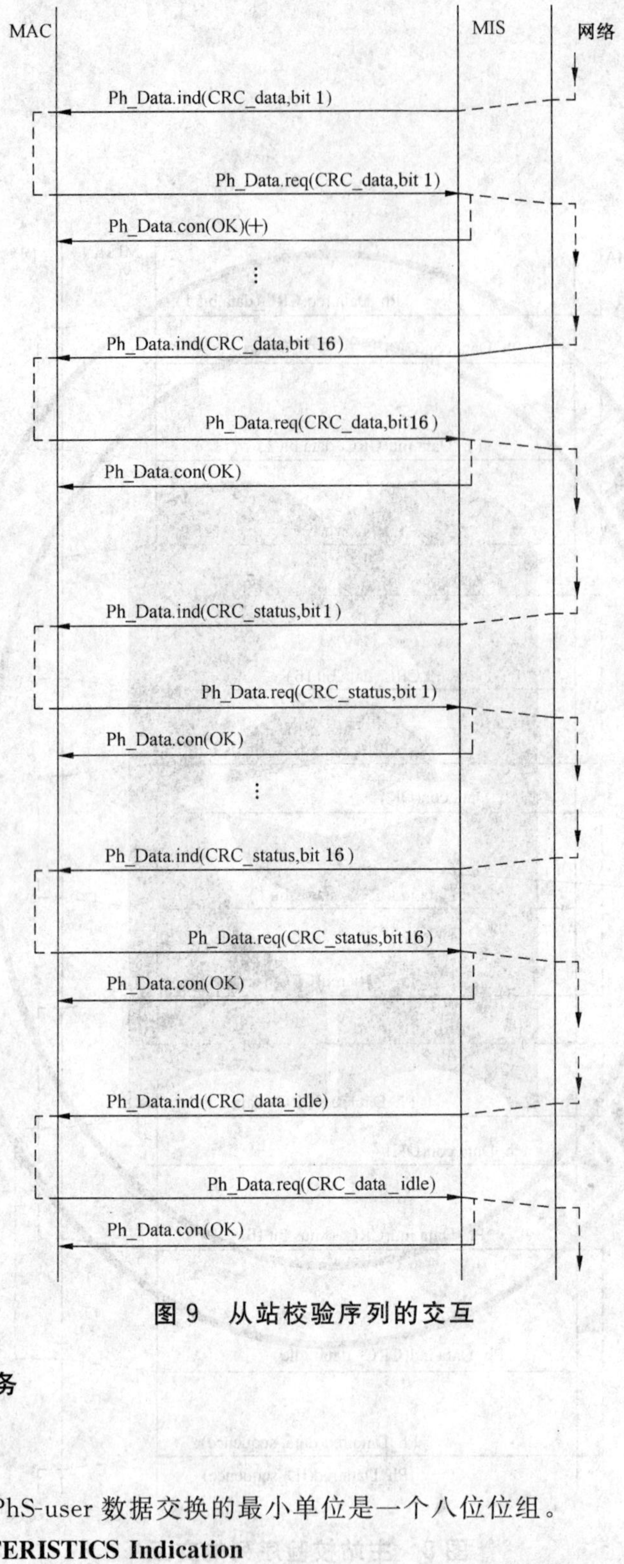

图9 从站校验序列的交互

5.8 类型12:必需的服务

5.8.1 PhS 原语

5.8.1.1 概述

在 PhL-DLL 接口,PhS-user 数据交换的最小单位是一个八位位组。

5.8.1.2 Ph-CHARACTERISTICS Indication

PhS 应提供以下服务原语来报告基本 PhS 特性(可能在 DLL 传输、接收和调度活动中使用):

Ph-CHARACTERISTICS indication(minimum-data-rate,framing-overhead)

其中:

——minimum-data-rate:应规定有效的最小数据传输速率(单位 bit/s),包括任何定时容差;

注1:标称数据速率为100(1±0.01%)Mbit/s 的 PhE 应规定最小数据速率 99.99 Mbit/s。

——framing-overhead：应规定传输不直接传送数据的 PhPDU(例如，PhPDU 传送前同步码、帧定界符、后同步码、帧间“静默”等等)所用的比特周期(数据速率的倒数)的最大数。

注 2：如果 framing-overhead 的值为 F 并且两个 DL 报文的长度为 L_1 和 L_2，那么发送一条长度为 L_1+F+L_2 的报文所花的时间至少等于发送两条长度为 L_1 和 L_2 的即时连续报文所花的时间。

5.8.1.3 PhS 发送和接收服务

PhS 为发送和接收应提供以下服务原语：

——Ph-DATA request(class,data)

——Ph-DATA indication(class,data)

——Ph-DATA confirm(status)

其中：

——class 应规定 PhIDU 的 PhICI 组件。

对于Ph-DATA request，它的值可能是：

- START-OF-FRAME：开始传输 Ph-user-data 之前的 PhPDU；
- DATA：发送相关 data 参数的单八位位组值，应作为已正确形成的连续传输的一部分；
- END-OF-FRAME：终止 Ph-user-data 的 PhIDU，应在前面 Ph-user-data 的最后一个八位位组之后发送的 PhPDU，表示 Ph-user-data 的结束。

对于Ph-DATA indication，它的值可能是：

- START-OF-FRAME：开始从一个或多个 PhE 收到一个显性传输；
- DATA：已接收的相关 data 参数作为已正确形成的连续接收的一部分；
- END-OF-FRAME：正确接收到 PhPDU，表示正在进行的已正确形成的连续 Ph-user-data 接收结束；
- END-W-ERROR：不正确收到的、暗示 END-OF-FRAME WITH ERROR 的 PhPDU，表示正在进行的已正确形成连续 Ph-user-data 接收被中断。

——data 应规定 PhIDU 的 PhID 组件。它由要传输的 Ph-user-data(Ph-DATA request)的一个八位位组，或者已成功接收的 Ph-user-data(Ph-DATA indication)的一个八位位组组成。

——status 应规定成功或者本地检测到的用于判断失败的原因。

Ph-DATA confirm 原语应提供关键的物理同步反馈，以保证在第一个发送完成之前，禁止 DLE 启动第二个发送。在 PhE 完成发送之后，才发送最终的 Ph-DATA confirm。

5.8.2 PhS 特性报告

PhS 负责把与 DLE 操作相关的 PhS 特性通知给 DLE。当 PhE 启动时，在每个 PhE 的 PhSAP 上，PhE 应发出一个 Ph-CHARACTERISTICS indication 原语来报告 PhS 特性。

5.8.3 Ph-user-data 的发送

PhE 应决定所有发送定时。当 DLE 发送一个 PhSDU 序列时，它应通过生成一个正常格式的 Ph-DATA request 序列来发送 PhSDU 序列。该序列由一个规定 START-OF-ACTIVITY 的 request，后面 72～1535 个连续的规定 DATA 的 request(每个 request 传送一个 PhSDU)，以及最后的规定 END-OF-FRAME 的 request 组成。

PhE 应发送 Ph-DATA confirm 原语，表示每个 Ph-DATA request 已完成，并准备接受一个新的 Ph-DATA request；Ph-DATA confirm 原语的 status 参数应传送相关 Ph-DATA request 成功或失败。直到 PhE 发送对应于第一个 Ph-DATA request 的 Ph-DATA confirm 后，DLE 才能发送第二个 Ph-DATA request。

5.8.4 Ph-user-data 的接收

PhE 应用一个正常格式的 Ph-DATA indication 序列来报告一个已接收的传输，该序列由下列之一组成：

a) 一个规定 START-OF-FRAME 的 indication,后面为连续的规定 DATA 的 indication(每个 indication 传送一个 PhSDU),最后为一个规定 END-OF-FRAME 的 indication;

b) 一个规定 START-OF-FRAME 的 indication,可选地,后面为一个或多个连续的规定 DATA 的 indication(每个 indication 传送一个 PhSDU),最后为一个规定 END-W-ERROR 的 indication。

最后的序列用于指示未完成的或不正确的接收。在被接收的 PhSDU 序列或在 PhE 的接收过程中检测到差错时,将禁用带有 class 参数为规定 DATA 或 END-OF-FRAME 的其余 indication 原语,直到规定 START-OF-FRAME 的 Ph-DATA indication 报告当前活动周期结束和下一个活动周期开始为止。

5.9 类型 16:必需的服务

5.9.1 PhS 原语

5.9.1.1 概述

在 PhL-DLL 接口,PhS-user 数据交换的最小单位是一个八位位组。

5.9.1.2 PhS 发送和接收服务

PhS 为发送和接收提供以下服务原语:

——Ph-Data request(class,data)

——Ph-Data indication(class,data)

——Ph-Data confirm(status)

其中:

——class 应规定 PhIDU 的 PhICI 组件。

对于Ph-Data request,它的值可能是:

- start-of-activity:开始传输 Ph-user-data 之前的 PhPDU;
- data:发送相关 data 参数的单八位位组值,应作为已正确形成的连续传输的一部分;
- end-of-data-and-activity:终止 Ph-user-data 的 PhIDU,应在之前的 Ph-user-data 的最后一个八位位组后发送,在主动传输停止时结束。

对于Ph-Data indication,它的值可能是:

- start-of-activity:开始从一个或多个 PhE 收到一个显性传输;
- data:已接收的相关 data 参数作为已正确形成的连续接收的一部分;
- end-of-data:正确收到暗示 end-of-data 的 PhPDU,表示正在进行的已正确形成的连续 Ph-user-data 接收结束。

——data 应规定 PhIDU 的 PhICI 组件。它由要发送的 Ph-user-data(Ph-DATA request)的一个八位位组,或者已成功接收的 Ph-user-data(Ph-DATA indication)的一个八位位组组成。

——status 应规定成功或者本地检测到的用于判断失败的原因。

Ph-DATA confirm 原语应提供关键的物理同步反馈,以保证在第一个发送完成之前,禁止 DLE 启动第二个发送。在 PhE 完成发送之后,才发送最终的 Ph-DATA confirm。

5.9.2 Ph-user-data 的发送

PhE 应决定所有发送定时。当 DLE 发送一个 PhSDU 序列时,它应通过生成一个正常格式的 Ph-Data request 序列来发送 PhSDU 序列。该序列由一个规定 start-of-activity 的 request,后面所要求数量的连续的规定 data 的 request(每个 request 传送一个 PhSDU),以及最后的规定 end-of-data-and-activity的 request 组成。

PhE 应发送 Ph-Data confirm 原语,表示每个 Ph-Data request 已完成,并准备接受一个新的 Ph-Data request。Ph-Data confirm 原语的 status 参数应传送相关 Ph-Data request 成功或失败。直到 PhE 发送对应于第一个 Ph-Data request 的 Ph-Data confirm 后,DLE 才能发送第二个 Ph-Data request。

5.9.3 **Ph-user-data 的接收**

PhE 应用一个正常格式的 Ph-DATA indication 序列来报告一个已接收的传输，该序列由下列之一组成：

a) 一个规定 start-of-activity 的 indication，后面为连续的规定 data 的 indication（每个 indication 传送一个 PhSDU），然后为一个规定 end-of-data 的 indication，最后为一个规定 end-of-activity 的 indication；

b) 一个规定 start-of-activity 的 indication，后面为连续的规定 data 的 indication（每个 indication 传送一个 PhSDU），然后为一个规定 end-of-data-and-activity 的 indication；

c) 一个规定 start-of-activity 的 indication，可选地，后面为一个或多个连续的规定 data 的 indication（每个 indication 传送一个 PhSDU），最后为一个规定 end-of-activity 的 indication。

最后的序列用于指示未完成的或不正确的接收。在被接收的 PhSDU 序列或在 PhE 的接收过程中检测到差错时，将禁用带有 class 参数为规定 data、end-of-data，或 end-of-data-and-activity 的其余 Ph-Data indication 原语，直到规定 end-of-activity 和 start-of-activity 的 Ph-Data indication 分别报告当前活动周期结束和下一个活动周期开始为止。

5.10 **类型 18：必需的服务**

5.10.1 **概述**

类型 18 的 PhE 实现中不必外露 DLL-PhL 接口，这个接口可能是节点内部的，也可能在一个半导体器件内部实现。

5.10.2 **PhS 原语**

5.10.2.1 **概述**

在 PhL-DLL 接口，PhS-user 数据交换的最小单位是一个比特。

5.10.2.2 **PhS 发送和接收服务**

PhS 为发送和接收应提供下列服务原语：

——Ph-DATA request(class,data)

——Ph-DATA confirm(class,data)

——Ph-DATA indication(status)

其中：

——class 规定 PhIDU 的 PhICI 组件。

对于Ph-DATA request，class 的值可能为：

- START-OF-ACTIVITY：开始传输 Ph-user-data 之前的 PhPDU；
- DATA：发送相关 data 参数的单比特值，应作为已正确形成的连续传输的一部分；
- END-OF-ACTIVITY：终止 Ph-user-data 的 PhIDU，应在之前 Ph-user-data 的最后一个比特后发送，在主动传输停止时结束。

对于Ph-DATA indication，class 的值可能为：

- START-OF-ACTIVITY：开始从一个或多个 PhE 收到一个显性传输；
- DATA：已接收的相关 data 参数作为已正确形成的连续接收的一部分；
- END-OF-ACTIVITY：正在进行的接收（来自一个或多个 PhE 的显性传输）已经结束，没有 PhE 传输的任何迹象。

——data 应规定 PhIDU 的 PhICI 组件。它由要传输的 Ph-user-data(Ph-DATA request)的一个八位位组，或者已成功接收的 Ph-user-data(Ph-DATA indication)的一个八位位组组成。

——status 应规定成功或者本地检测到的用于判断失败的原因。

Ph-DATA confirm 原语应提供关键的物理同步反馈，以保证在第一个发送完成之前，禁止 DLE 启动第二个发送。在 PhE 完成发送之后，才发送最终的 Ph-DATA confirm。

5.10.3 **Ph-user-data 的发送**

PhE 应决定所有发送定时。当 DLE 发送一个 PhSDU 序列时，它通过生成一个正常格式的 Ph-DATA request 序列来发送 PhSDU 序列。该序列由一个规定 START-OF-ACTIVITY 的 request，后面一系列连续的规定 DATA 的 request(每个 request 传送一个 PhSDU)，以及最后规定 END-OF-ACTIVITY 的 request 组成。

PhE 应发送 Ph-DATA confirm 原语，表示每个 Ph-DATA request 已完成，并准备接受一个新的 Ph-DATA request；Ph-DATA confirm 原语的 status 参数应传送相关 Ph-DATA request 成功或失败。直到 PhE 发送对应于第一个 Ph-DATA request 的 Ph-DATA confirm 后，DLE 才能发送第二个 Ph-DATA request。

5.10.4 **Ph-user-data 的接收**

PhE 应用一个正常格式的 Ph-DATA indication 序列来报告一个已接收的传输。它由一个规定 START-OF-ACTIVITY 的 indication，后面连续的规定 DATA 的 indication(每个 indication 传送一个 PhSDU)，以及最后规定 END-OF-ACTIVITY 的 indication 组成。

6 系统管理-PhL 接口

6.1 概述

本接口为 PhL 提供初始化和可选功能的服务。

PhL 的一个目标是允许将来的变型，如无线、光纤、冗余通道(如电缆)和不同调制技术等。规定了系统管理-PhL 接口的一种通用形式，它提供实现这些变型所必需的服务。该接口提供的服务见 6.2～6.5。本部分不要求该接口是外露的。

只有当设备直接耦合到媒体上时，才能使用管理服务全集。在使用有源耦合设备(如有源耦合器、中继器、无线/电话调制解调器和光电器件等)的情况下，某些服务可以隐含于有源耦合器中。然而，每个设备都可以使用所描述原语中的一个子集。

6.2 类型 1：系统管理-PhL 接口

6.2.1 所必需的服务

PhL 管理最基本的服务原语应为：

a) Ph-RESET request：复位物理层。

还可提供以下额外服务：

b) Ph-SET-VALUE request/Ph-SET-VALUE confirm：设置参数。

c) Ph-GET-VALUE request/Ph-GET-VALUE confirm：读参数。

d) Ph-EVENT indication：报告物理层事件。

6.2.2 服务原语要求

6.2.2.1 **Ph-RESET request**

该原语没有参数。一旦收到该原语，PhL 应复位其所有功能。

6.2.2.2 **Ph-SET-VALUE request(parameter name，new value)**

该原语应允许系统管理修改 PhL 参数。表 4 中列出了标准参数名和取值范围，复位时每个参数的假定值应是表中所列参数的第一个值。

表 4 Ph-SET-VALUE request 的参数名和取值

参 数 名	取值范围
Interface mode(接口模式)	● FULL_DUPLEX(全双工) ● HALF_DUPLES(半双工)
Loop-back mode(回送模式)	● DISABLED(禁止) ● In MDS at DTE-DCE interface(在 MDS 中为 DTE-DCE 接口) ● In MAU near line connection(在 MAU 中接近电线连接)
Preamble extension(前导码扩展)	● 0...7(报文扩展序列—)
Post-transmission gap extension(后传输间隔扩展)	● 0...7(间隔扩展序列)
Maximum inter-channel signal skew(通道间最大信号时滞)	● 0...7(间隔扩展序列)
Transmitter output channel $N(1\leqslant N\leqslant 8)$(发送器输出通道 N)	● ENABLED(使能) ● DISABLED(禁止)
Receiver input channel $N(1\leqslant N\leqslant 8)$(接收器输入通道 N)	● ENABLED(使能) ● DISABLED(禁止)
Preferred receive channel(优先接收通道)	● NONE(无) ● 1...8

注 1:不是所有实现都需要每个参数,并且有些实现可能需要更多参数。

注 2:每个 DCE 标准只规定作为前导码发送的基本的和扩展的 PhPDU 序列。这些扩展序列总是作为基本序列的前缀。

注 3:每个 DCE 标准规定后传输间隔基本的和扩展的序列长度,在该间隔期间发送器应静默。

注 4:从上述,复位时的默认值为最小前导码(无扩展),最小后传输间隔(无扩展),全双工接口方式,不使用回送,启用全部发送与接收通道,无优先接收通道。

6.2.2.3 Ph-SET-VALUE confirm(status)

该原语只有一个参数,用来指明该请求的状态:成功或失败。若使用该原语,它应确认 PhL 中 Ph-SET-VALUE request 已完成。

6.2.2.4 Ph-GET-VALUE request(parameter name)

如使用该原语,它应允许系统管理读取 PhL 参数。该参数应为表 4 给出的参数名之一。

6.2.2.5 Ph-GET-VALUE confirm(current value)

该原语是 PhL 对 Ph-GET-VALUE request 的响应。如使用该原语,它应有一个参数来报告请求失败或所请求参数的当前值。该当前值应是 6.2.2.2 中的允许值之一。

6.2.2.6 Ph-EVENT indication(parameter name)

如使用该原语,它应通知系统管理有一个非系统管理请求的 PhL 参数修改。参数应为表 5 中给出的参数名之一,基于 8.2 中规定的参数名。

表 5 Ph-EVENTindication 的参数名

参 数 名
DTE fault (DTE 故障)
DCE fault (DCE 故障)

注:如果特定实现要求,表 5 的内容可有所增加。

6.3 类型3:系统管理-PhL接口

6.3.1 同步传输

应使用为类型1规定的服务和服务原语(见6.2)。

6.3.2 异步传输

6.3.2.1 概述

本条及以下各条描述PhL异步传输与PhMS-user之间的接口,以及相关的服务原语和参数。

服务模型、服务原语以及所用的时序图完全都是抽象描述;它们并不表示一种实现的规范。

用于表示服务用户/服务提供者之间交互的服务原语(见GB/T 17967—2000),传递若干参数,以指示在用户/提供者之间交互中可供使用的信息。

本部分使用一种列表格式来描述PhMS原语的组成参数。每个表最多由3列组成,包括服务参数的名称,以及由PhMS使用的这些原语及参数传递方向各占一列。这些参数有:

——请求原语的输入参数;

——指示原语的输出参数;

——证实原语的输出参数。

在每个表的每一行中列出一个参数(或其组成部分)。在相应服务原语列,使用一个代码指定该原语参数的使用类型,并在列中规定参数方向:

M ——对原语而言,该参数是必备的。

— ——无参数存在。

6.3.2.2 PhMS的功能

Ph管理组织PhE的初始化和组态,以及PhMS-user和PhE中逻辑功能之间的事件及差错处理。为PhMS-user提供下列功能:

a) 复位本地PhE;

b) 请求并修改本地PhE的实际操作参数;

c) 报告本地PhE的意外事件和状态变化。

6.3.2.3 服务概述

Ph管理为PhMS-user提供以下服务:

a) Reset

PhMS-user使用该服务使Ph管理复位此PhE。复位等效于上电。PhMS-user接收一个有关它的证实。

b) Set Value

PhMS-user使用该服务给PhE的变量赋予一个新值。PhMS-user接收一个所指示变量是否已被设为新值的证实。

c) Get Value

该服务启用Ph管理以读取PhE变量。Ph管理的响应返回所指定变量的实际值。

d) Event

Ph管理使用该服务将在PhL中的某些事件或差错报告给PhMS-user。

Reset和Event服务是必需的。Set Value和Get Value服务是可选的。

6.3.2.4 交互概述

在表6中汇总了Ph管理服务及其原语。

表 6 Ph 管理的服务和原语汇总

服 务	原 语	可适用的站
Reset	PhM-Reset request PhM-Reset confirm	主站和从站
Set Value	PhM-Set-Value request PhM-Set-Value confirm	主站和从站
Get Value	PhM-Get-Value request PhM-Get-Value confirm	主站和从站
Event	PhM-Event indication	主站和从站

Ph 管理原语的瞬时关系如图 10 和图 11 所示。

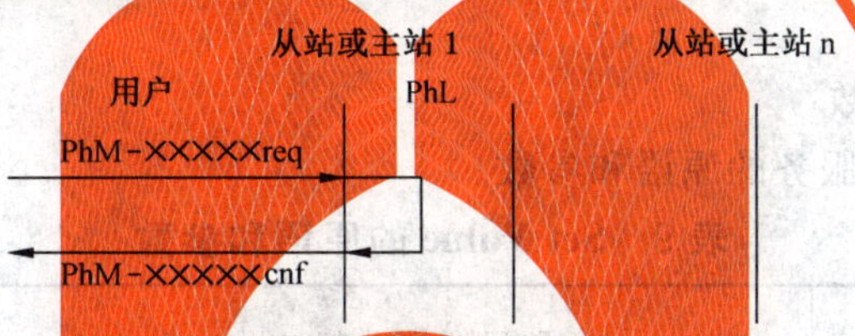

图 10 RESET、SET VALUE、GET VALUE 服务

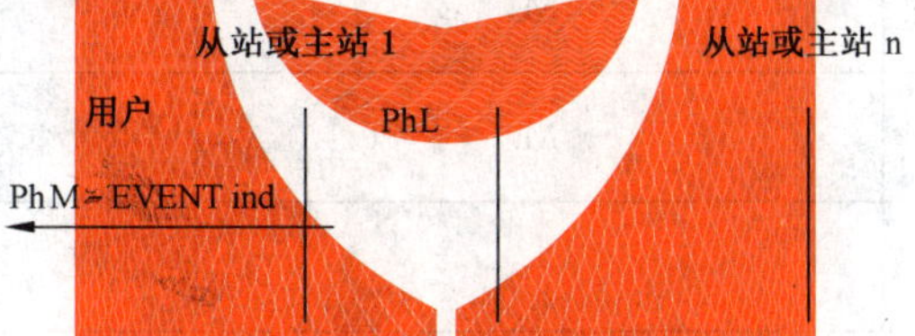

图 11 EVENT 服务

6.3.2.5 服务及交互的详细规定

6.3.2.5.1 Reset

6.3.2.5.1.1 功能

PhMS-user 向 Ph 管理传递一个 PhM-RESET request 原语使之复位 PhE。其执行等效于上电(Transmitter_output:enabled;Receiver_signal_source:primary;Loop:disabled)。其结果是,Ph 管理向 PhMS-user 传递一个 PhM-RESET confirm 原语,以指示相关服务请求的成功或失败。

6.3.2.5.1.2 原语类型及参数

表 7 列出 Reset 服务的原语及参数。

表 7 Reset 的原语和参数

PhM-RESET	request	confirm
参数名	输入	输出
PhM-STATUS	—	M
注:使证实原语与其对应的先前请求原语相关联所用的方法是本地事务。		

——PhM-Status

该参数指定相关服务请求的执行状态。在表 8 中规定该参数所允许的值。

表 8　Reset 服务的 PhM-Status 的值

缩写名称	状态	描述	暂时(t)或永久(p)
OK	success	Reset 功能已成功地执行	—
NO	failure	Reset 功能未成功地执行	t/p
IV	failure	请求中有无效参数	—

6.3.2.5.2　**Set Value**

6.3.2.5.2.1　**功能**

PhMS-user 向 Ph 管理传递一个 PhM-SET-VALUE request 原语，以对 PhE 的一个或多个指定变量赋予一个所期望的值。在接收该原语之后，Ph 管理试图选择这些变量，并设置新值。若所请求的服务已执行，Ph 管理向 PhMS-user 传递一个 PhM-SET-VALUE confirm 原语，以指示相应服务请求的成功或失败。

6.3.2.5.2.2　**原语类型和参数**

在表 9 中列出 Set Value 服务的原语和参数。

表 9　Set Value 的原语和参数

PhM-SET-VALUE	request	confirm
参数名	输入	输出
Variable_name(1～3 个)	M	—
Desired_value(1～3 个)	M	—
PhM-STATUS(1～3 个)	—	M
注：使确认原语与对应的请求原语相关联的方法是本地事务。		

——Variable_name

该数组参数指定一个或多个变量(1～3 个)，它们将用 Desired_value 参数的对应元素来赋值。可选择的变量是操作参数，在表 10 中规定。

表 10　必需的 PhE 变量

操作参数	
名　　称	定　义
Transmitter_output	发送器输出
Receiver_signal_source	接收器输入
Loop	发送器输出直接到接收器输入，而不到媒体

——Desired_value

该数组参数规定要写入的由 Variable_name 参数指定的变量(1～3 个)的实际值。该参数为指定的 PhE 变量规定一个或多个(1～3 个)新值的列表。在表 11 中规定了每一个变量的允许值或取值范围。

表 11　PhE 变量的允许值

操作参数	
变量	取值范围
Transmitter_output	enabled 或 disabled
Receiver_signal_source	primary：总线电缆"a"(标准源) alternative：总线电缆"b"(替代源) random："a"或"b"
Loop	disabled 或 enabled

——PhM-Status

该数组参数为相应请求中的每个变量，指定所请求服务的组成部分的状态。在表 12 中规定了该数组参数的各个组成部分的允许值。

表 12　Set-value 服务的 PhM-Status 的值

缩写名称	状态	定义	暂时(t)/永久(p)
OK	success	变量已被设为新值	—
NO	failure	变量不存在或不能被设置新值	t/p
IV	failure	在请求中有无效参数	—

6.3.2.5.3　Get Value

6.3.2.5.3.1　功能

PhMS-user 向 Ph 管理传递一个 PhM-GET-VALUE request 原语，以读取 PhE 的一个或多个变量的当前值。在接收到该原语后，Ph 管理试图选择所指定的变量并传递它们的当前值，并将一个 PhM-GET-VALUE confirm 原语发送给 PhMS-user，以指示相应服务请求的成功或失败。该原语用一个参数返回一个或多个所请求的变量值。

6.3.2.5.3.2　原语类型和参数

在表 13 中列出了 Get Value 服务的原语和参数。

表 13　Get value 的原语和参数

PhM-GET-VALUE	request	confirm
参数名称	输入	输出
Variable_name(1～3 个)	M	—
Current_value(1～3 个)	—	M
PhM-STATUS(1～3 个)	—	M
注：使证实原语与其对应的先前请求原语相关联所用的方法是本地事务。		

——Variable_name

该数组参数规定要被读出其值的一个或多个变量(1～3 个)。在表 10 中规定了这些可被选择的变量。

——Current_value

该数组参数规定由相应请求的 Variabe_name 所指定的(1～3 个)变量的实际值。在表 14 中规定了这些变量中的每一个允许值或取值范围。

表 14　PhE 变量的当前值

操作参数	
变量	取值范围
Transmitter_output	enabled 或 disabled
Receiver_signal_source	primary 或 alternative
Loop	disabled 或 enabled

——PhM-Status

该数组参数为相应请求中的每个变量指定一个关于服务执行的证实。在表 15 中规定了该参数的允许值。

表 15　Get Value 服务的 PhM-Status 的值

缩写名称	状态	定义	暂时(t)或永久(p)
OK	success	变量可读取	—
NO	failure	变量不存在或不可读取 相应的 Current_Value 的值未定义	t/p
IV	failure	在请求中有无效参数	—

6.3.2.5.4　Event

6.3.2.5.4.1　功能

PhE 向 Ph 管理报告它已检测到一个事件。此后，Ph 管理向 PhMS-user 传递一个 Ph-EVENT indication 原语，以报告在 PhL 中的重要事件。

6.3.2.5.4.2　原语类型和参数

在表 16 中列出 Event 服务的原语和参数。

表 16　Event 的原语和参数

PhM-EVENT	indication
参数名称	输出
Variable_name(1～2 个)	M
New_value(1～2 个)	M

——Variable_name

该数组参数指定其值已被修改的一个或多个变量(1～2 个)。在表 10 中规定了可能出现的变量。

——New_value

该参数指定变量的新值。在表 17 中列出各种值。

表 17　PhE 变量的新值

变量	取值范围
Transmitter_output	enabled 或 disabled
Receiver_signal_source	primary 或 alternative

6.4　类型 4：系统管理-PhL 接口

6.4.1　必需的服务

使用 6.2 规定的服务。

6.4.2　服务原语要求

服务原语在 6.2.2 中定义，并有如下约束：

不支持表 4 中规定的参数。

可被 PhL 管理服务修改和读取的参数见表 18。每个参数所支持的取值和缺省值取决于实际的媒体和实现。

表 18 管理的参数名和取值

参数名	取值范围
Interface mode	HALF_DUPLEX FULL_DUPLEX_RS232 FULL_DUPLEX_UDP
Baud rate(kbaud/s)	230 400 76 800 38 400 19 200 9 600

6.5 类型 6:本条已被删除

注:本条只是编辑上的占位。

6.6 类型 8:系统管理-PhL 接口

6.6.1 PhL 管理功能

PhL 管理是 PhL 的一部分,它生成 PNM1(层 1 的外围网络管理)必需的 PhL 管理功能。PhL 管理处理 PhL 中的初始化、监视和差错恢复。

6.6.2 PhL-PNM1 接口

6.6.2.1 概述

本条定义了用于 PNM1 的 PhL 管理服务,同时定义了它们的服务原语和相关参数。图 12 给出分层模型中 PhL 和 PNM1 之间的接口。

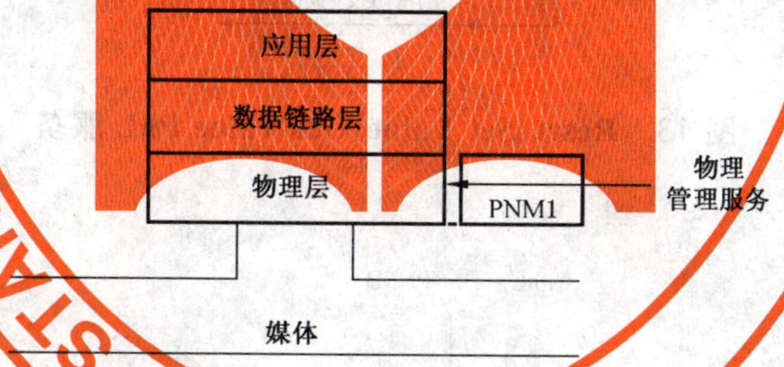

图 12 分层模型中 PhL 与 PNM1 之间的接口

物理层与 PNM1 之间的服务接口提供如下功能:

——复位 PhL;

——请求和改变 PhL 的当前操作参数;

——指示在 PhL 发生或检测到的意外事件、差错和状态改变。

6.6.2.2 服务概述

PhL 使下列服务可用于 PNM1:

——Reset PhL;

——Set Value PhL 或 Get Value PhL;

——Event PhL。

Reset PhL(必备):PNM1 使用本服务复位 PhL,复位等效于上电。一旦执行该服务,PNM1 接收一个证实。

Set Value PhL(可选):PNM1 使用本服务为 PhL 变量赋新值。一旦完成,不论定义的变量是否被赋新值,PhL 的 PNM1 都会收到一个证实。

Get Value PhL(可选):PNM1 使用本服务读取 PhL 变量。指定变量的当前值在 PhL 响应中被返回。

Event PhL(必备):PhL 使用本服务通知 PNM1 用户在 PhL 中出现某一事件或差错。

6.6.2.3 交互概述

物理层服务由以下原语描述(以 Ph-开始):

——Reset PhL
- Ph-RESETrequest
- Ph-RESETconfirm

——Set Value PhL
- Ph-SET-VALUE request
- Ph-SET-VALUE confirm

——Get Value PhL
- Ph-GET-VALUE request
- Ph-GET-VALUE confirm

——Event PhL
- Ph-eventindication

图 13 和图 14 给出服务原语的时间关系。

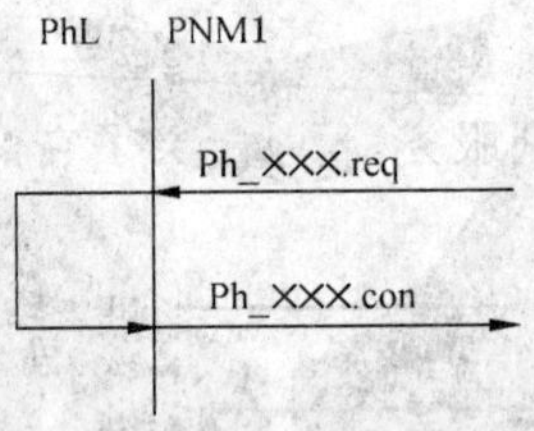

图 13 Reset、Set Value、Get Value PhL 服务

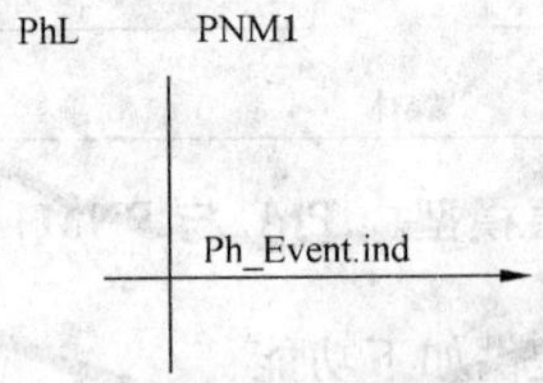

图 14 Event PhL 服务

6.6.2.4 服务和交互的详细定义

6.6.2.4.1 Ph-RESET

Ph-RESET 服务是必备的。PNM1 向 PhL 传递一个 Ph-RESET request 原语对其进行复位(见表 19)。

表 19 Ph-RESET

参数名称	request	confirm
Argument Result(+)	M —	— M

6.6.2.4.2 Ph-SET-VALUE

Ph-SET-VALUE 服务是可选的。PNM1 向 PhL 传递一个 Ph-SET-VALUE request 原语，将指定的变量设为期望值。接收到原语后 PhL 试图选择变量并对其赋新值。完成以上工作后，PhL 向 PNM1 传递一个 Ph-SET-VALUE confirm 原语（见表 20）。

表 20 Ph-SET-VALUE

参数名称	request	confirm
Argument	M	—
variable_name	M	
desired_value	M	—
Result(+)	—	M

——variable_name

该参数定义被赋新值的 PhL 变量。

——desired_value

该参数声明 PhL 变量的新值。

表 21 提供能够赋新值的 PhL 变量的有关信息。

表 21 PhL 变量

PhL 变量名称
loopback_mode
medium_attachment
bus_interfaces
short_bus_reset_time
long_bus_resent_time
data_select

——loopback_mode

该参数定义 MAU 的接收电路被连接到发送电路或被连接到媒体。参数结构为：

- interface number：规定了入向和出向的接口号（见图 15）。
- status：定义 MAU 的接收电路是连接的（enable）或不连接的（disable）。上电后该参数值为“enabled”。

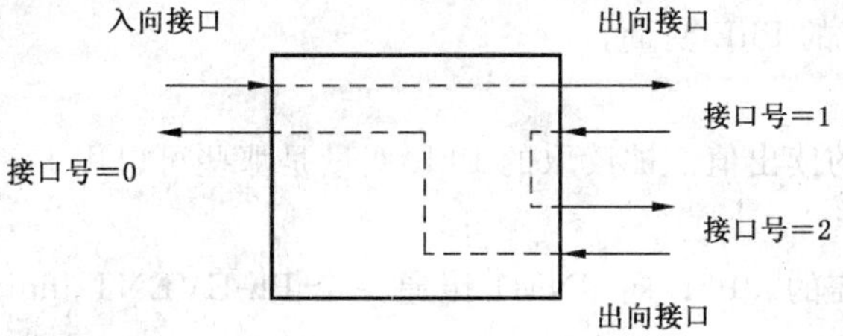

图 15 接口号的分配

注：一个主站的接口号总是为 2。

——medium_attachment

该参数指示 MAU 是否被耦合到传输媒体上。通过检测一个连接器是否被插到出向接口来实现这一功能。参数结构为：

- interface number：声明总线接口号（见图 15）。

- attachment:定义接口是否被连接到传输媒体上。

——bus_interface

参数结构为:

- interface number:声明总线接口号。
- interface type:定义物理接口和传输媒体的类型如下:
  - ◆ 入向接口,2线;
  - ◆ 出向接口,2线。

——short_bus_reset_time

该参数定义短复位的持续时间。上电后该参数值为5 ms。

——long_bus_resent_time

该参数定义长复位的持续时间。上电后该参数值为100 ms。

——data_select

该参数表明用于无源外出MAU(loopback_mode＝disable)的一个Reset_PhPDU或者一个medium_activity_status_PhPDU被发送到传输媒体上。参数结构为:

- interface number:定义总线接口号(见图15),取值范围为1～2;
- coupling:
  - ◆ Disable:在传输媒体上发送一个复位(Reset)PhPDU;
  - ◆ Enable:在传输媒体上发送一个媒体活动状态(medium activity status)PhPDU,上电后该值为"disable"。

6.6.2.4.3 Ph-GET-VALUE

Ph-GET-VALUE服务是可选的。PNM1传递一个Ph-GET-VALUE request原语给PhL,以读出指定的PhL变量的当前值。PhL接收到该原语后,试图选择指定变量,并通过Ph-Get-Value confirm原语把当前值发送给PNM1(见表22)。

表22 **Ph-GET-VALUE**

参数名称	request	confirm
Argument	M	—
variable_name	M	—
Result(＋)	—	M
Current_value	—	M

——variable_name

该参数定义要读取其值的PhL变量。

——Current_value

该参数包含PhL变量的读出值。被读取的PhL变量是那些可以用Ph-Set-Value写入的变量。

6.6.2.4.4 Ph-EVENT

Ph-EVENT服务是必需的。PhL向PNM1传递一个Ph-EVENT indication原语,以通知PhL上的重要事件或差错(见表23)。

表23 **Ph-EVENT**

参数名称	indication
Argument	M
event	M

——event

该参数定义发生的事件或在PhL中的差错源,根据表24有如下数值:

表 24 PhL 事件

名称	含义
stop_bit_error	在 MDS 子层检测到停止位差错
medium_attachment	在出向 MAU 的媒体连接发生变化

6.7 类型 12:系统管理-PhL 接口

6.7.1 必需的服务

用于 PhL 管理的最基本服务原语是:

——Ph-RESET request:复位物理层。

6.7.2 Ph-RESET request 服务原语

该原语没有参数。PhL 在接收到该原语后应复位所有功能。

6.8 类型 18:系统管理-PhL 接口

6.8.1 概述

在类型 18 的 PhE 实现中,不必外露系统管理-PhL 接口。这个接口可能是节点内部的,也可能在一个半导体器件内。

6.8.2 必需的服务

用于 PhL 管理的最基本服务原语是:

a) Ph-RESET request:复位物理层

b) Ph-SET-VALUE request:设定参数

6.8.3 服务原语要求

6.8.3.1 Ph-RESET request

该原语没有参数。PhL 在接收到该原语后应复位所有功能。

6.8.3.2 Ph-SET-VALUE request(parameter name, new value)

该原语允许系统管理改变 PhL 的参数。表 4 中给出了标准参数名和数值范围。

类型 18 的 PhE 变型不必支持全部取值。波特率限值与类型 18 的 MAU 变型的实现有关。

表 25 Ph-SET-VALUE request 的参数名和取值

参数名称	取值范围
Baud rate(kbit/s)	10 000 5 000 2 500 625 156

7 DCE 无关子层(DIS)

7.1 概述

PhL 实体划分为数据终端设备(DTE)部件和数据通信设备(DCE)部件。DTE 部件与 DLL 实体进行接口,并形成 DCE 无关子层(DIS)。它通过第 5 章定义的 DL-Ph 接口交换接口数据单元,并提供在 DL-Ph 接口的 PhIDU 和物理发送与接收所必需的串行比特之间基本转换。

这一子层与所有 PhL 变型,包括编码和/或调制、速度、电压/电流/光纤模式和媒体等都无关。所有这些变型均在指定数据通信设备(DCE)的情况下进行分组。

注:基于工业的实际情况,规定了许多不同的 DIS 实体。

7.2 类型 1:DIS

DIS 应把 PhID 的传输定序为一个串行 PhSDU 序列。相似地,DIS 把已接收的串行 PhSDU 序列形成 PhID,以报告给 DLL。

PhID应被转换为一个PhSDU序列，用于最多300个八位位组的以八位位组为单位的串行传输。表示PhID高有效八位位组的PhSDU应在表示低有效八位位组的PhSDU之前或同时发送。同样，在每个八位位组之内，表示高有效位的PhSDU应在表示低有效位的PhSDU之前或同时发送。接收时，每个PhSDU序列应被转换为PhID。在无差错的情况下，指示给接收DLL实体的PhIDU，应与原DLL实体请求发送的PhIDU相同。

注：这是透明传输的保证。

7.3 类型3:DIS

7.3.1 同步传输

应使用为类型1规定的DCE无关子层(DIS)(见7.2)。

7.3.2 异步传输

对于异步传输没有DCE无关子层(DIS)。

7.4 类型6:本条已被删除

注：本条只是编辑上的占位。

7.5 类型8:DIS

7.5.1 概述

PhL分为媒体无关子层(MIS)、媒体相关子层(MDS)和媒体附属单元(MAU)。MIS与PhL的所有特性，如编码、传输方法、传输速率和传输媒体类型的约束无关。所有这些情况将在MDS和MAU子层来描述。

7.5.2 功能

一方面，MIS必须向MDS发送由MAC子层通过DL—Ph接口接收的PhSDU，它以PhIDU方式经由MIS—MDS接口。另一方面，它将通过MIS—MDS接口接收的一个PhSDU形成PhIDU，并将其经由DL—Ph接口发送到MAC子层。

另外，MIS容许在两个MDS之间通过MIS—MDS接口传输PhSDU(MDS耦合)。

MIS可以由进行了相应配置的几个通道组成。一个通道用于发送PhSDU到MDS以及通过PhIDU发送一个PhSDU到MAC子层。其他所有的通道被用于在两个MDS子层之间传递PhSDU。

7.5.3 串行传输

串行传输中一个PhIDU序列应被转换为一个PhSDU序列。表示高有效位的PhSDU在表示低有效位的PhSDU之后传输。

接收时，每个PhSDU序列应被转换为一个PhIDU序列。这样，形成的PhIDU序列对应于从MAC子层发送到PhL的序列。

7.5.4 MDS耦合

当MDS被成对地耦合，并拥有相同或不同特性(传输的可选类型)时，通过MIS—MDS接口从MDS接收的每个PhSDU，被原封不动地经由MIS—MDS接口发送到另一个MDS。

在这种情况下，允许缓存一个已接收的PhSDU。

图16、图17和图18给出了使用2线媒体时总线主站和从站可能的配置及传输可选类型。

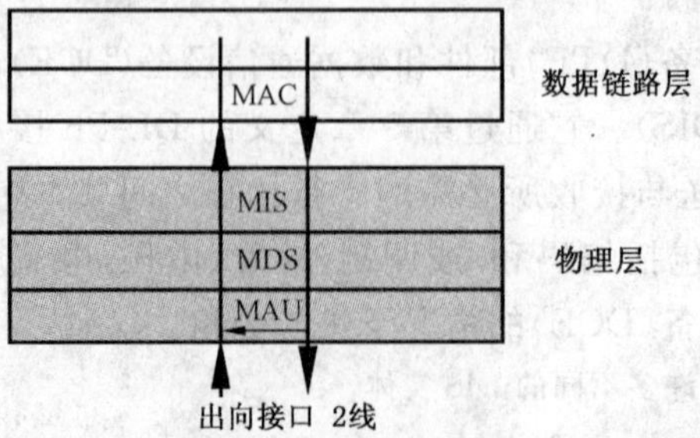

图16 主站配置

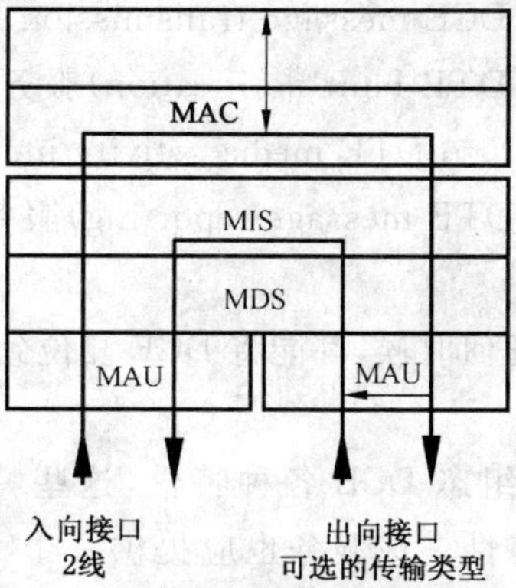

图 17 带一种可选传输类型的从站配置

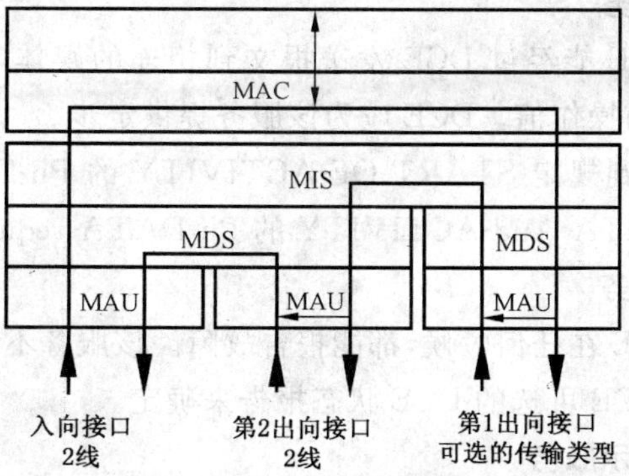

图 18 带一种可选传输类型的总线耦合器配置

7.6 类型 12:DIS

DIS 应把 PhID 的传输定序为一个串行 PhSDU 序列。相似地,DIS 应把已接收的串行 PhSDU 序列形成 PhID,以报告给 DLL。

PhID 应被转换为一个 PhSDU 序列,用于 72～1 535 个八位位组的以八位位组为单位的串行传输。

为了串行传输,一个 PhIDU 序列应被转换为一个 PhSDU 序列。表示高有效位的 PhSDU 应在表示低有效位的 PhSDU 之后发送。

接收时,每个 PhSDU 序列都应被转换为一个 PhIDU 序列。这样,形成的 PhIDU 序列对应于从 MAC 子层发送到 PhL 的序列。

8 DTE—DCE 接口和 MIS 特定功能

8.1 概述

PhL 实体划分为数据终端设备(DTE)部件和数据通信设备(DCE)部件,DTE 包含 DIS,DCE 则包含 MDS 和较低的子层。DTE—DCE 接口连接这两个物理部件,而它本身在 MIS 中,见图 1。

注:基于工业的实际情况,定义了许多不同的 DTE—DCE 接口。

DTE—DCE 接口及任何其他接口不必外露。

对于类型 3 的同步传输方式、类型 1 和类型 7,DTE—DCE 接口是一个功能和电气的接口而不是机械接口。它支持一系列服务。每个服务通过在接口处的一个已定义的信号交互序列实现。

8.2 类型 1:DTE—DCE 接口

8.2.1 服务

8.2.1.1 概述

DTE—DCE 接口应支持本条定义的下列服务:

a) DTE 对 DCE 复位(DTE to DCE reset)服务;

b) DTE 对 DCE 组态(DTE to DCE configuration)服务;

c) DTE 对 DCE 报文发送(DTE to DCE message-transmission)服务；

d) DCE 对 DTE 故障通知(DCE to DTE fault notification)服务；

e) DCE 对 DTE 媒体活动指示(DCE to DTE media-activity indication)服务；

f) DCE 对 DTE 报文报告(DCE to DTE message-reporting)服务。

8.2.1.2 **DTE 对 DCE 复位服务**

该服务应提供一种手段，使 DTE 在任何时候，都能将 DCE 复位到其初始(上电)状态。

8.2.1.3 **DTE 对 DCE 组态服务**

该服务应提供一种手段，使 DTE 能组态 DCE 各种特性，这些特性包括系统管理通过 Ph-SET-VALUE request(见表 4)能够调整这些特性。该服务也应提供一个 DCE 可选的手段，通过优先使用 DCE 对 DTE 报文报告服务，使 DTE 能开始报告 DCE 状态。

8.2.1.4 **DTE 对 DCE 报文发送服务**

该服务应提供一种手段，使 DTE 能经过 DCE 发送报文到相连的媒体，或返回到 DTE，或上述两者，这取决于表 4 所规定参数的当前操作值。DCE 应为该服务提供定步。

在 PhL 服务接口处，一旦接收到规定 START-OF-ACTIVITY 的 Ph-DATA request 就调用该服务，并一直工作到规定 END-OF-DATA-And-ACTIVITY 的 Ph-DATA request 接收完成为止。

8.2.1.5 **DCE 对 DTE 故障通知服务**

该服务应提供一种手段，使 DCE 在任何时候，都能报告故障。该服务不报告故障的特性，但可通过使用 DTE 对 DCE 组态服务启动 DCE 可选的 DCE 状态报告来确定。

8.2.1.6 **DCE 对 DTE 媒体活动指示服务**

该服务应提供一种手段，使得 DCE 报告在任何一个与它相连的允许接收(见表 4)的媒体上检测到来自其自身或其他 PhL 的信号。在启用回送时，该服务只报告 DCE 本身的信号。

当 DTE—DCE 接口处于半双工模式并且回送被禁止时，该服务无需报告由 DTE 对 DCE 报文发送服务直接产生的媒体活动。

8.2.1.7 **DCE 对 DTE 报文报告服务**

该服务应提供一种手段，使 DCE 报告已接收来自任何一个相连的允许接收的媒体的 PhPDU 序列。该服务以一个说明已接收的 PhPDU 序列是否具有正常格式的指示作为结束。序列中的出错，包括因启动请求 DCE 对 DTE 报文发送服务而导致未能正确传输的 PhPDU 的个数，应作为畸变(差错)序列加以报告。

注：接收到对应于前置起始定界符的结束定界符八位位组序列中的差错(即未被数据比特八位位组分割)，必须作为畸变序列加以报告。

当 DTE—DCE 接口处于半双工模式并且回送被禁止时，该服务无需报告由 DCE 对 DTE 报文发送服务传送的报文。

8.2.2 **信号接口**

8.2.2.1 **概述**

为类型 1 的 PhL 定义了两个信号接口。尽管现在没有已知的实现，但第一种接口在本部分的前一版本中存在，且本版中保持其兼容性。在 8.2.2.2～8.2.2.4 中定义。

第二种接口采用众所周知的串行外围接口(SPI)协议和信号，或者等效的协议和信号。此接口中，DTE 可以读写 DCE 中的八位位组寄存器和 FIFO。DCE 能中断 DTE。

注：尽管很多电子供应商应用这种协议，但是没有正式的 SPI 协议标准。

8.2.2.2 **接口信号(为兼容前一版而保留)**

8.2.2.2.1 **概述**

如果 DTE—DCE 接口是外露的，它应提供表 26 中规定的信号。

表 26 DTE—DCE 接口信号

信　号	缩 略 语	来　源
发送时钟(Transmit Clock)	TxC	DCE
请求发送(Request-to-send)	RTS	DTE
清除发送(Clear-to-send)	CTS	DCE
发送数据(Transmit Data)	TxD	DTE
接收时钟(Receive Clock)	RxC	DCE
接收活动(Receive Activity)	RxA	DCE
接收数据和成帧(Receive Data and Framing)	RDF	DCE

信号电平见表 27。通常,接口的双边应以相同的 V_{DD} 近似值工作。然而,众所周知,独立供电的 DTE 和 DCE 不能同时达到工作电压 V_{DD}。当 DCE 未达到工作电压 V_{DD} 时,最好但不是必需的,启动 DTE 对 DCE 复位服务。当 DTE 自身的 V_{DD} 低于工作范围时,DTE 最好调用该服务。

表 27 外露的 DTE—DCE 接口的信号电平

符号	参数	条件	范围	单位	备注
V_{OL}	低电平最大输出电压	$I_{out}=\pm100\ \mu A$ $I_{out}=+1.6\ mA$	0.1 0.4	V V	见注 1
V_{OH}	高电平最小输出电压	$I_{out}=\pm100\ \mu A$ $I_{out}=+0.8\ mA$	$V_{DD}\sim0.1$ $V_{DD}\sim0.8$	V V	见注 1 见注 2
V_{IL}	低电平最大输入电压		$0.2V_{DD}$	V	
V_{IH}	高电平最小输入电压		$0.7V_{DD}$	V	见注 3

注 1：提供驱动两个典型 CMOS 负载的能力。

注 2：与 TTL 输出兼容的 CMOS 输入需要一个从信号输入到 V_{DD} 的"上拉"电阻。

注 3：对于 3.0 V≤V_{DD}≤5.5 V,与 CMOS 输出兼容。

与 TTL 输出(4.75 V≤V_{DD}≤5.25 V)兼容需要一个从信号输入到 V_{DD} 的"上拉"电阻。

上述信号的定时特性应至少与本部分要求中规定的有关 DCE 的特性相同。然而任何情况下,在 0.3 V_{DD}～0.6 V_{DD} 之间的过渡时间应绝不大于 100 ns 或 0.025P(取两者中的较小值)。P 被定义为八位位组传送的额定周期,其值为 PhSDU 额定速率的倒数。

DTE—DCE 接口的正确实现,其发送和接收(TxC 和 RxC)时钟频率应在 1kHz 到 DTE 和 DCE 实现所支持的 PhSDU 最高速率的 8.8 倍之间。

注：在实现中采用的 PhSDU 和等价比特数据速率是在协议实现一致性声明(PICS)中规定的。

8.2.2.2.2 发送时钟(TxC)

发送时钟信号(TxC)应提供给 DTE 一个连续定时信号,这样该信号中任何 8 个连续的全周期应与一个数据八位位组的额定发送周期具有相同的八位位组周期。DCE 应发出这种具有两个相位的额定信号,每个相位至少具有 0.04P 的宽度。

注：本部分允许在额定比特速率(额定八位位组速率的 8 倍)下,TxC 为一个连续的、且占空比为 32%～68%的固定周期时钟,或是省略一些周期、占空比接近于 50%的较高频率的时钟。例如,这允许 DCE 在将每 4 个比特重新编码为 5 波特时进行简单计时;DCE 能够拥有频率为额定八位位组速率的 10 倍、占空比为 40%～60%的时钟,并且每个八位位组可忽略(相同的)两个周期。

TxC 支持 DTE 对 DCE 组态和报文发送服务。

8.2.2.2.3 请求发送(RTS)

请求发送(RTS)信号支持 DTE 对 DCE 复位、组态和报文发送服务。此信号源于 DTE。该信号的初始(上电)和空闲(无 DTE 对 DCE 服务活动)状态应为低。

当在 DTE—DCE 接口处核对 TxC 时,此信号的最小建立时间应为 100 ns 或 0.025P 的较小值,保持时间应为零或大于零。

8.2.2.2.4 **清除发送(CTS)**

清除发送(CTS)信号支持 DTE 对 DCE 组态和报文发送服务。此信号源于 DCE。该信号的初始(上电)和空闲(无 DTE 对 DCE 服务活动)状态应为低。

当在 DTE—DCE 接口处核对 TxC 时,此信号的最小建立时间应为 100 ns 或 0.025P 的较小值,保持时间应为零或大于零。

8.2.2.2.5 **发送数据(TxD)**

发送数据(TxD)信号支持 DTE 对 DCE 复位、组态和报文发送服务。在后两个服务的一个相位内,从 DTE 发送二进制数据到 DCE。在此相位,TxD 的低电平表示二进制"0",TxD 的高电平表示二进制"1",两者均在 TxC 下降沿采样。

此信号源于 DTE。该信号的初始(上电)和空闲(无 DTE 对 DCE 服务活动)状态应为高。

当在 DTE—DCE 接口处核对 TxC 时,此信号的最小建立时间应为 100 ns 或 0.025P 的较小值,保持时间应为零或大于零。

8.2.2.2.6 **接收时钟(RxC)**

接收时钟(RxC)信号应为 DTE 提供一个间歇(半连续)的额定双相定时信号,该信号定义通过 RDF 信号报告的信息定时。该信号源于 DCE,每相位至少具有 0.04P 的宽度,这样定义的 RxC 才有意义(见 8.2.2.37)。

注:本部分允许在额定比特速率(额定八位位组速率的 8 倍)下,RxC 为一个占空比为 32%～68%的恢复时钟,或为省略一些周期、占空比接近 50%的较高频率的时钟。例如,这允许 DCE 在将已接收的每 5 波特解码为 4 个比特时进行简单计时;DCE 能够拥有频率为额定八位位组速率的 10 倍、占空比为 40%～60%的时钟,并且每个八位位组可忽略两个周期。

本部分也允许 DCE 在识别长的 PhPDU 结束定界符序列期间能省略 RxC 的周期。这样,能使用 8 个或少于 8 个 RxC 周期来实时报告定界符(见 8.2.2.3.7)。

RxC 应支持 DEC 对 DTE 报文报告服务。

8.2.2.2.7 **接收活动(RxA)**

接收活动(RxA)信号应支持 DCE 对 DTE 故障通知、媒体活动指示和报文报告服务。此信号源于 DCE。该信号的初始(上电)和空闲(无 DCE 对 DTE 服务活动)状态应为低。

8.2.2.2.8 **接收数据和成帧(RDF)**

接收数据和成帧(RDF)信号应支持 DCE 对 DTE 故障通知和报文报告服务。在后一个服务的某些相位内,二进制数据从 DCE 发送给 DTE。在这些相位,RDF 上的低电平表示二进制"0",RDF 上的高电平表示二进制"1"。两者均在 RxC 下降沿采样。

此信号源于 DCE。该信号的初始(上电)和空闲(无 DCE 对 DTE 服务活动)状态应为高。

当在 DTE—DCE 接口处核对 RxC 时,此信号的最小建立时间应为 100 ns 或 0.025P 的较小值,保持时间应为零或大于零。

8.2.2.3 **信号中服务的编码**

8.2.2.3.1 **概述**

8.1 的服务应通过下面序列及 8.2 中的信号组合来实现。

注:图 19 表示一个典型的发送和接收顺序机(sequencing machine)。图 19 仅用于说明解释,并不意味着一个具体的实现。

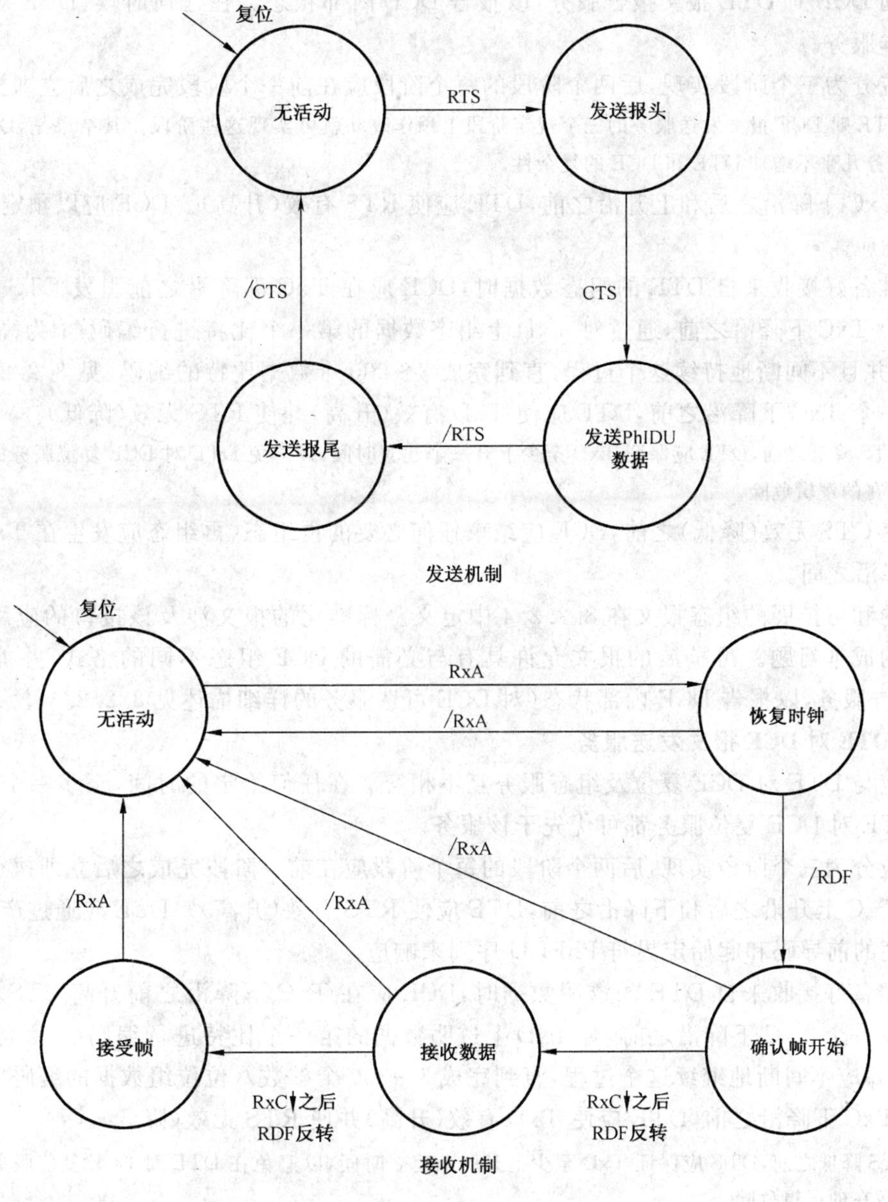

图 19 DTE/DCE 顺序机

8.2.2.3.2 **DTE 对 DCE 复位服务**

该服务应与 DTE 对 DCE 组态和报文发送服务互不相容。在任何给定时间，至多一个可以活动。在任何时候，该服务可优先于 DTE 对 DCE 组态和报文发送服务。

该服务应在 RTS 和 TxD 上被编码为一个同时发生的低电平。一旦由 DTE 使之有效，该同时发生的低电平应至少保持两个 PhSDU(八位位组)的额定传输周期。

注 1：这是一个异步服务，不以 TxC 为基准。

注 2：当 DTE 自复位时(可能在上电期间)，即使 DTE 自己的 V_{DD} 低于额定工作范围，也应试图复位 DCE。

注 3：这个复位是在 DTE 控制下进行的，但它并不排除在 DCE 上具有独立的复位引脚。

如果在实现 DTE 对 DCE 组态或报文发送服务期间，DTE 同时改变 RTS 和 TxD，那么在改变一个信号到高电平并且随后改变其他信号到低电平期间，DTE 应保证存在一个至少最小建立时间所需的间隔，以便在 DTE 对 DCE 复位服务的 DCE 实现中消除潜在的逻辑危险。

8.2.2.3.3 **DTE 对 DCE 组态服务**

该服务应与 DTE 对 DCE 复位和报文发送服务互不相容。在任何给定时间，至多一个可以活动。

该服务可启动DCE对DTE报文报告服务，以报告DCE内部状态。在任何时候，DTE对DCE复位服务可优先于本服务。

该服务应分为三个阶段实现，后两个阶段的每个阶段应在前一个阶段完成之后立即执行。

注1：在DTE对DCE报文发送服务的三个规定阶段上稍作改动就可实现这些阶段。其结果是，DTE对DCE的组态服务几乎不增加DTE和DCE的复杂性。

a) 在TxC下降沿之后和上升沿之前，DTE应使RTS有效(升高)。DCE应以预定的组态数据作为响应。

b) 当准备好接收来自DTE的组态数据时，DCE应在TxC下降沿之前引发CTS。DTE应在下一个TxC下降沿之前，通过对TxD上组态数据的第一个比特进行编码(1为高，0为低)来响应，并且不间断地持续这个过程，直到完成2～200个数据比特的编码(见8.2.2.4)。然后，在下一个TxC下降沿之前，DTE应使TxD有效(升高)并使RTS无效(降低)。

注2：在RTS降低之前，DTE应保证TxD至少上升一个建立时间，以避免DTE对DCE复位服务的DCE实现中出现潜在的逻辑危险。

c) 在使CTS无效(降低)之前，DCE应结束任何必要的再组态，再组态应发生在TxC的两个连续下降沿之间。

标准化的和可扩展的组态报文在8.2.2.4中定义。标准化的报文涉及该接口的应用范围，预先考虑了最敏感的成本问题。可扩展的报文允许具有与必需的DCE组态不同的格式，并能启动DCE对DTE报文报告服务，以报告DCE内部状态(对DCE可选服务的详细描述见8.2.2.4)。

8.2.2.3.4 DTE对DCE报文发送服务

该服务应与DTE对DCE复位及组态服务互不相容。在任何给定的时间，至多一个可以活动。在任何时候，DTE对DCE复位服务都可优先于该服务。

该服务应分为三个阶段实现，后两个阶段的每个阶段应在前一阶段完成之后立即执行。

a) 在TxC上升沿之后和下降沿之前，DTE应使RTS有效(升高)。DCE应通过产生并发送合适长度的前导码和起始定界符PhPDU序列来响应。

b) 当准备好接收来自DTE的透明数据时，DCE应在TxC下降沿之前升高CTS。DTE应通过在下一个TxC下降沿之前，对TxD上透明数据的第一个比特进行编码(1为高，0为低)来响应，并应不间断地继续这个过程，直到完成3～300个整数八位位组数据的编码。然后，在下一个TxC下降沿之前，DTE应使TxD有效(升高)并使RTS无效(降低)。

注：在RTS降低之前，DTE应保证TxD至少上升一个建立时间，以避免在DTE对DCE复位服务的DCE实现中出现潜在的逻辑危险。

c) DCE应终止所有来自DTE已编码的透明数据的传输，随后产生并发送合适长度的结束定界符PhPDU序列，然后停止发送。接着，在使CTS无效(降低)之前(它发生在TxC下降沿之后和下一个下降沿之前)，DCE应等待一段时间，这段时间相当于组态好的最小后传输间隔(见表4)。

8.2.2.3.5 DCE对DTE故障通知服务

该服务应与DCE对DTE媒体活动指示和报文报告服务互不相容。在任何给定时间，至多有一个可以活动。在任何时候，该服务可优先于DCE对DTE媒体活动指示和报文报告服务。

该服务应将RxA和RDF同时编码为低电平。一旦由DCE使之有效后，该同时发生的低电平应保持到DTE对DCE复位或组态服务中有一个活动为止。

注：这是一个异步服务，不以RxC为基准。

在DCE对DTE媒体活动指示和报文报告服务同时终止期间，DCE可同时改变RxA和RDF。DTE负责避免由于同时改变RxA和DFT而引起的任何逻辑危险。

8.2.2.3.6 DCE对DTE媒体活动指示服务

该服务应与DCE对DTE故障通知服务互不相容。在任何给定时间，至多有一个可以活动。在任何时候，DCE对DTE故障通知服务可优先于本服务。

在RxA上，该服务应编码成一个高电平。一旦由DCE使之有效后，此高电平就能使RDF上由高到低的跳变得到确认，以启动DCE对DTE报文报告服务。RxA上任何后续的高到低的跳变将终止DCE对DTE报文报告服务。

注：DCE对DTE媒体活动指示服务是一个异步服务，不以RxC为基准。

8.2.2.3.7 **DCE对DTE报文报告服务**

该服务应与DCE对DTE故障通知服务互不相容。在任何给定时间，至多有一个可以活动。该服务仅发生在DCE对DTE媒体活动指示服务活动的时候。在任何时候，DCE对DTE故障通知可优先于本服务。

8.2.2.3.7.1 **无差错接收**

当报告一个正常格式的报文时，该服务分为4个阶段实现，每个阶段应在前一个阶段完成后立即执行。

下述说明适用于具有8个或少于8个PhPDU结束定界符序列，并且对FEC(前向纠错)码无需任何额外解码延迟的DCE。不满足这些条件的DCE对其解码和报告过程可能产生额外的延迟，因此就在RxC和RDF上的信号而言，它们必须满足这些条件。

a) 在检测已接收的信号，对该信号排列，并从该信号(该信号的额定八位位组频率与TxC相同)恢复数据时钟之后，DCE应通过在RxC上发出恢复的时钟，然后在一个RxC上升沿之后和下一个下降沿之前使RDF无效(降低)的方法，来启动DCE到DTE报文报告服务。

注1：此时RxA已有效。

b) DCE应继续排列信号，并设法将收到的信号与它希望的前导码和起始定界符PhPDU相匹配。

如果DCE支持冗余媒体的N个通道，那么它可以将正在接收信号的通道用二进制数编码成0～($N-1$)后，在RDF上报告通道号。在接收最后三个起始定界符PhPDU期间，将首先报告该二进制数的最高有效位。在RxC上升沿之后以及后续的RxC下降沿之前，在RDF上报告的比特应以串行方式表示。

当检测到接收的信号与希望的起始定界符准确匹配时，DCE应在RxC下降沿之后和下一个上升沿之前，将RDF倒转。

注2：如果在RDF上报告接收通道的标识，那么这个倒转将发生在\1、\2的低相位期间，\1、\2的低相位紧跟在其高相位之后。在该高相位期间，将报告通道号的最后(低位)比特。

c) DCE应继续接收，并试图将接收的信号与潜在的数据及希望的结束定界符PhPDU相匹配。

DCE应通过RDF报告由接收信号解码的每个数据比特。在连续的\1、\2上升沿之后及后续下降沿之前，在RDF上报告的比特以串行方式表示。无差错时，这些比特的次序和数值，应与由一个对等PhL实体发送这些比特时的次序和数值相同。

注3：这是透明性的保证。

一个结束定界符可由数据和非数据的PhPDU组成。类似地，DCE可通过RDF报告由结束定界符解码的每个数据比特，也可通过RDF报告由结束定界符解码的适当数量的非数据PhPDU的数据值，但以下情况除外：

1) 如此报告的“比特”总数应不大于7，并且

2) 当检测到接收的信号与希望的结束定界符准确匹配时，DCE不应在RDF上报告与结束定界符最后比特相对应的另外的比特；相反，在RxC上升沿之后和下一个下降沿之前，DCE应首先使RDF有效(升高)，然后在RxC下降沿之后和下一个上升沿之前使RDF无效(降低)。

注4：多数实现将解码，并作为数据通过RDF报告接收的结束定界符序列中的任何初始数据PhPDU。第一个非数据PhPDU和后继的PhPDU无需报告。但应通过RDF做最终报告，指示正确的结束定界符被认可。

注5：报告的每个比特，除最后一个外，都在RDF上保持一个RxC全周期。最后的比特由一个高-低序列取代，其中的每一个正好保持一个RxC相位时间。

注 6：这个结束高-低序列应在第一组八个“比特”报告期间产生，该报告在最后的(预定界符)数据比特报告后发生。最后的(预定界符)数据比特将成为在此阶段报告的第 8*N* 个数据比特。这里 *N* 应至少为 3，且不大于 300。

d) DCE 应在 RxC 的下一个下降沿之前使 RDF 有效(升高)，并且在当前的 DCE 对 DTE 媒体活动指示服务结束之前都应不启动另一个 DCE 对 DTE 报文报告服务。

8.2.2.3.7.2 有差错接收

在 8.2.2.3.7.1 中描述的接收过程的任何阶段都可能检测到差错，若发生差错，DCE 应按下列规定修改各阶段的次序。

如果 DCE 检测到无效 PhPDU、或一个无效 PhPDU 序列、或一个无效的 PhPDU 终止定界符序列(该终止定界符没有被一定数量的 PhPDU 数据八位位组将其与起始定界符 PhPDU 分隔开)；如果 DCE 能在 RxC 上建立一个有效信号(例如：如有必要，用 TxC 或一些其他本地信号来取代恢复的时钟源)，那么

a) 如果第 2 阶段还没有启动，则 DCE 应立即启动第 2 阶段；

b) 如果第 2 阶段还没有结束，则 DCE 应尽可能快地立即结束第 2 阶段，不考虑起始定界符 PhPDU 序列的匹配要求；

c) 否则，DCE 应在 RxC 上升沿之后及下一个下降沿之前立即使 RDF 无效(降低)，然后应在 RxC 下降沿之后及下一个上升沿之前，使 RDF 有效(升高)。

注：这个序列允许 DCE：
——允许 DTE 使用 RxC；
——识别出错信号的通道；
——指示一个接收差错。

当 DCE 已恰当并尽可能地完成上述 a)、b)、c)各步操作后，DCE 应立即启动第 4 阶段。

8.2.2.4 DCE 组态报文

8.2.2.4.1 汇总

本条定义标准组态报文和可扩展组态报文的标准部分。标准报文覆盖本接口的应用范围，预计该接口将被普遍使用，可扩展报文允许在必要时采用不同形式的 DCE 组态，并能用来启动 DCE 对 DTE 报文报告服务，以报告 DCE 内部状态(DCE 可选)。

定义两个标准报文和两类可扩展报文，所有报文以已定义的比特顺序通过该接口发送。对于整数先发送最高有效位(MSB)。

用组态报文的前两个数据比特来区分两个标准报文和两类可扩展报文，如下所述：
——00：基本组态报文；
——01：路径变化控制报文；
——10：可扩展组态报文；
——11：可扩展状态报告调用报文。

8.2.2.4.2 基本组态报文

在起始为(00)的两个比特之后，基本组态报文规定对于大多数 DCE 是公用的操作特性。按发送次序，定义该报文的组成部分是：

a) DCE 操作方式，用一个数据比特编码表示。DTE 对 DCE 复位服务激活后，该参数值为零。

1) 0：双向同步(全双工)，每次调用 DTE 对 DCE 报文发送服务都将自动激活 DCE 对 DTE 媒体活动指示和报文报告服务。

注 1：该方式最适合于诸如光缆等双通道媒体，某些 DTE 只能用这种方式工作。

2) 1：双向交替(半双工)，调用 DTE 对 DCE 报文发送服务将不能自动激活 DCE 对 DTE 媒体活动指示和报文报告服务。

注 2：该方式可使 DCE 和 DTE—DCE 接口电源消耗降至最低。某些 DTE 只能用这种方式工作。

b) 用于报文报告服务的 DCE 内部数据源的选择，用两个数据比特编码表示(见表 4)。DTE 对

DCE 复位服务启动后，该参数值为 00。当此选择不为 0 时，所有相连媒体上的传输应被禁止，而且 DTE—DCE 接口将以双向同步(全双工)方式工作。

1) 00:解码信号，该信号来自 8.2.2.4.3b)和 c)规定的相连媒体中的一个。接口方式在 8.2.2.4.2a)中规定。

2) 01:内部状态报告，见 8.2.2.5.1 和 8.2.2.6。

3) 10:回送尽可能接近 DTE—DCE 接口，并且不发送到相连的媒体。每次调用 DTE 对 DCE 报文发送服务都将自动启动 DCE 对 DTE 媒体活动指示和报文报告服务。

注 3：该模式最适合于 DCE vs. DTE vs. 内部连接故障位置定位。

4) 11:回送尽可能接近媒体接口，并且不发送到相连的媒体。每次调用 DTE 对 DCE 报文发送服务都将自动启动 DCE 对 DTE 媒体活动指示和报文报告服务。

注 4：该模式最适合于进入工作网络前的自评估。

c) 应扩展 PhPDU 序列前导码的数目，该前导码是在每次发送中 PhPDU 的起始序列，其范围是 0～7 个扩展单元，用 3 个数据比特编码为 0(000)～7(111)。在 DTE 对 DCE 复位服务启动后，该参数值为 0(000)(见 6.2.2.2 的注 2)。

d) 应扩展强制性后传输间隔(连续 PhPDU 序列之间的无传输时间间隔)的数目，其范围是 0～7 个扩展单元，用 3 个数据比特编码为 0(000)～7(111)。在 DTE 对 DCE 复位服务启动后，该参数值为 0(000)(见 6.2.2.2 的注 3)。

8.2.2.4.3 路径变化控制(path-diversity control)报文

在起始为(01)的两个比特之后，路径变化控制报文规定附加的组态数据，这些附加的组态数据一般是冗余路径管理和故障评估所必需的：用于每个相连冗余媒体(通道和路径)的单独发送和接收控制。按发送顺序，定义该报文的组成部分是：

a) 两个比特零(00)，在报文的下述字段内提供四位位组和八位位组；

b) 当可用于接收的媒体多于一种时，在冗余媒体间选择接收信号源的算法，用 4 比特编码表示。在 DTE 对 DCE 复位服务启动后，该参数值为 0000；

1) 0000:选择的接收媒体应该是第一个媒体，在该媒体上可检测到适合于接收器排列的信号；

2) 1000～1111(=7+N,1≤N≤8):应选择第 N 个媒体，除非在等于 8.2.2.4.2d)规定的帧内间隔(inter-frame-gap)扩展的额外时间内，在另一个媒体上检测到适合于接收器的信号。在这种情况下，应选择其他的媒体。

c) 在 8 个或少于 8 个冗余媒体的每个媒体上作出允许接收(0)或禁止接收(1)的选择，对应于通道 1～8 分别用连续的 8 个比特编码表示(见表 4)。在 DTE 对 DCE 复位服务活动后，该参数值为 0000 0000；

d) 在 8 个或少于 8 个冗余媒体的每个媒体上作出允许发送(0)或禁止发送(1)的选择，对应于通道 1～8 分别用连续的 8 个比特编码表示(见表 4)。在 DTE 对 DCE 复位服务活动后，该参数的值为 0000 0000；

e) 由于冗余媒体间潜在的信号时滞造成的后传输间隔扩展的数目，其范围是 0～7 个扩展单元，用 3 个数据比特编码为 0(000)～7(111)。在 DTE 对 DCE 复位服务活动后，该参数值为 0(000)(见 8.2.2.4.2d)、8.2.2.4.3b)和 6.2.2.2 的注 3)。

8.2.2.5 可扩展组态报文

在起始为(10)的两个比特之后，可扩展组态报文的编码可取决于实现。可扩展组态报文的结构和格式应与 8.2.2.4.2 中规定的基本组态报文相同。

8.2.2.5.1 可扩展状态报告调用报文

在起始为(11)的两个比特之后,可扩展状态报告调用报文的编码可取决于实现。可扩展状态报告调用报文的结构和格式应与8.2.2.4.2中规定的基本组态报文相同。规定的信息应选择接收信号的某些DCE-internal源,并且如果DCE-internal-data-source方式是status-reporting状态报告(见8.2.2.4.2b)),那么DCE应产生一个multi-data-octet报文,加到所需的一个多八位位组,并应使用DCE对DTE媒体活动指示和报文报告服务进行报告。

8.2.2.6 DCE产生(DCE-generated)的状态报告

这些报告是按请求在DCE中产生的,而且当DCE-internal-data-source是internal-status报告(见8.2.2.4.2b))时进行报告。

8.3 类型3:DTE—DCE接口

8.3.1 同步传输

应使用为类型1规定的DTE—DCE接口(见8.2)。

8.3.2 异步传输

对于异步传输,DTE—DCE接口不是外露的。

8.4 类型8:MIS—MDS接口

8.4.1 概述

物理层被划分为媒体无关子层(MIS)和媒体相关子层(MDS)。MIS—MDS接口连接这两个子层。

MIS—MDS接口是一种支持某些服务的功能接口。这个接口电气上的实现不是必备的。每种服务都是通过接口信号的一个交互序列来实现的。

8.4.2 服务

8.4.2.1 概述

MIS—MDS接口支持的服务如下:

——ID cycle request(ID周期请求)服务

——Data cycle request(数据周期请求)服务

——Data sequence classification(数据序列分类)服务

——Data sequence identification(数据序列标识)服务

——Message transmission(报文发送)服务

——Message receipt(报文接收)服务

——Bus reset(总线复位)服务

8.4.2.2 ID周期请求服务

使用该服务,MIS启动一个数据序列来传输标识和控制数据(标识周期)。

注:该服务仅由主站使用。

8.4.2.3 数据周期请求服务

使用该服务,MIS启动一个数据序列来传输用户数据(数据周期)。

注:该服务仅由主站使用。

8.4.2.4 数据序列分类服务

使用该服务,MIS启动一个标识周期或数据周期。

注:该服务仅由总线耦合器或从站使用。

8.4.2.5 数据序列标识服务

使用该服务,MDS指示一个标识周期或数据周期的开始。

8.4.2.6 报文发送服务

使用该服务,MIS通过MDS发送一个报文给连接的媒体或通过MDS返回给另一个MDS。MDS决定该服务执行的速度。

注1：该服务发送传递给 PhL 的 PhIDU。

注2：该服务与报文接收服务同时工作。

8.4.2.7 报文接收服务

使用该服务，MDS 指示 MIS 或另一个连接 MDS 接收到一个报文。该服务通过是否接收到正确形成的 PhPDU 的指示来结束。

注：该服务应在数据序列标识服务之后。

8.4.2.8 总线复位服务

使用该服务，所有从站发送和接收一个复位。表 28 给出了 MDS 总线复位的参数。

表 28 MDS 总线复位

服务参数	request	indication
reset_type	M	M

——reset_type

该服务参数定义复位是短复位或长复位。

数值范围：短或长。

注：该服务仅由主站使用。

8.4.3 接口信号

MIS—MDS 接口生成的可用信号如表 29 所示。

表 29 MIS—MDS 接口的信号

接口信号	助记符	来源
发送时钟(Transmit Clock)	TxC	MIS
请求发送(Request-to-send)	RTS	MIS
清除发送(Clear-to-send)	CTS	MDS
发送序列(Transmit Sequence)	TxS	MIS
发送选择线(Transmit Select Line)	TxSL	MIS
发送控制线(Transmit Control Line)	TxCR	MIS
发送数据(Transmit Data)	TxD	MIS
请求延时1(Request Delay 1)	RqDly1	MIS
请求延时2(Request Delay 2)	RqDly2	MIS
忙(Busy)	BSY	MDS
接收时钟(Receive Clock)	RxC	MDS
接收活动(Receive Activity)	RxA	MDS
接收序列(Receive Sequence)	RxS	MDS
接收选择线(Receive Select Line)	RxSL	MDS
接收控制线(Receive Control Line)	RxCR	MDS
接收数据(Receive Data)	RxD	MDS
复位输出(Reset Out)	RO	MIS
复位输入(Reset In)	RI	MDS

8.4.4 接口信号转换服务

8.4.4.1 概述

MIS—MDS 接口的服务通过 8.4.4.1～8.4.4.8 中描述的协议机和信号序列表示。

注：以下适用于图 20～图 28 所示的状态图。符号“＊”对应“逻辑与”，符号“/”对应“非”。

8.4.4.2 标识周期请求服务

图 20 描述了该服务及其 4 个灰色标记的状态及状态之间的转换来。

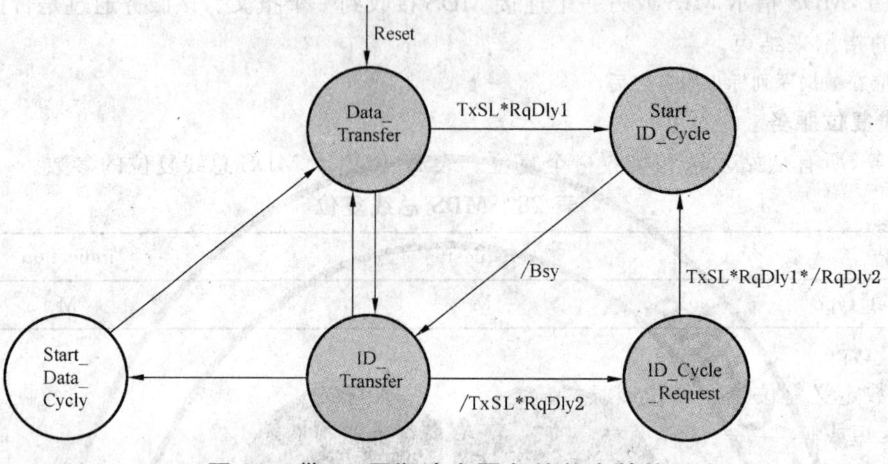

图 20 带 ID 周期请求服务的状态转换

注 1：图 20 中没有示出用于其他服务的状态转换，其他状态及转换见图 23 和图 25 的状态和转换。

标识周期的执行在数据周期或复位之后：

——Data_Transfer 状态：

MIS 通过将 TxSL 信号从逻辑“0”变为逻辑“1”来启动一个标识周期请求服务，同时 RqDly1 信号从逻辑“0”变为逻辑“1”。

——Start_ID_Cycle 状态：

随后，MDS 发送相应的状态 PhPDU，启动一个持续时间为 t_1 的定时器，并将 BSY 信号从逻辑“0”设为逻辑“1”。MIS 将 RqDly1 信号复位为逻辑“0”。

t_1 时间后，MDS 将 BSY 信号设为逻辑“0”，并终止标识周期请求服务。MIS 通过一个 PH-DATA confirm 原语将此通知给 DLL，并进入 ID_Transfer 状态。

t_1 的最小时间为 5 比特时间。

图 21 所示为在 MIS—MDS 接口相应的信号格式，用于前面数据周期之后的标识周期请求服务。

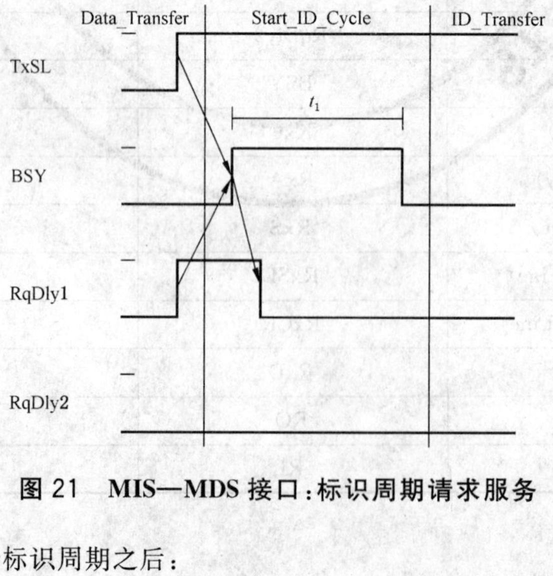

图 21 MIS—MDS 接口：标识周期请求服务

标识周期的执行在一个标识周期之后：

——ID_Transfer 状态：

MIS 通过将 TxSL 信号从逻辑"1"变为逻辑"0"来启动一个标识周期请求服务，同时 RqDly2 信号从逻辑"0"改变为逻辑"1"。

——ID_Cycle_Request 状态：

随后，MDS 发送相应的状态 PhPDU，启动一个持续时间为 t_2 的定时器，将 BSY 信号从逻辑"0"设为逻辑"1"。MIS 将 RqDly2 信号复位为逻辑"0"。

t_2 时间后，MDS 将 BSY 信号设为逻辑"0"。随后 MIS 子层将 TxSL 信号从逻辑"0"变为逻辑"1"，同时 RqDly1 信号从逻辑"0"变为逻辑"1"。

t_2 的最小时间为 25 比特时间。

——Start_ID_Cycle 状态：

随后，MDS 发送相应的状态 PhPDU，启动一个持续时间为 t_1 的定时器，BSY 信号从逻辑"0"设为逻辑"1"。MIS 将 RqDly1 信号复位为逻辑"0"。

t_1 时间后，MDS 将 BSY 信号设为逻辑"0"，并终止此标识周期请求服务。MIS 通过一个 PH-DATA confirm 原语将此通知给 DLL，并进入 ID_Transfer 状态。

图 22 所示为 MIS—MDS 接口相应的信号格式，用于前面标识周期之后的标识周期请求服务。

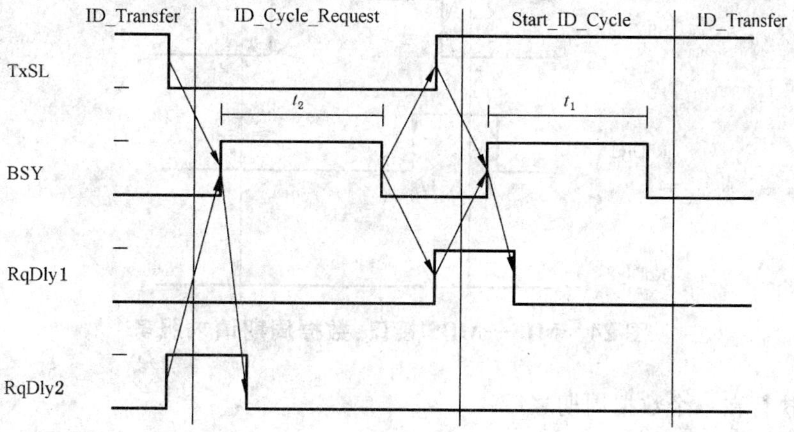

图 22 MIS—MDS 接口：标识周期请求服务

注 2：标识周期请求服务是异步服务，与 TxC 无关。

8.4.4.3 数据周期请求服务

图 23 描述了该服务及其 3 个灰色标记的状态及状态之间的转换。

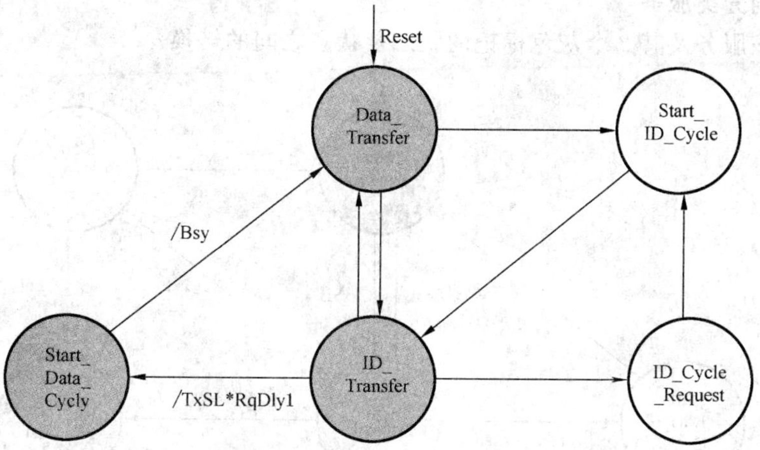

图 23 带数据周期请求服务的状态转换

注 1：图 23 中没有示出用于其他服务的转换，其他状态及转换见图 20 和图 25 的状态和转换。

数据周期的执行在标识周期之后：

——ID_Transfer 状态：

MIS 通过将 TxSL 信号从逻辑“1”变为逻辑“0”来启动一个数据周期请求服务，同时 RqDly1 信号从逻辑“0”变为逻辑“1”。

——Start_Data_Cycle 状态：

随后，MDS 发送相应的状态 PhPDU，启动一个持续时间为 t_1 的定时器，将 BSY 信号从逻辑“0”设为逻辑“1”。MIS 复位 RqDly1 信号为逻辑“0”。

t_1 时间后，MDS 将 BSY 信号设为逻辑“0”，并终止数据周期请求服务。MIS 通过一个 PH-DATA confirm 原语将此通知给 DLL，并进入 Data_Transfer 状态。

图 24 所示为 MIS—MDS 接口相应的信号格式，用于前面标识周期之后的数据周期请求服务。

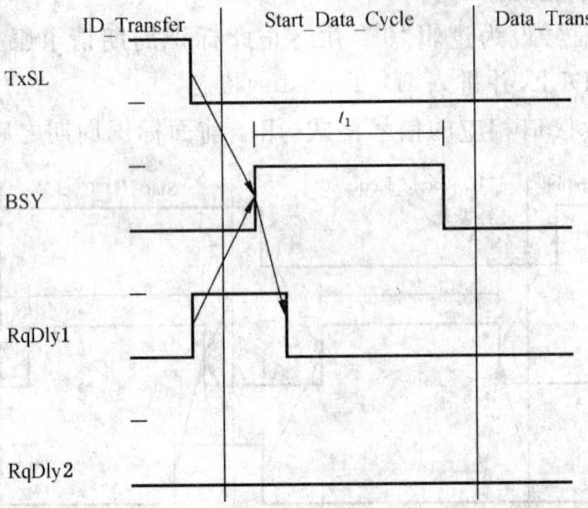

图 24 MIS—MDS 接口：数据周期请求服务

数据周期的执行在一个数据周期之后：

如果 DLL 用一个 PH-DATA request 原语(PhICI=start_data_cycle)请求开始一个数据周期，并且之前 DLL 没有通过 PH-DATA request 原语(PhICI=start_ID_cycle)请求开始一个标识周期，MIS 用 PH-DATA confirm 原语通知 DLL 数据周期请求服务的结束。信号 TxSL、RqDly1 和 RqDly2 的状态保持不变。

注 2：数据周期请求服务是异步服务，与 TxC 无关。

8.4.4.4 数据序列分类服务

图 25 描述了该服务及其 2 个灰色标记的状态及状态之间的转换。

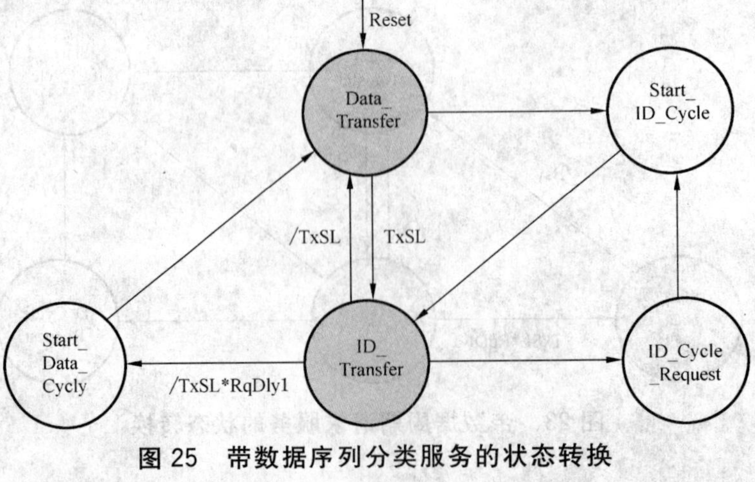

图 25 带数据序列分类服务的状态转换

注 1：在图 25 中没有示出用于其他服务的转换，其他状态及转换见图 20 和图 23。

——Data_Transfer 状态：

MIS 通过将 TxSL 信号从逻辑“0”变为逻辑“1”来启动一个标识周期(在 PhPDU 中发送标识和控制数据)。

——ID_Transfer 状态：

MIS 通过将信号从逻辑“1”变为逻辑“0”来启动一个数据周期(在 PhPDU 中发送用户数据)。

注 2：数据序列分类服务是异步服务，与 TxC 无关。

8.4.4.5 报文发送服务

图 26 描述该服务及其 6 个状态及状态之间的转换。

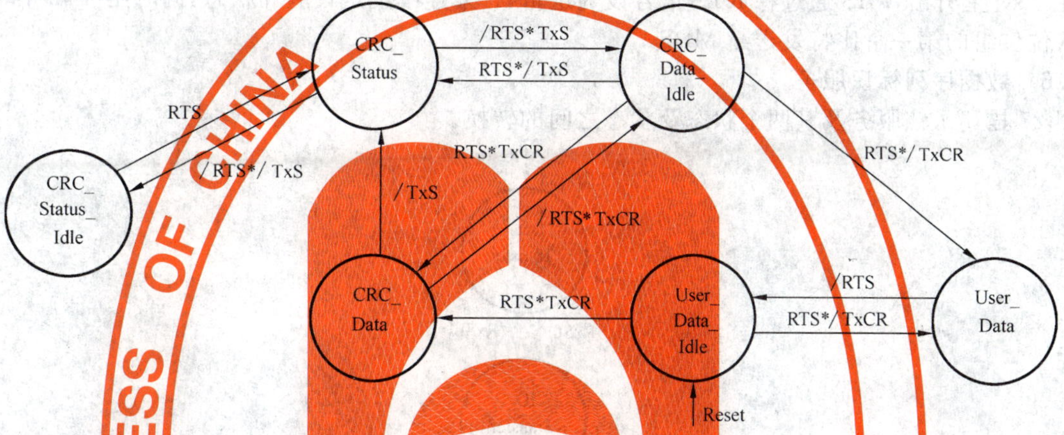

图 26 报文发送服务协议机

注 1：一个数据比特序列在多个八位位组中发送。当 MIS 将 RTS 接口信号从逻辑“1”设为逻辑“0”之后，等待一个来自 MDS 的活动的低 CTS 信号下降沿。MIS 通过一个 PH-DATA confirm 原语将此通知给 DLL(仅对主站是必需的)。

——CRC_Data_Idle 状态：

在 TxC 上升沿，MIS 通过将 RTS 信号设为逻辑“1”来启动一个报文发送服务，同时将 TxCR 信号设为逻辑“0”，并用 TxD 信号将一个八位位组的第一个数据比特发送给 MDS。

注 2：在 TxC 后续上升沿，MIS 通过将 RTS 信号设为逻辑“1”来启动一个发送校验和状态，而不启动报文发送服务。同时将 TxS 信号设为逻辑“0”，并用 TxD 信号将校验和状态的第一个比特发送给 MDS。

——User_Data 状态：

在 TxC 的每个上升沿，MIS 应通过用 TxD 信号将八位位组的下一个数据比特发送给 MDS 来继续数据发送。在最后一个比特发送完毕和下一个 TxC 下降沿到来之前，MIS 通过将 RTS 信号设为逻辑“0”来完成数据发送。

注 3：在 TxC 上升沿，MIS 通过将 RTS 信号设为逻辑“1”来继续数据发送，同时用 TxD 信号将另一个八位位组的第一比特发送给 MDS。

——User_Data_Idle 状态：

在 TxC 上升沿，MIS 通过将 RTS 信号设为逻辑“1”来启动校验序列，同时将 TxCR 信号设为逻辑“1”，并用 TxD 信号将校验和(CRC 数据)的第一个比特发送给 MDS。

注 4：在 TxC 上升沿，MIS 可以通过将 RTS 信号设为逻辑“1”来启动一个新的报文发送服务，而不是校验和序列，同时用 TxD 信号将第一个数据比特发送给 MDS。这相当于报文发送服务的继续。

——CRC_Data 状态：

在 TxC 的每个上升沿，MIS 应通过用 TxD 信号将八位位组的下一个数据比特发送给 MDS 来继续发送校验和数据。

在校验和数据发送完毕后，在 TxC 上升沿，MIS 通过将 TxS 信号设为逻辑“0”来启动校验和状态(CRC 状态)的发送，同时用 TxD 信号将校验和状态的第一个比特发送给 MDS。

注 5：在 TxC 下降沿到来之前，MIS 通过将 RTS 信号设为逻辑"1"来连续发送校验和，同时用 TxD 信号将校验和的下一个八位位组的第一个比特发送给 MDS。

注 6：在 TxC 上升沿，MIS 通过将 RTS 信号设为逻辑"1"来启动校验和状态的传输，同时将 TxS 信号设为逻辑"0"，并将校验和状态的第一个比特发送给 MDS。

——CRC_Status 状态：

在 TxC 的每个上升沿，MIS 应通过用 TxD 信号将八位位组的下一个比特发送给 MDS 来继续发送校验和状态。在 TxC 下降沿之前以及八位位组的最后一个比特传送之后，MIS 通过将 RTS 信号设为逻辑"0"，将 TxS 信号设为逻辑"1"来终止校验和状态的发送。

——CRC_Status_Idle 状态：

在 TxC 上升沿，MIS 通过将 RTS 信号设为逻辑"1"来连续发送校验和状态，同时用 TxD 信号将下一个八位位组的第一个比特发送给 MDS。

8.4.4.6 数据序列标识服务

图 27 描述了该服务及其两个状态及状态之间的转换。

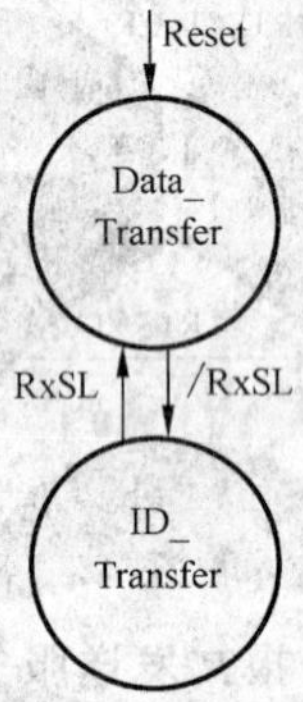

图 27 数据序列标识服务协议机

——Data_Transfer 状态：

通过 RxSL 信号从逻辑"1"变为逻辑"0"，MIS 得到一个标识周期（在接收的 PhPDU 中发送标识数据或控制数据）开始的指示。

——ID_Transfer 状态：

通过 RxSL 信号从逻辑"1"变为逻辑"0"，MIS 得到一个数据周期（在接收的 PhPDU 中发送用户数据）开始的指示。

注：数据序列标识服务是异步服务，与 RxC 无关。

8.4.4.7 报文接收服务

图 28 描述了该服务及其 6 种状态及状态之间的转换。

注 1：数据以多八位位组进行接收。

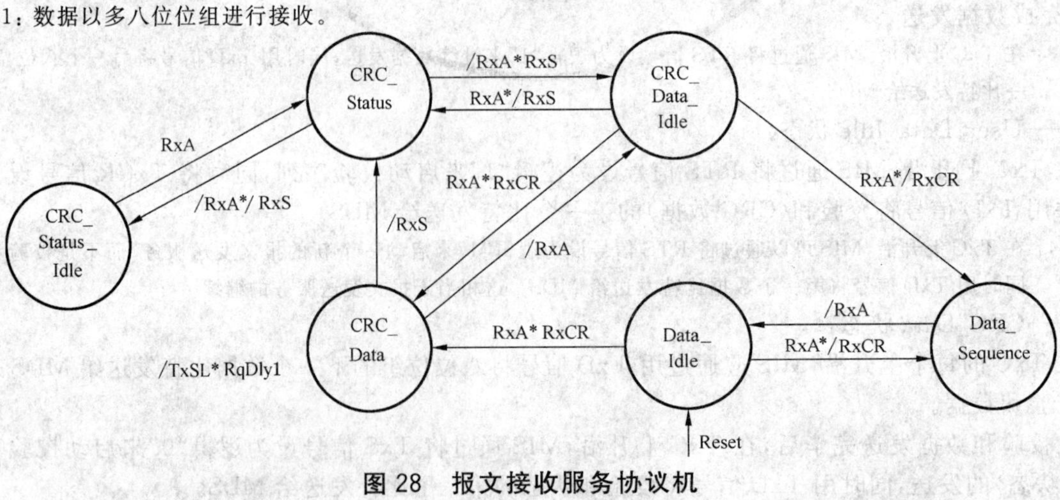

图 28 报文接收服务协议机

——CRC_Idle 状态：

如果 MDS 识别了一个数据序列 PhPDU 的开始，它通过调整 RxC 信号发送的时间脉冲与已接收的时间脉冲相匹配来启动报文接收服务，同时在 RxC 信号上升沿将 RxA 信号设为逻辑“1”，将 RxCR 信号设为逻辑“0”，并用 RxD 信号将一个八位位组的第一个解码数据比特发送给 MIS。

注 2：如果 MDS 是在一个校验序列 PhPDU 中识别出校验和状态的开始，而不是数据序列 PhPDU 的开始，它就将 RxA 信号设为逻辑“1”，同时将 RxS 信号设为逻辑“0”，并用 RxD 信号将第一个解码比特发送给 MIS。

注 3：只要 MDS 识别出 CRC_Idle 状态，它应保持 RxA 信号为逻辑“0”，保持 RxCR 信号为逻辑“1”。

——Data_Sequence 状态：

MDS 应继续用 RxD 信号将已接收的并解码的数据发送给 MIS，同时调整发送的时间脉冲同用 RxC 信号接收的时间脉冲相匹配。如果 MDS 在接收到一个八位位组的最后数据比特之后，识别出 Data_Idle 状态，它应在 RxC 下降沿将 RxA 信号设为逻辑“0”。

——Data_Idle 状态：

只要 MDS 识别出 Data_Idle 状态，它应保持 RxA 信号为逻辑“0”，保持 RxCR 信号为逻辑“0”。

如果 MDS 识别出校验序列 PhPDU 的开始，它将调整通过 RxC 发送的时间脉冲与已接收的时间脉冲相匹配，在 RxC 上升沿将 RxA 信号设为逻辑“1”，同时将 RxCR 信号设为逻辑“1”，并用 RxD 信号将校验和(CRC 数据)的已解码的第一个接收比特发送给 MIS。

如果 MDS 识别的是数据序列 PhPDU 的一个八位位组内的第一个比特，而不是校验序列的开始，它通过调整发送的时间脉冲同用 RxC 信号接收的时间脉冲相匹配来继续接收数据序列，同时在 RxC 上升沿将 RxA 信号设为逻辑“1”，并用 RxD 信号将已接收并解码的数据比特发送给 MIS。

——CRC_Data 状态：

MDS 应继续用 RxD 信号将已接收并解码的校验和数据发送给 MIS，并调整用 RxC 信号发送的时间脉冲同接收的时间脉冲相匹配。

如果在完全接收校验和数据之后，MDS 识别出校验和状态的第一个比特，它应调整用 RxC 信号发送的时间脉冲，并在 RxC 上升沿将 RxS 信号设为逻辑“0”，同时将用 RxD 信号已接收并解码的校验和状态比特发送给 MIS。

注 4：如果在已接收八位位组的最后一个比特之后，MDS 识别出 CRC_Idle 状态，它应在 RxC 下降沿将 RxA 信号设为逻辑“0”。

注 5：如果 MDS 识别出校验和数据的一个八位位组的第一个比特，它将通过调整发送的时间脉冲同用 RxC 信号接收的时间脉冲相匹配来继续接收校验和数据，并在 RxC 上升沿将 RxA 信号设为逻辑“1”，同时将用 RxD 信号已接收并解码的校验和比特发送给 MIS。

——CRC_Status 状态：

MDS 应继续用 RxD 信号将已接收并解码的校验和状态发送给 MIS，并调整发送的时间脉冲同用 RxC 信号接收的时间脉冲相匹配。在完全接收校验和状态之后，在 RxC 下降沿，MDS 将 RxA 值设为逻辑“0”，同时将 RxS 信号设置为逻辑“1”。

注 6：在接收一个八位位组的最后一个比特之后，如果 MDS 识别出 CRC_Idle 状态，则在 RxC 下降沿它应将 RxA 信号设为逻辑“0”。

——CRC_Status_Idle 状态：

如果 MDS 识别出校验和数据的一个八位位组的第一个比特，它应通过调整用 RxC 信号发送的时间脉冲同接收的时间脉冲相匹配来继续接收校验和状态，并在 RxC 上升沿将 RxA 信号设为逻辑“1”，同时用 RxD 信号将已接收并解码的校验和状态比特发送给 MIS。

8.4.4.8 复位服务

该服务通过设置 RO 信号从 MIS 发送到 MDS。一个服务的接收通过 RI 信号从 MDS 传送到 MIS。取值范围：短、长。

8.5 类型 12：DTE—DCE 接口

对于类型 12 的传输，DTE—DCE 接口不是外露的。

9 媒体相关子层(MDS)

9.1 概述

媒体相关子层(MDS)是数据通信设备(DCE)的一部分(见图1)。它通过第8章规定的DTE—DCE接口交换信息,并通过第10章规定的MDS—MAU接口传递已编码的Ph-symbol。MDS的功能是对发送和接收分别进行逻辑编码和解码,以及加上/除去前导码和定界符。同时它还有定时和同步功能。

注:基于工业的实际情况,规定了许多不同的MDS子层实体。

9.2 类型1:MDS:导线和光纤

9.2.1 PhPDU

将DIS通过DTE—DCE接口传送的串行PhSDU(比特)序列加上前导码和定界符,MDS就生成了如图29所示的PhPDU。发送序列从左到右如图29所示,即依次为前导码、起始定界符、PhSDU序列和最后的结束定界符。

前导码	起始定界符	PhSDU序列	结束定界符

图29 协议数据单元(PhPDU)

相反,MDS去掉已接收的PhPDU的前导码和定界符,就能生成一个相应的串行PhSDU序列。如果在已接收的PhPDU序列中检测到一个非二进制数据单元,MDS应立即停止向DIS发送PhSDU,并报告出现一个差错;且当发生这种情况时,MDS应向DIS指示活动结束。

9.2.2 编码和解码

MDS用图30所示的码(曼彻斯特双相L码)为数据单元编码以用于MAU。编码规则见图31和表30。

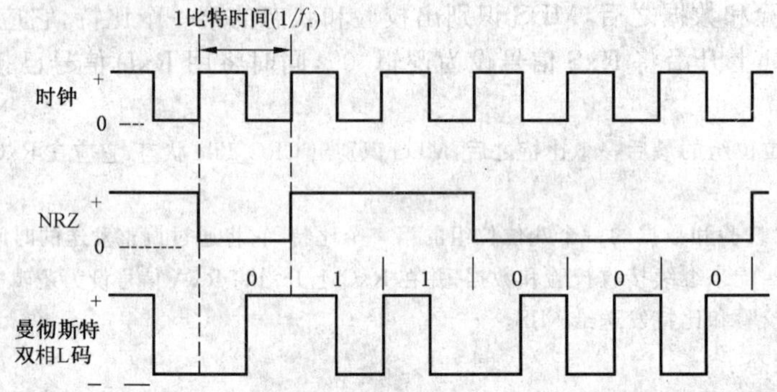

图30 PhSDU编码和解码

注:图30只是解释说明性的,并不意味一个具体的实现。

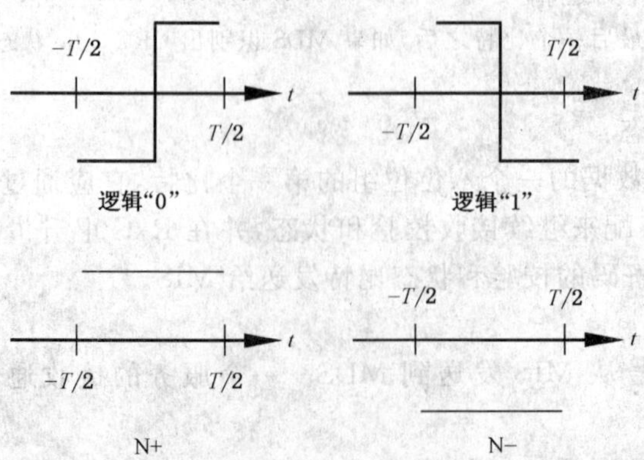

图31 曼彻斯特编码规则

表 30 曼彻斯特编码规则

符 号	编 码
1(壹)	高一低跃变(比特中间)
0(零)	低一高跃变(比特中间)
N+(非数据正)	高(无跃变)
N-(非数据负)	低(无跃变)
注：可以看出，数据符号(由 PhSDU 传输的 1 和 0)总是被编码为含有一个比特中间跃变。非数据符号(N+和N-)被编码为绝对不含比特中间跃变。在构建帧定界符时(见 9.2.4 和 9.2.5)非数据符号以成对的相反极性传输。	

通常，解码应与编码相反。接收时，MDS 应根据图 31 和表 30 验证编码的每个符号，并检测以下差错：

a) 无效曼彻斯特码；

b) 半比特滑移差错。

所有这些差错应通过 Ph-DATA indication(PhIDU，error)报告。

9.2.3 极性检测

接收的曼彻斯特编码信号的自动极性检测的选择应在相关 MAU 规定中要求。

9.2.4 帧起始定界符

以发送顺序从左到右表示的下述符号序列，应直接加在 PhSDU 序列之前，以界定一帧的开始：

N+，N-，1，0，N-，N+，0

(如图 32 所示波形)

MDS 仅在校验这一序列以后才把已接收的信号串作为 PhPDU 接受，并且在将 PhSDU 序列传送到 DIS 之前应除去这一序列。

9.2.5 帧结束定界符

以发送顺序从左到右表示的下述符号序列，应紧跟在 PhSDU 序列之后，以界定一帧的结束：

1，N+，N-，N+，N-，1，0，1

(如图32所示波形)

在将 PhSDU 序列发送到 DIS 之前，MDS 应从 PhPDU 中除去这个序列。如果任何经媒体接收的帧中，在帧开始的 300 个八位位组内(从起始定界符的起点计)还没包括这个序列，MDS 应使用 Ph-DATA indication(PhIDU，frame_too_long)向相应 DLL 实体报告。如果任何经媒体接收的帧中，有一个结束定界符未定位在一个八位位组的边界上，MDS 应该用 Ph-DATA indication(PhIDU，received_timing_error)通过相应 DIS 向相应 DLL 实体报告。

9.2.6 前导码

为了同步比特时间，应在每个 PhPDU 开始时发送前导码，该前导码由下列比特组成，按传送次序从左到右为：

1，0，1，0，1，0，1，0

(如图32所示波形)

注 1：接收的前导码可能只有 4 个比特，这是由于经过 4 个中继器时每经过一个会丢失一个比特(在 MAU 网络配置规则中规定)。

如表 4 所述，系统管理可延长周期，但不能缩短周期。表 4 列出的一个前导码扩展序列应定义为如下比特序列，按发送次序从左到右为：

1，0，1，0，1，0，1，0

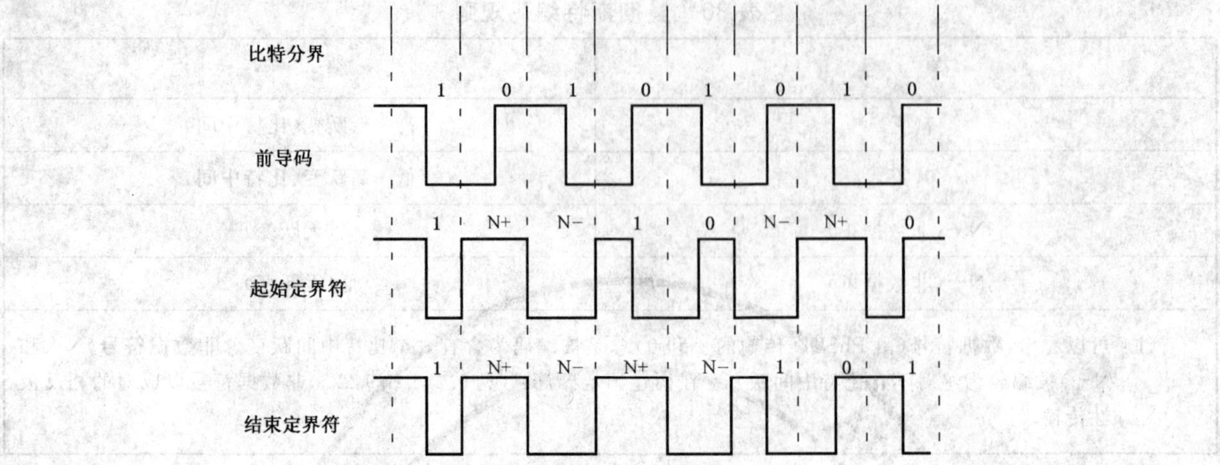

图 32 前导码和定界符

注 2：根据图 31 和表 30 规定，这些波形不将频率范围扩展到发送二进制 PhSDU（传输数据符号）所需的频带之外。

9.2.7 同步

在接收帧的第四个比特之后，并直到帧结束或帧终止，接收器应检测并报告半比特滑移差错。

注 1：本同步规范允许丢失前导码的四个比特。

在前导码之后，以 Ph-DATA indication(PhIDU，error)报告半比特滑移差错。

注 2：在比特周期中出现过多的比特单元抖动和/或过多偏移时，可检测到半比特滑移差错。

9.2.8 后传输间隔

在发送完一个 PhPDU 后，应留出一段很短的时间，在这个时间段里，不开始下一个发送。接收 PhL 实体在接收一个 PhPDU 后，应在同样的时间段里，忽略随后接收的任何信号。MDS 实体应将后传输间隔至少设为 4 个比特时间。该间隔时间可由系统管理（按表 4 规定）或由相关 MAU 实体加以扩展，但不能缩短。表 4 所列的一个间隔扩展序列应定义为 4 个额定的比特时间。

注：MAU 发送启用/禁用时间可减少帧间的静默时间。

9.2.9 通道间信号时滞

如设备由系统管理组态为在多于一个通道上同时接收，那么任何两个活动通道之间的最大可接受延迟差从一个起始定界符的第一个 PhPDU 算起，应不超过 5 个额定比特时间。这个延迟时间可由系统管理按表 4 规定扩展，但不能缩短。后传输间隔的值应大于通道间时滞的值。

9.3 类型 1：MDS：无线

注：类型 1 无线 DCE 的内部结构和运行方法在本部分中没有规定。

9.4 类型 2：MDS：导线和光纤

注：媒体相关子层（MDS）是数据通信设备（DCE）的一部分。MDS 经由 MDS—MAU 接口传递在 10.3 中规定的编码比特。

9.4.1 时钟精度

PhL 信号的定时规范在表 31 中定义。

表 31 MDS 定时特性

规　　范	限值/特性	注　　释
比特速率	5 Mbit/s±CA	也称为 M-symbol 速率，数据“0”或“1”
比特时间	200 ns±CA	也称为 M-symbol 时间，数据“0”或“1”
PhL 符号时间	100 ns±CA	也称为 Ph-symbol 时间，见数据编码规则
时钟精度	最大$\pm 150\times 10^{-6}$	包括温度、长期和短期稳定性

9.4.2 数据恢复

DLL 到 PhL 接口的信号应与表 31 所示的本地比特速率同步。为满足表 31 所示的定时要求，每个 PhL 实现应提供数据恢复机制来恢复或重组从适当的媒体接收的数据。在通过 MDS 实现了数据同步时，Ph-LOCK indication 应为真。

在实现数据同步过程中，可能丢失或丢弃收到的数据帧的一部分。在起始定界符的开始之前，应实现表 31 中规定的数据定时规范。

9.4.3 数据编码规则

在 DLL 到 PhL 接口出现的 M_symbol，应编码成如表 32 和图 33 所示的适当的 Ph-symbol。M_0 和 M_1 符号应编码成 Ph-symbol，Ph-symbol 表示表 32 所示的曼彻斯特双相 L 数据编码规则。M_ND 符号被用于创建用做起始和结束定界符的惟一的数据模式。图 33 给出了理想的信号电压波形（来自 MAU），为表 32 中所示的数据编码规则提供一个例子。

表 32 MDS 数据编码规则

数据位（规定的名称）	M_symbol 表示	Ph-symbol 编码	曼彻斯特编码
数据“零”	M_0 或{0}	{L,H}	0
数据“壹”	M_1 或{1}	{H,L}	1
“非数据＋”	M_ND＋或{＋}	{H,H}	非数据
“非数据－”	M_ND－或{－}	{L,L}	非数据

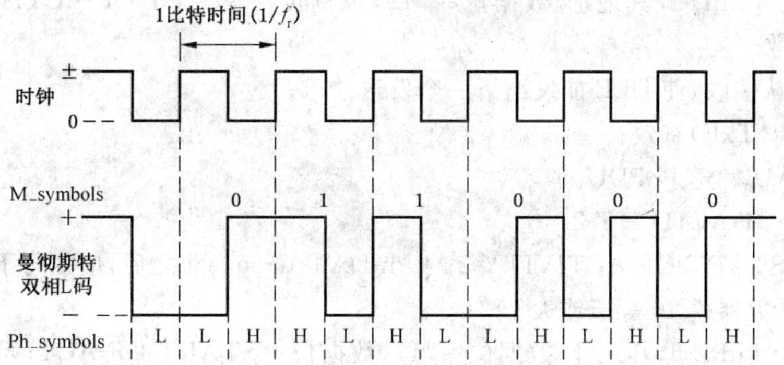

图 33 曼彻斯特编码时序图

9.5 类型 3：MDS：导线和光纤

9.5.1 同步发送

应使用为类型 1 规定的媒体相关子层（MDS）（见 9.2）。

9.5.2 异步发送

异步发送没有媒体相关子层（MDS）。

9.6 类型 4：MDS：导线

9.6.1 半双工

9.6.1.1 概述

注 1：PhL 实体被分成一个包含 MDS 的数据终端设备（DTE）部件和一个包含 MAU 的数据传输设备（DCE）部件。

注 2：MDS 的功能与常用的 UART 的功能相似。另外，半双工 MDS 有一些定时功能。MAU 的功能与众所周知的驱动电路的功能相似。

半双工 MDS 应将 PhID 的发送排序为一个比特序列。类似地，MDS 应从接收的比特序列形成向 DLL 报告的 PhID。比特以 NRZ（不归零）码进行接收和发送。

PhID 应被转换为在 PhPDU 中串行发送的比特序列。在每个 PhPDU 内，表示高有效位的比特应在表示低有效位的比特之前发送。在接收时，每个比特序列应被转换为 PhID。这样如无发生差错，指示给接收 DLL 实体的 PhID，与起始 DLL 实体请求发送的 PhID 相比，不发生改变。

MDS 从 DLE 接收单个 PhID 或者一个 PhID 八位位组序列。从 DLE 接收第一个八位位组通过 START-OF-ACTIVITY-11 或 START-OF-ACTIVITY-2 服务实现。从 DLE 接收剩余的八位位组则通过 DATA 服务实现。发送结束通过 END-OF-ACTIVITY 服务指示。MDS 应从每个 PhID 八位位组形成一个 PhPDU，并且将形成的 PhPDU 作为一个比特序列发送到 MAU。每个 PhPDU 应包含 1 个起始位，8 个数据位，1 个地址/数据位和最后 1 个停止位，如图 34 所示。

起始位	数据位 8...数据位 1	地址/数据	停止位
0	X...X	第一个八位位组为 1，剩余的为 0	1

图 34 PhPDU 格式，半双工

当附加媒体上的信号电平已空闲 30、35、40 或更多比特周期时，MDS 应通过一个 LINK-IDLE indication向 DLE 报告。

发送比特速率应为所选波特率的(1±0.2%)倍。

9.6.1.2 发送

9.6.1.2.1 START-OF-ACTIVITY-11

DLE 发出一个 START-OF-ACTIVITY-11 的 Ph-DATA indicationz 之后，应执行下列步骤：

a) 等待空闲计数器等于或大于 11；
b) 形成第一个 PhPDU，其地址/数据位－"1"，数据位＝START-OF-ACTIVITY-11 request 中的 data 参数；
c) 向 DLE 确认接收，使 DLE 能发出下一个发送请求；
d) 使发送使能(TxE)有效；
e) 开始向 MAU 发送 PhPDU。

9.6.1.2.2 START-OF-ACTIVITY-2

DLE 发出一个 START-OF-ACTIVITY-2 的 Ph-DATA request 之后，应执行下列步骤：

a) 等待空闲计数器模 10 等于或大于 2；
b) 形成第一个 PhPDU，其地址/数据位＝"1"，数据位＝START-OF-ACTIVITY-2 request 中的 data 参数；
c) 向 DLE 确认接收，使 DLE 能发出下一个发送请求；
d) 使发送使能(TxE)有效；
e) 开始向 MAU 发送 PhPDU。

9.6.1.2.3 DATA

DLE 发出一个 DATA 的 Ph-DATA request 之后，应执行下列步骤：

a) 等待前面的 PhPDU 发送完成；
b) 形成一个新 PhPDU，其地址/数据位＝"0"，数据位＝DATA request 中的 data 参数；
c) 向 DLE 确认接收，使 DLE 能发出下一个发送请求；
d) 开始向 MAU 发送 PhPDU。

应保证 PhPDU 的发送之间，没有空闲周期。在前一个证实之后的 11 个比特周期内，DLE 应发出下一个发送请求。

9.6.1.2.4 END-OF-ACTIVITY

DLE 发出一个 END-OF-ACTIVITY 的 Ph-DATA request 之后，应执行下列步骤：

a) 等待前面的 PhPDU 发送完成；
b) 等待最少 3 个、最大 10 个比特周期；

c) 使 Transmit Enable 信号(TxE)无效。

9.6.1.3 **接收**

9.6.1.3.1 **START-OF-ACTIVITY**

当接收到来自 MAU 的地址/数据位＝“1”的帧时,或者当空闲计数器大于或等于 11 时,MDS 应发出一个 class 为 START-OF-ACTIVITY 的 Ph-DATA indication。相关 data 参数应保存接收的数据。相关 status 参数值应根据下面进行设置:

a) 接收一个地址/数据位＝“1”和停止位＝“1”的帧,当空闲计数器大于或者等于 11 时,应使相关 status 参数指示 SUCCESS;
b) 接收一个停止位＝“0”的帧,应使相关 status 参数指示 FRAMING_ERROR;
c) 接收一个地址/数据位＝“1”,但当空闲计数器小于 11 时,应使相关 status 参数指示 IDLE_ERROR;
d) 接收一个地址/数据位＝“0”,但当空闲计数器大于或等于 11 时,应使相关 status 参数指示 ADDRESS_DATA_ERROR。

9.6.1.3.2 **DATA**

当接收到来自 MAU 的地址/数据位＝“0”的帧时,或者当空闲计数器小于 11 时,MDS 应发出一个 class 为 DATA 的 Ph-DATA indication。相关 data 参数应保存接收的数据。相关 status 参数值应根据下面进行设置:

a) 从 MAU 接收一个停止位＝“1”的帧,应使相关 status 参数指示 SUCCESS;
b) 接收一个停止位＝“0”的帧,应使相关 status 参数指示 FRAMING_ERROR。

9.6.1.4 **空闲计数器**

MDS 包含一个空闲计数器。每个比特周期该计数器增加 1,且每次从 MAU 接收或发送一个值为“0”的比特时,该计数器就清零。当空闲计数器等于 30 时,MDS 应使用 class 为 LINK-IDLE 的 Ph-DATA indication 进行报告,并且相关 status 指示 30 个比特周期。5 个比特周期后,如果链路仍然空闲,PhE 则使用另一个 class 为 LINK-IDLE 的 Ph-Data indication 进行报告,并且相关 status 指示 35 个比特周期。5 个比特周期后,如果链路仍然空闲,PhE 则用另一个 class 为 LINK-IDLE 的 Ph-Data indication 进行报告,并且相关 status 指示 40 或更多比特周期。此后,每 10 个比特周期,都用指示 40 或更多比特周期的 indication 进行报告。空闲计数器的速度应为所选波特率±0.2%。

9.6.2 **全双工**

9.6.2.1 **概述**

注 1:PhL 实体被分成一个包含 MDS 的数据终端设备(DTE)部件和一个包含 MAU 的数据传输设备(DCE)部件。

注 2:MDS 的功能与常用的 UART 的功能相似。另外,全双工 MDS 有一些“字节填充”功能。MAU 的功能与众所周知的驱动电路的功能相似。

全双工 MDS 应将 PhID 的发送排序为一个比特序列。类似地,MDS 应从接收的比特序列形成向 DLL 报告的 PhID。比特以 NRZ(不归零)码进行接收和发送。

PhID 应被转换为在 PhPDU 中串行发送的比特序列。在每个 PhPDU 内,表示高有效位的比特应在表示低有效位的比特之前发送。在接收时,每个比特序列应被转换为 PhID。这样如无发生差错,指示给接收 DLL 实体的 PhID,与起始 DLL 实体请求发送的 PhID 相比,不发生改变。

MDS 从 DLE 接收单个 PhID 或者一个 PhID 八位位组序列。从 DLE 接收第一个八位位组通过 START-OF-ACTIVITY-2 服务实现。从 DLE 接收剩余的八位位组则通过 DATA 服务实现。发送结束通过 END-OF-ACTIVITY 服务指示。MDS 应从每个 PhID 八位位组形成一个 PhPDU,并且将形成的 PhPDU 作为一个比特序列发送到 MAU。每个 PhPDU 应包含 1 个起始位,8 个数据位和最后 1 个停止位,如图 35 所示。

起始位	数据位 8...数据位 1	停止位
0	X...X	1

图 35　PhPDU 格式,全双工

9.6.2.2　发送

9.6.2.2.1　START-OF-ACTIVITY-2

DLE 发出一个 START-OF-ACTIVITY-2 的 Ph-DATA request 之后,应执行下列步骤:

a)　形成第一个 PhPDU,其数据位＝＄D7(16 进制);

b)　形成第二个 PhPDU,其数据位＝START-OF-ACTIVITY-2 request 中的 data 参数;

c)　向 DLE 确认接收,使 DLE 能发出下一个发送请求;

d)　使 request-to-send 信号(RTS)有效;

e)　等待 clear-to-send 信号(CTS)有效;

f)　开始向 MAU 发送形成的 PhPDU。

9.6.2.2.2　DATA

DLE 发出一个 DATA 的 Ph-DATA request 之后,应执行下列步骤:

a)　等待前面的 PhPDU 发送完成;

b)　使 clear-to-send 信号(CTS)有效;

c)　形成新的 PhPDU,其 data 按如下取值:

d)　如果 DATA request 的 data 参数值＝＄D7(十六进制),那么形成一个 PhPDU,其 data 值为＄D9(十六进制),且后面跟随一个 data 参数值为＄00(十六进制)的附加 PhPDU;

e)　如果 DATA request 的 data 参数值＝＄D9(十六进制),那么生成一个 PhPDU,其 data 值为＄D9(十六进制),且后面跟随一个 data 值为＄01(十六进制)的附加 PhPDU;

f)　如果 DATA request 的 data 参数值不等于＄D7(十六进制)和＄D9(十六进制),那么形成一个 PhPDU,其 data 值＝DATA request 的 data 参数;

g)　向 DLE 确认接收,使 DLE 能发出下一个发送服务;

h)　开始向 MAU 发送 PhPDU。

9.6.2.2.3　END-OF-ACTIVITY

DLE 发出一个 END-OF-ACTIVITY 的 Ph-DATA request 之后,应执行下列步骤:

a)　等待前面的 PhPDU 发送完成;

b)　使 request-to-send(RTS)信号无效。

9.6.2.3　接收

9.6.2.3.1　START-OF-ACTIVITY

当接收到来自 MAU 的 data 值为＄D1(十六进制)时,MDS 应等待后面的 PhPDU。并且当接收到该 PhPDU 时,MDS 应发出一个 class 为 START-OF-ACTIVITY 的 Ph-DATA indication。相关 data 参数应保存＄D7(十六进制)后面 PhPDU 中的接收数据,相关 status 参数值应根据下面进行设置:

a)　接收一个停止位＝"1"的 PhPDU,应使相关 status 参数指示 SUCCESS;

b)　接收一个停止位＝"0"的 PhPDU,应使相关 status 参数指示 FRAMING_ERROR。

9.6.2.3.2　DATA

已接收的来自 MAU 的 PhPDU,其 data 值不等于＄D7(十六进制)时,应导致以下结果:

接收的 PhPDU 中,停止位＝"1"且 data 值＝＄D9(十六进制)时,应使 MDS 等待来后面的来自 MAU 的 PhPDU。接收到后面 PhPDU 的结果应是:

a)　如果后面 PhPDU 的 data 值为＄00(十六进制),且停止位＝"1",则发送一个 class 为 DATA 的 Ph-Data indication。相关 data 参数应保存＄D7 值。相关 status 参数值应指示 SUCCESS。

b)　如果后面 PhPDU 的 data 值为＄01(十六进制),且停止位＝"1",则发送一个 class 为 DATA

的 Ph-Data indication。相关 data 参数应保存＄D9 值。相关 status 参数值应指示 SUCCESS。

c) 如果后面 PhPDU 的 data 值不等于＄00(十六进制)和＄01(十六进制),且停止位＝"1",则发送一个 class 为 DATA 的 Ph-Data indication。相关 data 参数应保存接收值。相关 status 参数值应指示 BYTE_STUFFING_ERROR。

d) 如果停止位为"0",则发送一个 class 为 DATA 的 Ph-Data indication。相关 data 参数应保存接收值。相关 status 参数值应指示 FRAMING_ERROR。

e) 接收的 PhPDU 停止位＝"1",且 data 值不等于＄D9(十六进制)时,应使 MDS 发送一个 class 为 DATA 的 Ph-Data indication。相关 data 参数应保存接收值。相关 status 参数应指示 SUCCESS;

f) 接收的 PhPDU 的停止位＝"0"时,应使 MIS 发送一个 class 为 DATA 的 Ph-Data indication。相关 data 参数应保存接收值。相关 status 参数应指示 FRAMING_ERROR。

9.6.3 全双工 UDP

9.6.3.1 概述

应按照 ISO/IEC8802-3 发送 PhID。

MDS 从 DLE 接收单个 PhID 或者一个 PhID 八位位组序列。从 DLE 接收第一个八位位组通过 START-OF-ACTIVITY-2 服务实现。从 DLE 接收剩余的八位位组则通过 DATA 服务实现。发送结束通过 END-OF-ACTIVITY 服务指示。

9.6.3.2 发送

9.6.3.2.1 START-OF-ACTIVITY-2

DLE 发出一个 START-OF-ACTIVITY-2 的 Ph-DATA request 之后,应执行下列步骤:

a) 保存 MAC 子层包;

b) 形成 PhPDU,其 data＝START-OF-ACTIVITY-2 request 中的 data 参数;

c) 在已保存包的最初位置插入形成的 PhPDU;

d) 向 DLE 确认接收,使 DLE 能发出下一个发送请求。

DLE 发出一个 DATA 的 Ph-Data request 之后,应执行下列步骤:

a) 形成 PhPDU,其 data＝DATA request 中的 data 参数;

b) 在已保存包的下一个位置插入形成的 PhPDU;

c) 向 DLE 确认接收,使 DLE 能发出下一个发送请求。

9.6.3.2.2 END-OF-ACTIVITY

DLE 发出一个 END-OF-ACTIVITY 的 Ph-DATA request 之后,应执行下列步骤:

a) 将保存的包发送到 MAC 子层。

9.6.3.3 接收

9.6.3.3.1 START-OF-ACTIVITY

当接收到来自 MAC 子层的包时,应发出一个 class 为 START-OF-ACTIVITY 的 Ph-DATA indication。相关 data 参数应保存接收包的第一个八位位组。相关 status 参数值应被设为 SUCCESS。

9.6.3.3.2 DATA

接收包后面的数据应使 MDS 发出 class 为 DATA 的 Ph-Data indication。相关 data 参数应保存接收值。相关 status 参数应指示 SUCCESS。

9.7 类型 6:本条已被删除

注:本条仅是编辑上的占位。

9.8 类型 8:MDS:导线和光纤

9.8.1 功能

媒体相关子层(MDS)通过 MIS—MDS 接口交换 PhSDU 序列,见 6.5;通过 MDS—MAU 接口发送 PhPDU,见第 9 章。MDS 对 PhSDU 进行编码和解码,为发送或接收的 PhSDU 子序列增加和除去传输帧(报头和停止位),同步 MIS—MDS 接口、MDS—MAU 接口和 PhPDU,时间功能,并在 MAU 之间通过 MDS—MAU 接口(MAU 耦合)直接发送一个 PhPDU。

MDS 可由几个通道组成。PhPDU 应生成一个 MDS 通道对应于通过 MIS—MDS 接口发送的 PhSDU 序列,并据此编码 PhSDU 序列。相反地,这个通道应识别接收的 PhPDU 格式,并通过 MIS—MDS 接口将解码后的 PhSDU 序列发送给 MIS。所有其他通道都用于在两个 MAU 间直接传输PhPDU。

从站的 MDS 通道有一个到 MIS 的接口,在发送和接收方向应具有以下关系:如果 MIS—MDS 接口信号 RTS 为 0,则 DI 的内容应在 MDS—MAU 接口信号 DO 上被发送并正好具有一个比特时间的延迟。如果 RTS 为 1,则 DO 耦合到 TxD(仅当无 MDS 耦合时可用)。

在主站的 MDS 中,8 个 PhSDU 序列可能首先被缓冲,然后生成相应的数据序列或校验序列PhPDU。

9.8.2 PhPDU 格式

MDS 可以识别并生成以下 PhPDU 格式:数据序列 PhPDU,校验序列 PhPDU,状态 PhPDU 和复位 PhPDU。

9.8.2.1 数据序列 PhPDU

MDS 通过对数据单元增加起始位、报头和停止位来生成一个数据序列 PhPDU。数据单元本身包含 8 个 PhSDU,这些 PhSDU 作为一个 PhSDU 序列通过报文发送服务被发送,并是经 MIS—MDS 接口发送的数据序列 DLPDU 的一部分。图 36 给出数据序列 PhPDU 的结构。

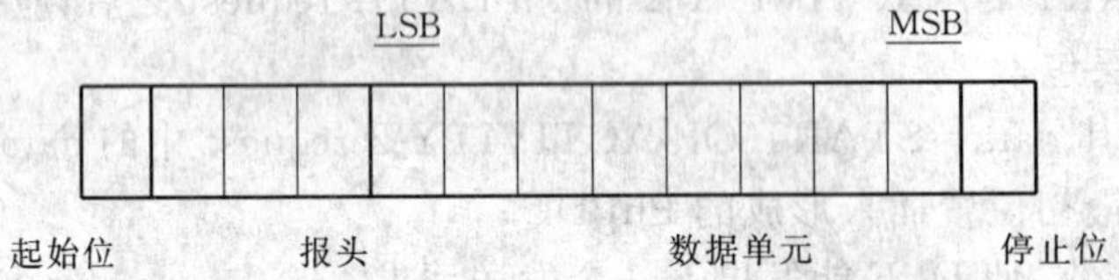

图 36 数据序列 PhPDU

这样生成的数据序列 PhPDU 通过 MDS—MAU 接口按以下顺序从左到右进行发送:起始位、报头、数据单元、停止位。数据单元 PhSDU 通过 MDS—MAU 接口发送,其顺序为它们通过 MIS—MDS 接口发送的顺序。

如图 36,一个数据序列 PhPDU 被接收,从左到右顺序为:起始位、报头、数据单元、停止位。MDS 除去起始位、停止位和报头,并将包含在数据单元中的 PhSDU 序列,经 MIS—MDS 接口,通过报文接收服务,作为数据序列 DLPDU 的一部分发送到 MIS。发送从紧接报头的第一个 PhSDU 开始,并在停止位之前最后的 PhSDU 结束。

注 1:每个数据序列 PhPDU 开始于一个起始位和结束于一个停止位。

注 2:一个数据序列 DLPDU 通过一个数据序列 PhPDU 进行发送。

数据序列 PhPDU 的报头结构如图 37 所示。

SL	1	0

图 37 数据序列 PhPDU 中报头结构

数据序列 PhPDU 的报头通过 MDS—MAU 接口从左到右发送和接收,开始于 SL 位。

对于一个要发送的数据序列 PhPDU,在 SL 位发送的逻辑符号,等于当数据序列 PhPDU 通过 MDS—MAU 接口要发送到 MAU 时 MIS—MDS 接口的 TxSL 信号的逻辑“非”状态,见表 33。

表 33 SL 位和 TxSL 信号分配

TxSL 信号	SL 位
逻辑“1”	0
逻辑“0”	1

对于一个已接收的数据序列 PhPDU，MIS—MDS 接口的 RxSL 信号的逻辑状态，等于在 SL 位发送信号的逻辑“非”，见表 34。

表 34 SL 位和 RxSL 信号分配

SL 位	RxSL 信号
0	逻辑“1”
1	逻辑“0”

9.8.2.2 **校验序列 PhPDU**

MDS 通过对数据单元增加起始位、报头和停止位来生成校验序列 PhPDU。数据单元本身包含 8 个 PhSDU，这些 PhSDU 作为一个 PhSDU 序列通过报文发送服务被发送，并是经 MIS—MDS 接口发送的校验 PhPDU 的一部分。图 38 给出校验序列 PhPDU 的结构。

图 38 校验序列 PhPDU

这样生成的校验序列 PhPDU 通过 MDS—MAU 接口按照以下顺序从左到右进行发送：起始位、报头、数据单元、停止位。数据单元 PhSDU 通过 MDS—MAU 接口发送，其顺序为它们通过 MIS—MDS 接口发送的顺序。

如图 38，一个校验序列 PhPDU 被接收，从左到右顺序为：起始位、报头、数据单元、停止位。MDS 除去起始位、停止位和报头，并将包含在数据单元中的 PhSDU 序列，经 MIS—MDS 接口，通过报文接收服务，作为校验序列 DLPDU 的一部分发送给 MIS。发送从紧接报头的第一个 PhSDU 开始，并在停止位之前最后的 PhSDU 结束。

注 1：每个校验序列 PhPDU 开始于一个起始位，结束于一个停止位。

注 2：一个校验序列 DLPDU 通过一个由四个校验序列 PhPDU 组成的串进行发送。

校验序列 PhPDU 的报头结构如图 39 所示。

图 39 校验序列 PhPDU 中报头结构

校验序列 PhPDU 的报头通过 MDS—MAU 接口从左到右发送和接收，开始于 SL 位。

对于一个要发送的校验序列 PhPDU，在 SL 位发送的逻辑符号，等于当校验序列 PhPDU 经 MDS—MAU 接口要发送到 MAU 时 MIS—MDS 接口的 TxSL 信号的逻辑“非”状态，见表 35。

表 35 SL 位和 TxSL 信号分配

TxSL 信号	SL 位
逻辑“1”	0
逻辑“0”	1

对于一个已接收的校验序列 PhPDU，MIS—MDS 接口的 RxSL 信号的逻辑状态，等于在 SL 位发

送信号的逻辑“非”，见表 36。

表 36　SL 位和 RxSL 信号分配

SL 位	RxSL 信号
0	逻辑“1”
1	逻辑“0”

9.8.2.3　状态 PhPDU

状态 PhPDU 由 MDS 形成，包括起始位、报头和停止位。状态 PhPDU 的结构如图 40 所示。

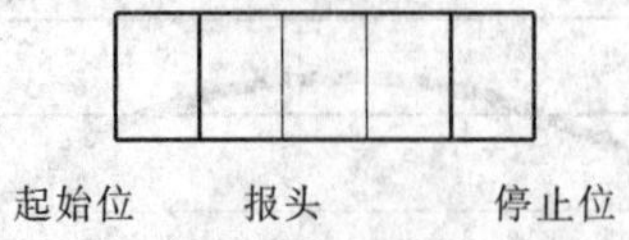

图 40　状态 PhPDU 结构

状态 PhPDU 通过 MDS—MAU 接口从左到右进行接收和发送，开始于起始位，紧跟报头，结束于停止位。

状态 PhPDU 的报头结构如图 41 所示。

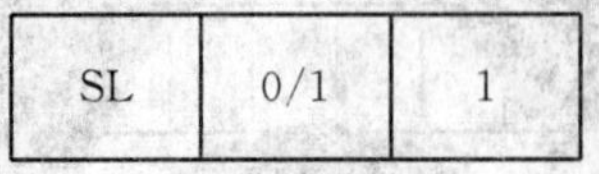

图 41　状态 PhPDU 中报头结构

如图 41，报头经 MDS—MAU 接口从左到右进行发送和接收，开始于 SL 位。SL 位之后位的状态未规定，可以设为“0”或“1”。

对于一个要发送的状态 PhPDU，在 SL 位发送的逻辑符号，等于当状态 PhPDU 通过 MDS—MAU 接口要发送到 MAU 时 MIS—MDS 接口的 TxSL 信号的逻辑“非”状态，见表 37。

表 37　SL 位和 TxSL 信号分配

TxSL 信号	SL 位
逻辑“1”	0
逻辑“0”	1

对于一个已接收的状态 PhPDU，MIS—MDS 接口的 RxSL 信号的逻辑状态，等于在 SL 位发送信号的逻辑“非”，见表 38。

表 38　SL 位和 RxSL 信号分配

SL 位	RxSL 信号
0	逻辑“1”
1	逻辑“0”

注 1：每个状态 PhPDU 开始于一个起始位，结束于一个停止位。

注 2：如果没有 PhSDU 序列经 MIS—MDS 接口发送到 MDS，则 MDS 开始自动发送连续的 PhPDU 状态。在两个相继的状态 PhPDU 之间可生成空闲状态。一旦一个数据序列或校验序列 PhPDU 的第一个 PhSDU 从 MIS 发送到 MDS，状态 PhPDU 的发送将同时被终止于报文。

注 3：如果没有校验序列 PhPDU 或数据序列 PhPDU 被发送，则在一个复位 PhPDU 之后将发送状态 PhPDU。

注 4：状态序列 PhPDU 的接收不会改变 MIS—MDS 接口的 RxCR 信号的逻辑状态。

9.8.2.4　媒体活动状态 PhPDU

媒体活动状态 PhPDU 由 MDS 生成，包括起始位、报头和停止位。媒体活动状态 PhPDU 的结构如图 42 所示。

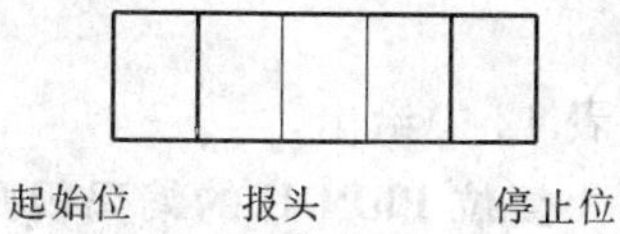

图 42　媒体活动状态 PhPDU 结构

媒体活动状态 PhPDU 的报头结构如图 43 所示。

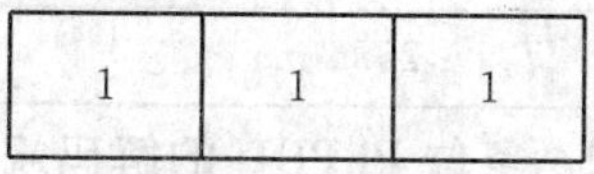

图 43　媒体活动状态 PhPDU 报头结构

如图 43 所示，报头通过 MDS—MAU 接口从左到右发送和接收。当系统管理设置变量数据 select＝Enable 时，媒体活动状态 PhPDU 才通过一个出向无源 MAU(回送模式＝Disable)发送。

9.8.2.5　编码和解码

编码和解码遵循表 39 的规则。

表 39　编码和解码规则

逻辑符号位	编码 DO/DI
1	高电平
0	低电平

注 1：高电平和低电平都应从 1 比特起始进行设置并持续 1 比特时间。

注 2：对于编码，逻辑符号被转换为 MDS—MAU 接口 DO 信号的相应状态。

注 3：对于解码，MDS—MAU 接口 DI 信号的状态被转换为相应的逻辑符号。

9.8.2.6　起始位

起始位对应于逻辑符号“1”。

注：MDS 应将它的接收时钟同步于起始位的开始(低-高跃变)。

9.8.2.7　停止位

停止位对应于逻辑符号“0”。

注：只有在一个停止位(低-高跃变)之后，MDS 才可以使它的接收时钟与最新到达的起始位同步。

9.8.3　空闲状态

总线主站的发送端可以在状态 PhPDU 过渡为数据序列 PhPDU 或校验序列 PhPDU 期间生成空闲状态。空闲状态在 DO 总处于低电平。空闲状态的最长时间不应超过 26 比特时间。在媒体上识别出的空闲状态解码规则见表 40。

表 40　空闲状态的解码规则

空闲状态	RxCR 状态	解码 DI
Data_Idle	逻辑“0”	低电平
CRC_Idle	逻辑“1”	低电平
CRC_Status_Idle	逻辑“1”	低电平

9.8.4　复位 PhPDU

9.8.4.1　复位 PhPDU 的结构

复位 PhPDU 发送逻辑符号“短复位”或“长复位”。图 44 给出复位 PhPDU 的结构。

图 44　复位 PhPDU

注：符号“短复位”和“长复位”的区别只在于 MDS—MAU 接口 DO 或 DI 信号发送低电平的时间长短不同。

9.8.4.2 编码和解码

复位 PhPDU 的编码规则在表 41 和表 42 中给出。

表 41 复位 PhPDU 的编码规则

逻辑符号	时间间隔	编码 DO
总线短复位	2 ms≤T_{Rst}<25.6 ms	低电平
总线长复位	T_{Rst}≥25.6 ms	低电平

表 42 复位 PhPDU 的解码规则

DI	时间间隔	逻辑符号
低电平	2 ms≤T_{Rst}<25.6 ms	总线短复位
低电平	T_{Rst}≥25.6 ms	总线长复位

注 1：复位 PhPDU 终止于一个数据序列 PhPDU、校验序列 PhPDU 或状态 PhPDU 的起始位。

注 2：编码时，逻辑符号在 T_{Rst}期间被转换为 MDS—MAU 接口 DO 信号的相应状态。

注 3：解码时，MDS—MAU 接口 DI 信号的状态在 T_{Rst}期间被转换为相应的逻辑符号。

注 4：表 41 和表 42 给出的时间不适用于主站发送端。对于总线主站发送端，相应的复位 PhPDU 应根据在物理层变量“总线短复位时间”和“总线长复位时间”中规定的定义，通过 RO 服务请求生成。

注 5：复位 PhPDU 的解码规则仅适用于 MIS 中 MDS 的耦合。

9.8.5 MAU 耦合

当相同类型的 MAU 被耦合成对时，每个 PhPDU 和所有空闲状态都被原封不动地在两个 MAU 间传输。图 45、图 46 和图 47 表示了当使用二线媒体时总线设备可能的配置。

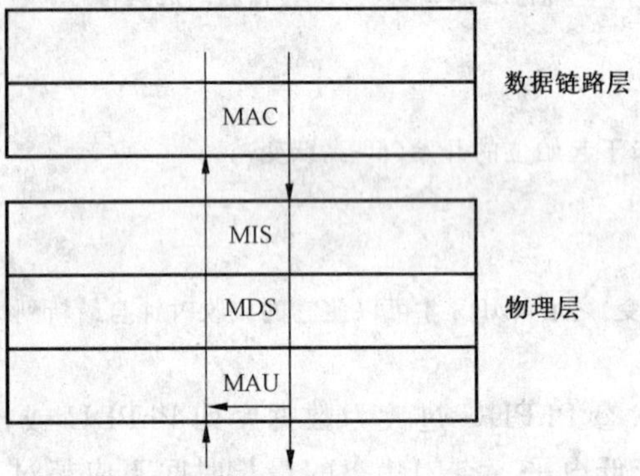

图 45 主站的配置

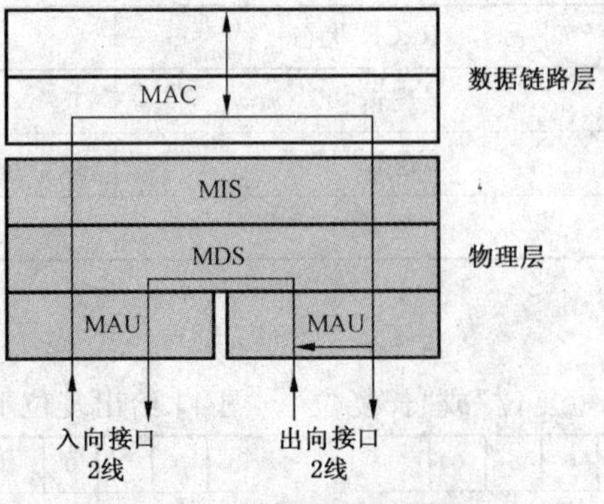

图 46 从站的配置

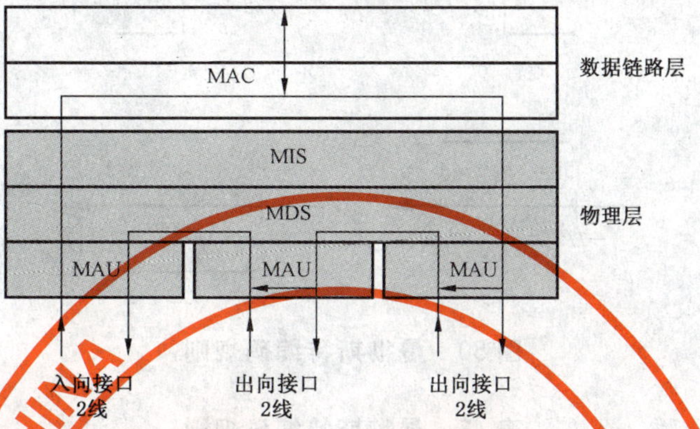

图 47 总线耦合器的配置

注：当两个 MAU 直接耦合时，代码透明的中继器可用于时间重建。

9.9 类型 12：MDS：导线

9.9.1 PhPDU

MDS 应通过增加定界符和最小空闲序列，将 PhSDU 串行序列(比特)组成帧，生成如图 29 所示的 PhPDU，并将其从 DIS 通过 DTE—DCE 接口进行发送。发送顺序应从左到右，如图 29 所示，即：首先是 SOF，然后是 PhSDU 序列，最后是 EOF。

图 48 协议数据单元

相反地，MDS 应从接收的 PhPDU 中除去 idle、SOF 和 EOF，以生成一个对应的 PhSDU 串行序列。如果在接收的 PhSDU 序列中检测到一个非二进制数据单元，则 MDS 应立即停止向 DIS 发送 PhSDU。MDS 应报告一个差错，并且当差错发生时，MDS 应向 DIS 指示活动结束。

9.9.2 编码和解码

MDS 用图 49 所示的码(曼彻斯特双相 L 码)为数据单元编码以用于 MAU 中。编码规则见图 50 和表 43。

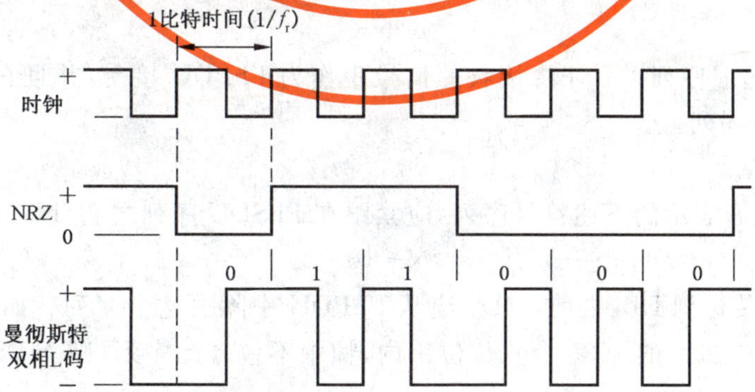

图 49 PhSDU 编码和解码

注：图 49 仅是解释说明性的，并不意味一个具体的实现。

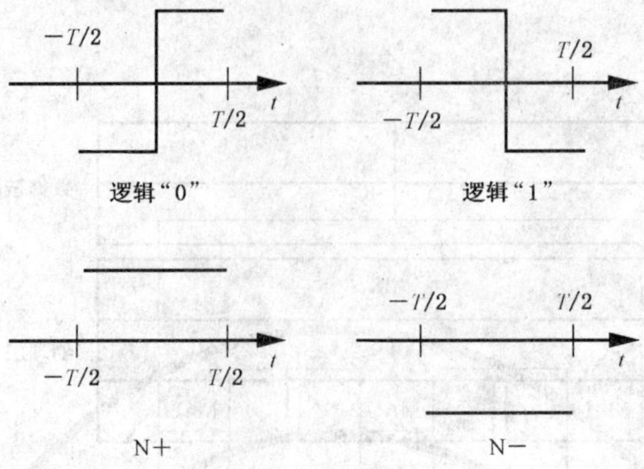

图 50 曼彻斯特编码规则

表 43 曼彻斯特编码规则

符 号	编 码
1(壹)	高-低跃变(比特中间)
0(零)	低-高跃变(比特中间)
N+(非数据正)	高(无跃变)
N−(非数据负)	低(无跃变)
注：可以看出，数据符号(由 PhSDU 传输的 1 和 0)总是被编码为含有一个比特中间跃变。非数据符号(N+和 N−)被编码为不含比特中间跃变。	

通常，解码应与编码相反。接收时，MDS 应根据图 50 和表 43 验证编码的每个符号，并检测以下差错：

a) 无效曼彻斯特码；

b) 半比特滑移差错；

c) EOF 不正确(比特数量不是 8 的倍数)。

所有这些差错应通过 Ph-DATA indication(class＝END-W-ERROR，data＝error)报告。

9.9.3 极性检测

接收的曼彻斯特双相 L 编码信号没有自动极性检测。

9.9.4 SOF

以发送顺序从左到右表示的下述符号序列，应直接加在 PhSDU 序列之前，来界定一帧的开始：

0，N+

MDS 应仅在验证这一序列以后才将接收的信号串作为 PhPDU 接受，并且在将 PhSDU 序列传送到 DIS 之前应除去这一序列。

9.9.5 EOF

以发送顺序从左到右表示的下述符号序列，应紧跟在 PhSDU 序列之后，以界定一帧的结束：

N−，0

在将 PhSDU 序列传送到 DIS 之前，MDS 应从 PhPDU 中除去这个序列。如果任何经媒体接收的帧中，在帧开始(从 SOF 之后)的 1535 个八位位组内，帧中不包含此序列，则 MDS 应向相应的 DLL 实体进行如下报告：

Ph-DATA indication(class＝END-W-ERROR，data＝frame_too_long)。

如果任何经媒体接收的帧中，有一个结束定界符未定位在一个八位位组的边界上，MDS 应通过相应 DIS 向相应 DLL 实体报告：

Ph-DATA indication(class＝END-W-ERROR,data＝alignment_error)。

9.9.6 空闲

为了使比特时间同步,如果没有 PhSDU 或 SOF/EOF 发送,应发送一个空闲序列:

0

一个空闲序列总是位对齐的。

注:在 PhSDU 中一串"1"可以被解释为空闲。后面的"0"符号或 EOF 将重新调整比特单元检测。

9.9.7 同步

在激活且接收足够数量的信号之后,接收器应检测并报告半比特滑移差错。

注 1:本同步规范允许丢失前导码的四个比特。

在 SOF 之后,应报告半比特滑移差错如下:

Ph-DATA indication(class＝END-W-ERROR,data＝half_bit_slip_error)。

注 2:在比特周期中出现过多的比特单元抖动和/或过多偏移时,可检测到半比特滑移差错。

9.9.8 帧间隔

在发送完一个 PhPDU 后,应留出一段很短的时间,在这个时间段里,不开始下一个发送。接收 PhL 实体在接收一个 PhPDU 后,应在同样的时间段里,忽略随后接收的任何信号。MDS 实体应将后传输间隔至少设为 92 个额定比特时间(加上 SOF、EOF 是 96 个)。该间隔时间可由系统管理加以扩展,但不能缩短。

9.10 类型 16:MDS:光纤

9.10.1 数据编码规则

传输线上的信号应为 NRZI 编码格式。只有当与发送时钟同步时,才允许信号变化。每次发送一个"0",信号应改变它的状态且与发送时钟同步;当发送一个"1"时,信号保持不变。

通过合适的方法(即位填充),发射器应保证在发送的比特流中有足够的"0"。这将产生额外的信号变化。通过这种方法,使得从接收信号中恢复接收时钟成为可能。恢复的接收时钟应具有关于发射器时钟的固定相位。应通过一个数字锁相环(DPLL)的方法恢复时钟,该时钟应与将接收信号转换为电信号时的信号变化同步。图 51d)是一个 NRZI 编码信号的示例。因此,发送时钟通过信号转换提供系统定时模式。

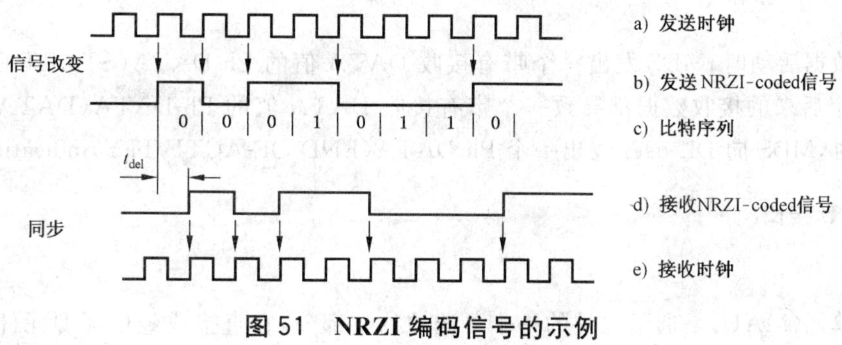

图 51 NRZI 编码信号的示例

9.10.2 报文和填充字符

在物理层,应充分理解使用比特序列 01111110 开始和结束一个报文。此比特序列即为定界符。由于位填充,此比特序列不出现在报文内部。

其他报文字段属于较高协议层,不在此讨论。

如果一个单元不将自己的报文放到网络上,会出现两种可能:

a) 主站在自己的报文之间,应发送一个被称为填充信号(填充比特)的信号。它应由一个二进制"0"和七个二进制"1"(如:01111111)的序列组成。根据 NRZI 编码规则,这生成一个与 16 倍发送时钟周期同步的填充信号(见图 52)。

b) 从站在自己的报文之间，应发送与其本地时钟同步的、物理重新产生的、已接收的信号（中继器模式）。

在从报文转换为填充信号（主站）或从报文到中继器模式（从站）期间，信号变化应遵循当前时钟模式。

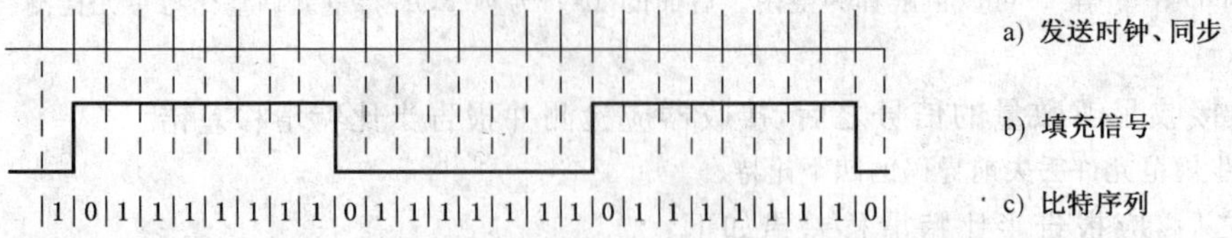

图 52 填充信号

注：由于位填充及 a)，在任何时候，网络中物理位置为第一的从站能够从其已接收的信号中生成其本地时钟。并且由于 b)，这种情况也适用于所有后继单元，及所有到主站接收器的通路。在这种方式下，最终被用于获得本地时钟的数字锁相环保持被锁状态，以防止在真正报文开始前由于时间消耗导致不同步。

9.11 类型 18：MDS：导线

9.11.1 概述

类型 18 的 MDS 应能够自动检测数据接收的开始和后面的终止，其方法不属于本部分的范围。

9.11.2 发送

当接收到来自 DL-user 的 Ph-DATA(START-OF-ACTIVITY)request 时启动数据发送。MDS 将其转换为 TRANSMIT-ENABLE 信号，并且在 TRANSMIT-SIGNAL 上发送 DATA 字段所规定的值。

MDS 应发出一个 Ph-DATA(SUCCESS)confirmation，并且在 MDS 波特率比特定时器超时之前，必须接收下一个 Ph-DATA(DATA)request。直到生成后面的 Ph-DATA(SUCCESS)confirmation，这个 request 才起作用。用这种方法，MDS 波特率定时器调节数据流的速率。

当接收到来自 DL-user 的 Ph-DATA(END-OF-ACTIVITY)request 时，MDS 完成发送过程并结束 TRANSMIT-SIGNAL 信号。

9.11.3 接收

当接收到数据活动时，MDS 发出一个带有接收 DATA 值的 Ph-DATA(START-OF-ACTIVITY)indication。每个后来的接收数据都导致一个带有接收 DATA 值的 Ph-DATA(DATA)indication。当数据接收完成时，MDS 向 DL-user 发出一个 Ph-DATA(END-OF-ACTIVITY)indication。

10 MDS—MAU 接口

10.1 概述

媒体附属单元(MAU)是通信元件的一个可选的独立部分，它直接或经由无源元件与媒体相连（见图 1）。对电气信号变型，MAU 是收发器，它为发送和接收的信号提供电平移位和整形。MAS—MAU 接口将 MAU 连接到 MDS。这些服务被定义成物理信号以利于此接口可选地外露。下列条款列出了 MDS—MAU 接口处所需的最基本的一组服务。管理服务见第 6 章。

注：基于工业的实际情况，规定了许多不同的 MDS—MAU 接口。

10.2 类型 1：MDS—MAU 接口：导线和光纤

10.2.1 服务

如果 MDS—MAU 接口是外露的，它至少应支持表 44 给出的并由 10.2.2 规定的一组服务。

表 44 MDS—MAU 接口处的最基本服务

服　务	缩略语	方　向
必需的：	—	—
发送信号(Transmit Signal)	TxS	至 MAU
接收信号(Receive Signal)	RxS	来自 MAU
发送使能(Transmit Enable)	TxE	至 MAU
可选的：	—	—
回送使能(Loopback Enable)	LbE	至 MAU

10.2.2 服务规范

10.2.2.1 发送信号(TxS)

发送信号(TxS)服务应将经过编码的 PhPDU 信号序列通过 MDS—MAU 接口传送至 MAU，若允许发送(TxE)被设为逻辑“1”(高电平)，那么 MAU 应将这个序列发送到媒体上。

10.2.2.2 接收信号(RxS)

接收信号(RxS)服务应将经过编码的 PhPDU 信号序列或“静默”通过 MDS—MAU 接口传送至 MDS，RxS 应在接收来自媒体的传送同时，回送由 TxS 传送来的信号。

10.2.2.3 发送使能(TxE)

发送使能(TxE)服务应为 MDS 实体允许 MAU 进行发送提供方便。在前导码传送开始时，TxE 被设为逻辑“1”(高电平)，在发送完结束定界符的最后一个比特后，TxE 被设为逻辑“0”(低电平)。

如果使用冗余媒体，且实现冗余的方法是在所有的通道上接收，而仅在一个通道上发送，那么应选择当前用于发送的通道(电缆)，将其 TxE 设为逻辑“1”(高电平)。将所有当前不用于发送的通道的 TxE 都设为逻辑“0”(低电平)，禁止其发送。

10.2.2.4 回送使能(LbE)

假如使用表 44 所示的可选回送使能(LbE)服务，那么它应禁用 MAU 发送电路的最后输出级，将 MAU 发送电路的前级输出连接到 MAU 接收电路上，并将 MAU 接收电路与媒体断开。当 MAU 正在发送或接收时，回送使能的状态不变。

注：这是仅对本地有效的确认服务，它为装置测试物理层电路(不包括媒体)的完整性和功能提供方便。

10.2.3 信号特性

定时特性应与本部分对相关 MDS 的要求中所规定的那些特性相兼容。

如果 MDS—MAU 接口外露，则它应按表 45 给出的数字信号电平进行操作。接口的两侧应以相同的 V_{DD} 数值进行操作。

表 45 外露的 MDS—MAU 接口信号电平

符　号	参　数	条　件	范　围	单　位	备　注
V_{OL}	低电平最大输出电压	$I_{OUT}=\pm 100\ \mu A$ $I_{OUT}=+1.6\ mA$	0.1 0.4	V	见注 1
V_{OH}	高电平最小输出电压	$I_{OUT}=\pm 100\ \mu A$ $I_{OUT}=-0.8\ mA$	$V_{DD}-0.1$ $V_{DD}-0.8$	V	见注 1 见注 2
V_{IL}	低电平最大输入电压		$0.2V_{DD}$	V	
V_{IH}	高电平最小输入电压		$0.7V_{DD}$	V	见注 3

注 1：提供驱动两个 CMOS 典型负载的能力。

注 2：CMOS 输入与 TTL 输出兼容要有一个从信号输入到 V_{DD} 的“上拉”电阻。

注 3：对于 $3.0\ V \leqslant V_{DD} \leqslant 5.5\ V$，与 CMOS 输出兼容。与 TTL 输出($4.75\ V \leqslant V_{DD} \leqslant 5.25\ V$)兼容需要一个从信号输入到 V_{DD} 的“上拉”电阻。

10.2.4 通信方式

在本接口上的通信方式应允许同时进行发送和接收。

10.2.5 定时特性

MDS—MAU 接口应能在 1 kbit/s 和 1.1 倍于最高额定 MAU 比特速率之间的 PhSDU 比特速率下正常工作。

注：实际执行过程中可采用的比特速率由协议实现一致性声明(PICS)作出规定。

10.3 类型 1:MDS—MAU 接口:无线信号

当接口暴露,该接口应用工业标准 SPI 协议和信号,或等价物,在 MAU 里的八位位组寄存器和 FIFO 由 MDS 读和写,且 MAU 可以中断 MDS。

10.4 类型 2:MDS—MAU 接口:导线和光纤

10.4.1 MDS—MAU 接口:总则

10.4.1.1 一致性

一个节点可能包括一些(或多于一个)PhL 变型,但每个 PhL 变型实现应提供适当的媒体接口。

在任何 PhL 变型的实现上,MDS—MAU 接口不需要外露。这个接口可能在节点内部和外部的半导体器件。然而,如果 MDS—MAU 接口的一致性被声明,那么实现应与本条的要求相一致。

10.4.1.2 媒体到 MDS—MAU 接口的延时

对于所有与 MDS—MAU 接口一致的实现,从媒体到 MDS—MAU 接口的接收延时应不超过 200 ns,且从 MDS—MAU 接口到媒体的发送延时应不超过 200 ns。

10.4.2 MDS—MAU 接口:5 Mbit/s,电压模式,同轴电缆

10.4.2.1 信号定义

该子条列出了为 5 Mbit/s,电压模式,同轴电缆媒体 MDS—MAU 接口定义的信号,如表 46 所示。

表 46 MDS—MAU 接口定义:5 Mbit/s,电压模式,同轴电缆

TXDATAOUT	TXDATABAR	NETENABLE	RXDATA	RXCARRIER	Ph-symbol
X	X	0	未定义	0	无发送 MAU_FRAME_REQUEST＝false
0	0	1	未定义	0	无发送 MAU_FRAME_REQUEST＝false
1	0	1	1	1	H
0	1	1	0	0	L
1	1	1	—	—	不允许,发送器可能损坏了

10.4.2.2 TxDataOut

TXDATAOUT 应如表 46 所示,真表示来自 MAU 的 H,假表示 L。当没有 Ph-symbol 数据被发送时,TXDATAOUT 应为假(MAU_FRAME_REQUEST＝false)。

10.4.2.3 TxDataBar

TXDATABar 应如表 46 所示,真表示来自 MAU 的 L,假表示 H。当没有 Ph-symbol 数据被发送时,TXDATABAR 应为假(MAU_FRAME_REQUEST＝false)。

10.4.2.4 NETEnable

为了使能用于同轴电缆媒体上发送 TxDATAOUT 和 TxDATABAR Ph-symbol 数据的 MAU,NETENABLE 应为真。NETENABLE 为假应阻止 TxDATAOUT 和 TxDATABAR Ph-symbol 数据的发送,如表 46 所示。

10.4.2.5 RxData

RxData 应表示从同轴电缆媒体恢复的原始、失真、非同步的 Ph-symbol(H 或 L)。根据表 84 所示

的要求，该信号应为真或假。通过数据恢复和再同步满足 MDS 定时要求(见表 31)以后，这些 Ph-symbol 应解码为表 32 所示的合适的 MDS M_symbol。

10.4.2.6 **RxCarrier**

当同轴电缆媒体上的信号幅度超过表 85 所示载波监测阈值电压时，RxCarrier 应为真；否则，其为假。该信号被用于创建在 5.3.5 中定义的 DLL-Phl 接口的 Ph-CARRIER indication。

10.4.3 **MDS—MAU 接口：5 Mbit/s、光纤**

10.4.3.1 **信号定义**

该子条列出了为 5 Mbit/s，光纤 MDS—MAU 接口定义的信号，如表 47 所示。

表 47 MDS—MAU 接口 5 Mbit/s、光纤

TXDATAOUT	NETENABLE	RXDATA	RXCARRIER	Ph-symbol
无定义	0	0	0	L 或“光灭”
1	1	1	1	H 或“光亮”
0	1	0	0	L 或“光灭”

10.4.3.2 **TxDATAOUT**

TxDATAOUT 为真，表示 MAU 的 H，为假来表示表 92 所示的 L。一个真信号在光纤上表现为“光亮”。一个假信号在光纤表现为“光灭”。定义“光亮”(或耦合电源，PT 开)和“光灭”(或耦合电源，PT 关)的光纤发送电平见 19.6 的定义。

10.4.3.3 **NETEnable**

NETENABLE 为真，表示 MDS 子层有有效 Ph-symbol 在光纤上发送。为了在光纤上发送 TxDATAOUT光电平，NETENABLE 应使能 MAU。NETENABLE 为假应阻止 TxDATAOUT 信号的发送，如表 47 所示。

10.4.3.4 **RxData**

RxData 应表示从光纤恢复的原始、失真、非同步的 Ph-symbol(H 或 L)。当媒体上的光电平满足 19.6 中定义的“光亮”的要求时，该信号应为真，否则为假。通过数据恢复和再同步满足 MDS 定时要求(见表 31)以后，这些 Ph-symbol 应解码为表 32 所示的合适的 MDS M_symbol。如果媒体断开、从光纤发送末端断电或失电，RxDATA 应为假。

10.4.3.5 **RxCarrier**

当媒体上的光电平满足 19.6 定义的“光亮”要求，RxCARRIER 应为真，否则该信号应为假。该信号被用于直接生成 DLL-PhL 接口的 PLS_CARRIER_INDICATION。如果光纤收发器不支持载波指示机制，该接口信号应与 RXDATA 接口信号连接。如果媒体断开，从光纤发送末端断电或失电，RxCARRIER应为假。

10.4.4 **MDS—MAU 接口网络访问端口(NAP)**

对 NAP MDS—MAU 接口，下列信号是必需的：

a) /TxPTC 为假，表示来自 MAU 的发送数据 H，为真表示 L；

b) /RxPTC 为假，表示来自 MAU 的接收数据 H，为真表示 L。如果 NAP 媒体被移除、断线、短路或源发送器失效，该信号应为真。

10.5 **类型 3：MDS—MAU 接口：导线和光纤**

10.5.1 **同步传输**

应使用为类型 1 规定的 MDS—MAU 接口(见 10.2)。

10.5.2 **异步传输**

使用用于异步传输的 DL—Ph 接口(见 5.1 和 5.4.2)，而不使用 10.2 中描述的 MDS—MAU

接口。

10.6 类型 8:MDS—MAU 接口:导线和光纤

10.6.1 服务概述

MDS—MAU 接口使服务可用于 MDS 与对应的 MAU 相连接。服务被定义为逻辑信号,由 MAU 子层直接转换为物理信号(见表 48)。

表 48 MDS—MAU 接口服务

服　务	助记符	方　向
数据输出(Data Out)	DO	来自 MDS
数据输入(Data In)	DI	来自 MAU
总线连接器(Bus Connector)	BC	来自 MAU
回送使能(Loopback Enable)	LbE	来自 MDS
数据选择(Data Select)	DS	来自 MDS
媒体活动(Medium Activity)	MA	来自 MDS
注:只有出向接口的 MAU 支持总线连接器、回送使能、数据选择和媒体活动服务。		

10.6.2 服务描述

10.6.2.1 数据输出(DO)

该服务从 MDS 发送 PhPDU 到 MAU。

10.6.2.2 数据输入(DI)

该服务从 MAU 发送 PhPDU 到 MDS。

10.6.2.3 总线连接器(BC)

该服务指示 MDS 发送媒体是否连接到出向接口的 MAU。如果发送媒体没有连接到出向接口的 MAU,则对该 MAU,系统管理应断开接收电路和回传使能(LbE)服务的媒体的连接,并连接发送电路和接收电路。

注 1:只有带有出向接口的 MAU 支持总线连接服务。它与其他 MDS—MAU 接口服务无关。

注 2:该服务是本地管理服务,指示其他总线设备是否连接到 MAU 的出向接口,它允许总线系统管理用 LOPBACK ENABLE 服务关闭或打开发送环。

注 3:其他连接总线设备通过信号检测是由一个信号触发,该信号是通过出向电缆的连接器上的一个桥发出(见电缆定义)。

10.6.2.4 回送使能(LbE)

该服务允许系统管理从出向接口 MAU 的传输媒体上分离接收电路,并连接输入电路和发送电路。

注 1:只有出向接口的 MAU 支持回送使能服务,与 MDS—MAU 接口的其他服务没有关系。

注 2:该服务是一个本地管理服务,如果没有其他总线从站连接到出向接口的 MAU,则允许系统管理关闭发送环。

10.6.2.5 媒体活动(MA)

如果运行的环从媒体中分离,且发送和接收电路是连接的,这个服务从 MDS 传输一种特殊状态 PhPDU 到 MAU,但受控的活动将在媒体上生成。

注 1:该服务仅由从站使用。

注 2:只有带有出向接口的 MAU 支持媒体活动服务,并与 MDS—MAU 接口的其他服务无时间关系。

10.6.2.6 数据选择(DS)

系统管理使用这个服务在一个出向 MAU 的分离的媒体上,发送复位 PhPDU 或有媒体活动服务的确定状态的 PhPDU。

注 1:该服务仅由从站使用。

注 2:只有带有出向接口的 MAU 支持数据选择服务,与 MDS—MAU 接口的其他服务无关。

10.6.3 时间响应

MDS 将能准确地解码具有如图 53 所规定的位抖动的一个位。采样时钟的偏差范围应在±0.1%之内。

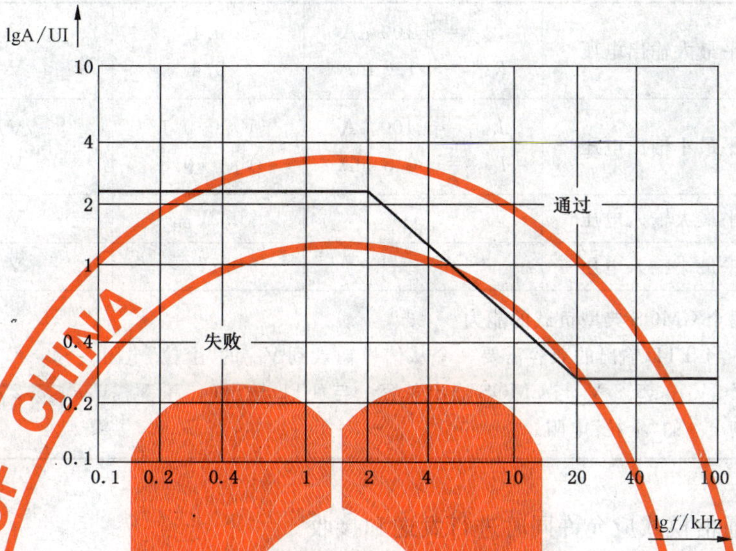

图 53 抖动容差

10.6.4 发送模式

MDS—MAU 接口应允许一个同时、独立地发送和接收。

10.7 类型 18:MDS—MAU 接口:导线

10.7.1 概述

在 MAU 接口,PhPDU 交换的最小单位是一个比特。

10.7.2 服务

如果 MAU 接口是外露的,则它应至少支持表 49 和 10.2.2 中规定的必需的服务。

表 49 MAU 接口处最基本的服务

服 务	缩 略 语	方 向
发送信号(Transmit Signal)	TxS	至 MAU
接收信号(Receive Signal)	RxS	来自 MAU
发送使能(Transmit Enable)	TxE	至 MAU

10.7.3 服务规范

10.7.3.1 Transmit Signal(TxS)

Transmit Signal 服务(TxS)应将编码的 PhPDU 信号序列通过接口传送至 MAU,若 Transmit Enable(TxE)被设为逻辑“1”(高电平),则 MAU 应将这个序列发送到媒体。

10.7.3.2 Receive Signal(RxS)

Receive Signal 服务(RxS)应将编码的 PhPDU 信号序列或“静默”通过接口传送至 MDS。RxS 应在接收来自媒体传输的同时,回送由 TxS 传送来的信号。

10.7.3.3 Transmit Enable(TxE)

Transmit Enable 服务(TxE)应提供允许 MAU 发送的能力。在前导码发送开始时,TxE 被置为逻辑“1”(高电平),在结束定界符的最后一个比特被发送后,TxE 被置成逻辑“0”(低电平)。

10.7.4 信号特性

如果规定 MAU 接口,则它应按表 50 给出的数字信号电平进行工作。接口的两侧应以相同的 V_{DD}

值进行工作。

表 50 规定的 MAU 接口信号电平

符号	参数	条件	范围	单位	备注
V_{OL}	低电平最大输出电压	$I_{OUT}=\pm 100\ \mu A$ $I_{OUT}=+1.6\ mA$	0.1 0.4	V V	见注 1
V_{OH}	高电平最小输出电压	$I_{OUT}=\pm 100\ \mu A$ $I_{OUT}=-0.8\ mA$	$V_{DD}-0.1$ $V_{DD}-0.8$	V V	见注 1 见注 2
V_{IL}	低电平最大输入电压		$0.2V_{DD}$	V	
V_{IH}	高电平最小输入电压		$0.7V_{DD}$	V	见注 3

注 1：提供驱动两个 CMOS 典型负载的能力。

注 2：CMOS 输入与 TTL 输出的兼容需要一个从信号输入到 V_{DD} 的"上拉"电阻。

注 3：对于 3.0 V≤V_{DD}≤5.5 V，与 CMOS 输出兼容。与 TTL 输出(4.75 V≤V_{DD}≤5.25 V)的兼容需要一个从信号输入到 V_{DD} 的"上拉"电阻。

10.7.5 通信模式

在本接口上的通信模式应允许同时进行发送和接收。

10.7.6 定时特性

MDS—MAU 接口应能在 1 kbit/s 和规定最高 MAU 比特速率的 1.1 倍之间的 PhSDU 比特速率下正常工作。时钟频率应在规定速率的 150×10^{-6} 以内精确实现。

11 类型 1 和类型 7：媒体附属单元：电压模式，线性总线拓扑，150 Ω 双绞线媒体

11.1 概述

这些 MAU 要求并非刻意地用于作以下选择：

——通过信号导线配电；

——适合本质安全认证。

网络媒体由屏蔽双绞线电缆构成。网络的拓扑结构是独立的，除可能的发送设备外，所有相连的设备都为高阻抗，用以阻止显著的网络加载。不规则距形波用于减少电磁辐射和信号失真。

支持总线和树形拓扑结构。无论哪种拓扑结构，网络都包括一条干线电缆，在其两端端接终端器。

11.2 Bit-rate-dependent 量值

对于电压模式双绞线媒体附属单元(MAU)定义了六种比特速率。一个给定的 MAU 应至少支持这些比特速率中的一种。

表 51 规定了所支持的比特速率，定义了本条其余部分所使用的 Bit-rate-dependent 量值符号。

表 51 电压模式网络中 Bit-rate-dependent 量值

量值		符号	单位	值					
额定比特速率		BR	Mbit/s	0.312 5	1	2.5	5	10	25
对 BR 的最大偏移		ΔBR	—	0.2%	0.01%				
额定比特时间		T_{bit}	μs	32	1.0	0.4	0.2	0.1	0.04
对 T_{bit} 的最大偏移		ΔT_{bit}	—	0.9 μs	0.25%				
信号频率	转发比特的额定值	f_r	MHz	0.031 25	1	2.5	5	10	25
	最小额定值$=0.25f_r$	f_{min}	MHz	0.007 8	0.25	0.625	1.25	2.5	6.25
	最大额定值$=1.25f_r$	f_{max}	MHz	0.039	1.25	3.125	6.25	12.5	31.25

表 51（续）

量　值	符号	单位	值					
设备的最大数量	N_{max}	—	32				16	
设备间的最大距离	L_{max}	m	4 000	750	500	400	200	100
设备间的最大衰减	A_{max}	dB	15	17	18			
设备间的最大衰减失真	AD_{max}	dB	8		10			
设备间的失配失真	MD_{max}	dB	0.2			0.4	0.6	
信号上升/下降最大时间	T_{rf}	ns	8 000	200	80	40	20	8
耦合器群中最大耦合器间隔	CS_{max}	m	4		2	1	0.5	0.25
设备的最小输入阻抗	Din_{min}	kΩ	8			4	2	1
最大静默发送器输出	QTO_{max}	mV r. m. s.	1	5	10	20	40	80
QTO_{max} 测量的最大频率	$f_{QTO\ max}$	MHz	0.1	$4f_r$				

平均比特速率应为 $BR \pm \Delta BR$，是一个具有 16 个八位位组的最小长度帧的平均值。瞬时比特时间应为 $T_{bit} \pm \Delta T_{bit}$。

11.3　网络规范

11.3.1　部件

工作在网络中的一个电压模式 MAU 由下述部件构成：

a)　双绞线电缆；

b)　设备(至少包含一个通信部件)；

c)　连接器；

d)　耦合器；

e)　终端器。

11.3.2　拓扑结构

导线 MAU 应工作在一个线性总线拓扑结构的网络中，该线性总线由干线组成，每一端都端接 11.8.5 所规定的终端器，通信部件通过耦合器连接到干线上。每一个通信部件都应与干线电缆并联连接。

注 1：耦合器和通信器部件通常被集成在一个设备内。

注 2：有源中继器可用来构建分支或将干线的长度扩展到网络配置规则所允许的某一通信段之外。分支必须被视为段，它使总线成为非线性总线。禁止采用环状(闭环)结构。

11.3.3　网络配置规则

声明符合本部分的 MAU，用在遵守下列规则的网络中时，应符合本部分的要求。

规则 1：一条现场总线应能支持 2～N_{max} 设备之间的通信，所有的通信均以相同的比特速率进行。

注 1：规则 1 并不妨碍在建立一个系统时使用超过 N_{max} 个设备。

规则 2：一个全负载(所连接的设备个数达到其最大值)的现场总线段，在任意两个设备间(包括分支)的电缆总长度达到 L_{max}。

注 2：支持此最大电缆长度(L_{max})是本部分的本条对 MAU 所必需的，但这并不妨碍在建立一个系统时使用更长的电缆。

规则 3：在任意两个设备间，由中继器和有源耦合器进行波形再生的总次数与中继器的具体实现有关。

注 3：本部分前一版本，限定该总次数为 4 次。

规则 4：在任意两个设备间的最大传播延迟应不超过 $40T_{bit}$。

注 4：为保证网络的效率，在接收帧结束与发送帧开始(包括一个相关的立即响应)之间，由 PhE 引起的网络上任何设备的换向时间部分，应不超过 30 个比特时间，其中由 MAU 引起的不大于 2 个比特时间。由于 DLL-PhL 接口或 MDS—MAU 接口并不强制外露，所以 PhL 或 MAU 引起的现场总线设备的换向时间部分，不作规定或一致性测试。

规则 5：在连接或断开一个设备时，现场总线应能连续工作，应能检测出在连接或断开设备期间所引起的数据差错。

规则 6：对于不由信号导线供电的现场总线，任一通信器件上的单一故障(包括短路，但不包括超时传输(jabber))对其他通信器件之间数据处理的干扰应不超过 1 ms。

规则 7：在极性敏感系统中，必须用不同的标志来标明双绞线媒体的每根导线。所有连接点上都应保持极性。

规则 8：在任意两个设备间，由于衰减、衰减失真和失配失真而引起的信号电气性能降低，应限制在如下所述的数值范围内：

a) 信号衰减：总线配置(干线长度、设备数和可能匹配的设备)应使任意两个设备间，在频率 f_r 下的衰减不超过 A_{max}；

b) 衰减失真：总线配置(干线及分支的长度和设备数)应使任意两个设备间：

$$0 \leqslant [\mathrm{Att}(f_{max}) - \mathrm{Att}(f_{min})] \leqslant AD_{max}$$

在 $f_{min} \sim f_{max}$ 频率范围内的衰减应是单调的。

c) 失配失真：总线上失配(由于任意影响)应为沿干线上的任意点，在 $f_{min} \sim f_{max}$ 频率范围内：

$$|Z - Z_{f_r}| / |Z + Z_{f_r}| \leqslant MD_{max}$$

其中 Z_{fr} 是在频率 f_r 下干线电缆的特性阻抗，Z 是 Z_{f_r} 和耦合器负载阻抗的并联组合。

注 5：规则 8 对干线及分支长度和设备个数等的限制最小，它只规定由这些因素组合造成传输的限制。可以根据应用的需要来使用这些因素的不同组合。

注 6：严重失配的主要原因是，在一条较短的干线上集中了较多的耦合器。

如果两个相邻耦合器之间的距离小于 CS_{max}，那么它们之间的传播延迟小于 T_{rf}。信号失配的惟一因素是耦合器过度集中，造成信号转换严重反射。

对于两个相邻耦合器之间的距离小于 CS_{max} 的耦合器相对集中处，把它们定义为群(cluster)。为了遵守规则 8 c)，使用具有输入阻抗最小值 Din_{min} 和零分支长度的设备，建议一群包括的耦合器不多于 4 个。

使用输入阻抗高于最小值 Din_{min} 的设备就能允许一群有更多的耦合器。使用非零长度的就要求一个群所包括的耦合器少于 4 个。

注 7：使用下述方法就能使一个群减少失配：

——使用有源多端口耦合器；

——在满足规则 8 的条件下，在一个群的每一边插入匹配设备(无源衰减器)。

规则 9：下述规则适用于冗余媒体系统：

a) 每个通道(电缆)应遵守网络配置规则；

b) 在两个冗余段间，不应再有一个非冗余段；

c) 中继器也应是冗余的；

d) 如果系统的设备(由系统管理)配置成在多于一个通道上同时发送，那么在任意两个通道上的任意两个设备间的传播时间差，应不超过 5 个比特时间；

注 8：该时段可以由系统管理来增加，但不得减少，如表 4 所示(见 6.2.2.2 和 9.2.9)。

e) 在整条现场总线上通道号应保持不变，即来自系统管理的通道 1、2、3……应总是连接到物理通道 1、2、3……。

11.3.4 网络配置的配电规则

电缆屏蔽层不得用来作为电源导线。

11.4 MAU 发送电路规范

11.4.1 概述

表 52～表 54 汇总了 MAU 的要求。

表 52　MAU 发送电平规范

发送电平特性，其值以干线为参考 （用图 54 所示的测试负载来测量）	限 制 值
输出电平（峰-峰值，见图 55） 测试负载（在 f_r 频率下干线电缆额定值 Z_0 的 0.5 倍）	5.5 V～9.0 V 75(1±1%)Ω
正负向最大幅度差（信号偏置），见图 56	±0.45 V
输出电平，除去一个终端器（峰-峰值） 测试负载（频率 f_r 下干线电缆额定阻抗）	5.5 V～11.0 V 150(1±1%)Ω
输出最大电平；开路（峰-峰值）	5.5 V～30.0 V
输出信号最大失真；即过电压、摆动和跌落（见图 55）	±10%
无信号（静默）时发送器输出；即发送器噪声 （测量频段 1 kHz～$f_{QTO_{max}}$）	≤QTO_{max}（r. m. s.）

表 53　31.25 kbit/s 电压模式 MAU 发送定时规范

发送定时特性，其值以干线为参考 （使用图 54 所示的测试负载来测量）	限 制 值
发送比特速率	$BR \pm \Delta BR$
瞬时比特时间	$T_{bit} \pm \Delta T_{bit}$
上升和下降时间（峰-峰信号的 10%～90%，见图 55）	≤25% T_{bit}
压摆率（在峰-峰信号 10%～90% 的任意一点上）	≤0.2 V/μs
最大发送比特单元抖动（跨零点偏移，见图 56）	±2.5% T_{bit}
发送允许/禁止时间（即输出波形未达到发送必需的那段时间）	≤2.0 T_{bit}

表 54　≥1 Mbit/s 电压模式 MAU 发送定时规范

发送电平特性，其值以干线为参考 （使用图 54 所示的测试负载来测量）	限 制 值
发送比特速率	$BR \pm \Delta BR$
瞬时比特时间	$T_{bit} \pm \Delta T_{bit}$
上升和下降时间（峰-峰信号的 10%～90%，见图 55）	≤20% T_{bit}
压摆率（在峰-峰信号 10%～90% 的任意一点上）	≤100 V/μs×(f_r/MHz)
最大发送比特单元抖动（跨零点偏移，见图 56）	±2.5% T_{bit}
发送允许/禁止时间（即输出波形未达到发送必需的那段时间）	≤2.0 T_{bit}

11.4.2　MAU 测试配置

图 54 给出了用于测试 MAU 的配置。

——差动信号电压：$V_d = V_a - V_b$。

——测试负载电阻：除特殊要求另有规定外，R=75 Ω（在频率 f_r 下干线电缆额定阻抗的 0.5 倍），电容 C=0.15 μF。

——数据"＋"端与电源"＋"端连接，数据"－"端与电源"－"端连接。

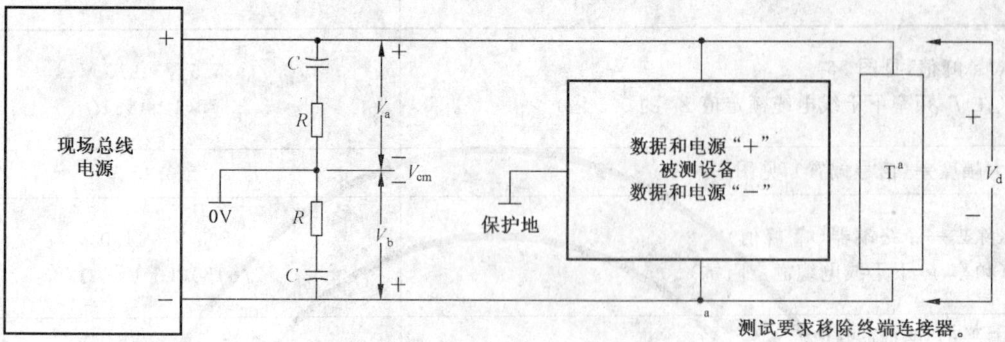

图 54 发送电路测试配置

11.4.3 MAU 输出电平要求

图 55 给出了双绞线电压输出电平必需的信号输出波形。

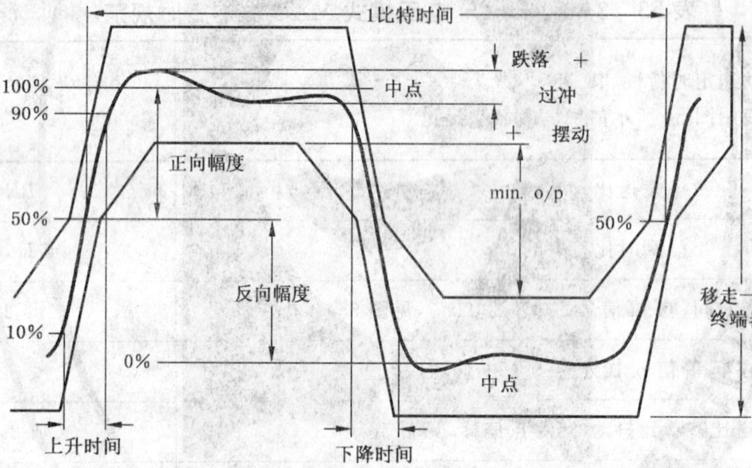

图 55 输出波形

注：图 55 给出了现场总线波形一个周期(a.c.)组成部分的实例，解释了发送电路规范中的几个关键性条目。该图仅给出信号电压，并不考虑电源电压。

MAU 发送电路应符合下述输出电平要求，即所有的幅度是在估算的中点测量的，而中点应在波形顶部的任何峰值或波形底部的任何谷值之间（见图 55"中点"）。

a) 经变压器升压/降压后（假如使用），测试负载两端的输出电压幅度应在 5.5 V 和 9.0 V 峰-峰值之间，其负载电阻为 75(1±1%)Ω（图 55 中"最小输出"）；

b) 负载电阻为 150(1±1%)Ω（即除去一个干线终端器）的干线或发送端上的输出电压应在 5.5 V和 11.0 V 峰-峰值之间（图 55 中"除去一个终端器的最大输出"）；

c) 任意负载（包括开路）的干线或发送端上的输出电压幅度应在 5.5 V 和 30.0 V 峰-峰值之间。为了测试，开路应定义为一个 100 kΩ 电阻并联上 15 pF 的电容；

d) 在发送期间，当不大于 1 Ω 的负载电阻施加 1 s 时间时，设备不得永久失效；

e) 按图 55 所示测得的正向幅度和负向幅度之差，应不超过±0.45 V 峰值；

f) 对于一个正在接收的或无电源的 MAU，在 1 kHz～$f_{QTO_{max}}$ 频率范围内差动测得的输出噪声不

得超过 QTO_{max}(r. m. s.)(以干线为参考);

g) 测试负载上的差动电压应在 10%～90%峰-峰值之间单调地改变。此后,信号电压变动不得超过±10%峰-峰值,直到下次跃变。这一容许变化量应包括各种形式的输出信号失真,即过电压、摆动和跌落。

11.4.4 MAU 输出定时要求

11.4.4.1 适用于各种数据速率的通用输出定时要求

MAU 发送电路应符合下述输出定时要求:

a) 发送的比特单元抖动不得超过理想跨零点的 ΔT_{bit},根据先前的跨零点测得(见图 56)。

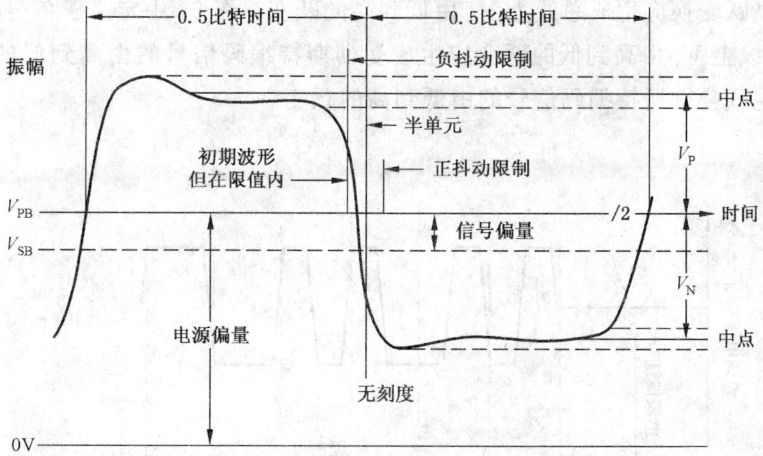

图 56 发送和接收的比特单元抖动(跨零点偏移)

b) 发送电路应在 $2.0T_{bit}$ 时间内打开,也就是说,信号应从低于发送电路最大输出噪声的电平(按 11.4.3 中 f)的规定)上升到最大输出电平。对应于第 3 及以后的比特时间的波形应按图 55 中所规定的。

c) 发送电路应在 $2.0T_{bit}$ 时间内关断,也就是说,信号应从最大输出电平下降到低于发送电路最大输出噪声的电平(按 11.4.3 中 f)的规定)。发送电路回到高阻状态的时间不得超过 $4.0T_{bit}$。测试时为满足此要求,可采用图 54 的发送电路测试接法,只是在 DUT 终端上跨接等效于最大长度电缆的电容。

注:本要求是为了确保发送电路从有源到无源跃变时线电容能全部释放。

11.4.4.2 比特速率为 31.25 kbit/s 的输出定时附加要求

MAU 发送电路应符合下述输出定时附加要求:

a) 在 10%～90%信号峰-峰值幅度范围内测得的上升和下降时间不得超过 $0.25T_{bit}$(见图 55);

b) 在 10%～90%信号峰-峰值幅度范围内任意一点上测得的压摆率不得超过 0.2 V/μs(见图 55)。

注:a)项和 b)项定时要求使发送电路输出端产生一个不规则四边形的波形。b)项要求限制了可能耦合到邻近电路干扰辐射的电平。b)项要求按下式计算:

$$最大压摆率=2\times最小压摆率=2\times0.8V_o/0.25T_{bit}=6.4\times V_o/T_{bit}$$

式中 V_o 是标准负载下的最大峰-峰输出电压值(9.0 V)。

11.4.4.3 比特速率≥1 Mbit/s 的输出定时附加要求

MAU 发送电路应符合下述输出定时附加要求:

a) 在 10%～90%峰-峰值信号幅度范围内测得的上升和下降时间不得超过 $0.2T_{bit}$(见图 55);

b) 在 10%～90%峰-峰值信号幅度范围内任意点上测得的翻转速率不得超过 100 V/μs×(f_r/MHz)(见图 55)。

注：a)项和 b)项定时要求使发送电路输出端产生一个不规则四边形的波形。b)项要求限制了可能耦合到邻近电路干扰辐射的电平。b)项要求按下式计算：

$$最大翻转速率=36\times最小翻转速率=3\times0.8V_o/0.2T_{bit}=12\times V_o/T_{bit}$$

式中 V_o 是标准负载下的最大峰-峰输出电压值(9.0 V)。

11.4.5 信号极性

对于总线供电的设备，数据“＋”端应与电源“＋”端连接，数据“－”端应与电源“－”端连接，见图 54。

在发送使能时，曼彻斯特编码信号的由高到低跃变应生成总线上 V_d 由高到低的跃变。曼彻斯特编码信号的由低到高跃变换应生成总线上 V_d 由低到高的跃变。图 57 中定义了信号的极性。

在接收期间，总线上 V_d 由高到低的跃变应生成曼彻斯特编码信号的由高到低的跃变。总线上 V_d 由低到高的跃变应生成曼彻斯特编码信号的由低到高的跃变。

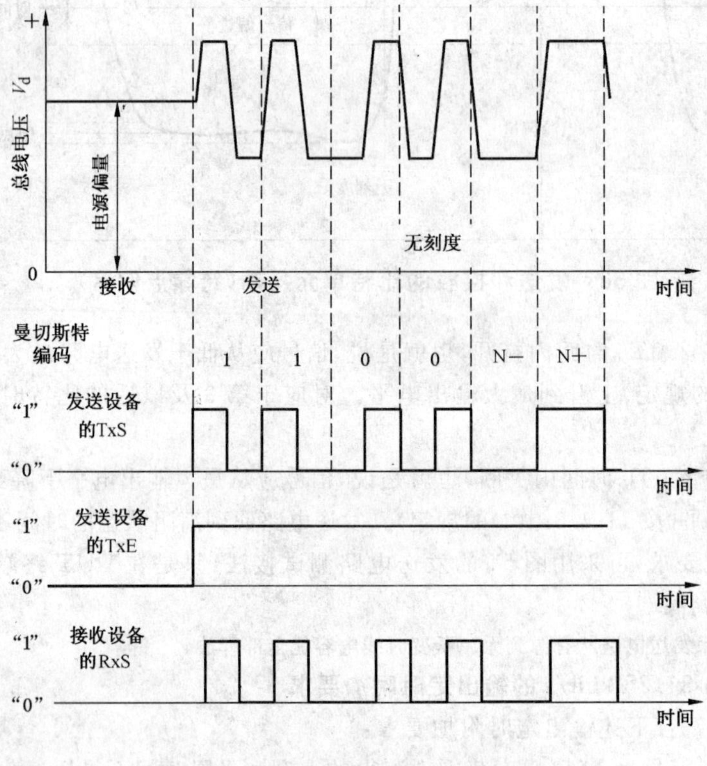

图 57 信号极性

注 1：曼彻斯特编码在 9.2.2 中进行规定了。

注 2：图 57 中所示波形提供了“1”、“0”、“N＋”、“N－”符号的示例。该波形并不代表某个实际的 PhPDU，编码规则见 9.2.2。

注 3：图 57 中 TxS 和 RxS 波形在标记为“接收”的时段内是不确定的。

注 4：MDS—MAU 接口上的信号在第 10 章中作了规定。图 57 中所示的信号 TxS、TxE 和 RxS，只有在 MDS—MAU 接口暴露的情况下才可用。

11.5 MAU 接收电路规范

11.5.1 概述

表 55 汇总了该规范。

表 55　MAU 接收电路规范

接收电路特性(其值以干线为参考)	限　制　值
输入阻抗,在 f_{min}～f_{max} 频率范围内测量	≥8 Ω
灵敏度,可接受的最小峰-峰值信号(见图 58)	700 mV
噪声抑制,可抑制的最大峰-峰噪声(见图 58)	280 mV
最大接收比特单元抖动(跨零点偏移,见图 55)	$\pm 0.10T_{bit}$

11.5.2　输入阻抗

MAU 接收电路的差动输入阻抗在 f_{min}～f_{max} 频率范围内应不小于 Din_{min}。在断电状态、上电(不发送)状态以及这两个状态之间跃变时应满足此要求。该阻抗应该用信号幅度大于接收器灵敏门限,但小于 9.0V 峰-峰值的正弦波在通信器件端子上测得。

注:在上电与断电瞬间,可通过自动停用发送器来满足输入阻抗≥Din_{min}的要求。

11.5.3　接收器灵敏度和噪声抑制

MAU 接收电路应能接收幅度不小于 700 mV 峰-峰值的输入信号,其中包括过电压和振荡(见图 58 中"信号电平"和正负向幅度)。

MAU 接收电路应不响应幅度小于 280 mV 峰-峰值的输入信号(见图 58 中"噪声抑制")。

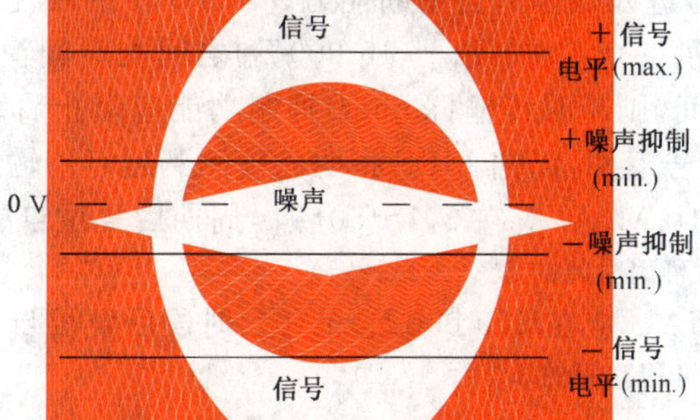

图 58　接收器灵敏度和噪声抑制

11.5.4　接收比特单元抖动

接收电路应接收按 11.2 和 11.4 规定发送的曼彻斯特编码信号。另外,对于任意两个相邻信号跃变点(跨零点)之间时间偏离≤$\pm 0.10T_{bit}$的信号,接收器应能正常工作,见图 56。

注 1:本规范并不妨碍使用比本规范更好的接收器。

注 2:根据符号形式,跨零点之间的额定时间可以是 $0.5T_{bit}$ 或 $1.0T_{bit}$。

注 3:不要求抑制具有指定时间变值的信号。当接收比特单元抖动超过接收器可靠地进行译码的能力时,接收器应报告出错。

11.5.5　干扰敏感度和误码率

注 1:当现场总线在不同标准的噪声环境下工作时,由传送物理实体和 DLL 实体的操作而造成的应用层用户数据单元包含未检测到的差错的概率必须小于 $1/10^{12}$(即以 1600 报文/s 速率发送 20 年,只发现一个差错)。当一个通信元件满足下述干扰敏感度要求时,则认为该元件符合上述理论上的要求。这些都是由检测的帧差错率确定的,而该差错率是从检出的差错对未检出的 10^6 差错之比得出的,在 DLL 用 16 比特帧检验序列(FCS)就很容易达到。

一个包含有 MAU 的通信器件,当通信帧含有 64 个随机用户数据位并且以最大帧速率和 1.4 V 峰-峰值信号幅度工作时,在下述共模电压或高斯噪声条件下工作期间,在 3×10^6 个信息帧中所产生的帧差错应不超过 3 个:

a)　在 63 Hz～$2f_r$ 中任一频率、幅度为 4V(r. m. s.)的正弦波共模信号;以及在 47 Hz～63 Hz 频率范围内,幅度为 250 V(r. m. s.)的正弦波共模信号;

b） 幅度为±10V 的共模直流信号；

c） 在 1 kHz～4f_r 频率段内，具有 30 $\mu V/\sqrt{Hz}$(r. m. s.)噪声密度的附加白高斯差动噪声。

注 2：共模电压和高斯噪声规范用于具有平衡负载的接收电路一致性测试，它并不给出系统安装实践。

一个包含有 MAU 的通信器件，当通信帧含有 64 个随机用户数据位，并且以 1 600 报文/s 的平均速率和 1.4V 峰-峰值信号幅度工作时，在下述电磁或电气干扰环境中工作期间，在 100 000 个帧中所检测到的帧差错应不超过 6 个：

a） GB/T 17626.3—2006 中所规定的，3 级严酷度的 10 V/m 电磁场；

b） GB/T 17626.4—2008 中所规定的，3 级严酷度的电气快速瞬变。

在下述噪声环境中工作后（而不是在工作期间）也应满足上述差错率规范：

a） 如 GB/T 17626.2—2006 中 3 级严酷度所规定的，对外露的金属件作 8 kV 的静电放电。若试验造成该设备暂时的功能或性能失效，它应在试验结束后 3 s 内，在无操作员干预的情况下从失效中恢复正常；

b） GB/T 14598.13—1998 所规定的高频骚扰测试，测试电压等级Ⅲ（分别在纵向和横向模式下，第一个半周期为 2.5 kV 和 1 kV 峰值）。若试验造成该设备暂时的功能或性能失效，它应在试验结束后 3 s 内在无操作员干预的情况下从失效中恢复正常。

11.6 超时传输(jabber)抑制

MAU 应具有阻止传送信号进入媒体的自中断能力。MAU 中的硬件（除了检测输出信号或经发送功能泄漏外，无外部信号）应提供一个 5 000T_{bit}～15 000T_{bit}之间的时间窗口，在该时间内，可发送一个正常帧。若帧的长度超过该时间，则超时传输(jabber)抑制功能应阻止后续的输出信号进入媒体，且在 RxS 线（见 10.2.2.2）上禁止信号返回，以向 MDS 指明已检测到超时传输(jabber)。

数据速率为 31.25 kbit/s 时，MAU 应在 3(1±50%)s 周期后复位自中断功能。

注 1：对总线流量的抑制不超过可用时间的 8%(≈1/12.5)。

数据速率≥1 Mbit/s 时，MAU 应在 500 000T_{bit}±50%时段后复位自中断功能。

注 2：对总线流量的抑制不超过可用时间的 3%(≈1/32)。

11.7 配电

11.7.1 概述

对于工作于数据速率≤2.5 Mbit/s 的电压模式 MAU，可经由信号导线接收电源或独立供电。对于工作于数据速率＞2.5 Mbit/s 的电压模式 MAU，独立供电的设备可连接到一个供电的现场总线上。

为便于参考，11.7 中关于网络供电设备的要求和网络供电要求分别汇总在表 56 和表 57 中。

表 56 网络供电设备特性

网络供电设备特性	限制值		
	31.25 kbit/s	1 Mbit/s	＞1 Mbit/s
静态电流的最大变化率（无传送）	1 mA/μs	0.05 mA/μs	0.1 mA/μs
工作电压	9.0 V～32.0 V(d.c.)		
无损坏最小承受电压，任意极性	35 V		

表 57 网络供电要求

网络供电要求	限制值
输出电压	≥32 V(d.c.)
输出纹波和噪声	见图 59
输出阻抗，在 f_{min}～f_{max} 频率范围内测量	≥Din_{min}

11.7.2 电源电压

声明符合本部分的现场总线设备应能在两个导线之间 9 V～32 V(d.c.)（包括纹波）的电压范围内

进行工作。该设备应能承受一个最小±35 V(d.c.)的电压而不损坏。

声明符合本部分的现场总线设备,在由符合下述规范的电源供电时,应符合本部分的要求:

a) 电源的输出电压最大为32 V(d.c.)(包括纹波)。

注1:叠加在开路变送器输出电压上的电源电压应小于地方管理机构对于特定实现所规定的限制值。

b) 在f_{min}～f_{max}频率范围内,电源的输出阻抗应≥8 Ω。

c) 信号电路和配电电路对地及相互间的隔离击穿要求应遵循GB/T 15695.2。

注2:等效试验电压应施加在独立隔离的电路之间或隔离电路与可接近导电部件之间。对于额定电压≤50 V(d.c.或r.m.s.)的设备,其在海平面上的等效测试击穿电压是444 V(r.m.s.)、635 V(d.c.)和635 V峰值脉冲试验。对于额定电压在150 V～300 V(r.m.s.)的电路,其在海平面上的等效测试击穿电压是2 260 V(r.m.s.)、3 175 V(d.c.)和3 175 V峰值脉冲试验。

d) 当一个电源给两个或更多的段供电时,应将每个段之间的隔离电阻在该段的两个信号导线之间劈分±10%。

11.7.3 由信号导线供电

声明符合本部分由信号导线供电的现场总线设备,当在下述最大电源纹波和噪声电平条件下工作时,应符合GB/T 16657中本部分的要求:

a) 在f_{min}～f_{max}频率范围内,30 mV峰-峰值;

b) 在47 Hz～63 Hz频率范围内,2 V峰-峰值;

c) 频率>12.5f_r,最高频率达50 MHz,300 mV峰-峰值;

d) 中间频率的电平通常按图59取值,它给出由信号导线供电的电压和频率。

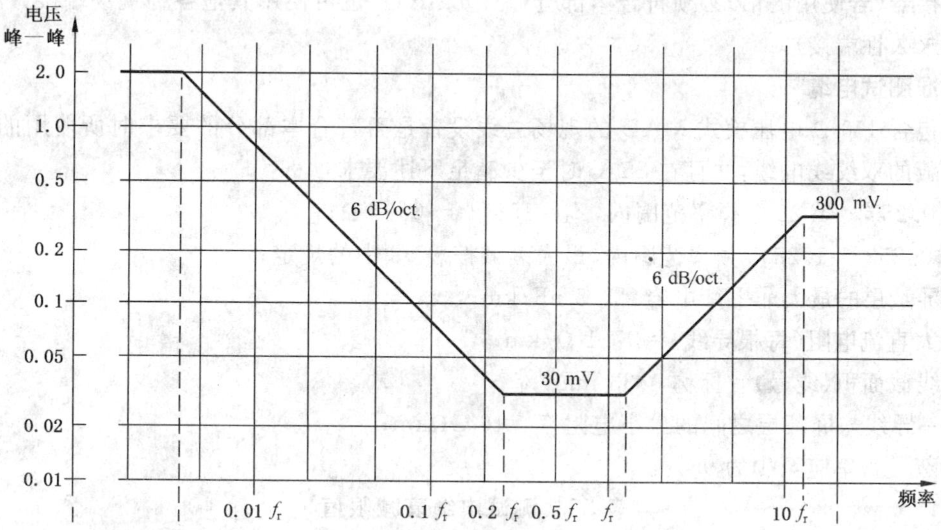

图59 电源纹波和噪声

该设备具有的静态电流最大变化率,在无传送的条件下为0.1 mA/μs。

注:本要求限制了信号上电源瞬变的影响。

11.7.4 不由信号导线供电

注:非总线供电的现场总线设备由馈给本地电源的独立导线或调节器配给电源。这些导线可以采用一条独立的电缆,也可以与信号导线合用一条电缆。

声明符合本部分的独立供电现场总线设备,从信号导线吸收的直流电流应不超过100 μA;在无发送时,向信号导线提供的直流电流应不超过100 μA。

11.7.5 电气隔离

所有现场总线设备,无论是独立供电还是经由信号导线供电,都应在地和现场总线干线之间提供低频隔离。

注1：这种隔离可以采用把整个设备对地隔离的办法；或者也可以在干线电缆与设备之间使用变压器、光耦合器或其他隔离部件来实现。

组合的电源和通信器件则不要求电气隔离。

对于提供不同接地型式的电气设施，现场总线电缆的屏蔽层与现场总线设备地之间的隔离阻抗，在频率低于 63 Hz 时应大于 250 kΩ。

在高频时，隔离将由电容旁路，这样频率在 3 MHz～30 MHz 范围内时，在现场总线电缆屏蔽层与现场总线设备地之间测得的隔离阻抗应小于 15 Ω。

注2：符合这些必需的地与干线电缆屏蔽层之间的电容，可以是 3.5 nF～10.6 nF 范围内的任意一个值。

对于提供符合 GB 16895.21—2004 和 GB 16895.3—2004 公共"地"的电气设施，现场总线电缆的屏蔽层与现场总线设备"地"之间可以直接连接。

设备任意一个输入端最大对地非平衡电容不得超过 250 pF。

信号电路和配电电路的对地及其相互间的隔离击穿要求，必须符合 GB/T 15695.2。

注3：等效试验电压应施加在独立隔离的电路之间或隔离电路与可接近导电部件之间。对于额定电压≤50 V(d.c. 或 r.m.s.)的设备，其在海平面上的等效测试击穿电压是 444 V(r.m.s.)、635 V(d.c.)和 635 V 峰值脉冲试验。对于额定电压在 150 V～300 V(r.m.s.)的设备，其在海平面上的等效测试击穿电压是 2 260 V(r.m.s.)、3 175 V(d.c.)和 3 175 V 峰值脉冲试验。

11.8 媒体规范

11.8.1 连接器

电缆连接器(若使用的话)必须符合本部分(见附录 A)。也可使用其他各种现场端接方法(如螺钉、刀形端子和永久性端接)。

11.8.2 标准测试电缆

在测试包含 150 Ω 电压模式 MAU 的现场总线设备是否符合本部分的要求时所使用的电缆，应该是一根全屏蔽的双绞线电缆，并且在 25 ℃时至少满足下述要求：

a) 在 $0.25f_r$～$1.25f_r$ 频率范围内，$Z_0=150(1\pm10\%)$ Ω；
b) 在 $0.25f_r$～$1.25f_r$ 频率范围内，最大衰减按表 58 中的规定；
c) 对屏蔽层的最大非平衡电容＝1.5 nF/km；
d) 最大直流电阻(每根导线)＝57.1 Ω/km；
e) 导线截面积(线号)＝标称 0.33 mm^2；
f) 任一导线与屏蔽层之间的最小电阻率＝16 GΩkm；
g) 屏蔽覆盖率应至少为 95%。

表 58 测试电缆衰减限值

比特速率	在以下值时频率的最大衰减	
	$0.25f_r$	$1.25f_r$
31.25 kbit/s	1.5 dB	3 dB
1 Mbit/s	6.5 dB	13 dB
2.5 Mbit/s	10 dB	20 dB
5 Mbit/s	13 dB	26 dB
10 Mbit/s	17 dB	37 dB
25 Mbit/s	26 dB	60 dB

注：上述规范适用于一致性测试 MAU。在实际设施上也可使用其他类型的电缆(见附录 B)。使用更高技术指标的电缆可增加干线的长度或提高抗干扰能力，或者出于环境或设施条件的需要。相反，使用较低技术指标的电

缆对干线和分支的长度均受到影响，而且可能与 RFI/EMI 敏感度要求不一致。

11.8.3 耦合器

耦合器(如图 60 所示)必须提供一个或数个与干线的连接点。它可集成在现场总线设备中。

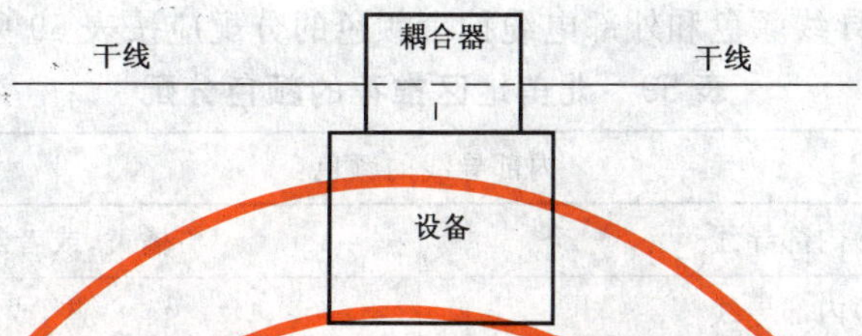

图 60 现场总线耦合器

一个无源耦合器可包含下述任一或所有可选部件：

a) 一个变压器，提供电流隔离和干线与设备间的阻抗变换；

b) 连接器，为干线提供方便连接。

需要外部电源的有源耦合器含有信号放大和重发部件，其发送电平和定时要求与 11.4 的规定相同。

11.8.4 接头

注：接头可以是网络的任何部分，在接头中不维持网络电缆的特性阻抗。这可能是由于电缆导线的分离、剥去了电缆屏蔽层、导线规格或类型的改变、分支的连接以及增加了端子片等造成的。因此，接头的实用定义是网络的任意部分，它不作为指定媒体的连续长度。

电缆中所有导线的连续性应由接头来实现。

11.8.5 终端器

终端器应位于干线电缆的两端，它连接一个信号导线到另一个信号导线。终端器与电缆屏蔽层之间不应连接。

出于测试目的，使用 11.8.2 中规定的电缆，在 625 kHz～31.25 MHz 频率范围内，终端器的阻抗值应为 150(1±2%) Ω。

注：在实际实现中，这个值接近于在相关频率下电缆特性阻抗的平均值，选择这个数值是为了使传输线反射最小。

经由终端器泄漏的直流电流应不超过 100 μA。终端器应是无极性的。

11.8.6 屏蔽规则

为了完全满足 11.5.3 的抗噪声要求，必须采用下述方法来确保所有电缆、连接器和耦合器屏蔽的完整性：

a) 电缆屏蔽的覆盖率必须大于电缆总长的 95%；

b) 在连接器、耦合器和接头中的电路应完全屏蔽。

注：不遵守这些屏蔽规则将降低抗干扰能力。

11.8.7 接地规则

注 1：接地意味着通过足够低的阻抗与大地永久性的连接，并具有足够的电流承载能力，用以防止因电压上升而造成的对相关设备或人员的过度伤害。与现场总线干线电隔离的零电压(公共)线也可接地。

现场总线设备必须用一个终端器或一个电感耦合器的中点直接接地，以满足 GB/T 16657 中本部分的要求。

现场总线设备不应在网络中的任意一点将双绞线的一个导线接地，在整个网络上信号应保持差动形式。

注：现场总线干线电缆的屏蔽层(若使用的话)必须在整条电缆的某一点有效接地。由于这个原因，现场总线设备允许电缆屏蔽层对地直流隔离。在同一点用平衡的方法将信号导线与地连接，例如用终端器或耦合变压器的

重点直接接地。以上都是标准做法。对于总线供电的系统,屏蔽层和平衡信号导线的接地点应靠近电源设备。屏蔽层或平衡信号导线与 EMI 控制用的设备本地接地之间的电容耦合是允许的。

11.8.8 电缆的颜色编码

注:在电缆颜色的选择方面应考虑各地区的实际情况。

在北美地区,内部电缆导线颜色和外部电缆护套颜色的分配应按表 59 中的规定。

表 59 北美地区推荐的颜色分配

内部导线的颜色	
“+”(正电压)内部导线	橘黄,或者红/橘黄/棕相间
“—”(负电压)内部导线	蓝,或蓝/紫相间
屏蔽导线(可以接地)	无色,或绿
外部护套的颜色	
一般用途	橘黄
Non-incendive congstruction rules	橘黄/蓝条纹
本安	蓝,或蓝/橘黄条纹,或蓝/黑条纹

12 类型 1 和类型 3:媒体附属单元:31.25 kbit/s,带低功率选项的电压模式,总线型和树型拓扑结构,100 Ω 导线

注:类型 3 仅将此 MAU 用于同步传输。

12.1 概述

31.25 kbit/s、100 Ω 电压模式的 MAU 同时提供对通信网络和可选的配电网络的访问。连接到网络的设备通过媒体进行通信,可以或不可以从媒体供电。如果由总线供电,则电源提供直流电压和电流,而通信信号被叠加在直流电源上。在本质安全的应用中,可使用的电源可能限制设备的数量。

网络媒体通常由一对电缆(通常,但不总是如此)的双绞线构成。网络拓扑是独立的,除可能的发送设备外,所有相连的设备都表现为高阻抗以防止显著的网络负载。梯形波形用以减少电磁辐射。

支持总线型和树型拓扑。无论哪种拓扑,一个网络都包含一条干线电缆,在其两端连接终端器。在总线型拓扑中,分支沿着干线的长度分布。在树型拓扑中,分支集中在干线的一个末端。分支可以将多于一个设备连接到网络,在一个分支上设备的最大数量取决于分支长度。

在电源(d.c.)频率方面,网络上的设备表现为电流吸收器,用以限制从媒体获得的供给电流变化速率。它防止在负载电流中的瞬时变化干扰通信信号。

本部分规定了低功率选项,这就允许设备在不发送时减少其从网络获得电流。

为了使网络上的振荡和瞬时干扰最小,将供电电源的阻抗规定为总线终端器阻抗的函数,以使整个网络的电抗在频率范围为 50 Hz～39 kHz 时达到最小。

12.2 发送比特速率

平均比特速率(BR)应为 31.25 kbit/s(1±0.2%),平均一个帧具有的最小长度为 16 个八位位组。瞬时比特时间(T_{bit})应为 32 μs±0.9 μs。

12.3 网络规范

12.3.1 部件

在一个网络上工作的 MAU 由以下部件组成:

a) 导线电缆;

b) 设备(至少包含一个通信部件);

c) 耦合器;

d) 终端器。

一个网络可以包含以下可选部件：

e） 连接器；

f） 供电电源；

g） 自备供电电源的设备；

h） 本质安全栅。

12.3.2 拓扑

导线 MAU 应在一个非循环标称的线型或树型总线网络拓扑中工作。该线型总线由一条干线组成，每一个端点端接一个按 12.8.5 中规定的终端器，通信部件通过耦合器和分支与干线连接。树型拓扑中的所有通信部件都安装在干线的末端，对于本条来说，树型拓扑被认为是总线的一种特殊情况，每个通信部件应并行地与干线电缆连接。

耦合器和通信元件可集成在一个设备中(即分支长度为零)。使用多端口的耦合器可将若干个通信元件连接到干线的一个点上。一个有源耦合器可用于扩展一个分支到需要端接的长度，以避免反射和失真。有源中继器可用于扩展干线的长度，以超过由网络组态规则所允许的单个段的长度。必须将分支考虑为段，并可以使总线为非线型。循环(闭环)是决不允许的。

12.3.3 网络配置规则

一个声称与本条一致的 MAU，当在遵循以下规则的网络中使用时，应满足本条的要求。

规则 1：一条现场总线应能支持下述数量的设备之间的通信，所有设备以相同的比特速率工作：

a） 对于不通过信号导线供电的非 IS 现场总线：2～32 个设备之间；

b） 对于通过信号导线供电的非 IS 现场总线：2～N 个设备之间，这 N 是通过信号导线供电的设备个数，假定从供电电源可供给远程设备使用的最小电流(总和)为 120 mA，且与一个设备通信需从供电电源消耗 10 mA；

c） 对于 IS 现场总线：2～N 个设备之间，这 N 是通过信号导线供电的设备个数，假定可提供给在危险区域的设备使用的最小电流(总和)为 40 mA，且与一个设备通信需从供电电源消耗 10 mA。

注 1：此规则不排除在一个已安装的系统中使用多于规定数量的设备。因为对设备的电能消耗未作规定，因此也不能对总线供电的设备数量作规定。在 b)中假定最小供电电源电压为 20 V(d.c.)。在 c)中假定 IS 栅以 19 V (d.c.)输出工作。

规则 2：一个全负载的现场总线段(连接设备的最大数量)应具有的电缆总长度可达到 1 900 m，包括分支长度和任何两个设备间的电缆长度。

注 2：此最大电缆长度支持是本条所必需的，但这不排除在一个已安装的系统中使用更长的长度。

规则 3：在任意两个设备之间，由中继器和有源耦合器进行波形再生的总次数取决于中继器实现。

注 3：本部分先前的版本限制此总数为 4。

规则 4：在任意两个设备之间，最大传播延迟应不超过 $20T_{bit}$。

注 4：为了提高网络的效率，在接收帧的结束与发送帧(包含一个相关的立即响应)的开始之间，由 PhE 引起的网络上任何设备的换向时间部分应不超过 5 个比特时间，其中由于 MAU 引起的应不大于 2 个比特时间。由于对外露的 DLL—PhL 接口或 MDS—MAU 接口不是必备的，因此由 PhL 或 MAU 引起的现场总线设备的换向时间部分不能作规定或一致性测试。

规则 5：在连接或断开一个设备时，现场总线应能继续工作。应能检查出在连接或断开设备期间所引起的数据差错。

规则 6：任何通信元件或分支(短路、低阻抗或超时传输(jabber)除外)的失效对其他通信元件之间的事务处理的干扰不应超过 1 ms。

规则 7：在极性敏感的系统中，必须用不同的标志来标明双绞线媒体的每根导线。在所有连接点上都应保持一致的极性。

规则 8：在任意两个设备之间，由于衰减、衰减失真和失配变形而引起的信号电特性的降低，应限制在以下指定值范围内：

a) 信号衰减：总线配置（干线和分支长度、设备数量、本质安全栅、电流隔离器及可能匹配的设备）应该使任何两个设备之间在频率 f_r(31.25 kHz)下的衰减不超过 10.5 dB。

b) 衰减失真：总线配置（干线和分支长度、设备数量、IS 安全栅、电流隔离器及可能匹配的设备）应该使任何两个设备之间：

$$0 \leqslant [\text{Attenuation}(1.25 f_r) - \text{Attenuation}(0.25 f_r)] \leqslant 6\ \text{dB}$$

对于 $0.25f_r \sim 1.25f_r$(7.8 kHz～39 kHz)频率范围内的衰减应是单调非递减的。

c) 失配失真：在沿干线的任意一点上，在 $0.25f_r \sim 1.25f_r$(7.8 kHz～39 kHz)频率范围内，总线上的失配（由于包括一个最大长度开路分支的任何影响）应该是：

$$\left|\frac{Z - Z_{f_r}}{Z + Z_{f_r}}\right| \leqslant 0.2$$

其中 Z_{f_r} 是干线电缆在频率 f_r(31.25 kHz)时的阻抗，Z 是 Z_{f_r} 与耦合器上负载阻抗的并联组合。在每 250 m 内，连接的耦合器应少于 15 个。

注 5：此规则对干线和分支的长度、设备的数量等的限制最小，因为它仅规定由这些因素的组合所产生的传输限制。根据应用的需要可以使用不同的组合。

规则 9：以下规则适用于有冗余媒体实现的系统：

a) 每个通道（电缆）应遵守网络配置规则；

b) 在两个冗余段之间不应有一个非冗余段；

c) 中继器也应该是冗余的；

d) 如果系统设备组态（由系统管理）为在多于一个通道上同时发送，则在任意两个通道上的任意两个设备之间的传播时间差不应超过 5 个比特时间；

注 6：此时间可以由系统管理（按表 4 中给出的）延长，但不可以缩短。见 6.2.2.2 和 9.2.9。

e) 在整条现场总线上，通道号和相关联的物理传输媒体应保持一致，即来自系统管理的通道 1、2、3……应该始终与物理通道 1、2、3……连接。

规则 10：对于总线供电的现场总线段，可用于所有设备的电压（包括由信号引起的电压降的纹波和直流部分）应该在 9.0 V(d.c.)～32.0 V(d.c.)的范围内。

注 7：由信号引起的电压降的直流部分与网络的配置有关。此直流部分是由通过网络电阻（电缆电阻、本质安全栅电阻等）的电流在设备中的阶变(step change)所引起的。

12.3.4 网络配置的配电规则

见 11.3.4。

12.4 MAU 发送电路规范

12.4.1 概述

为便于引用，在表 60 和表 61 中汇总了 12.2 和 12.4 的要求。

表 60 MAU 发送电平规范汇总

发送电平特性，相对于干线的值 （使用图 54 所示的测试负载来测量）	限　值
输出电平（峰-峰，见图 55） 测试负载（在 f_r(31.25 kHz)时，干线电缆标称阻抗的 0.5）	0.75 V～1 V 50(1±1%)Ω
最大正负幅差（信号偏置），见图 56	±50 mV
输出电平，移去一个终端器（峰-峰） 测试负载（在频率 f_r(31.25 kHz)时，干线电缆标称阻抗）	0.75 V～2.0 V 100(1±1%)Ω
最大输出电平；开路（峰-峰）	35 V
最大输出信号失真；即过电压、瞬时干扰和跌落（见图 55）	±10%
静默时发送器输出；即发送器噪声 （测量频带 1 kHz～100 kHz）	≤1 mV(r.m.s.)

表 61　MAU 发送定时规范汇总

发送定时特性，相对于干线的值 （使用图 54 所示的测试负载来测量）	对于 31.25 kbit/s 的限值 （总线供电和/或 IS）
发送比特速率	31.25(1±0.2%)kbit/s
瞬时比特时间	32 μs±0.9 μs
上升和下降时间（峰-峰信号的 10%～90%，见图 55）	≤25% T_{bit}
翻转速率（在从峰-峰信号 10%～90% 的任一点上）	≤0.2 V/μs
最大发送比特单元抖动（跨零点偏移，见图 56）	±2.5% T_{bit}
发送允许/禁止时间（即输出波形未能适合发送必需的那段时间）	≤2.0 T_{bit}

12.4.2　MAU 测试配置

图 54 给出了用于测试 MAU 的配置。

差动信号电压：$V_d = V_a - V_b$

测试负载电阻：R＝50 Ω（在 fr（31.25 kHz）时，干线电缆标称阻抗的 0.5）和 C＝2 μF（一个终端器的电容的 2 倍）），除非在专门的要求中另有规定。

数据“＋”端与电源“＋”端连接，数据“－”端与电源“－”端连接。

注：供电电源的规范见 12.7；终端器的规范见 12.8.5。

12.4.3　MAU 输出电平要求

图 55 给出了双绞线电压输出电平必需的信号输出波形。

注 1：图 13 给出了现场总线波形一个周期交流成分的示例，解释了发送电路规范中的几个关键性方面。该图仅给出信号电压，并不考虑供电电源的电压。

MAU 发送电路应符合下述输出电平要求，即所有的幅度在估算的中点测量，而中点应在波形顶部和底部的任何峰值或谷值之间（见图 55 的中点）：

a)　在变压器升压/降压后（假如使用），测试负载两端的输出电压应在 0.75 V 和 1.0 V 峰-峰值之间，其负载电阻为 50(1±1%) Ω（见图 55 中最小输出）；

b)　负载电阻为 100(1±1%) Ω（即撤除一个干线终端器）的干线或发送终端上的输出电压应在 0.75 V 与 2.0 V 峰-峰值之间（见图 55 中撤除一个终端器的最大输出）；

c)　任意负载（包括开路）的干线或发送终端上的输出电压，在任何极性下不应超过 35 V。为了测试，开路应定义为 100 kΩ 电阻和 15 pF 电容并联的负载；

d)　在发送期间，当小于或等于 1 Ω 的负载电阻作用 1 s 时间时，设备不得永久失效；

e)　按图 55 所示测得的正向幅度和负向幅度之差，不应超过±50 mV 峰值；

f)　对于一个正在接收的或无电源的 MAU，在 1 kHz～100 kHz 频率范围内（相对于干线）差动测得的输出噪声不得超过 1 mV(r.m.s.)；

g)　测试负载上的差动电压应在 10% 和 90% 峰-峰值之间单调地改变。此后，信号电压变化不得超过±10% 峰-峰值，直到下次转变出现为止。这一容许变化量应包括各种形式的输出信号失真，即过电压、瞬时干扰和跌落。

注 2：在发送期间，由于设备的组合串联阻抗、分支电缆以及诸如在 12.8.3c) 叙述的总线保护设备的影响，在设备端所产生的输出电压可明显地超过本条中规定的值，但要在 12.4.3c) 的限制之内。

12.4.4　输出定时要求

MAU 发送电路应符合下述输出定时要求：

a)　根据先前跨零点测得的发送比特单元抖动不得超过理想跨零点的±0.025 T_{bit} 时间（见图 56）；

b)　发送电路应在 2 个 T_{bit} 时间内打开，也就是信号应从低于发送电路最大输出噪声的电平（按 11.4.3 中 f) 的规定）上升到满输出电平。对应于第三及以后比特时间的波形应如在图 55 所规定的那样；

c)　发送电路应在 2 个 T_{bit} 时间内关断，也就是信号应从最大输出电平下降到低于发送电路最大输出噪声的电平(按 12.4.3 中 f)的规定)。发送电路回到其关闭状态阻抗的时间不得超过 4 个 T_{bit} 时间。为在测试时满足此要求,可采用 12.4.2 规定的发送电路测试配置,并在 DUT 终端上跨接等效于最大长度电缆的电容。

注 1:此要求是为了确保发送电路从有源到无源跃变时能释放全部线电容。

d) 在从 10%～90%峰-峰信号幅度测得的上升和下降时间,不得超过 0.25T_{bit}时间(见图 55);

e) 在从 10%～90%峰-峰信号幅度范围内的任意一点上测得的翻转速率不得超过 0.2 V/μs(见图 55)。

注 2:d)和 e)项要求在发送电路输出端产生一个梯形的波形。d)项要求限制了可能与邻近电路耦合的干扰辐射的电平。d)项要求按下式计算:

$$最大翻转速率=2\times最小翻转速率=2\times0.8V_o/0.25T_{bit}=6.4\times V_o/T_{bit}$$

其中:V_o 是标准负载下的最大峰-峰输出电压值(1.0 V)。

12.4.5 信号极性

见 11.4.5。

12.4.6 从接收到发送的转变

当一个设备开始发送时,输出波形应立即符合 12.4.3 的要求。

注:对设备电流从接收值到发送值的斜坡没有要求。

图 61 说明了设备静止电流值的 4 个不同的例子。

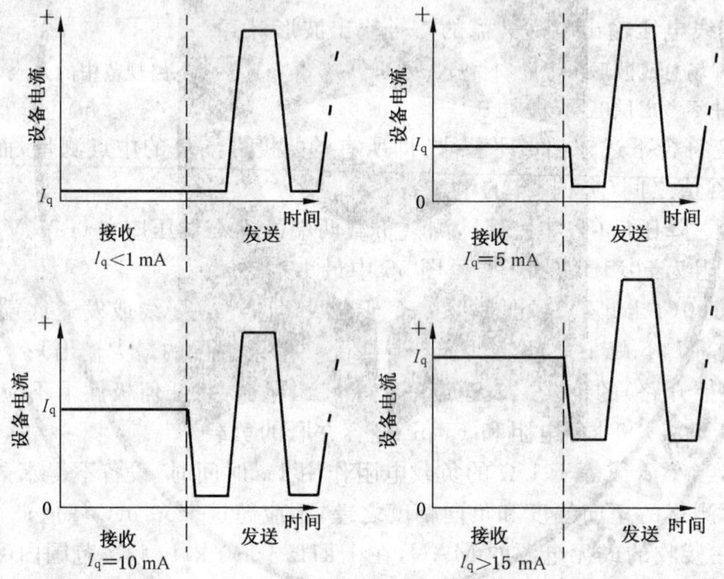

注:本图只是解释说明性的,并不代表一个具体实现。

图 61 从接收到发送的转变

12.5 MAU 接收电路规范

12.5.1 概述

表 62 概括了此规范。

表 62 MAU 接收电路规范汇总

接收电路特性(相对于干线的值)	限值 (总线供电和/或 IS)
输入阻抗,测量的频率范围 0.25f_r～1.25f_r	≥3 kΩ
灵敏度,接收所必需的最小峰-峰信号(见图 58)	150 mV
噪声抑制,抑制所必需的最大峰-峰噪声(见图 58)	75 mV
最大接收的比特单元抖动(跨零点偏移,见图 55)	±0.10T_{bit}

12.5.2 输入阻抗

MAU 接收电路的差动输入阻抗在 0.25f_r～1.25f_r(7.8 kHz～39 kHz)频率范围内应不小于 3 kΩ。此要求应在连接到网络或向网络供电后的 20 ms 启动时间后得到满足。独立供电设备(和在连接到网络时能够关断的网络供电设备)应在加电和断电状态以及在加电断电状态转换时满足这些要求。该阻抗应该用信号幅度大于接收器灵敏度门限,但小于 2.0 V 峰-峰值的正弦波在通信部件端上来测量。

注 1:在通电与断电期间,可通过自动停用发送器来满足在这些时间对输入阻抗≥3 kΩ 的要求。

注 2:在故障条件下,带有故障断开电路的设备其阻抗可小于规定的数量。

12.5.3 接收器灵敏度和噪声抑制

MAU 接收电路应能接收幅度不小于 150 mV 峰-峰值的输入信号,其中包括过电压和振荡(见图 58中的"信号电平"和"正向幅度"以及"负向幅度")。

MAU 接收电路应不响应峰-峰值幅度不超过 75 mV 的输入信号(见图 58"噪声抑制")。

12.5.4 接收的比特单元抖动

接收电路应接收按 12.2 和 12.4 规定发送的曼彻斯特编码信号。另外,对于任意两个相邻信号转变点(跨零点)之间的时间偏移为±0.10T_{bit}时间或更小的信号,接收器应能正常工作,见图 56。

注 1:这并不排除使用比本部分性能更好的接收器。

注 2:根据符号模式,跨零点之间的标称时间可以是半个或一个比特时间。

注 3:不要求抑制具有指定时间变化值的信号。当接收到比特单元抖动超过接收器可靠地进行译码信号的能力时,接收器应报告差错。

12.5.5 干扰敏感度和差错率

注 1:当现场总线在不同标准的噪声环境下运行时,由于传送物理实体和 DLL 实体的操作所造成的应用层用户数据单元包含未检测的差错的概率必须小于 $1/(6\times10^9)$(即以 10 报文/s 速率,发送 20 年只发现一个差错)。当一个通信元件满足下述的干扰敏感度时,它就被认为符合上述理论上的要求。这些都是由检测的帧差错率规定的,而该差错率是从检测到的对未检测到的 10^6 差错之比得出的。在 DLL 用 16 比特帧检验序列能容易地完成这一点。

一个包含有 MAU 的通信元件,当通信帧含有 32 个随机用户数据比特并且以最大帧速率和 375 mV 峰-峰值幅度信号工作时,在下述共模电压或高斯噪声条件下工作期间,在 60 000 个帧中所产生的帧差错应不多于 10 个:

a) 在 63 Hz～2 MHz 范围内、幅度为 4 V(r.m.s.)以及在 47 Hz～63 Hz 范围内、幅度为 250 V(r.m.s.)的任一频率的正弦波共模信号;

b) 幅度为±10 V 的共模直流信号;

c) 在 1 kHz ～100 kHz 频率段内,具有 70 $\mu V/\sqrt{Hz}$(r.m.s.)噪声密度的附加白高斯差动噪声。

注 2:共模电压和高斯噪声规范用于具有平衡负载的接收电路的一致性测试,它并不是系统安装实践的指导。

一个包含有 MAU 的通信元件,当通信帧含有 32 个随机用户数据比特,并且以平均每秒 10 个报文和 375mV 峰-峰值幅度信号工作时,在下述电磁或电气干扰环境中工作期间,在 1 000 个帧中所检测到的帧差错应不多于 10 个:

a) 在 GB/T 17626.3—2006 中规定的 3 级严酷度的 10 V/m 电磁场;

b) 在 GB/T 17626.4—2008 中规定的 3 级严酷度的电气快速瞬变。

在下述噪声环境进行操作以后(而不是在操作期间)也应满足上述噪声差错率规范:

a) 如在 GB/T 17626.2—2006 中规定的 3 级严酷度,对外露的金属件作 8 kV 的静电放电。若由试验造成该设备暂时的功能或性能失效,它应在试验结束后 3 s 内,在无操作员干预情况下从失效中恢复过来;

b) GB/T 14598.13—1998 附录 E 中所规定的高频扰动试验,试验电压为第 3 等级(在纵向和横向模式下的第一半周峰值分别为 2.5 kV 和 1 kV)。若由试验造成该设备暂时的功能或性能失效,它应在试验结束后 3 s 内,在无操作员干预情况下从失效中恢复过来。

12.6 超时传输(jabber)抑制

为了禁止传输的信号进入媒体,MAU 应具有自中断能力。MAU 中的硬件(除了检测输出信号或经发送功能泄漏外,无外部信号)应提供一个 120 ms～240 ms 之间的时间窗口,在这个时间里,可发送一个正常的帧。若帧的长度超过这个时间,超时传输(jabber)抑制功能应阻止更多传输的信号进入媒体,且在 RxS 线(见 10.2.2.2)上禁止信号返回,以向 MDS 指明已检测到超时传输(jabber)。

在 3.0(1±50%)s 的周期后,MAU 应复位自中断功能。

注:这抑制总线流量不超过可用时间的 16%(≈240 ms/1.5 s)。

12.7 配电

12.7.1 概述

一个设备可以通过信号导线接收电源或独立供电。

不管以何种方式接收电源,设备均可被认证为本质安全。

注 1:本部分不包括对 IS 认证的要求,但是寻求排除妨碍 IS 认证的条件和状态。

注 2:独立供电的设备可连接到一个被供电的现场总线上。

为便于引用,对 12.7 中网络供电的设备和网络供电电源的要求见表 63 和表 64。

表 63 网络供电设备特性

网络供电设备特性	对 31.25 kbit/s 的限值
工作电压	9.0 V～32.0 V(d.c.)
无损害最小承受电压,任意极性	35 V
静态电流的最大变化率(无传送);此要求不适用于设备连接到工作网络后的第一个 20 ms 内或向网络供电后的第一个 20 ms 内	1 mA/ms
最大电流;此要求适用于设备连接到工作网络后的 500 μs～20 ms 时间间隔内或向网络供电后的 500 μs～20 ms 时间间隔内(见注)	额定静态电流+20 mA

注 1:第一个 500 μs 不包括在内,以允许对设备中的 RFI 滤波器和其他电容充电。变化速率规范适用于 20 ms 以后。

注 2:在前 500 μs 期间的最大电流应不大于以上规定的最大电流的二倍,以使对所连接的现场总线网络其余部分的电流起动冲击影响减至最小。

注 3:在例外间隔(exclusion interval)期间,这些例外情况有可能在同一个供电电源的设备上引起电压降低。

注 4:在对 PhL 段加电之后立即产生的例外间隔的期间,这些例外情况可能显著地增加对供电电源的电流需求。

表 64 网络供电电源要求

网络供电电源要求	对 31.25 kbit/s 的限值
输出电压,非 IS	≤32 V(d.c.)
输出电压,IS	依据安全栅等级
输出纹波和噪声	见图 62
输出阻抗	见 12.7.4

注:电源设计应考虑在设备连接或加电时表 63 所容许的电流浪涌。

12.7.2 电源电压

要求符合本章的现场总线设备应能在两个导线之间 9 V(d.c.)～32 V(d.c.)(包括纹波)的电压范围内进行工作。该设备应能承受最小电压±35 V(d.c.)而不损坏。

12.7.3 由信号导线供电

要求符合本章的现场总线设备,当以下述规范的电源供电时,应遵守本章的要求:

a) 对于非IS网络，电源输出电压最大为32 V(d.c.)(包括纹波)；

注1：对于IS系统，工作电压可能要受认证必需的限制。在这种情况下，电源将被安置在安全区域内，它的输出电压将因安全栅或等效部件而衰减。

b) 信号电路和配电电路对地及其相互间的隔离击穿要求应符合GB/T 15695.2；

注2：见11.7.5中注3。

c) 当一个供电电源对两个或更多个段供电时，在段的两个信号导线之间对每个段的隔离阻抗应被拆分±10%；

要求符合本章的，且通过信号导线供电的现场总线设备，在下述最大的电源纹波和噪声电平条件下工作时，应遵守本章的要求：

d) 在$0.25f_r$～$1.25f_r$(7.8 kHz～39 kHz)频率范围内，16 mV峰-峰值；

e) 对于非IS应用，在47 Hz～63 Hz频率范围内，2.0 V峰-峰值；

f) 对于IS应用，在47 Hz～625 Hz频率范围内，0.2 V峰-峰值；

g) 在频率大于$125f_r$至最高频率达25 MHz时，1.6 V峰-峰值；

h) 在中间频率的电平通常按图62一致。

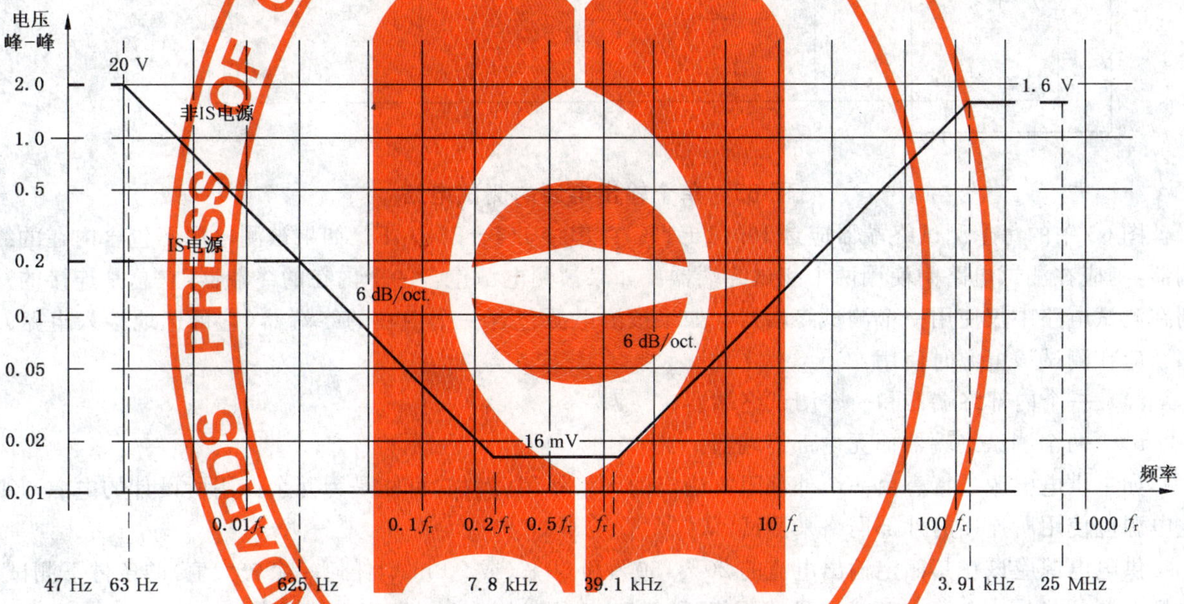

图62 供电电源纹波和噪声

要求符合本章的，且通过信号导线供电的现场总线设备，从网络上吸收电流的最大变化速率为1 mA/ms。这个要求不适用于：

a) 在发送时；

b) 设备连接到一个工作网络后的第一个20 ms内；

c) 给网络供电后的前20 ms时间内；

d) 与网络断开连接或网络断电时。

设备应用一个额定静态电流来标志。在设备连接到一个工作网络后的500 μs～20 ms时间间隔内或给网络供电后的500 μs～20 ms时间间隔内，它从网络上吸收的电流应不超过它的额定静态电流20 mA。

注3：为了允许对设备中的RFI滤波器和其他电容充电，第一个500 μs不包括在内。变化速率规范适用于20 ms以后。

注4：在最初的500 μs期间，最大电流应不超过上述规定的最大电流的两倍，以使对所连接的现场总线网络的其他部分电流冲击减至最小。

注5：在例外间隔期间，这些例外情况有可能使同一个电源供电的设备发生电压降低。

注6：在对PhL段加电之后立即产生的例外间隔期间，这些例外情况可能显著地增加对供电电源的电流需求。

12.7.4 电源阻抗

用于通过信号导线供电的电源，其阻抗应符合12.7.4.1、12.7.4.2或12.7.4.3中的阻抗规范。

注：电源设计应考虑在设备连接或加电时12.7.3中所容许的电流浪涌。

12.7.4.1 用于单输出供电电源的电源阻抗

对于单输出供电电源，气电源阻抗应使用图63所示的测试电路来测量。

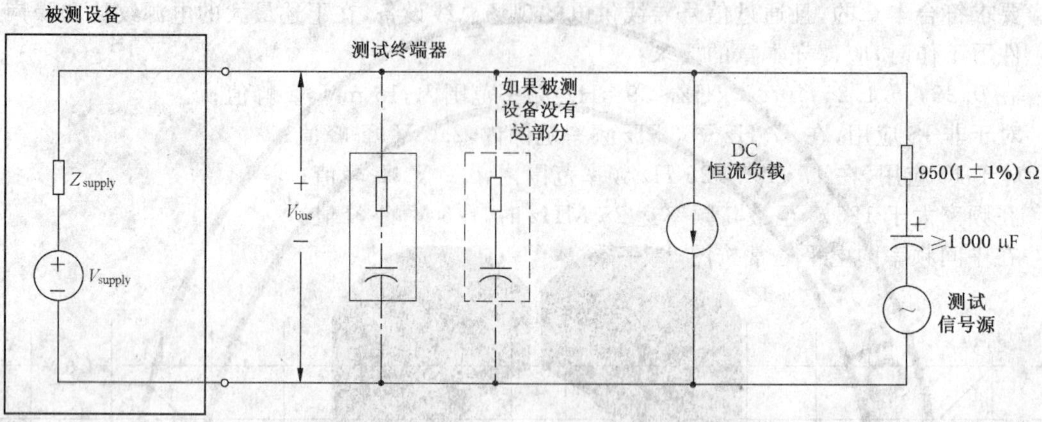

图63 单个输出电源的测试电路

图63中的每个测试终端器应是100(1±1%)Ω串接1(1±5%)μF。如果被测电源不包含内在的终端器，则应在测试电路中使用两个测试终端器。如果被测电源包含一个内在的终端器（它总是连接的），则在测试电路中仅使用一个测试终端器。如果被测电源包含一个内在的终端器（它可选地接入电路），那么应在测试该电源时使用：

a) 一个内部终端器和一个测试终端器；

b) 两个测试终端器而无内部终端器。

如果供电电源是特意由一个外部阻抗确定的网络使用（例如，可能是为冗余使用所设计的电源），则此电源应使用所连接的外部网络来测试。

供电电源应该在其额定输出电流的20%，50%和80%（或20 mA，任何一个较大值）的条件下测试，并且电源负载是一个符合1 mA/V或更好（即≥1 kΩ阻抗）的d.c.恒定电流负载。

应该在应用一个从测试信号源穿过950(1±1%)Ω的电阻和至少1 000 μF的耦合电容的10$V_{pk\text{-}pk}$正弦波的同时，通过监视a.c.总线电压V_{bus}来测试供电电源。

被测试的a.c.总线电压V_{bus}应符合以下要求：

a) 对供给本质安全栅的非IS供电电源：在50 Hz～39 kHz的全部频率范围内，V_{bus}应在0.40 $V_{pk\text{-}pk}$和0.60 $V_{pk\text{-}pk}$之间。

b) 对不供给本质安全栅的IS供电电源和非IS供电电源：在3 kHz～39 kHz的频率范围内，V_{bus}应在0.40 $V_{pk\text{-}pk}$和0.60 $V_{pk\text{-}pk}$之间，而在50 Hz～3 kHz之间的任何频率下，V_{bus}不应以大于20 dB/decade的速率增大或减小。

注：由电源与终端器功能组合起来的组合设备，只要在电性能上等效于满足本章必需的独立设备，并能遵守12.3的网络组态规则，这样的设备是可以接受的。

不向本质安全栅供电的电源应被标志为“不供本质安全栅使用”。

12.7.4.2 通过本质安全栅配电

在图64的测试电路连接时，本质安全栅输出阻抗应按其相关频率特性的条款来定义。

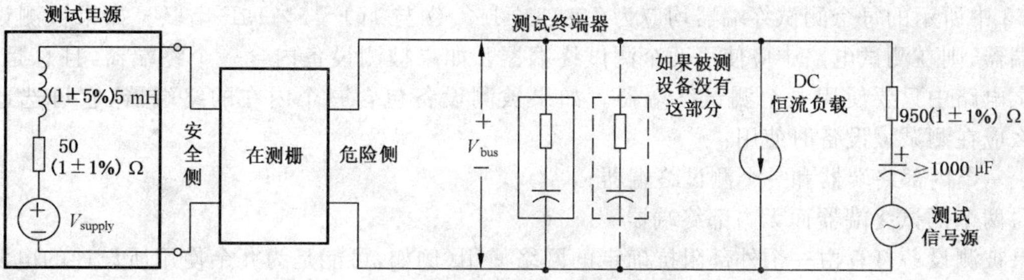

图 64　通过本质安全栅配电的测试电路

图 64 中所示的测试电源由一个低阻抗的直流电源与 5(1±5%)mH 和 50(1±1%)Ω 串联所组成。每一个测试终端器都应是 100(1±1%)Ω 与 1(1±5%)μF 串联。如果安全栅内含一个终端器，那么应该用一个测试终端器来测试安全栅，否则应该用两个测试终端器来测试安全栅。

当负载为符合 1 mA/V 或更好的 d. c. 恒流负载(即≥1 kΩ 阻抗)时，应在额定输出电流的 20%、50%和 80%(或 20 mA，或较大值)的条件下来测试安全栅。

当应用一个测试信号源穿过一个 950(1±1%)Ω 的电阻和一个至少为 1 000 μF 的耦合电容的 10 $V_{pk\text{-}pk}$的正弦波时，通过监测总线电压 V_{bus}来测试安全栅。

在频率范围 3 kHz～39 kHz 内，在安全栅的危险的一侧所测得的 a. c. 总线电压 V_{bus}应在0. 40 $V_{pk\text{-}pk}$和 0. 60 $V_{pk\text{-}pk}$之间，而在 50 Hz～3 kHz 之间的任何频率下，V_{bus}不应以大于 20 dB/decade 的速率增大或减小。

注：对于由电源、本质安全栅和终端器功能用各种方法组合起来的组合设备，只要在电性能上等效于满足本章必需的独立设备，并能遵守 12.3 的网络组态规则的话，这样的设备是可以接受的。

12.7.4.3　输出之间有信号耦合的多输出电源的电源阻抗

注 1：本条适用于电流隔离器、有源耦合器及其他提供多电源和信号端口的设备。

对于在输出之间有现场总线通信信号耦合的多输出电源，应该使用图 65 的测试电路来测量电源阻抗。

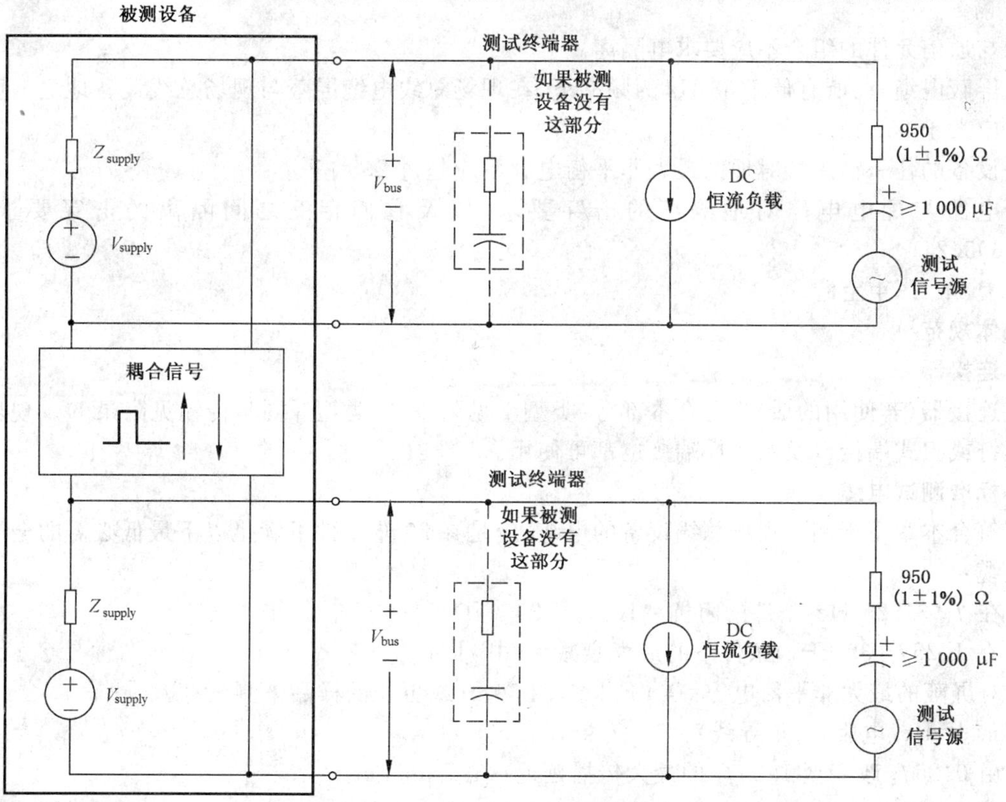

图 65　有信号耦合的多输出电源的测试电路

图 63 中所示的每个测试终端器均应为 100(1±1%)Ω 与 1(1±5%)μF 串联。如果被测设备不含内部终端器，则在测试电路中应使用两个测试终端器。如果被测设备内含一个终端器，且总是连接的，那么测试电路中只要使用一个测试终端器。如果被测设备包含一个内在的终端器（它可选地接入电路），那么应在测试该设备时使用：

a) 一个内部终端器和一个测试终端器；

b) 两个测试终端器而无内部终端器。

如果被测设备打算由一个外部阻抗确定的网络使用（例如，可能是为冗余使用所设计的电源），则此电源应使用所连接的外部网络来测试。

当设备负载为符合 1 mA/V 或更好的 d.c. 恒流负载（即≥1 kΩ 阻抗）时，应在每个输出上额定输出电流的 20%、50%和 80%（或 20 mA，或较大值）的条件下来测试被测设备。

在 3 kHz～39 kHz 频率范围内，所测得的 a.c. 总线电压 V_{bus} 应在 0.40 $V_{pk\text{-}pk}$ 与 0.60 $V_{pk\text{-}pk}$ 之间，而在 50 Hz～3 kHz 的任何频率下，V_{bus} 不应以大于 20 dB/decade 的速率增大或减小。

注 2：对于由电源、隔离器或耦合器、终端器的功能以不同方式组合的设备，只要在电性能上等效于满足本章必需的独立设备的并联阻抗，而且遵守 12.3 的网络组态规则，这样的设备是可以接受的。

12.7.5 不由信号导线供电

注：向非总线供电的现场总线设备配电，是由单独的导线向本地电源、调节器或安全栅供电。IS 认证或许要求这些导线是与信号导线分开的电缆，或许也会对电流的等级施加比所规定的值更为严格的要求。

一个单独供电的现场总线设备应从信号导线上取得不多于 10 mA 的直流电流，也不会在不发送时馈给信号导线多于 100 μA 的直流电流。在设备上应标记从网络取得的额定静态电流。

12.7.6 电隔离

所有现场总线设备，不论是单独供电还是由信号导线供电，都应在地与现场总线干线电缆之间提供低频隔离。

注 1：这可以是通过整个设备与地隔离，也可使用变压器、光耦合器或其他将干线电缆与设备隔离的器件与地隔离。

电源与通信元件的组合不应要求电隔离。

对于屏蔽电缆，在所有低于 63 Hz 的频率下，在现场总线电缆屏蔽与现场总线设备地之间所测得的隔离阻抗应大于 250 kΩ。

来自设备的任一输入端对地的最大非平衡电容不应超过 250 pF。

信号电路与配电电路对地隔离的击穿要求，以及它们相互之间隔离的击穿要求应符合 GB/T 15695.2。

注 2：见 11.7.5 中注 3。

12.8 媒体规范

12.8.1 连接器

电缆连接器（若使用的话）应符合本部分（类型 1 见附录 A，类型 3 同步传输见附录 I）。现场端接方法诸如螺钉或刀式端接以及永久性端接也都可使用。

12.8.2 标准测试电缆

要求符合本章用于测试现场总线设备的电缆，应是在 25 ℃条件下满足以下最低必需的全屏蔽的单双绞线电缆：

a) 在 f_r(31.25 Hz)条件的阻抗＝100(1±20%)Ω；

b) 在 1.25f_r(39 kHz)条件下的最大衰减＝3dB/km；

c) 对屏蔽的最大非平衡电容＝4 nF/km，用 30 m 或更长的样品来测试；

d) 最大 d.c. 电阻（每根导线）＝24 Ω/km；

e) 由 0.25f_r 改变至 1.25f_r 的最大传播延迟＝1.7 μs/km；

f) 导线的横截面积（导线尺寸）＝标称 0.8 mm^2；

g) 最小屏蔽覆盖应为 90%。

注1：上述的规范用于测试MAU的一致性。其他类型的电缆可在实际的安装中使用(见附录B)。具有改进技术规格的电缆可用来增加干线线长度,或更好的抗干扰性,或者为满足环境或安装条件的要求。反之,技术规格低劣的电缆则受到干线电缆和分支的长度限制,加之有可能不符合RFI/EMI敏感性的要求。

注2：对于本质安全的应用,电感/电阻之比(L/R)应小于相关法规机构对特定实现所规定的限制。

12.8.3 耦合器

耦合器应提供一个或若干个与干线电缆连接的点。它也可以与一个现场总线设备集成在一起,在这种情况下就没有分支。否则它至少要有三个接入点,如图66所示:一个用于分支,每侧各有一个用于干线电缆。

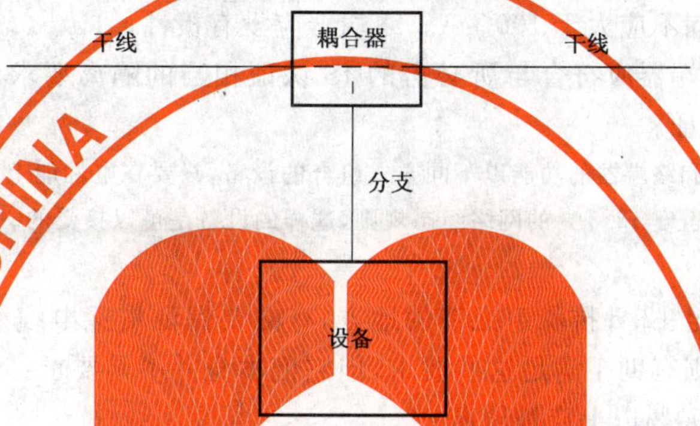

图66 现场总线耦合器

一个无源耦合器可含有下述的任意个或所有的可选元件:

a) 变压器,提供电隔离和干线电缆与分支之间的阻抗变换;
b) 连接器,提供分支和/或干线电缆的方便连接;
c) 如图67所示的保护电阻,以保护在其他设备之间的总线通信免受不供电、非本安干线电缆上的分支短路的影响。

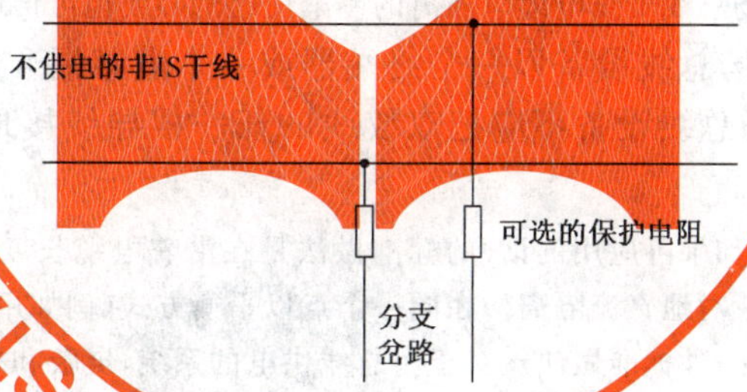

图67 保护电阻

注：这类串联电阻自然地增大了在设备端发送时的电压。这将影响"邻近"电设备接收端的电压。对所有这类设备的最大承受电压见12.4.3。

要求外接电源供电的有源耦合器含信号放大及重发的部件。发送电平和定时要求应符合12.3。

12.8.4 接头

注1：接头是网络中的一个部件,在此部件中不保持网络电缆的特性阻抗。这可能是由于电缆导线隔开、去除电缆屏蔽、改变导线线规格或型号、与分支连接、与端子排连接等原因所致。因此,接头的实际定义是网络的一个部件,它不延续指定媒体的长度。

对于总长度(干线电缆和分支)大于400 m的网络,所有接头长度总和不应超过电缆总长度的2.0%。对于电缆长度为400 m及以下者,所有接头的长度总和不应超过8 m。

注2：本规范的目的是,通过几乎完全地用指定媒体来构造网络的要求,以保持传输的质量。

在接头中应保持电缆所有导线的连续性。

12.8.5 终端器

终端器应位于干线电缆的两端，并将一个信号导线与另一个信号导线相连。在终端器与电缆屏蔽之间不应连接。

在 $0.25f_r \sim 1.25f_r$(7.8 kHz～39 kHz)的频率范围，终端器阻抗值应为 100 Ω－2 Ω/＋6 Ω。终端器阻抗应等效于100 Ω电阻与1.0 μF电容相串联。最大的部件容差应为100 Ω±2 Ω和1.0 μF±0.2 μF。

注1：此阻抗值近似等于合适的电缆在相关频率下的电缆特性阻抗平均值，并选用使传输反射最小的值。

注2：终端器部件的选用应满足其安装的整个温度范围及工作寿命所规定的值。推荐在25 ℃时部件的额定值为100 Ω±1 Ω和1 μF±0.1 μF。

通过终端器的直流泄漏不应大于100 μA。终端器应没有极性。

所有用于IS应用的终端器应符合与所必需的IS认证相当的隔离要求(漏电和间隙)。用于非IS应用的终端器不要求IS认证。

注3：对于由电源、安全栅和终端器的功能以不同方式组合的设备，只要在电性能上等效于满足本章必需的独立设备的并联阻抗，而且遵守12.3.3的网络组态规则，这样的设备是可以接受的。

12.8.6 屏蔽规则

通过使用屏蔽符合满足12.5抗噪声必需的地方，有必要保证贯穿电缆敷设、连接件和耦合器的整个屏蔽的完整性。下列规则有助于满足这些要求，但它们本身并不是要求：

a) 电缆整个长度的90％以上应被屏蔽；

b) 屏蔽应完全覆盖连接件、耦合器和接头的电路。

注1：违背这些屏蔽规则可能会降低抗噪声的等级。

注2：由于包含长波长，屏蔽覆盖断损25 cm或在连接件、耦合器和接头处包含有分支，只要保持屏蔽的连续性，通常不应视作有问题。

注3：在金属接线盒内的连接件、耦合器和接头的外壳能提供对接线盒外的噪声源的屏蔽。

12.8.7 接地规则

注1：接地意味着通过足够低的阻抗和充分的承载电流的能力与地永久连接，以防止产生电压而造成对所连接的设备与人员危险。与现场总线干线电缆电隔离的零电压(公共)线也可接地。

应要求满足本章必需的现场总线设备以一个终端器或一个电感耦合器的中点直接接地。

在网络中的任意点上，现场总线设备不应把双绞线的任一根导线接地。应将信号分别施加和保持在整个网络中。

注2：现场总线干线电缆屏蔽(如果可应用的话)的标准做法是在沿着电缆长度的一点上有效地接地。为此，现场总线设备应允许电缆屏蔽对地直流隔离。在同一个点以平衡方式(例如用终端器或耦合变压器的中心抽头)将信号导线接地，这也是一种标准做法。对于由总线供电的系统，屏蔽和平衡的信号导线的接地应靠近供电单元。对于IS系统，应在安全栅的接地点接地。为控制EMI，允许屏蔽或平衡的信号导线与设备逻辑地之间的电容耦合，这是IS必需的内容。

12.8.8 电缆颜色编码

见11.8.8。

在电缆颜色的选择方面应考虑各地区的实际情况，如11.8.8中的规定。对于类型3系统，推荐采用表65中的规定。

表65 类型3电缆颜色规范

电 缆 参 数	颜 色
非IS的外层颜色	黑
IS的外层颜色	蓝或蓝/黑条纹
内部电缆导线A(PA－)	绿
内部电缆导线B(PA＋)	红

12.9 本质安全

12.9.1 概述

本部分不逐项列出装置可被认证为本质安全的要求，也不要求装置是本质安全的，而是排除妨碍IS认证的条件或情况。

12.9.2 本质安全栅

在 $0.25f_r \sim 1.25f_r$(7.8 kHz～39 kHz)范围内任意频率下，本质安全栅的阻抗应大于460 Ω。本质安全栅的阻抗规范应适用于作为PhL部分使用的所有本质安全栅，无论它是作为网络硬件的一个独立部分使用还是被嵌入到电源卡内。本质安全栅的阻抗，应在其两侧的端子上测量。应在网络电源设为本质安全栅的额定工作电压(不是安全电压)时测量本质安全栅的阻抗。

注：对于由电源、安全栅和终端器的功能以不同方式组合的设备，只要在电性能上等效于满足本章必需的独立设备的并联阻抗，而且遵守12.3.3的网络组态规则，这样的设备是可以接受的。

在安全栅的额定工作电压和在 $0.25f_r \sim 1.25f_r$(7.8 kHz～39 kHz)之间的任意频率下，在"＋"(正)网络端(危险侧)对地所测得的电容，与在"－"(负)网络端(危险侧)对地所测得的电容，两者之差不应大于250 pF。

12.9.3 本质安全栅与终端器的安放位置

本质安全栅与最近的一个终端器之间的距离应不大于100 m电缆。

12.10 电隔离器

用于现场总线的电隔离器的通信特性应符合12.4、12.5和12.9的规范。向现场总线设备供电的电隔离器还应符合12.7的电源规范。

13 类型1：媒体附属单元：电流模式，双绞线媒体

13.1 概述

1.0 Mbit/s电流模式MAU同时提供对通信网络和配电网络的存取。连接到网络上的设备通过媒体进行通信，可以从(也可以不从)网络获得供电。配电为恒定的交流电流。通信信号叠加在交流电源上。

网络媒体由屏蔽双绞线电缆构成。

不规则四边形波形用于减少电磁辐射和信号失真。

在本质安全应用场合时，选用的电源可限制设备的数量。

设备以串联方式与总线连接，而电压模式的设备是以并联方式与总线连接。

13.2 发送比特速率

平均比特速率($BR \pm \Delta BR$)应为1.0(1±0.01%) Mbit/s，平均一帧至少有16个八位位组长度。瞬时比特时间($T_{bit} \pm \Delta T_{bit}$)应为1.0 μs±0.025 μs。

13.3 网络规范

13.3.1 部件

工作在网络中的一个MAU由下述部件构成：

a) 电缆；

b) 终端器；

c) 耦合器；

d) 设备(至少包含一个通信器件)；

在电流模式的导线网络中下列部件是可选的：

e) 连接器；

f) 电源设备；

g) 自备电源的设备；

h) 本质安全栅。

网络媒体由屏蔽双绞线电缆构成。由于不受拓扑结构的制约，除发送设备外，网络媒体上连接的所有设备都是高阻抗，以阻止有效的网络加载。

13.3.2 拓扑结构

导线 MAU 应工作在一个线性总线拓扑结构的网络中，该线性总线由干线组成且在每一端都端接 13.8.5 所规定的终端器，通信器件通过耦合器和分支连接到干线上。

耦合器和通信器件可集成在一个设备内(即零长度分支)。

树型拓扑结构的所有通信器件都位于干线的末端，树型结构也可被视为总线型拓扑结构的一种特例。

使用一个多端口耦合器可将多个通信元件在同一点连接到干线上。一个有源耦合器可用来扩展一个分支至一定长度，而所扩展的长度需要端接终端器以避免反射和失真。有源中继器可将干线的长度扩展到网络配置规则所允许的某一通信段之外。

13.3.3 网络配置规则

声明符合本部分的 MAU，用在遵守下列规则的网络中时，应符合本部分的要求。

规则 1：无论是供电总线还是非供电总线，在使用分布式安全栅的危险区域内，一条现场总线应能在 2～32 个设备之间进行通信，并且所有设备都以相同的比特速率工作。

注 1：在安全区域中使用单一安全栅可限制危险区域中的设备数。

注 2：规则 1 并不妨碍在建立一个系统时使用超过规定数量的设备。设备的数量是在假定总线供电的设备需要 100 mW能耗而计算出来的。

规则 2：一个全负载(所连接的设备数达到其最大值)的电流模式现场总线段在任意两个设备间的电缆总长度可达 750 m。

注 3：750 m 最大电缆长度是本部分所必需的，但这并不妨碍在建立一个系统时使用更长的电缆。

规则 3：在任意两设备间，由中继器和有源耦合器进行波形再生的总次数与中继器的具体实现有关。

注 4：本部分的前一版本，总次数被限定为 4 次。

规则 4：在任意两个设备间，最大传播延迟应不超过 $40T_{\text{bit}}$。

注 5：为保证网络的效率，在接收帧结束与发送帧开始(包括一个相关的立即响应)之间，由 PhE 引起的网络上任何设备的换向时间部分都应该不超过 5 个比特时间，其中由 MAU 引起的换向时间部分应不超过 2 个比特时间。由于暴露 DLL—PhL 接口或 MDS—MAU 接口并不是强制性的，因此对由 PhL 或 MAU 引起的现场总线设备的换向时间部分，不作规定也不进行一致性测试。

规则 5：在连接或断开一个设备时，现场总线应能连续工作，应能检测出在连接或断开设备期间所引起的数据出错。

规则 6：任何通信元件或分支的故障(包括短路、开路，但不包括非正常通信)对其他通信元件之间数据处理的干扰应不超过 1 ms。

规则 7：不管线路是否接入电源，网络应是非极性敏感的。

规则 8：在任意两个设备间，由于衰减、衰减失真和失配失真而引起的信号电气性能降低，应限制在如下所述的数值范围内：

a) 信号衰减：每个设备的信号衰减应不超过 0.2 dB。总线配置(干线和分支的长度、设备数、本质安全栅、电流隔离器和可能的匹配设备)应使任意两个设备间，在对应于比特速率的频率范围内的衰减不超过 16 dB；

b) 衰减失真：总线配置(干线和分支的长度以及设备数)应使任意两个设备间：

$$[\text{Att}(1.25f_r)-\text{Att}(0.25f_r)]\leqslant 6\ \text{dB}$$

$$\text{Att}(1.25f_r)\geqslant \text{Att}(0.25f_r)$$

其中 f_r 是对应于比特速率的频率。在 $0.25f_r$～$1.25f_r$(250kHz～1.25MHz)频率范围内的衰减应是单调的。

c) 失配失真：总线上失配（由于分支或任意影响，包括一条最长的开路分支）应为沿干线上任意点，在 $0.25f_r \sim 1.25f_r$（250 kHz～1.25 MHz）频率范围内：

$$|Z-Z_{f_r}|/|Z+Z_{f_r}| \leqslant 0.2$$

其中：Z_0 是干线电缆的特性阻抗；Z 是 Z_0 和耦合器负载阻抗的并联组合。

注 6：规则 8 对干线长度、分支长度以及设备个数等的限制最小，它只规定由这些因素组合造成的传输限制，可以根据应用的需要使用这些因素的不同组合。

规则 9：下述规则适用于冗余媒体系统：

a) 每个通道（电缆）应遵守网络配置规则；
b) 在两个冗余段间，不应再有一个非冗余段；
c) 中继器也应是冗余的；
d) 如果系统的设备（由系统管理）配置成在多于一个通道上同时发送，那么任意两个通道上的任意两个设备间的传播时间差应不超过 5 个比特时间；
e) 在整条现场总线上通道号应保持不变，即来自系统管理的通道 1、2、3……应总是连接到物理通道 1、2、3……。

13.3.4 网络配置的配电规则

见 11.3.4。

13.4 MAU 发送电路规范

本条的要求汇总在表 66 和表 67 中。

表 66 MAU 发送电平规范

发送电平特性，其值以干线为参考 （用图 68 所示的测试负载来测量）	限制值 （总线供电和/或本质安全）
输出电平（峰-峰值，见图 55） 测试负载（>2×干线电缆额定值 Z_0）	≥2.5 V 320×(1±1%) Ω
正负向最大幅度差（传信偏压），见图 56	±0.2 V
输出电平；开路（峰-峰值）	≤4.0 V
输出信号最大失真；即过电压，摆动和跌落（见图 55）	±10%
无信号（静默）时发送器输出；即发送器噪声 （在 1 kHz～4 MHz 频段测量）	≤1 mV(r. m. s.)

表 67 MAU 发送定时规范

发送定时特性，其值以干线为参考 （使用图 68 所示的测试负载来测量）	限制值 （总线供电和/或本质安全）
发送比特速率	1×(1±0.01%)Mbit/s
瞬时比特时间	1×(1±0.025%) μs
上升和下降时间（峰-峰信号 10%～90%，见图 55）	≤20% T_{bit}
压摆率（在峰-峰信号 10%～90%的任意一点上）	≤40.0 V/μs
发送比特单元最大抖动（跨零点偏移，见图 56）	±2.5% T_{bit}
发送允许/禁止时间（即输出波形未达到发送必需的那段时间）	≤2.0 T_{bit}

13.4.1 测试接法

图 68 给出了用于测试的接法。

除特殊要求另有规定外，第 13 章的测试接法如图 68 所示。，

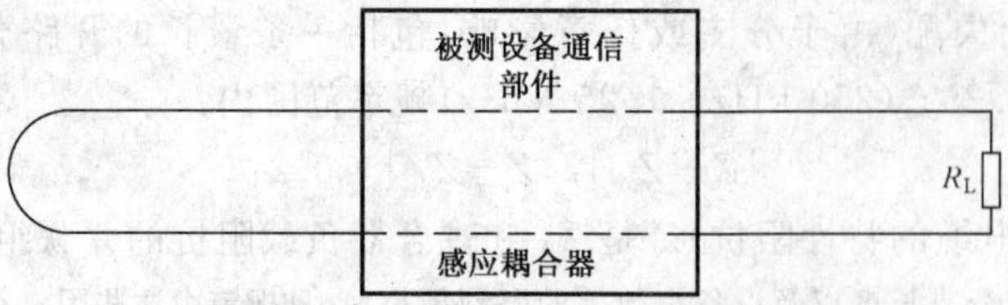

图 68 电流模式 MAU 测试接法

注：测试负载电阻 R_L＝320 Ω(最大电缆 Z_0 的两倍)，因为输出是通过干线的串联回路加载的。

13.4.2 输出电平要求

注：图 55 给出了现场总线波形一个周期 a.c.组成部分的实例，解释了发送电路规范中的几个关键性条目。该图仅给出信号电压，并不考虑电源电压。

电流模式 MAU 发送电路应符合下述输出电平要求，即所有的幅度是在估算的中点测量的，而中点应在波形顶部的任何峰值或波形底部的任何谷值之间(见图 55“中点”)：

a) 经变压器升压/降压后，测试负载两端的输出电压幅度应不小于 2.5 V 峰-峰值，其负载电阻为 320(1±1%)Ω(图 55 中“最小输出”)；

b) 任何负载(包括开路)的干线或发送端上的输出电压应不超过 4.0 V 峰-峰值。为了测试，开路应定义为一个 100 kΩ 电阻与 15 pF 电容的并联负载；

c) 在发送期间，当不大于 1 Ω 的负载电阻施加 1 s 时间时，设备不得永久失效；

d) 按图 55 所示测得的正向幅度和负向幅度之差，应不超过±0.2 V 峰值；

e) 对于一个正在接收的或无电源的电流模式 MAU，在 1 kHz～4 MHz 频率范围内差动测得的输出噪声不得超过 1 mV(r.m.s.)(以干线为参考)；

f) 测试负载上的差动电压应在 10%～90%峰-峰值之间单调变化。此后，信号电压的变动不得超过±10%峰-峰值，直到下次跃变。这一允许变化量应包括各种形式的输出信号失真，即过电压、摆动和跌落。

13.4.3 输出定时要求

电流模式 MAU 发送电路应符合下述输出定时要求：

a) 在 10%～90%信号峰-峰值幅度范围内测得的上升和下降时间不得超过 $0.2T_{bit}$(见图 55)；

b) 在 10%～90%信号峰-峰值幅度范围内任意点上测得的翻转速率不得超过 40 V/μs(见图 55)；

注 1：a)项和 b)项要求使发送电路输出端产生一个不规则四边形的波形。b)项要求限制了可能耦合到邻近电路干扰辐射的电平。b)项要求按下式计算：

$$最大压摆率 = 3 \times 最小压摆率 = 3 \times 0.8V_o/0.2T_{bit} = 12 \times V_o/T_{bit}$$

式中：V_o 是标准负载下估计的最大峰-峰输出电压值(3.3 V)。

c) 发送的比特单元抖动不得超过理想跨零点的±0.025 额定比特时间，理想跨零点是根据相对于以前的跨零点测量的(见图 69)；

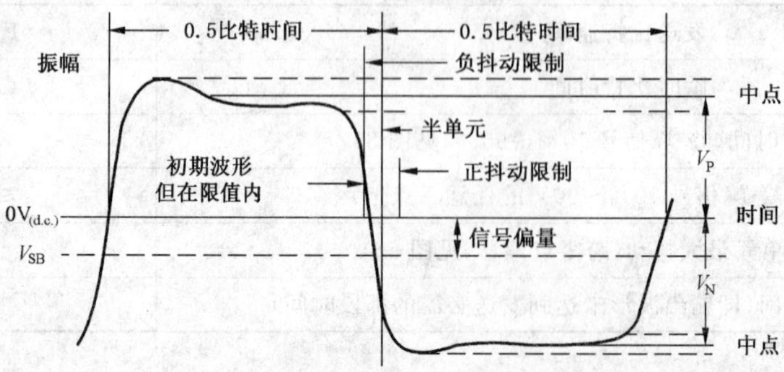

图 69 发送的和接收的比特单元抖动(跨零点偏移)

d) 发送电路应在 2.0T_{bit}时间内打开，也就是说，信号应从低于发送电路最大输出噪声的电平（按 13.4.2 中 e）的规定）上升到最大输出电平。对应于第 3 及其后的比特时间的波形应按 13.4 中其余部分的规定；

e) 发送电路应在 2.0T_{bit}时间内关断，也就是说，信号应从最大输出电平下降到低于发送电路最大输出噪声的电平（按 13.4.2 中 e）的规定）。发送电路回到其高阻状态的时间不得超过 4.0T_{bit}。测试时为满足此要求，可采用 13.4.1 的发送电路测试接法，只是在 DUT 终端上跨接等效于最大长度电缆的电容。

注 2：本要求是为了确保发送电路从有源到无源跃变时线电容全部释放。

13.5 MAU 接收电路规范

13.5.1 概述

为便于参考，表 68 汇总了 13.4 的要求。

表 68 MAU 接收电路规范

接收电路特性（其值以干线为参考）	限制值（总线供电和/或本质安全）
输入阻抗，在 0.25f_r～1.25f_r 频率范围内测量	≤2.5 Ω
灵敏度，可接受的最小峰-峰值信号（见图 58）	1.3 mA
噪声抑制，可抑制的最大峰-峰噪声（见图 58）	0.8 mA
最大接收比特单元抖动（跨零点偏移，见图 69）	±0.10T_{bit}

13.5.2 输入阻抗

电流模式 MAU 接收电路的差动输入阻抗在 0.25f_r～1.25f_r（250 kHz～1.25 MHz）频率范围内应不小于 2.5 Ω。在断电状态、通电（不发送）状态以及这两个状态之间跃变时应满足此要求。该阻抗是用信号幅度大于接收器灵敏门限，但小于 20 mA 峰-峰值的正弦电流波在电感耦合器上测得的。

注：在通电与端断电瞬间，可通过自动停用发送器来满足输入阻抗≤2.5 Ω 的要求。

13.5.3 接收器灵敏度和噪声抑制

MAU 接收电路应能接收 1.3 mA～20.0 mA 峰-峰值的输入信号，其中包括过电压和振荡（见图 55 中“信号电平”和正负向幅度）。

MAU 接收电路应不响应峰-峰线电流幅度小于 0.8 mA 值的输入信号（见图 58 中“噪声抑制”）。

13.5.4 接收比特单元抖动

接收电路应接收按 13.2 和 13.4 规定发送的曼彻斯特编码信号。另外，对于任意两个相邻信号跃变点（跨零点）之间时间偏移≤±0.10T_{bit}的信号，接收器应能正常工作，见图 69。

注 1：本规范并不妨碍使用比本规范更好的接收器。

注 2：根据符号形式，跨零点之间的额定时间可以是 0.5T_{bit}或 1.0T_{bit}。

注 3：不要求抑制具有指定时间变值的信号。当接收比特单元抖动超过接收器可靠地进行解码的能力时，接收器应报告出错。

13.5.5 干扰敏感度和误码率

注 1：当现场总线在不同标准的噪声环境下工作时，由传送物理和 DLL 实体的操作而造成的应用层用户数据单元包含未检测到的差错的概率必须小于 $1/10^{12}$（以 1 600 报文/s 速率发送 20 年，只发现一个差错）。当一个通信元件满足下述干扰敏感度要求时，则认为该元件符合上述理论上的要求。这些都是由检测的帧差错率确定的，而该差错率是从检出的差错对未检出的 10^6 差错之比得出的，在 DLL 用 16 比特帧检验序列（FCS）就很容易达到。

一个包含有电流模式 MAU 的通信元件，当通信帧含有 64 个随机用户数据位并且以最大帧速率和 4.0 mV 峰-峰值信号幅度工作时，在下述共模电压或高斯噪声环境下工作期间，在 3×10^6 个信息帧中所产生的帧差错应不超过 3 个：

a) 频率在 63 Hz～2 MHz、幅度为 4 V(r.m.s.)的正弦波共模信号，以及频率在 47 Hz～63 Hz、

幅度为 250 V(r.m.s.)的正弦波共模信号；

b) 幅度为±10 V 的共模直流信号；

c) 频率范围在 1 kHz～4 MHz,具有 0.09 $\mu V/\sqrt{Hz}$(r.m.s.)噪声密度的附加白高斯差动噪声，使用图 70 的测试电路。

注 2：共模电压和高斯噪声规范用于具有平衡负载的接收电路一致性测试，它并不给出系统安装实践。

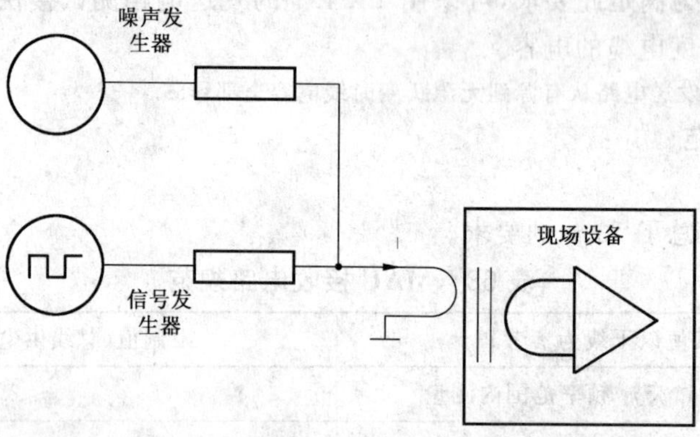

图 70　电流模式 MAU 的噪声测试电路

一个包含有电流模式 MAU 的通信器件，当通信帧含有 64 个随机用户数据位，并且以 1 600 报文/s 的平均速率和 4.0 mV 信号峰-峰值幅度工作时，在有下述电磁或电气干扰环境中工作期间，在100 000个信息帧中所检测到的帧差错应不超过 6 个：

a) GB/T 17626.3—2006 中所规定的，3 级严酷度的 10 V/m 电磁场；

b) GB/T 17626.4—2008 中所规定的，3 级严酷度的电气快速瞬变。

在下述噪声环境工作后(而不是在工作期间)也应满足上述差错率规范：

a) 如 GB/T 17626.2—2006 中 3 级严酷度所规定的，对外露的金属件作 8 kV 的静电放电。若试验造成该设备暂时的功能或性能失效，它应在试验结束后 3 s 内在无操作员干预的情况下从失效中恢复正常；

b) GB/T 14598.13—1998 所规定的高频骚扰测试，测试电压等级Ⅲ(分别在纵向和横向模式下，第一个半周期为 2.5 kV 和 1 kV 峰值)。若试验造成该设备暂时的功能或性能失效，它应在试验结束后 3 s 内在无操作员干预的情况下从失效中恢复正常。

13.6　超时传输(jabber)抑制

MAU 应具有阻止传送信号进入媒体的自中断能力。MAU 中的硬件(除了检测输出信号或经发送功能泄漏外，无外部信号)应提供一个 5 ms～15 ms 之间的时间窗口，在该时段间内可发送一个正常帧。若帧的长度超过该时段，则非正常通信抑制功能应阻止后续输出信号进入媒体，并在 RxS 线(见 10.2.2.2)上禁止信号返回，以向 MDS 指明已检测到超时传输(jabber)。

MAU 应在 500(1±50%)ms 时段后复位自中断功能。

注：对总线流量的抑制不超过可用时间的 16%(=15/250)。

13.7　配电

13.7.1　概述

设备可经由信号导线供电接收电源，也可独立供电。

不管以何种方式接受电源，设备均被认证为本质安全。

本部分不包括对本质安全认证的各项指标，而是寻求妨碍本质安全认证的排除条件或情况。

独立供电的设备可连接到供电的现场总线。

为便于参考，13.7 的要求汇总在表 69 中。

表 69　网络供电要求

网络供电要求	限制值
输出电流	50 mA～200 mA(r. m. s.)
输出频率	16(1±0.5%)kHz
最大输出电压,本质安全	依据安全栅等级
供给电流的谐波失真	≤0.2%
输出阻抗,在 $0.25f_r$～$1.25f_r$ 频率范围内测量	≤5 Ω

13.7.2　由信号导线供电

设备应在恒定的 50 mA～200 mA 电流范围内工作。

注：电源的输出电压是电缆损耗和每个设备所耗功率的函数。一个现场总线设备可按消耗一个或多个标准负载功率来设计,一个标准负载为 100 mW。

电源开路输出电压应小于地方管理机构对于特殊实现所规定的限制值。在 $0.25f_r$～$1.25f_r$(250 kHz～1.25 MHz)频率范围内,电源的输出阻抗应≤5 Ω。

在 16 kHz 频率下,在信号耦合器上的电压降应小于 0.1 V。

在 16 kHz 频率下,在端接处的电压降应小于 0.3 V。

电源波形必须是频率为 16(1±0.5%)kHz 的完整的正弦波,其最大谐波失真为 0.2%。

设备引入的电源频率的谐波成分不得超过在干线线上线对线 1.0 mV 峰-峰值。

13.7.3　不由信号导线供电

注：非总线供电的现场总线设备由馈给本地电源的独立导线、调节器或安全栅配电。本质安全认证可要求这些导线在一条与信号导线分开的独立电缆中,也可以实施比目前规定更为严格的要求。

声明符合本部分的独立供电的现场总线设备,在电源频率下信号导线上的电压降应小于 1 mV(r. m. s.);在不发送时,向信号导线提供的直流电应不大于 100 μA(r. m. s.)。

13.7.4　电气隔离

所有现场总线设备,无论是独立供电还是经由信号导线供电,都应在地和现场总线干线之间提供低频隔离。

注 1：这种隔离可通过使用满足隔离规范的电感耦合器来实现;也可以采用把整个设备对地隔离起来;或者在干线电缆与设备间之使用变压器、光耦合器或其他隔离部件来实现。

组合的电源和通信器件则不要求电气隔离。

现场总线电缆的屏蔽层与现场总线设备地之间测得的隔离阻抗,在频率低于 63 Hz 时应大于 250 kΩ。

在高频时,隔离将由电容旁路,这样频率在 3 MHz～30MHz 范围内时,在现场总线电缆屏蔽层与现场总线设备地之间测得的阻抗应小于 15 Ω。

注 2：符合这些必需的地和干线电缆屏蔽层之间的电容,可以是 3.5 nF～10.6 nF 范围内的任意一个值。

设备任意一个输入端对地的最大非平衡电容不得超过 250 pF。

信号电路和配电电路对地及其相互间的隔离击穿要求,必须符合 GB/T 15969.2。

注 3：等效试验电压应施加在独立隔离的电路之间或隔离电路与可接近导电部件之间。对于额定电压≤50 V(d. c. 或 r. m. s.)的设备,其在海平面上的等效测试击穿电压是 444 V(r. m. s.)、635 V(d. c.)和 635 V 峰值脉冲试验。对于额定电压在 150 V～300 V(r. m. s.)的设备,其在海平面上的等效测试击穿电压是 2 260 V(r. m. s.)、3 175 V(d. c.)和 3 175 V 峰值脉冲试验。

13.8　媒体规范

13.8.1　连接器

电缆连接器(若使用的话)必须符合 GB/T 16657(见附录 A)。也可使用其他各种现场端接方法,如螺钉、刀形端子和永久性端接。

13.8.2 标准测试电缆

在测试包含电流模式 MAU 的现场总线设备是否符合本部分的要求时所使用的电缆，应该是一根全屏蔽的双绞线电缆，并且在 25℃ 时至少满足下述要求：

a) 在 $0.25 f_r$(250 kHz)频率下，$Z_0=150(1\pm10\%)\Omega$；

b) 在 $1.25 f_r$(1.25 MHz)频率下，$Z_0=150(1\pm10\%)\Omega$；

c) 在 $0.25 f_r$(250 kHz)频率下，最大衰减＝6.5 dB/km；

d) 在 $1.25 f_r$(1.25 MHz)频率下，最大衰减＝13 dB/km；

e) 对屏蔽层的最大非平衡电容＝1.5 nF/km；

f) 最大直流电阻(每根导线)＝57.1 Ω/km；

g) 导线截面积(线号)＝标称 0.33 mm^2；

h) 导线与屏蔽层之间的最小电阻率＝16 GΩkm；

i) 屏蔽覆盖率应至少为 95%。

注 1：上述规范适用于一致性测试 MAU。在实际设备上也可使用其他类型的电缆(见附录 B)。使用更高技术指标的电缆可增加干线的长度和/或提高抗干扰能力。相反，使用较低技术指标的电缆对干线和分支的长度均受到限制，并且还可能与 RFI/EMI 敏感度要求不一致。

注 2：对于本质安全应用场合，电感/电阻之比(L/R)应小于由地方管理机构对于特定实现所规定的限制值。

13.8.3 耦合器

一个电感耦合器把一个设备或分支连接到干线上。它把数据信号传送给设备或从设备接收数据信号，它也可以向设备供电。干线电缆在电感耦合变压器中起着单匝初级线圈的作用。允许有如下选择：

a) 在不妨碍电缆绝缘的情况下进行耦合；

b) 电感耦合器可作为连接器使用；

c) 电感耦合器可包含本质安全栅，作为其组成部分。

如果该设备接在干线上，那么耦合器应成为 MAU 的组成部分。串联在线路上的耦合器的最大输入阻抗为 2.5 Ω。

13.8.4 接头

注：接头可以是网络的任何部分，在接头中不维持网络电缆的特性阻抗。这可能是由于电缆导线的分离、剥去了电缆屏蔽层、导线规格或类型的改变、分支的连接等造成的。因此接头的实用定义是网络的任意部分，它不作为指定媒体的连续长度。

电缆的所有导线的连续性应由接头来维持。

13.8.5 终端器

终端器应位于干线电缆的两端，它连接一个信号导线到另一个信号导线。终端器与电缆屏蔽层之间应不连接。

测试时使用 13.8.2 规定的电缆，在 $0.25 f_r \sim 1.25 f_r$(250 kHz～1.25 MHz)频率范围内，终端器的阻抗值应为 120 Ω±2.4 Ω。

注 1：所选择的终端器阻抗值应低于测试电缆特性阻抗值，这是因为电流模式设备与终端器串联会增加阻抗。选择这个数值是为了减少具有 2～32 个设备的现场总线的传输线反射。

注 2：在由信号导线供电的实际实现中，终端器在电源频率下旁路以减小电源损耗。

经由终端器泄漏的直流电流应不超过 100 μA。终端器应是无极性的。

用于本质安全应用场合的所有终端器应符合相当于本质安全认证所必需的隔离要求(爬电距离和电气间隙)。用于非本质安全应用场合的终端器不要求本质安全认证。

13.8.6 屏蔽规则

为了完全满足 13.5 的抗噪声要求，必须采用下述方法来确保所有电缆、连接器和耦合器屏蔽的完整性：

a) 电缆屏蔽的覆盖率必须大于电缆总长的 95%；

b) 在连接器、耦合器和接头中的电路应完全屏蔽。

注：不遵守这些屏蔽规则将降低抗噪声能力。

13.8.7 接地规则

注1：接地表示，通过足够低的阻抗与大地永久性连接并具有足够的电流承载能力，用以防止因电压上升而造成的对相关设备或人员的过度伤害。与现场总线干线电隔离的零电压(公共)线也可接地。

现场总线设备必须用一个终端器或一个电感耦合器的中点直接接地，以满足本章的要求。

现场总线设备不应在网络中的任意一点将双绞线中的任一导线接地，在整个网络上信号应保持差动形式。

注2：标准做法是，现场总线干线电缆的屏蔽层(若使用的话)必须在整条电缆的某一点有效接地。由于这个原因，现场总线设备允许电缆屏蔽层对地直流隔离。对于总线供电的系统，屏蔽层和平衡信号导线的接地点应靠近电源设备。对于本质安全系统，接地点必须在安全栅大地连接处。屏蔽层或平衡信号导线与EMI控制用的设备本地接地之间的电容耦合是允许的，但必须符合本质安全要求。

13.8.8 电缆的颜色编码

见11.8.8。

14 类型1：媒体附属单元：电流模式(1A)，双绞线媒体

14.1 概述

1.0 Mbit/s电流模式MAU可同时提供对通信网络和具有扩容的配电网络的存取。连接到网络上的设备通过媒体进行通信，可以从(也可以不从)网络获得供电。配电为恒定的交流电流，其频率远远低于信号频率。通信信号叠加在交流电源上。

网络媒体由屏蔽双绞线电缆构成。

在危险区域应用场合，非本质安全总线可以有若干个与接入设备协同工作的本质安全栅，从而增加了使用单个安全栅的危险区域中所允许的设备数。

设备以串联方式与总线连接，而电压模式的设备是以并联方式与总线连接。

14.2 发送比特速率

见13.2。

14.3 网络规范

14.3.1 部件

工作在网络中的一个电流模式MAU由下述部件构成：

a) 电缆；

b) 终端器；

c) 耦合器；

d) 耦合器架；

e) 设备(至少包含一个通信器件)；

在电流模式的导线网络中下列部件是可选的：

f) 连接器；

g) 电源设备；

h) 自备电源的设备；

i) 本质安全(IS)栅。

网络媒体由屏蔽双绞线电缆构成。由于不受拓扑结构的制约，除发送设备外，网络媒体上连接的所有设备都是高阻抗，以阻止有效的网络加载。

耦合器架是一种网络器件，通过它把耦合器与网络媒体连接。它可被视为变压器的初级绕组(电感耦合器)，并且它具有影响网络的电气特性。

14.3.2 拓扑结构

导线 MAU 应工作在一个线性总线拓扑结构的网络中，该线性总线由干线组成且在每一端都端接 14.8.5 所规定的终端器，通信器件通过耦合器连接到干线上。

耦合器和通信器件可集成在一个设备内(即零长度分支)。

使用一个多端口耦合器可将多个通信器件在同一点连接到干线上。一个有源耦合器可用来扩展一个分支至一定长度，而所扩展的长度需要端接终端器以避免反射和失真。有源中继器可将干线的长度扩展到网络配置规则所允许的某一通信段之外。

14.3.3 网络配置规则

声明符合本章的 MAU，用在遵守下列规则的网络中时，应符合本章的要求。

规则 1：无论是供电总线还是非供电总线，在使用分布式安全栅的危险区域内，一条现场总线应能在 2～30 个设备之间进行通信，并且所有设备都以相同的比特速率工作。

注 1：规则 1 并不妨碍在建立一个系统时使用超过规定数量的设备。设备的数量是在假定总线供电的设备需要 1.0 W能耗而计算出来的。

规则 2：一个全负载(所连接的设备数达到其最大值)的电流模式现场总线段在任意两个设备间的电缆总长度可达 400 m。

注 2：400 m 最大电缆长度是本章所必需的，但这并不妨碍在建立一个系统时使用更长的电缆。

规则 3：在任意两设备间，由中继器和有源耦合器进行波形再生的总次数与中继器的具体实现有关。

注 3：在制定本部分之前，总次数被限定为 4 次。

规则 4：在任意两个设备间，最大传播延迟应不超过 $40T_{\text{bit}}$。

注 4：为保证网络的效率，在接收帧结束与发送帧开始(包括一个相关的立即响应)之间，由 PhE 引起的网络上任何设备的换向时间部分都应不超过 5 个比特时间，其中由 MAU 引起的换向时间部分应不超过 2 个比特时间。由于暴露 DLL—PhL 接口或 MDS—MAU 接口并不是强制性的，因此对由 PhL 或 MAU 引起的现场总线设备的换向时间部分，不作规定也不进行一致性测试。

规则 5：在连接或断开一个设备时，现场总线应能连续工作，应能检测出在连接或断开设备期间所引起的数据出错。

规则 6：任何通信器件或分支的故障(包括短路、开路，但不包括超时传输(jabber))对其他通信器件之间数据处理的干扰应不超过 1 ms。

规则 7：不管线路是否接入电源，网络应是非极性敏感的。

规则 8：在任意两个设备间，由于衰减、衰减失真和失配失真而引起的信号电气性能降低，应限制在如下所述的数值范围内：

a) 信号衰减：每个设备的信号衰减应不超过 0.35 dB。每个满/空载耦合器架的信号衰减应不超过 0.6 dB。总线配置(干线及分支的长度、设备数、本质安全栅、电流隔离器和可能的匹配设备)应使任意两个设备间，在对应于比特速率的频率范围下的衰减应不超过 10 dB。

注 5：每个设备的信号衰减是指用一根 80 Ω 特性阻抗的电缆。如果使用较低阻抗的电缆，那么将增加每个设备的信号衰减。

注 6：要求使用一种达到最大接入设备数的耦合器架把设备连接到总线。

b) 衰减失真：总线配置(干线及分支的长度和设备数)应使任意两个设备间：

$$[\mathrm{Att}(1.25f_{\mathrm{r}})-\mathrm{Att}(0.25f_{\mathrm{r}})]\leqslant 6\ \mathrm{dB}$$

$$\mathrm{Att}(1.25f_{\mathrm{r}})\geqslant \mathrm{Att}(0.25f_{\mathrm{r}})$$

其中 f_{r} 是对应于比特速率的频率。在 $0.25f_{\mathrm{r}}$～$1.25f_{\mathrm{r}}$(250 kHz～1.25 MHz)频率范围内的衰减应是单调的。

c) 失配失真：总线上失配(由于分支或任意影响，包括一条最长的开路分支)应为沿干线上任意点，在 $0.25f_r \sim 1.25f_r$(250 kHz～1.25 MHz)频率范围内：

$$|Z-Z_{f_r}|/|Z+Z_{f_r}|\leqslant 0.2$$

其中：Z_0 是干线电缆的特性阻抗；Z 是 Z_0 和耦合器负载阻抗的并联组合。

注 7：规则 8 对干线长度、分支长度以及设备数等的限制最小，它只规定由这些因素组合造成的传输限制，可以根据应用的需要使用这些因素的不同组合。

规则 9：下述规则适用于冗余媒体系统：

a) 每个通道(电缆)应遵守网络配置规则；

b) 在两个冗余段间，不应再有一个非冗余段；

c) 中继器也应是冗余的；

d) 如果系统的设备(由系统管理)配置成在多于一个通道上同时发送，那么任意两个通道上的任意两个设备间的传播时间差应不超过 5 个比特时间；

注 8：该延迟等于通道间信号时滞的缺省值(见 9.2.9)。如果通道间信号时滞参数被设为此值，那么传播延迟时间差会更大。

e) 在整条现场总线上通道号应保持不变，即来自系统管理的通道 1、2、3……应总是连接到物理通道 1、2、3……。

14.3.4 网络配置的配电规则

见 11.3.4。

14.4 MAU 发送电路规范

本条的要求汇总在表 70 和表 71 中。

表 70 电流模式 MAU 发送电平规范

发送电平特性，其值以干线为参考 (用图 68 所示的测试负载来测量)	限制值 (总线供电和/或本质安全)
输出电平(峰-峰值，见图 55) 测试负载(>2×干线电缆额定值 Z_0)	≥2.25 V 160(1±1%)Ω
最大输出信号失真，即过电压，摆动和跌落(见图 55)	±10%
无信号(静默)时发送器输出；即发送器噪声 (在 1 kHz～4 MHz 频段内测量)	≤1 mV(r.m.s.)

表 71 电流模式 MAU 发送定时规范

发送定时特性，其值以干线为参考 (使用图 68 所示的测试负载来测量)	限制值 (总线供电和/或本质安全)
发送比特速率	1×(1±0.01%)Mbit/s
瞬时比特时间	1×(1±0.025%)μs
上升和下降时间(峰-峰信号 10%～90%，见图 55)	≤20% T_{bit}
翻转速率(在峰-峰信号 10%～90%的任意一点上)	≤200.0 V/μs
发送比特单元最大抖动(跨零点偏移，见图 56)	±2.5% T_{bit}
发送允许/禁止时间(即输出波形未达到发送必需的那段时间)	≤2.0 T_{bit}

14.4.1 测试接法

图 68 给出了用于测试的接法。

除特殊要求另有规定外，第 14 章的测试接法如图 68 所示。

注：测试负载电阻 R=160 Ω±1.6 Ω，因为输出是通过干线的串联回路加载的。

14.4.2 输出电平要求

注：图 55 给出了现场总线波形一个周期 a.c.组成部分的实例，解释了发送电路规范中的几个关键性条目。该图仅给出信号电压，并不考虑电源电压。

电流模式 MAU 发送电路应符合下述输出电平要求，即所有的幅度是在估算的中点测量的，而中点应在波形顶部的任何峰值或波形底部的任何谷值之间（见图 55“中点”）：

a） 经变压器升压/降压后，在测试负载两端的输出电压幅度应不小于 2.25 V 峰-峰值，其负载电阻为 160 Ω±1.6 Ω（图 55 中“最小输出”）；

b） 在发送期间，当不大于 1 Ω 的负载电阻施加 1 s 时间时，设备不得永久失效；

c） 对于一个正在接收的或无电源的 MAU，在 100 kHz～4 MHz 频率范围内差动测得的输出噪声不得超过 1 mV(r.m.s.)（以干线为参考）；

d） 测试负载上的差动电压应在 10%～90%峰-峰值之间单调变化。此后，信号电压变动不得超过±10%峰-峰值，直到下次跃变。这一允许变化量应包括各种形式的输出信号失真，即过电压、摆动和跌落。

14.4.3 输出定时要求

电流模式 MAU 发送电路应符合下述输出定时要求：

a） 在 10%～90%信号峰-峰值幅度范围内测得的上升和下降时间不得超过 $0.2T_{bit}$（见图 55）；

b） 在 10%～90%信号峰-峰值幅度范围内任意点上测得的压摆率不得超过 200.0 V/μs（见图 55）；

c） 发送的比特单元抖动不得超过理想跨零点的±0.025 额定比特时间，理想跨零点是根据相对于以前的跨零点测量的（见图 71）；

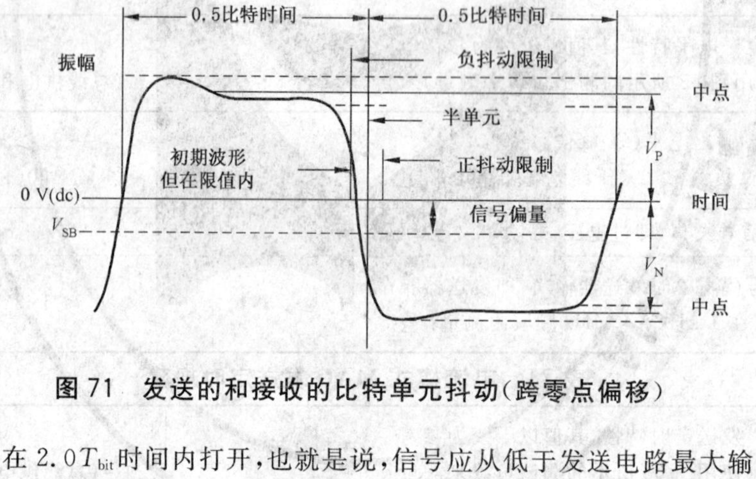

图 71 发送的和接收的比特单元抖动（跨零点偏移）

d） 发送电路应在 $2.0T_{bit}$时间内打开，也就是说，信号应从低于发送电路最大输出噪声的电平（按 14.4.2 中 c）的规定）上升到最大输出电平。对应于第 3 及其后的比特时间的波形应按 14.4 中其余部分的规定；

e） 发送电路应在 $2.0T_{bit}$时间内关断，也就是说，信号应从最大输出电平下降到低于发送电路最大输出噪声的电平（按 14.4.2 中 d）的规定）。发送电路回到其高阻状态的时间不得超过 $4.0T_{bit}$。测试时为满足此要求，可采用 14.4.1 的发送电路测试接法。

注：本要求是为了确保发送电路从有源到无源跃变时线电容全部释放。

14.5 MAU 接收电路规范

14.5.1 概述

表 72 汇总了本条的要求。

允许接收电路的输入阻抗是电感性的。为防止阻抗的电阻部分太高，在表 72 中规定了输入最大阻抗总量和输入最大电阻。

表 72　电流模式 MAU 接收电路规范

接收电路特性 （其值以干线为参考）	限制值 （总线供电和/或本质安全）
输入阻抗，在 $0.25f_r \sim 1.25f_r$（250 Hz～1.25 MHz）频率范围内测量	≤0.5 Ω
灵敏度，可接受的最小峰-峰值信号（见图 58）	4.0 mA
噪声抑制，可抑制的最大峰-峰噪声（见图 58）	2.0 mA
最大接收比特单元抖动（跨零点偏移，见图 69）	$\pm 0.10T_{bit}$
输入阻抗，在 $0.25f_r \sim 1.25f_r$（250 Hz～1.25 MHz）频率范围内测量	≤5 Ω

14.5.2　输入阻抗

串联在线路上的电流模式 MAU 接收电路的差动输入电阻在 $0.25f_r \sim 1.25f_r$（250 kHz～1.25 MHz）频率范围内应不超过 0.5 Ω，且电流模式 MAU 接收电路的差动输入阻抗应不超过 4.0 Ω。在断电、通电（不发送）以及这两个状态之间跃变时都应满足此要求。该阻抗应用信号幅度大于接收器灵敏门限，但小于 20 mA 峰-峰值的正弦电流波在电感耦合器上测得的。

14.5.3　接收器灵敏度和噪声抑制

MAU 接收电路应能接收 4.0 mA～20.0 mA 峰-峰值的输入信号，其中包括过电压和振荡（见图 55 中"信号电平"和正负向幅度）。

MAU 接收电路应不响应峰-峰线电流幅度小于 2.0 mA 的输入信号（见图 58 中"噪声抑制"）。

14.5.4　接收比特单元抖动

接收电路应接收按 14.2 和 14.4 规定发送的曼彻斯特编码信号。另外，对于任意两个相邻信号跃变点（跨零点）之间时间偏移 $\leqslant \pm 0.10T_{bit}$ 的信号，接收器应能正常工作，见图 71。

注 1：本规范并不妨碍使用比本规范更好的接收器。

注 2：根据符号形式，跨零点之间的额定时间可以是 $0.5T_{bit}$ 或 $1.0T_{bit}$。

注 3：不要求抑制具有指定时间变值的信号。当接收比特单元抖动超过接收器可靠地进行解码的能力时，接收器应报告出错。

14.5.5　干扰敏感度和误码率

见 13.5.5。

14.6　超时传输（jabber）抑制

见 13.6。

14.7　配电

14.7.1　概述

注 1：设备可经由信号导线供电接收电源，也可独立供电。

注 2：不管以何种方式接受电源，设备均被认证为本质安全。

注 3：GB/T 16657 的本部分不列出认证本质安全设备所必需的各项指标，而是寻求妨碍本质安全认证的排除条件或情况。

注 4：独立供电的设备可连接到供电的现场总线。

注 5：为便于参考，14.7 的要求汇总在表 73 中。

表 73　网络供电要求

网络供电要求	限　制　值
输出电流	1.0 A±0.05 A(r.m.s.)
输出频率	16×(1±0.5%)kHz
供给电流的谐波失真和噪声	见图 72
输出阻抗，在 $0.25f_r \sim 1.25f_r$（250 kHz～1.25 MHz）频率范围内测量	≤5 Ω

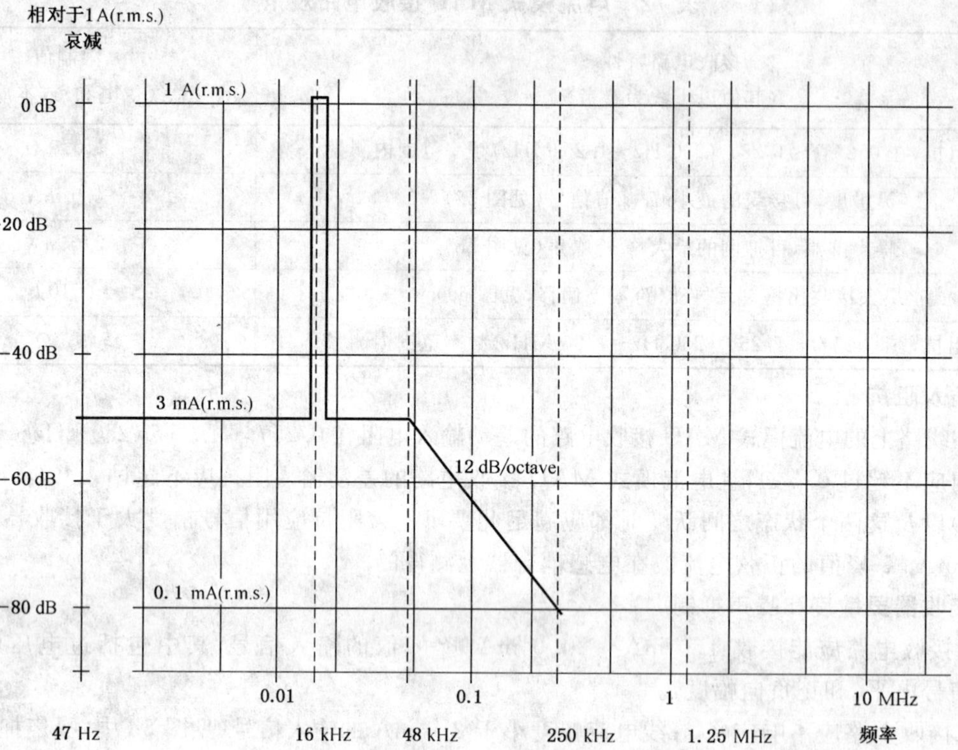

图 72 电源谐波失真和噪音

14.7.2 由信号导线供电

声明符合本部章的现场总线设备,在由符合下述规范的电源供电时,应符合本部分的要求:

a) 电源的输出电流应为 1.0 A±0.05 A(r.m.s.);

注 1:电源的输出电压是电缆损耗和每个设备所耗功率的函数。一个现场总线设备可按消耗一个或多个标准负载功率来设计,一个标准负载为 1.0 W。

注 2:电源开路输出电压应小于地方管理机构对于特殊实现所规定的限制值。

b) 在 $0.25f_r \sim 1.25f_r$(250 kHz～1.25 MHz)频率范围内,电源的输出阻抗应≤5 Ω。

c) 电源波形应该是频率的正弦波,其最大谐波失真和噪音如下:

1) 在 $0.25f_r \sim 1.25f_r$(250 kHz～1.25 MHz)频率范围内,电源的输出电流应为 0.1 mA(r.m.s.);

2) 在 47 Hz～48 kHz 频率范围内,电源的输出电流应为 3.0 mA(r.m.s.)(频率为 16 kHz±80 Hz 的情况除外);

3) 在其他频率时,按图 72 取值。

设备引入的电源频率的谐波成分不得超过在干线线上线对线 15 μV(r.m.s.)峰-峰值。

14.7.3 不由信号导线供电

注:非总线供电的现场总线设备由馈给本地电源的独立导线、调节器或安全栅配电。本质安全认证可要求这些导线在一条与信号导线分开的独立电缆中,也可以实施比目前规定更为严格的要求。

声明符合本部分的独立供电的现场总线设备,在电源频率下信号导线上的电压降应小于 200 mV(r.m.s.);在不发送时,向信号导线提供的直流电应不大于 100 μA(r.m.s.)。

14.7.4 电气隔离

见 13.7.4。

14.8 媒体规范

14.8.1 连接器

见 13.8.1。

14.8.2 标准测试电缆

在测试包含电流模式 MAU 的现场总线设备是否符合本部分的要求时所使用的电缆，应该是一根全屏蔽的双绞线电缆，并且在 25℃ 时至少满足下述要求：

a) 在 $0.25f_r$(250 kHz)频率下，$Z_0=80(1\pm10\%)\Omega$；

b) 在 $1.25f_r$(1.25 MHz)频率下，$Z_0=80(1\pm10\%)\Omega$；

c) 在 $0.25f_r$(250 kHz)频率下，最大衰减=11.0 dB/km；

d) 在 $1.25f_r$(1.25 MHz)频率下，最大衰减=20.0 dB/km；

e) 最大直流电阻(每根导线)=15.0 Ω/km；

f) 导线截面积(线号)=标称 1.5 mm^2。

注：上述规范适用于一致性测试 MAU。在实际设备上也可使用其他类型的电缆(见附录 B)。使用更高技术指标的电缆可增加干线的长度或提高抗干扰能力，或者出于环境或设施条件的需要。相反，使用较低技术指标的电缆对干线和分支的长度均受到限制，并且还可能与 RFI/EMI 敏感度要求不一致。

14.8.3 耦合器

见 13.8.3。

14.8.4 接头

见 13.8.4。

14.8.5 终端器

终端器应位于干线电缆的两端，它连接一个信号导线到另一个信号导线。终端器与电缆屏蔽层之间应不连接。

测试时使用 14.8.2 规定的电缆，在 $0.25f_r\sim1.25f_r$(250 kHz～1.25 MHz)频率范围内，终端器的阻抗值应为 80 Ω±1.6 Ω。

频率在 16 kHz 时终端器上的电压降应小于 0.3 V。

注：在由信号导线供电的实际实现中，在电源频率下应对终端器旁路以减小电源损耗。

终端器应是无极性的。

用于易爆环境的所有终端器应符合相当于本质安全认证的要求。

14.8.6 屏蔽规则

为了完全满足 14.5 的抗噪声要求，必须采用下述方法来确保所有电缆、连接器和耦合器屏蔽的完整性：

a) 电缆屏蔽的覆盖率必须大于电缆总长的 95%；

b) 在连接器、耦合器和接头中的电路应完全屏蔽。

注：不遵守这些屏蔽规则将降低抗噪声能力。

14.8.7 接地规则

见 13.8.7。

14.8.8 电缆的颜色编码

见 11.8.8。

15 类型 1 和类型 7：媒体附属单元：双光纤

15.1 概述

该网络媒体由一对双光纤波导组成，双光纤波导通过在信号传输的每个方向使用单光纤来提供双向性。这被称为基本光路。

在所有涉及到多余两个设备的网络中，在设备间传递信号的光纤波导通过无源或有源星型光耦合器组合起来，然后向所有在设备间传输信号的波导重新广播。在一对设备间也可能使用一个单独基本光路的点对点链接。

这些双光纤连接到现场总线设备的CPIC。光纤传输系统本身是本质安全的。

15.2 Bit-rate-dependent 量值

对于双光纤的媒体附属单元(MAU)定义了六种比特速率,这种网络媒体由一对单向光纤波导组成。一个给定的MAU应至少支持这些比特速率中的一种。表74规定了所支持的比特速率,并定义了本条其余部分所使用的Bit-rate-dependent量值符号。

表74 高速(≥1 Mbit/s)双光纤网络的 Bit-rate-dependent 量值

量值	符号	单位	值					
标准比特速率	BR	Mbit/s	0.031 25	1	2.5	5	10	25
与 BR 的最大偏离	ΔBR	—	0.2%	0.01%				
标准比特时间	T_{bit}	μs	32.0	1.0	0.4	0.2	0.1	0.04
与 T_{bit} 的最大偏离	ΔT_{bit}	—	0.025%	0.015%				
最大传输延时	PD_{max}	T_{bit}	20	40				

平均比特速率应为 $BR\pm\Delta BR$,是一个具有16个八位位组的最小长度帧的平均值。瞬时比特时间应为 $T_{bit}\pm\Delta T_{bit}$。

15.3 网络规范

15.3.1 部件

一个光纤MAU工作在由下面部件组成的网络:

a) 光缆;

b) 设备(包含至少一个通信部件);

c) 连接器;

d) 无源星型光耦合器;

e) 有源星型光耦合器。

15.3.2 拓扑

一个光纤MAU应在一个具有星型拓扑的网络或一个点对点网络上工作。

设备通过基本光路连接到星型光耦合器或对等设备上。

星型光耦合器通过基本光路互连。

15.3.3 网络配置规则

声明符合本条的MAU在符合这些规则的网络中使用时,应满足本条的要求。

规则1:所有网络设备在相同的比特速率下使用。

规则2:在任意两个设备间有源星型光耦合器的总数不应超过4。

规则3:在任意两个设备间的最大传输延时不应超过表74的规定值。

注:为保证网络的效率,在接收帧结束与发送帧开始(包括一个相关的立即响应)之间,由PhE引起的网络上任何设备的换向时间部分都应不超过5个比特时间,其中由MAU引起的换向时间部分应不超过2个比特时间。由于DLL—PhL接口或MDS—MAU接口并不是强制外露的,因此对由PhL或MAU引起的现场总线设备的换向时间部分,不作规定也不进行一致性测试。

规则4:当设备正连接或断开总线时,现场总线应能继续工作。应能发现在连接或断开时导致的数据差错。

规则5:在任意两个设备具有单一路径的网络应为非循环的。

规则6:后面规则应适用于实现冗余媒体的系统:

a) 每个通道应符合网络配置规则;

b) 在两个冗余段间不应有非冗余段或设备;

c) 如果系统中的设备被组态(通过系统管理)在多个通道同时传输,则在任何两个设备间任意两个通道的传输时间差不应超过5个比特时间；

d) 在整条现场总线上通道号应保持不变，即来自系统管理的通道1、2、3……应总是连接到物理通道1、2、3……。

15.4 MAU发送电路规范

注：为便于参考，15.4的要求在表75和表76中汇总。

15.4.1 测试配置

输出电平、光谱和定时规范应在连接到CPIC的1 m标准光纤上进行测量。

15.4.2 输出电平规范

光纤MAU发送电路应符合后面的输出光电平和光谱要求。光电平和光谱特性应在25 ℃的温度下测量。输出电平是高电平(Hi)的有效发射功率，输出电平规范见表75。

表75 发送电平和光谱规范汇总

发送光电平和光谱特性(参照带有标准测试光纤的CPIC的值)	使用62.5/125 μm光纤时的限值
峰值发射波长(λ_p)	(850±30) nm
典型半强度波长($\Delta\lambda$)	≤50 nm
有效发射功率高电平(Hi)	(−11.5±1.5) dBm
转换过冲	≤15%有效功率
消光系数	≥20∶1

15.4.3 输出定时规范

光纤MAU发送电路应符合下面的输出定时要求(见图73)。在25 ℃下测量定时特性。输出定时规范见表76。

表76 发送定时规范汇总

发送定时特性(参照带有标准测试光纤的CPIC的值)	限 值
发送比特速率	$BR\pm\Delta BR$
瞬时比特时间	$T_{bit}\pm\Delta T_{bit}$
上升和下降时间(峰-峰信号的10%−90%)	≤2.0% T_{bit}
上升和下降时间的差值	≤0.5% T_{bit}
最大发送比特单元抖动	±2.0% T_{bit}

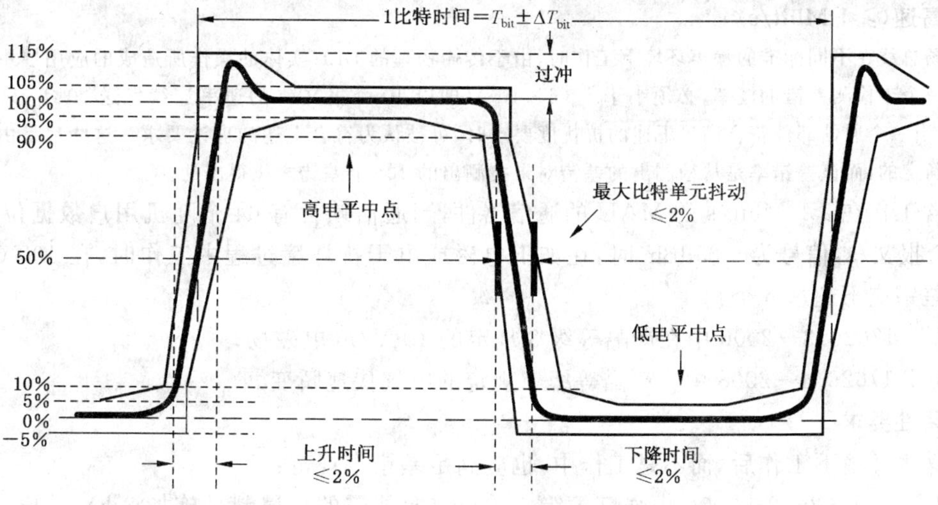

注：0%有效电源是低电平状态电平，100%有效电源是高电平状态电平

图73 光波形模板

15.5 MAU接收电路规范

15.5.1 概述

本条要求在表77中汇总。

表77 接收电路规范汇总

接收电路特性 (参照带有标准测试光纤的CPIC的值)	限值	
	低灵敏度系统	高灵敏度系统
接收器工作范围	−30.0 dBm～−10.0 dBm	−40.0 dBm～−20.0 dBm
最大接收比特单元抖动	±14% T_{bit}	

15.5.2 接收器工作范围

规定的接收器灵敏度范围：

a) 对于低灵敏度有效功率为−30.0 dBm～−10.0 dBm；

b) 对于高灵敏度有效功率为−40.0 dBm～−20.0 dBm。

15.5.3 最大接收比特单元抖动

接收电路应接受发送的符合15.4的曼彻斯特编码信号。此外，接收器应接受在两个连续信号转换点(50%交叉点)有时间变化的信号，转换点小于或等于±14.0% T_{bit}或更低。

注1：不排除使用符合MDS的接收比特单元抖动容差且性能优于本规范的接收器(见9.2.6)。

注2：依赖于符号模式，在50%交叉点之间的额定时间可为1.0T_{bit}或0.5T_{bit}。

15.5.4 抗扰度和差错率

15.5.4.1 低速(31.25 kbit/s)

注：当现场总线在不同标准的噪声环境下工作时，由于传输物理的DLL实体的操作所造成的应用层用户数据单元包含一个未检测差错的概率，必须小于1/(6×10^9)(即以10个报文/s的速率连续发送20年，只发现一个差错)。当一个通信部件符合满足下述的抗扰度要求时，可被认为符合上述的理论要求。这些都是由检测的帧差错率确定的，而该差错率是从检测出的差错对未检测出的10^6个差错之比得出的。

一个包含工作在31.25 kbit/s的MAU的通信器件，当通信帧含有32个随机用户数据位，且平均速率为10个报文/s，信号为−25 dBm时，在如下电磁或电干扰环境过程中工作时，在60 000个帧中所产生的帧差错应不超过10个：

a) GB/T 17626.3—2006中在严酷等级3规定的10 V/m电磁场；

b) GB/T 17626.4—2008中在严酷等级3规定的电气快速瞬变。

15.5.4.2 高速(≥1 Mbit/s)

注：当现场总线在不同标准的噪声环境下工作时，由于传输物理的DLL实体的操作所造成的应用层用户数据单元包含一个未检测差错的概率，必须小于1/(6×10^9)(即以10个报文/s的速率连续发送20年，只发现一个差错)。当一个通信部件符合满足下述的抗扰度要求时，可被认为符合上述的理论要求。这些都是由检测的帧差错率确定的，而该差错率是从检测出的差错对未检测出的10^6个差错之比得出的。

一个包含工作在≥1 Mbit/s的MAU的通信器件，当通信帧含有64个随机用户数据位，且平均速率为1 600个报文/s，信号为−25dBm时，在如下电磁或电干扰环境过程中工作时，在100 000个帧中所产生的帧差错应不超过6个：

a) GB/T 17626.3—2006中在严酷等级3规定的10 V/m电磁场；

b) GB/T 17626.4—2008中在严酷等级3规定的电气快速瞬变。

15.5.4.3 共性要求

在如下噪声环境下工作后，而不是工作中，也应满足差错率规范：

a) 按GB/T 17626.2—2006中强度等级3的规定向外露的金属制品施加8 kV放电。如果由于本测试设备暂时丧失功能或性能，在测试完毕后3 s内，操作者不干预情况下设备应从任何损失中恢复。

b) 按 GB/T 14598.13—1998,3.1(测试电压等级Ⅲ,分别在纵向和横向模式下,第一个半周期为 2.5 kV 和 1 kV 峰值)进行高频骚扰测试。如果由于测试导致设备暂时丧失功能或性能,在测试完毕后 3 s 内,操作者不干预情况下设备应从任何损失中恢复。

15.6 超时传输(jabber)抑制

MAU 应包含自中断能力以禁止向媒体发送信号。在 MAU 内的硬件(除了通过发送功能检测输出信号或泄漏以外没有其他外部消息)应提供 3 750 至 7 500 T_{bit} 的时窗,在此时间范围内一个标准帧可被发送。如果帧长度超过此持续时间,传输超时禁止功能将禁止更多的输出信号发送到媒体,并应禁止在 RxS 线上的回送(见 10.2.2.2),向 MDS 指示检测到超时传输(jabber)。

对于 31.25 kbit/s 的数据速率,MAU 应在 3 s±1.5 s 之后复位自中断功能。

注 1: 此功能在不超过有效时间 8%的时间范围内,禁止网络流量。

对于 1 Mbit/s 或更高的数据速率,MAU 应在 500 000(1±50%)T_{bit} 之后复位自中断功能。

注 2: 在不超过有效时间 3%(≈1/32)的时间范围内,此功能禁止网络流量。

15.7 媒体规范

15.7.1 连接器

如果使用光缆连接器,则应符合本部分(见附录 A)。

永久性终端器(接头)也可使用。

15.7.2 标准测试光纤

为符合本条的要求,用于测试现场总线设备或带有光纤 MAU 的有源星型光耦合器的电缆,应为 1m 长且带有两根玻璃光纤波导的光缆。这些波导特性应符合如下 IEC 60793 [光纤类型:A1b(62.5/125 μm):

——芯直径(μm):62.5±3

——包层直径(μm):125±3

——芯/包层同心度(%):≤6

——非环状芯(%):≤6

——非环状包层(%):≤2

——最外层护套直径(μm):250±15

——数值孔径:0.275±0.015

——在 850 nm 的衰减(dB/km):≤3.0

——在 850 nm 的带宽(MHz×km):≥200

允许使用替代测试光纤。使用 50 μm 或 100 μm 的测试光纤在附录 E 中说明。

15.7.3 无源星型光耦合器

注: 更多信息见附录 C。

15.7.4 有源星型光耦合器

15.7.4.1 定义

在一个光通信系统中的光电设备或模块,可接收信号,放大并转发(可重新定时)。

15.7.4.2 工作模式

应考虑三种类型的链路。

a) 两个有源星型光耦合器间的链路;

直接进入有源星型光耦合器或到达另一个有源星型光耦合器的光接入的任意帧,被无反馈地转发(接收该帧的接入不转发该帧)。

b) 在一个有源星型光耦合器和一个现场总线设备间的链路;

来自一个有源星型光耦合器和到达一个现场总线设备的任意帧被接收但不被转发。来自现场总线设备和到达一个有源星型光耦合器的任意帧,被无反馈地转发。

c) 在一个无源星型光耦合器和一个有源星型光耦合器间的链路。

来自一个无源星型光耦合器和到达一个有源星型光耦合器的任意帧，被无反馈转发。通过设计一个无源星型光耦合器反射全部帧。一个有源星型光耦合器不应转发无源星型光耦合器的反馈信号。

再生功能：

一个有源星型光耦合器将信号恢复到标准发送功率水平。时间特性(抖动)可重新产生或不产生；本功能可选。

15.7.4.3 发送和接收特性

给出下述特性：

a) 电平特性

发送和接收电平规范与光纤 MAU 规范一致(见 15.4.2 和 15.5.2)。电平和光谱特性在 25 ℃下测量。这些规范在表 78 中汇总。

表 78 有源星型光耦合器的发送和接收电平及光谱规范

发送电平和光谱特性(参照带有标准测试光纤的 CPIC 的值)	使用 62.5/125 μm 光纤时的限值	
峰值发射波长(λ_p)	(850±30) nm	
典型半强度波长($\Delta\lambda$)	≤50 nm	
消光系数	≥20∶1	
有效发射功率高电平(Hi)	(−11.5±1.5) dBm	
接收器工作范围(有效功率)	低灵敏度系统	高灵敏度系统
	−30.0 dBm～−10.0 dBm	−40.0 dBm～−20.0 dBm

b) 定时特性

有源星型光耦合器的发送和接收定时特性规范(见表 79)：

——发送信号的上升和下降时间；

——由于有源星型光耦合器造成的瞬时信号失真。

在 25 ℃下测量定时特性。对于具有定时再生功能的有源星型光耦合器，定时特性与光纤 MAU 相同。

表 79 有源星型光耦合器的定时特性

定时特性(参考 CPIC 的值)	限　值
发送信号的上升和下降时间(峰-峰信号的 10%～90%)	≤2% T_{bit}
在光输入端口和光输出端口间瞬时最大失真(见注 1)	±3% T_{bit}
带有定时再生功能的有源星型光耦合器的一个光输入端口和任何输出端口间的一个数据比特的传输时间(见注 2)	≤2% T_{bit}
带有定时再生功能的有源星型光耦合器的最大发送比特单元抖动	±2.0% T_{bit}
注 1：有源星型光耦合器的瞬时失真是在相同物理比特的宽度、位组合模式、波形或其他适当项上的瞬时差异。 注 2：仅用于具有定时再生功能的有源星型光耦合器。	

16 类型 1：媒体附属单元：31.25kbit/s，单光纤

16.1 概述

该网络媒体由一组双向单光纤波导组成，每个单光纤波导被称为基本光路。

在所有多于两个设备的网络中，在设备间传递信号的光纤波导通过反射无源星型光耦合器连接。接收的信号在所有光纤波导上重新发送给设备。在一对使用单独基本光路的设备之间也可能使用一个点对点链路。

这些双向单光纤连接到现场总线设备的 CPIC。光纤传输系统本身是本质安全的。

16.2 发送比特速率

发送比特速率，$BR \pm \Delta BR$，应为 31.25(1±0.2%)kbit/s，是一个具有 16 个八位位组的最小长度帧

的平均值。瞬时比特时间 $T_{bit} \pm \Delta T_{bit}$ 应为 32(1±0.025%)μs。

16.3 网络规范

16.3.1 部件

见 15.3.1。

16.3.2 拓扑

见 15.3.2。

16.3.3 网络配置规则

声明符合本条的 MAU 在符合这些规则的网络中使用时,应满足本条的要求。

除了下面所述,本规则与 15.3.3 相同。

16.4 MAU 发送电路规范

注:为便于参考,16.4 的要求在表 80 和表 76 中做了汇总。

16.4.1 测试配置

见 15.4.1。

16.4.2 输出电平规范

光纤 MAU 发送电路应符合下面的输出电平和光谱要求。电平和光谱特性应在 25 ℃下测量。输出电平是高电平(Hi)的有效发射功率,输出电平规范见表 80。

表 80 发送电平和光谱规范汇总

发送电平和光谱特性(参照带有标准测试光纤的 CPIC 的值)	使用 31.25 kbit/s(100/140 μm 光纤)的限值
峰值发射波长(λ_p)	(850±30) nm
典型半强度波长($\Delta\lambda$)	≤50 nm
有效发射功率高电平(Hi)	(−13.5±1.0) dBm
发送过冲	≤15%有效功率
消光系数	≥20:1

16.4.3 输出定时规范

光纤 MAU 发送电路应符合下述输出定时要求(见图 73)。在 25 ℃下测量定时特性。输出定时规范见表 76。

16.5 MAU 接收电路规范

16.5.1 概述

除了相关于本条标准的 100/140 μm 测试光纤,16.5 的要求在表 77 中做了汇总。

16.5.2 接收器工作范围

规定的接收器灵敏度范围:

a) 低灵敏度,有效功率为−30.0 dBm~−12.5 dBm;

b) 高灵敏度,有效功率为−40.0 dBm~−20.0 dBm。

16.5.3 最大接收比特单元抖动

见 15.5.3。

16.5.4 抗扰度和差错率

见 15.5.4.1 和 15.5.4.3。

16.6 超时传输(jabber)抑制

除了下述要求,本条与 15.6 的要求一致:

在 3 s±1.5 s 后,MAU 应复位自中断功能。

注:在不超过有效时间 8%(≈1/12.5)的时间范围内,此功能禁止总线流量。

16.7 媒体规范

16.7.1 连接器

见 15.7.1。

16.7.2 标准测试光纤

玻璃光纤波导的额定特性符合 IEC 60793[光纤类型:A1d(100/140 μm)。

为符合本条的要求,用于测试现场总线设备或带有光纤 MAU 的有源星型光耦合器的电缆,应为 1 m 长且带有一根玻璃光纤波导的光缆。这些波导特性应符合以下要求:

——芯直径(μm):100±5

——包层直径(μm):140±4

——芯/包层同心度(%):≤6

——非环状芯(%):≤6

——非环状包层(%):≤4

——数值孔径:0.26±0.03

——850 nm 的衰减(dB/km):≤4.0

——850 nm 的带宽(MHz×km):≥100

注:允许使用替代测试光纤。使用 50 μm 或 62.5 μm 的测试光纤在附录 E 中说明。

16.7.3 无源星型光耦合器

注:更多信息见附录 C。

16.7.4 有源星型光耦合器

16.7.4.1 定义

见 15.7.4.1。

16.7.4.2 工作模式

见 15.7.4.2。

16.7.4.3 发送和接收特性

16.7.4.3.1 电平特性

发送和接收电平规范与光纤 MAU 规范一致(见 16.4.2 和 16.5.2)。电平和光谱特性在 25 ℃下测量。这些规范在表 81 中汇总。

表 81 有源星型光耦合器发送和接收电平及光谱规范

<table>
<tr><td>发送电平和光谱特性(参照带有标准测试光纤的 CPIC 的值)</td><td colspan="2">使用 100/140 μm 光纤的限值</td></tr>
<tr><td>峰值发射波长(λ_p)</td><td colspan="2">(850±30) nm</td></tr>
<tr><td>典型半强度波长(Δλ)</td><td colspan="2">≤50 nm</td></tr>
<tr><td>消光系数</td><td colspan="2">≥20:1</td></tr>
<tr><td>有效发射功率高电平(Hi)</td><td colspan="2">(−13.5±1.0) dBm</td></tr>
<tr><td rowspan="2">接收器工作范围(有效功率)</td><td>低灵敏度系统</td><td>高灵敏度系统</td></tr>
<tr><td>−30.0 dBm~−12.5 dBm</td><td>−40.0 dBm~−20.0 dBm</td></tr>
</table>

16.7.4.3.2 定时特性

见 15.7.4.3。

17 类型 1:媒体附属单元:无线信号传输

17.1 概述

概念上的无线 MAU 近似于实际无线的模拟和 RF 部分,包括载波和中频相关的特性、调制类型、调制指数、发送信号滤波和整形、接收信号滤波、信号强度评价、信号质量评价、从接收信号恢复时钟和数据。同时还包括与模拟配置相关的所有数字特性。即使在恢复过程中,MAU 的时钟和数据恢复功能也可以使用预期的编码特性(例如:预期曼彻斯特或 8b/10b 编码转换和 DC 平衡),它并不严格地包括无线的数字数据特性,例如要求信号传输的二进制表示编码。

无线环境是时空变化的，不可能完成长期的特性预测。协调传输和接收的实时协议，通过动态地(在协调方式下)改变操作模式来适应这种实时的变化，以达到其通信的目的。因此本规范提供了与这种适应相符合形式的最小要求。

17.2 发射信号速率

无线 MAU 应能够以信号传输(即 Ph-symbol)速率发送信号，该速率在其设计范围内以任何标称传输速率 1%的范围内变化，并允许在任意两个被选择的发射符号间的定时的实际变化不超过 0.1%。其中任意两个符号的测量是在整个传输上进行，但不包括传输的前四个和后四个符号。

无线设备的信号传输(波特率)和最大比特率之间的关系可以改变发射，因为所采用的协议实体适合无线环境和被传输信息的临界、紧急或其他 QoS 特性，以及这些协议实体所必需的特性。实际的比特速率可在报文内变化，这种变化发生在 ETSI DECT 标准中，在报文的初始部分仅使用 1 bit/bd 信号传输组合，而报文的后面部分可能使用基于报文报头的更多组合。

通常，在调制解调器内比特速率和波特率的比率决定必需的信号传输组合，该比率为：

——1 bit/bd，传统上最通用的方式被称为两相信号传输；

——2 bit/bd，被称为四相信号传输(如：QPSK，正交相移键控)；

——3 bit/bd，被称为八相信号传输(如：8PSK)；

——4 bit/bd，被称为十六相信号传输(如：QAM，幅度调制)。

在传输前的数字信息的预编码，例如：用于前向差错校正、曼彻斯特编码、双向或 8 bit/10 bd 编码，能降低 Ph 实体的有效比特速率，但其自身不影响无线信号的信号传输组合。

17.3 调制

17.3.1 概述

无线 MAU 应支持如下的至少一种调制类型：

a) FSK(frequency shift keying，频移键控)；

b) GFSK(FSK with Gaussian shaping to reduce spectral content of the signal，高斯整形以降低信号的频谱分量的 FSK)；

c) MSK(minimum phase shift keying，最小相移键控)；

d) GMSK(MSK with Gaussian shaping to reduce spectral content of the signal，高斯整形以降低信号的频谱分量的 FSK)。

无线 MAU 也可支持其他类型的调制，包括：

e) OOK(开—关键控，一种调幅方式)。

17.3.2 高斯整形(滤波)

许多调制方法在发送前使用一个高斯低通滤波器平滑在不同发送信号状态间的突变，因此可以降低调制频谱的高频部分能量，在抑制内部符号干扰的同时提高了其频谱内容。

高斯滤波器的未截断脉冲响应 $h(t)$ 为：

$$h(t) = \frac{1}{\sqrt{2\pi \times \delta \times T}} e^{\frac{-t^2}{2\times\delta^2\times T^2}}$$

其中：$\delta = \frac{\sqrt{\ln(2)}}{2\times\pi\times B\times T}$；

B——滤波器的 3 dB 带宽；

T——符号周期；

BT——滤波器的归一化带宽(Hz·s)。

(由高斯低通滤波器产生的)脉冲有无限周期(虽然对于这个周期大多数部分有极小的能量)。将脉冲与带通滤波器进行卷积以截去其延伸部分，以表示与实际脉冲之间的联系。

$$g(t) = \text{rect}\left(\frac{t}{T}\right) \otimes h(t)$$

其中：$\mathrm{rect}\left(\frac{t}{T}\right)=\begin{cases}\frac{1}{T} & 当|t|<\frac{T}{2}\\ 0 & 其他\end{cases}$

⊗表示卷积运算。

17.3.3 FSK

在频移键控中，在发送前通过增加或减少频偏(Δf)，该频偏是信号传输速率的指定部分，调制标称载波中心频率 f_{carrier}。最大偏离，上限到下限(即 $2\times\max\Delta f$)，除以信号发送速率，就是调制指数 h。支持 FSK 的无线 MAU 应支持带有如下调制指数的两相调制：

——$h=\frac{2\times\Delta f}{SR}=1.0\pm10\%$，也支持其他更大或更小的调制指数。

也可支持在每个波特具有更多比特的调制，如四相和八相 FSK。

注 1：调制指数对应于对通道容量的常规估计，作为 1 bit/(Hz·s)。

对于两相 FSK 调制，“0”MDS－MAU 符号应该用频率($f_{\mathrm{carrier}}-\Delta f$)表示，“1”MDS—MAU 符号应该用频率($f_{\mathrm{carrier}}+\Delta f$)表示，其中 $\Delta f=h/2$。

注 2：如果物理层的其他部分提供透明编码，那么在 DL-PL 接口的数据比特在 DCE—MAU 接口上不改变，这导致“1”数据比特被表示为一个大于“0”数据比特的相移。

17.3.4 GFSK

在高斯频移键控中，17.3.3 的 FSK 调制应在发送前由 17.3.2 中的高斯滤波器整形，以降低其频谱分量(即缩小主要传输信息的频谱分量)。典型的用于高斯滤波器的 BT 值为：

——BT 0.5(1±10%)，及

——BT 1.0(1±10%)。

支持 FSK 的无线 MAU 也应至少支持这两个 BT 值中的一个。其他归一化带宽也应被支持。

17.3.5 PSK

在相移键控中，在通过提前一个相位偏移($\Delta\phi$)发射前，对频率 f_{carrier} 的标称载波信号进行相位调制，该偏移相位是信号传输速率的规定部分和被发送的符号。最大偏移(即 $\max\Delta\phi$)是调制指数 h。

一个支持 PSK 的无线 MAU 也应支持带有如下调制指数的两相调制：

$$h=\max\Delta\phi=\pi\ 弧度$$

其中，“1”被表示为最大提前相移，“0”被表示为最大提前相移的一半。也可支持其他大于或小于最大提前相移。也支持在每波特有更多比特的调制，如四相和八相 PSK。

对于两相 PSK 调制，“0”DCE－MAU 符号应该用频率($\phi_{\mathrm{carrier}}+\min\Delta\phi$)表示，“1”DCE—MAU 符号应该用频率($\phi_{\mathrm{carrier}}+\max\Delta\phi$)表示。

注：如果物理层的其他部分提供透明编码，那么在 DL-PL 接口的数据比特在 DCE-MAU 接口上不改变，这导致“1”数据比特被表示为一个大于“0”数据比特的相移。

17.3.6 GMSK

在高斯最小相移键控中，17.3.5 的 PSK 调制应在发送前由 17.3.2 中的高斯滤波器整形，以降低其频谱分量(即缩小主要传输信息的频谱分量)。

对于高斯滤波器，典型的 BT 值为：

——BT 0.3(1±10%)；

——BT 0.5(1±10%)；

——BT 1.0(1±10%)。

支持 GMSK 的无线 MAU 也应至少支持这三个 BT 值中的一个。其他归一化带宽也可被支持。

17.4 网络规范

17.4.1 部件

一个在网络中运行的无线 MAU 由如下部件组成：

a) 装置(包含至少一个通信部件)；

b) 天线和任何连接电缆。

注：天线可能集成到装置中。

17.4.2 拓扑

连接拓扑概念不适用于电磁波传播的空时结构。因此不同于自然界和有时已被称为“物理定律”所施加的约束，在MAU通信模式中没有MAU感应的约束。主要的约束在于衰减和反射(多路径)，以及其他附近无线设备产生的邻近频率的影响。

17.4.3 网络配置规则

低速无线MAU在符合这些规则的网络中使用时，应满足本条的要求。

规则1：在一个使用无线媒体的现场总线上使用的所有通信部件，应能在一个公共波特率下工作，并使用相同的物理或逻辑无线信道。

规则2：在同一物理位置可使用多个独立的无线媒体现场总线，但每个独立网络应工作在不同物理或逻辑无线信道上。

规则3：特定无线媒体现场总线的无线信道应定义一个地理区域(或小区)，在这样一个地理区域网络可工作，且没有使用相同无线信道的其他网络在这个小区进行工作。邻近小区的网络应使用不同的无线信道，也可在非邻近小区使用相同频率设置网络。其地理中心位置距离小于40 m，且使用类1接收机的非邻近小区，应使用不同的无线信道。其地理中心位置距离小于400 m，且使用类2接收机的非邻近小区，应使用不同的无线信道。其地理中心位置距离小于4 000 m，且使用类3接收机的非邻近小区，应使用不同的无线信道。

注1：使用无线媒体的现场总线覆盖更大的工业现场的蜂窝结构，见图74。此拓扑的例子在图75和图76中给出。采用这三个图只是出于解释的目的，并不表示某个特定的实现。

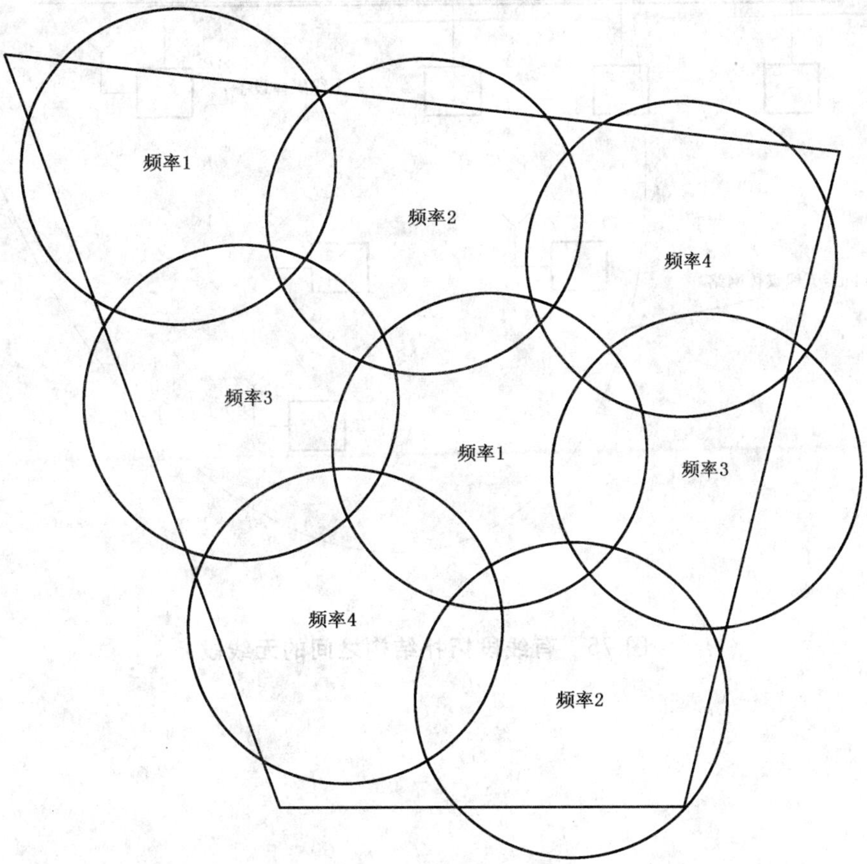

图74 蜂窝无线拓扑和频率复用

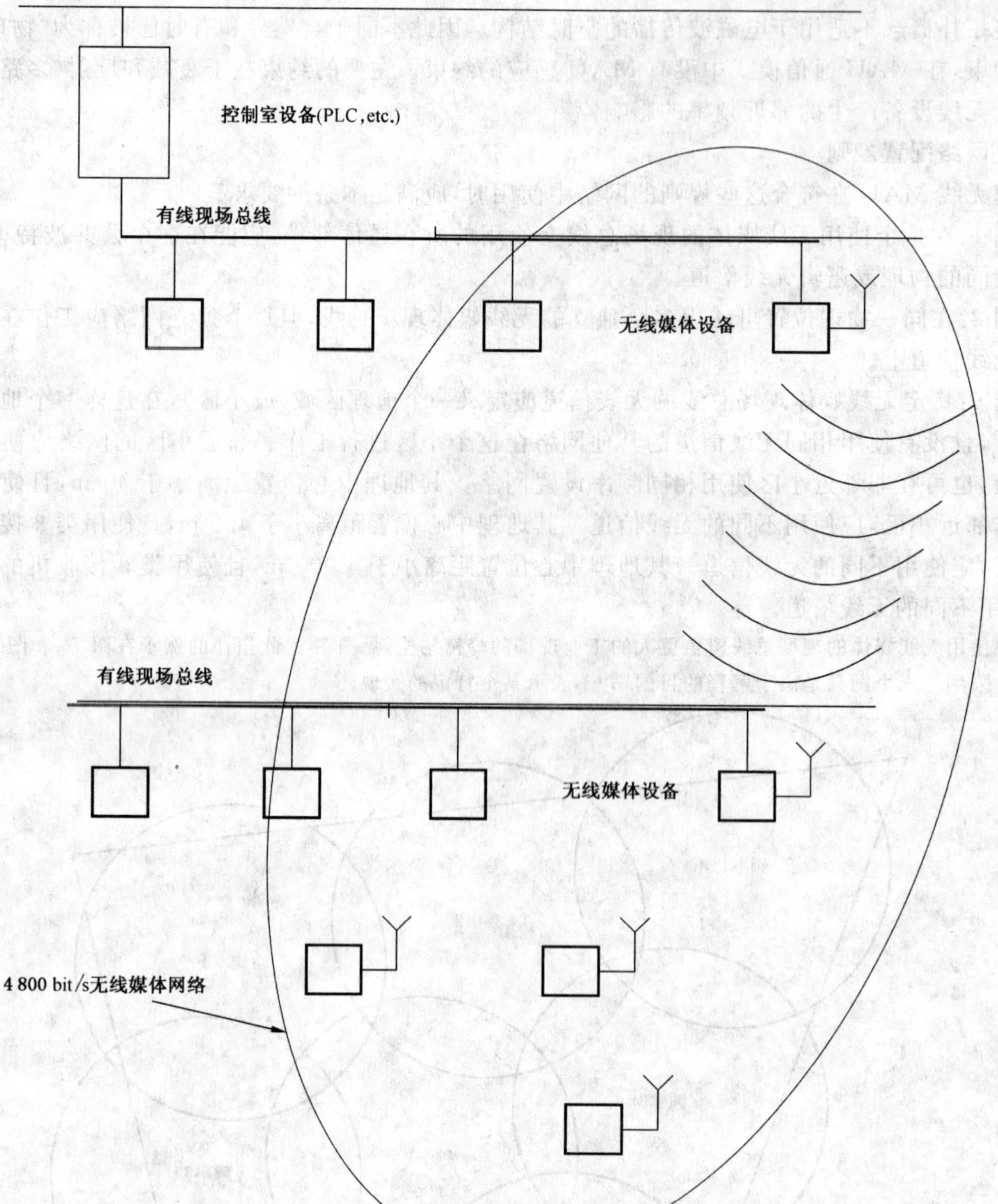

图 75　有线段拓扑结构之间的无线段

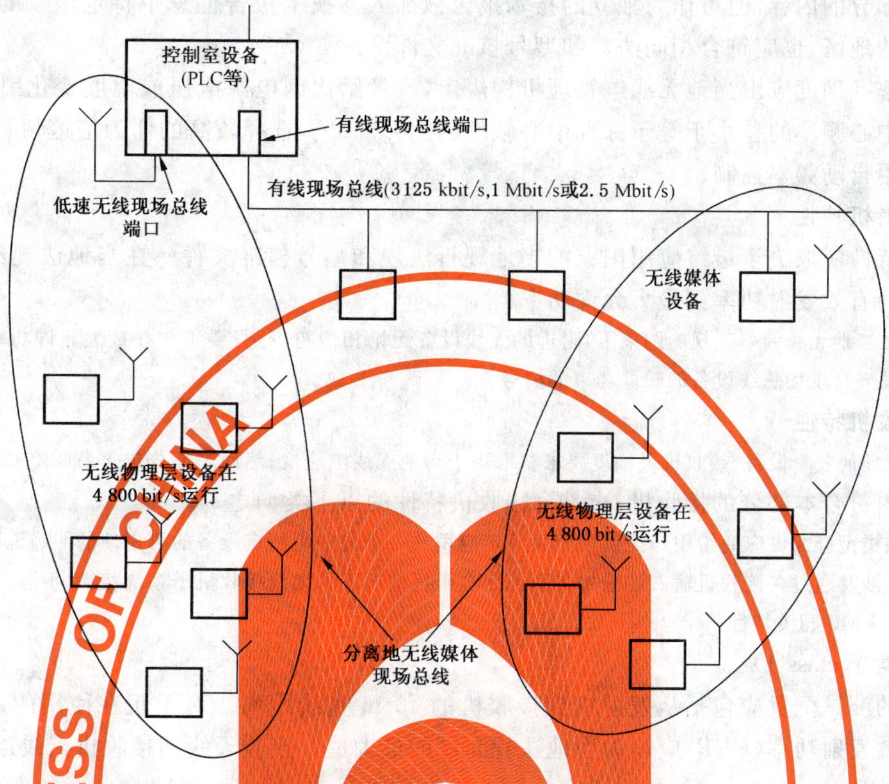

图 76 混合有线和无线设备的现场总线拓扑结构

注 2：可用信道的数量和频率取决于各个国家对频率的分配以及在该国特定安装场所的无线频谱使用。由于无线频谱已经被使用，有时难以为现场总线的使用而要求协调使用国际频率，尤其在过程工业中由于技术原因需要更低频率。所以在本部分中不可能规定无线信道。实施者应与当地无线电管理机构联系，得到关于可用信道和这些信道使用规范的相关文档的副本。

注 3：本部分没有规定载波信号如何产生、改变或通信，这些内容与特定应用相关，取决于覆盖范围、功率要求和当地法规。

注 4：网络设计应考虑到低速无限现场总线设备和其他媒体现场总线设备在特定实现中的工作速度差异。

规则 4：可使用无限中继器扩充特殊设备的覆盖范围。这些中继器可使用不同物理或逻辑无线信道，或可使用存储转发功能在完成接收要转发的报文后，在相同信道上将报文转发。

17.5 天线

无线现场总线 MAU 可以使用接收机和发射机的单一组合天线。

注：安装的任何类型天线必须服从当地强制性的无线电法规。这包括天线方向、通信距离和天线架设的高度。如果使用了定向天线，当地法规可以在任意一个可能违反规定的方向上设置有效发射功率(ERP)的上限值。如果天线能充分地处理所有必需的频率，则多个设备或服务可以共用该天线。

17.6 超时传输(jabber)抑制

MAU 应包含自中断能力以禁止向媒体发送信号。在 MAU 内的硬件(除了检测输出信号或通过发送功能的泄漏以外没有其他外部消息)应提供 4 000 bd 的时窗，在此时间范围内一个标准帧可被发送。如果帧长度超过此持续时间，超时传输(jabber)抑制功能将禁止将更多的输出信号发送到媒体，并应向 MDS 或 DTE 表示检测到超时传输(jabber)。MAU 应在 400(1±50%) kbd 时间段之后复位自中断功能。

注：此功能在不超过有效时间 1%的时间范围内，禁止总线流量。

17.7 通用空中接口

17.7.1 信道频率

用于无线现场总线的信道载波频率应由特定实现的最终使用国家的法规和型号核准文件规定，所以这不是本部分的内容，但可作为独立的技术报告被加入。技术报告汇总了特定国家的要求。使用跳频扩频技术的地区，也应符合相同法规和型号核准文件。

信道频率准确度应由当地无线电管理机构规定，或者给出因电源电压或温度变化引起的实际中心频率与标称中心频率的差小于等于标称中心频率的±0.002%，选择较高的作为信道频率准确度。在接收机上可使用自动频率控制。

17.7.2 发射机特性

发射机特性应取决于最终应用国家的当地现行法规和型号核准文件。在当地法规约束下，可限定天线端口处的有效发射功率到最大允许功率。

注：要求在当地无线频率法规的约束下，附近的无线设备无论相似与否，只要工作在最大允许功率的附近频率，不应淹没来自现场总线设备的较低功率的信号。

17.7.3 接收机特性

注1：对于任何一个设备，接收机灵敏度要求将取决于当地无线电法规；然而本部分包含最低要求。

在设备内符合本部分的接收机，应符合接收机特性的以下类型之一。

注2：这些类型确保供应商给用户提供用于某特定应用的一个或一组特定设备的可用性的明确说明。

注3：本条涉及通过在接收机输入端施加典型无线电干扰情况下的无线接收机子系统特性，不涉及整个现场总线设备的EMC相关特性。

17.7.3.1 类1(class 1)

所使用的测试配置应包括从发射机到接收机的40 m直线距离。对于正在使用的信道，发射机天线端口的有效发射功率(ERP)应设为当地法规允许的最大值。接收天线到接收机天线连接器的总损耗应为设置20 dB。

a) 使用本配置，工作在包含80个随机用户数据比特帧且最大帧速率下的通信部件，在以下的信道噪声环境下，应在任何前向数据纠错后，在1 000个帧中应产生不超过10个差错：
   1) 在GB/T 17626.3—2006中的严酷等级3规定的10 V/m电磁场中，但所用频率不在被测无线现场总线网络的中心信道频率的25 kHz内；
   2) 在GB/T 17626.4—2008中的严酷等级3规定的电快速瞬变。

   施加以下噪声环境之后，而不是在施加期间，应满足上述差错速率规范：
   1) GB/T 17626.2—2006中严酷等级3规定的向外露的金属件施加8 kV的静电放电。如果此测试导致设备暂时丧失功能，设备应在完成测试的3 s内且没有操作者干预的情况下恢复丧失的功能；
   2) GB/T 14598.13—1998规定的高频骚扰测试，测试电压等级Ⅲ(分别在纵向和横向模式下，第一个半周期为2.5 kV和1 kV峰值)。

b) 利用相同的测试配置，在下列条件下：在任何前向数据纠错后，在表82所示的任何频率和对应场强下，施加一个未调制的或异步调制的干扰载波信号，工作在包含80个随机用户数据比特帧且最大帧速率下的通信部件，在60 000个帧中应产生不超过10个差错。

17.7.3.2 类2(class 2)

所使用的测试配置应包括从发射机到接收机的400 m直线距离。对于正在使用的信道，发射机天线端口的有效发射功率(ERP)应设为当地法规允许的最大值。接收天线到接收机天线连接器的总损耗应为设置20 dB。

a) 使用本配置，工作在包含80个随机用户数据比特帧且最大帧速率下的通信部件，在以下的信道噪声环境下，应在任何前向数据纠错后，在1 000个帧中应产生不超过10个差错：
   1) 在GB/T 17626.3—2006中的严酷等级3规定的10 V/m电磁场中，但所用频率不在被测无线现场总线网络的中心信道频率的25 kHz内；
   2) 在GB/T 17626.4—2008中的严酷等级3规定的电快速瞬变。

施加以下噪声环境之后，而不是在施加期间，应满足上述差错速率规范：

1） GB/T 17626.2—2006 中严酷等级 3 规定的向外露的金属件施加 8 kV 的静电放电。如果此测试导致设备暂时丧失功能，设备应在完成测试的 3 s 内且没有操作者干预的情况下恢复丧失的功能；

2） GB/T 14598.13—1998 规定的高频骚扰测试，测试电压等级Ⅲ(分别在纵向和横向模式下第一个半周期为 2.5 kV 和 1 kV 峰值)。

b） 利用相同的测试配置，在下列条件下：在任何前向数据纠错后，在表 82 所示的任何频率和对应场强下，施加一个未调制的或异步调制的干扰载波信号，工作在包含 80 个随机用户数据比特帧且最大帧速率下的通信部件，在 60 000 个帧中应产生不超过 10 个差错。

17.7.3.3 类 3(class 3)

所使用的测试配置应包括从发射机到接收机的 4 km 直线距离。对于正在使用的信道，发射机天线端口的有效发射功率(ERP)应设为当地法规允许的最大值。接收天线到接收机天线连接器的总损耗应设置为 20 dB。

a） 使用本配置，工作在包含 32 个随机用户数据比特帧且最大帧速率下的通信部件，在以下的信道噪声环境下，应在任何前向数据纠错后，在 1 000 个帧中应产生不超过 10 个差错：

1） 在 GB/T 17626.3—2006 中的严酷等级 3 规定的 10 V/m 电磁场中，但所用频率不在被测无线现场总线网络的中心信道频率的 25 kHz 内；

2） 在 GB/T 17626.4—2008 中的严酷等级 3 规定的电快速瞬变。

施加以下噪声环境之后，而不是在施加期间，应满足上述差错速率规范：

1） GB/T 17626.2—2006 中严酷等级 3 规定的向外露的金属件施加 8 kV 的静电放电。如果此测试导致设备暂时丧失功能，设备应在完成测试的 3 s 内且没有操作者干预的情况下恢复丧失的功能；

2） GB/T 14598.13—1998 规定的高频骚扰测试，测试电压等级Ⅲ(分别在纵向和横向模式下第一个半周期为 2.5 kV 和 1 kV 峰值)。

b） 利用相同的测试配置，在下列条件下：在任何前向数据纠错后，在表 82 所示的任何频率和对应场强下，施加一个未调制的或异步调制的干扰载波信号，工作在包含 32 个随机用户数据比特帧且最大帧速率下的通信部件，在 60 000 个帧中应产生不超过 10 个差错。

表 82 用于测试接收机特性的干扰频率

频率范围/MHz	场强/(dBμV/m)
25～800	120
800～4 000	110
除在中心频率周围的以下频带的环境下	干扰场强应为
±60	100
±0.3	80
±0.2	75
±0.1	65
<±0.1	20

注：本表中引用的值已经过充分的考虑，以确保工作在出现已知的高功率源(如电视发射)的广播发射环境。然而，在非常接近一些发射机的地点会有更高的场强等级。来自无线现场总线 MAU 发射部件的信号和干扰载波信号被认为具有相同的极化。

17.7.4 后处理

注：通过后处理可改善接收机性能。为了减少传递到无线现场总线 MDS 层的 PhPDU 的比特差错率，只要后处理功能能在最差情况下使用而不破坏任何定时，则无线现场总线 MAU 接收机实现可包括后处理算法，该算法使用本部分规定的未处理的无线波形的知识和结构。

如实现，后处理不应破坏任何本部分必需的定时约束。

17.7.5 发射接收的换向时间

发射到接收和接收到发射的换向时间应不超过 10 ms。

17.7.6 随机数据抑制和载波检测电路

当未出现载波信号时，不允许无线现场总线 MAU 接收随机数据。

注：可通过载波检测电路或冗余比特检测方法实现。

18 类型 2：媒体附属单元：5Mbit/s，电压模式，同轴电缆媒体

18.1 概述

对于 5 Mbit/s，电压模式，同轴电缆媒体只规定了一种附加方法。其他方法也可被使用但应符合相同的信号发送和性能特性。如果使用规定的同轴电缆媒体附加方法，则应在节点中加入变压器耦合，并应使用一个无源分接头连接到媒体，该分接头应包括 1 m 的分支。

5 Mbit/s，电压模式，同轴电缆 PhL 变型，应连接到同轴电缆媒体上，网段最长可达 1 km，节点数最多可达 48 个节点（见 18.5）。

注：物理层可被实现成通过爆炸性气体条件下运行的认证，而不需要牺牲性距离或减少节点数量。本部分不包括本质安全认证的要求，但努力排除妨碍本质安全认证的条件或状况。

MAU 应由如图 77 所示的收发器、变压器和连接器组成。收发器应使用在 MDS—MAU 接口中定义的信号，以产生这些用于驱动变压器的信号。应通过使用附录 F 中规定的 BNC 或 TNC 连接器连接到媒体。接地隔离应通过在 18.3 中规定的变压器提供。

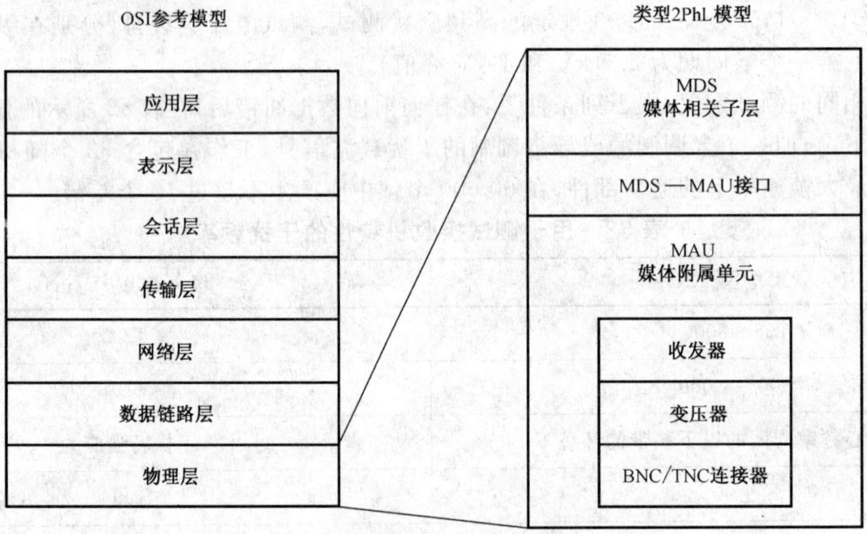

图 77 5 Mbit/s，电压模式，同轴电缆 PhL 变型的部件

18.2 收发器：5 Mbit/s，电压模式，同轴电缆

在使用 5 Mbit/s，电压模式，同轴电缆媒体时，同轴电缆收发器被用于发送和接收低（L）和高（H）信号。收发器的发送部分，从 MDS—MAU 接口获取表示为高（H）和低（L）符号的发送信号。它应通过隔离变压器在电缆上发送一个单端地隔离信号。接收器执行的功能与发送器相反，接收器向 MDS—MAU 接口提供 RxDATA 和 RxCARRIER 的指示。描述 MAU 子层部件的功能块框图见图 78。

注 1：冗余收发器的例子见图 H.3，单通道收发器的例子见图 H.4。

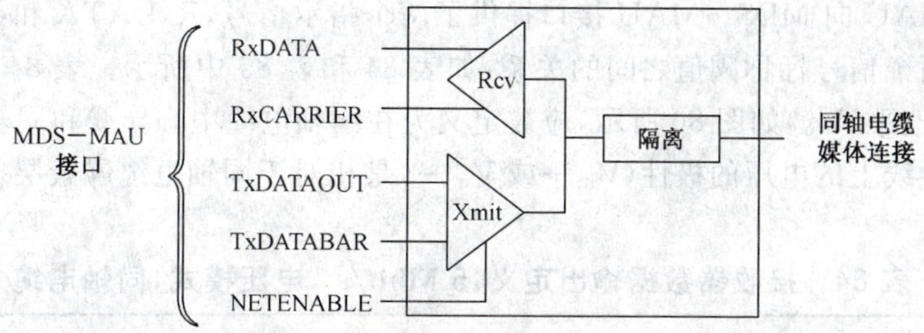

注：标有“Xmit”和“隔离”的方框共同表示发送器。

图 78 同轴电缆 MAU 方框图

简化的发送器功能框图见图 79。

注 2：可参考图 H.3 和图 H.4 的图表以获得更多细节。

图 79 同轴电缆 MAU 发送器

为了控制媒体上的发送，在 MDS—MAU 接口上可使用三个信号，TxDATAOUT，TxDATABAR 和 NETENABLE。当连接到收发器时，这三个发送信号定义了电缆上的物理符号。这些收发器请求线和媒体上信号的关系见表 83 的规定。

表 83 5 Mbit/s，电压模式，同轴电缆的发送控制线定义

TxDataOut	TxDataBar	NetEnable	物 理 符 号	媒体上的信号
无关	无关	false(0)	—	发送器关闭，见表 86
false(0)	false(0)	true(1)	—	发送器关闭，见表 86
true(1)	false(0)	true(1)	H	＋电压(正)，见表 86
false(0)	true(1)	true(1)	L	－电压(负)，见表 86
true(1)	true(1)	true(1)	不允许(见注)	不允许(见注)
注：该状态会导致发送器电路的损坏。				

如表 83 所示，MAU 向 MDS—MAU 接口提供了两个指示信号，RxDATA 和 RxCARRIER。电缆上的信号电压和这两个信号标称阈值之间的关系，如表 84 和表 85 中所示。表 84 和表 85 的参考值在表 87 中定义。输入电平(V_{in})如图 80 所示，应被定义为在同轴电缆中心导线和同轴屏蔽间的测得的电压。同轴电缆中心导线上的电压的极性(V_{in}＋或 V_{in}－)是相对于同轴电缆屏蔽层定义的。

表 84　接收器数据输出定义:5 Mbit/s，电压模式，同轴电缆

媒体上的输入电平	RxCARRIER	备　注
当 V_{in} 比正向数据灵敏度限值(V_{sense}＋)更高时	true(1)	见表 87
当 V_{in} 比负向数据灵敏度限值(V_{sense}－)更低时	false(0)	见表 87
当 V_{in} 在正向和负向数据灵敏度限值之间时	未定义	允许滞后和容差

表 85　接收器载波输出定义:5 Mbit/s，电压模式，同轴电缆

媒体上的输入电平	RxCARRIER	备　注
当 V_{in} 比高载波灵敏度限值(V_{sense}H)更高时	true(1)	见表 87
当 V_{in} 比低载波灵敏度限值(或负向)(V_{sense}L)更低时	false(0)	见表 87
当 V_{in} 在低和高载波灵敏度限值之间时	未定义	允许滞后和容差

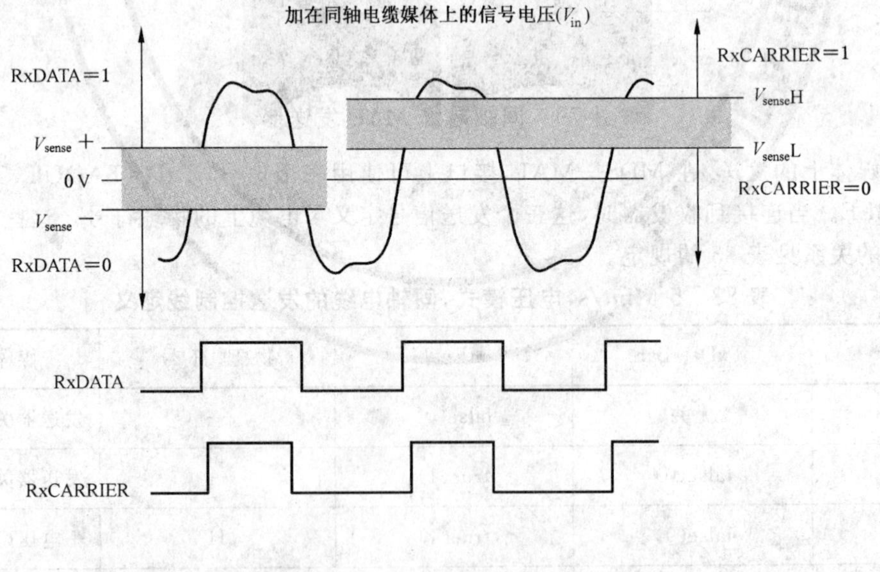

注：上图所示阴影区域未定义。

图 80　同轴电缆 MAU 接收器工作方式

媒体接口应符合表 86、表 87 和表 88 的要求。

表 86 同轴电缆媒体接口——发送规范

规　　范	限值/特性	备　注
发送电平(Tx 电平)峰-峰值	8.2 V±1.3 V[a,b,c]	见图 81
发送电平不对称性(在 0 和 1 之间)	<450 mV 最大[b,d]	
发送信号失真(过电压,衰减,振荡)	±10%[a,e]	见图 81
总的发送抖动(Tx 抖动)	<5 ns	见图 81
发送器输出阻抗	最大 20 Ω	
发送器关闭时的最大噪声电平	最大 5 mV	
从 NETENABLE 为假,到发送器关闭噪声电平的时间	400 ns	
压摆率限值	最大 1 V/ns[a]	见图 81
上升/下降限值(峰-峰值的 10%～90%)	最大 30 ns[a]	见图 81

[a] 应为负载为 37.5 Ω 的情况下,从 0 MHz～20 MHz 测量到的电压峰-峰值。

[b] 发送电平应在波形的顶部和底部的任何波峰或波谷之间估计的中点处测量。

[c] 当以最小为 6.4 V(峰-峰)的信号驱动分接头时,在(脉冲编码调制的)眼孔图样中测量到的电平要低于 0.5 V。

[d] 应在负载为 37.5 Ω 的情况下,从 0 MHz～20 MHz 测得 Phy_1(+电压)发送电平的绝对值和 Phy_0(−电压)发送电平绝对值之差。

[e] 电平应为实际测量到的发送电压的函数。

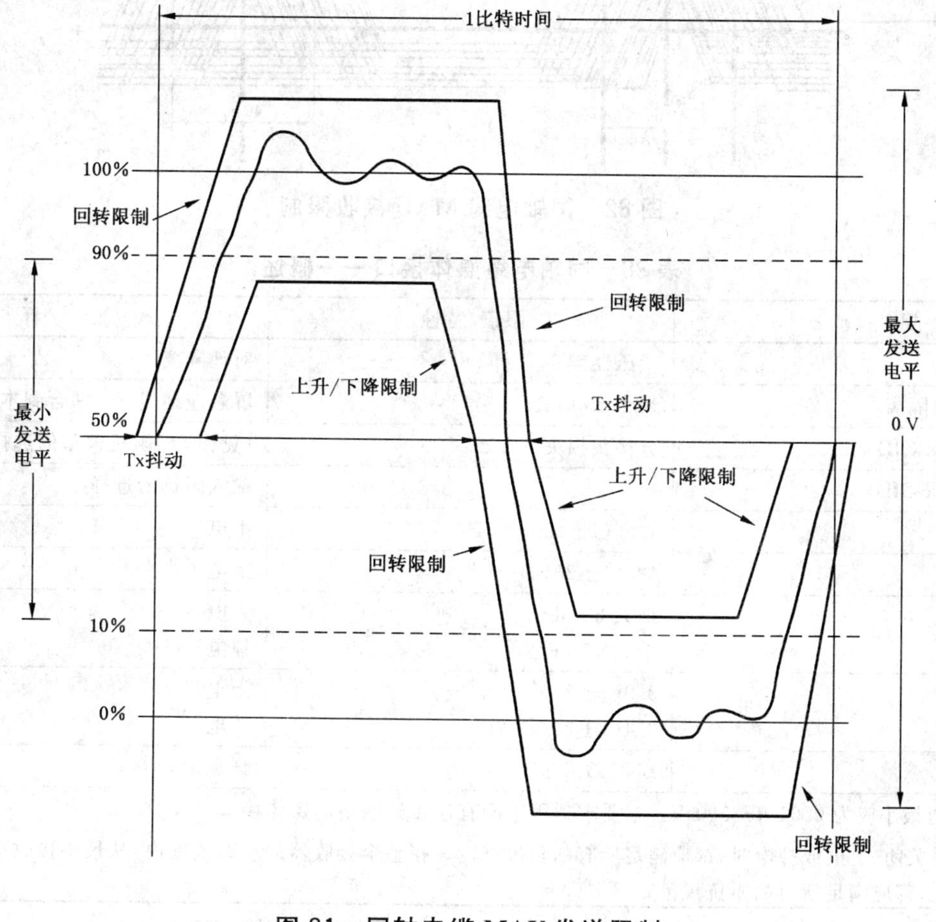

图 81 同轴电缆 MAU 发送限制

表 87　同轴电缆媒体接口——接收

规　　范	限值/特性	备　　注
最小接收信号电平(峰-峰值)	510 mV	见图 82 所示的眼图内部
数据阈值电压	0 V	滞后和容差所允许的正负灵敏度限值
负数据灵敏度限值($V_{sense}-$)	−140 mV	允许滞后和容差
正数据灵敏度限值($V_{sense}+$)	+140 mV	允许滞后和容差
低载波灵敏度限值($V_{sense}L$)	+23 mV	允许滞后和容差
高载波灵敏度限值($V_{sense}H$)	+255 mV	允许滞后和容差
RxDATA 波形抖动	<40 ns	当 V_{in}>最小接收信号电平,图 82 所示眼图内部应为真

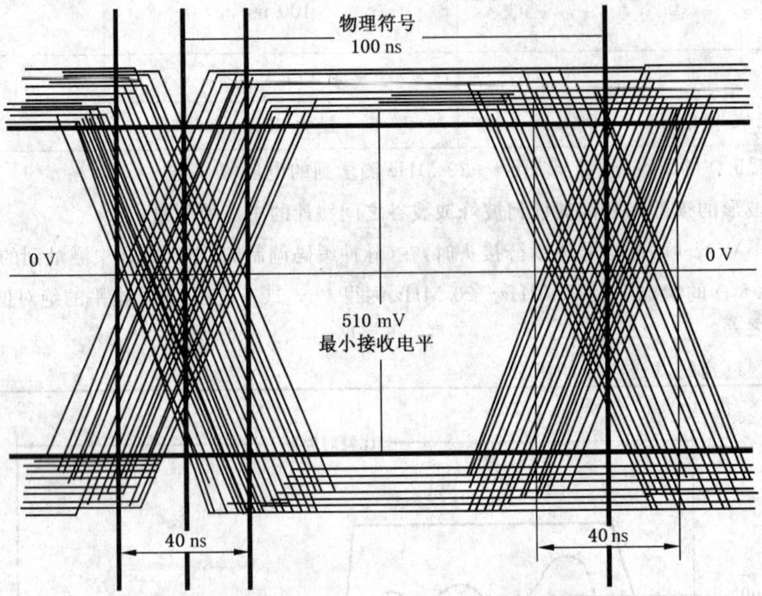

图 82　同轴电缆 MAU 接收限制

表 88　同轴电缆媒体接口——概述

规　　范	限值/特性	注　　释
耦合	变压器耦合	对地隔离
在 0 Hz 时的隔离	最小 500 kΩ[a]	屏蔽应通过 RC 耦合到本地接地
输入阻抗(Tx Off)	分接头损失 0.2 dB	(见图 86)阻抗模型的选择
阻抗模型(Tx Off)		输入阻抗的选择
串联电感	0.56(1±20%) μH[b]	上电
并联电感	425(1±20%) μH[b]	上电
并联电容	最大 50 pF[b] 最大 55 pF[b]	上电 掉电
并联电阻	3.9(1±20%) kΩ[b] 3.4(1±20%) kΩ[b]	上电 掉电
连接器	BNC 或 TNC	详见附录 F

a 电容值最小应为 0.01 μF/500 V。本要求适用于所有连接到网络的媒体接口。

b 发送器关闭、上电或掉电时,都应满足所有的阻抗规定。在整个接收器的动态范围内,从最小接收电平到最大发送电平,都应满足所有的阻抗规范。

注 3:对于 5 Mbit/s,电压模式,同轴电缆媒体 MAU 收发器的一个参考设计实例见附录 H.1.1。

18.3 变压器:5 Mbit/s,电压模式,同轴电缆

注1:变压器用于发送和接收信号与媒体的耦合。变压器的重要特性之一是能够使节点间电隔离或对地隔离,这将防止由于节点之间对地电压的不同所引起的大的共模电压。还可防止易受到低频电磁耦合影响的大量接地环路。

图83所示为变压器的符号。

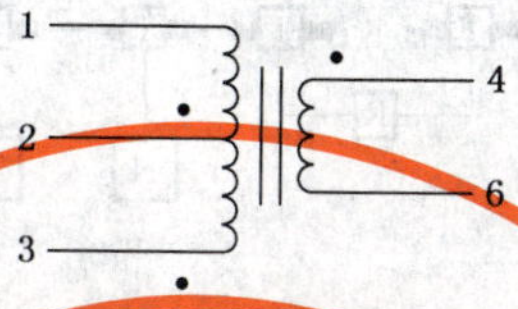

图83 变压器符号

耦合变压器应符合表89中规定的要求。

表89 5 Mbit/s,电压模式,同轴电缆变压器电气规范

规范	Min.	典型	Max.
电感(40 kHz和100 mV状态下测量)	350 μH	750 μH	—
绕组电容(10 MHz状态下测量)	16.0 pF	24.0 pF	29.5 pF
并联电阻(磁芯损耗)	8.0 kΩ	9.1 kΩ	11.2 kΩ
泄漏电感	255 nH	441 nH	625 nH
电隔离(在47 Hz~63 Hz状态下,小于1.0 mA)	500 V(rms)(60 s) 600 V(rms)(1 s)	—	—
谐振频率	1.0 MHz	1.4 MHz	1.8 MHz

将引脚4和6连接起来,在引脚1和引脚2之间测量泄露电感。应将引脚1,2和3连在一起及引脚4和6连在一起时测量电隔离。引脚1与引脚4之间,引脚1与磁芯之间,及引脚4与磁芯之间,都应满足电隔离要求。所有其他测量应在引脚4和引脚6之间进行,同时引脚2应连接到仪器地。

注2:对于5 Mbit/s,电压模式,同轴电缆MAU变压器的一个参考设计实例间附录H.1.2。

18.4 5 Mbit/s,电压模式,同轴电缆媒体的连接器

用于节点的连接器应为符合本部分要求(见附录F)的BNC或TNC插孔。

18.5 5 Mbit/s,电压模式,同轴电缆媒体的拓扑

一个网段由干线—分支结构组成。干线应由同轴电缆组成,并且在每条电缆的两端用75(1±5%) Ω的电阻作为终端电阻。

注1:这限制了传输信号在干线电缆末端的反射。

节点应通过分支电缆接入网络。分支电缆通过特殊的分接头接入干线。这些分接头包含无源电路,可以使干线接入负载时所产生的反射降低到最小。

连接到确定性控制网络的节点,不能将分支电缆的屏蔽直接接地。屏蔽的端接应符合表88。为了正确的端接每个分支电缆的屏蔽,应使用并联了一个0.01 μF电容的电阻,并通过该并联R/C将屏蔽连接到地。

一个拓扑实例如图84所示。

注2:在该例中。两个段通过一个中继器连接形成为一个7节点链路。

拓扑的限制如图85所示,一个网段最多可以连接48个节点,最长为1 000 m,节点数量和距离之间的平衡如图85所示。如果需要节点数量和距离的组合超过了网段的限制,那么应使用物理层中继器(见附录G)。在电力和机械方面,物理层中继器设备的出现应与节点一样,物理层中继器设备需要分接头与每个网段连接,因而可以在网段的任意位置接入。不允许使用中继器在网段之间形成一个以上的

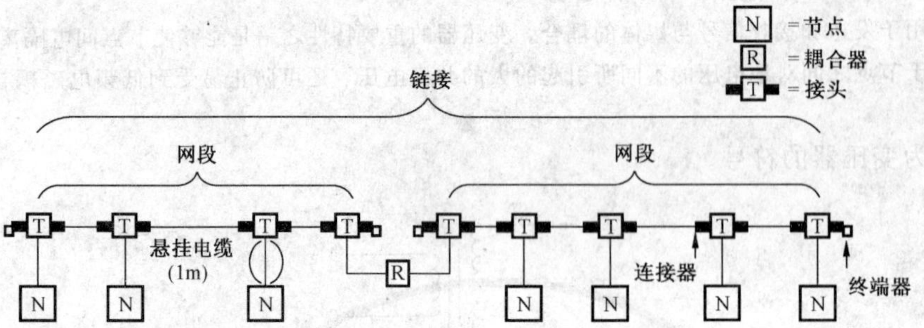

图 84　5 Mbit/s,电压模式,同轴电缆拓扑实例

连接。在两个 PhL 实体之间,任何支持单路径的拓扑结构都应得到支持,声明与本条具有一致性的执行过程中,不允许 PhL 实体之间使用多路径结构。

通过使用 RM(中继机)和/或 PhL 中继器设备(见附录 G),在同一节点或不同节点内,该 PhL 变型可与其他 PhL 变型组合。

注 3：关于更多中继器信息见附录 G。

注 4：这些限制基于 18.7.1 的电缆规范。

使用 18.6 规定的分接头和表 91 规定的干线同轴电缆时,适用图 85。对于图 85,如果使用合适的段长度倍增器,不同于表 91 中所示的带有衰减特性的电缆也可使用。

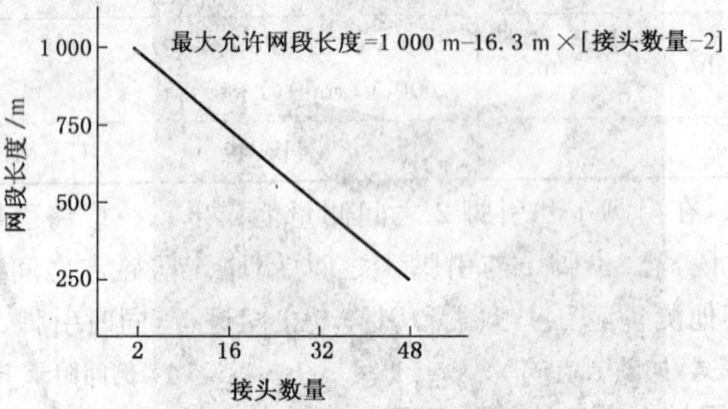

图 85　同轴电缆媒体拓扑限制

18.6　5 Mbit/s,电压模式,同轴电缆媒体的分接头

18.6.1　描述

分接头应包含无源电路,用于补偿附加节点引入的负载。

注 1：这样,可能发生少量传输损耗,而不是阻抗的中断和因此导致的在干线上对每个节点的反射。

符合同轴媒体接入方法规定的所有节点都应使用分接头。

注 2：5 Mbit/s,电压模式,同轴电缆 MAU 接头的一个参考设计实例见附录 H.1.3。

18.6.2　要求

按照本部分的要求(见附录 F),标准接头变型应提供干线上的 BNC 插座连接器,及节点上的 BNC 插头。符合 IP67 的密封接头变型应提供干线上的 TNC 插座连接器,及节点上的 TNC 或 BNC 插头。在对分支电缆实现了正确的补偿后,分接头内可使用一根长度为 1 m 的特定类型的分支电缆。

注 1：当分接头端口正确接入必需的分支电缆和一个节点的等效负载时,分接头的电气要求由干线上呈现的传输和反射特性来定义。虽然分接头有 3 个端口,但如果以这种方式配置,分接头可以被看作是一个两端口设备。

术语:节点等效负载,其含义是用来表示节点标称阻抗,只要等效负载满足本条的所有要求,节点等效负载也可由分立元件构成。

传输和反射要求如图 86 所示,分布参数(S_{11}、S_{22}、S_{12} 和 S_{21})应被用来定义分接头电气要求。当分支电缆被节点等效负载端接，其他干线连接器接入干线终端电阻(75 Ω±3.75 Ω)时，S_{11}和S_{22}用来定义干线连接器反射特性。S_{12}和S_{21}被用来定义从一个干线连接器到其他分支电缆处(由节点等同负载端接)分接头的传输特性。所有分接头的传输和反射特性均应在图86中定义的通过(PASS)区域中。

注2：分接头是可互换的部件($S_{11}=S_{22}$，$S_{12}=S_{21}$)，所以干线端口方向可任意的。

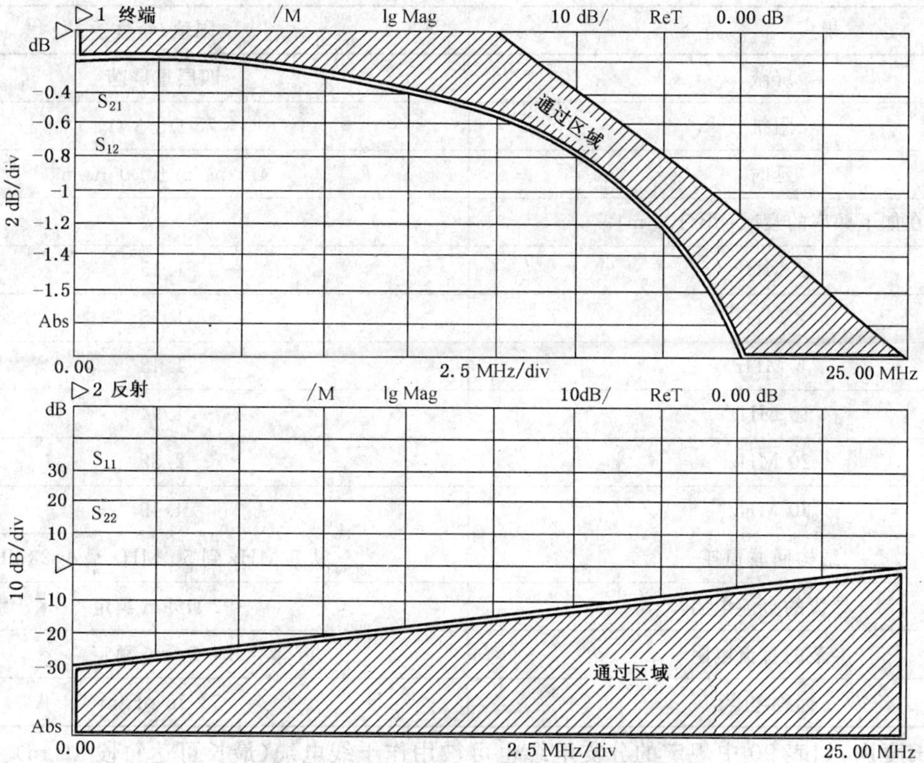

图86　同轴电缆分接头的电气特性

18.6.3　分支电缆

分支电缆应符合表90中的限制和特性。

表90　同轴分支电缆规范

规　　　范	限制/特性
屏蔽	双层编织网屏蔽，每层屏蔽的覆盖率为95%
阻抗	75 Ω±3 Ω
延时	4.1 ns/m±0.1 ns/m
在如下频率的衰减(dB/100 m)	
1 MHz	1.25
5 MHz	3.01
10 MHz	4.33
25 MHz	6.89
50 MHz	10.1
结构回波损耗	从5 MHz到50 MHz最小23 dB
导线的直流电阻	92 Ω/km额定
屏蔽的直流电阻	10.5 Ω/km额定
标称电容	54.13 pF/m

18.7 干线 5 Mbit/s,电压模式,同轴电缆媒体

18.7.1 干线电缆

该干线电缆应满足表 91 中的规定。

表 91 同轴干线电缆规范

规范	限值/特性
屏蔽	四层重屏蔽
阻抗	75 Ω±3 Ω
延时	4.1 ns/m±0.1 ns/m
在如下频率的衰减(dB/100 m)	
1 MHz	1.15
2 MHz	1.25
5 MHz	1.48
10 MHz	1.94
20 MHz	2.82
50 MHz	4.49
结构回波损耗	从 5 MHz 到 50 MHz 最小 23 dB
导线的直流电阻	92 Ω/km 额定
屏蔽的直流电阻	24 Ω/km 额定
标称电容	53.15 pF/m

在有限长度内,如表 90 中规定的分支电缆也可被用作干线电缆(最长可达每段 10 m)。

18.7.2 连接器

干线连接器应使用符合本部分(见附录 F)必需的 BNC 或 TNC 插头。

19 类型 2:媒体附属单元:5 Mbit/s,光纤

19.1 概述

注 1:本条规定光纤和 PhL 变型。在本条中可获取关于 PhL 连接器设计的重要信息。

注 2:光纤附加方法定义了三个光纤和 PhL 变型。第一个变型涉及距离达到 300 m(额定)的“短距离”系统对光纤和 PhL 的要求。第二个变型涉及距离达到 7 km(额定)的“中距离”系统对光纤和 PhL 的要求。最后一种变型涉及距离达到 20 km(额定)的“远距离”系统对光纤和 PhL 的要求。

光纤附加方法在一对光纤的每一端使用发送器和接收器,组成全双工点对点或环形拓扑。

对于所有变型,光纤附加方法定义为点对点链路或环型拓扑。点对点链路是在端节点之间、端节点和物理层中继器设备之间或物理层中继器和物理层中继器之间连接。环型拓扑结构应连接任意两个或更多个实现环型中继(RRM)的节点或设备,详见附录 G。在媒体或拓扑之间的切换需要使用物理层中继器设备。物理层中继器设备实现下列方式之一:有源的集线器,有源的星型,有源的环型。有源集线器或有源星型应最小由两个端口组成。

注 3:物理层可被实现成通过爆炸性气体条件下运行的认证,而不需要牺牲距离或减少节点数量。本部分不包括本质安全认证的要求,但努力排除妨碍本质安全认证的条件或状况。

光纤 MAU 应由光纤收发器和光纤连接器组成。收发器应使用 MDS—MAU 接口定义的信号以产生必要的驱动收发器的信号,应通过光纤连接器连接到媒体。

19.2 发送器:5 Mbit/s,光纤

一个光纤收发器应从 MDS 发送和接收低(L)和高(H)符号以支持光纤。收发器的发送器部分应

从 MDS—MAU 接口得到发送信号，并表示为低(L)和高(H)符号，并使用直接耦合收发器发送"光亮"(H)或"光灭"(L)。这意味着在从 0 到最小 10 MHz 的频段收发器应能发送和接收 PhL 信号。

注：按照规范，当没有低(L)和高(H)数据要发送时，如无物理符号活动期间，MDS 和 MAU 子层不提供空闲序列的插入和删除，所以要求使用直接耦合收发器。

该功能的反向实现在接收器内实现，该接收器应向 MDS—MAU 接口提供 RxDATA 和 RxCARRIER 指示。如图 87 所示，给出了 MAU 部件的功能块框图。

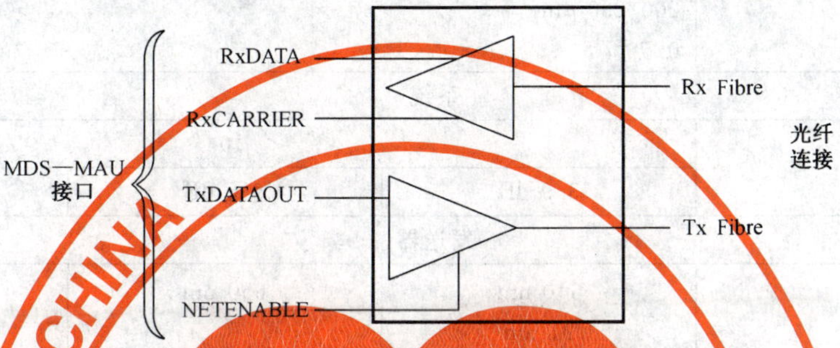

图 87　5 Mbit/s，光纤 MAU 方框图

发送信号应如表 92 所示。

表 92　发送控制线定义：5 Mbit/s，光纤

TxDATAOUT	NETENABLE	物理符号	在光纤上的信号
无关(x)	false(0)	无关(x)	光灭
false(0)	true(1)	L	光灭
true(1)	true(1)	H	光亮

光纤接口发送和接收限值如表 93 所示。

表 93　光纤接口：5.0 Mbit/s，光纤

规　范	限值/特性	备　注
输入模式抖动	40 ns，最大峰-峰值	在 RxDATA 上测得
所有发送抖动	<5 ns，峰-峰值	—

19.3　拓扑：5 Mbit/s，光纤

为光纤附属变量定义的媒体拓扑应为点对点链路或环形拓扑。点对点拓扑用于任意两个满足本条要求且没有实现 RRM 的 PhL 实体之间。环形拓扑用于任意两个满足本条要求且实现 RRM(见附录 G)的任意两个 PhL 实体之间。在这两个拓扑间的切换要求使用 PhL 中继器或任何实现 RRM 功能的设备和中继器 PhL。在任何一种情况下，只要每个链路都满足本条规定的要求，节点和中继器应是串级连接。总信号传输延时被用于计算时间片的值，如 IEC 61158-4-2 所述。

支持任意两个 PhL 实体之间单一路径的所有拓扑都应被支持。宣称符合本条的实现不应支持 PhL 实体间的多路径。

通过使用 RM(中继机)和/或 PhL 中继器设备(见附录 G)，在同一节点或不同节点内，该 PhL 变型可与其他 PhL 变型组合。

19.4　干线光纤：5 Mbit/s，光纤

对于合适的光纤 PhL 变型，干线电缆应满足 19.6 规定的要求。

19.5　干线连接器：5 Mbit/s，光纤

对于不同的光纤 PhL 变型，干线连接器应符合本部分(见附录 F)的要求。

19.6　光纤规范：5 Mbit/s，光纤

25℃下的光纤和 PhL 变型的信号特性如表 94、表 95 和表 96 所示。

表 94　光纤信号规范:5 Mbit/s,光纤,短距离

规　　范	Min.	额　　定	Max.
光纤			
距离	0 m	300 m	—
在 λ 的光纤衰减	—	6 dB/km	
光纤工艺	阶越折射率,硬护套玻璃(HCS)		
芯线/覆层	200/230 μm		
数值孔径	0.5		
系统			
BER		10^{-9}	
功率分配	3.9 dB	9.5 dB	—
发送器			
波长 λ	640 nm	650 nm	660 nm
光谱宽度	21 nm		
耦合功率,P_{Ton}(发送“光亮”)	−16.1 dBm,峰值	−12.5 dBm,峰值	−8.5 dBm,峰值
耦合功率,P_{Ton}(发送“光灭”)			
光上升时间 T_{rise}			−44 dBm,峰值
光下降时间 T_{fall}			
接收器			
P_{RMIN}(接收“光亮”)		−25 dBm,峰值	−23 dBm,峰值
P_{RMAX}(接收“光灭”)	−1.0 dBm	+3.0 dBm	
脉宽失真			30 ns

表 95　光纤信号规范:5 Mbit/s,光纤,中距离

规　　范	Min.	标　　准	Max.
光纤			
距离	0 m	7 km	—
在 λ 的光纤衰减	—	15 dB/km	—
光纤工艺	渐变折射率,多模		
芯线/覆层	62.5/125 μm		
数值孔径	0.275		
系统			
BER		10^{-9}	
功率分配	11.3 dB	16.4 dB	—
发送器			
波长 λ	1 270 nm	1 300 nm	1 370 nm
光谱宽度		130 nm	185 nm
耦合功率,P_{Ton}(发送“光亮”)	−15.5 dBm,峰值	−13.5 dBm,峰值	−12.0 dBm,峰值
耦合功率,P_{Ton}(发送“光灭”)			
光上升时间 T_{rise}			−40 dBm,峰值
光下降时间 T_{fall}			
		1.8 ns	4.0 ns
		2.2 ns	4.0 ns
接收器			
P_{RMIN}(接收“光亮”)	−33.5 dBm,峰值	−31.8 dBm,峰值	−28.8 dBm,峰值
P_{RMAX}(接收“光灭”)			
脉宽失真			2 ns

表 96　光纤信号规范:5 Mbit/s,光纤,长程

规　　范	Min.	标　　准	Max.
光纤			
距离	—	—	20 km
在 λ 的光纤衰减	—	0.5 dB/km	—
光纤工艺	渐变折射率,单模		
芯线/覆层	10/125 μm		
数值孔径	0.1		
系统			
BER	10^{-9}		
功率分配	10 dB		
发送器			
波长 λ	1 270 nm	1 300 nm	1 370 nm
光谱宽度		70 nm	
耦合功率,P_{Ton}(发送"光亮")	−18 dBm,峰值	−15 dBm,峰值	−10 dBm,峰值
耦合功率,P_{Ton}(发送"光灭")			−40 dBm,峰值
光上升时间 T_{rise}		2 ns	4.0 ns
光下降时间 T_{fall}		2.2 ns	4.0 ns
接收器			
P_{RMIN}(接收"光亮")	−10 dBm	−32 dBm,峰值	−30 dBm,峰值
P_{RMAX}(接收"光灭")			
脉宽失真			2 ns

20　类型 2:媒体附属单元:网络访问端口(NAP)

20.1　概述

网络访问端口(NAP)PhL 和媒体在 ISO/OSI 参考模型中的位置如图 88 所示。

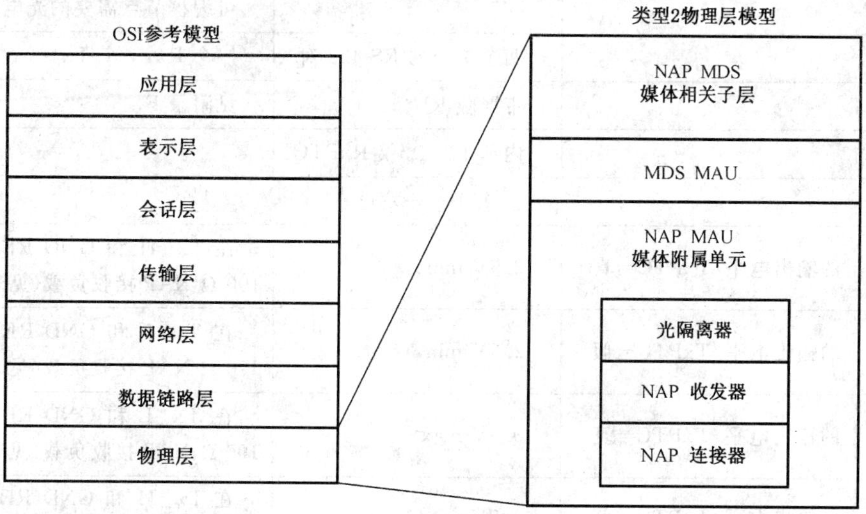

图 88　NAP 参考模型

台式电脑、便携式电脑、手持编程器的本地连接或其他临时网络的连接，应通过使用为干线规定的协议和数据速率的 NAP 收发器来完成。NAP 收发器应通过 MDS—MAU 接口获得单一的发送线路，向 NAP 电缆另一端的另一个节点发送和接收，并在 MDS—MAU 接口上提供单一的接收线。

既然存在单一线缆，不需要出现载波开/关的表述，这些信号在所有时间内应为逻辑“0”或逻辑“1”。媒体在所有时间内都应由单一发送线驱动。

NAPPhL 应支持两个节点间的点对点连接。该拓扑不是支持两个以上节点的多分支结构。支持任意两个 PhL 实体之间单一路径的任何拓扑结构都应被支持。声明符合本条规定的实现不允许支持 PhL 实体间的多路径。

最初通过 NAP 物理层变型与链路连接的节点应被看作是临时网络节点。最初通过其他物理层变型与链路连接的是永久网络节点。临时节点应使用 NAP 媒体与其他临时节点或永久节点通信，永久节点应利用该节点 DLL 的中继(RM)功能(见附录 G)，允许临时节点与永久节点通信，如图 89 所示。当没有连接其他物理层媒体时，永久节点可以用来承担临时节点的功能，如图 89 中所示。

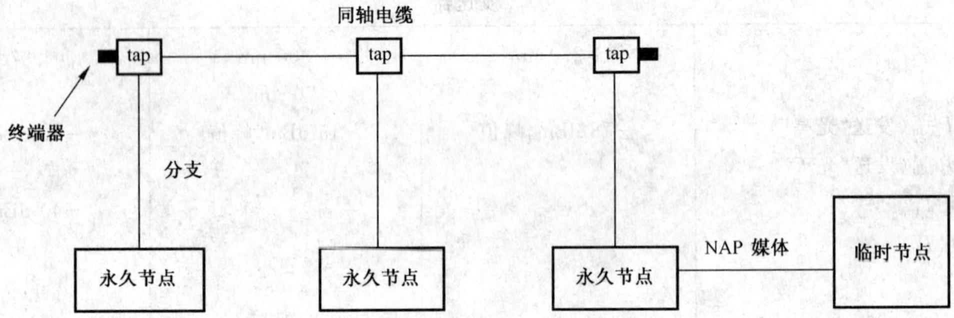

图 89 临时和永久节点的实例

通过使用 RM(中继机)和/或 PhL 中继器设备(见附录 G)，在同一节点或不同节点内，该 PhL 变型可与其他 PhL 变型组合。

20.2 信号发送

NAP 端口的信号发送要求见表 97。

表 97 NAP 要求

NAP 接口规范	设计规范	注释
	NAP 接口——概述	
耦合	DC	可编程节点需要的光电隔离器
链路配置	两个单向的 RS-422 对	一个 Rx，一个 Tx
连接器	带屏蔽 RJ-45	见附录 F
终端器	内部 100 Ω/仅 RxPTC	—
	NAP——发送	
在 NAP 媒体上的输出电平/TxPTC=真	2.5V min	在 Tx_H 和 GND REF 引脚间，连接 100 Ω NAP 接收负载(见表 F.2)后测得
在 NAP 媒体上的输出电平/TxPTC=假	2.5V min	在 Tx_L 和 GND REF 引脚间，连接 100 Ω NAP 接收负载(见表 F.2)后测得
在 NAP 媒体上的输出电平/TxPTC=真	0.5V max	在 Tx_L 和 GND REF 引脚间，连接 100 Ω NAP 接收负载(见表 F.2)后测得
在 NAP 媒体上的输出电平/TxPTC=假	0.5V max	在 Tx_H 和 GND REF 引脚间，连接 100 Ω NAP 接收负载(见表 F.2)后测得

表 97（续）

NAP 接口规范	设 计 规 范	注　　释
在 NAP 媒体上的输出电平/TxPTC＝数据	4.0V min	带 100 Ω 负载测得的(Rx_H-Rx_L)，作为峰峰值(见表 F.2)
总的发送抖动	±5ns max	—
终端器	无	—
NAP——接收		
在 NAP 媒体上的接收电平/TxPTC＝数据	2.5V min	测得的(Rx_H-Rx_L)，作为峰-峰值(见表 F.2)
接收抖动	±15 ns max	—
终端器	100 Ω±10 Ω	跨接在差分线上
故障接收信号	/RxPTC＝真	如果媒体断开、短路、接收器关闭或未使能，/RxPTC 应为真

20.3 收发器

图 90 的 NAP PMA 方框图描述了隔离和非隔离的实现，隔离的 NAP 被用于临时节点。应提供光电隔离以防止地电压不同的两节点之间产生接地回路电流。如果节点自供电并且未接地，则不需要提供光电隔离，非绝缘的 NAP 应用于永久节点。

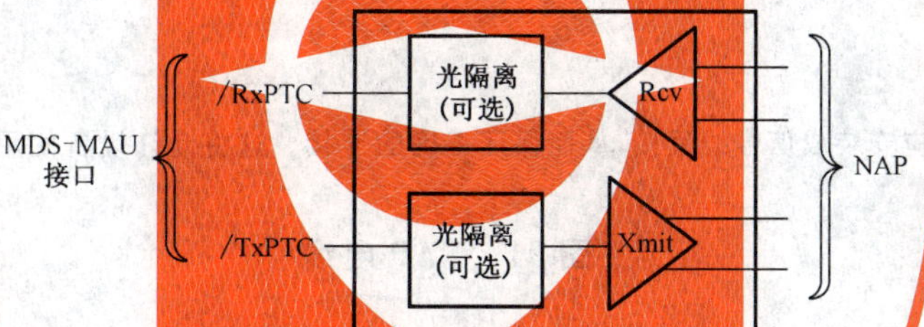

图 90　NAP 收发器

注 1：临时节点被定义为：通过其他节点的 NAP 与网络实现基本和标准连接的节点。这包括但不限于计算机接口卡，配置节点和其他临时或暂时与网络连接的节点。

注 2：永久节点被定义为：通过 NAP 外的物理层与网络实现基本和标准连接的节点。这包括但不限于：PLC、I/O 框架式适配器、控制器、机器人、焊接设备和其他几乎永久地与网络连接的节点。

如果节点可以同时用作临时和永久节点。它应在 NAP 设计中包含光电隔离(除非其自供电并不接地)。

注 3：NAP MAU 的一个参考设计实例如附录 H.2 所示。

20.4 连接器

用于 NAP 两端的连接器应为带屏蔽的 8 针 RJ-45 型连接器，如附录 F 中规定。

20.5 电缆

NAP 电缆采用 8 芯全屏蔽电缆。屏蔽设计使电磁干扰最小化。电缆连接器的引脚如表 F.2 所示。由于 NAP 连接器和引脚的连接对于节点和临时节点相同，电缆的结构应采用允许建立正确发送数据和接收数据的连接方式。这是通过在 NAP 电缆的一端做反向连接来实现的，如图 91 所示。

NAP 电缆应满足下面的要求：

a)　成对线特性＝100 Ω；

b)　阻抗(在 0 Hz)＝0.122 Ω/m；

c)　电线规格＝26(7 股，直径 0.16 mm)；

d) 导线＝全屏蔽 8 芯；

e) 最大电缆长度＝10 m。

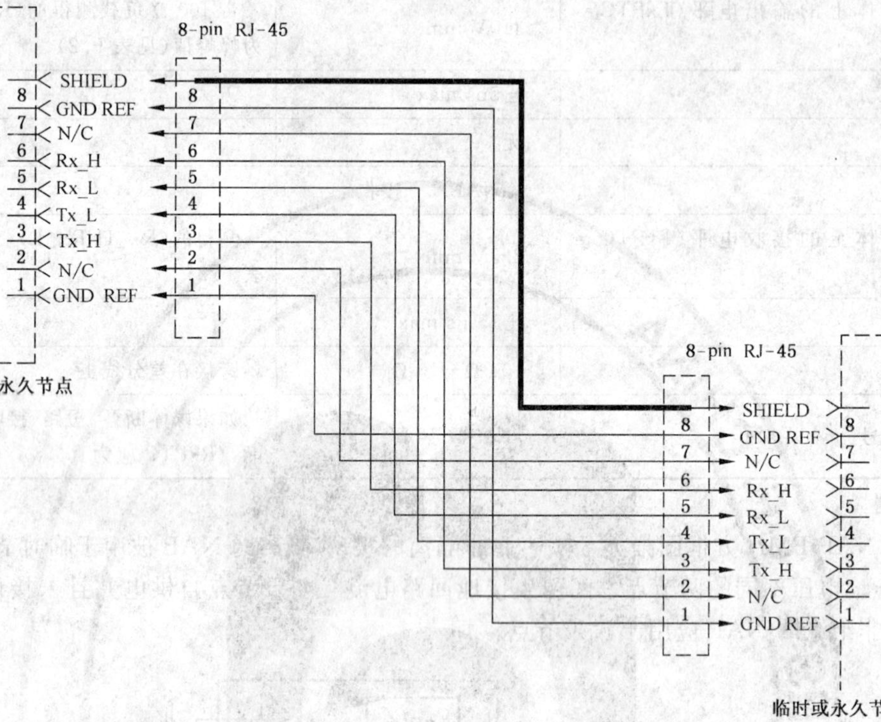

注：NAP 电缆连接器应安装成信号线反接，从而保证正确的连接。这将允许设备使用相同的针脚排列，而与功能无关。

图 91 **NAP 电缆**

21 类型 3：媒体附属单元：同步传输，31.25 kbit/s，电压模式，导线

21.1 概述

31.25 kbit/s 电压模式 MAU 同时提供对通信网络和可选配电网络的访问。与网络连接的设备通过媒体进行通信，并可由它供电或不由它供电。如果由总线供电，电源是作为直流电压和电流被配送，同时将通信信号叠加在直流电流上。在本质安全应用场合，可提供使用的电源可能限制设备的数量。

网络媒体由双绞电缆组成。与拓扑结构无关，可能除了正在发送设备外，所有的连接设备都是高阻抗的，以避免过高的网络负载。采用梯形波形，以减少电磁辐射。

支持总线型和树型拓扑结构。在这两种拓扑结构的任何一种拓扑结构中，一个网络都有一根在两端终接的干线电缆。在总线拓扑结构中，分支沿干线电缆的长度方向分布。在树型拓扑结构下，分支集中在干线的一个末端。一个分支可将多个设备与网络相连，设备的数量取决于分支的长度。

在供电电源的频率(d.c.)上，设备对于网络表现为电流吸收器，并以有限的变化率从媒体取得供电电流。这是为了避免负载电流的瞬间变化对通信信号产生干扰。

21.2 发送比特速率

见 12.2。

21.3 网络规范

21.3.1 部件

见 12.3.1。

当选择独立部件时，应保证所有部件满足 FISCO 模型的要求。只有被标识为本质安全电气装置或

符合 GB 3836.4—2000 的相关电气装置才能被安装到本质安全的现场总线段中。按照 GB 3836.4—2000 的 12.2.5.1,一个本质安全电气装置(如一个现场总线设备)的输入参数 U_I、I_I 和 P_I 的允许值,不应小于相关供电设备的输出参数 U_O、I_O 和 P_O 的检定最大值。独立部件的其他限制(如电源限制≤1.2 W)也应被考虑在内。

表 98 列出了不同系统类型中设备的可能部件。

表 98 不同类型的混合设备

总线段的防爆	电源设备的防爆	现场总线设备的防爆					
		EEx ia			EEx ib		
		ⅡC	ⅡB	ⅡC/ⅡB	ⅡC	ⅡB	ⅡC/ⅡB
EEx ia ⅡC (ⅡC 等级)	[EEx ia] ⅡC	x	—	x	—	—	—
EEx ia ⅡB (ⅡB 等级)	[EEx ia] ⅡB	x	x	x	—	—	—
	[EEx ia] ⅡC	x	x	x	—	—	—
EEx ia ⅡC (ⅡC 等级)	[EEx ib] ⅡC	x	—	x	x	—	x
	[EEx ia] ⅡC	x	—	x	x	—	x
EEx ib ⅡB (ⅡC 等级)	[EEx ib] ⅡB	(x)[a]	x	x	(x)[a]	x	x
	[EEx ib] ⅡC	x	x	x	x	x	x
	[EEx ia] ⅡB	(x)[a]	x	x	(x)[a]	x	x
	[EEx ia] ⅡC	x	x	x	x	x	x

[a] 这些组合理论上是可能的但实际上它们是不相关的,因为现场设备可以被认证为ⅡC 等级和ⅡB 等级(见ⅡC/ⅡB 列)。

任何组合都必须保证现场设备输入的绝对最大额定值满足供电设备的输出特性:

$U_I \geqslant U_O$

$I_I \geqslant I_O$

$P_I \geqslant P_O$

如果本地供电设备提供符合 GB 3836.4—2000 的适当隔离,在本质安全现场总线上,总线供电设备和本地供电设备的连接是允许的。

尽管一个现场总线站(即现场设备、手持终端和总线主站的耦合器)的反极性连接,不会对连接到现场总线上的其他设备的功能产生影响,一个不具备自动极性检测能力的总线站被错误安装时,它将不被供电或不能进行发送和接收。具备自动极性检测能力的站,不论到电线的输入终端怎样分配,都可正确运行。

21.3.2 拓扑

导线的 MAU 应在一个具有线性总线拓扑结构的网络中工作,该网络由一条干线电缆构成,在其两端按 21.8.5 中规定来端接,通信部件则经由耦合器和分支与网络连接。

耦合器和通信部件可集成于一个设备中(即分支的长度为 0)。

所有通信部件均位于干线电缆末端的树型拓扑结构,被视为本条中总线拓扑的特殊情况。

可以在一个点上采用多端口的耦合器将若干个通信部件连接到干线电缆。有源耦合器可用来延长分支至所要求终接的长度,以避免反射和失真。有源中继器可用来延长干线电缆的长度,使之超过网络组态规则所允许的单个段长度。

21.3.3 网络组态规则

当在符合这些规则的网络中使用 31.25 kbit/s 电压模式 MAU 时,要求它符合本条的要求。

规则 1:一个现场总线应具有在下述数量的设备之间进行通信的能力,并以相同比特速率操作:

a) 对于不通过信号导线供电的非 IS 现场总线:在 2～32 个设备之间;

b) 对于通过信号导线供电的非 IS 现场总线:在 2 与可能通过信号导线供电的设备数量之间(假定可供通过信号导线对远离电源的远端设备供电的最少电流为 120 mA,而与之通信的每个设备在电源端耗用 10 mA 电流);

c) 对于一个 IS 现场总线:在 2 与可能通过信号导线供电的设备数量之间(假定可通过信号导线供给危险区内设备的最少电流为 40 mA)。

注 1:规则 1 不排除在已安装的系统中使用多于规定数量的设备。由于没有规定设备的功率消耗,所以不能规定由总线供电的设备数量。b)项假定最低供电电压为 20V 直流。c)项假定本质安全栅以 19 V(d.c.)输出工作。

规则 2:一个满负载(所连接的设备达到最大数量)的 31.25 kbit/s 电压模式的现场总线段,其总长度(包括分支,在任意两设备之间的导线)不得超过 1 900 m。

注 2:最长 1 900 m 电缆长度符合本部分本条的要求,但并不排除在已安装的系统中使用更长的电缆长度。

规则 3:在任意两设备之间,由中继器和有源耦合器进行波形再生的总数不应超过 4 个。

规则 4:在任意两设备之间,最大传播延迟不应超过 20 T_{bit}。

注 3:为保证网络的效率,在接收帧结束和发送帧开始(包含一个相关立即响应)之间,由 PhE 所引起的网络上任何设备的换向时间部分应不超过 5 个比特时间,其中由于 MAU 引起的不应大于 2 个比特时间。由于外露 DLL—PhL 接口或 MDS—MAU 接口不是必备的,所以对由 PhL 或由 MAU 所引起的现场总线设备的换向时间部分不作规定或不作一致性测试。

规则 5:在连接或断开一个设备时,现场总线应能连续运行。应能检测出在连接或断开期间引起的数据差错。

规则 6:任何通信部件或分支(短线路、低阻抗或超时传输(jabber)除外)的故障对其他通信部件之间的事务处理的干扰不应超过 1 ms。

规则 7:在极性敏感的系统中,必须用不同的标志来标明双绞线媒体的每根导线。在所有连接点上都应保持极性的一致。

规则 8:在任何两个设备之间,由于衰减、衰减失真和失配失真而引起的信号电特性的降低,应将其值限制在以下指出的范围内:

a) 信号衰减:总线配置(干线电缆和分支长度、设备数量、本质安全栅、电流隔离器及可能匹配的设备)应该使与比特速率对应频率上的任何两个设备之间衰减不应超过 10.5 dB。

b) 衰减失真:总线配置(干线电缆和分支长度、设备数量、本质安全栅、电流隔离器及可能匹配的设备)应该使任何两个设备之间:

$[\mathrm{Attenuation}(1.25f_r)-\mathrm{Attenuation}(0.25f_r)]\leqslant 6\ \mathrm{dB}$

$\mathrm{Attenuation}(1.25f_r)\geqslant \mathrm{Attenuation}(0.25f_r)$

其中,f_r 是相应于比特速率的频率。在由 $0.25f_r$～$1.25f_r$(7.8 kHz～39 kHz)的所有频率上,衰减是单调变化的。

c) 失配失真:在沿干线电缆的任意一点上,在 $0.25f_r$～$1.25f_r$(7.8 kHz～39 kHz)频率范围内,总线上的失配(由于分支或包括一个最大长度开路分支的任何其他影响)应该是:

$$\left|\frac{Z-Z_0}{Z+Z_0}\right|\leqslant 0.2$$

其中,Z_0 是干线电缆的特性阻抗,Z 是 Z_0 与耦合器上负载阻抗的并联组合。

在每 250 m 内,耦合器应少于 15 个。

注 4:规则 8 对干线电缆和分支的长度、设备的数量等的限制最小,因为它仅规定由这些因素的组合所产生的传输限制。根据应用的需要可以使用不同的组合。

规则 9:以下规则适用于用冗余媒体实现的系统:

a) 每个通道(电缆)应符合网络组态规则;

b) 在两个冗余段之间不应存在非冗余段；

c) 中继器也应是冗余的；

d) 如果系统(由系统管理)组态为同时在多个通道上发送，则在任意两通道上的任意两个设备之间的传播时间差，不应超过 5 个比特时间；

e) 在整条现场总线上，通道号应保持一致，即来自系统管理的通道 1、2、3……应该始终与物理通道 1、2、3……连接。

21.3.4 网络配置的配电规则

见 12.3.4。

21.4 31.25 kbit/s 电压模式 MAU 的发送电路规范

21.4.1 概述

为便于参考，表 60 和表 61 中概述了 21.2 和 21.4 中的要求(见 12.4.1)。

21.4.2 测试配置

图 54(见 11.4.2)给出了用于测试的配置。

差分信号电压：$V_d = V_a - V_b$

测试负载电阻：$R = 50\ \Omega$(干线电缆特性阻抗(Z_0)的 0.5)和 $C = 10\ \mu F$，在特定的要求中另有规定除外。

21.4.3 阻抗

对现场设备、耦合部件和电源的每个总线接口(即媒体附属单元 MAU)，11.4 要求在 7.8 kHz～39 kHz 的频率范围内，输入阻抗(可从总线上测量)在正常工作时不应低于最小值。除了在现场设备连接到电源后的最初 10 ms 内，本要求适用于所有工作阶段。表 99 给出了总线接口和电源的输入阻抗。

表 99 总线接口和电源的输入阻抗

	阻 抗	电 压 范 围	电 流 范 围
总线接口(如现场设备)	≥3 kΩ	9 V～32 V	对工作电流
本质安全总线电源	≥400 Ω	对工作电压	0～I_{max}
非本质安全总线电源	≥3 kΩ	对工作电压	0～I_{max}

总线接口的输入阻抗应使用正弦信号测量，正弦信号幅度应大于接收器灵敏度但始终小于 2 V_{ss}。

注：对于电源未定义测量信号。

现场设备和电源的阻抗应使用图 92 所示的测量电路进行测量。

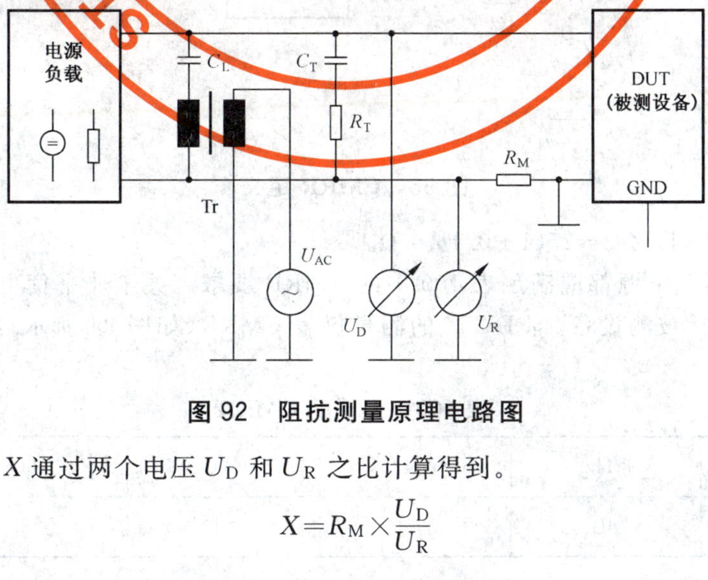

图 92 阻抗测量原理电路图

被测设备的阻抗 X 通过两个电压 U_D 和 U_R 之比计算得到。

$$X = R_M \times \frac{U_D}{U_R}$$

两个被测电压表示结果中包含相位差的复合值。如果 U_R 作为参考，那么：

$$X=R_M\times\frac{|U_D|}{|U_R|}\times e^{j\varphi}$$

其中：φ 是相角 $\varphi(U_D)-\varphi(U_R)$

这将阻抗测量简化为两个电压之比的测量和一个相位差测量。

例如：$C_L=C_T=2\ \mu F, R_T=R_M=100\ \Omega$

相角可能也为负。如果这样，被测对象则表示一个放大的而不是衰减的负性负载。只要 $|X|$ 在规定范围内，对于 7.9 kHz～39 kHz 的信号频率范围，这可被忽略不计（即使还有正性影响）。

注：对于阻抗没有规定，其值可以为任意低值。当还具有不利的外围电路条件（如长的短接线）时，负阻抗可能产生一个无衰减振荡电路而使总线系统变成一个振荡器，尽管被测对象在测量电路中保持稳定。

下列差错源可能影响阻抗测量的结果：

a） 非线性失真。修正：采用频率选择性测量（即只计算基波）及测量信号的示波图监视。

b） 测量启动阶段非对称性。修正：采用对称变压器 T_r 并避免接地电容。当测量阻抗时，测试对象不能有任何接地（如由 EMC 过滤器导致的）。

c） 由测试对象产生的噪声信号。修正：测量背景噪声，应≤1 mV(eff)（在 50 Ω 测量）。如满足本条件，对阻抗测量的影响可忽略不计。

21.4.4 对称性

所有总线接口都应与地隔离。在两个总线终端和地之间的非平衡电容不应超过 250 pF。这对于安全栅和电源同样要求。

两个总线终端，如果每一个与地之间的阻抗都只有一个电容元件，那么测量两个有效接地电容然后再计算差值可能产生非对称性。尤其当使用非本质安全总线接口（接口可通过一个变压器耦合到总线上）时，要使用有效的电感元件。即使当使用不包含电感元件的耦合部件时，尤其在更高频率下，还可能检测出由寄生效应（parasitic）导致的电感行为。最佳情况下，在一个有限频率范围内才能假定一个完全电容的非对称性。鉴于这个原因，推荐通过确定图 93 定义的共模抑制率 CMRR 来评价对称特性。

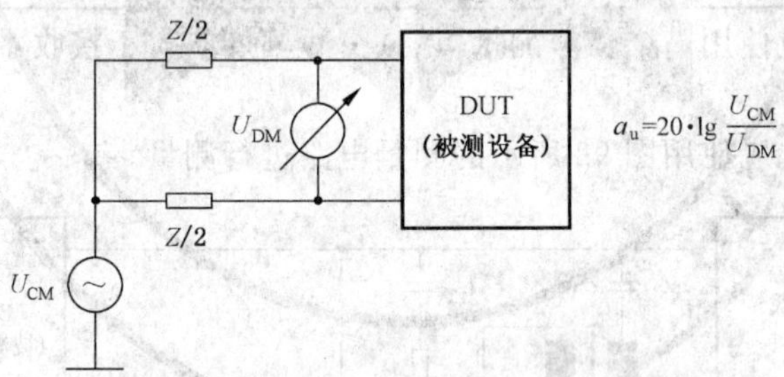

图 93 CMRR 定义

例如：$C_C=C_D=2\ \mu F, Z/2=25(1\pm0.1\%)\ \Omega$。

现场设备、安全栅或电源都应满足表 100 中的 CMRR 要求。关于非平衡电容，CMRR 应大于表 100 中所列值。不包括被测设备（即 DUT）的测量仪表 CMRR（如图 94 所示）应比所列值至少大于 10 dB。

表 100 必需的 CMRR

频　率	kHz	≤40	120	400	1 200
CMRR	dB	≥50	≥40	≥30	≥20

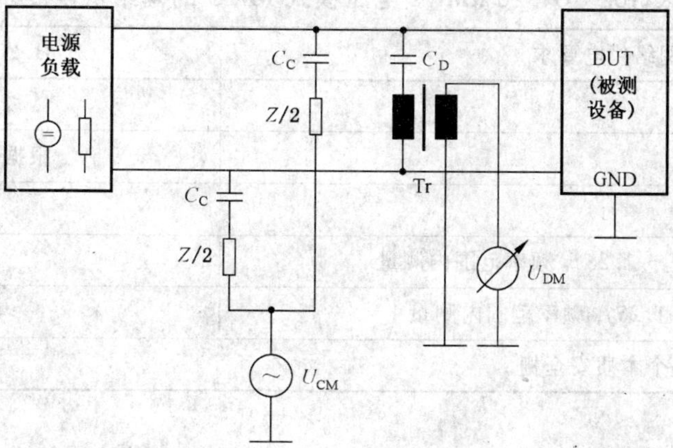

图 94 测量 CMRR 原理的块电路图

21.4.5 输出电平要求

见 12.4.3。

21.4.6 输出定时要求

见 12.4.4。

21.4.7 信号极性

见 11.4.5。

21.5 31.25 kbit/s 电压模式 MAU 的接收电路规范

见 12.5。

21.6 超时传输(jabber)抑制

见 12.6。

21.7 配电

21.7.1 概述

设备可以有选择地经由信号导线接收电能或独立供电。

不管以何种方式接收电源,设备均可以被认证为本质安全。

注:本部分不包括对 IS 认证的要求,但寻求排除妨碍 IS 认证的条件或情况。

独立供电的设备可以连接到一个供电的现场总线上。

为便于参考,在表 101 和表 102 中概述了 21.7 中的要求。

表 101 31.25 kbit/s 电压模式 MAU 的网络供电设备特性

网络供电设备特性	对 31.25 kbit/s 的限制值
工作电压	9.0 V(d.c.)~32.0 V(d.c.)
无损坏最小承受电压,任意极性	35 V
静态电流(无传送)的最大变化速率:此要求不适用于在设备与正在运行的网络连接后的第一个 10 ms 内或向网络供电后的第一个 10 ms 内	1.0 mA/ms
最大电流;此要求适用于在把设备与正在运行的网络相连接后 100 μs~10 ms 的时间间隔内或向网络供电后的 100 μs~10 ms 的时间间隔内(见注)	额定静态电流+10 mA
注:第一个 100 μs 不包括在内,以允许对设备中的 RFI 滤波器和其他电容充电。变化速率规范适用于 10 ms 后。	

表 102 31.25 kbit/s 电压模式 MAU 的网络供电要求

网络供电要求	对 31.25 kbit/s 的限制值
输出电压,非 IS	≤32 V(d.c.)
输出电压,IS	根据安全栅的等级
输出纹波和噪声	见图 95
输出阻抗,非 IS,在 $0.25f_r$～$1.25f_r$ 频率范围内测量	≥3 kΩ
输出阻抗,IS,在 $0.25f_r$～$1.25f_r$ 频率范围内测量	≥400 Ω(见注)
注：假定 IS 电源包含一个本质安全栅。	

21.7.2 电源电压

包括 31.25 kbit/s 电压模式 MAU 的现场总线设备应能在两根信号导线之间的 9 V～32 V(d.c.)(包括纹波)电压范围内进行工作。该设备应能承受最小±35 V(d.c.)的电压而不损坏。

注 1：对于 IS 系统，工作电压可能受到认证必需的限制。在这种情形下，电源应被放置在安全区内，而它的输出电压将因安全栅或等效部件而衰减。

包括 31.25 kbit/s 电压模式 MAU 的现场总线设备，在由符合以下规范的电源供电时，应符合本条的要求：

a) 对于非 IS 网络，电源输出电压最大应为 32 V(d.c.)(包括纹波)。

b) 对于非 IS 网络，在 $0.25f_r$～$1.25f_r$(7.8 kHz～39 kHz)频率范围内电源的输出阻抗应为 3 kΩ。此要求不适用于连接或撤除一个现场设备的 10 ms 内。

c) 在 $0.25f_r$～$1.25f_r$(7.8 kHz～39 kHz)频率范围内，IS 电源的输出阻抗应为 400 Ω。

注 2：假定 IS 电源包括一个本质安全栅。

d) 信号电路和配电电路对地及其相互之间的隔离击穿要求应符合 GB/T 15695.2。

注 3：等效测试电压施加在独立隔离的电路之间或隔离电路与可接近的导电部件之间。对于标称电压≤50 V(d.c.)或(r.m.s.)的电路，在海平面等效测试电压为 444 V(r.m.s.)、635 V(d.c.)和 635 V 峰值脉冲测试。对于标称电压在 150 V(r.m.s.)和 300 V(r.m.s.)之间的电路，等效测试电压在海平面为 2 260 V(r.m.s.)、3 175 V(d.c.)和 3 175 V 峰值脉冲测试。

21.7.3 通过信号导线供电

包括 31.25 kbit/s 电压模式 MAU 并通过信号导线供电的现场总线设备，当在以下最大的电源纹波和噪声的电平下工作时，应符合本条的各项要求：

a) 在 $0.25f_r$～$1.25f_r$(7.8 kHz～39 kHz)频率范围内，16 mV 峰-峰值；

b) 对于非 IS 应用，在 47 Hz～63 Hz 频率范围内，2.0 V 峰-峰值；

c) 对于 IS 应用，在 47 Hz～625 Hz 频率范围内，0.2 V 峰-峰值；

d) 在频率大于 $1.25f_r$ 至最高 25 MHz 时，1.6 V 峰-峰值；

e) 在中间频率的电平通常按图 95 取值。

一个包括 31.25 kbit/s 电压模式 MAU，并由信号导线供电的现场总线设备，从网络上吸取电流的最大变化速率为 1 mA/ms。这一要求不适用于：

——在发送时；

——在设备连接至正在运行的网络之后的第一个 10 ms 内；

——在向网络供电之后的第一个 10 ms 内；

——与网络切断连接或切断向网络供电的电源时。

设备应标有额定静态电流的标志。在设备连接到正在工作的网络之后的 100 μs～10 ms，或在向网络供电之后的 100 μs～10 ms 的时间间隔期间，设备从网络上吸取的电流应不超过其额定电流 10 mA。

注：为了允许对设备中的 RFI 滤波器和其他电容充电，应首先除去 100 μs。变化速率规范适用于 10 ms 以后。

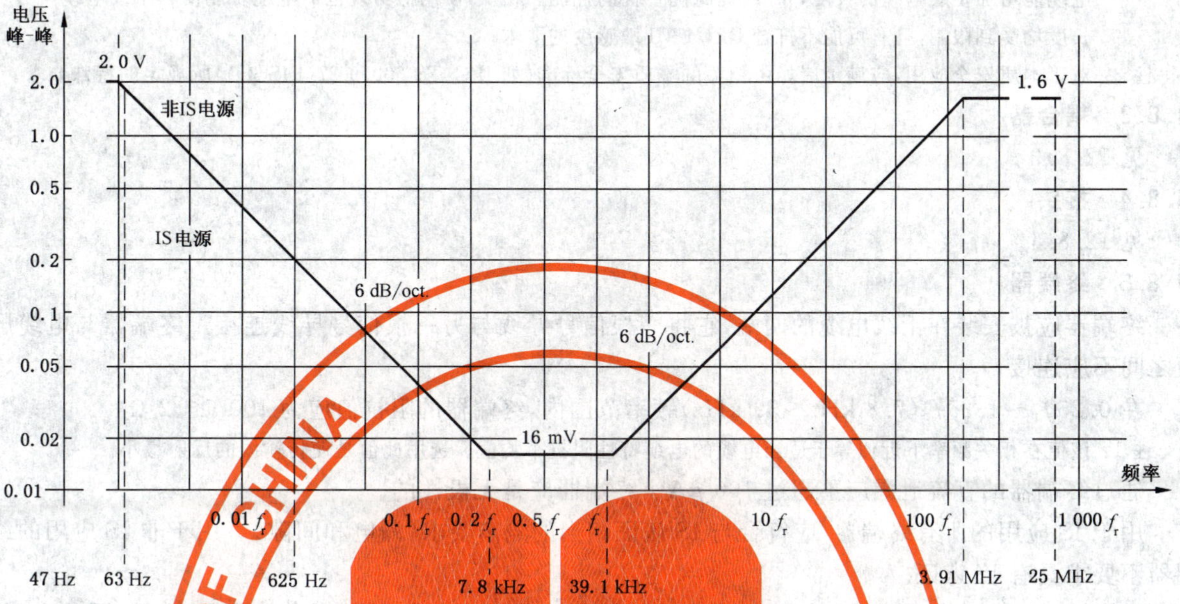

图 95 电源纹波和噪声

21.7.4 电隔离

使用导线的所有现场总线设备，不管它们是独立供电或通过信号导线供电，都必须在地与现场总线干线电缆之间提供低频隔离。

注 1：这可以是整个设备对地隔离，或用变压器、光耦合器或其他一些隔离部件在干线电缆与设备之间隔离。

组合电源和通信部件不应要求电隔离。

对于屏蔽电缆，在现场总线电缆的屏蔽与现场总线设备地之间测得的隔离阻抗，在所有低于 63 Hz 的频率下，应大于 250 kΩ。

一个设备的任一个输入端对地的最大非平衡电容不得超过 250 pF。

信号电路和配电电路的对地及其相互之间的隔离击穿要求，应符合 GB/T 15695.2。

注 2：应将等效测试电压加在独立隔离的电路之间或隔离电路与可接近的导电部件之间。对于标称电压≤50 V (d.c.)或(r.m.s.)的电路，其在海平面等效测试电压为 444 V(r.m.s.)、635 V(d.c.)和 635 V 峰值脉冲测试。对于标称电压在 150 V(r.m.s.)和 300 V(r.m.s.)之间的电路，其在海平面等效测试电压为 2 260 V (r.m.s.)、3 175 V(d.c.)和 3 175 V 峰值脉冲测试。

21.8 媒体规范

21.8.1 连接器

连接器规范见附录 I.1。

21.8.2 标准测试电缆

在测试具有 31.25 kbit/s 电压模式 MAU 的现场总线设备以符合本条的要求时，所使用的电缆应是一根全屏蔽的双绞线电缆，并在 25℃时满足以下最低要求：

a) 在 f_r(31.25 kHz)频率上，Z_0＝100 Ω±20 Ω；

b) 在 1.25 f_r(39 kHz)频率上，最大衰减＝3.0 dB/km；

c) 对屏蔽的最大非平衡电容＝2 nF/km；

d) 最大 d.c. 电阻(每根导线)＝24 Ω/km；

e) 从 0.25 f_r 改变到 1.25 f_r 时，最大传播延迟＝1.7 μs/km；

f) 导线截面积(导线尺寸)＝标称 0.8 mm^2；

g) 最小屏蔽覆盖应为 90%。

注 1：上述规范用于测试 MAU 的一致性。在实际安装中可以使用其他类型的电缆(见附录 B)。具有改善规范的电缆能增加干线电缆的长度，和/或提高抗干扰的性能。相反，使用低劣规范的电缆可能使其干线电缆与分支长度均受到限制，且有可能不符合 RFI/EMI 敏感度的要求。

注 2：对于本质安全应用，应满足诸如由相关的本质安全标准(如 IEC/TS 60079-27(FISCO))所规定的特殊要求。

21.8.3 耦合器

见 12.8.3。

21.8.4 接头

见 12.8.4。

21.8.5 终端器

终端器应被安装在干线电缆的两端，它将一根信号导线与另一根信号导线连接。终端器与电缆屏蔽之间不应连接。

在 $0.25f_r$～$1.25f_r$(7.8 kHz～39 kHz)频率范围内，终端器的阻抗值应为 100 Ω±2 Ω。

注 1：该值在相关频率下近似等于适当电缆的电缆特性阻抗平均值。选用此值是使传输线的反射最小。

通过终端器的直流泄漏应不超过 100 μA。终端器应是无极性的。

用于 IS 应用的所有终端器，应符合与 IS 认证相当的隔离要求(漏电和间隙)。用于非 IS 应用的终端器不要求具有 IS 认证。

注 2：对于由电源、安全栅和终端器的功能以不同方式组合的设备，只要在电性能上等效于满足本条必需的独立设备的并联阻抗，而且遵守 21.3.3 的网络组态规则，这样的设备是可以接受的。

21.8.6 屏蔽规则

见 12.8.6。

21.8.7 接地规则

注 1：接地是指通过足够低的阻抗和充分的承载电流的能力与地永久连接，以防止产生电压而造成对所连接的设备与人员危险。与现场总线干线电缆电隔离的零电压(公共)线也可接地。

要求满足本条必需的现场总线设备以一个终端器或一个电感耦合器的中点直接接地。

在网络中的任何点上，现场总线设备不应把双绞线的任一根导线接地。应将信号分别施加和保持在整个网络中。

注 2：现场总线干线电缆屏蔽(如果可应用的话)的最好的做法是在沿着电缆长度的若干个点上有效地接地。但现场总线设备应允许电缆屏蔽对地直流隔离。在一个中心接地点上以平衡方式(例如用终端器或耦合变压器的中心抽头)将信号导线接地，这也是一种标准做法。对于由总线供电的系统，屏蔽和平衡的信号导线的接地应靠近供电单元。对于 IS 系统，接地应符合相关的本质安全标准(如由 IEC/TC 31，SC31G，WG2 制定的标准)。

21.8.8 电缆颜色

见 12.8.8。

21.9 本质安全

21.9.1 概述

本部分不逐项列出装置可被认证为本质安全的要求，也不要求装置是本质安全的，而是排除妨碍 IS 认证的条件或情况。

21.9.2 本质安全栅

在 $0.25f_r$～$1.25f_r$(7.8 kHz～39 kHz)范围内任意频率上，安全栅的阻抗应大于 460 Ω。IS 安全栅阻抗规范应适用于作为物理层部分所使用的所有安全栅，不管它是作为网络硬件的一个独立部分，还是嵌入在电源卡中。安全栅的阻抗应在其两侧的端点间测量。应在网络电源设为安全栅的额定工作电压(不是安全电压)时测量安全栅的阻抗。

注：对于由电源、安全栅和终端器的功能以不同方式组合的设备，只要在电性能上等效于满足本条必需的独立设备的并联阻抗，而且遵守 21.3.3 的网络组态规则，这样的设备是可以接受的。

在安全栅额定工作电压下并且在 $0.25f_r$～$1.25f_r$(7.8 kHz～39 kHz)频率范围内，从“+”(正)网络端(危险侧)对地测得的电容和从“-”(负)网络端(危险侧)对地测得的电容之差不应大于 250 pF。

21.9.3 安全栅与终端器的安放位置

安全栅与最近的一个终端器之间的距离应不大于 100 m 电缆。

注：可把安全栅视为在信号发送频率下的一个低达 460 Ω 的分支阻抗。当把终端器与安全栅阻抗并联时，其电阻足够的低，以至于并联阻抗几乎完全是电阻性的(非电抗性的)。

21.10 电隔离器

在现场总线上使用的电隔离器的通信特性应符合 21.9 的要求。

21.11 耦合部件

21.11.1 概述

耦合部件用于连接具有相同物理层或不同物理层的类型 3 网络段。

除了信号电平，本部分并不描述耦合部件的必需特性。这意味着当使用耦合部件时，保证遵循“网络配置规则”标准是系统规划者的任务。

——最大信号延迟

——最大标称信号跨零点偏移(信号抖动)

可使用两种类型的耦合部件：

——MBP-IS 中继器

——MBP-IS RS485 信号耦合器

21.11.2 MBP-IS 中继器

一个 MBP-IS 中继器连接两个 MBP-IS 段。它在每个段上包含一个 MAU 并且在两个 MAU 之间含有电隔离。表 103 所示的电气特性对每个现场总线接口都是必备的。第 12 章的 MAU 相关要求以及 21.1～21.10 也适用于中继器。

表 103 现场总线接口的电气特性

参数	取值	本部分的子条款
信号编码	曼彻斯特编码Ⅱ	9.2.2
起始定界符	1,N+,N−,1,0,N−,N+,0[a]	9.2.4
结束定界符	1,N+,N−,N+,N−,1,0,1[a]	9.2.5
前导码	1,0,1,0,1,0,1,0	9.2.6
数据速率	31.25(1±0.2%) kbit/s	21.2
输出电平(峰-峰)	0.75 V～1 V	21.4.5
正、负传输幅值间最大幅值差	±50 mV	21.4.5
最大传输信号失真(过冲电压、上升和下降)	10%	21.4.5
发送器噪声	1 mV(r.m.s.)[b]	21.4.5
输出阻抗	≥3 kΩ[c]	21.7.1
工作电压	9 V～32 V[d]	21.7.1
共模抑制率(CMRR)	≥50 dB[e]	
泄漏电流[f]	50 μA	

[a] N+和 N−是非数据符号。

[b] 在 1 kHz～100 kHz 频率范围内。

[c] 在 7.8 kHz～39 kHz 频率范围内。

[d] 工作电压范围。对于本质安全设备，可限制为 9 V～17.5 V 或 9 V～24 V。

[e] 在 39 kHz 时对应于非平衡电容 250 pF。

[f] 只对于本质安全。

连接到本质安全总线段的中继器必须被认证为本质安全装置。该认证必须包含说明设备符合FISCO模型。对于电隔离必须符合GB 3836.4—2000规范。

为了判断是否满足21.3.3的网络配置规则，系统规划者需要关于由中继器引起的信号延迟和最大标称信号跨零点偏移(即信号抖动)的信息。这个信息应在数据表单中文档化。

一个中继器可以同电源及线路终端器组合。

21.11.3 MBP—IS RS 485信号耦合器

一个MBP—IS RS 485信号耦合器连接一个MBP—IS段和一个RS 485段。它在每个段上都包含一个MAU，并且两个MAU之间含有电隔离，以及一个曼彻斯特编码/解码。

表103所示的电气特性对于MBP—IS接口是必备的。第12章的MAU相关要求以及21.1～21.10也适用于MBP—IS接口。第22章适用于RS 485总线接口的设计。

连接到本质安全总线段的信号耦合器必须被认证为本质安全装置。该认证必须包含说明设备符合FISCO模型。对于电隔离必须符合GB 3836.4—2000规范(见21.10)。

为了判断是否满足21.3.3的网络配置规则，系统规划者需要关于由信号耦合器引起的信号延迟和最大标称信号跨零点偏移(即信号抖动)的信息。这个信息应在信号耦合器的数据表单中文档化。

一个信号耦合器可以同电源及总线终端组合。

注：这样的设备通常被称为段耦合器。

21.12 电源

21.12.1 概述

电源必须连接到总线上为现场设备供电。所提供的电压取决于特定应用的要求。

本质安全总线的功率可通过具有本质安全输出的电源提供，或者通过非本质安全但增加一个安全栅的电源提供。

为防止对数据传输的任何影响，本部分第21章以及表104所列的电气特性对所有电源都是必备的。

表104 电源的电气特性

	非本质安全	本质安全，ⅡC FISCO[a]	本质安全，ⅡB FISCO[a]	本质安全，ⅡC 线性安全栅[b]
根据FISCO模型	否	是	是	
最大直流供电电压 U_O	≤32 V	≤17.5 V	≤17.5 V	≤24 V
最大直流短路电流 I_O		≤360 mA	≤380 mA[g]	≤250 mA
最大输出功率 P_O		≤2.52 W	≤5.32 W	≤1.2 W
纹波、噪声	≤16 mV[c]	≤16 mV[c]	≤16 mV[c]	≤16 mV[c]
输出阻抗[g]	≥3 kΩ[c,d]	≥400 Ω[c,d]	≥400 Ω[c,d]	≥400 Ω[c,d,e]
纹波、噪声	≤16 mV[c]			
非对称衰减	≥50 dB[f]			≥50 dB[e,f]

[a] 根据FISCO模型带有矩形或梯形特性的电源。

[b] 带有线性特性的电源或安全栅。

[c] 在7.8 kHz～39 kHz频率范围内。其他见图95。

[d] 带有集成线路终端器：100 Ω±2 Ω。推荐每个电源都带有一个终端电阻。

[e] 如要求还包含安全栅。

[f] 本部分中没有必需的规范，但要求功能性。

[g] 电流限制由于矩形特性产生。

电源的输出端应被清晰标明“+”和“−”。

尽管并不特别要求电源对地的隔离，但总线电缆导线的非对称接地是不允许的。导线与地之间的任何连接都必须是对称的。详细要求见 21.8.7。

被安置于可能爆炸区域的、为现场总线供电的电源必须被认证为可在危险区域使用的本质安全相关装置。

21.12.2 非本质安全电源

非本质安全电源应具有表 104 所列的技术特性。

非本质安全电源可以同经认可的安全栅一起使用，为一个本质安全总线供电。

21.12.3 本质安全电源

为实现在可能爆炸的区域为现场设备供电，带有本质安全输出的电源可连接到总线上，以代替非本质安全电源与安全栅的联合使用。该设备一般被放置在危险区域外的控制室中。在 GB 3836.4—2000 中，这就是所谓的相关装置，因为尽管它本身并不防止爆炸，但确实具有可以在可能爆炸的区域中使用的本质安全电路。

除第 21 章尤其表 104 的要求外，本质安全电源还应满足 GB 3836.15—2000 和 GB 3836.4—2000 中的安全要求。

如果电源被安置在危险区域，必须提供额外的标准类型的保护(如安装在保护类型为“防火外壳等级 d”的机架上)。

本质安全电源可以是其他现场总线部件的一部分(如段耦合器，见 21.11)。

FISCO 模型是基于 13.5 V 的额定直流电压。具有矩形特性电源的燃烧曲线说明，如果电压增加，最大可允许功率将显著减小。另一方面，由于传输线导致电压下降，使得低电压电源也可能没有优势。因此，13.5 V 电压看来是可接受的折中方案。

由于容差并为信号幅度提供余量，供电设备的最大输出电压 U_O 应大于其额定输出电压。信号幅度≤1 V(PP)，因此需要一个 0.5 V 的余量。如果假定容差≤1 V，那么计算可以保证最大输出电压 $U_O=15$ V。取决于燃气分组的可允许最大输出电流(短路电流)，可以从可用的燃烧曲线上导出，或者从燃烧试验中获取。在ⅡC 分组中，允许的输出电流为 $I_O=28$ mA。可选择其他符合 FISCO 模型的电压/电流组合。

安全相关电压的设计与实现，以及电流限制器，取决于所选择的本质安全电路等级(“ia”或“ib”)。输出参数的最大值必须满足 FISCO 模型的要求。

就 GB 3836.4—2000 而言，总线电源必须获得“相关装置”的检测认证。该认证必须说明电源符合 FISCO 模型。

注：除了通常的数据(即最大输出参数)，认证还包括适合允许的现场总线配置的最低规范。一般对最大允许外电感 L_a 和电容 C_a 的取值没有限制。如果包括这些值，那么应认为在本质安全电路中，L_a 和 C_a 是不受保护的电感和电容，这并不是 FISCO 模型的情况。在这里，只要系统参数保持在 FISCO 模型定义的限制范围内，电缆不被认为是集总电感和集总电容。

21.12.4 “ib”等级电源

注：因为电源的输出电流电路应具有对直流电流的低内部电阻，应考虑使用带有电压调节器和有源电流控制(即电子电流限制)的电源。例如，根据表 104 在信号频率范围内，内部电阻≥400 Ω 可通过使用频率相关负反馈实现。

理想的电源输出特征曲线(即电流/电压特征)是矩形的(见图 96)。当输出电流增加时，输出电压保持不变直到电流到达一定限值。假定建立冗余电流和电压限值并提供同非本质安全电路的电隔离，GB 3836.4—2000 允许这样一个解决方案。

注：既然更高电压会限制可用的功率，一个 13.5 V 电压的直流电流看来是实际的。具有方形输出特征曲线电源的爆炸限制曲线说明当电压增加时，可允许的功率显著减小。

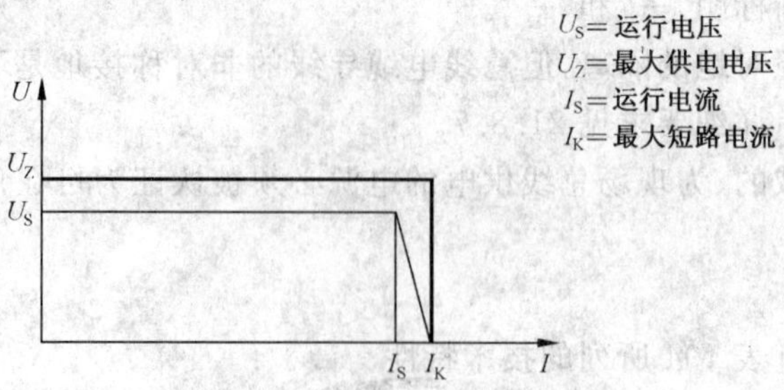

图 96 EEx ib 等级电源的输出特征曲线

21.12.5 "ia"等级电源

具有电子电流限制的电源应被认证符合 GB 3836.4—2000 中"ib"等级要求。

"ia"等级电源应符合 FISCO 模型。图 96 中的最大输出电流 I_K 对应于图 97 中的 $|Z_u|$（当 $U=U_Z$）。例如：

一个适合"ia"等级的电源包含以下安全相关部件：电压源 $U_O=34$ V，固定电阻 $R=158\ \Omega$，稳压二极管 $U_{ZD}=15$ V(最大值)。这样的电路具有图 97 所示的梯形输出特征曲线。电源可能的工作值如下：

——$U=13.5$ V

——$I=120$ mA

——$P=1.7$ W

$$P_{V\max}=\frac{U_O^2}{R_V}=7.32\ \text{W}$$

注 1：这样，工作值相当于带电子电流限制的"ib"等级的那些值。不利方面是这要求串联电阻具有相对高的热应力，并且在工作条件下总存在串联电阻的功率损失。

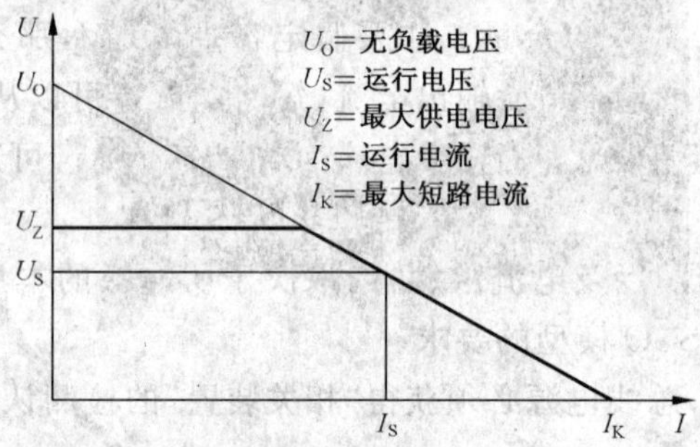

图 97 EEx ia 等级电源的输出特征曲线

如安全系数为 1.5，则允许的电阻功率消耗应为 11 W。

注 2：使用两个串联的电阻会有帮助。

稳压二极管的最大功率消耗为 1.8 W。

$$P_{V\max}=\frac{U_O-U_Z}{R_V}\times 15\ \text{V}=\frac{34\ \text{V}-15\ \text{V}}{158\ \Omega}\times 15\ \text{V}=1.8\ \text{W}$$

考虑安全系数，稳压二极管应适合 2.7 W 最大功率消耗。

注 3：这里串联使用两个二极管也是可能的。

GB 3836.15—2000 和 GB 3836.4—2000 适用。

21.12.6 反向供电

除每段一个电源外，FISCO 模型不允许连接到本质安全现场总线的设备向现场总线反向馈电，即使在现场总线线路上发生短路。这一般通过在输入电路上串接两个(用于 EEx ib)或三个(用于 EEx ia)硅或肖特基(Schottky)二极管保证实现。当这些二极管的泄漏电流(在允许的温度范围内高达最大反向电压)不超过 50 μA 时，现场总线设备符合 FISCO 模型。除安全系数外，一般在此还要应用二极管制造商的规范(即作为每个数据表单的典型值)。

进行安全测试的认证机构和特定现场设备的认证,对这些测量进行最终判定。

22 类型 3:媒体附属单元:异步传输,导线

22.1 非本质安全用媒体附属单元

22.1.1 特性

本 MAU 规范描述对应于 ANSI TIA/EIA-485-A 的平衡导线传输。位于双绞线电缆两端的终端器能使 PhL 可以支持特别高速率的传输。数据速率≤93.75 kbit/s 时,最长电缆长度为 1 200 m。当数据速率=1 500 kbit/s 时,最长电缆长度减至 70 m(B 型)和 200 m(A 型)。当数据速率=12 Mbit/s 时,最长电缆长度为 100 m(仅 A 型,见 22.1.2.2)。

NRZ 比特编码与 ANSI TIA/EIA-485-A 信号相结合,目的是降低导线耦合器的成本,该耦合器可以将站与导线隔离(电隔离)或不隔离。尤其对更高数据速率(最大 12 Mbit/s)需要导线终端器。

表 105 给出需要的特性。

表 105 非 IS 特性

特性	约束
拓扑	直线型总线,在两端终止,短接线≤0.3 m,无分支;见注 总导线长度包括短接线长度的和
媒体	推荐屏蔽双绞线电缆,见"媒体规范"
导线长度[a]	≤1 200 m,与数据速率和电缆类型有关
站数[a]	32(主站、从站或中继器)
数据速率	9.6/19.2/45.45/93.75/187.5/500/1 500/3 000/6 000/12 000 kbit/s,也支持其他的数据速率
注:与 ANSI TIA/EIA-485-A 推荐的相比较,如果所有短接线的总电容量不超过以下值,则允许采用更长短接线: 0.05 nF,在 3.6 Mbit/s 和 12 Mbit/s 时; 0.2 nF,在 1.5 Mbit/s 时; 0.6 nF,在 500 kbit/s 时; 1.5 nF,在 187.5 kbit/s 时; 3.0 nF,在 93.75 kbit/s 时; 15 nF,在 9.6 kbit/s 和 19.2 kbit/s 时。	
[a] 中继器扩展特性见表 106。	

采用中继器可增加电缆长度和所连的站数。在两个站之间允许最多采用 3 个中继器。如果数据速率≤93.75 kbit/s,并且若所链接的部分构成一个链(直线型总线拓扑,无有源星型,例如图 98 所示),并假定导线的横截面积为 0.22 mm^2,则最大可允许的拓扑结构如表 106 所示。

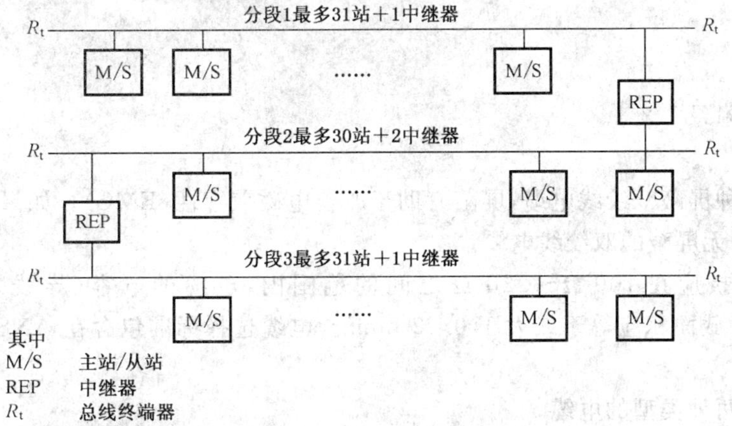

图 98 在线型总线拓扑结构中的中继器

表 106　使用中继器特性

中继器个数	特　　性	约　　　束
1	总线长度	<2.4 km
	站数	62(主站、从站或中继器)
2	总线长度	<3.6 km
	站数	92(主站、从站或中继器),见图 98
3	总线长度	<4.8 km
	站数	122(主站、从站或中继器)

在树型拓扑结构中,例如图 99 所示,可使用 3 个以上的中继器连接多于 122 个站,例如,5 个中继器和 127 个站。这种拓扑结构可覆盖一个很大的区域,例如在数据速率低于 93.75 kbit/s,导线横截面积为 0.22 mm^2 时,总线长度可达 4.8 km。

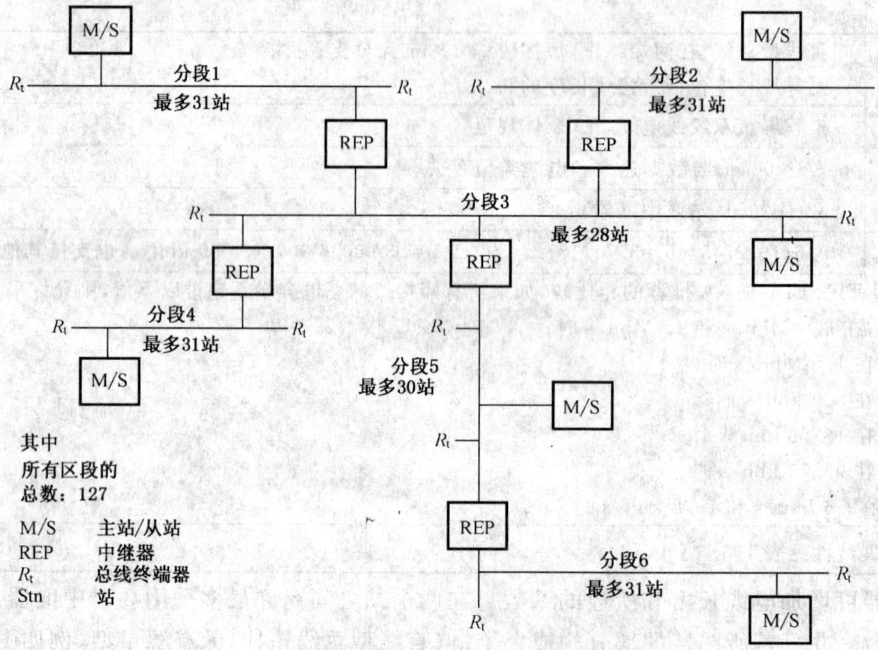

图 99　树型拓扑结构中的中继器

22.1.2　媒体规范

22.1.2.1　连接器

连接器规范见附录 I.2.1。

22.1.2.2　电缆

总线媒体是一种屏蔽双绞线电缆,屏蔽有助于改善电磁兼容性(EMC)。如果没有严重的电磁干扰(EMI),也可以使用无屏蔽的双绞线电缆。

电缆的特性阻抗应在 100 Ω～220 Ω 之间的范围内,电缆的电容(导线之间的电容)应小于 60 pF/m,导线的横截面积应等于或大于 0.22 mm^2。电缆选择标准包含在 ANSI TIA/EIA-485-A 的附录中。

表 107 定义了两种类型的电缆。

表 107 电缆规范

电缆参数	类型 A	类型 B
阻抗	135 Ω～165 Ω (f=3 MHz～20 MHz)	100 Ω～130 Ω (f>100 kHz)
电容	<30 pF/m	<60 pF/m
电阻	<110 Ω/km	未规定
导线横截面积	≥0.34 mm²	≥0.22 mm²
非 IS 护套的颜色	紫色	未规定
内部电缆导线 A 的颜色(RxD/TxD-N)	绿色	未规定
内部电缆导线 B 的颜色(RxD/TxD-P)	红色	未规定

表 108 列出在不同传输速率下类型 A 和类型 B 电缆的最大电缆长度。

表 108 不同传输速率下最大电缆长度

项	单位	值								
数据速率	kbit/s	9.6	19.2	93.75	187.5	500	1 500	3 000	6 000	12 000
电缆类型 A	m	1 200	1 200	1 200	1 000	400	200	100	100	100
电缆类型 B	m	1 200	1 200	1 200	600	200	70	不允许		

对于数据速率等于或小于 1 500 kbit/s,短接线的长度和(所有短接线的总电容)在 22.1 中规定。例如,对于 A 型电缆,数据速率为 1 500 kbit/s 时的最大短接线长度为 6.6 m。

在 3 Mbit/s 和更高的数据速率时,所有短接线的总电容应小于 0.05 nF。因此对于 A 型电缆,短接线的总长为 1.6 m。在此数据速率下,有必要把阻抗集成到布线中,以避免反射。

在下面的例子中,图 100 给出连接器中电感 L_1～L_4 的集成。

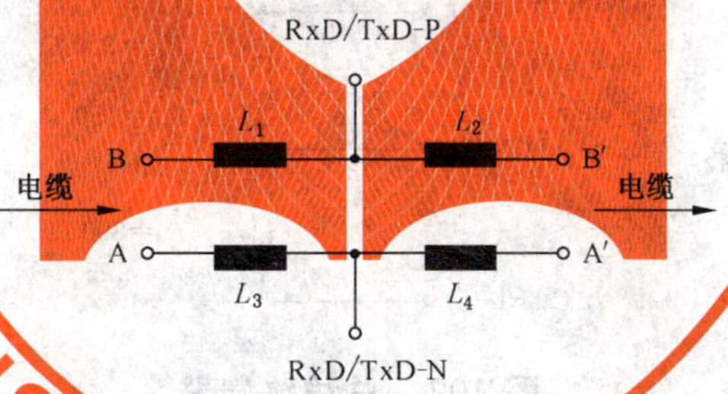

图 100 带集成电感的连接器实例

对于 A 型电缆,电感 L_1～L_4 的值应为 110 nH±22 nH,并有以下约束:

A 与 A′之间以及 B 与 B′之间的电阻应≤0.35 Ω。

每个所连接站的典型电容值(连接器、至 ANSI TIA/EIA-485-A 收发器的电缆、收发器本身和其他部件)应为:15 pF～25 pF。

注 1:电感的计算包括所连接站的电感分量。在断开这样连接器的情况下,可能会发生导线反射,导致总线的波形失真。

在 ANSI TIA/EIA-422-B 的图 2-A.1(也包含在 ITU-T V.11 中)中说明了可允许的数据速率对本地链路范围的(两个站之间最大距离)依赖关系。

注 2:有关电缆长度的推荐值是假定最大的信号衰减为 6 dB。经验表明,如果所用导线的横截面积≥0.5 mm²,则距离可加倍。

两个站之间的最小接线如图 101 所示。

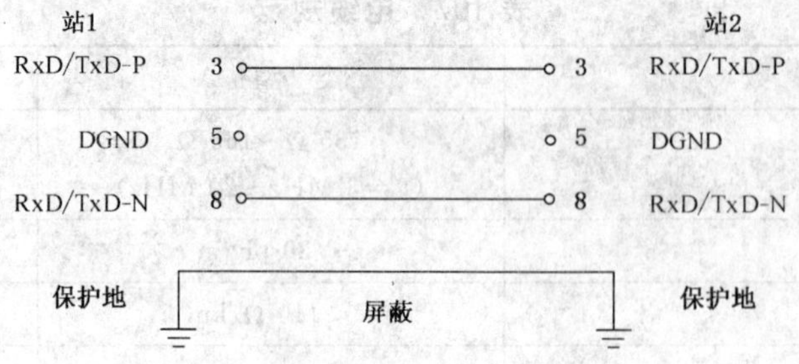

注：两根线不允许倒置！

图 101 互联的接线

图 101 所示的接线允许两个站之间的共模电压(即保护地之间的电压差)最大为±7 V。如果期望更高的共模电压，则在接地点之间应安装补偿导线。

22.1.2.3 接地和屏蔽规则

如果采用屏蔽双绞线电缆，推荐在电缆的两端通过低阻抗(即低电感)连接将屏蔽接至保护地。为达到合理的电磁兼容性，这是必要的。

在电缆屏蔽与保护地(例如金属的站外壳)之间的连接，应通过金属外壳和 D 型子连接器的金属固定螺丝来实现。如果这不可能，则可以使用连接器的管脚 1。

22.1.2.4 总线终端器

A 型和 B 型总线电缆应在两端分别用 R_{tA} 和 R_{tB} 来终接。在 ANSI TIA/EIA-485-A 中规定的终端电阻 R_t 应使用一个下拉电阻 R_d(与数据地 DGND 相连)和一个上拉电阻 R_u(与电压正端 V_P 相连)来补偿，如图 102 所示。当无站传输(在空闲期间)时，这种补充迫使差模电压(即导线之间的电压)达到一个规定值。

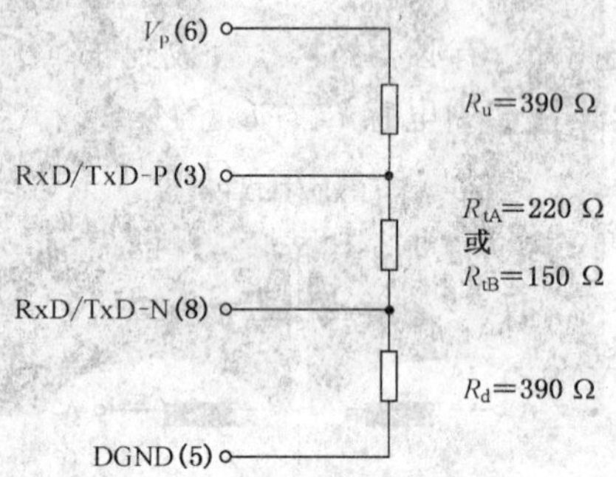

图 102 总线终端器

每一个在总线两端终接的站(通常用总线终端器)，应使总线连接器的管脚 6 与电压正端(V_P)(如＋ 5V±0.25 V)相接。

假定电源电压为＋5 V±0.25 V，则推荐以下电阻值：

R_{tA}＝220 Ω±4.4 Ω，min. 1/4 W；

R_{tB}＝150 Ω±3 Ω，min. 1/4 W；

R_u＝R_d＝390 Ω±7.8 Ω，min. 1/4 W。

在规定的电压容差内，供电的管脚 6(V_P)应能传送至少 10 mA 的电流。

允许混用上述的电缆类型和电缆终端电阻。然而，如果导线终端电阻和导线阻抗不匹配，那么最长导线长度必须减至上述固定值的一半。

22.1.3 传输方法

22.1.3.1 比特编码

通过双绞线电缆传输来自 DLL 的“不归零”(NRZ)编码的数据。二进制“1”(DL_symbol＝

"ONE")通过总线连接器的管脚 3(RxD/TxD-P)和管脚 8(RxD/TxD-N)之间的恒定正电压差来表示，二进制"0"(DL_symbol="ZERO")则通过恒定负电压差表示。

22.1.3.2 收发器控制

当一个站不发送时，应禁用发送器输出(DL_symbol="SILENCE")，这对导线表现为一个高阻抗。在空闲期间(即任何站均无数据发送时)，接收线信号应表现为二进制的"1"(DL_symbol="ONE")。因此，当所有发送器都被禁用时，总线终端应迫使连接器管脚 3 和管脚 8 之间的电压差为正。导线接收器应一直被启用，因此，在空闲期间每个站都接收二进制信号"1"。

22.2 本质安全用媒体附属单元

22.2.1 特性

本 MAU 规范描述用于防爆类型 Ex i 的 MAU，根据 GB 3836.4—2000 和 IEC 60079-25，对应于 ANSI TIA/EIA-485-A 的平衡导线传输。位于双绞线电缆两端的终端器能使 PhL 支持特别高速率的传输。对于≤93.75 kbit/s 的数据速率，最大电缆长度为 1 200 m。对于 1 500 kbit/s 的数据速率，最大电缆长度减至 200 m。只有 A 型电缆可与这种 MAU 一起使用，见 22.2.2.2。

NRZ 比特编码与 ANSI TIA/EIA-485-A 信号发送相结合，目的是降低线路耦合器的成本。导线终端器是必备的。

在所有连接到现场总线的设备中，总线接口电路应与所有其他电路进行电隔离。本质安全电路和/或非本质安全电路间的隔离间距和绝缘电压，必须满足相关应用标准(如 GB 3836.4—2000)。

表 112 给出必需的特性。

表 109 本质安全特性

特　性	约　　束
拓扑	线型总线，在两端终止，短接线≤0.3 m，无分支
媒体	推荐屏蔽双绞线电缆，见"媒体规范"
导线长度	≤1 200 m，与数据速率相关
站数	32(主站、从站或现场总线隔离中继器，以及额外的 2 个外部总线终端)
数据速率	9.6/19.2/45.45/93.75/187.5/500/1 500 kbit/s

图 103 所示的线型结构，允许连接点沿现场总线段类似于电源电路安装。现场总线电缆应经由各自现场设备构成环路以避免短接线。

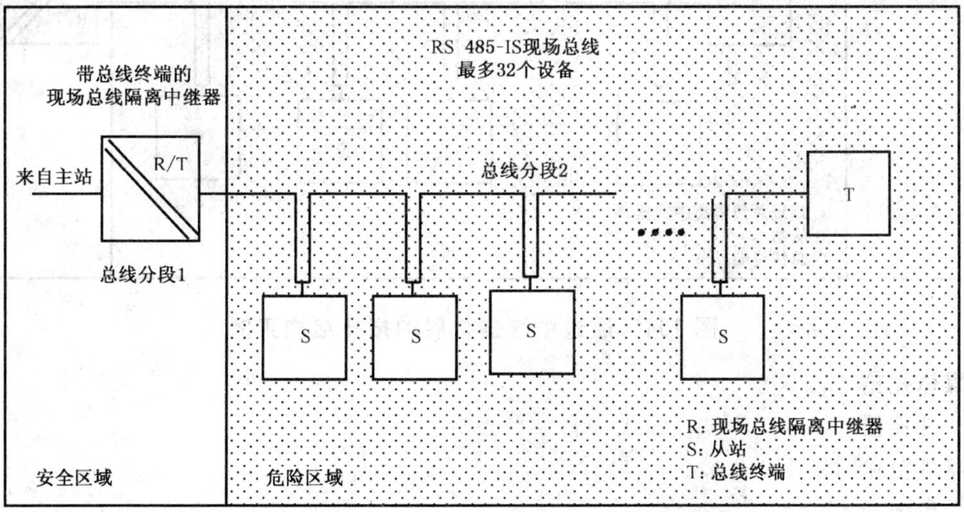

图 103 本质安全总线段的线型结构

现场总线隔离中继器或类似设备通常构成一个本质安全现场总线段的开始。这种现场总线隔离中继器将一个非本质安全现场总线段同本质安全现场总线段连接，并且同时可保证它们之间可靠的电隔离。本质安全现场总线段在两端都端接一个有源总线终端器。沿现场总线段最多可分布 32 个总线装置（现场设备、现场总线隔离中继器、外部总线终端器等）。现场装置以电力上分布不固定（in an electrically-floating arrangement）的方式连接到一个现场总线段上。

图 104 示出了一个安装和带有现场总线隔离中继器的现场总线系统段的实例。现场总线段 2 和 3 是本质安全的。在本质安全总线段 2 和 3 之间的现场总线隔离中继器必须保持电隔离。可串接的中继器个数取决于信号失真和信号延时（注意制造商的规范）。

图 104 中的段 3 从位于段 3 中间的现场总线隔离中继器开始。总线终端通过在一端的一个有源总线终端器，和在另一端的其他现场总线隔离中继器实现，现场总线隔离中继器将段 4 向安全区域开放。

现场总线段的总线终端可被置于现场总线隔离中继器、现场设备、一个有源总线终端器（作为单独设备）或一个由现场总线隔离中继器或现场设备供电的连接器中。

作为相关装置，图 104 中段 2 和段 3 之间的中继器应被安装在危险区域之外。在危险区域中安装时要求额外的防爆措施（如根据 IEC 60079-0 的 Exe、Exd，Exi 等）。

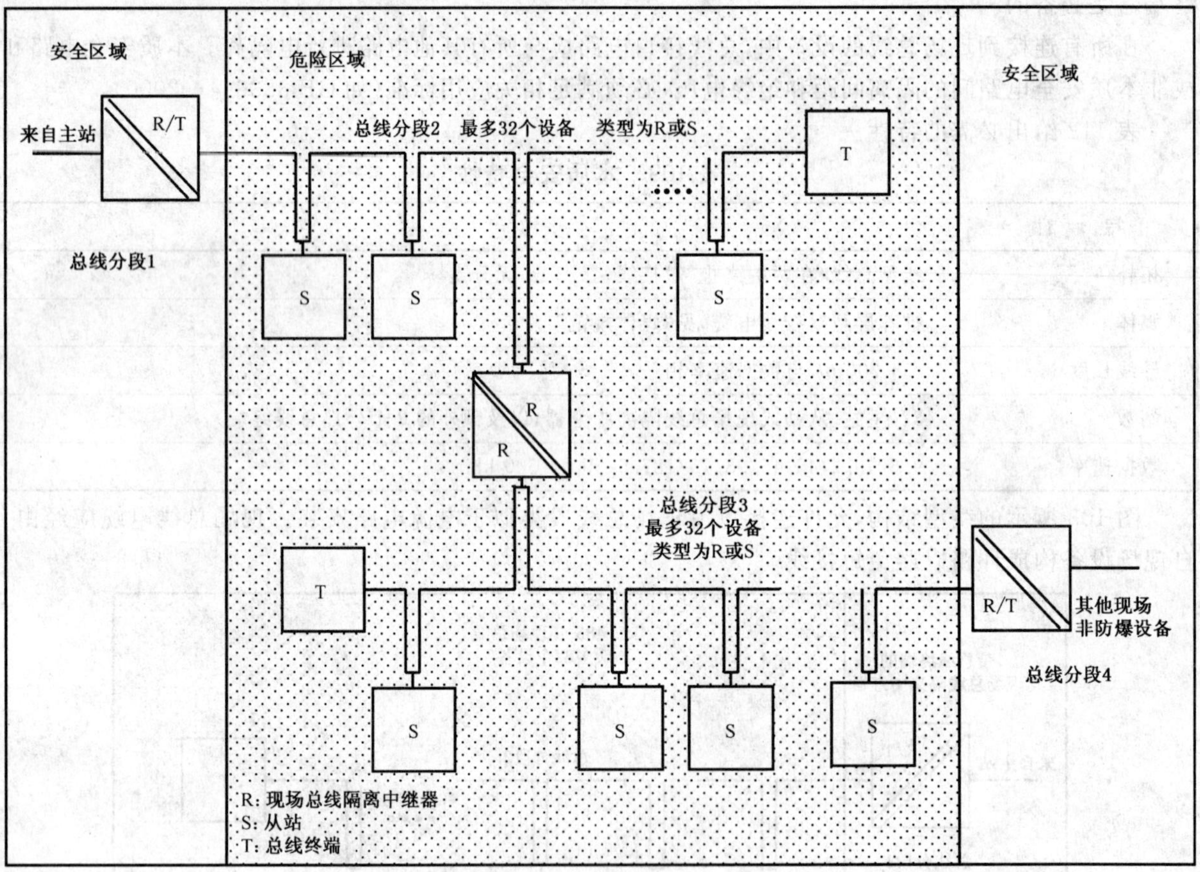

图 104 通过中继器扩展的拓扑结构实例

22.2.2 媒体规范

22.2.2.1 连接器

连接器规范见附录 I.2.2。

22.2.2.2 电缆

表 110 给出功能和本质安全相关的特定电缆参数。

表 110 电缆规范(功能和安全相关)

电缆参数	类型 A(见注 1)	限制的安全值
浪涌阻抗	当频率为 3 MHz~20 MHz 时为 135 Ω~165 Ω	不相关
工作电容/(nF/km)	<30	不相关
电线直径/mm	>0.64	>0.1,对于很好绞合导线的单根电线(见注 2) >0.35(见注 3)
导线横截面积/mm²	>0.34 mm²	0.096 2(见注 3)
环路电阻/(Ω/km)	≤110	不相关
L/R 比率/(μH/Ω)	≤15	≤15,在最低的环境温度下(见注 4)
IS 护套的颜色	浅蓝色	如使用颜色做标注
内部电缆导线 A 的颜色(RxD/TxD-N)	绿色	
内部电缆导线 B 的颜色(RxD/TxD-P)	红色	

注 1:根据 GB 3836.15—2000。电缆必须满足对电缆的要求。

注 2:根据 GB 3836.15—2000。很好绞合导线的电线头必须避免各股导线的分离,例如通过使用电缆接线片或轴端套。

注 3:本最小值适用于最高环境温度 40℃以及在现场总线电缆中总电流最大为 4.8A 的温度等级 T6 的情况。根据 GB 3836.4—2000,为获得其他环境温度下安培容量的信息,必须从已有要求中推算出来。在 RS 485-IS 情况下,现场总线电缆中的最大电流为 4.8 A。这使得在 T6 和在最大环境温度 40℃下使用的电缆中一根导线的横截面积必须≥0.096 2 mm²(直径≥0.35 mm)。因为在 T6 情况下允许的电缆表面温度不应超过 80℃,所以对于 4.8A 以及上述的导线横截面积,最大温升为 40 K。对于在 T4 下使用的电缆以及高于 40℃的环境温度,环境温度和电缆温升的和,对于 4.8 A 不应超过 130℃。在所有情况下,电缆的安装应适合最大预计电缆温度。

注 4:当环境温度高于−40℃时,类型 A 电缆满足此要求。

表 111 列出在不同传输速率下允许的最大电缆长度。

表 111 不同传输速率下最大电缆长度

项	单位	值					
数据速率	kbit/s	9.6	19.2	93.75	187.5	500	1 500
电缆类型 A	m	1 200	1 200	1 200	1 000	400	200

22.2.2.3 接地和屏蔽规则

注 1:接地意味着通过足够低的阻抗与大地永久性连接,并具有足够的电流承载能力来防止电压上升而造成对连接设备或人员的过分伤害。当零电压(公共)线与现场总线干线有电隔离时,零电压(公共)线也可接地。

现场总线设备不应在网络上任意一点将双绞线的任一根导线接地。在整个网络上信号应保持差分形式。

注 2:现场总线设备应允许电缆屏蔽层与地的直流隔离。对于本质安全安装,接地应遵循 GB 3836.15—2000。

对于屏蔽,见 12.8.6。

22.2.2.4 总线终端器

A 型总线电缆应在两端分别用 R_t 来端接。在 ANSI TIA/EIA-485-A 中规定的终端电阻 R_t 应使用一个下拉电阻 R_d(与总线终端地 ISGND 相连)和一个上拉电阻 R_u(与总线终端"正"ISP 相连)来补偿,如图 105 所示。当无站传输(在空闲期间)时,这种补充迫使差模电压(即导线之间的电压)达到一个明确规定值。

由于电气规范有修改，本 MAU 规范中用于防爆等级 Ex i 的终端器不同于非本质安全 MAU 规范。就此而言，当集成到通信设备或插头连接器时，应注意总线终端电阻值(见图 105)和修改了的总线终端布置。

每个指定端接总线的站(一般通过一个总线终端器)，应使内部供电电压 U_+ 为 $+3.3(1\pm5\%)$ V。

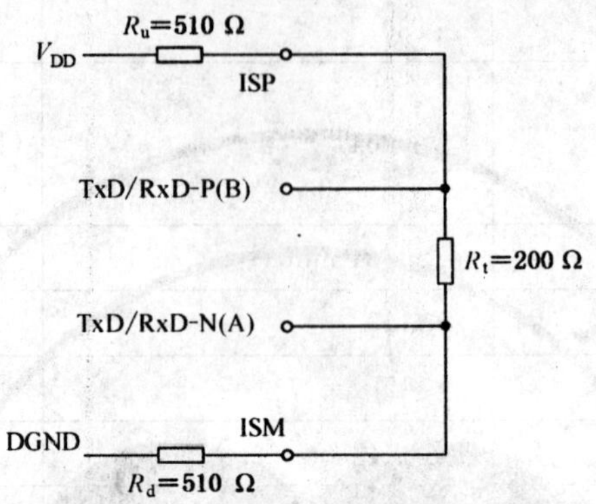

图 105　总线终端

22.2.3　传输方法

22.2.3.1　比特编码

见 22.1.3.1。

22.2.3.2　发送器控制

见 22.1.3.2。

22.2.3.3　信号特性

22.2.3.3.1　信号规范

本质安全现场总线上典型的电压波形如图 106 所示。以下定义 3 个阶段，在每个阶段总线上将产生特性信号电平：

空闲状态：V_{ODidle}

低态：V_{ODlow}

高态：V_{ODhigh}

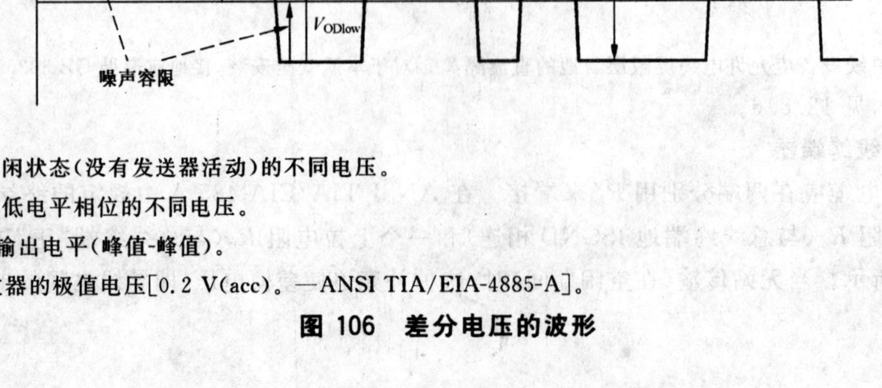

关键词：

V_{ODidle}＝空闲状态(没有发送器活动)的不同电压。

V_{ODlow}＝在低电平相位的不同电压。

V_{ODpp}＝满输出电平(峰值-峰值)。

V_{TH}＝接收器的极值电压[0.2 V(acc)。—ANSI TIA/EIA-4885-A]。

图 106　差分电压的波形

噪声余量在信号电平的定义中起至关重要的作用。一个信号电平的噪声余量总是对应于该电平的电压同阈值电压之间的差值。根据 ANSI TIA/EIA-485-A，阈值电压 U_{TH} 是 ANSI TIA/EIA-485-A 接收器的一个属性，并被定义在±0.2 V 范围内。为实现可靠的数据传输，噪声余量应尽可能大。对用于本质安全现场总线用 MAU，应保证在“最坏”条件下其最小噪声余量为 0.2 V。

表 112 所列参数对于通信设备是必备的。

表 112　本质安全接口电气特性

参　数	描　述	取　值	备　注
最小空闲电平	V_{ODidle}[V]	0.50	只与带有集成的或可连接总线终端的设备有关
总线连接上的传输电平(峰-峰)	V_{ODSS}[V]	≥2.7	对于最坏状况下总线配置和发送器上最大负载
在总线传输上“正”和“负”传输电平	V_{ODhigh}[V]	≥1.5	对于最坏状况下总线配置和发送器上最大负载
	V_{ODlow}[V]	≤−1.1	
接收器输入上的信号电平	V_{IDhigh}[V]	≥0.8	对于最坏状况下总线配置
	V_{IDlow}[V]	≤−0.4	
数据速率	kbit/s	9.6； 19.2； 45.45； 93.75； 187.5； 500； 1 500	一个现场设备可被设计为具有受限的数据速率
输入阻抗(接收器)	R_{IN}[kOhm] C_{IN}[pF] L_{IN}	≥12 ≤40 =0	对于提供一个设备或不提供
供电电压 RS 485 驱动和总线终端	V_{DD}[V]	3.3(1±5%)	

22.2.3.3.2　测试电路

22.2.3.3.2.1　概述

这些测量的目的是认证表 112 所必需的信号电平。测量应该在一个低数据速率下静态地进行，这样存在的电抗(如输入电容)对测量结果不造成影响。另外，总线电缆可用一个对应于最大长度总线电缆环路电阻的等效电阻代替。

注：在此只描述本质安全接口特定的测量方法。另外，还应验证是否符合 ANSI TIA/EIA-485-A。

22.2.3.3.2.2　空闲电平的测量

本测量确定终端电阻的特性。为此，本测量只针对配有总线终端的被测设备(DUT)(见图 107)，或为外部总线终端器供电(实现 ISM 和 ISP 连接)的被测设备(见图 108)进行。

注：其他部件和开关、电阻器应直接连接到 DUT 的终端(5…15 cm)。当使用连接电缆时，电缆长度不超过 1 m。

测量分两步进行：

第一步：测量开路电压 V_1，其值必须大于表 112 第 1 行中规定的值；

第二步：在负载条件(330 Ω 负载)下测量电压 V_2，V_2 必须在规定的范围($0.65\ V_1 \leqslant V_2 \leqslant 0.72\ V_1$)内。这样保证终端电阻阻值在 130 Ω～180 Ω 范围内。

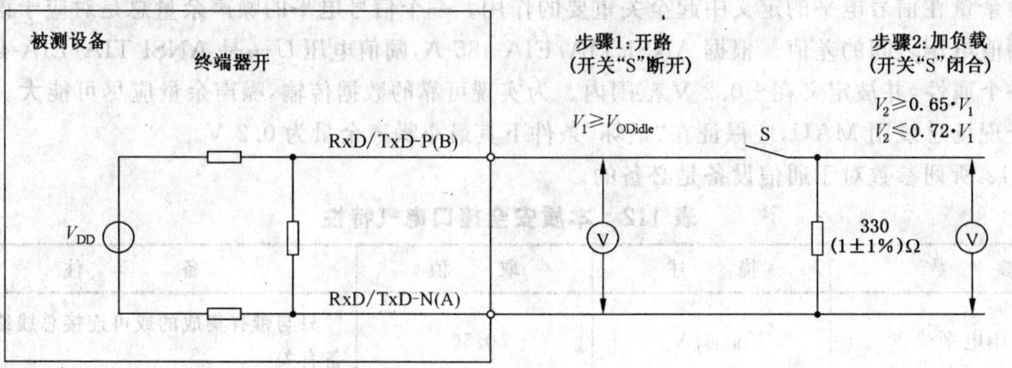

图 107　带有集成终端电阻设备空闲电平测量试验配置

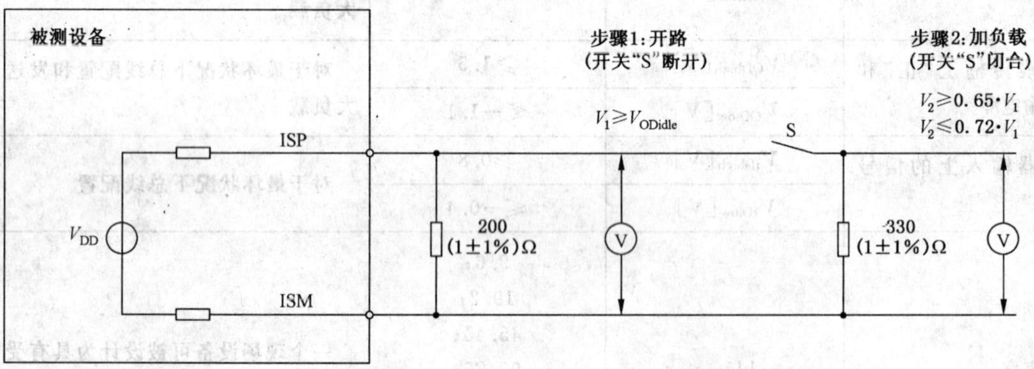

图 108　带有可连接终端电阻设备空闲电平测量的试验配置

22.2.3.3.2.3　信号电平测量

对于下面的测量配置，必须使用一个合适的现场总线隔离中继器以连接在主站系统。在试验期间，根据 22.2.2.4，本质安全现场总线应在两端被端接。如果被测设备未集成总线终端器，那么应使用一个合适的外部总线终端器。

注 1：为测量本质安全现场总线上的信号而不受外部影响，有必要连接一个电气隔离示波器(如带有电池供电的手持的)。

注 2：其他部件和电阻器、电阻网络应尽量短地连接到 DUT 的终端和现场总线隔离中继器。当使用一根连接电缆时，电缆的总长度不应超过 2 m。根据配置，示波器可被加到任何合适的终端上。

图 109 所示测量确定在发送器连接上和在最坏负载情况下的传输电平。这是现场总线电缆长度等于零的情况。在这种情况下，发送器输出电流和相应的负载达到最大。传输电平的额定值见表 112 的

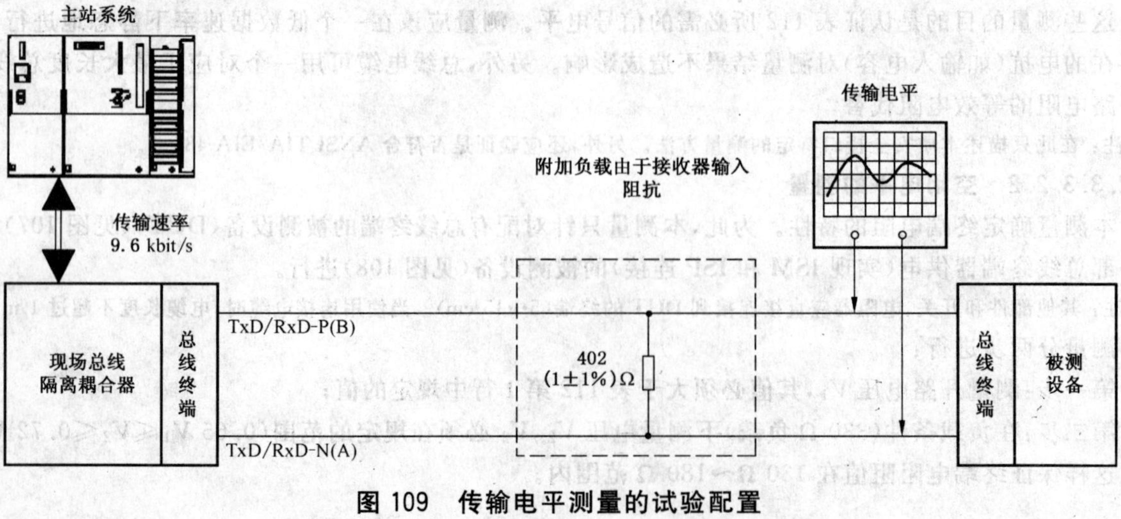

图 109　传输电平测量的试验配置

第2行和第3行。

图110所示测量是为了验证在最坏负载情况下,发送器能否为每个接收器产生足够电平。当1 200 m最大现场总线电缆长度和附加负载时,这种情况大概发生在电缆中间。所测值应满足表112第4行的要求。

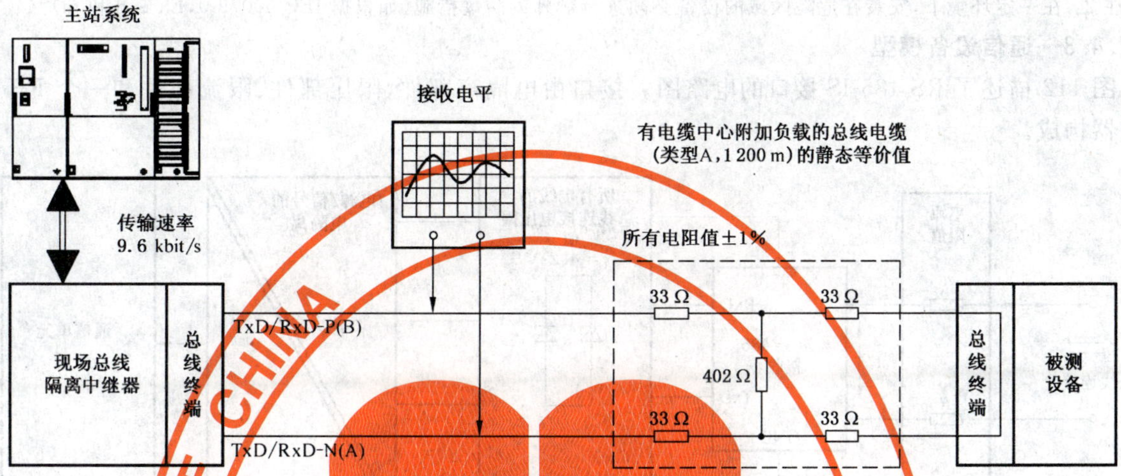

图110 接收电平测量的试验配置

22.2.4 本质安全

22.2.4.1 概述

本部分并不试图列出为实现装置的每个部件都被认证为是本质安全的而应满足的要求,也不要求装置必须是本质安全的,而是设法排除妨碍本质安全认证的条件和环境。

22.2.4.2 本质安全现场总线模型

本质安全现场总线以所有设备都是有源的模型为基础。所有设备都由外面供电并向现场总线供电。在一个本质安全电路中,当考虑存在的电感和电容时,只有最大量值的能量是允许的。这个能量的最大量值在燃烧曲线中描述。

注1:PTB(物理技术研究所)的分析构成本质安全现场总线的基础。

图111给出现场总线模型的基本配置。现场总线隔离中继器(一般)位于非危险区域,将本质安全

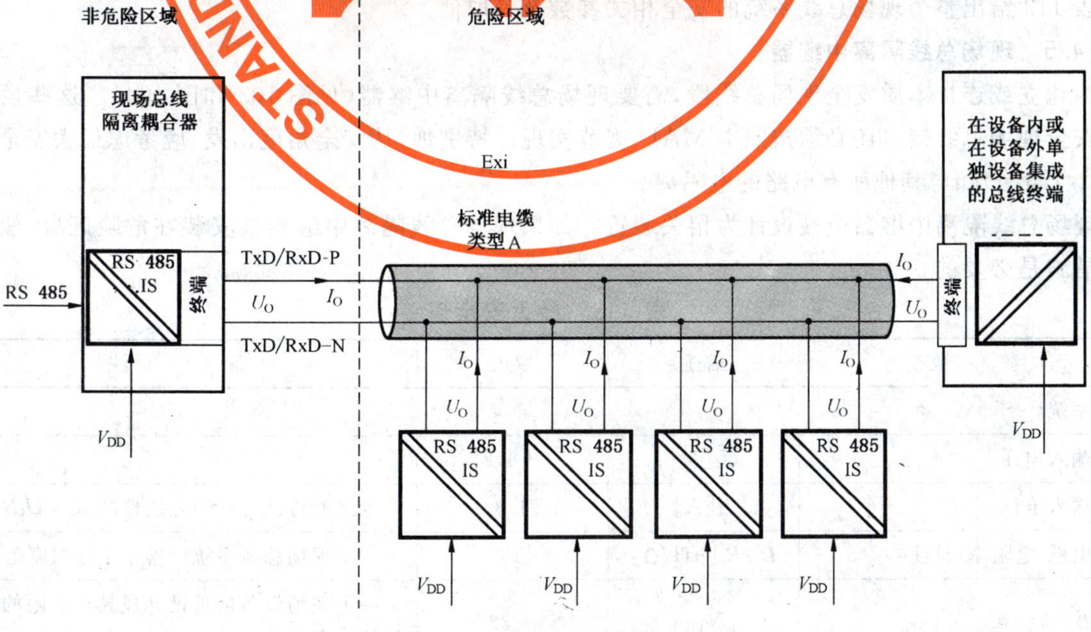

图111 本质安全现场总线模型

总线段同非本质安全总线段进行安全隔离。其他连接的通信设备位于危险区域。总线电缆两端各用一个外部有源总线终端器,或一个集成到现场设备中的总线终端器来终止。所有通信设备都由外部电压源供电,并对总线上的电流和电压进行安全限制。

注 2:在一定环境下,安装在危险区域的设备必须进行额外的防爆措施(如根据 IEC 60079-0,Ex e、d 和 m)。

22.2.4.3 通信设备模型

图 112 描述了 RS 485-IS 接口的电路图。接口由电隔离部件、限压部件、限流部件和一个 RS 485 收发器构成。

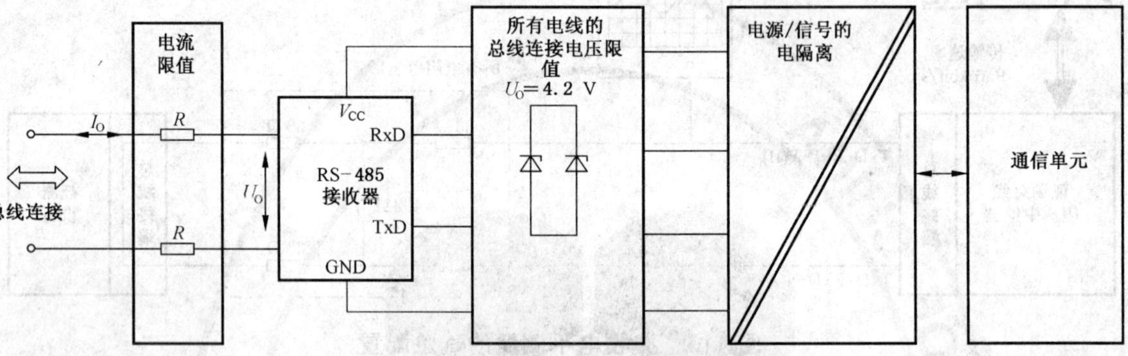

图 112 本质安全通信设备模型

为满足表 113 给出的 U_O 限制,所有到总线接口的连接(电源和数据线)必须由适当的限压部件加以限制。就此,必须考虑各部件的容差和最大功率额定值。在一定环境下,在通信单元/电源中应采用合适的功率限制措施。

在所有连接到本质安全总线的设备中,总线接口电路应同所有其他电路进行电隔离。

本质安全电路和/或非本质安全电路间的隔离间距和绝缘电源应满足 GB 3836.4—2000。

注:电流限制由最大输出电压和内部电阻和一起决定。内部电阻阻值由数据线 RxD/TxD-N 和 RxD/TxD-N 的串联电阻,和为总线终端器供电的 R_u 和 R_d 电阻的串联电阻构成。

就此,必须考虑各电阻的容差和功率额定值。限流和限压部件的详细要求见 GB 3836.4—2000。

22.2.4.4 最大安全值

表 113 给出整个现场总线系统的安全相关参数及其取值。

22.2.4.5 现场总线隔离中继器

为建立或连接本质安全现场总线段,需要现场总线隔离中继器(见图 103 和图 104)。这些设备的本质安全现场总线接口还必须按照本 MAU 规范实现。特别地,从安全角度出发,应考虑最大安全数据(见 22.2.4.4)和与其他所有电路的电隔离。

现场总线隔离中继器应被设计为相关装置。如果现场总线隔离中继器被安装在危险区域,额外的防爆措施是必要的。

表 113 最大安全值

参　　数	描述	取值	备　　注
总线系统			
最大输入电压	U_I[V]	|±4.2|	
最大输入电流	I_I[A]	4.8	电路的特征(曲线)是线性的 $R_s=U_O/I_O$
最大电感-电阻率(见注)	L'/R'[μH/Ω]	15	对于现场总线系统的整个工作温度范围
设备数	N_{TN}	≤32	一个现场设备可被设计成具有受限的数据传输速率

表 113(续)

参　数	描述	取值	备　注
通信设备			
最大输出电压	U_O[V]	|±4.2|	
最大输出电流	I_O[mA]	149	A线、B线和总线终端电源的电流总和
最大输入电压	U_I[V]	|±4.2|	
最大内部电感	L_I[H]	0	沿现场总线不允许有集中电感
最大内部电容	C_I[nF]	N/A	对安全而言不重要
外部有源总线终端			
最大输出电压	U_O[V]	|±4.2|	
最大输出电流	I_O[mA]	16	
最大输入电压	U_I[V]	|±4.2|	
最大内部电感	L_I[H]	0	沿现场总线不允许有集中电感
最大内部电容	C_I[nF]	N/A	对安全而言不重要
注：对于小于 10 V 的电压，电缆电容不产生任何额外危险。但是，由于功能性原因，总线电缆的电缆电容应限制为 $C'<40$ mF/km。			

注：由于功能性原因，限流电阻应被对称划分。

23　类型 3：媒体附属单元：异步传输，光纤

23.1　光数据传输的特性

表 114 列出光数据传输的特性。

表 114　特性

项	特　性
传输媒体	用石英或塑料制成的纤维光缆(FOC)
特性	——大范围，与传输速度无关 ——对电磁干扰不敏感 ——在所连节点之间是电隔离 ——无响应(non-reacting)连接—即使对现有的实现也如此 ——用经济、标准的光部件配置
网络结构	星型、环型、线型以及混合型拓扑结构(树形) 与电网络段相接
网络部件	有源星型光耦合器、中继器、光电转换器 }具有或不具有再定时
数据速率	9.6 kbit/s；19.2 kbit/s；45.45 kbit/s；93.75 kbit/s；187.5 kbit/s；500 kbit/s；1.5 Mbit/s；3 Mbit/s；6 Mbit/s；12 Mbit/s
网络范围和节点数	取决于所用的网络部件的数目和类型 例 1：具有 1 个有源星型光耦合器和玻璃纤维光缆(多模)的网络段： ——3 400 m(与节点数无关) 例 2：具有 1 个有源星型光耦合器和塑料纤维光缆的网络段： ——88 m(与节点数无关) 注：通过链接网络段可以增大范围和增加节点数。

图 113 表示在一个 ANSI TIA/EIA-485-A MAU 侧的光纤 MAU。这意味着光纤 MAU 应经由 DL—Ph 接口与 DLL 相连接，其连接方式与 ANSI TIA/EIA-485-A MAU 的连接方式一样。上述接口描述见 5.4.2。

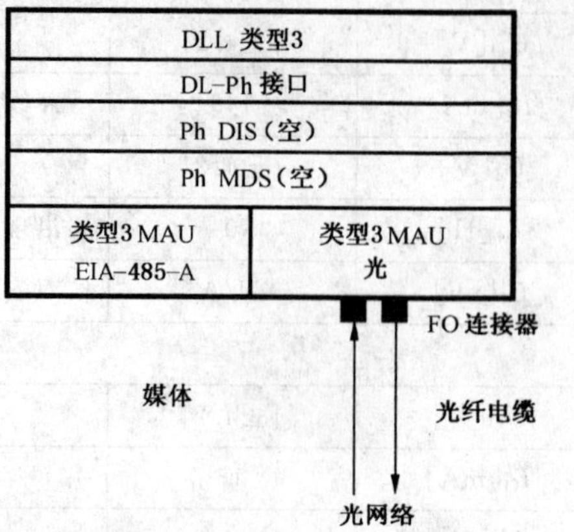

图 113 与光网络连接

23.2 光数据传输媒体的基本特性

光数据传输媒体有如下特性：

——对电磁干扰不敏感，即：

- 在不同的纤维光信号线之间无交叉干扰；
- 既抗电导线的辐射干扰，又不干扰电导线；
- 抗电磁场干扰，例如在大的电负载切换时会产生的这种电磁场。

——在所连接的节点之间是电隔离的，即：

- 在不同的接地电位之间无均衡电流；
- 对传输链路不要求特殊的防闪电保护措施。

——在高传输速度下，使用纤维光缆具有桥接长距离的能力。

——基于塑料纤维光缆的较短网络的安装简单、经济。

——重量轻。

——无腐蚀。

——简单化的标准布缆，同样适用于其他许多通信标准采用的纤维缆。

23.3 光网络

一个节点的光纤 MAU 的主要部件是电-光转换器，它是 MAU 的电气部分与光网络媒体的接口。

光发送器将电信号转换为光信号，并将此光信号馈送给光纤。反之，光接收器将从光纤接收的光信号转换为电信号。

图 114 给出一个光网络的主要结构。

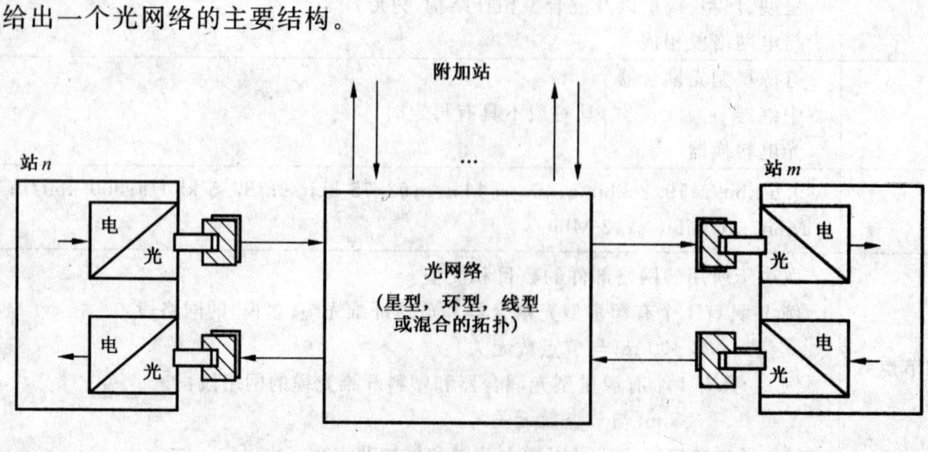

图 114 光网络的主要结构

对每种纤维缆类型都规定了具有专用信号光电平预估(考虑到玻璃和塑料纤维的物理差别)的电-光转换器。

用户可以沿光链路的衰减来“消耗”此信号光电平预估。

23.4 标准光链路

标准光链路是一种理论上的结构,它用于规定信号光电平和信号失真的可允许范围,见图 115。

任何复杂的网络拓扑结构均能按标准的光链路进行计算。一个标准的光链路包括:

——一个电-光转换器(发送器),将电信号转换为由信号模板(见图 116)规定的在允许界限内分布的光信号;

——一个无源光链路,由一个纤维光缆组成,其特性由信号幅度衰减和信号定时失真来描述;

——一个光-电转换器(接收器),检测已接收的如 23.7.3 所描述的光信号,并将此信号转换为具有 23.8 描述特性的电信号。

图 115 标准光链路的定义

23.5 由标准光链路的组合而构成的网络结构

按照上述定义,标准光链路构成端对端的连接。标准光链路可以通过互连的电接口来互连(链接),从而构成复杂网络。链接规则见 23.8.3。

这样,用户可以通过选择信号分布来规定网络结构,从而最好地满足所建网络系统的要求。

支持以下拓扑结构:星型、环型或线型,以及这三种结构组合而成的混合拓扑结构。网络中光段与电段的耦合(如 ANSI TIA/EIA-485-A MAU)是可能并允许的。

23.6 比特编码

来自 DLL 的 NRZ(不归零)比特编码由如下光信号表示:

——二进制“1”(DL_symbol=“ONE”)表示在 FOC 中无光(信号);

——二进制“0”(DL_symbol=“ZERO”)表示在 FOC 中有光(信号)。

空闲状态(DL_symbol=“SILENCE”)具有二进制“1”状态,即无光(信号)。

23.7 光信号光电平

23.7.1 概述

考虑到玻璃和塑料纤维之间的物理差别,一种特定的光电平预估对两种纤维类型都适用。

23.7.2 光发送器特性

发送功率用 dBm 来规定。

在 1 m 长的玻璃纤维光缆或 0.5 m 长的塑料纤维光缆的末端定义所规定的光电平,并用一个大面积的检测器来测量。覆层模不应包括在测量值内。纤维光缆必须用 23.10 中规定的连接器与发送器相连。即在测量值内包括光发送器上连接器的衰减。

在整个工作温度(发送器元件的环境温度)范围内,信号光电平容差均是可用的。

表 115～表 118 中规定的全部数值,均基于图 116 中信号模板规定的发送信号形状。表中所使用的技术术语(峰值波长等)见 IEC 60050-731。

表 115　多模玻璃纤维光发送器的特性

参　　数	值	单　位
峰值波长	790～910	nm
频谱带宽	≤75	nm
工作温度	0～70	℃
测试光纤(渐变折射率)(见注)	62.5/125	μm
NA(测试光纤的数值孔径)	0.275±0.015	—
P_{Smax}"0"(二进制"0"的最大发送功率)	−10	dBm
P_{Smin}"0"(二进制"0"的最小发送功率)	−15	dBm
P_{Smax}"1"(二进制"1"的最大发送功率)	−40	dBm
P_{Sost}(二进制"0"的最大过冲发送功率)	−8.8	dBm
注：测试光纤规定见 IEC 60793 的类型 A1b。		

表 116　单模玻璃纤维光发送器的特性

参　　数	值	单　位
峰值波长	1 260～1 380	nm
频谱带宽	≤120	nm
工作温度	0～70	℃
测试光纤(渐变折射率)(见注)	9/125	μm
NA(测试光纤的数值孔径)	0.113±0.02	—
P_{Smax}"0"(二进制"0"的最大发送功率)	−10	dBm
P_{Smin}"0"(二进制"0"的最小发送功率)	−20	dBm
P_{Smax}"1"(二进制"1"的最大发送功率)	−40	dBm
P_{Sost}(二进制"0"的最大过冲发送功率)	−8.8	dBm
注：测试光纤规定见 IEC 60793 的类型 B1.1 和 B3。		

表 117　塑料纤维光发送器的特性

参　　数	值		单　位
峰值波长	640～675		nm
频谱带宽	≤35		nm
工作温度	0～70		℃
测试光纤(渐变折射率)(见注)	980/10 000		μm
NA(测试光纤的数值孔径)	0.5±0.15		—
发送器功率电平	标准的	增强的	—
P_{Smax}"0"(二进制"0"的最大发送功率)	−5.0	0	dBm
P_{Smin}"0"(二进制"0"的最小发送功率)	−11	−6	dBm
P_{Smax}"1"(二进制"1"的最大发送功率)	−42	−42	dBm
P_{Sost}(二进制"0"的最大过冲发送功率)	−4.3	2.3	dBm
注：测试光纤规定见 IEC 60793 的类型 A4a。			

表 118 200 μm/230 μm 玻璃纤维光发送器的特性

参 数	值	单 位
峰值波长	640～675	nm
频谱带宽	≤35	nm
工作温度	0～70	℃
测试光纤(渐变折射率)(见注)	200/230	μm
NA(测试光纤的数值孔径)	0.37±0.02	—
P_{Smax}"0"(二进制"0"的最大发送功率)	−8	dBm
P_{Smin}"0"(二进制"0"的最小发送功率)	−17	dBm
P_{Smax}"1"(二进制"1"的最大发送功率)	−44	dBm
P_{Sost}(二进制"0"的最大过冲发送功率)	−6.8	dBm
注：测试光纤规定见 IEC 60793,类型 A3c:NA=0.4±0.04。		

23.7.3 光接收器的特性

接收器的输入敏感度也用 dBm 规定，见表 119～表 122。输入灵敏度是在特定引用纤维的末端用一个大面积的检测器来测量的。覆层模不应包括在测量值之内。

在整个工作温度(接收器部件的环境温度)范围内，信号光电平容差均是可用的。在整个接收元件规定的生命期内，应保持其信号光电平容差。接收信号的形状基于图 116 中信号模板所示的发送信号的形状。

在二进制"0"脉冲的起始时，接收器应承受一个输入信号的过冲。但接收器不应要求过冲，例如保持一个必需的信号失真。

表 119 多模玻璃纤维光接收器的特性

参 数	值	单 位
峰值波长	790～910	nm
工作温度	0～70	℃
P_{Emax}"0"(二进制"0"的最大接收功率)	−10	dBm
P_{Emin}"0"(二进制"0"的最小接收功率)	−24	dBm
P_{Emax}"1"(二进制"1"的最大接收功率)	−42	dBm

表 120 单模玻璃纤维光接收器的特性

参 数	值	单 位
峰值波长	1 260～1 380	nm
工作温度	0～70	℃
P_{Emax}"0"(二进制"0"的最大接收功率)	−10	dBm
P_{Emin}"0"(二进制"0"的最小接收功率)	−27	dBm
P_{Emax}"1"(二进制"1"的最大接收功率)	−40	dBm

表 121 塑料纤维光接收器的特性

参　　数	值		单　位
峰值波长	640～675		nm
工作温度	0～70		℃
用于 tx 性能等级的接收器	标准的	增强的	
P_{Emax}"0"(二进制"0"的最大接收功率)	−5	0	dBm
P_{Emin}"0"(二进制"0"的最小接收功率)	−20		dBm
P_{Emax}"1"(二进制"1"的最大接收功率)	−42		dBm

表 122 200 μm/230 μm 玻璃纤维光接收器的特性

参　　数	值	单　位
峰值波长	640～675	nm
工作温度	0～70	℃
P_{Emax}"0"(二进制"0"的最大接收功率)	−8	dBm
P_{Emin}"0"(二进制"0"的最小接收功率)	−22	dBm
P_{Emax}"1"(二进制"1"的最大接收功率)	−44	dBm

23.8 瞬时信号失真

23.8.1 概述

以下部分描述由于传输链路中每个部件而引起的信号失真。

电数字信号的求值总是发生在信号幅度 50%的交叉点上。

23.8.2 光发送器的电输入处的信号形状

在一个站的光发送器或具有再定时的部件的电输入处，其允许的信号失真如表 123 中所示。

表 123 在光发送器的电输入处允许的信号失真

信　　号	数据速率限值<1.5 Mbit/s	数据速率限值≥1.5 Mbit/s[a]
t_{BIT}[b]	1/Data_rate×(1±0.3%)	1/Data_rate×(1±0.03%)
t_{SBIT}(只用于停止位)[c]	t_{BIT}×(1±6.25%)	

[a] 数据速率是在表 114 中规定的标称数据速率。

[b] t_{BIT}是传输一个比特所占的时间，它等于传输速率的倒数值。

[c] t_{SBIT}是在光网络中专门用于发送停止位所允许的比特持续时间的延长容差。此容差的延长允许具有再定时的中继器来平衡在接收时钟和发送时钟间的偏差。

23.8.3 由光发送器引起的信号失真

为满足规定的要求，光发送器的发送信号应在图 116 中信号模板的阴影部分之内，其参数见表 124。

光发送器应满足在数据速率≤1.5 Mbit/s 和 3 Mbit/s～12 Mbit/s 的模板规范，如表 124 所示。

表 124 由光发送器引起的信号失真的允许值

时　　间	≤1.5 Mbit/s	3 Mbit/s～12 Mbit/s	单　位
t_{ost}	200	20	ns
t_{AB}	40	25	ns
t_{CD}	95	25	ns
$t_{A'A}$-$t_{C'C}$	65	5	ns

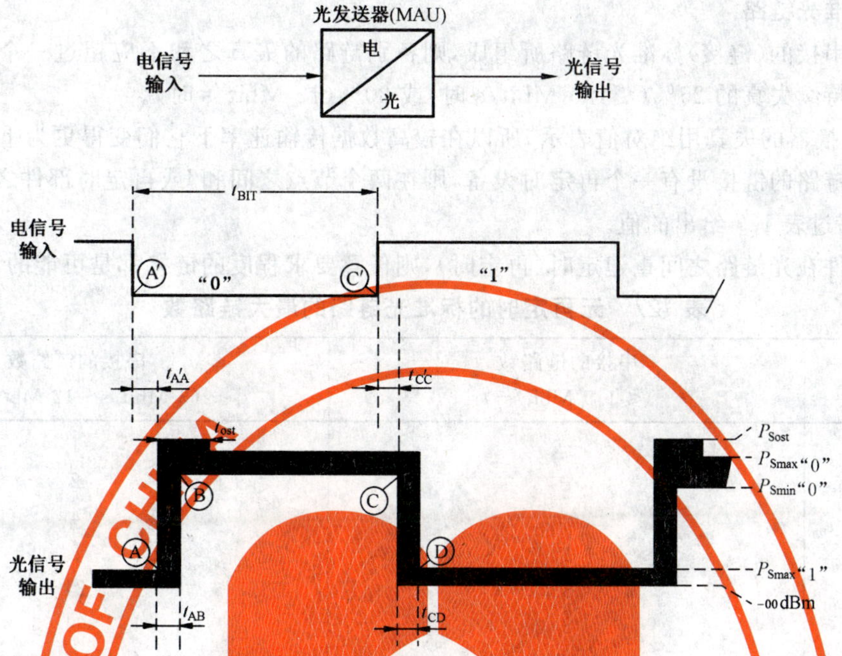

图中：

t_{ost}——可动态地超过最大光发送功率的最长持续时间；

t_{AB}——光信号上升沿必须在此时间内经由 P_{Smax}"1"至 P_{Smin}"0"；

t_{CD}——光信号下降沿必须在此时间内经由 P_{Smin}"0"至 P_{Smax}"1"；

$t_{A'A}$——由于电-光转换器的光电平由"1"改变至"0"(光上升沿)而引起的最短持续的信号延迟；

$t_{C'C}$——由于电-光转换器的光电平由"0"改变至"1"(光下降沿)而引起的最短持续的信号延迟。

图 116　光发送器的信号模板

23.8.4　由光接收器引起的信号失真

表 125 中规定了光接收器的电输出信号(与光输入信号相似)的最大失真。这适用于 23.7.3 规定的整个输入光电平范围。

表 125　由光接收器引起的信号失真的允许值

时　　间	≤1.5 Mbit/s	3 Mbit/s～12 Mbit/s	单　　位
$t_{dis"0"}$	−20～+95	−25～+25	ns
注：$t_{dis"0"}$ 描述了一个"0"比特的比特持续失真所允许的限值范围。			

23.8.5　由耦合部件引起的信号影响

由于耦合部件(如有源星型光耦合器)、ANSI TIA/EIA-485-A/光纤 MAU 转换器或中继器包含内部逻辑，它影响所传播的信号超出上述由电-光转换器引起的失真范围。

最大的影响应在表 126 中规定的限值内。

表 126　由耦合部件内部电子电路引起的信号影响的允许值

时　　间	≤1.5 Mbit/s	3 Mbit/s～12 Mbit/s	单　　位
t_{log} [a]	−0～+10	−0～+10	ns
t_{delay} [b]	$\leq 3t_{BIT}$	$\leq 8t_{BIT}$	ns

[a] t_{log} 描述由于不带再定时的耦合部件(如有源星型光耦合器)的内部逻辑引起的信号失真的最大允许值。当链接标准光链路时必须考虑此因素，在表 127 中已考虑此因素。

[b] t_{delay} 描述在通过一个耦合部件(如有源星型光耦合器)时，在任意输入与输出之间所允许的最大信号延迟。

23.8.6 链接标准光链路

如果网络由串接的(链接)标准光链路所组成,则各别链路的失真之和不应超过一个节点接口的整体所允许的比特持续失真的25%(≤1.5 Mbit/s时)或30%(12 Mbit/s时)。

由于电-光转换器的失真用绝对值表示,所以在较高数据传输速率下它们变得更为重要。

如果标准光链路的链接没有一个再定时设备,则在两个节点之间和/或再定时部件之间所计算的最大链路数,不应超过表127给出的值。

如果耦合部件在光链路之间重建定时(再定时),则任意要求程度的链接都是可能的。

表127 无再定时的标准光链路的最大链路数

数据速率	串接的链路数 (≤1.5 Mbit/s[a])	串接的链路数 (3 Mbit/s～12 Mbit/s[b])
12 Mbits/s	—	1
6 Mbits/s	—	2
3 Mbits/s	—	4
1.5 Mbits/s	1	8
500 kbit/s	3	24
187.5 kbit/s	8	64
93.75 kbit/s	16	128
45.45 kbit/s	33	264
19.2 kbit/s	78	625
9.6 kbit/s	156	1 250

[a] 对最大数据传输速率为1.5 Mbit/s时所指定的设备。

[b] 对最大数据传输速率为12 Mbit/s时所指定的设备。

23.9 比特差错率

在标准光链路的电信号输出处,允许的最大比特差错率(*BER*)为10^{-9}。

23.10 纤维光缆的连接器

纤维光缆的连接器规范见附录I中的I.2.2。

23.11 光传输网络中的冗余

与类型3电传输技术类似,冗余的光链路也是可能的,其功能原理见附录J。

24 类型4:媒体附属单元:RS-485

24.1 概述

RS-485的MAU可被用于在相同电缆上连接最多125个现场总线设备。电缆长度最大1 200 m,波特率可以是9 600、19 200、38 400或76 800。

24.2 服务概述

MDS—MAU接口提供的服务将MDS同相应的MAU连接起来。TxS和RxS服务被定义为逻辑信号,MAU子层直接将此逻辑信号转换为物理信号。TxE服务被定义为在MAU内部使用的逻辑信号。RS-485的MDS—MAU接口服务见表128。

表128 MDS—MAU接口服务,RS-485,类型4

信号名称	记号	方向
发送信号(Transmit Signal)	TxS	到MAU
发送使能(Transmit Enable)	TxE	到MAU
接收信号(Receive Signal)	RxS	来自MAU

24.3 服务描述

24.3.1 发送信号(TxS)

本服务将来自 MDS 的 PhPDU 传递给 MAU,并且当发送使能(TxE)被置为逻辑“1”(高电平)时,PhPDU 被发送到网络。

24.3.2 发送使能(TxE)

发送使能服务(TxE)应为 MDS 提供使 MAU 发送的能力。在发送开始前,TxE 应被 MDS 立即置为逻辑“1”(高电平),并且在发送结束后在最小 3 个、最大 10 个比特周期时间内被置为逻辑“0”(低电平)。

24.3.3 接收信号(RxS)

本服务将来自 MAU 的 PhPDU 发送给 MDS。

24.4 网络

24.4.1 概述

本 MAU 在由下列部件构成的网络中工作:

——电缆;

——连接器;

——设备(至少包含一个通信部件)。

24.4.2 拓扑结构

本 MAU 应在无终端器的物理环型总线结构中工作。最多 125 个现场总线设备可直接连接或通过最长 2 m 的短接线连接。电缆的总长度应不超过 1 200 m。

24.5 电气规范

发送器和接收器的电压电平见 ANSI TIA/EIA-485-A。

24.6 时间响应

发送器和接收器的时间响应见 ANSI TIA/EIA-485-A。

24.7 到传输媒体的接口

图 117 给出耦合到传输媒体的一个推荐电路。

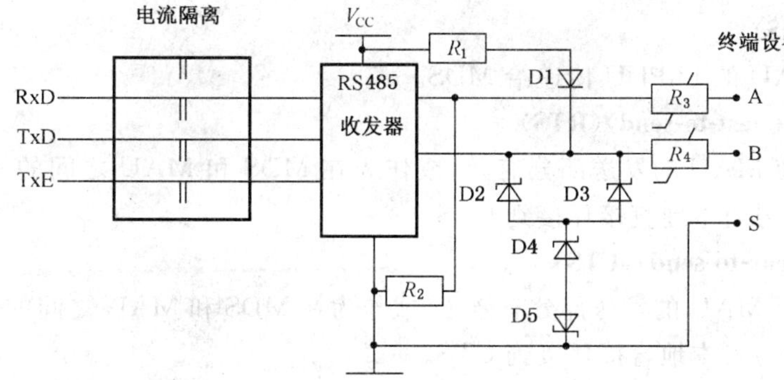

元件值:

R_1、R_2　15 kΩ

R_3、R_4　PTC,最大值 13 Ω;保持电流 100 mA

D1　100 mA 小信号二极管

D2、D3、D4、D5　3.9 V/1 W 稳压二极管

图 117 推荐的接口电路

24.8 传输媒体规范

24.8.1 电缆连接器

为了屏蔽,现场总线设备一般被配有罗纹式终端器,标记为 A、B 和 S。

24.8.2 电缆

屏蔽双绞线，其导线横截面最小为 0.22 mm^2，特性阻抗为 100 Ω～120 Ω。

25 类型 4：媒体附属单元：RS-232

25.1 概述

RS-232 的 MAU 可用于连接两个现场总线设备(点到点)。设备可用 RS-232 电缆直接连接，或通过例如外置或内置调制解调器或无线发送器连接。因此，对于此类型的 MAU，不定义信号电平、电缆和连接器。根据所选媒体，波特率可为 9 600、19 200、38 400、76 800 或 230 400。

如果两个设备直接用一根 RS-232 电缆连接，那么信号电平和定时应遵循 ANSI TIA/EIA-232-F 中的推荐。

25.2 服务概述

MDS MAU 接口提供的服务将 MDS 同相应的 MAU 连接起来。TxS 和 RxS 服务被定义为逻辑信号，MAU 子层直接将此逻辑信号转换为物理信号。RTS 和 CTS 服务被定义为在 MAU 内部使用的逻辑信号。RS-232 的 MDS—MAU 接口服务见表 129。

表 129 MDS—MAU 接口服务，RS-232，类型 4

信号名称	记号	方向
发送信号(Transmit Signal)	TxS	到 MAU
接收信号(Receive Signal)	RxS	来自 MAU
请求发送(Request-to-send)	RTS	到 MAU
清除发送(Clear-to-send)	CTS	来自 MAU

25.3 服务描述

25.3.1 发送信号(TxS)

本服务将来自 MDS 的 PhPDU 传递给 MAU，在 MAU，PhPDU 将被发送到媒体上。

25.3.2 接收信号(RxS)

本服务将来自 MAU 的 PhPDU 传递给 MDS。

25.3.3 请求发送(Request-to-send)(RTS)

本服务可被用来使 MAU 的发送部分有效，或作为在 MDS 和 MAU 之间的一个本地握手信号使用。如未要求，RTS 信号可本地直接环接到 CTS。

25.3.4 清除发送(Clear-to-send)(CTS)

本服务被用来指示 MAU 的发送部分有效了，或作为在 MDS 和 MAU 之间的一个本地握手信号使用。如未要求，RTS 信号可本地直接环接到 CTS。

26 类型 6：本条已被删除

注：本条仅作编辑上的占位。

27 类型 8：媒体附属单元：双绞线媒体

27.1 MAU 信号

输入和输出接口的 MAU 见图 118 和图 119。

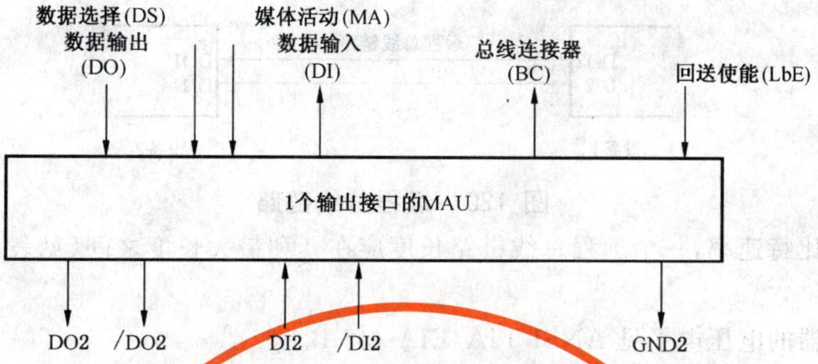

图 118 输出接口的 MAU

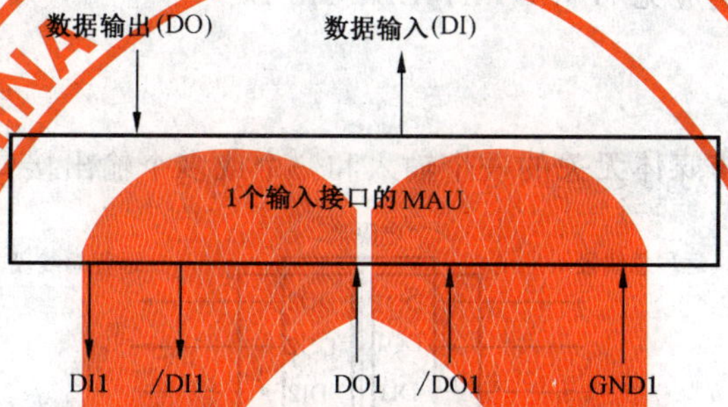

图 119 输入接口的 MAU

27.2 传输比特速率相关量值

对于双绞线媒体附属单元(MAU)定义了四种比特速率。一个给定的 MAU 应至少支持一种比特速率。表 130 定义了比特速率和比特速率相关量值。

表 130 双绞线媒体 MAU 比特速率相关量值

参 数	值				单位
额定比特速率(见注)	0.5	2	8	16	Mbit/s
比特速率最大偏差	±0.1%	±0.1%	±0.1%	±0.1%	—
额定比特持续时间	2 000	500	125	62.5	ns
最小远程总线长度	0	0	0	0	m
最大远程总线长度	400	150	125	100	m
最大传输比特单位抖动	±240	±60	±15	±7.5	ns
注：13 个比特的平均传输比特速率。					

27.3 网络

27.3.1 概述

一个双绞线媒体 MAU 在由下列部件构成的网络中工作：

——电缆；

——连接器；

——电气隔离；

——设备(至少包含一个通信元件)。

27.3.2 拓扑结构

一个双绞线媒体 MAU 应在一个远程总线上与一个远处设备一起工作。一个远程总线链路(见图 120)由两个点到点的连接组成。连接是无方向的。这样每个 MAU 都具有一个发送器和一个接收器。

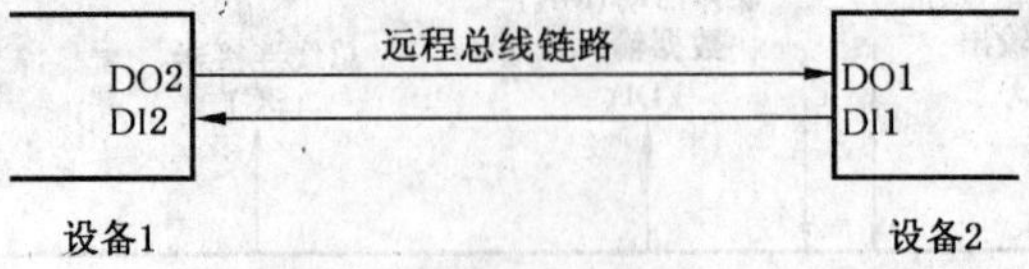

图 120 远程总线链路

对一个给定的比特速率，一个远程总线链路长度应在 0 和最大长度之间(见表 130)。

27.4 电气规范

发送器和接收器的电压电平见 ANSI TIA/EIA-442-B。

27.5 时间响应

发送器和接收器的时间响应见 ANSI TIA/EIA-442-B。

27.6 到传输媒体的接口

27.6.1 概述

到传输媒体的耦合通过与媒体无关的一个输入和一个或多个输出接口实现(见图 121)。

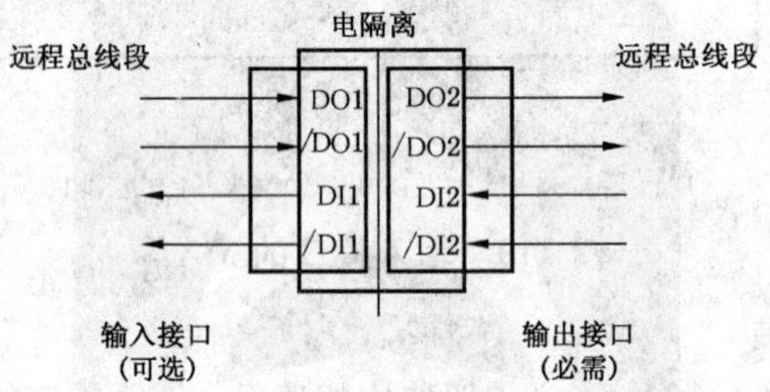

图 121 到传输媒体的接口

27.6.2 输入接口

输入接口由 5 根连接到网络的信号线(见表 131)组成。这些信号线必须同设备进行电气隔离。隔离电压值应≥500 V(直流电压)。

表 131 输入接口信号

简　　称	名　　称
DO1	接收数据线＋
/DO1	接收数据线－
DI1	发送数据线＋
/DI1	发送信号线－
GND1	地线

27.6.3 输出接口

输出接口由 5 根连接到网络的信号线(见表 132)组成。

表 132 输出接口信号

简　　称	名　　称
DO2	接收数据线＋
/DO2	接收数据线－
DI2	发送数据线＋
/DI2	发送信号线－
GND2	地线

27.7 传输媒体规范

27.7.1 电缆连接器

如使用则应9针sub-D连接器应采用标准连接器针分布。

可使用现场终端元件，如螺旋夹或扁平类型连接器和固定连接器。在这种情况下，应采用M.1.2中给出的连接器针分布。

27.7.2 电缆

总线电缆采用屏蔽双绞线电缆。屏蔽为了增强电磁兼容性(EMC)。远程总线电缆应至少满足表133中的要求。

表133 远程总线电缆特性

特征参数(20℃)	值	测试方法
电线根数(双绞)	3×2，双绞	
横截面	最小0.22 mm^2	
直流导线电阻/100 m	最大9.6 Ω	IEC 60189-1，5.1
特性阻抗	120 Ω±24 Ω(当 f=0.064 MHz时) 100 Ω±15 Ω(当 f>1 MHz时)	GB/T 18015.1—2007，3.3.6
绝缘强度 —导线/导线 —导线/屏蔽层	 1 kV(rms)，1 min 1 kV(rms)，1 min	IEC 60189-1，5.2
绝缘电阻(绝缘强度测试之后)	长度1 km电缆时最小150 Ω	IEC 60189-1，5.3
最大传输阻抗 —30 MHz时	 250 mΩ/m	 GB/T 12269—1990
互电容(800 Hz时)	长度1 km电缆时最大60 nF	IEC 60189-1，5.4
100 m电缆的最小接近末端交叉通话损失(NEXT) —0.077 MHz时 —1 MHz时 —2 MHz时 —4 MHz时 —8 MHz时 —10 MHz时 —16 MHz时 —20 MHz时	 61 dB 59 dB 55 dB 50 dB 46 dB 44 dB 41 dB 40 dB	GB/T 18015.1—2007，3.3.4
100 m电缆的最大衰减 —0.256 MHz时 —0.772 MHz时 —1 MHz时 —4 MHz时 —10 Hz时 —16 MHz时 —20 MHz时	 1.5 dB 2.4 dB 2.7 dB 5.2 dB 8.4 dB 11.2 dB 11.9 dB	GB/T 18015.1—2007，3.3.2

两个通信设备之间带屏蔽层电缆的最低布线配置见图122。

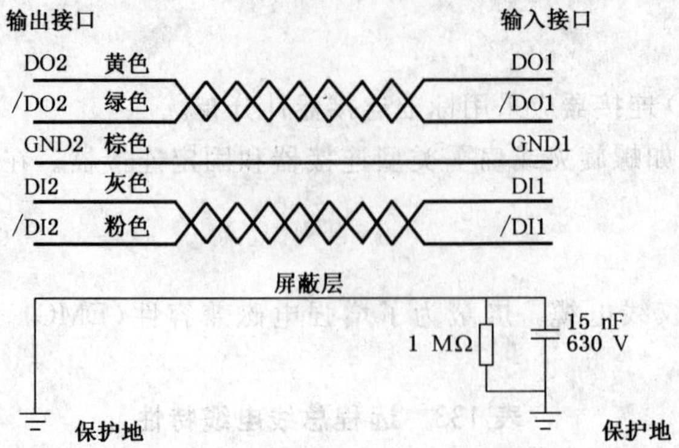

图 122 布线

27.7.3 终端电阻

接收线的一对双绞线应在 MAU 接收器之前直接连接一个电阻网络(见图 123)。该电路应被用于 MAU 的极性化,以检测电线上的短路或开路。应注意合成的等效电阻阻值至少为 100 Ω。

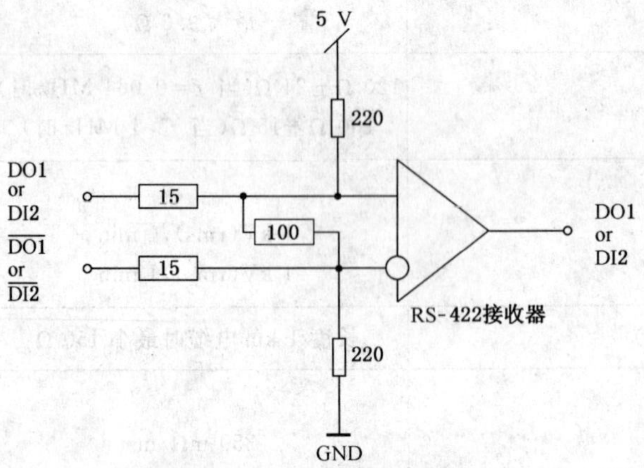

图 123 终端电阻网络

28 类型 8:媒体附属单元:光纤

28.1 概述

本章的目的是为了给出双纤维模式光纤 MAU 的工作和光学规范。

光纤远程总线缆由一对光导纤维构成,通过每方向使用一根单独纤维进行信号传输实现双向通信。这些双纤维连接到一个网络设备的 CPIC(见图 124)。

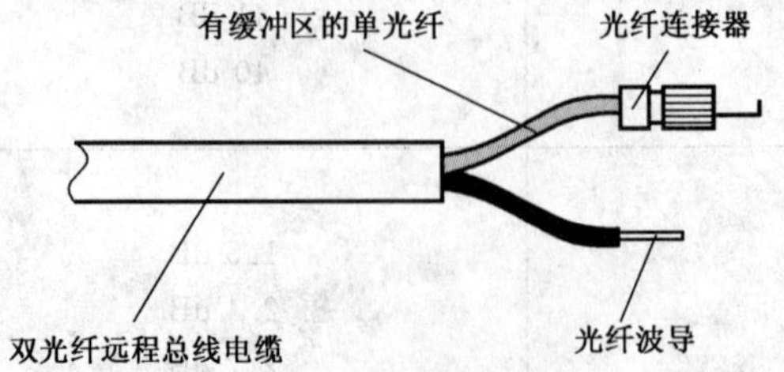

图 124 光纤远程总线缆

支持两种光纤类型:

——聚合体光纤;

——塑料护套光纤。

28.2 传输比特速率相关量值

对于光纤附属单元(MAU)定义四种比特速率,一个给定的 MAU 应至少支持其中一种比特速率。表 134 定义了比特速率及比特速率相关量值。

表 134 比特速率相关量值可选 MAU

参　数	值				单位
额定比特速率	0.5	2	8	16	Mbit/s
比特速率最大偏差	±0.1%	±0.1%	±0.1%	±0.1%	—
额定比特持续时间(T)	2 000	500	125	62.5	ns

28.3 网络拓扑结构

一个光纤 MAU 在由下列部件构成的网络中工作:

——光缆;

——连接器;

——设备(至少具有一个通信元件)。

光纤 MAU 应在一个远程总线上与一个远处设备一起工作。一个远程总线链路(见图 125)由两个点到点的连接组成。连接是无方向的。这样每个 MAU 都具有一个光纤发送器和一个光纤接收器。

图 125 光纤远程总线链路

光缆长度应在表 135 规定范围内。

表 135 远程总线光缆长度

纤　维　类　型	最　小　长　度	最　大　长　度
聚合体光纤	1 m	50 m[a,b]
塑料护套光纤	1 m	300 m[a,b]

[a] 如使用带有比 28.5.2 规定的更低最小光接收器灵敏度的接收电路,不排除两个设备之间具有更长的距离。

[b] 如使用比 28.6.2 规定的标准光缆更高衰减的特殊光缆,最大长度可减小。

28.4 发送电路规范

28.4.1 数据编码规则

对于光传输,规定采用 NRZ 编码并遵循表 136 所示的编码规则。

表 136 编码规则

逻辑符号比特	编　　码
1	低输出光电平
0	高输出光电平

总线无活动情况为空闲状态,用逻辑"0"表示。

28.4.2 测试配置

输出光电平、光谱和定时规范的测量在连接到 CPIC 的标准测试纤维末端(见 28.6.4)上进行。

表 137 和表 134 总结了与本条相关的要求。

28.4.3 输出光电平规范

光纤 MAU 传输电路应符合以下输出光电平和光谱要求。规定的光电平和光谱特性应在为网络设备规定的整个温度范围内保持不变。输出光电平为逻辑"0"的有效发射能量。输出光电平规范见表 137。

表 137 光纤 MAU 的发送光电平和光谱规范汇总

发送光电平和光谱特性	聚合体光纤（980/1 000 μm 纤维）		塑料护套光纤（200/230 μm 纤维）
最大峰值发射波长（λ_p）	660 nm	520 nm	660 nm
典型光谱谱线最大宽度（Δλ）	<30 nm		<30 nm
最大输出光电平	−2.0 dBm		−8 dBm
最小输出光电平	−6.2 dBm		−16.9 dBm
逻辑“1”的最大有效发射能量	−43 dBm	−41 dBm	−45 dBm
注：标准测试纤维规范见 28.6.4。			

28.4.4 输出定时规范

光纤 MAU 发送电路应符合以下输出定时规范（见图 126）。在整个为网络设备规定的温度范围内定时特性应保持不变。

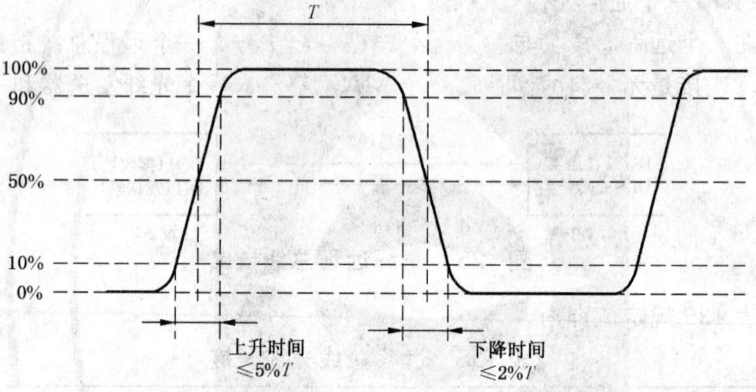

图 126 光纤 MAU 的光波形模板

注 1：为便于参考，表 134 总结了 28.4.4 的要求。

注 2：0%的有效能量为低光输出能量状态（逻辑“1”）。

注 3：100%的有效能量为高光输出能量状态（逻辑“0”）。

应选择上升时间、下降时间和比特单元抖动，使得表 138 给出的光纤 MAU 接收电路的电输出定时规范仍然得到满足。

28.5 接收电路规范

表 138 总结了与本条相关的要求。

28.5.1 解码规则

应采用根据表 136 的解码规则。

28.5.2 光纤接收器工作范围

光纤 MAU 接收电路应在为网络设备规定的整个温度范围内，具有表 138 中定义的最小光接收器灵敏度。光纤 MAU 接收电路的逻辑“0”的最大光功率采用 28.6.4 规定的标准测试纤维进行测量，不应超过表 138 中定义的值。

用于 0.5 Mbit/s 和 2 Mbit/s 系统的光纤接收电路，在 200 ms 长的空闲状态后，应能够检测到一串 01010 比特流，此时第二个逻辑“0”的光功率电平应最多减少为其他的 65%。这种能量应在整个光纤接收器的工作范围内保持不变。

28.5.3 最大接收的比特单元抖动

接收电路应接收一个根据 28.4 进行传输的 NRZ 编码信号。另外，光纤接收器应接收具有时间偏差的信号，时间偏差为任意两个相邻信号传输点（50%跨零点）的±25%。

表 138　光纤 MAU 接收电路规范汇总

接收电路特性 (值参考 CPIC)	聚合体光纤 (980/1 000 μm 纤维)	塑料护套光纤 (200/230 μm 纤维)
最小光接收器灵敏度	≤－21.6 dBm	≤－23 dBm
逻辑“0”的最大光功率	－2.0 dBm	－8 dBm
最大接收的比特单元抖动	额定比特时间的±25%	额定比特时间的±25%

28.6　传输媒体规范

28.6.1　连接器

如使用光缆连接器应符合附录 M 中 M.2 给出的规范。

28.6.2　纤维光缆规范:聚合体光纤光缆

28.6.2.1　概述

室内安装的用于固定路由的聚合体光纤光缆应符合下面的规范。用于特殊环境或物理应用的特殊光纤光缆,如在对光缆可靠性要求是必需的应用中使用,对于光缆衰减的要求可不同于下面的规范。

28.6.2.2　光纤波导

网络光纤 MAU 用聚合体光纤光缆的光纤波导应满足表 139 给出的要求。

表 139　光纤波导规范

参　　数	值
线芯直径	(980±60) μm
护套直径	(1 000±60) μm
护套非圆度	≤6%
芯材料	聚甲基丙烯酸甲酯(PMMA)
数值孔径	0.47±0.03
折射率分布	步长指数
660 nm 带宽	≥10 MHz×100 m
650 nm 时的衰减(单频的)	≤160 dB/km
660 nm 时的衰减(用 LED 和 50 m 长光缆测量)	≤230 dB/km

28.6.2.3　单光纤

光纤 MAU 用聚合物光纤光缆的单根光纤应符合表 140 给出的要求。

表 140　单光纤规范

参　　数	值
缓冲器材料	聚酰胺(PA)
缓冲器颜色	黑色或桔黄色
外径	2.20 mm±0.07 mm
最小长期弯曲半径	30 mm

28.6.2.4　光缆的护套和机械特性

聚合物光纤光缆的护套应符合表 141 给出的要求。

表 141　光缆的护套和机械特性规范

参　　数	值
护套材料	聚氨酯
护套颜色	红色
应变消除元件	非金属的
标记	行程长度用 m 表示,生产日期
温度范围(工作状态)	−20℃～+70℃
最小长期弯曲半径	≤ 65mm
最大长期抗张强度	≥100 N
最大长期侧压力	≥20 N/cm

28.6.2.5　**光缆的材料特性**

光纤 MAU 用聚合物光纤光缆应具有以下更多的材料特性,见表 142。

表 142　推荐的光缆的更多材料特性

参　　数	值
耐油性	ASTM Oil No. 2,100℃,IEC 60811-2-1
抗卤性	IEC 60754-2
抗臭氧性	IEC 60811-2-1
抗紫外线	ISO 4892-1
抗磨损性	IEC 60794-1-2:1999 方法 E2A 最小 5 000 个周期,1 mm 钢针点半径,500 g
注:根据应用也可要求其他的材料特性,如防止物质损害油漆变湿性能(氯仿参数)。	

28.6.3　**光纤光缆规范:塑料护套光纤光缆**

28.6.3.1　**概述**

室内安装的用于固定路由的塑料护套光纤光缆应符合下面的规范。用于特殊环境应用的特殊塑料护套光纤光缆,如室外使用的光缆,对于光缆衰减的要求可不同于下面的规范。

28.6.3.2　**光纤波导**

光纤 MAU 用塑料护套光纤光缆的光纤波导应满足表 143 给出的要求。

表 143　光纤波导规范

参　　数	值
线芯直径	(200±8) μm
护套直径	(230±10) μm
护套非圆度	≤6%
数值孔径	0.40±0.04
折射率分布	步长指数
650 nm 带宽	≥17 MHz×1 km
650 nm 时的衰减	≤10 dB/km

28.6.3.3 单光纤

光纤 MAU 用塑料护套光纤光缆的单根光纤应符合表 144 给出的要求。

表 144 单光纤规范

参 数	值
缓冲器材料	FRNC 材料
缓冲器颜色	红色或绿色
外径	2.2 mm 或 2.9 mm
最小长期弯曲半径	30 mm

28.6.3.4 光缆的护套和机械特性

光纤 MAU 用塑料护套光纤光缆的护套应符合表 145 给出的要求。

表 145 光缆的护套和机械特性规范

参 数	值
护套颜色	红色
应变消除元件	非金属的
标记	行程长度(m);生产日期
温度范围(工作状态)	−20℃～+70℃
最小长期弯曲半径	≤50 mm
最大长期抗张强度	≥200 N
最大长期侧压力	≥100 N/cm

28.6.3.5 光缆的材料特性

光纤 MAU 用塑料护套光纤光缆应具有以下更多的材料特性,见表 142。

28.6.4 标准测试光纤

用于测试带有光纤 MAU 网络设备对本章要求符合度的光缆,是一根或多根具有表 146 所示特性的光纤波导。

表 146 光纤 MAU 用标准测试光纤规范

参 数	聚合体光纤 (980/1 000 μm 纤维)	塑料护套光纤 (200/230 μm 纤维)
长度	1 m	1 m
线芯直径	(980±60) μm	(200±8) μm
护套直径	(1 000±60) μm	(230±10) μm
护套非圆度	≤6%	≤6%
数值孔径	0.47±0.03	0.40±0.04
660 nm 带宽	≥10 MHz×100 m	≥17 MHz×1 km
660 nm 时的衰减(单频的)	≤160 dB/km	≤10 dB/km
缓冲器直径	2.2 mm	2.9 mm
插入损失(见注)	1.5 dB～2.0 dB	1.0 dB～1.5 dB
注:根据 IEC 61300-3-4 进行测量(插入规程 B)。		

29 类型 12:媒体附属单元:导线

29.1 电气特性

本 MAU 规范描述通过一对 ANSI TIA/EIA-644-A 规定的平衡导线的单向传输。位于导线接收端的终端器能使物理层支持特别高速率的传输。最大导线长度不应超过 20 m。除 GB/T 15629.3—1995 即 100BASE-TX 和 100BASE-FX 之外,还提供这种传输方法,其主要目的使为了在一个控制柜中连接设备。这样,假定一个公共信号地。

曼彻斯特比特编码与 ANSI TIA/EIA-644-A 信号相结合,目的是降低线路耦合器的成本,该耦合器可以或可以不将站与导线隔离(电气隔离)。必须使用导线终端器(推荐的电阻值为 100 Ω)。

所支持的拓扑结构是两对线,在每对线上都有一个发送器和一个接收器。

一个连接两个 DTE 的连接由两对电线组成。

术语电线规定了能够根据 ANSI TIA/EIA-644-A 在指定长度上传送信号的媒体。设备制造商的一致性声明应规定这些参数。

29.2 媒体规范

29.2.1 连接器

对于本媒体不规定连接器。设备制造商的一致性声明应规定连接性能。

29.2.2 导线

媒体是一对导线。屏蔽层可用来提高电磁兼容(EMC)。如果对电磁干扰(EMI)没有严格要求,也可使用非屏蔽线。

导线对的特性阻抗 Z_0 应在 80 Ω～100 Ω 范围内,导线电容(导线之间)应低于 60 pF/m。导线选择标准应遵循 ANSI TIA/EIA-644-A 实现导则,尤其对于底板和 PCB 的互连。

注:假定输出共模电压约为 1.2 V,输出电阻可表示为 2 个 50 Ω 电阻串联,并在其中心点加 1.2 V 电压的模型。这提供了一个同 50 Ω 典型 PCB 特性阻抗(Z_0)的匹配,使反射最小。

导线对应具有对称的设计(相同长度、彼此密切相关,以及对地信号相同距离)。两对导线应具有相同长度。偏差低于 2 ns 是可接受的。

29.3 传输方法

29.3.1 比特编码

来自 DLL 的曼彻斯特编码数据通过一对导线传输。二进制“1”(N+、DL_symber=“ONE”的前一半,或 DL_symber=“ZERO”的后一半)用 TxS/RxS 上的持续正差分电压表示,二进制“0”(N-,或 DL_symber=“ZERO”的前一半,或 DL_symber=“ONE”的后一半)用 TxS/RxS 上的持续负差分电压表示。

29.3.2 ANSI TIA/EIA-644-A 信号的表示

在 ANSI TIA/EIA-644-A 术语中,TxS 被表示为 OUT+和 OUT-。RxS 输入在 ANSI TIA/EIA-644-A 电平上被表示为 IN+和 IN-。

注:假定输出电流为 3.5 mA、共模电压约 1.2 V 时,OUT+和 OUT-间额定电压差为 350 mV(在 247 mV～454 mV范围内)。需要 100 mV 的差分电压来检测信号。

30 类型 16:媒体附属单元:2 Mbit/s、4 Mbit/s、8 Mbit/s、16 Mbit/s 光纤

30.1 传输线路结构

光纤传输线路的结构如图 127 所示。

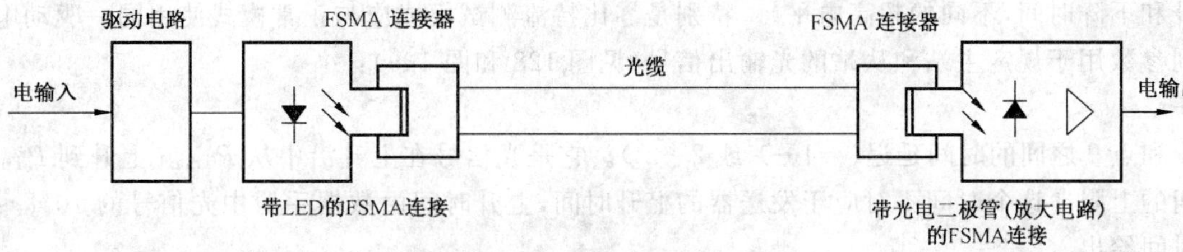

图 127 光纤传输线路

传输 LED 的驱动电路由一个电脉冲触发。高性能 LED(发射器)应发射波长为 650 nm 的光。发射功率可通过一个人工操控的切换开关在“低衰减”和“高衰减”之间切换。

光缆应是塑料或玻璃制成的,并且具有阶跃型或渐变型折射率分布。光缆和中心芯的使用取决于应用。传输线路上发生的衰减是由光缆和可能的其他连接引起的。这些附加的耦合在某些场合是必需的,例如在光缆需要穿过一堵墙的情况下。线路中可能导致衰减的因素在 O.2 中详细说明。

注:对于当前使用的光纤材料,塑料光纤的衰减大约为 220 dB/km,玻璃光纤的衰减大约为 6 dB/km。

接收器部件由一个光电二极管和集成放大电路组成。

信号传输通过一个从站的同时,信号可能被倒转(即,光纤从站输入端的一个 light-on 信号不必导致光纤从站输出端的一个 light-on 信号)。

30.2 比特传输的时间特性

30.2.1 概述

光信号上升沿和下降沿之间的距离在本条中规定。

一个沿就是光信号在低电平和高电平之间的一次转换。本规范是根据为光信号定义的包络制定的。发送器的所有光输出信号在所有的时间内都必须保持在规定的包络内。

此外,还规定了光学从站输入和输出间的运行时间特性。一个从站必须与进入其光纤输入端的比特流的传输时钟同步。虽然从站的传输时钟可以在短时间内偏离其输入端的时钟,但从站需要与预定时钟保持同步(例如,借助于一个锁相环)。因此,为了传送相同的平均传输时钟脉冲,连接到网络的所有单元都必须达到一定的精确度。换句话说,所有的单元都应该使用主站的传输时钟脉冲。

从站必须通过 light-on 边沿(上升沿)在其光信号输入端与传输时钟保持同步。

30.2.2 测试模式下的主站和从站

30.2.2.1 概述

本条规定了在正常模式和测试模式下,主站光输出端的运行时间特性。

应可以通过特定的方法(例如,按下某个键)外部触发进入测试模式,而后在没有输入信号的情况下,主站和从站能够产生一个连续光信号,也可以在光输出端产生一个零比特流。

30.2.2.2 连续光信号测试模式

一个连续光信号意味着在光信号输出端没有电平变化的逻辑高电平。这种模式仅用于主站。从站能否产生一个连续光信号,取决于是否在光信号输入端进入一个连续光信号。由于其功能是作为一个中继器,从站应能够在其光信号输出端反射其光信号输入端接收的光信号(或 the lack thereof)。

注:从站应该可以进行光信号的倒转。

30.2.2.3 零比特流测试模式

零比特流测试模式意味着发送器能发送连续的基于 NRZI 码的零,导致传输时钟的信号模式下的连续的电平变化(在 2 Mbit/s 的数据速率下产生 1 MHz 信号)。从站应使用本地时钟同步其光输出信号的传输时钟。在光信号输出端不存在时钟调整(例如,由于锁相环,$\rightarrow t_{cad}$),并且仅允许光信号统计学上地分布式抖动。这个条件是非常重要的,因为这样才能使系统将抖动噪声($\rightarrow J_{noise}$)从可能的由于锁相环($\rightarrow t_{cad}$)导致的时钟调整中分离和隔离开来,这些将在后面详细介绍。系统在零比特流测试模式下产生的光信号的曲线形状,不允许偏离正常模式下信号上升沿和下降沿的附近(例如,测试模式期间不同的上升和下降时间，不同的超高电平）。特别是零比特流测试模式应与正常模式使用同一驱动电路。

下列参数用于规定主站和从站的光输出信号（见图 128 和图 129）：

——t_r：

点 1 和点 2 之间的时间延迟（＝1－1′或 2－2′）。它是光信号在上升沿中从 P_{TmaxL} 上升到 P_{TminH} 所需的时间的上限。这个时间不对应于发送器的上升时间，上升时间由数据手册中光信号的 10％～90％之间的时间给出。

——t_f：

点 3 和点 4 之间的时间延迟（＝3－3′或 4－4′）。它是光信号在下降沿中从 P_{TminH} 下降到 P_{TmaxL} 所需的时间的上限。这个时间不对应于发送器的下降时间，下降时间由数据手册中光信号的 10％～90％之间的时间给出。

注：见下面关于 t_r 和 t_f 的相关备注。

——t_{OS}：

该参数说明动态超过最大光传输功率的时间长短。这个时间间隔从时间①开始（见图 128）。

——t_{BIT}：

是主站（非测试模式）传输时钟周期（一个比特单元的时间宽度）的经过若干秒时间测量后得出的算术平均值，并且对应于数据速率的倒数。额定时间宽度用 t_{BITnom} 描述。t_{BIT} 的测量通过光功率能级为 $0.5\times P_{TminH}\pm20\%$ 的同一方向的边沿之间得出（＝$2\times t_{BIT}$）。t_{BIT} 在秒级的范围内可以认为是常数。仅由噪声导致的波动才是允许的。t_{BIT} 相对较长的测量宽度确保边沿之间延时（抖动→J_{noise}）的短时偏差的影响可以忽略不及。因此，t_{BIT} 给出了点 1 和点 3 之间的时间，也就是点 3 和点 5（对应于下一个周期的点 1）之间的时间。见图 128。

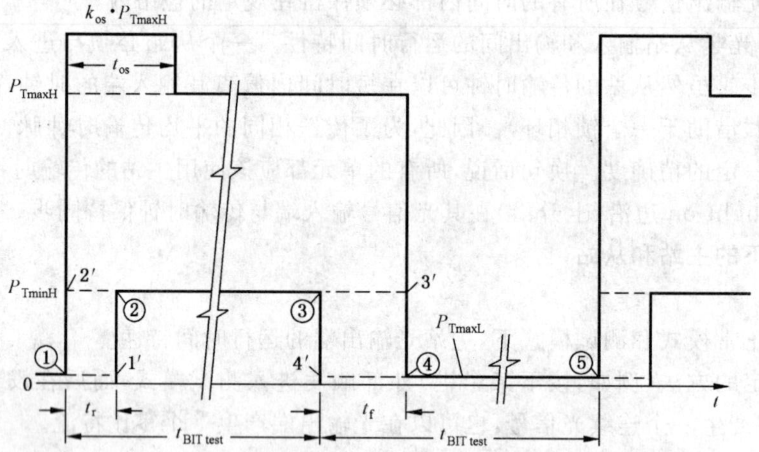

图 128　光信号包络

——$t_{BITtest}$：

是零比特流测试模式下主站或从站传输时钟周期（一个比特单元的时间宽度）经过若干秒时间测量后得出的算术平均值。$t_{BITtest}$ 所有的测量和特性应与 t_{BIT} 相一致。

——J_{noise}：

这个参数描述了光信号的抖动，与经过长时间测量得出的 $t_{BITtest}$ 值相比较，完全是两个边沿之间距离的统计学上的偏差。J_{noise} 是经若干个周期的信号获得的（例如，在示波器上），这样他们在一个光功率电平上（例如，下降沿或上升沿的 P_{TmaxL}）重叠在一起。因而光信号的抖动取决于覆盖的光信号的宽度（给出一个时间）。这个宽度不能超过 P_{TmaxL} 和 P_{TminH} 之间的功率范围的 J_{noise} 值，反之亦然。根据这个定义，光信号的抖动是有限的，也就是说，信号曲线形状在功率范围 P_{TmaxL} 到 P_{TminH} 是可再现的，反之亦然。

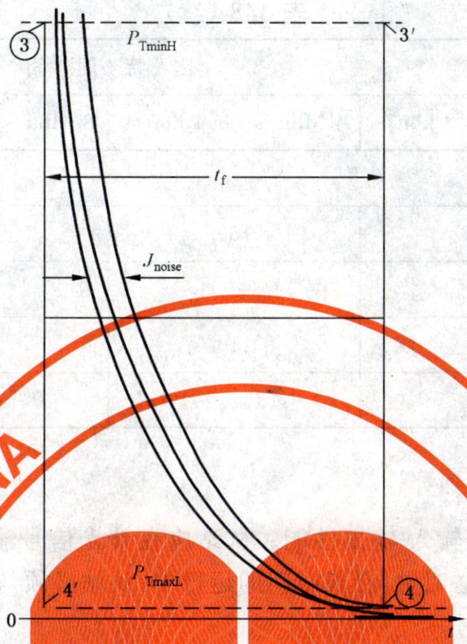

图 129　抖动图示(J_{noise})

注：时间 t_r 和 t_f 不是完全可作为上升时间和下降时间的。由于驱动电路非对称 ON/OFF 特性(占空因数,传播延迟),下降沿将根据上升沿被时间迁移,导致 $t_{BITtest}$ 的剩余误差。在这种情况下,高电平能被一些时间间隔延长,同时低电平被同一些时间间隔缩短。这个延长/缩短的时间间隔不被作为上升和下降间隔的一部分。此外,增加 J_{noise} 后的信号必须完全保持在包络内,这就意味着对于时间 t_r 和 t_f 中必须将抖动考虑在内。

30.2.3　数据速率

数据速率是在主站光信号输出端实测得到的波特率。标称数据速率应是 2 Mbit/s,4 Mbit/s,8 Mbit/s 或 16 Mbit/s,实测的数据速率允许存在±0.01%的偏差,数据速率是经过若干秒测量后得出的时间平均值。短时(纳秒级)性能可能会有微小的偏差,并且这个偏差是通过 J_{noise} 来规定的(见表 148)。

表 147 规定了类型 16 支持的数据速率,两个性能等级 CP16/1 和 CP16/2 可选择的波特率。

表 147　支持的传输速率

性能等级	CP16/1	CP16/2
2 Mbit/s	必备	必备
4 Mbit/s	可选	可选
8 Mbit/s	不支持	可选
16 Mbit/s	不支持	可选
波特率	手动设置(例如,切换开关)	手动设置(例如,切换开关),或自动识别波特率

表 148　传输 data 参数

传输速率(数据速率)	比特时间			
	2 Mbit/s±0.2 kbit/s	4 Mbit/s±0.4 kbit/s	8 Mbit/s±0.8 kbit/s	16 Mbit/s±1.6 kbit/s
t_{BIT}[ns]	500±0.05	250±0.025	125±0.012 5	62.5±0.006 25
t_{BITnom}[ns]	500	250	125	62.5
$t_{BITtest}$[ns]	500±0.05	250±0.025	125±0.012 5	62.5±0.006 25
数据频率(最大)	1 MHz	2 MHz	4 MHz	8 MHz

表 148（续）

传输速率(数据速率)	比特时间			
	2 Mbit/s±0.2 kbit/s	4 Mbit/s±0.4 kbit/s	8 Mbit/s±0.8 kbit/s	16 Mbit/s±1.6 kbit/s
曲线形状的时间				
t_{OS}[ns]	200	100	50	25
t_r[ns]	100	40	20	10
t_f[ns]	150	110	25	15
Jitter[ns]	$0 \leqslant J_{noise} \leqslant 10$	$0 \leqslant J_{noise} \leqslant 10$	$0 \leqslant J_{noise} \leqslant 5$	$0 \leqslant J_{noise} \leqslant 5$

30.2.4 从站的输入-输出性能

30.2.4.1 概述

本条规定了从站同步性能的输入-输出性能。从站应在其光信号输入端接收一个带特定时钟的信号，时钟的平均值等于主站的发送时钟，在长时间的运行中，从站必须与这个时钟同步(通过对上升或下降沿的评估)。

从站应产生它自己的本地时钟，这个本地时钟用于接收和发送数据。从站的本地时钟可以在输入的比特流的同步边沿之间自行运行。在同步期间，从站应调整本地时钟的相位(锁相环)。因为可以根据平均比特宽度(t_{BIT})得出高电平或低电平的宽度变窄或变宽，所以在光信号输出端可以得出这个性能。变宽或变窄的数量被称为时钟调整时间 t_{cad}。

时钟调整时间不能超过一个规定值(t_{cadmax})。此外，厂商规定了每个从站的可实现的最大时钟调整时间 $t_{cadreal}$(例如，$t_{BIT}/16$)。

光信号应在 $P_{TmaxL} \sim P_{TminH}$ 对应的范围内运行，反之亦然。包络始终在同一位置(考虑 J_{noise})。包络可能移位超过光信号(由于变短的上升和下降时间)，但在时钟调整时不必考虑这个移位。

如果从站中实现的时钟调整时间 $t_{cadreal}$ 小于或等于最大时钟调整时间，从站也能够正确地接收信号。如果从站物理位置在一个 $t_{cadreal}$ 逐渐增大的环网中，系统应确保为所有从站建立正确的接收条件。主站的接收器，作环网中的最后一个单元，应能够处理最大允许的时钟调整时间 t_{cadmax}。

除上述的时钟调整时间外，还应规定一个最小时钟调整时间(t_{cadmin})。如果每个从站在其输入端按照 t_{cadmin} 调整时钟，从站应能处理数据。从站的输入/输出性能由下列参数规定。

t_{rfi}：图 130 中接收器输入端点①和点③之间的时间。

t_{fri}：图 130 中接收器输入端点③和点⑤之间的时间。

$t_{cadreal}$：从站在其输出端产生的最大时钟调整时间(变窄或变宽一个电平)。这个值由厂商规定。在规定的比特差错率范围内，从站也能在其输入端处理这个最大时钟调整时间。

t_{cadmin}：在规定的比特差错率范围内，从站能够正确处理的最小时钟调整时间。

t_{cadmax}：这是 $t_{cadreal}$ 的上限，也描述了在规定的比特差错率范围内，从站能够正确处理的最大时钟调整时间。

t_{rfo}：图 130 中发送器输出端点①和点③之间的时间。

t_{fro}：图 130 中发送器输出端点③和点⑤之间的时间。

t_{del}：在从站中测出的光信号输入和输出之间包络的延时(见图 130)。这个参数描述了光信号通过一个中继器模式的从站时产生的信号延迟(见表 153)。这个延迟应是光信号输入端的 light-ON 边沿到光信号输出端的信号边沿之间的时间(对于非倒转从站，是 light-ON 边沿；对于倒转从站，则是 light-OFF 边沿)。

$t_{del-optic}$：接收器和发送器中光电部件的最大延迟。

$t_{del-electric}$：电信号通过从站的最大延迟(例如，使用 ASIC)。

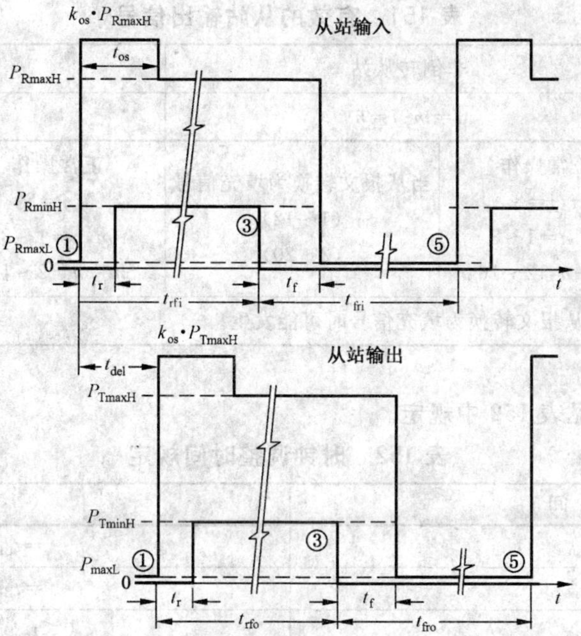

图 130　从站的输入-输出性能

提供给接收器的输入信号的定义有表 149 的 a)和 b)两种情况，不允许在 a)和 b)两种情况之间改变。因此，通过时钟调整时间，仅使高电平变窄或变宽，或仅使低电平变窄或变宽。

表 149　可能的从站输入信号

	t_{rfi}	t_{fri}
a)	$i \times t_{BIT} - t_{cadreal} \leqslant t_{rfi} \leqslant i \times t_{BIT} + t_{cadreal}$	$j \times t_{BIT}$
b)	$i \times t_{BIT}$	$j \times t_{BIT} - t_{cadreal} \leqslant t_{rfi} \leqslant j \times t_{BIT} + t_{cadreal}$

注 1：i 和 j 是一般的数字；i 不等于缩略语中给出的网络的序号。

注 2：一般运算中 $i=1\sim8$，$j=1\sim8$，因此 $i+j=2\sim16$。当从报文转换为填充信号时，或当从填充信号转换为报文时，$i=1\sim12$，$j=1\sim12$，但 $i+j=2\sim20$。

通过这些规定的输入信号，从站能够实现下列任务：

a)　在比特差错率范围内，正确接收和处理数据；

b)　产生有效的输出信号。

有效的输出信号具有规定限制条件内的信号定时，并且是根据表 150 中 c)或 d)条件产生的。从站能够通过时钟调整，仅使高电平变窄或变宽，或仅使低电平变窄或变宽，不允许两者之间交替。

表 150　可能的从站输出信号

	t_{rfo}	t_{fro}
c)	$m \times t_{BIT} - t_{cadreal} \leqslant t_{rfo} \leqslant m \times t_{BIT} + t_{cadreal}$	$n \times t_{BIT}$
d)	$m \times t_{BIT}$	$n \times t_{BIT} - t_{cadreal} \leqslant t_{rfo} \leqslant n \times t_{BIT} + t_{cadreal}$

注：m 和 n 是一般的数字，不等同于缩略语中给出的解释。

m 和 n 允许的值分四种情况分别给出(见表 151)。

表 151 有效的从站输出信号

状态/从站	非倒转从站		倒 转 从 站	
中继器	$i=m;j=n$		$i=n;j=m$	
从站发送自己的报文	正常操作 $i,j=8$ $m,n=1\sim8$ $m+n=2\sim16$	当从报文转换为填充信号 (1～12) (2～20)	正常操作 $i,j=8$ $m,n=1\sim8$ $m+n=2\sim16$	当从报文转换为填充信号 (1～12) (2～20)
注：括号中表示的值是在从报文转换为填充信号时可能发生。				

30.2.4.2 时钟调整

时钟调整时间的限值见表 152 中规定。

表 152 时钟调整时间规定

时 间	值
t_{cadmin}	$=t_{BITnom}/64$
t_{cadmax}	$=t_{BITnom}/11$
$t_{cadreal}$	$0\leqslant t_{cadreal}\leqslant t_{cadmax}$

30.2.4.3 由从站引起的信号延迟

由从站(在中继器模式下)引起的信号延迟的规定见表 153。

表 153 从站中光信号延迟

波 特 率	t_{del}(max)	t_{del}(electric)	t_{del}(optic)
2 Mbit/s	750 ns	400 ns	350 ns
4 Mbit/s	375 ns	200 ns	175 ns
8 Mbit/s	250 ns	100 ns	150 ns
16 Mbit/s	200 ns	50 ns	150 ns

30.2.5 理想的信号波形

理想的信号波形突出光信号的状态变化。光信号用等高的矩形方波来代替，并且具有极小的上升和下降时间。理想的信号波形(方波)的状态变化(边沿)被定义在发送器输出端光功率为 $0.5\times P_{TminH}$ $(1\pm20\%)\%$的那一时刻。两种门限电平(低衰减和高衰减)都应始终落在 P_{TmaxL} 和 P_{TminH} 之间的区间内。

所有的其他时间都是在上述定义的状态变化之间测量的。

30.3 连接到光纤

30.3.1 概述

本条详细描述了主站和从站与光纤之间的连接及他们之间的交互。

表 154 给出了连接所执行的所有基本功能。

表 154 连接的基本功能

执行的功能→		主 站	从 站
1	从收到的信号中恢复时钟	×	×
2	再生并发送收到的信号		×
3	发送 0111 1111 作为填充信号	×	
4	发送自身的报文	×	×
5	数字之间的相位校正和无峰(Spike-free)转换	4→3 3→4	4→2 2→4

30.3.2 主站连接

30.3.2.1 功能

图 131 给出了主站连接应该具备的功能。

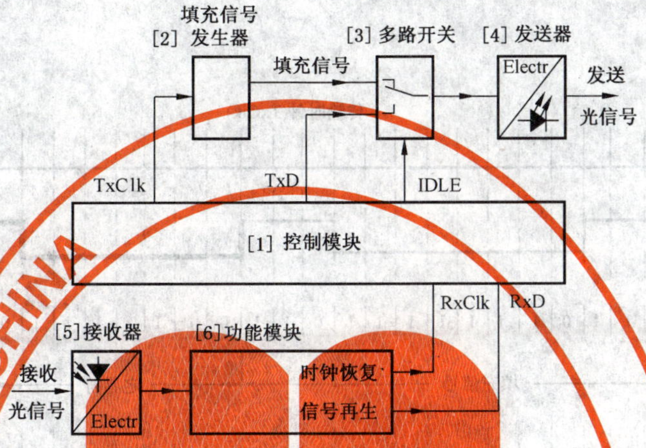

图 131 主站连接的功能

图 131 中控制块[1]:根据图 131 构造要发送的报文,并将其转换成 NRZI 编码的信号。接收到一个报文时,主站的控制模块应根据报文定界符和地址域识别 NRZI 编码的、再生的报文,将其作为给主站的一个报文。此外,控制块[1]应校验报文,并仅发送正确的数据域到信号处理单元。

除了 NRZI 编解码和报文定界符的再生/识别,上述其他功能将在较高的协议层说明。

30.3.2.2 生成填充信号

根据图 131,控制块[1]将为主站生成发送时钟(TxClk)。发送时钟将被送到图 131 中的填充信号发生器[2]中,这里将根据 9.10.2 的图 52 生成填充信号。

在主站发送填充信号时(IDLE=1),信号经由切换开关[3] 到达电光转换器[4]。这个切换开发以这样一种方式工作:其输出端的信号变化始终与传输时钟的模式保持一致。在这种方式下,后续单元能够使用锁相环恢复时钟。因此,他们始终能够与主站的传输时钟保持同步。

将在 30.3.3 中说明功能模块[6]。

30.3.2.3 填充信号与报文定界符之间的转换,及相反过程

在从填充信号 0111 1111 转换到报文定界符期间:

a) 在比特串 0111 1111 的任意一点中断;

b) 应能够插入最多 2 个任意(转换)比特 xx(例如,为了简化实现)。

所有信号的变化都以这种方式产生,然而,必须与传输时钟保持同步。

图 132 给出了在填充信号到被发送报文的转换期间,发送信号的有效信号模式的一些例子,图中用阴影表示偶然被插入(转换)的比特。

如图 132 所示,产生具有若干个定界符的比特序列。接收器应能够将加深粗线表示的信号识别为前导报文定界符。

在报文定界符到填充信号的转换期间,即比特序列 01111110B(定界符)之后:

a) 可以插入最多 4 个随机转换比特;

b) 随后可以切换到比特序列 0111 1111(填充位)中的任意一点。

所有生成信号变化都与发送时钟保持同步。图 133 给出了一些例子。用阴影表示偶然被插入的

(转换)位,可能出现若干个定界符。接收器应能够识别第一个定界符作为包络报文的定界符。

图 133 中,e)是通过两个反方向的连续边沿和两个同方向的连续边沿进行识别,两个反方向的连续边沿被最大 12 个传输时钟周期(t_{BIT})分开,两个同方向的连续边沿被最大 20 个传输时钟周期(t_{BIT})分开。这对 DPLL 的正确操作非常重要。

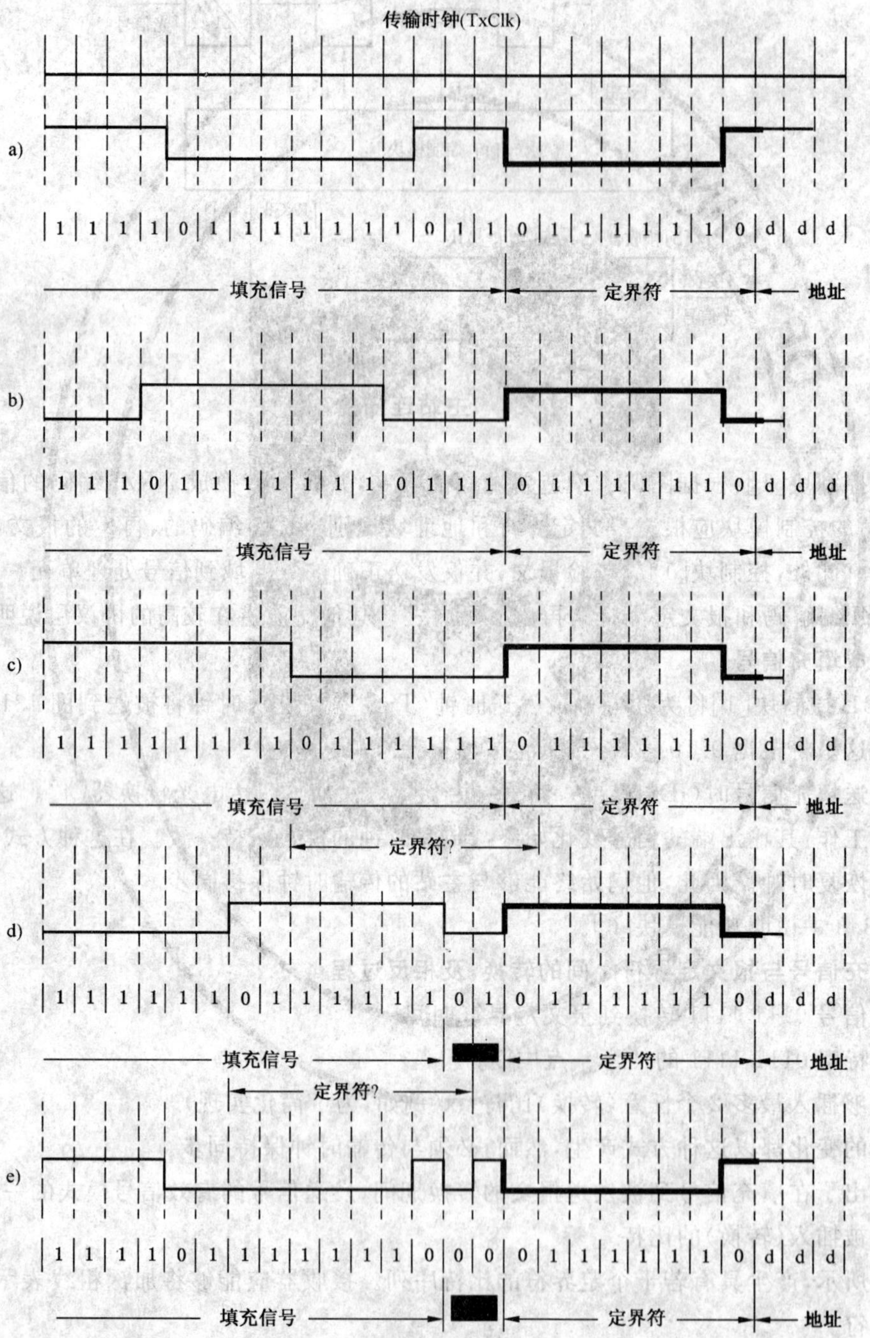

图 132　在填充信号转换到报文定界符期间的有效发送信号

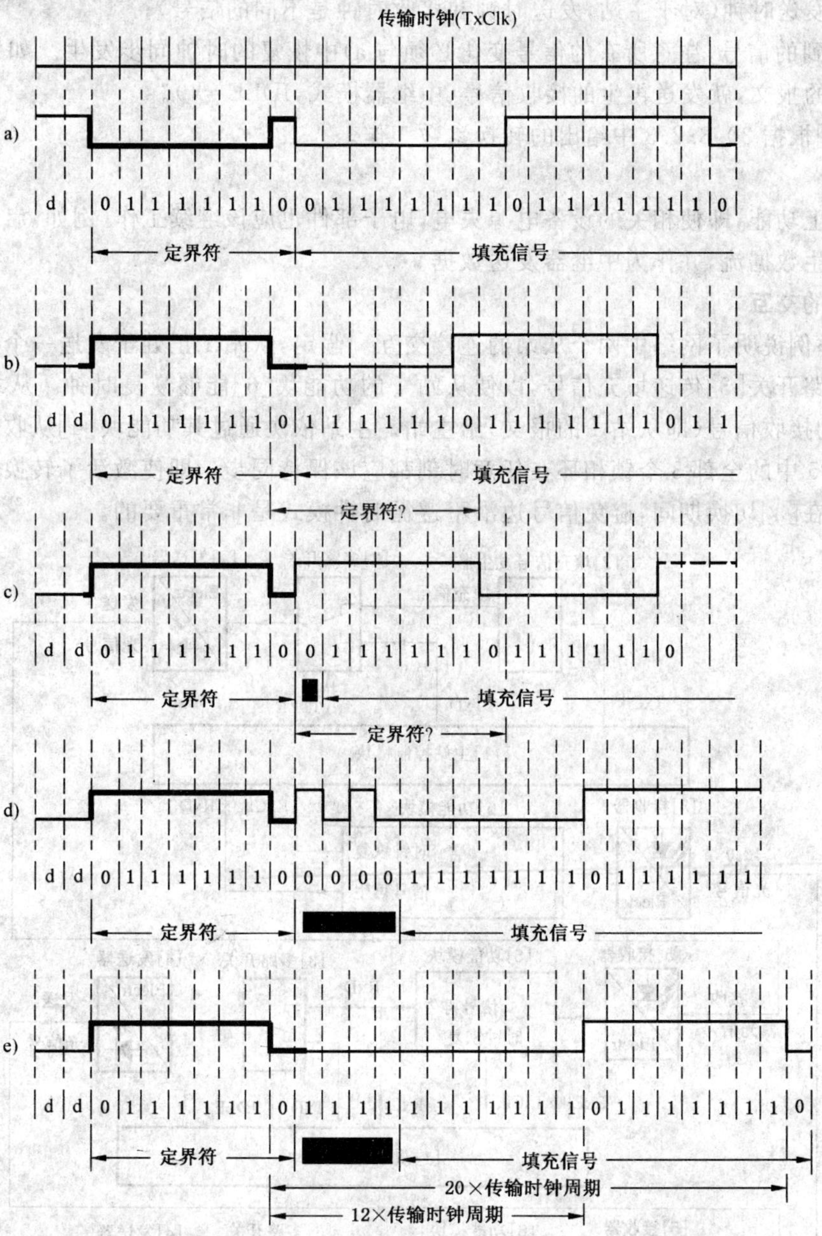

图 133 在报文定界符转换到填充信号期间的有效传输信号

30.3.3 从站连接

图 134 给出了从站连接应该具备的功能。

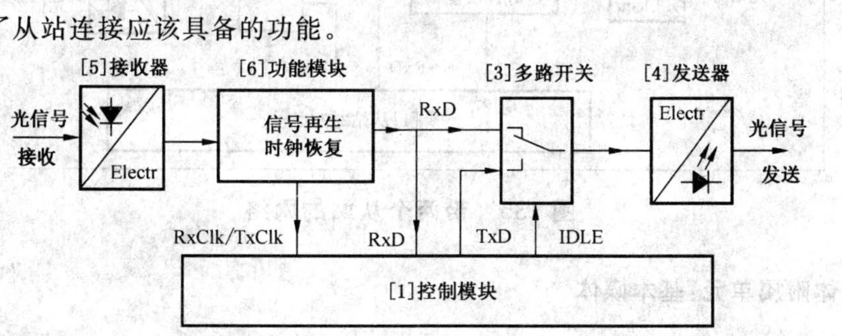

图 134 从站连接功能

功能块[6]具有以下任务：

a) 从收到的电信号中恢复时钟(时钟恢复，可能通过 DPLL)。在[6]中恢复的时钟被用做[1]的

接收和发送时钟(对于主站,发送时钟和接收时钟是不同的信号);

b) 再生收到的信号,注意所有的信号变化必须与a)中恢复的时钟同步发生。如果从站不需要发送自己的报文,就发送再生的接收信号(中继器模式,IDLE=1)。

多路开关[3]根据30.3.2.3中给出的转换参数工作。

电源:

为了执行以上功能,即使相关的设备电源失电,电子部件也应该继续工作(例如,启动和诊断期间)。从站至少能够再生数据流,并作为中继器发送数据。

30.3.4 连接间的交互

图135中,举例说明了网络中两个从站的连接交互。假定,从站1正处于发送一个报文给主站的过程中。主站的多路开关[3]传递填充信号,以便从站1的功能块[6]能够恢复时钟。从站2的多路开关[3]应传递再生的接收信号(即从站1的报文)给主站。主站依次通过其功能块[6]从收到的信号中恢复接收时钟。图135中的全部3个锁相环在任意时刻都应该保持同步。即使激活了转换[3],这个同步也始终应该保持。在[3]切换期间,避免信号边沿不遵循时钟模式是非常重要的。

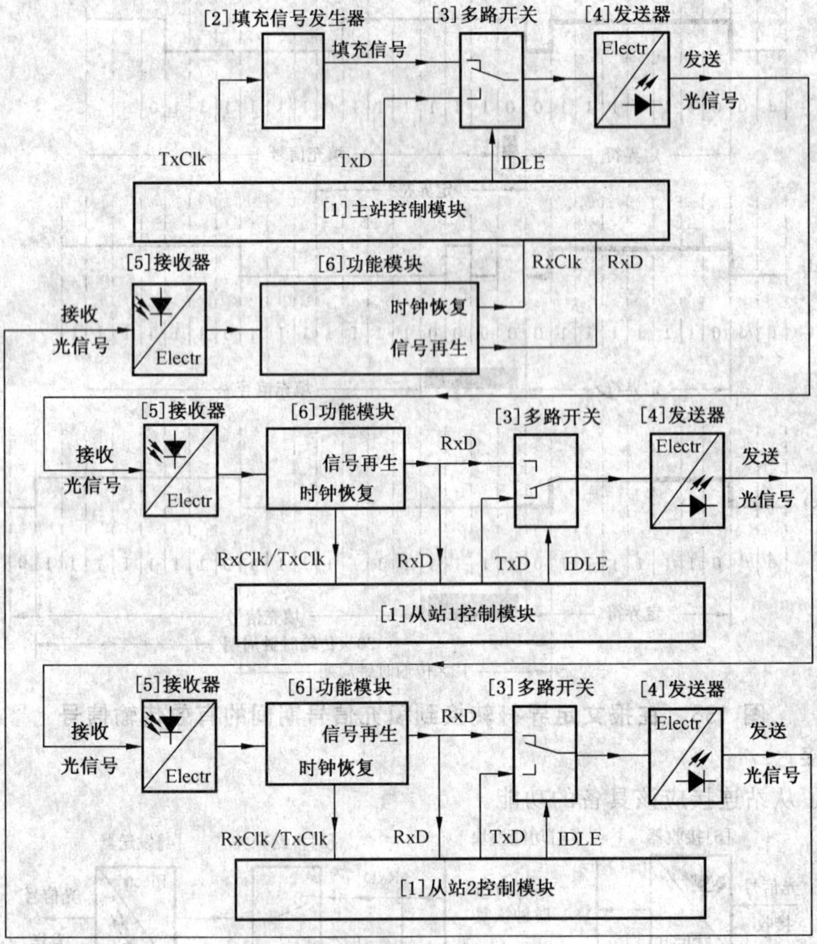

图135 带两个从站的网络

31 类型18:媒体附属单元:基本媒体

31.1 概述

类型18-PhL-B实现了与ISO/IEC 8482双绞线多点互连相兼容的媒体附属单元,在本条的其他部分被称为TPMI,是ANSI TIA/EIA-485-A的一种变型。

TPMI 的附加要求如下：

——数据信号编码规范

——MAU 总线信号加载

——信号传送要求

——媒体规范

- 拓扑描述
- 导线规范
- 传输线终端器规范

——端点和分支干线电缆连接器

——推荐的接口电路

由此得到的类型 18-PhL-B 总线能支持高达 10 Mbit/s 的比特速率，并且传输距离可长达 1.2 km。

注：在本条中，站的术语是指用于与类型 18 的 DLL 和 AL 相一致的网络设备，类型 18 的 DLL 和 AL 定义了各种不同类型的站。

31.2 数据信号编码

类型 18-PhL-B 规定了 ISO/IEC 9314-1 中定义的 NRZI(倒转不归零)数据信号编码。相应得，Mark-to-Space 转换或 Space-to-Mark 转换代表 PhPDU 的逻辑“1”；无转换(Mark-to-mark 或 Space-to-Space)代表 PhPDU 的逻辑“0”。

31.3 信号加载

类型 18-PhL-B MAU 通信部件实现要求规定收发器设备不能超过 0.5 倍单元负载(UL)。因此，可连接的设备数最大为 64 个。

31.4 信号传输要求

通信设备之间的最少的连线如图 136 所示。

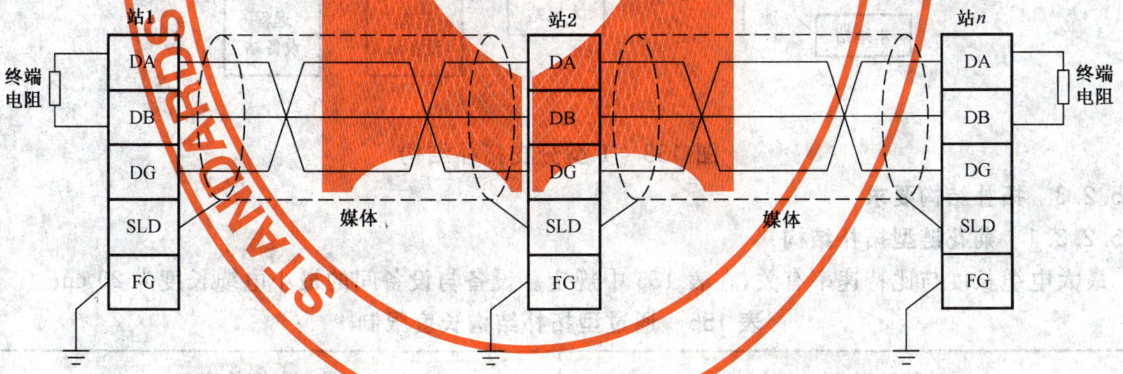

图 136 最少的互连接线

推荐将干线电缆两头的 SLD(屏蔽)以低阻抗(也就是，低电感)方式连接到 FG(现场地)。这对达到适当的电磁兼容性是非常必要的。

31.5 媒体

31.5.1 概述

每个总线段(干线)和分支的媒体都是屏蔽双绞线。屏蔽层有助于提高电磁兼容性(EMC)。

31.5.2 拓扑

31.5.2.1 菊花链拓扑结构

如图 137 所示，专用电缆上为每个设备配置了一个菊花链型连接器。

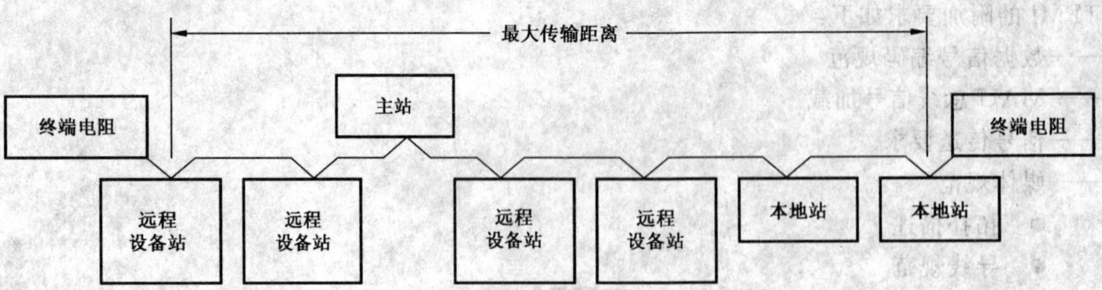

图 137　专用电缆拓扑结构

31.5.2.2　**T 型分支拓扑结构**

用 T 型连接器作为耦合器为节点提供分支的连接构成 T 型分支拓扑，如图 138 所示。

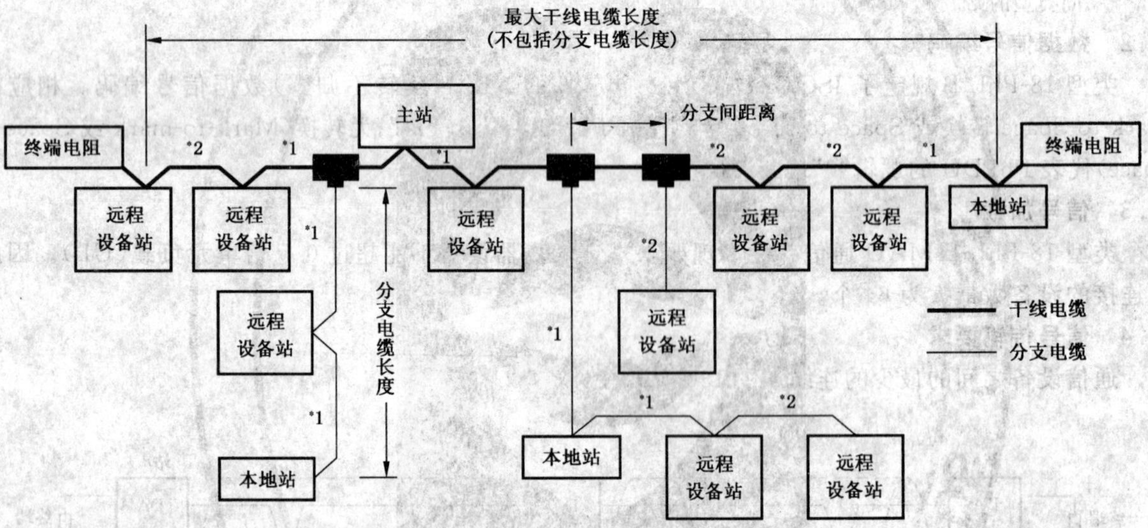

图 138　T 型分支拓扑结构

31.5.2.3　**拓扑结构要求**

31.5.2.3.1　**菊花链型拓扑结构**

最大电缆长度与比特速率有关，在表 155 中规定。设备与设备间的最小电缆长度为 20 cm。

表 155　通过型拓扑结构长度限制

比特速率/kbit/s	最大电缆长度/m
10 000	100
5 000	160
2 500	400
625	900
156	1 200

31.5.2.3.2　**T 型分支拓扑结构**

T 型分支拓扑结构仅允许 156 kbit/s 和 625 kbit/s 两种比特速率。最大电缆长度(与比特速率相关)和其他拓扑方面的限制规定见表 156。参考的总线部件描述见图 138。

表 156 T型分支拓扑结构限制

参数		值	备注
干线最大长度	625 kbit/s	100 m	
	156 kbit/s	500 m	
分支最大长度	625 kbit/s	50 cm	每个分支的电缆长度
	156 kbit/s	200 cm	
分支最大总和长度		8 m	所有分支电缆的长度总和
T型分支之间的最大距离		无限制	干线电缆上测得的距离
每个分支可连接的设备的最大数量		6	
与主站的最小距离		2 m	见图 138 中的 *1。 当系统中无本地站或智能设备站时，这个参数减小到 1 m。
站与站之间的最小距离		30 cm	见图 138 中的 *2。
注：站类型(例如，主站)在类型 18 的 DLL 和 AP 中定义。			

31.5.3 信号电缆规范

附录 R.1 中规定了类型 18-PhL-B 媒体的三芯双绞电缆。

31.5.4 媒体终端器

干线电缆段的两端应接上其特性阻抗。对这两个传输线终端电阻的要求见表 157。

表 157 终端电阻要求

参数	值
电阻	110 Ω
功率	0.5 W
容差	＜10%

31.6 端点和分支干线电缆连接器

本部分没有规定用于类型 18-PhL-B 的物理连接器。

连接器的类型应是螺纹紧固型，每个端子能够接入媒体电缆规定类型的 2 根导线。也要求有充足的端子用于连接所有的 5 个连接点，或者 4 个连接点加 1 个提供给 FG 电路的单独连接点。

为了便于断开在线设备，建议使用两片的连接器。进一步推荐，开发者应评估相关工业伙伴联合会和行业协会的用于实现工业目标应用领域中使用的连接器通用方案。见 IEC 61784 系列及其他相关规范。

31.7 推荐的类型 18-PhL-B MAU 电路

通信部件的电隔离不是必需的，但为了获得稳定的性能，建议并强烈鼓励采用电隔离。推荐的配置最低程度电隔离的通信部件电路图如图 139 所示。图 140 给出了推荐的输入/输出部件也配置了各自的电隔离的电路图。

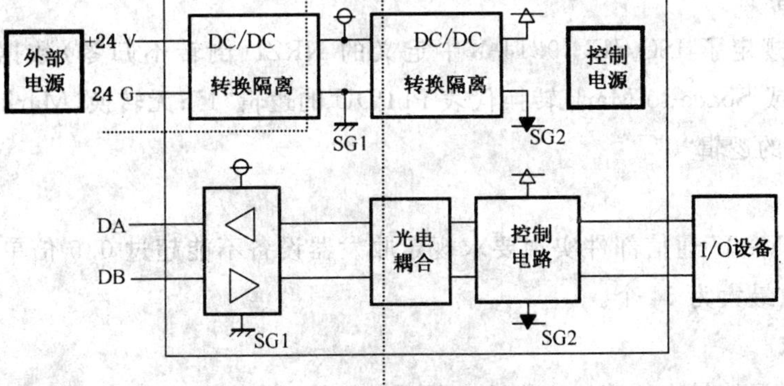

图 139 通信元件隔离

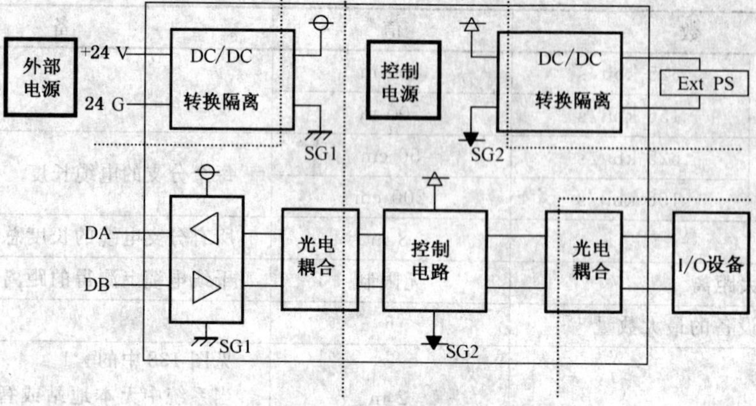

图 140 通信元件和 I/O 隔离

32 类型 18:媒体附属单元:供电媒体

32.1 概述

类型 18-PhL-B 实现了与 ISO/IEC 8482 双绞线多点互连相兼容的媒体附属单元,在本条的其他部分被称为 TPMI,是 ANSI TIA/EIA-485-A 的一种变形。

TPMI 的附加要求如下:

——数据信号编码规范

——MAU 总线信号加载

——信号传送要求

——媒体规范

- 拓扑描述
- 导线规范
- 传输线路终端规范

——端点和分支干线电缆连接器

——嵌入式电源配电

——推荐的接口电路图

由此得到的类型 18-PhL-B 总线能支持高达 2.5 Mbit/s 的比特速率,并且传输距离可长达 500 m。

注:在本条中,站的术语是指用于与类型 18 的 DLL 和 AL 相一致的网络设备,类型 18 的 DLL 和 AL 定义了各种不同类型的站。

32.2 数据信号编码

类型 18-PhL-B 规定了 ISO/IEC 9314-1 中定义的 NRZI(倒转不归零)数据信号编码。相应得,Mark-to-Space 转换或 Space-to-Mark 转换代表 PhPDU 的逻辑"1";无转换(Mark-to-mark 或 Space-to-Space)代表 PhPDU 的逻辑"0"。

32.3 信号加载

类型 18-PhL-B MAU 通信部件实现要求规定收发器设备不能超过 0.5 倍单元负载(UL)。因此,可连接的节点设备数最大为 64 个。

32.4 信号传输要求

两个通信设备之间的最少的连线如图 141 所示。

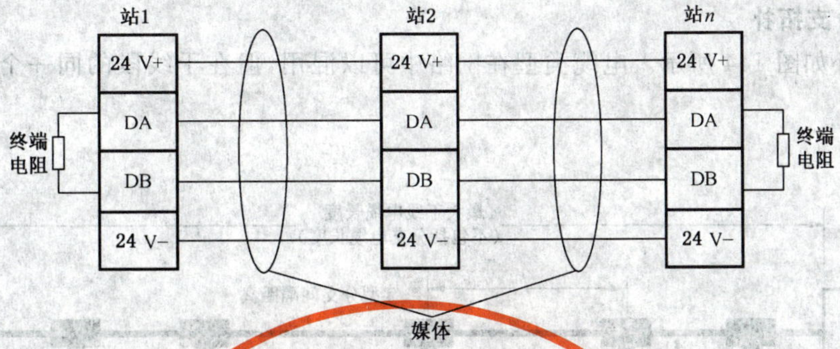

图 141　最少的互连导线

32.5　媒体

32.5.1　概述

每个总线段(干线)和分支的媒体都是一根 4 芯非屏蔽电缆。这些电缆可采用扁平电缆配置或圆形电缆配置,电缆中的导线用于通信和嵌入式电源配电。

32.5.2　拓扑

32.5.2.1　概述

带嵌入式电源配电的扁平电缆配置的一个例子见图 142。总线包括一条干线和可能多个的分支。

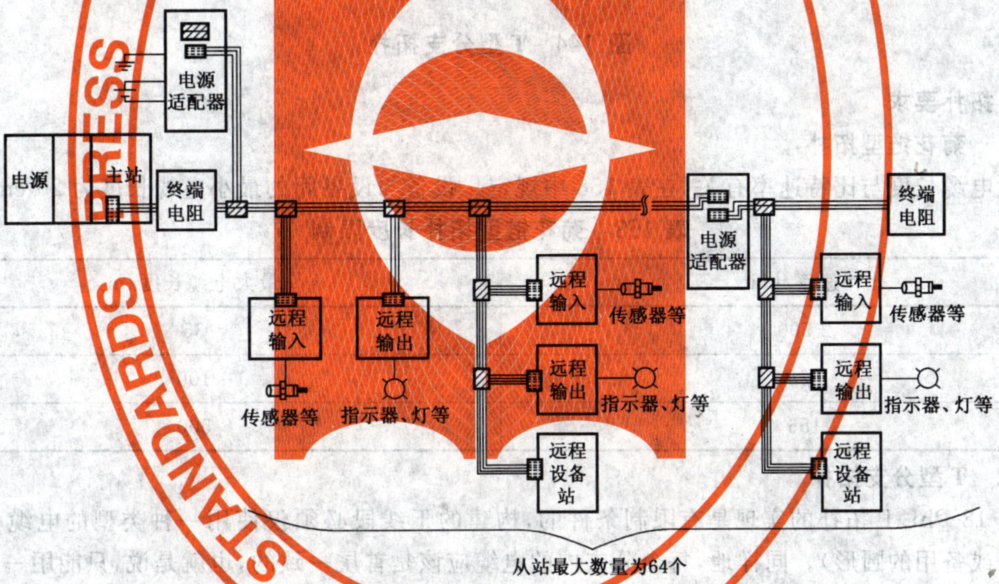

图 142　扁平电缆拓扑

32.5.2.2　菊花链拓扑

如图 143 所示,专用电缆上为每个设备配置了一个菊花链型连接器。

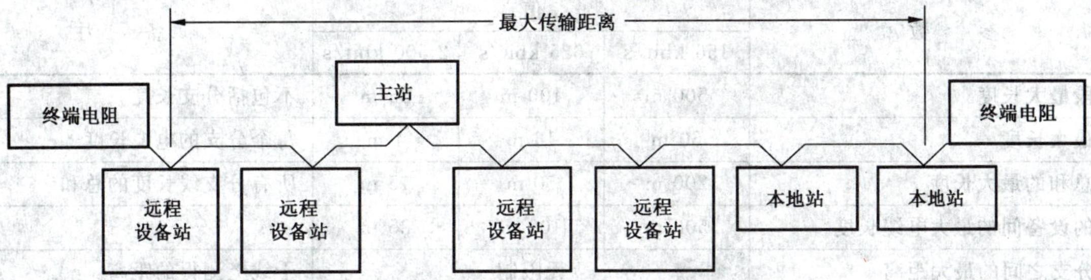

图 143　专用电缆拓扑

32.5.2.3 T型分支拓扑

T型分支拓扑如图144所示。电缆类型在网络中可以混用，但在干线段的同一个分支内必须使用一致的电缆类型。

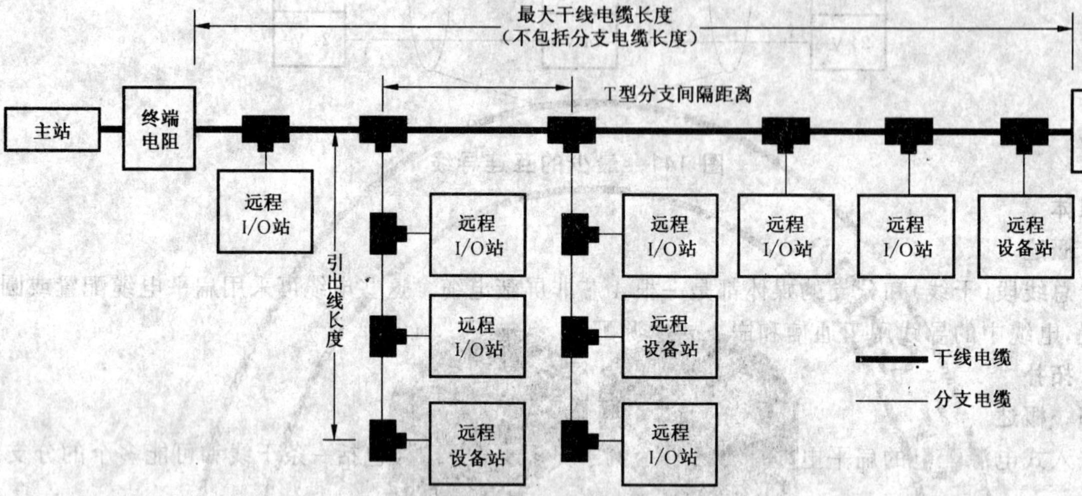

图144 T型分支拓扑

32.5.3 拓扑要求

32.5.3.1 菊花链型拓扑

最大电缆长度与比特速率有关，在表158中规定。设备与设备间的最小电缆长度为20 cm。

表158 菊花链型拓扑长度限制

比特速率/kbit/s	最大电缆长度/m
2 500	35
625	100
156	500

32.5.3.2 T型分支拓扑

类型18-PhL-P拓扑的实现是有限制条件的，构建的干线段必须仅使用一种类型的电缆（扁平，首选的圆形或备用的圆形）。同样地，每个分支内的电缆应该是首尾一致的，也就是说，只能用一种类型的电缆来构建。但是分支电缆的类型不必与主线电缆或物理段中其他分支的电缆的类型相匹配。

T型分支拓扑仅允许156 kbit/s、625 kbit/s和2.5 Mbit/s三种比特速率。最大电缆长度（与比特速率有关）和其他拓扑方面的限制规定见表159。

表159 T型分支拓扑限制

参　　数	值			备　　注
	156 kbit/s	625 kbit/s	2 500 kbit/s	
干线段最大长度	500 m	100 m	35 m	不包括分支长度
分支最大长度	60 m	16 m	4 m	每个分支的电缆长度
分支总和的最大长度	200 m	50 m	15 m	所有分支线长度的总和
连接的设备间的最大电缆长度	500 m	100 m	35 m	
T型分支之间的最大距离	无限制			干线上测得的距离
每个分支可连接的设备的最大数量	8			

32.5.4 信号电缆规范

32.5.4.1 扁平电缆

附录 R.2.1 规定了类型 18-PhL-P 媒体的 4 芯无屏蔽扁平电缆。

32.5.4.2 圆形电缆——首选

附录 R.2.2 规定了类型 18-PhL-P 媒体的首选的 4 芯无屏蔽圆形电缆。这种电缆类型也称为 VCTF 软线,与 IEC 60227-5 兼容。

32.5.4.3 圆形电缆——备用

附录 R.2.3 规定了类型 18-PhL-P 媒体的备用的 4 芯无屏蔽圆形电缆。

32.5.5 媒体终端器

干线段的两端应接上与其特性阻抗匹配的终端器。对这两个传输线终端电阻的要求规定见表 160 (扁平电缆)和表 161(圆形电缆)。

表 160 终端电阻要求——扁平电缆

参　　数	值
电阻	130 Ω
功率	0.5 W
容差	<10%

表 161 终端电阻要求——圆形电缆

参　　数	值
电阻	90 Ω
功率	0.5 W
容差	<10%

32.6 端点和分支干线电缆连接器

32.6.1 设备连接器

类型 18-PhL-P 设备连接器所需的尺寸见附录 Q 的 Q.2。

32.6.2 扁平电缆连接器

类型 18-PhL-P 扁平电缆连接器所需的尺寸见附录 Q 的 Q.3。

32.6.3 圆形电缆连接器

类型 18-PhL-P 圆形电缆连接器所需的尺寸见附录 Q 的 Q.4。这个连接器适用于类型 18-PhL-P 的两种类型的圆形电缆。

32.6.4 备用圆形电缆连接器

类型 18-PhL-P 备用圆形电缆连接器所需的尺寸见附录 Q 的 Q.5。

32.6.5 T 型分支耦合器

类型 18-PhL-P 的 T 型分支耦合器没有规定尺寸,可使用商业上所有适用的终端盒。

32.7 嵌入式电源配电

32.7.1 概述

类型 18-PhL-P 包括网络嵌入式电源配电规范。一个物理网段的电源部件可以是一个单独的互连配电系统,或者是划分成多个段进行电源配电。图 145 的框图给出具有两个电源段的物理段。

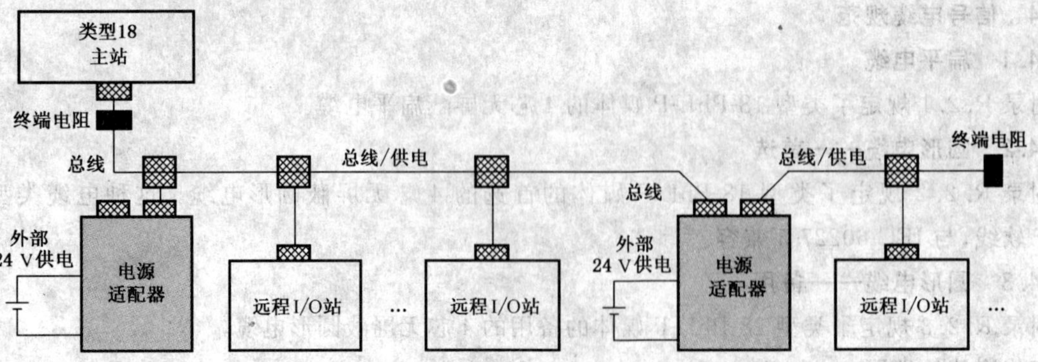

图 145 类型 18-PhL-P 电源配电

32.7.2 电源

电源设备应具有两个设备总线连接器,用于数据信号的菊花链型连接,但电源只供给其中一个连接器,图 146 给出了电源互连的电路图。

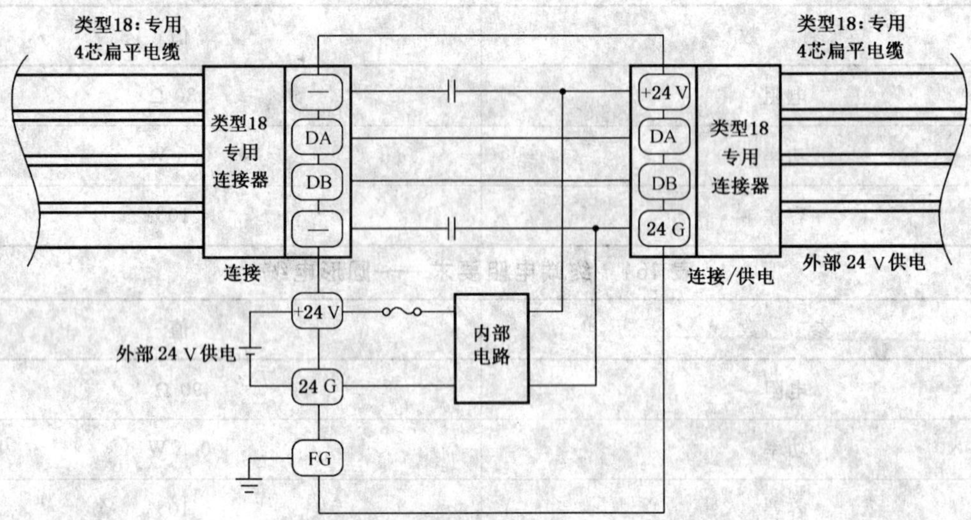

图 146 类型 18-PhL-P 配电

类型 18-PhL-P 的 24V 电源应符合表 162 中给出的规定。

表 162 24 V 电源规范

参　　数	规　　范
最大工作电压	28.8 V
最小工作电压	20.4 V
最大电流	5 A
隔离—电源与数据信号	500 V(r.m.s.)
反向电压保护	95 V
抗电流浪涌容差	输出电压在 19.2 V～30.0 V,允许±5 A/1 ms 脉冲。

32.7.3 电源加载

连接到类型 18-PhL-P 总线的每个设备也消耗功率,设备的功耗应符合表 163 中的规定。

表 163 24 V 功耗规范

参　　数	规　　范
最大工作电压	30.0 V
最小工作电压	19.2 V
最大电流	5 A (见注 1)

表 163（续）

参　　数	规　　范
启动电流	工作电流的 1.33 倍（见注 2）
反向电流保护	电源反接对设备或网络无损坏
注 1：对于极限传输距离，必须将每个设备的功耗限制在 0.1 A。 注 2：这不包括对输入旁路电容充电需要的冲击电流。如果包括这部分电流，在一个运行中的网络中插入一个设备时，必须将总的冲击电流限制在不会导致总线电源电压低于 19.2 V 超过 1 ms 的范围内。	

启动电流和冲击电流的规定（表 163 的注 2），对于支持可热插拔设备是必需的，也就是说，在一个运行中的网络中进行设备的插拔，不会对网络或设备造成损坏，但可能会发生数据差错。

电源输入电路的滤波和电源反接保护也是在较高比特速率下具有稳定的性能所必需的。没有规定滤波参数。图 147 给出典型的滤波和保护电路，标出关键部件。

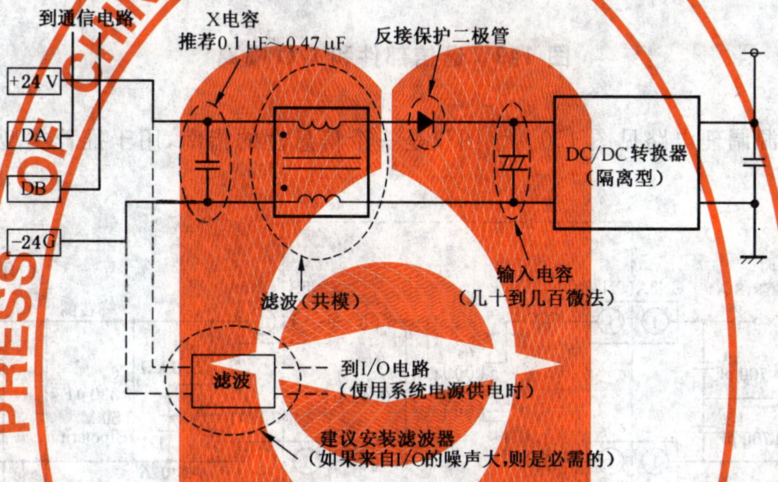

图 147　类型 18-PhL-P 电源滤波和保护

32.8　推荐的类型 18-PhL-P MAU 电路图

32.8.1　概述

下面两段中的电路图仅作为信息性资料。

32.8.2　通信部件的电气隔离

通信部件的电隔离不是必需的，但为了获得稳定的性能，建议并强烈鼓励电隔离。推荐的配置最低程度电隔离的通信部件电路图如图 148 所示。图 149 给出了推荐的输入/输出部件也配置了各自的电隔离的电路图。

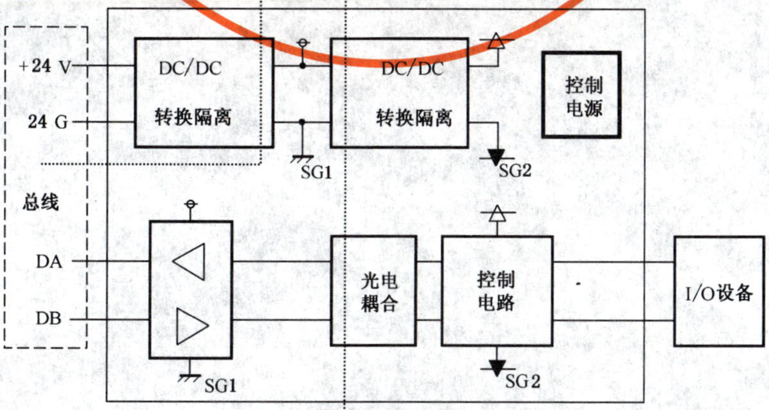

图 148　通信部件隔离

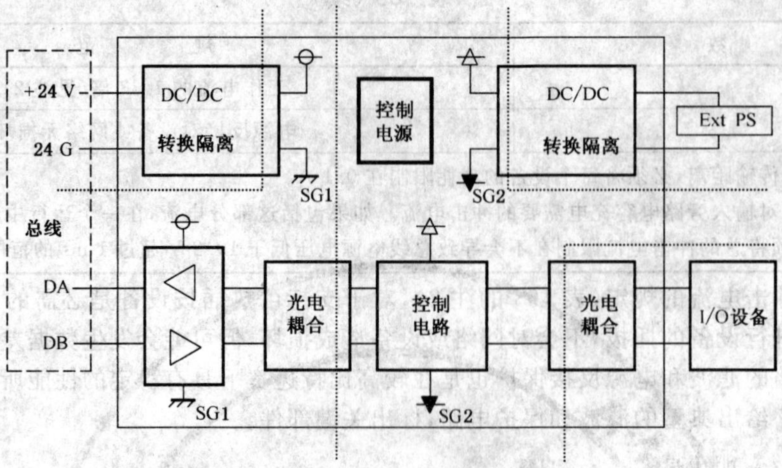

图 149 通信部件和 I/O 隔离

32.8.3 电源

一个完整的电源调理电路见图 150。该图仅是一个信息性的指南,用于推荐类型 18-PhL-P 电源供电部件的实现。

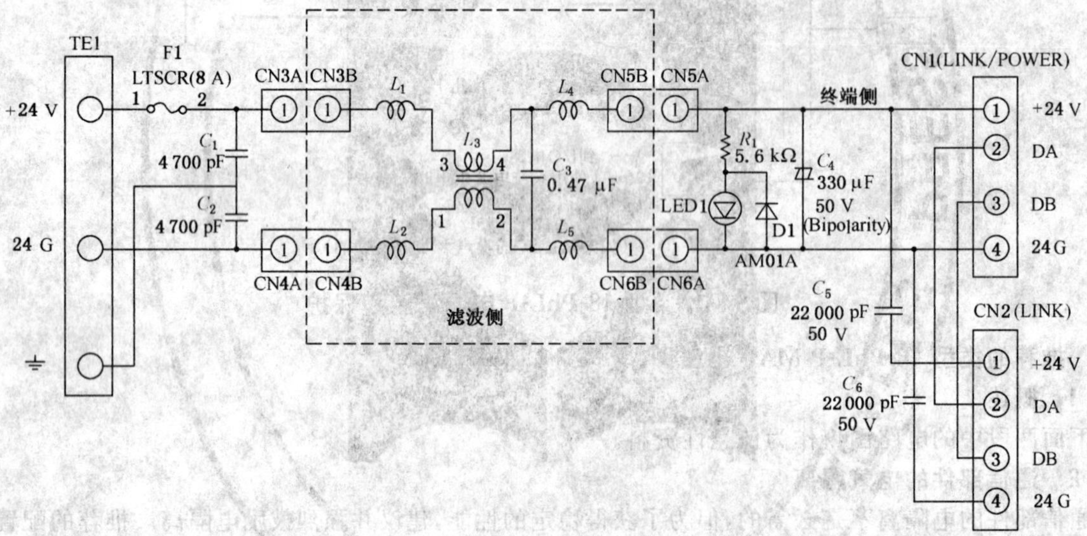

图 150 类型 18-PhL-P 电源电路图

附 录 A
（规范性附录）
类型 1:连接器规范

A.1 导线用内部连接器

在现场总线设备外壳内而无需抗电磁和物理环境影响的现场总线连接器规定为内部连接器。内部连接器应满足以下功能要求：

a） 应有明确标志以避免导线被互换位置；

b） 用最小 50 N 拔出力能完全锁定；

c） 可使用手工工具进行现场安装；

d） 固定(设备)面应为 4.8 mm×0.8 mm 带有一小孔的插头(Male tab)，如图 A.1，尺寸见表 A.1，具体在 IEC 60760 中规定；

e） 电缆的每根导线由一个带锁的插座(female connector)端接，并且具有绝缘套或外壳；

f） 具有绝缘套或外壳的插座应适合于 9.5 mm 直径的孔。

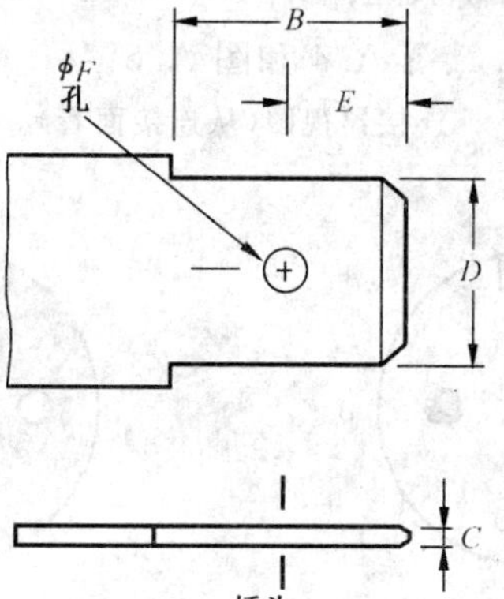

图 A.1 现场总线内部连接器

表 A.1 内部连接器尺寸

4.8 mm(0.187 in)插头				
	mm		in	
	最大	最小	最大	最小
B	6.5	6.2	0.256	0.244
C	0.84	0.77	0.033	0.030
D	4.9	4.7	0.193	0.185
E	3.4	3.0	0.134	0.117
ϕ*F*	1.5	1.3	0.060	0.050

A.2 导线用外部连接器

在现场总线设备外壳之外，需要抗电磁和物理环境影响的现场总线连接器规定为外部连接器。根据不同安装环境的要求，规定两种外部连接器。

A.2.1 用于恶劣工业环境的外部连接器

用于恶劣环境的外部连接器应满足以下功能要求：

a) 不论配对与否，均应标明极性以避免导线被互换位置；

b) 当配对或使用保护帽时，应符合 IEC 60529 IP65 密封规定；

c) 自由(电缆)端应使用电缆夹，用以夹紧电缆，但不损坏电缆导线；

d) 导线应完全由保持电线连续性的屏蔽导电层包住；

e) 自由(电缆)端的导电层应用绝缘材料覆盖；

f) 固定(设备)端的导电层应与它的安装面绝缘；

g) 固定(设备)端应与屏蔽层而不是护套连接；

h) 接头应适用于 0.20 mm^2～0.64 mm^2 的导线尺寸；

i) 具备可靠的锁扣，以防止拉电缆时脱开；

j) 提供 4 根插针(两根信号针和两根电源针)；

k) 选择可卷曲的导线；

l) 在固定(设备)端应提供插头；

m) 带有插针的电缆连接器应用于线内连接；

n) 连头对护套以及护套对地的绝缘强度至少应与相应的 MAU 隔离时所规定的绝缘强度一样；

o) 接头的功能安排见图 A.2 和表 A.2；

p) 连接器尺寸(配电面)见图 A.3、图 A.4 和图 A.5。

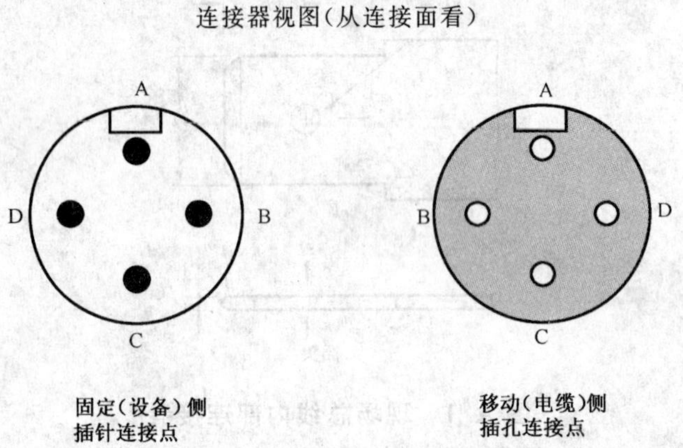

图 A.2 用于恶劣工业环境的外部连接器接头标识

表 A.2 用于恶劣工业环境的外部连接器接头安排

连头编号	功能
A	带可选电源＋的 DATA＋
B	带可选电源－的 DATA－
C	为可选电源＋所保留
D	为可选电源－所保留

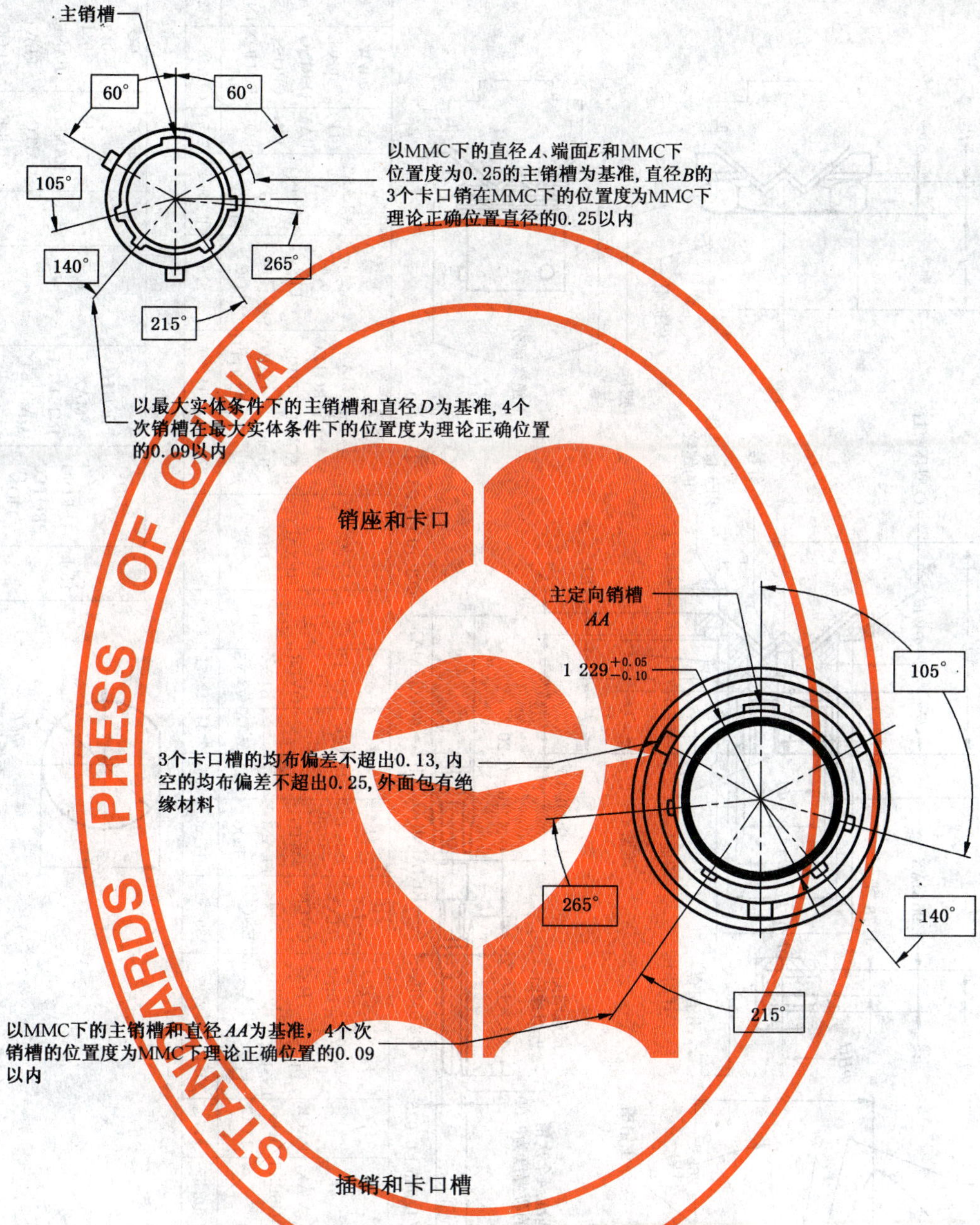

图 A.3　外部现场总线连接器的销座、销针和销槽

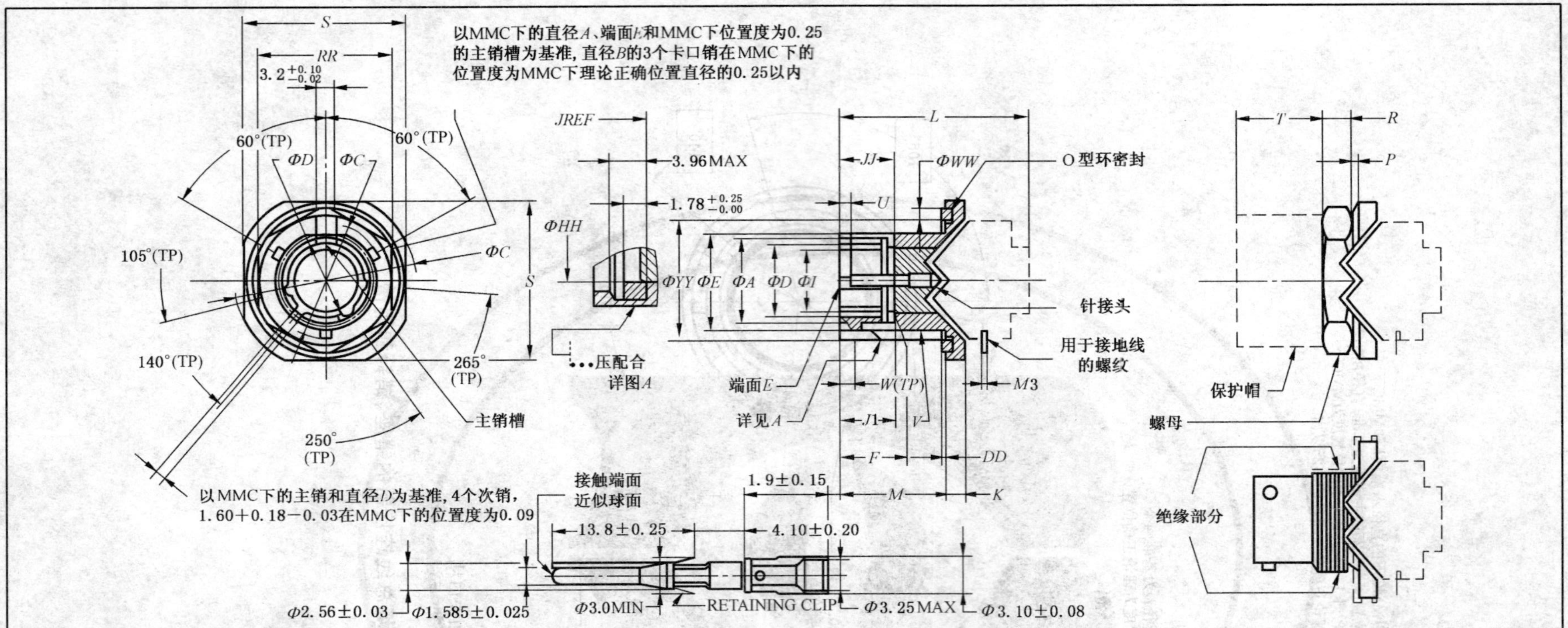

尺寸	ΦA +0.03 −0.12 EXT. DIA.	ΦB +0.15 −0.05 BAY PIN	ΦC +0.00 −0.04 OVER BAY PINS	ΦD +0.13 −0.02 INT. DIA.	E +0.00 −0.25 MTG FLAT	F MIN MTG THD LOC	ΦG +0.00 −0.82 ACROSS FLANGE COR	ΦI MAX INSERT	J ±0.25 PACKING LOC	JJ +0.00 −0.50 PIN INSERT LOC	K ±0.51 THK MTG FLANGE	L MAX OVER-ALL LENGTH	M +0.79 −0.00 MTG FLANGE LOC	P PANEL THK REF MIN	P PANEL THK REF MAX	ΦO +0.13 −0.15 OVER KEY-WAYS	R +0.25 −1.79 NUT THK	RR ±0.43 HEXACON DIM	S MAX LENGTH SIDE	T MAX PROTEC-TIVE CAP LENGTH	U +0.25 −0.51 PIN CONTACT LOC	V CLASS 2A MOUNT-IGN THREAD	W (TP) BAY PIN LOC	ΦWW ±0.08 O-RING CROSS SECTION	ΦYY ±0.15 O-RING SEAL INT. DIA
10	14.98	1.98	17.27	12.44	16.64	9.75	30.55	10.55	9.70	9.40	2.97	39.30	17.55	1.57	3.17	13.71	4.52	22.22	27.38	15.30	2.16	Ⅱ/16-24	2.54	1.78	20.35

注1：尺寸单位：mm。

注2：正确位置(TP)允差。

注3：常用材料外壳：铝合金。

卡口销(直径B)：钝化不锈钢。

螺母：填充玻璃的热塑性塑料。

注4：螺纹尺寸：11/16-24UNEF-28。

槽的尺寸应留出足够的安装间隙。

槽的间隔为120°。

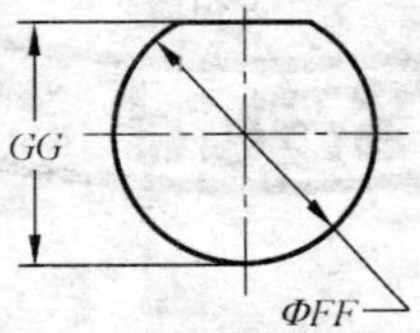

尺寸	DD ±0.28 O-RING PROTEC-TION	ΦHH MAX INT. DTA GASKET			ΦFF +0.25 −0.13 PANEL MTC HOLE	GG +0.25 −0.13 PANEL FLAT LOC
10	15.30	11.60			17.71	16.89

图A.4 外部现场总线连接器内部尺寸

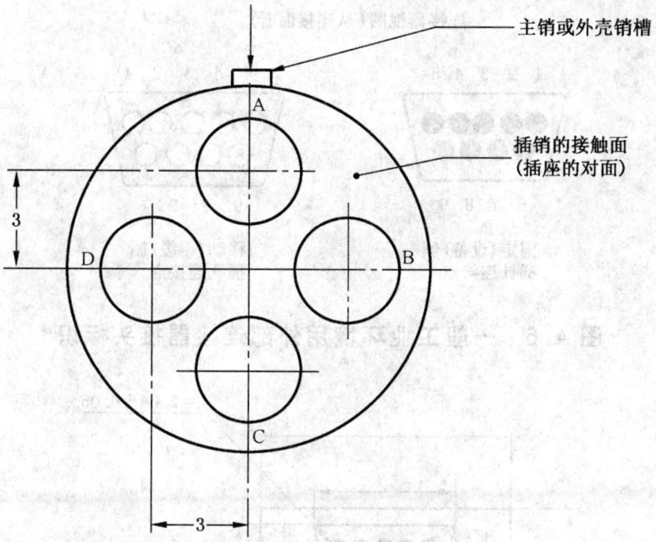

外壳尺寸	连接点个数	连接点
10	4	16

注 1：尺寸单位：mm。

注 2：图中所示插销的排列是在外壳中的"标准位置"，A 空腔位于主销或销槽的前面。仅使用此"标准位置"。

注 3：以 MMC 下的主销或主销槽和外壳 OD 或 MMC 下的 ID 为基准，4 个次销或销槽和插销的位置度为理论正确位置的 0.09 以内。

图 A.5 外部现场总线连接器插头安排

A.2.2 用于一般工业环境的外部连接器

一般工业环境用外部连接器应满足以下功能要求：

a) 不论配对与否，均应标明极性以避免导线被互换位置；

b) 由导电外壳完全包住；

c) 在固定(设备)端提供插头和宽距阴螺纹的锁定螺丝(4—40NC—2B 螺纹)；

d) 在自由(电缆)端提供插座和锁定螺丝(4—40NC—2A 螺纹)；

e) 提供 9 根插针(两根信号针、两个电源针和 5 个保留针)；

f) 所指定的接头功能安排见图 A.6 和表 A.3；

g) 连接器尺寸(配对面)见图 A.7、图 A.8 和表 A.4、表 A.5，由 IEC 60807 规定。

表 A.3 一般工业环境用外部连接器接头安排

连接点编号	功　　能
1	保留
2	保留
3	保留
4	保留
5	保留
6	带可选电源＋的 DATA＋
7	带可选电源－的 DATA－
8	为可选电源＋所保留
9	为可选电源－所保留

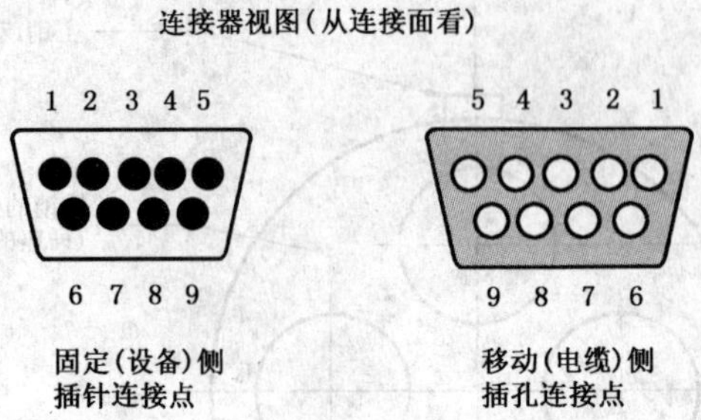

图 A.6 一般工业环境用外部连接器接头标识

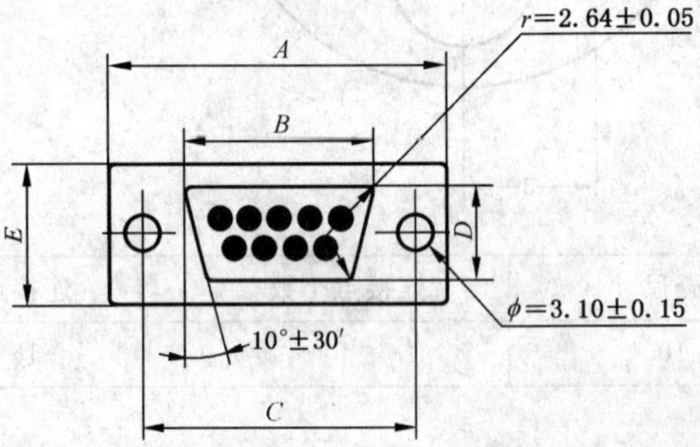

图 A.7 一般工业环境用外部连接器固定(设备)端尺寸

表 A.4 连接器固定(设备)端尺寸

固定(设备)侧连接器(阳接头,阴插头座)				
	mm		in	
	最大	最小	最大	最小
A	31.19	30.43	1.23	1.20
B	17.04	16.79	0.67	0.66
C	25.12	24.87	0.99	0.98
D	8.48	8.23	0.33	0.32
E	12.93	12.17	0.51	0.48

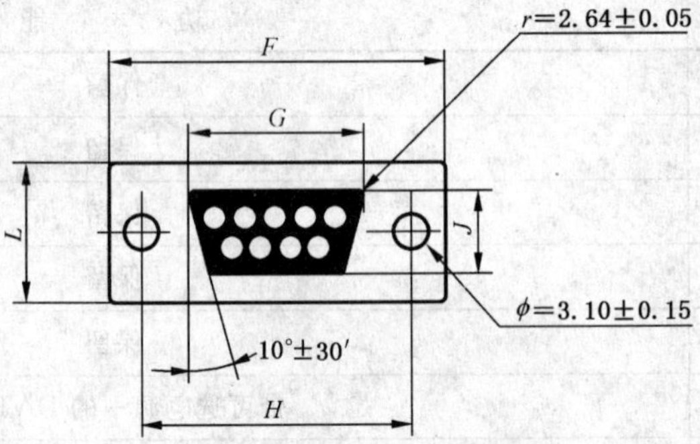

图 A.8 一般工业环境用外部连接器自由(电缆)端尺寸

表 A.5 连接器自由(电缆)端尺寸

自由(电缆)端连接器(阴接头,阳插头座)				
	mm		in	
	最大	最小	最大	最小
F	31.19	30.43	1.23	1.20
G	16.46	16.21	0.65	0.64
H	25.12	24.87	0.99	0.98
J	8.03	7.77	0.32	0.31
L	12.93	12.17	0.51	0.48

光纤用外部连接器:

在现场总线设备外壳之外,需要抗电磁和物理环境影响的现场总线连接器规定为外部连接器。

根据不同安装环境的要求,规定了两类外部连接器。

A.2.3 一般工业环境用外部连接器

A.2.3.1 一般工业环境用外部连接器(1)

对于在现场总线设备层、有源星型光耦合器或无源星型光耦合器的 CPIC 接口,使用的连接器应符合图 A.9 和表 A.6 所示(见 IEC 61754-13)。

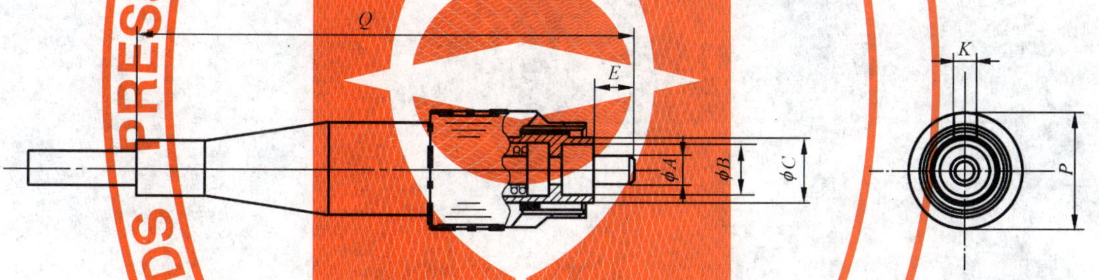

图 A.9 一般工业环境用光纤连接器(FC 连接器)

表 A.6 连接器尺寸

单位为毫米

索 引	最 小	最 大
ϕA	2.498	2.500
ϕB	4.40	4.42
ϕC	5.95	6.00
E	3.75	4.05
K	1.85	2.14
P	—	10.5
Q	—	45

A.2.3.2 一般工业环境用外部连接器(2)

对于在现场总线设备层、有源星型光耦合器或无源星型光耦合器的 CPIC 接口,使用的连接器应符合图 A.10 所示。

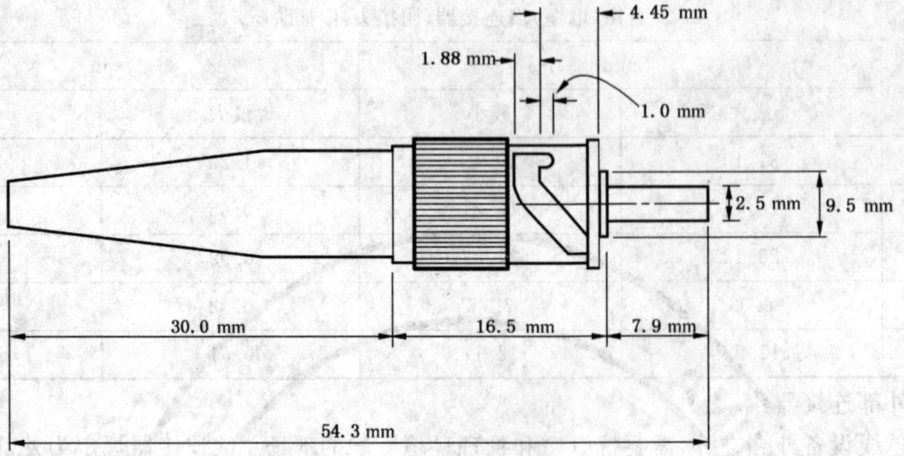

图 A.10 一般工业环境用光纤连接器(ST 连接器)

附 录 B
（资料性附录）
类型1和类型3:31.25 kbit/s电压模式MAU电缆规范和干线与分支长度

B.1 电缆说明和规范

在12.8.2中规定的电缆是用于一致性测试的优选现场总线电缆，它被称为“A”类现场总线电缆。

注1：这种电缆可能被用于新的安装中。

除一致性测试，现场总线布线可使用其他类型的电缆。次选的现场总线电缆是带有完全屏蔽的多根双绞线电缆，它被称为“B”类现场总线电缆。

注2：这种多股现场总线电缆可能被用于新的和技术改造的安装中，运行在用户工厂的同一区域内。

再次选的现场总线电缆是无屏蔽的单根或多根双绞线电缆，它被称为“C”类现场总线电缆。最不推荐现场总线电缆是带有完全屏蔽的非双绞线的多股导线电缆，它被称为“D”类现场总线电缆。

注3：“C”和“D”类现场总线电缆主要用于技术改造应用中，它们受现场总线距离和信噪比(S/N)的限制，而“A”和“B”类不具有这些限制。在某些应用中可排除使用“C”和“D”类电缆。

25℃时典型的电缆规范见表B.1。

表B.1 典型的电缆规范

参　　数	条件	B类	C类	D类
阻抗/Ω	f_r(31.25 kHz)	100±30	无规定	无规定
最大直流电阻/(Ω/km)	每根导线	56	132	20
最大衰减/(dB/km)	1.25f_r(39 kHz)	5.0	8.0	8.0
导线额定横截面积/mm^2(导线直径)	—	0.32	0.13	1.25
最大非平衡电容/(nF/km)	≥30 m长度	6	无规定	无规定

B.2 典型的干线和分支长度

根据12.3.3中规定的网络配置规则，“B”类、“C”类、“D”类电缆(包括所有分支)的最大典型长度如下：

——“B”类：1 200 m；

——“C”类：400 m；

——“D”类：200 m。

注：这些典型指标不取代12.3.3中的网络配置规则。

无论是总线拓扑还是树型拓扑，允许的分支长度都取决于现场总线上通信部件个数。表B.2给出了通信部件个数与分支长度关系的推荐值。“A”类、“B”类、“C”类和“D”类电缆最大分支长度是相同的。该表中假定每条分支为一个通信部件。当一条带有无源干线耦合器的分支中具有多于一个的通信部件时，该分支长度应按每个通信部件减少30 m考虑。由于所推荐的最大总分支长度为120 m，每条分支至多有4个通信部件。

表B.2 推荐的最大分支长度与通信部件数的关系

通信部件总数	推荐的最大分支长度/m
25～32	0
19～24	30
15～18	60
13～14	90
1～12	120

分支长度小于1 m应被当成接头。

附 录 C
（资料性附录）
类型 1 和类型 7：无源星型光耦合器

C.1 定义

在一个无源设备中，从输入光纤来的信号被分发到更多的输出光纤中（输入和输出光纤也可能是相同的）。

a) 光反射无源星型光耦合器

设备的目的是将输入的光强反射到所有的输出端口（见图 C.1）。这种设备仅能使用单模光纤 MAU。

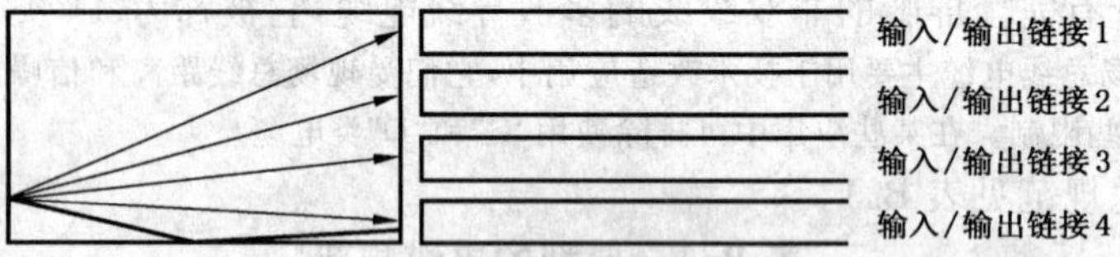

图 C.1 光反射无源星型光耦合器的例子

b) 光传输无源星型光耦合器

设备的目的是将输入的光强分配到所有的输出端口（见图 C.2）。这种设备允许在一个方向上进行信息的广播，仅能使用双模光纤 MAU。

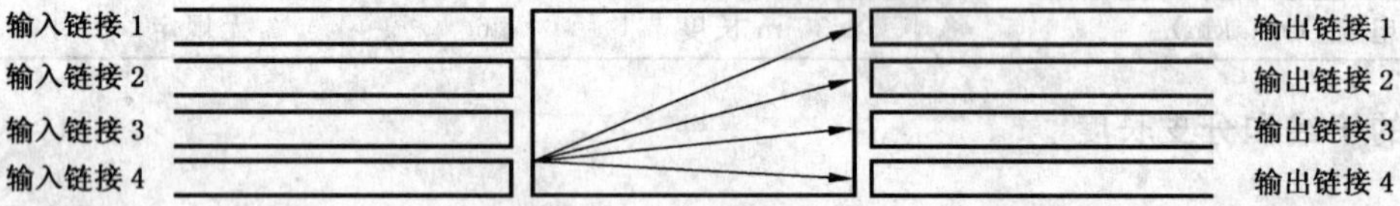

图 C.2 光传输无源星型光耦合器的例子

C.2 衰减的例子

对于波长在 700 nm～900 nm 的无源星型光耦合器，表 C.1 给出了最大和最小衰减（这些规定同样可用于波长为 62.5/125 或 100/140 的光纤）。

表 C.1 无源星型光耦合器规定汇总：例子

700 nm≤λ_p≤900 nm	星型 4/4	星型 8/8	星型 16/16	星型 32/32	单位
最小衰减	−6.0	−9.0	−12.0	−16.0	dB
最大衰减	−9.0	−12.0	−16.0	−20.0	dB

附 录 D
（资料性附录）
类型 1 和类型 7:星型拓扑

D.1 拓扑的例子

本章例示了根据本部分可以构建的网络拓扑，本章给出的例示并不是惟一可能的拓扑。

网络的实体大小，包括地理范围和预期的现场总线设备的数量，对网络拓扑的选择影响很大。在网络覆盖的现场总线设备数量不大时，几乎所有的拓扑都可以使用，图 D.1 例示了可能的拓扑。

图 D.1　31.25 kbit/s 单模光纤，光纤 MAU 的星型拓扑的例子

对于要求在一个很广的地理范围内接入大量现场总线设备的情况，需要采用多星型的拓扑，这种类型的拓扑可以接入极大数量的通信设备（见图 D.2）。

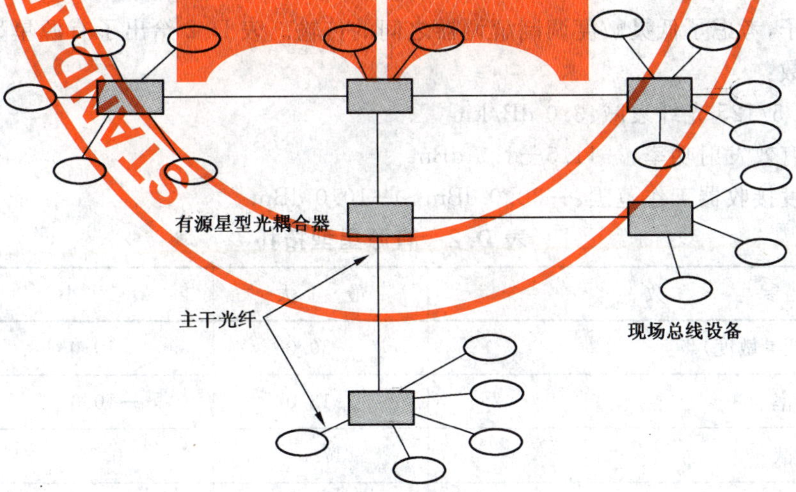

图 D.2　带光纤 MAU 的多星型拓扑

D.2 光功率分配

光功率分配允许进行各种损耗的分配和光信号在光路中衰减的预处理。

根据发送器的有效发射功率水平和接收器的工作范围，可以确定链路的最小和最大距离。

考虑以下两种情况：

——最小功率情况：对应发送器最小有效发射功率，最大损耗，最不利和系统裕度及接收器工作范围的下限。这种情况给出最大确保距离。

——最大功率情况：对应发送器最大有效发射功率，最小损耗，最有利和系统裕度及接收器工作范围的上限。这种情况给出最小确保距离。

给出了两个例子，第一种对应的拓扑见图 D.1，第二种对应的拓扑见图 D.2。

D.2.1 无源星型拓扑(31.25 kbit/s，单模光纤，光纤 MAU)

对于这个例子，考虑了高灵敏度调制解调器之间的传输。表 D.1 给出了无源星型拓扑的规定。

考虑下列参数：

——典型 100/140 光纤衰减：4.0 dB/km

——光反射无源星型 8/8 损耗：9.0 dB～12.0 dB

——有效发射功率(100/140 μm 光纤)：－14.5 dBm～－12.5 dBm

——高灵敏度接收器工作范围：－40.0 dBm～－20.0 dBm

表 D.1 无源星型拓扑

参数	最大	最小	单位
接收器工作范围(高灵敏度)	－40.0	－20.0	dBm
有效发射功率	－14.5	－12.5	dBm
所有动态损耗和衰减	25.5	7.5	dB
系统裕度	3.0	0.0	dB
两个连接器的损耗	2.0	0.0	dB
光反射无源星型(8/8)	12.0	9.0	dB
光纤最大和最小衰减	8.5	—	dB
调制解调器之间的光纤长度(光纤衰减：4.0 dB/km)	2 125	0	m

D.2.2 有源星型拓扑(光纤 MAU)

对于这个例子，考虑了低灵敏度调制解调器之间的传输。表 D.2 给出了有源星型拓扑的规定。

考虑下列参数：

——典型 62.5/125 光纤衰减：3.0 dB/km

——发送器有效发射功率：－11.5±1.5 dBm

——低灵敏度接收器工作范围：－30.0 dBm～－10.0 dBm

表 D.2 有源星型拓扑

参数	最大	最小	单位
接收器工作范围(低灵敏度)	－30.0	－10.0	dBm
发射器有效发射功率	－13.0	－10.0	dBm
所有动态损耗和衰减	17.0	0.0	dB
系统裕度	3.0	0.0	dB
两个连接器的损耗	2.0	0.0	dB
光纤最大和最小衰减	12.0	—	dB
调制解调器之间的光纤长度(光纤衰减：3.0 dB/km)	4 000	0	m

D.3 与导线混合使用

通过光电转换器的使用，可以达到导线和光纤的混合使用。光电转换器具有一个或多个导线通道和一个或多个光纤通道。每个通道，无论是导线或光纤，都应遵循对应的发送和接收电路规范。

光电转换器再生信号，使信号光电平达到额定光功率或额定光电平和标准时序特性(抖动、上升和下降时间、转换速度(slew rate)等)。

两个例子见图D.3和图D.4。

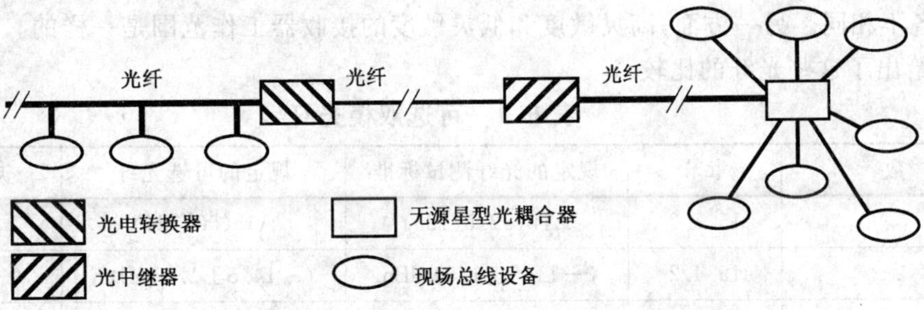

图D.3 31.25 kbit/s速率下导线和光纤混合使用的例子

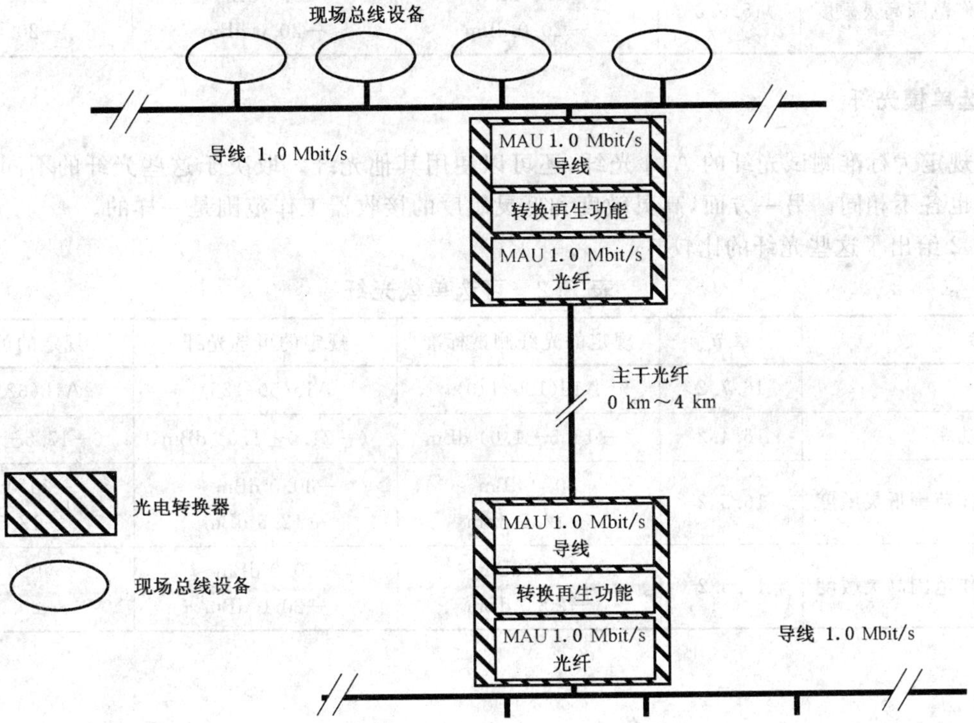

图D.4 导线和光纤混合使用的例子

附 录 E
（资料性附录）
类型1:可选光纤

E.1 可选双模光纤

除了规定为标准测试光纤的A1d光纤,还可以使用其他光纤。取决于这些光纤的不同特性,有效发射功率也各不相同。另一方面,高灵敏度和低灵敏度的接收器工作范围是一样的。

表E.1给出了这些光纤的比较。

表E.1 可选双模光纤

参 数	章节	规定的光纤测试标准	规定的可选光纤	规定的可选光纤
光纤	15.7.2	A1b(62.5/125)	A1a(50/125)	A1d(100/140)
有效发射功率	15.4.2	(−11.5±1.5) dBm	(−14.5±1.5) dBm	(−7.5±1.0) dBm
接收器工作范围低灵敏度	15.5.2	−30.0 dBm～−10.0 dBm	−30.0 dBm～−10.0 dBm	−30.0 dBm～−10.0 dBm
接收器工作范围高灵敏度	15.5.2	−40.0 dBm～−20.0 dBm	−40.0 dBm～−20.0 dBm	−40.0 dBm～−20.0 dBm

E.2 可选单模光纤

除了规定为标准测试光纤的A1d光纤,还可以使用其他光纤。取决于这些光纤的不同特性,有效发射功率也各不相同。另一方面,高灵敏度和低灵敏度的接收器工作范围是一样的。

表E.2给出了这些光纤的比较。

表E.2 可选单模光纤

参 数	章节	规定的光纤测试标准	规定的可选光纤	规定的可选光纤
光纤	16.7.2	A1d(100/140)	A1a(50/125)	A1b(62.5/125)
有效发射功率	16.4.2	(−13.5±1.0) dBm	(−21.0±1.0) dBm	(−17.5±1.0) dBm
接收器工作范围低灵敏度	16.5.2	−30.0 dBm～−12.5 dBm	−30.0 dBm～−12.5 dBm	−30.0 dBm～−12.5 dBm
接收器工作范围高灵敏度	16.5.2	−40.0 dBm～−20.0 dBm	−40.0 dBm～−20.0 dBm	−40.0 dBm～−20.0 dBm

附　录　F
（规范性附录）
类型 2:连接器规范

F.1　同轴电缆连接器

同轴电缆的附件是 BNC(见 IEC 60169-8,附录 A)或 TNC(见 IEC 60169-17,75 Ω 变型)插头和阴连接器。

TNC 变型防护等级至少为 IP67。如果防护是必须的,节点也应满足 IP67 的要求。

注:BNC 可以达到 IP65 防护等级。

特性阻抗应在 45 Ω～80 Ω 之间。

中心导线触点的镀层应符合以下规定之一:

a)　母材上先镀至少 1.25 μm 镍,再镀至少 0.75 μm 金;

b)　母材上先镀至少 1.25 μm 镍,再镀至少 1.25 μm 钯镍,最后镀 0.05 μm～0.2 μm 金。

F.2　光缆连接器

F.2.1　一般要求

光缆连接器应满足表 F.1 中规定的要求。

表 F.1　连接器要求

规　　定	短　距　离	中 长 距 离
连接器插入损耗(额定值)	1.5 dB	1.0 dB

F.2.2　短距离光缆连接器

这个变型使用由两个部分组成的连接器:一个插头连接器(见图 F.1 规定)和一个将光缆压接到连接器的压接环(见图 F.2 规定)。

单位为毫米

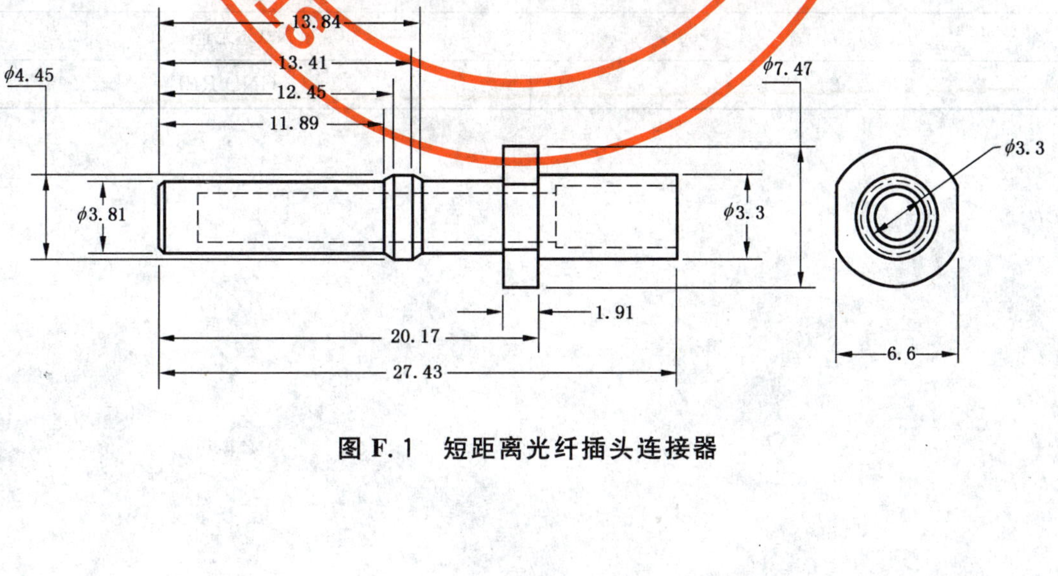

图 F.1　短距离光纤插头连接器

单位为毫米

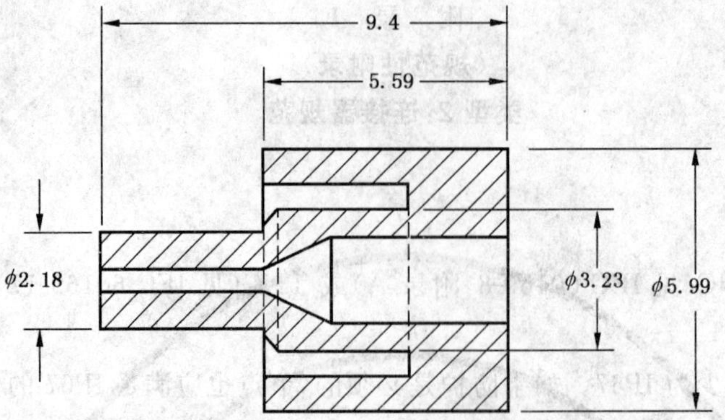

图 F.2 短距离光纤压接环

F.2.3 中长距离光缆连接器

这些变型应使用 IEC 61754-2 中规定的 ST 型连接器。

F.3 NAP 媒体连接器

在一个 NAP 连接的两个端点使用的连接器，应是屏蔽 8 针 RJ45 型连接器（见 GB/T 15157.7—2002）。

NAP 连接器的引脚如表 F.2 所示。引脚定义适用于电缆两端。安装在电缆上的连接器应满足图 91 所示的要求。

表 F.2 NAP 连接器引脚定义

引 脚 号	信 号 名 称
1	GND REF
2	N/C(无连接)
3	Tx_H
4	Tx_L
5	Rx_L
6	Rx_H
7	N/C(无连接)
8	GND REF

附 录 G
(规范性附录)
类型 2:中继设备子层(RM,RRM)和冗余 PhL

G.1 概述

通过连接最大长度和/或满负载网段的媒体,一个 PhL 中继设备(总线或环网)可用于提高干线长度和节点数量。中继器还可以用于不同 PhL 变型之间的连接,例如光纤和同轴电缆。此外,环网中继器设备可通过环型拓扑的使用支持媒体冗余。

中继器设备应与 MAU 子层和 MDS—MAU 接口有关的所有规范保持一致。PhL 总线中继器由通过中继设备(RM)子层连接在一起的两个(或更多)完整的 PhL 接口(MDS/MAU,相同或不同变型)组成。一个 PhL 环网中继器由通过环网中继设备(RRM)子层连接在一起的两个或更多完整的 PhL 接口组成。

PhL 中继器(总线或环网)不需要有 MAC ID。PhL 中继器设备不是网络流量的来源,并且不支持 RM 或 RRM 子层以上的其他层。更确切地说,它仅负责将网络通信量由一个网段中继到另一个或多个网段,以及 RM 或 RRM 子层的正确实现。

一个节点可以包含 RM 或 RRM 子层功能,作为这个节点的 MAC 子层的一部分,以支持一个网络节点既具有作为一个网络节点的功能,又具有作为两个 PhL 变型之间的中继器的功能。这种类型的节点应视为一个网络节点,并应有 MAC ID。

支持多种 PhL 变型和 RM 子层功能的节点(网络通信量的源头),既具有冗余 PhL 实体(见 G.3)功能,也具有 PhL 总线中继设备的功能。支持多种 PhL 变型和 RRM 子层功能的节点,同时具有节点和 PhL 环网中继器设备的功能。

G.2 中继设备(RM)子层

G.2.1 要求

图 G.1 给出了一个 PhL 总线中继设备的参考模型。

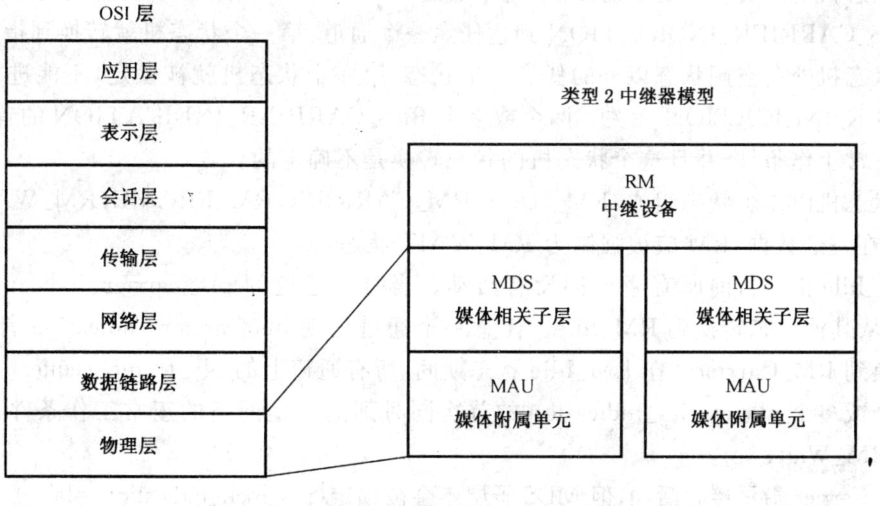

图 G.1 PhL 中继设备的参考模型

由 RM 子层连接的两个(或多个)PhL 实体,每个都要遵循一个给定 PhL 变型的规范。

RM 子层被用作两个网段之间的连接,形成一个如图 84 所示的链路。一个通过 RM 子层连接到另一个 PhL 变型的 PhL 变型，作为两边共享一个公共的链路，其使用的任意一个 MAC ID 都是惟一的。

RM 子层对于网络通信应是完全透明的。包括起始和结束定界符在内的所有有效 MAC 符号，都被 RM 的一个 PhL 实体接收，并不作更改的传递给所有其他 PhL 实体传输。前同步码应是 RM 子层再生的，用于所有由 MDS 或 MAU 引入的偏差。前同步码的再生应再次创建原来的 16 位连续前置码{1} MAC_Symbol，并且可以引入一个附加的 4 位连续{1} MAC_Symbol，随着结束定界符的重发，RM 子层可能引入任意值的 4 位附加连续的 MAC_Symbol。

RM 是半双工子层。在任意一个时刻，只能有一个 PhL 实体连接到 RM 接收数据，同时所有其他的 PhL 实体重传收到的数据。

RM 子层在任意一种媒体中都不会引起碰撞。在任意一个时刻，只有一个 PhL 实体被确定为接收，而其他所有的 PhL 实体都被确定为发送。接收 PhL 实体的确定，是基于 PhL 实体的状态 PLS_CARRIER_INDICATION，首先要 PhL 实体指示 PLS_CARRIER_INDICATION(true)。在 PhL 实体接收到 PLS_CARRIER_INDICATION(true)和 PLS_FRAME_INDICATION(true)同时，所有其他连接到 RM 子层的 PhL 实体被设为发送。在那个 PhL 实体被确定为接收的同时，从其他 PhL 实体来的所有 PLS_CARRIER_INDICATION(true)都被忽略。在完成先前的一个帧以后(PLS_FRAME_INDICATION＝false)后，才确定一个新的 PhL 实体为接收。

RM 子层的设计应使 pls_data_indication 重发上的延时最小化。RM 子层延时的定义为：在 MDS—MAU 接口测得的时间，这个时间，从收到的起始定界符的末尾开始，到重传起始定界符的末尾为止。RM 子层增加的任何延时都包括在 MAC 子层使用的时间片的计算中。RM 子层增加的全部延时应可以被网络组态工具和用户使用。

注：RM 子层的任何延时都会减少能支持的媒体的总数，并且 DLL 协议要求增加的时间片会降低网络的效率。

RM 子层应被设计成可重构初始节点发送出来的数据。这个要求允许可串接的中继器无数量限制，并且中继器不对原始数据做任何更改。仅有的限制是可串联的 RM 子层的总数，这个总数与调整时间片以补偿媒体上的总延时的能力有关。最大时间片在 DLL 协议中定义(见 IEC 61158-4-2)。

G.2.2 RM 子层状态机(资料性)

注 1：本条描述了一个实现的例子，这里不是规范性要求。

RM 子层由两个互连的状态机组成。第一个状态机规定哪个通道接收，而所有其他的通道为发送。第二个状态机控制发送通道什么时候发送数据。

第一个状态机由需要仲裁的状态组成(每个通道一个状态)。当第二个状态机处于空闲状态时，并且有一个 PLS_CARRIER_INDICATION 到达任意一个通道，第一个状态机就转换到指示对应的状态。如果第二个状态机处在空闲状态以外的任意一个状态，第一个状态机就被锁定，不能进行任何转换，与 PLS_CARRIER_INDICATION 无关。两个或多个 PLS_CARRIER_INDICATION 的首次同时到达不是槽时间的正常工作条件，并且这个状态机的状态转换是不确定的。

第二个状态机由 4 个状态组成：RM_IDLE，RM_CARRIER，RM_FRAME，RM_WAIT。如果节点 MAC 子层正在发送数据，RM 应被强制为 RM_WAIT 状态：

——RM_Idle 指示目前所有通道都没有活动。当每个通道的 pls_carrier_indication 为假(false)时，从其他状态转换到 RM_Idle。任意一个通道出现 pls_carrier_indication 都会导致状态机转换到 RM_Carrier。在 RM_Idle 状态期间，所有通道上的 pls_frame_request 均为假(false)。两个或多个 pls_carrier_indication 的首次同时到达不是网络的正常工作条件，状态机将转换到 RM_Wait；

——RM_Carrier 指示接收活动，但 MDS 子层不会被锁定(pls_lock_indication＝false)。除了被第一个状态机指定为接收的那个通道，该状态应激活所有其他通道的 pls_frame_request。pls_data_request 是前导码。如果没有使用前导码再生，该状态作为一个占位符锁定第一个状态机的转换。第一个状态机确定的通道上出现的 pls_lock_indication 将导致状态机转换到 RM_Frame；

——RM_Frame 指示数据的主动中继。除了被第一个状态机指定为接收的那个通道，该状态应激活所有其他通道的 pls_frame_request。它将 M_symbol 从接收的 PhL 实体移到发送通道，pls_data_indication＝＞ pls_data_request。在那点中继数据的起始定界符被发送，要求之前至少已经由 16 个 M_symbol 的前导码已经被发送出去。第一个状态机确定的通道上丢失 pls_lock_indication 将导致状态机转换到 RM_Wait；

——RM_Wait 指示中继数据的关闭时期。它拖延状态机转换到其他状态以阻止反射波的中继和包噪声的终止。状态机一直维持在 RM_Wait，直到所有通道的 pls_carrier_indication＝false，并且消隐定时器超时（见 DLL 协议，IEC 61158-4-2）。在那点上，状态机转换到 RM_Idle。在 RM_Wait 期间，所有通道的 pls_frame_request 均为假（false）。

中继器状态机不直接使用接收通道的 pls_frame_indication。间接地，导致帧结束的条件也应该强制接收器时钟立即恢复到非锁定（pls_lock_indication＝false），在结束定界符中继后，消除噪声的中继。

注 2：不能维持 pls_frame_indication 或不能检测到一个有效的起始定界符，可能表示在媒体上有一个被破坏的帧或突发的噪声。RM 应被设计成转发被破坏的帧或噪声的可能性最低。

G.3　冗余 PhL

图 G.2 给出了包含多个 MDS 和 MAU 实体以达到 PhL 冗余的节点的参考模型。

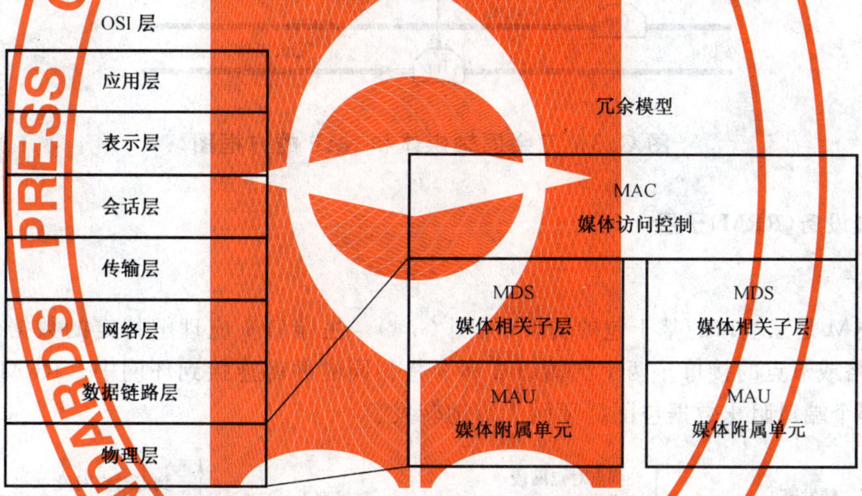

图 G.2　冗余参考模型

注 1：基本模型与 G.2 中规定的 PhL 中继器设备使用的模型非常相似。

单个节点中的冗余 PhL 实体（通道）在所有的时间里在所有的通道上发送相同的信息。pls_frame_request 和 pls_data_request 对所有的冗余通道是共用的。

pls_data_indication，pls_carrier_indication，pls_frame_indication，pls_lock_indication 和 pls_status_indication对于每个通道应是独立的。在任意时刻，一些节点可以侦听一个通道，与此同时其他节点侦听其他通道。虽然他们通常被称为通道 A 和通道 B，但因为两个通道都被考虑成是独立并相同的，没有哪个通道是主通道或优先通道。

注 2：每个节点的 MAC 子层决定该节点的上层使用哪个通道。这个决定在每个节点上是独立完成的。

由于相同的数据被传送到两个通道，相同的数据被两个通道接收。当其他通道的 pls_status_indication 信号正常，如果一个通道的给一个 MAC 帧的 pls_frame_indication 仍不为真（true），通道就声明发生一个未检测到 MAC 帧的差错。因为最小的 MAC 帧，从起始定界符的末尾到结束定界符的末尾，有 64 个 Ph-symbol，两个通道应被设计和安装成在 DLL 层的 MAC 帧的到达时间差小于等于 64 个 Ph-symbol 时间。

注 3：如果一个通道检测到一个正常帧而其他通道没有，DLL 就给出 DLL_EV_ERRA 或 DLL_EV_ERRB（见 IEC 61158-4-2）。

一个带冗余 PhL 实体的节点和一个 NAP 的例子如图 G.3，MAC 子层应支持 RM 子层功能，以允许选定的通道上的数据转发到 NAP 端口。同时，NAP 上收到的数据被发送到两个冗余的端口。源自这个节点的所有数据被同时发送到两个通道和 NAP 端口。

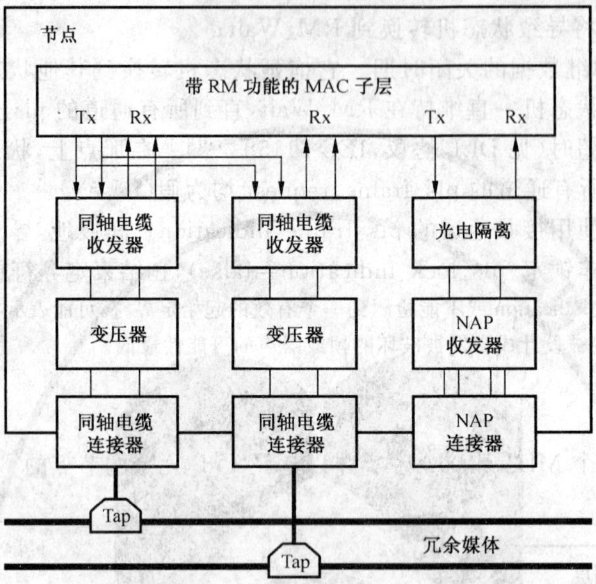

图 G.3　冗余同轴媒体和 NAP 的方框图

G.4　环网中继设备(RRM)子层

G.4.1　要求

最小的 RRM 是三端口的基于包的交换(见图 G.4)。主端口 1 应理解特定的数据包，并被用作连接到点对点网络或节点的接口。两个次端口 2 和 3 是相同的并都连接到环网中。RRM 决定哪个端口转发数据包，哪个端口阻止数据包围绕环网无穷地转发。

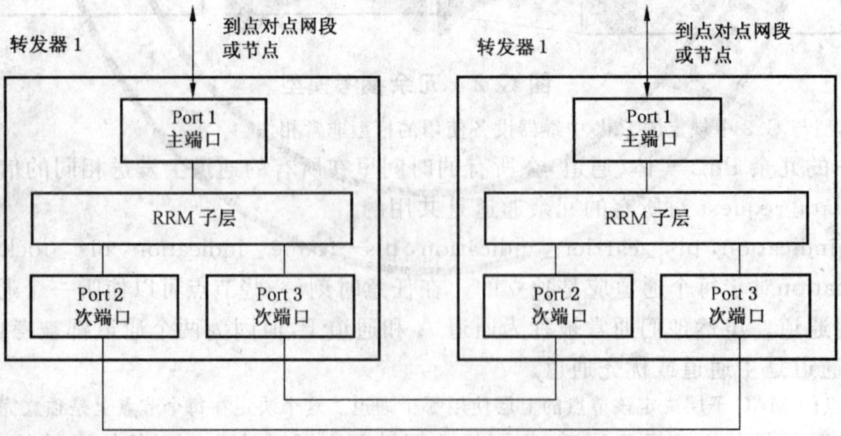

注：如果连接失败，其他连接还可以是有效的。

图 G.4　环网中继器的方框图

G.4.2　RRM 子层

G.4.2.1　RRM 要求

为了支持 RRM 操作，每个环网中继器的端口应满足下列要求：

a)　每个中继器的次端口应具备同时发送和接收数据的能力。每个次端口应与其他端口独立，并且每个次端口也具有各自的接收器和发送器，具备全双工运行的能力。

b) RRM应具备检测网络间隙时间的能力，或通过解读仲裁数据包，或通过监视网络活动，或通过其他的方法。

c) 每个次端口应具有它自己的光纤端口堆栈指针，称为“fps_port x”，这里x是指端口号。

在网络没有任何活动，并且fps_port 2和fps_port 3都为0时，RRM的操作从空闲状态启动。

G.4.2.2 端口分隔

RRM使用分隔方法复位计数器以达到同步的目的。在上电时，端口2和端口3应启动分隔模式。光纤连接的相邻中继器端口之间任何时候发生通信失败，端口都应返回分隔模式。分隔模式下的端口应阻塞所有来自同一个模块/节点内其他端口的报文。此外，分隔模式下的端口不能转播来自同一个模块/节点内其他端口的分隔帧。

注：例如，当光缆与一个光端口断开，或通信终止了一秒或更长时间时，一个节点在上电期间进入分隔模式。

此外，RRM在任何时候检测到计数器与通信量不同步时，RRM强制进入分隔模式。通过确定正确的NUT边界实现计数器同步/重新同步。

在下列条件下，一个节点应进入分隔模式：

——刚上电时；

——没有从相邻的节点收到回送报文；

——两个端口之间的光纤链路静默时间超过1秒，指示无通信(空闲)。

这个方法使用两个特殊的分隔帧获得计数器同步。分隔帧由M_symbol组成，见5.3.2。在分隔处理过程中，分隔帧用于RRM握手。

在分隔期间，受影响的端口将广播一个查询，这个查询是32个连续{1} M_symbol前导码，如图G.5所示。连接到广播32个连续{1} M_symbol的端口进入分隔，应通过一个序列(16 M_symbol前导码，起始定界符，16 M_symbol前导码)响应听到了这个前导码，如图G.6所示。发送前导码的模块请求一个响应，然后它应复位对应的fps_port x计数器，从端口分隔模式切换到端口活动模式。在NUT边界(静默时间)期间，端口仅能从端口分隔模式切换到端口活动模式。RRM使用分隔方法复位计数器以达到同步的目的。分隔模式下正在广播查询的端口应持续到从连接的节点收回一个响应为止。收到响应后，并且在NUT静默时间内，端口可以进行数据包的传输服务。

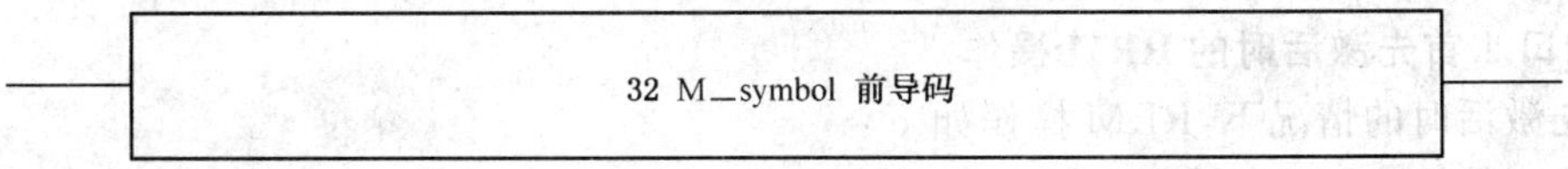

图G.5 分隔查询

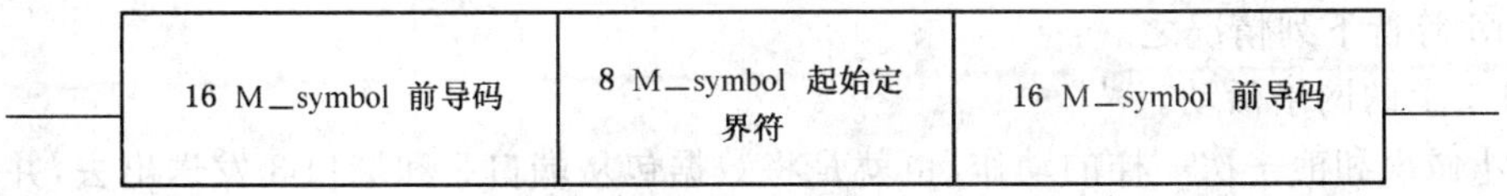

图G.6 分隔响应

G.4.2.3 主操作

首先发现网络活动的端口应定义数据中继的起始点。如果端口2首先发现网络活动，数据就从端口2转发到端口1和端口3(见G.4.2.4)。同样地，如果端口1首先发现网络活动，数据就从端口1转发到端口2和端口3(见G.4.2.5)。端口2和端口3是相同的，因此端口2首先发现网络活动时，RRM的动作和端口3首先发现网络活动时的动作是一样的。

为了正确的上电操作和从媒体失效中恢复过来，RRM要求无网络活动的超时等于网络间隙时间。

注1：为了得到这个超时，必须将SMAX设置成比网络中实际节点的数量大1。这个方法将确保每个NUT至少有一个静默时间。每个NUT内有多个静默时间也是可以的。

注 2：RRM 不存储帧的部分以决定回送的数据包确实与发送的数据包相同。数据包的顺序是由类型 2 规定节点传输顺序的 DLL 保证的。回送帧的顺序变得混乱是不可能的，除非媒体或模块发生了故障。在媒体发生故障的一瞬间，可能会丢失一个帧。但是，网络将继续正常工作，因为其他的报文路径仍然是存在的。

注 3：fps_port x 的最大值按照以下方法计算。可能的最短的数据包长度是 56 比特，或 11.2 μs。帧之间的最小时间是节点的回转时间 11.2 μs。中继器之间的最大距离是 22.5 km，在相邻模块之间能传输不超过 10 个数据包。

RRM 操作的相应的主交换状态机见 G.4.2.6。

G.4.2.4 端口 2(或端口 3)首先激活时的 RRM 操作

端口 2 先激活时的情况下，RRM 操作如下：

端口 2 接收数据包，因为 fps_port 2 为 0，RRM 转发数据到端口 1、端口 2 和端口 3，并且 fps_port 3 加 1。

注 1：数据转发出接收端口(端口 2)，因为相邻 RRM 期待这种情况发生，这个动作产生一个回送数据包。

然后 RRM 等待下列情况之一：

1) 端口 1 上的网络活动。

   由此引起的动作见 G.4.2.5。

2) 端口 2 上的新的网络活动。

   RRM 做出和前一次一样的动作。

注 2：这要求 fps_port 3 应被允许大于 1 小于 11，因为时间 fps_port 3 达到 11 时将引发最坏情况超时(见下面的 4))。

3) 端口 3 上收到一个数据包。

   这个数据包是端口 3 原来发送出去并由相邻模块返回的回送包。收到这个数据包时，fps_port 3 减 1，并且 RRM 返回初始的空闲状态。收到这个数据包不会导致 RRM 将这个包转发给端口 1 和端口 2。

注 3：这是因为 fps_port 3 计数器是非零的，指示 RRM 收到的数据包是一个回送包，而不是一个新的数据包。RRM 通过这种机制防止数据包在环网中无休止的循环。

4) 发生无网络活动的超时(等于间隙时间)。

   在这种情况下，相邻模块不会返回端口 3 发送出去的数据包。这可能是模块故障或媒体失效引起的。如果出现这种情况，fps_port 2 和 fps_port 3 都复位为 0。

端口 2 和端口 3 是相同的，因此端口 2 首先发现网络活动时，RRM 的动作和端口 3 首先发现网络活动时的动作是一样的(上述描述中的端口 2 和端口 3 的角色互换一下)。

端口 2(或端口 3)相应的状态机见 G.4.2.6。

G.4.2.5 端口 1 首先激活时的 RRM 操作

端口 1 先激活时的情况下，RRM 操作如下：

端口 1 接收数据包，RRM 通过将这个包传送出端口 2 和端口 3 来转发这个数据包。在端口 2 和端口 3 发送这个数据包时，它们各自给自己的 fps_port x 计数器加 1。

然后 RRM 等待下列情况之一：

a) 端口 1 上的网络活动。

   RRM 做出和前一次一样的动作，也就是将数据包从端口 2 和端口 3 发送出去，并给 fps_port 2 和 fps_port 3 加 1。

b) 端口 2 或端口 3 上的新的网络活动。

   与 G.4.2.4 中第三种情况类似：在这种情况下，端口 2 和端口 3 接收的下一个数据包都是相邻模块回送的数据包。收到这个数据包时，端口给各自的 fps_port x 计数器减 1，并且不再转发这个数据包。

c) 发生无网络活动的超时(等于间隙时间)。

   这就意味着没有收到回送包(不管什么原因)。在这种情况下，fps_port 2 和 fps_port 3 都复位为 0。

   端口 1 相应的状态机见 G.4.2.6。

G.4.2.6 状态机

图 G.7 给出了 RRM 操作的主切换状态机。

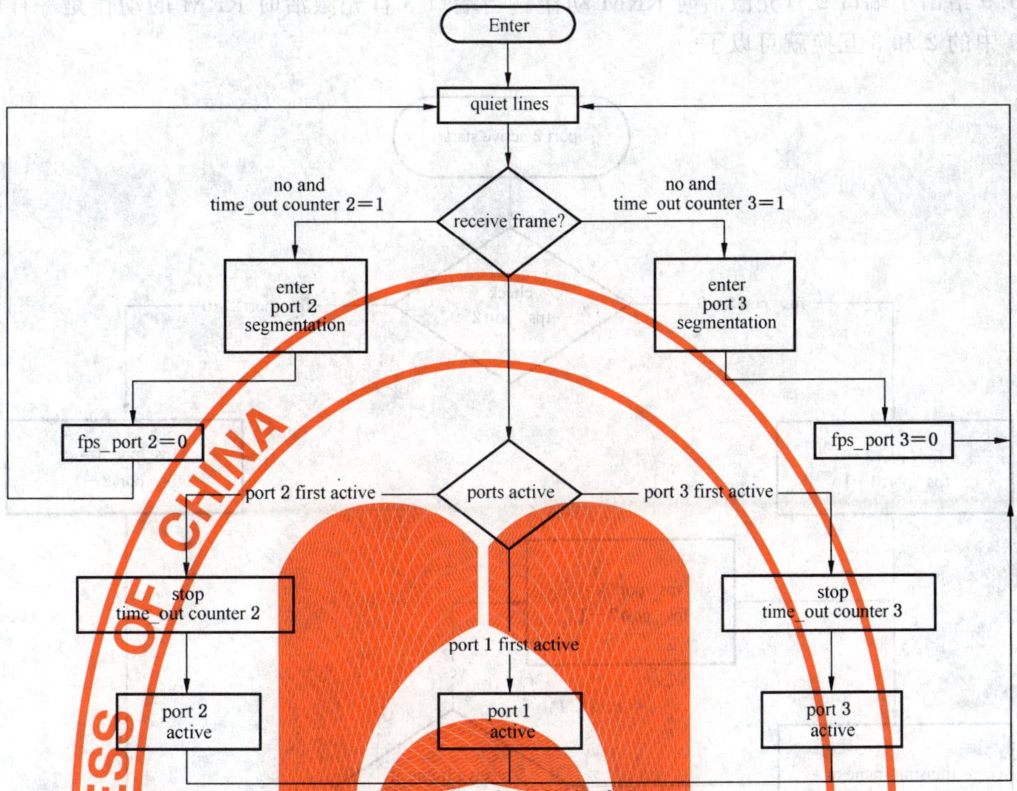

图 G.7 主切换状态机

图 G.8 给出了端口 1 首先激活时 RRM 的动作。

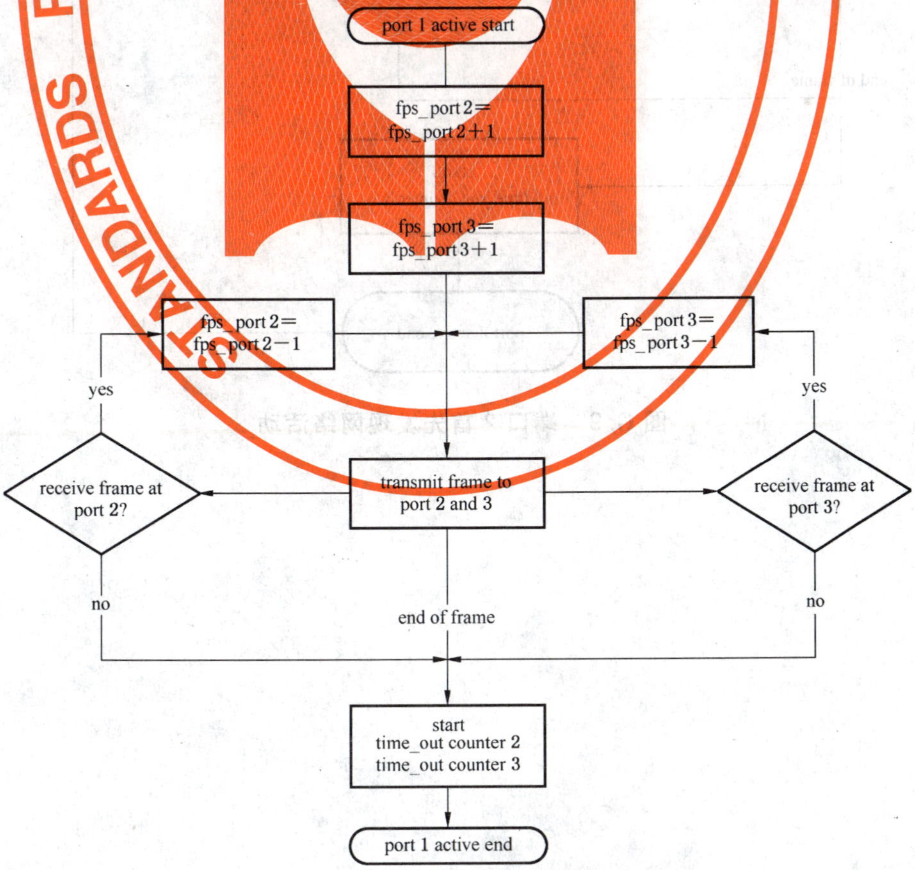

图 G.8 端口 1 首先发现网络活动

图 G.9 给出了端口 2 首先激活时 RRM 动作。当端口 3 首先激活时 RRM 的动作是一样的，只要将图 G.9 中的 2 和 3 互换就可以了。

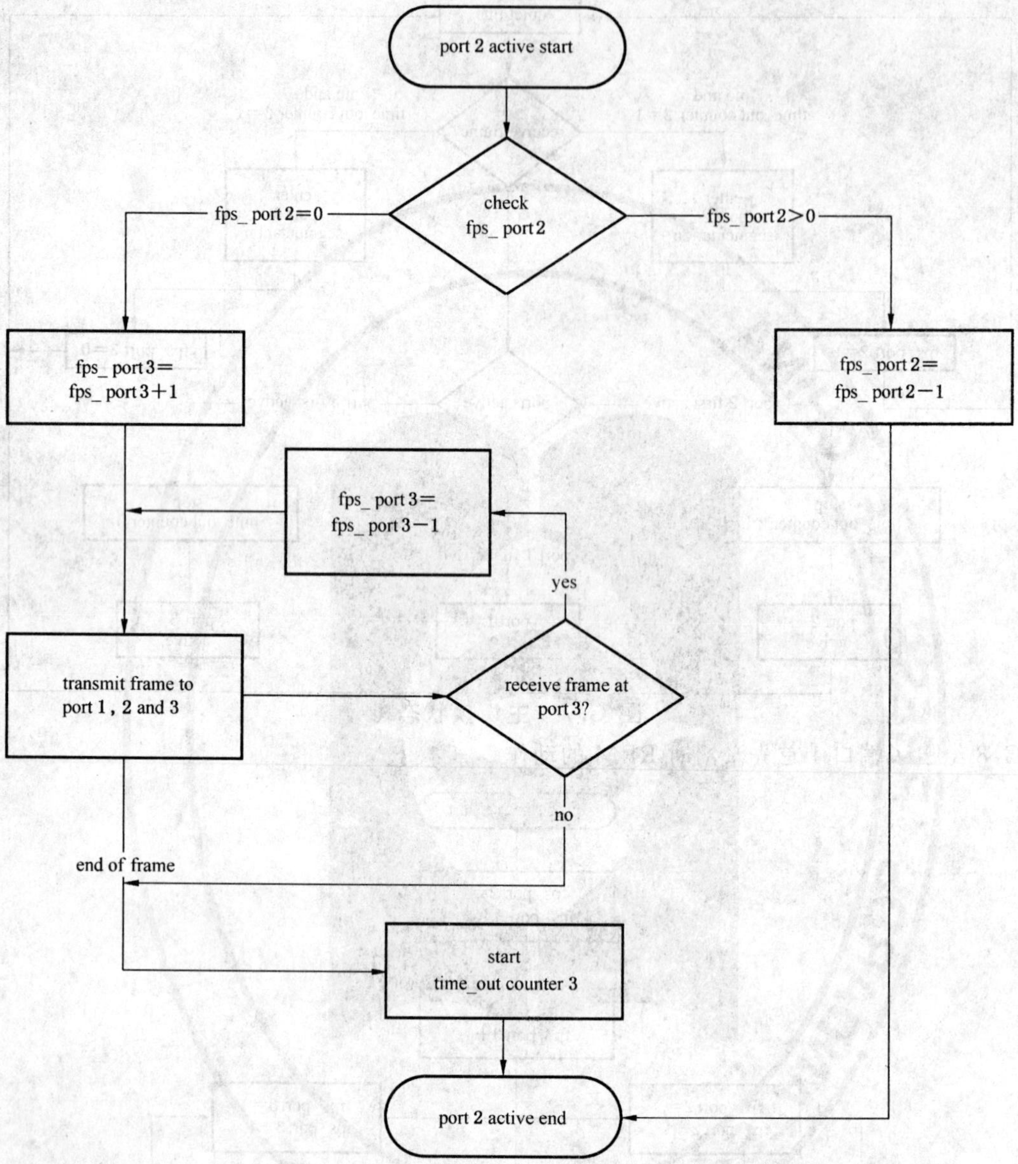

图 G.9　端口 2 首先发现网络活动

附 录 H
（资料性附录）
类型2:参考设计例子

H.1 MAU:5 Mbit/s,电压模式,同轴电缆

H.1.1 收发器参考设计例子

图H.3和图H.4中所示的发送器由CMOS前置发送器对、晶体管发送器对以及变压器组成。然后,在本条稍后讨论串联肖特基二极管和过压二极管。

前置发送器为74AC08。此器件允许数据与使能信号的组合,并为驱动晶体管提供基极驱动。

晶体管驱动器用一对MMBT2369晶体管。应按照下列重要性能选择这些高速开关:

——最大集电极电流至少150 mA;

——高速开关的典型特性优于10 ns;

——小型SOT-23;

——低的饱和压降,Vce SAT @ Ic约0.5 V;

——低输出电容,标称4.0 pF。

串联基极电阻定义了必需的基极驱动要求,并且旁路基极电阻减少了关闭时间。基极电容提供了压摆率极限值可以轻微改进辐射型发射。

变压器(1∶1∶1)将发送信号耦合到媒体。一对驱动器的每一边控制中心抽头变压器的一边。这样驱动器就可以工作在推挽状态下。通常各个驱动器上的电压为4.2(V_{cc}=5 V时),最大4.7(V_{cc}=5.5 V时)。分别对应于(在37.5 Ω负载下)峰值驱动器输出电流,通常110 mA,最大125 mA。因此,包括基极驱动电流的总的峰值电流大约为140 mA。

接收器电路从概念上很简单,其复杂性在于对检测阈值的控制。图H.1为简化的示意图,其中包括RxDATA检测器的重要部件。

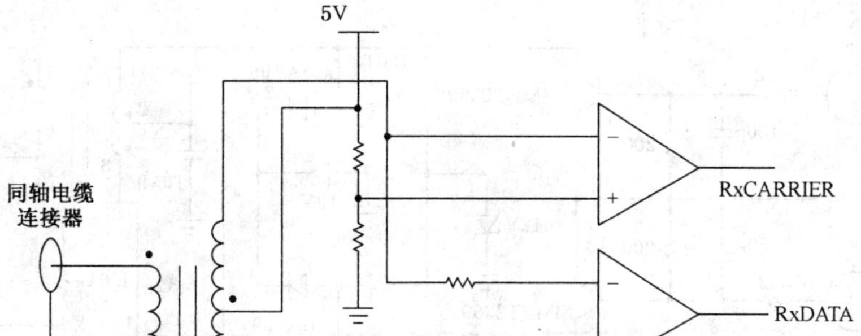

图H.1 同轴电缆MAU RxDATA检测器

检测器实例使用的是为高输入阻抗选用的26LS32A(四接收器)。该系列的很多器件提供规格为6 kΩ的最小输入阻抗,但有厂商可提供规格为12 kΩ的最小输入阻抗,而在参考设计阶段,该部分需要一个特殊的屏蔽,允许在较小的共模范围内提高灵敏度。该器件的重要规范如下:

a) 高输入阻抗(需要满足节点输入阻抗的要求):通常为15 kΩ,最小为12 kΩ;

b) 最坏情况下的低阈值电压:在共模范围为0 V～5.5 V时,为±100 mV;

c) 温度范围:0 ℃～85 ℃;

d) 单一5 V供电;

e) 电源容差±10%;

f) 应足够快以处理 5 Mbit/s 比特速率的曼彻斯特编码。

对于图 H.1 所示的 Rx 检测器和图 H.3、图 H.4 的示意图，表 H.1 表示 RxDATA 和 RxCARRIER 转变过程中的输入电压电平。

表 H.1　5 Mbit/s，电压模式，同轴电缆接收器输出定义

媒体输入电压	RxDATA	RxCARRIER
$V_{in}<-140$ mV	false(0)	false(0)
-140 mV$<V_{in}<23$ mV	未定义	false(0)
23 mV$<V_{in}<140$ mV	未定义	未定义
140 mV$<V_{in}<255$ mV	true(1)	未定义
255 mV$<V_{in}$	true(1)	true(1)

26AS32A 输入端的串联电阻在数值上不同，以抵消由 26AS32A 的失效保护电阻造成的阈值偏移。

载波检测使用 26LS32A 中另一个接收器。它对输入信号和 DC 阈值进行单端比较，如简化示意图 H.2 所示。

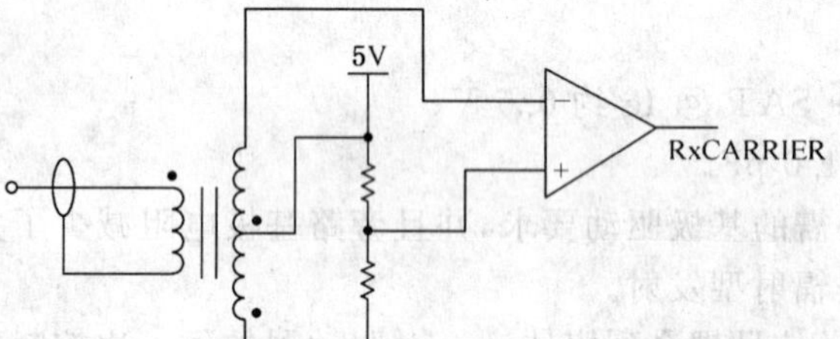

图 H.2　同轴电缆 MAU RxCARRIER 检测

在高位信号时 RxCarrier 看上去与 RxData 很相似。在低位信号时情况亦相似，除非 RxCarrier“一个”脉冲宽度比数据的脉冲宽度窄。当没有信号时 RxCarrier 输出总为低，其信号看上去与 RxData 信号一样处于高位信号，与那些未经定义并受噪声影响会改变状态的数据不同。

图 H.3 是冗余的收发器的实例，图 H.4 是单通道收发器的实例。

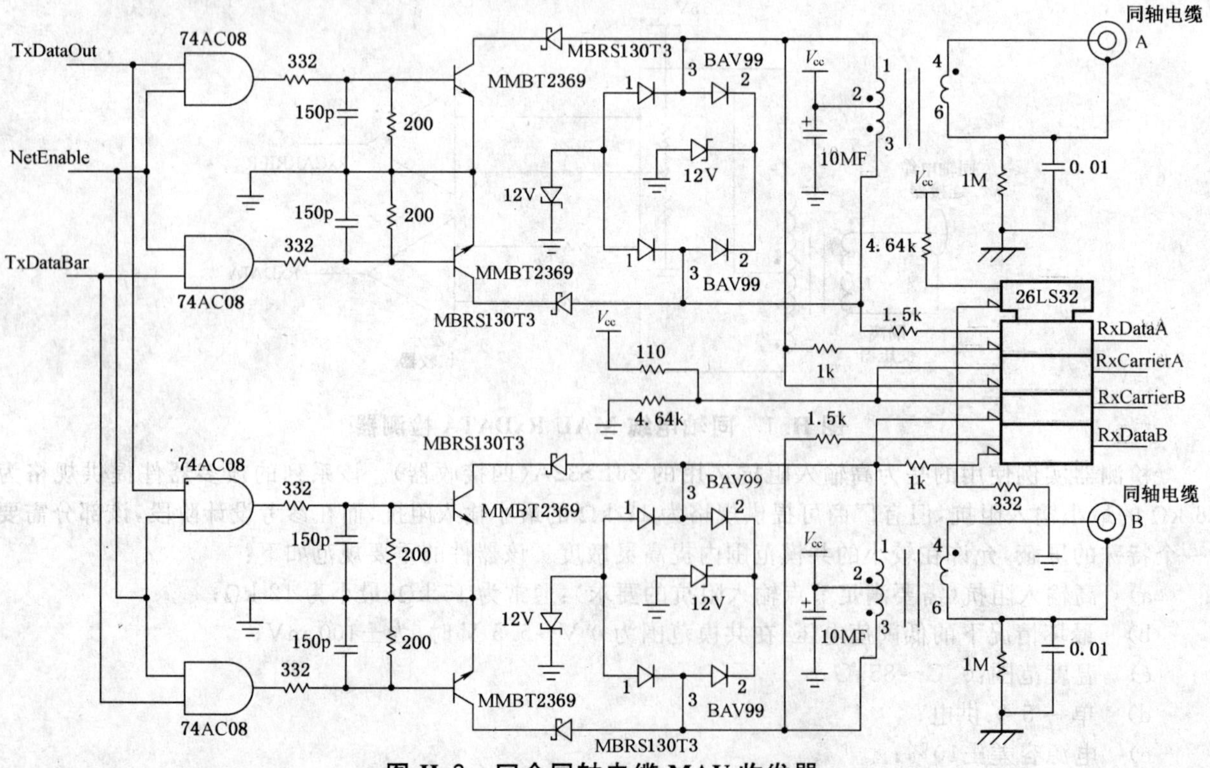

图 H.3　冗余同轴电缆 MAU 收发器

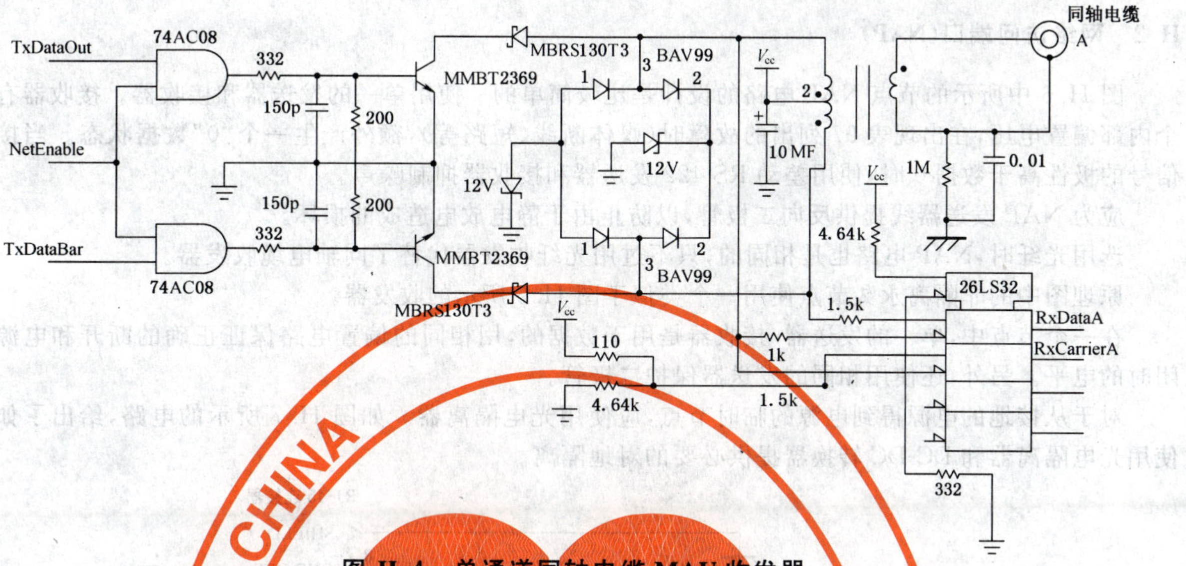

图 H.4 单通道同轴电缆 MAU 收发器

H.1.2 变压器参考设计例子

磁芯是 IEC 61596 类型 EP-7,无磁隙,最小 AI=1 100 nH/匝^2,线圈绕组工序的步骤如下:

a) 绕组 1 在引脚 3 和 2 之间:线径 0.127 mm,18 匝;

b) 1 mil. 绝缘胶带;

c) 绕组 2 在引脚 2 和 1 之间:线径 0.127 mm,18 匝;

d) 1 mil. 绝缘胶带;

e) 绕组 3 在引脚 4 和 6 之间:线径 0.127 mm,18 匝;

f) 外部缠绕。

H.1.3 分接头参考设计例子

图 H.5 给出了分接头的设计实例。自耦变压器(T1)的绕组在 11-720B 铁镍环形磁芯上。绕组是双线并绕 18 匝,单层,无间隙,直径为 0.254 mm 聚酰胺电磁线。

测量的电气特性如表 H.2 所示。

表 H.2 同轴电缆环形磁芯规范

参　　数	值
泄露电感	300 kHz 时 75 μh
磁化电感	300 kHz 时 800 μh
绕组电容	25 MHz 时 20 pF
绕组损耗电阻	300 kHz 时 0.1 Ω
磁芯损耗电阻	1.3 MHz 时 16 kΩ

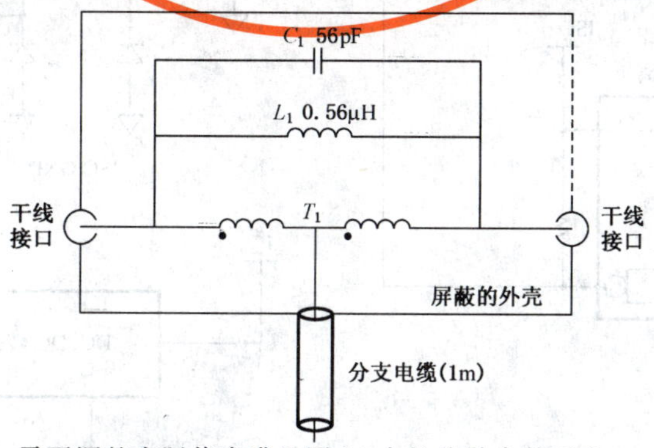

注:上面标的值只是标称值。需要调整实际值来满足图 86 中的分散参数要求。

图 H.5 同轴电缆分接头

H.2 网络访问端口(NAP)

图 H.6 中所示的节点 NAP 电路的设计是比较简单的。使用单一的发送器和接收器。接收器有一个内部偏置电压,在出现表 97 列出的故障时(媒体断线、短路等),额外产生一个"0"数据状态。当接收信号的极性高于数据 0 时,使用差动 RS-422 发送器和接收器抑制噪声。

应为 NAP 发送器线提供反向二极管,以防止由于静电放电造成的损坏。

选用光纤时,NAP 电路也是相同的,只不过用光纤收发器代替了同轴电缆收发器。

原理图中的非隔离永久节点使用一个类似于图 H.6 所示的收发器。

在一个节点中,单一的发送器/接收器是用于数据的,用相同的偏置电路保证正确的断开和电源关闭时的电平。另外,还使用相同的发送器保护二极管。

对于从接地的电源得到电源的临时节点,应使用光电隔离器。如图 H.7 所示的电路,给出了如何使用光电隔离器和 DC-DC 转换器提供必要的对地隔离。

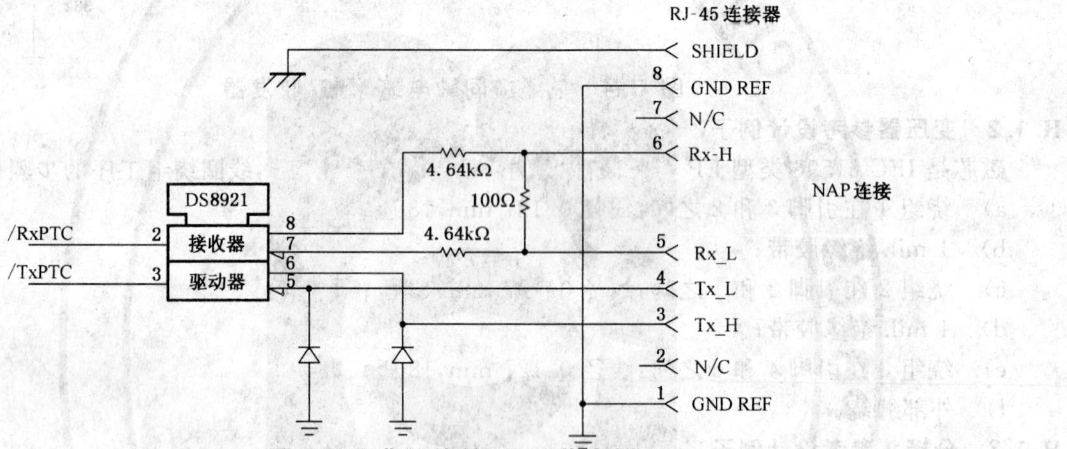

图 H.6 非绝缘的 NAP 收发器

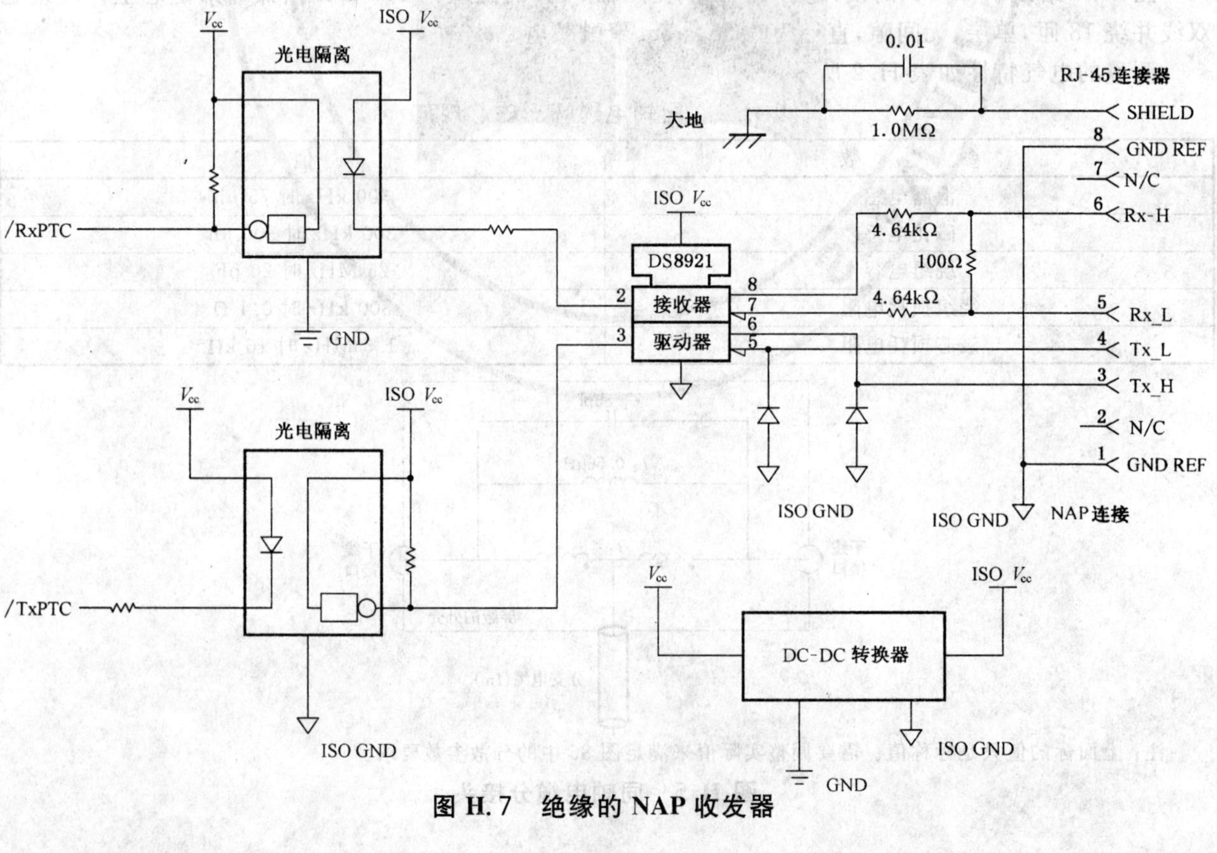

图 H.7 绝缘的 NAP 收发器

附 录 I
（规范性附录）
类型 3:连接器规范

I.1 同步传输连接器

I.1.1 概述

拓扑结构可以是树型、线型或二者的结合。T 型接头将站点(如现场设备)连接到总线光缆,且必须符合 IP65 的等级。可以用单 T 型接头或多 T 型接头来构成 T 型连接,见图 I.1。T 型接头的功能也可以集成到站内。

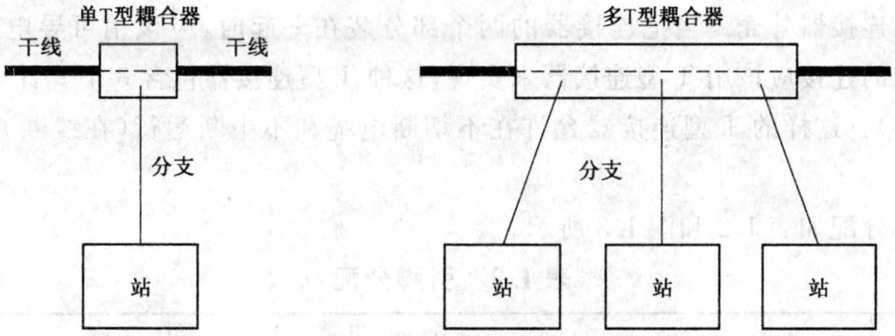

图 I.1 站耦合器的示意图

I.1.2 M12 圆形连接器的引脚分配

M12 圆型连接器的引脚应指定如表 I.1 和图 I.2 所示功能。

表 I.1 用于恶劣工业环境的外部连接器的引脚分配

引 脚 号	功 能
1	数据+,具有可选的电源+
2	未连接
3	数据-,具有可选的电源-
4	未连接
螺纹	屏蔽

屏蔽将与线缆同轴。屏蔽电势通过线缆传播。现有用引脚 4 连接的类型 3 设备仍符合本部分。在新设备中,不应使用引脚 4。现有已使用引脚 4 连接的类型 3 电缆也符合本部分。在新电缆中,不应使用引脚 4。

M12 圆型插头和插座应符合 IP 65 或更高等级。

插头和插座的引脚应设计成即使在有腐蚀的气体环境(如化学环境)中也能保持其传输特性。

不应配备插座的中心孔,因为这在潜在的易爆炸环境中将增加空气和爬变距离,见图 I.2。

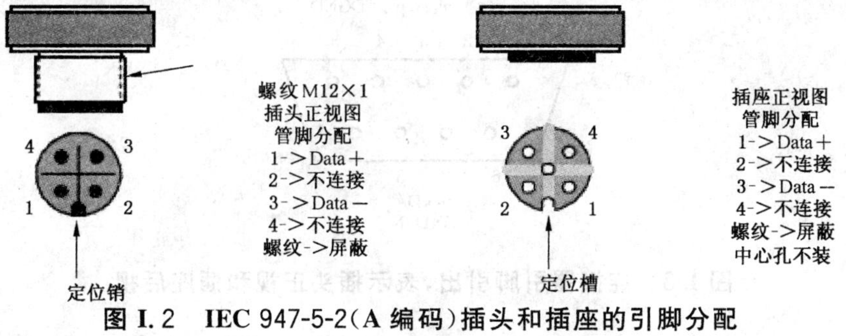

图 I.2 IEC 947-5-2(A 编码)插头和插座的引脚分配

I.1.3 T型接头和站之间的连接

用一个屏蔽圆型连接器 M12 将 T 型接头与站连接。T 型接头可以直接与站连接,或使用一个屏蔽 M12 连接器与分支连接。

依据接地导则(接地与屏蔽,见 21.8.6 和 21.8.7),总要确保将总线电缆屏蔽加在大的表面面积上。

现场端接方法如螺钉端子或刀式端子以及永久性端接也可使用。

I.2 异步传输连接器

I.2.1 非本质安全用异步传输连接器

每个站均经由一个 9 针 sub-D 型连接器与媒体相连。插座固定在站上,而插头安装在总线电缆上。

其机械和电气特性按 IEC 60807-3 中的规定。

最好使用金属连接器外壳。当把连接器的两个部分装在一起时,应该用可导电的螺丝加以固定。电缆部分与站之间的连接应该用 T 型连接器来实现,这种 T 型连接器包含 3 个 9 针 sub-D 型连接器(2 个插头和一个插座)。这样的 T 型连接器允许在不切断电缆和不中断运行(在线断开连接)的情况下,断开连接或更换站。

连接器的引脚分配如表 I.2 和图 I.3 所示。

表 I.2 引脚分配

引 脚 号	RS-485	信号名称	含 义
1	—	SHIELD(见注 1、注 2)	屏蔽,保护地
2	—	M24V(见注 1)	−24 V 输出电压
3	B/B′	RxD/TxD-P	接收/发送数据-正
4	—	CNTR-P(见注 1)	控制-正
5	C/C′	DGND	数据地
6	—	VP	电压-正
7	—	P24V(见注 1)	+24 V 输出电压
8	A/A′	RxD/TxD-N	接收/发送数据-负
9	—	CNTR-N(见注 1)	控制-负

注 1:信号为可选的。

注 2:推荐不连接。

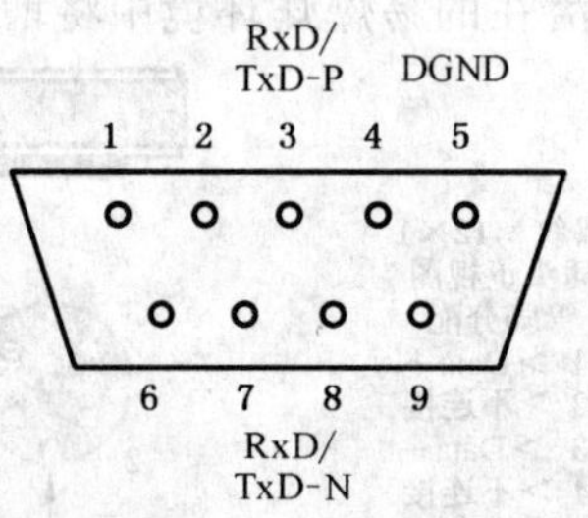

图 I.3 连接器引脚引出,表示插头正视和插座后视

数据地(与引脚 5 连接)和电压-正(与引脚 6 连接)为总线终端器供电。

当使用无自控能力的中继器时,控制信号 CNTR-P 和 CNTR-N(分别与引脚 4 和引脚 9 相连接)支持方向控制。推荐使用 ANSI TIA/EIA-485-A 标准。对于简单设备,信号 CNTR-P 可以是一个 TTL 信号(1 个 TTL 负载),信号 CNTR-N 可以是接地信号(DGND)。信号传输的定义不是本部分的内容。

24V 输出电压(依照 GB/T 15969.2 的表 6)允许与无集成电源的操作员面板或服务设备相连。如果设备提供 24V 输出电压,则它应允许高达 100 mA 的电流负载。

I.2.2 本质安全用异步传输连接器

I.2.2.1 IP20 连接技术

机械和电气特性见 I.2.1。

连接器的引脚分配如表 I.3 所示。

表 I.3 引脚分配

引 脚 号	RS-485 ref.	信 号 名 称	含 义
1	—	SHIELD(见注 1、注 2)	屏蔽
2	—	NC	(未连接)
3	B	RxD/TxD-P	接收/发送数据-正
4	—	NC	(未连接)
5	—	ISM(见注 2)	总线终端−
6	—	ISP(见注 2)	总线终端+
7	—	NC	(未连接)
8	A	RxD/TxD-N	接收/发送数据-负
9	—	NC	(未连接)

注 1:信号为可选的并推荐不连接。
注 2:信号的电流被电阻限制。

ISM(与引脚 5 连接)和 ISP(与引脚 6 连接)为总线终端器供电。

不应使用数据线上的串联电感,如在非本质安全连接器中使用。连接器中的总线输入到总线输出之间的配线,应按照最大电流为 4.8A 进行设计。通信设备的插头(A、B、ISM 和 ISP 线缆),应按照最大输入电流为 $2\times I_O$(至 300 mA)进行设计。应根据 GB 3836.4—2000 确定连接器设计的适当值(线宽、隔离间距等)。

应根据 GB 3836.4—2000 确定通信设备中从连接器的插头到限流电阻的 A、B、ISM 和 ISP 线之间的隔离间距。

I.2.2.2 IP65 连接技术

根据 IEC 947-5-2 设计的 4 针 M12 连接器用于极限工业环境存在的现场总线系统。只允许屏蔽连接器。连接器给出了机械键槽(B-coding)。连接器的引脚分配如表 I.4 所示。

表 I.4 引脚分配

引　脚　号	RS-485 ref.	信 号 名 称	含　义
1	—	ISP(见注)	总线终端＋
2	A	RxD/TxD-N	接收/发送数据-负
3	—	ISM(见注)	总线终端－
4	B	RxD/TxD-P	接收/发送数据-正
螺纹连接	—	SHIELD	屏蔽
注：信号的电流被电阻限制。			

ISM(与引脚 3 连接)和 ISP(与引脚 1 连接)为总线终端器供电。

不应使用数据线上的串联电感，如在非本质安全连接器中使用。连接器应按照最大电流为 4.8 A 进行设计。

现场设备端连接器应是 M12 插座，如图 I.4 所示。

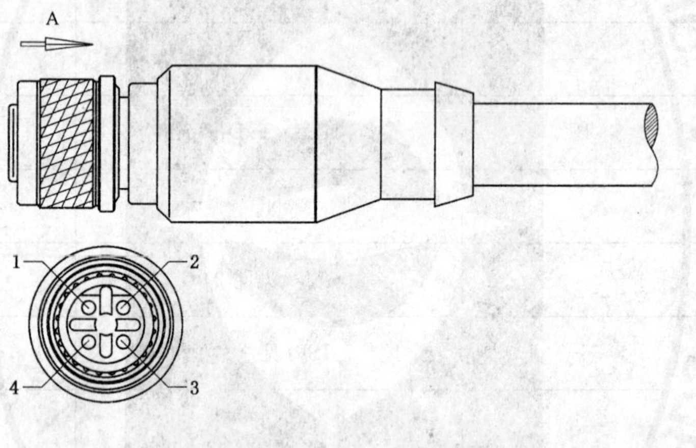

图 I.4　连接器引脚输出，M12 插座的正视图

电缆端连接器必须是 M12 插头，如图 I.5 所示。

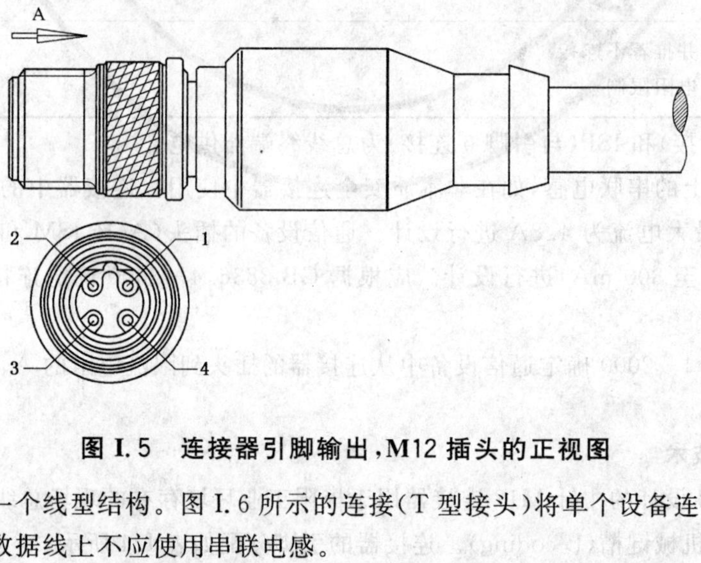

图 I.5　连接器引脚输出，M12 插头的正视图

现场总线拓扑有一个线型结构。图 I.6 所示的连接(T 型接头)将单个设备连接到干线电缆。短节线长度应尽可能短。数据线上不应使用串联电感。

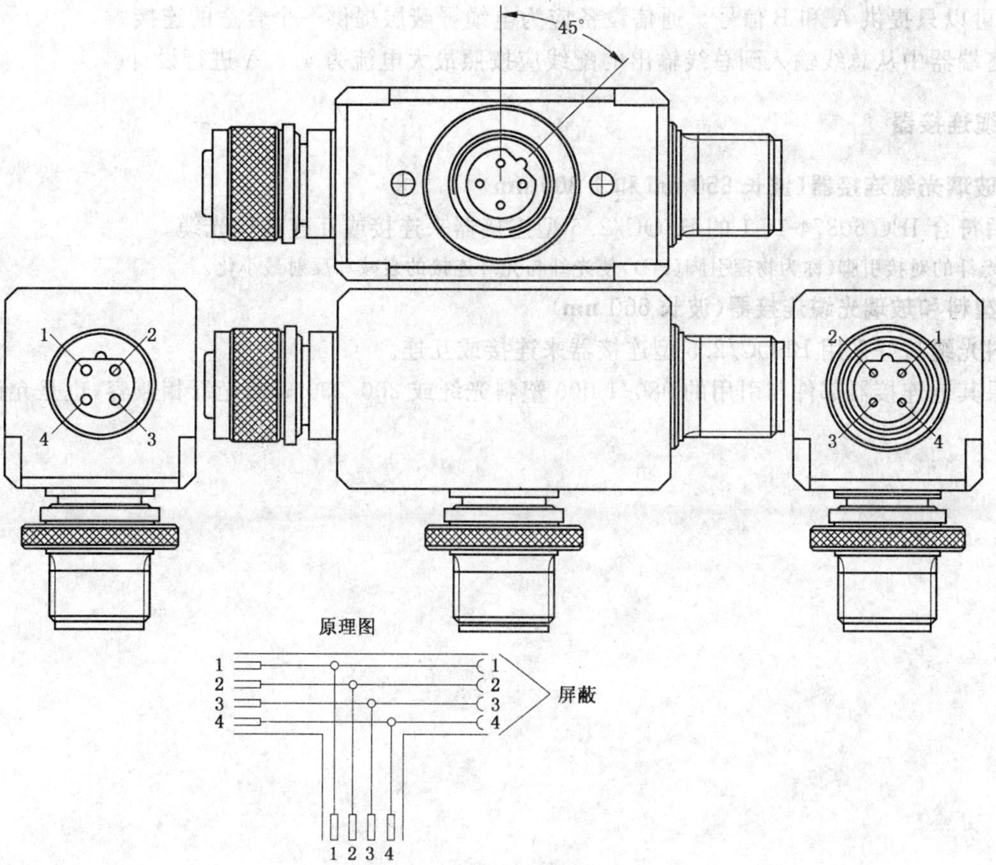

图 I.6 M12 T 型接头

T 型接头应与螺帽始终保持一致和同轴(螺纹连接、金属连接器以及类似连接器)。

由设备提供的用于驱动终端电阻的电源电压应通过 T 型接头传递。

总线终端器的引脚分配和示意图见图 I.7。

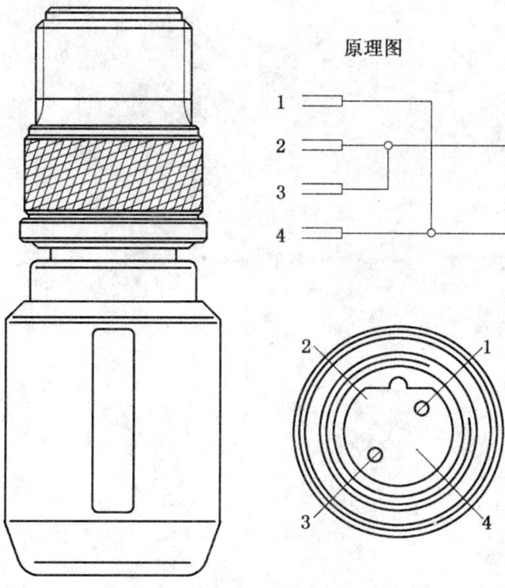

图 I.7 M12 总线终端

I.2.2.3 终端连接技术

终端连接应提供 A、B、ISM 和 ISP 信号。终端标识应与信号名称一致。或者,当内部总线终端器可用时,可以只提供 A 和 B 信号。通信设备应为电缆屏蔽层提供一个合适的连接。

在终端器中从总线输入到总线输出的配线应按照最大电流为 4.8 A 进行设计。

I.3 光缆连接器

I.3.1 玻璃光缆连接器(波长 850 nm 和 1 300 nm)

使用符合 IEC 60874-10-1 的 BFOC/2.5 型连接器来连接或互连玻璃光缆。

注:光纤的对接引脚(称为物理引脚(PC))使光纤与光纤连接的衰减和反射最小化。

I.3.2 塑料和玻璃光缆连接器(波长 660 nm)

塑料光缆最好采用 BFOC/2.5 型连接器来连接或互连。

如果其他连接器部件与引用的 980/1 000 塑料光纤或 200/230 玻璃光纤相兼容,也是允许的。

附 录 J
（规范性附录）
类型 3:PhL 和媒体冗余

采用冗余的 PhL 可改善现场总线的可靠性。在具体实现时，冗余 PhL 包括两条分开敷设的媒体（总线电缆“a”和总线电缆“b”），以及每个站上的两个完整的媒体附属单元（MAU）。原理性的冗余结构如图 J.1 所示。

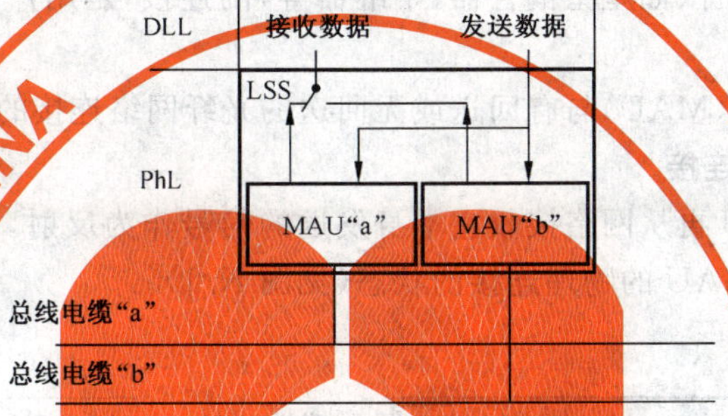

图 J.1 PhL 的 MAU 和媒体的冗余

如图 J.1 所示，基本原理假定数据由两个 MAU（收发器）同时发送给两条媒体（总线电缆“a”和总线电缆“b”）。与此相反，每个站仅从一条媒体（总线电缆“a”或总线电缆“b”）接收信息。由处在两个 MAU 和 DLL 之间的线路选择器开关（LSS）来选择接收通道。此线路选择器开关受 Ph 管理的控制。为此，每个站的 DLL 的媒体访问单元（MAC）监视媒体的活动，并独立于任何其他站向 DL 管理（见 GB/T 20540.3:DLMS Event 和 Get Value 服务）给出相应信息。对于主站和从站的主要切换条件如下：

——接收到两个或多个连续的无效帧；“无效”是指检测出这些帧有无效的格式、无效的奇偶校验比特或无效的帧检验序列；

——超时定时器 T_{TO} 时间到，见 GB/T 20540.4“定时器与计数器”；

——在一个同步间隔时间 T_{SYNI} 时间到，检测到无同步时间 T_{SYN}（即至少 T_{SYN} 的线路空闲），见 GB/T 20540.4“定时器操作”。

注 1：根据执行情况，可选择其他的切换条件。

向 Ph 管理通告所选择的接收通道“a”（主通道）或“b”（后备通道）（见 6.3）。于是 Ph 管理通过管理接口将此信息提供给 PhMS-user。

注 2：在完成系统初始化之后，无首选的接收通道。

附 录 K
（规范性附录）
类型 3:光纤网络拓扑结构

K.1 光纤网络中的信号流

K.1.1 概述

与主站或从站或耦合部件(如星型耦合器、中继器等)的连接,是用户的责任。但是,用户必须确保不同的接口彼此是兼容的。

本条包含光纤附属单元(MAU)与有回送或无回送的光纤网络连接的描述。

K.1.2 与有回送的网络相连接

在延迟之后,光纤 MAU 再从网络接收它本身发送的信号作为反射。回送信号检测可以被用于证实在线路的另一端与光纤 MAU 的物理连接的状态(见图 K.1)。

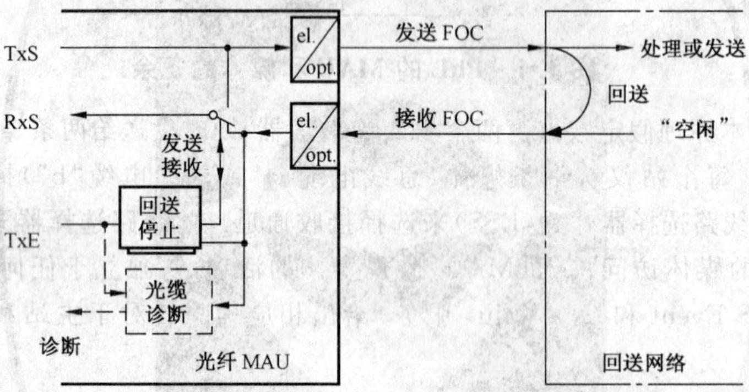

关键词:
FOC=光缆
TxE=发送使能
TxS=发送信号
RxS=接收信号
MAU=媒体附属单元

图 K.1 网络中带回送的光纤 MAU

回送信号返回的时间等于生成回送信号的耦合部件(如星型耦合器)信号延迟的两倍。对于环型结构,延迟对应于此环的一个周期。接收信号延迟(在异步传输网络中不产生此延迟)应不引起操作故障或差错报文。发送的光纤 MAU 应从网络中除去回送信号。回送信号应不被发送器再返回给网络,并不应在现场设备内导致复制此报文作为一个“新”的报文。

K.1.3 与无回送的网络相连接

在这种网络中,光纤 MAU 不从网络再接收其自身的发送信号作为回送信号。如图 K.2 所示,在发送过程中,接收线保持空闲。对链路的状态,不提供信息。

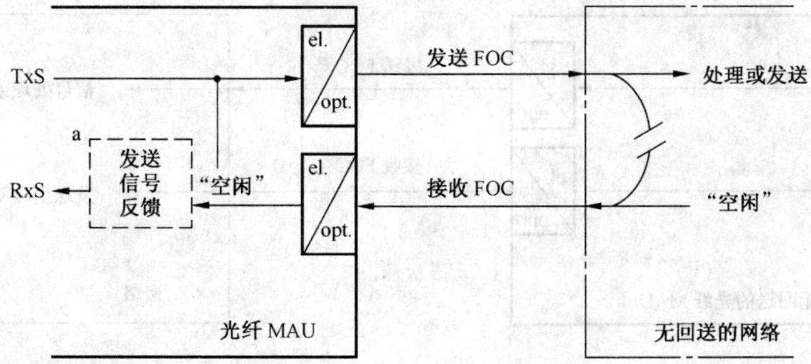

关键词：

FOC＝光缆

TxS＝发送信号

RxS＝接收信号

MAU＝媒体附属单元

[a] 对主站是必备的

图 K.2　网络中无回送的光纤 MAU

主站本身应满足令牌确认的要求，例如用一个发送信号硬件反馈(仿真)。

K.1.4　有回送功能的光纤 MAU

有回送功能的光纤 MAU 给相关的返回线返回在输入口接收的信号，如图 K.3 所示。这就允许在光缆的另一端的一个适当的光纤 MAU 通过监视回送来检查它自己的报文。

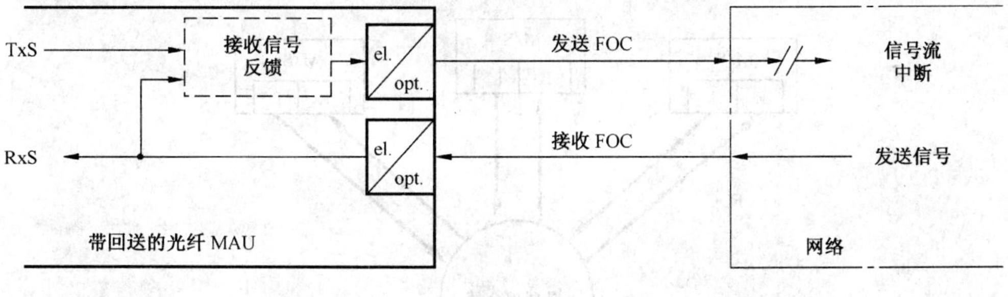

关键词：

FOC＝光缆

TxS＝发送信号

RxS＝接收信号

MAU＝媒体附属单元

图 K.3　通过接收信号的内部电反馈的有回送的光纤 MAU

K.1.5　无回送功能的光纤 MAU

无回送功能的光纤 MAU 不给相关的返回线返回在输入口接收的信号。输出保持在空闲电平(见图 K.4)。

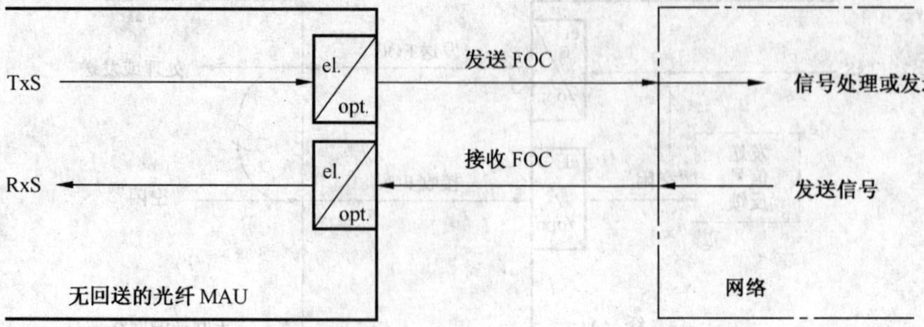

关键词：
FOC＝光缆
TxS＝发送信号
RxS＝接收信号
MAU＝媒体附属单元

图 K.4　无回送功能的光纤 MAU

K.1.6　拓扑例子

K.1.6.1　概述

以下各条以图示方式说明可以按此标准构造的网络拓扑。但并不表示这些例子是仅可能有的拓扑。

K.1.6.2　星型拓扑

采用有源星型光耦合器的信号集中分发，形成一个以有源星型光耦合器作为中心部件的光纤网络星形结构(见图 K.5)。

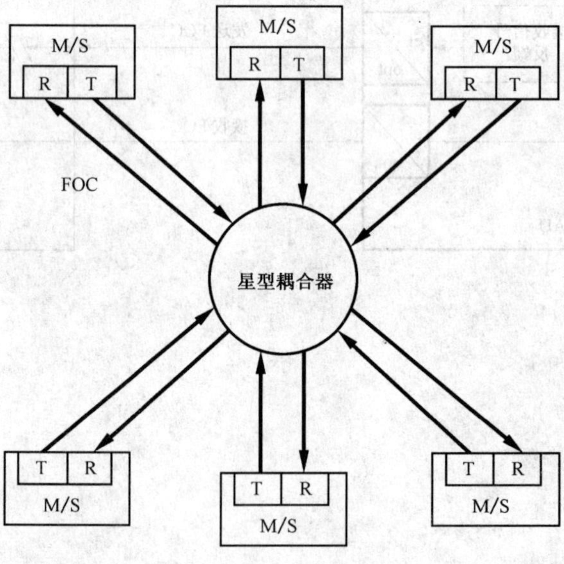

关键词：
R＝光纤接收器
T＝光纤发送器
M/S＝主站或从站
FOC＝光缆

图 K.5　星型拓扑的光纤网络

在光纤网络中,使用有源星型光耦合器作为具有信号电平恢复的信号集中分发器。信号定时的再生(再定时)作为一个选项供使用。有源星型光耦合器要求有一个供电电源。它将一个输入已接收的光信号转换为电信号。内部信号处理均以电方式进行。在输出口的电—光转换器发送一个光信号。

K.1.6.3 环型拓扑

如图 K.6 所示,环型结构要求在站内附加控制措施。发送站(主站/从站)应逻辑地中断此环网,并在报文结束后保持此中断直到报文沿此环网全部传送一次,并返回到放弃该报文的发送站。

处于接收模式的站应在发送侧再输出所接收的信号。

这些站必须提供保护,以防止此环网落入静态封闭环。如果在"空闲"阶段发生一个故障,此问题就可能发生。

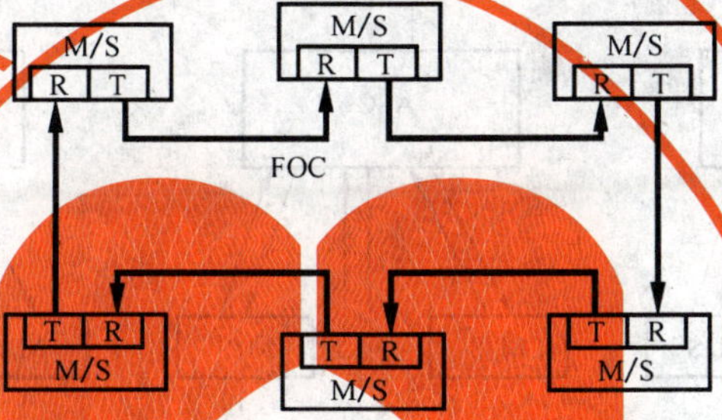

关键词:

R=光纤接收器

T=光纤发送器

M/S=主站或从站

FOC=光缆

图 K.6 具有环形拓扑的光纤网络

K.1.6.4 总线型拓扑

总线型拓扑用 3×3 星型耦合器或具有集成光接口的站来构造(见图 K.7)。

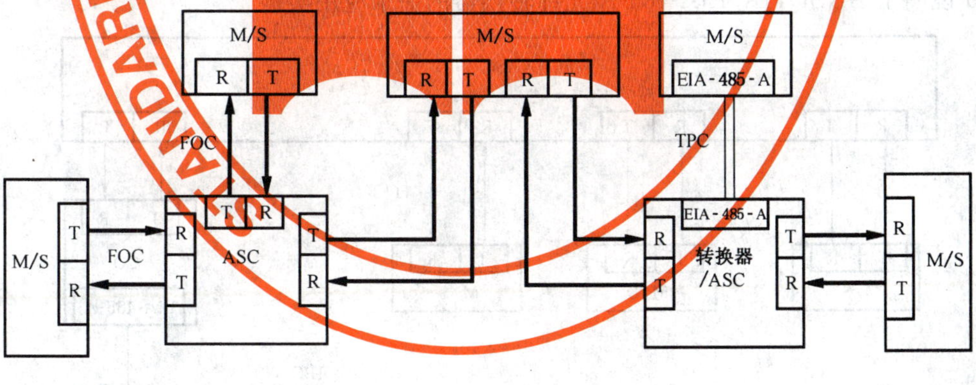

关键词:

FOC=光缆

TPC=双绞线电缆

ASC=有源星型耦合器

M/S=主站或从站

R=光纤接收器

T=光纤发送器

EIA-485-A:收发器

图 K.7 具有总线型拓扑的光纤网络

K.1.6.5 树型拓扑

若干个有源星型光耦合器可以被组合成树状结构的网络，如图K.8所示。

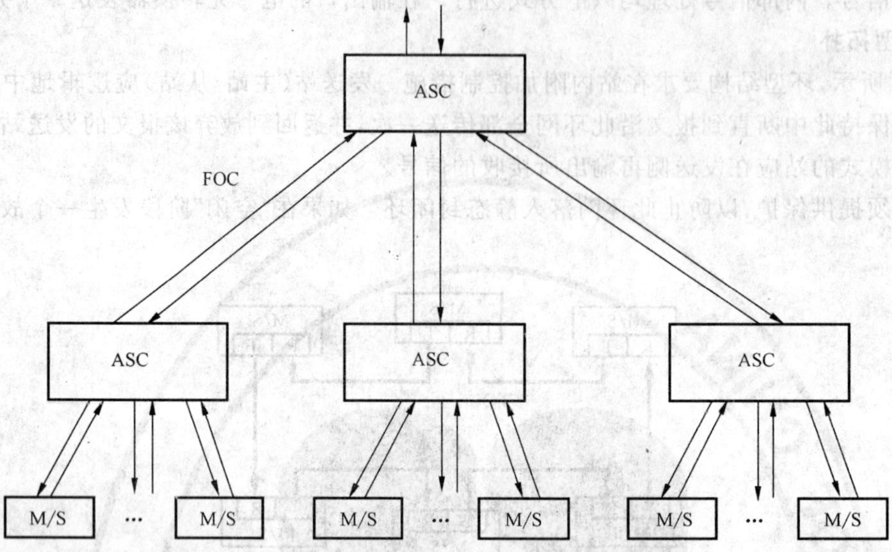

关键词：

ASC=有源星型耦合器

M/S=主站或从站

POC=光缆

图 K.8 由星型结构组合构成的树型结构

K.1.6.6 ANSI TIA/EIA-485-A/光纤转换器

使用ANSI TIA/EIA-485-A/光纤转换器来连接一个站或一个基于ANSI/TIA/EIA-485-A技术的子网络与一个光网段或一个光主站/从站。

图K.9说明了ANSI TIA/EIA-485-A光纤转换器的一个应用实例。

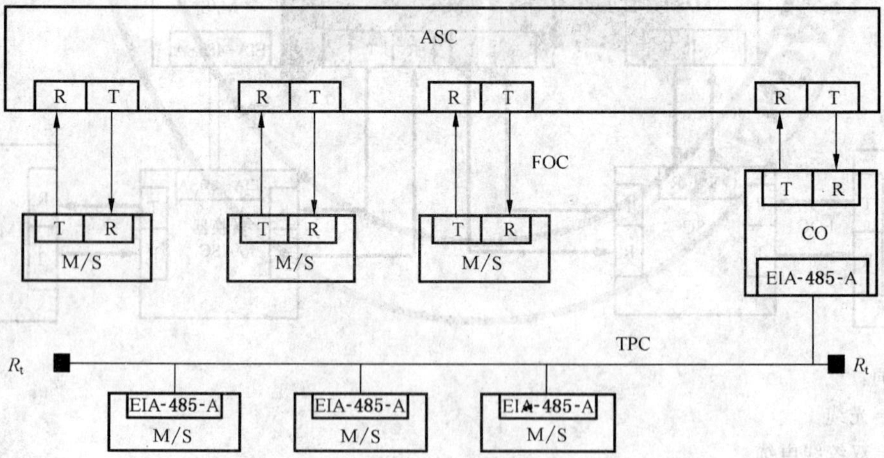

关键词：

ASC=有源星型光耦合器　　R=光纤接收器

M/S=主站或从站　　T=光纤发送器

CO=转换器　　TPC=双绞线电缆

R_t=终端电阻　　EIA-485-A：收发器

FOC=光缆

图 K.9 ANSI TIA/EIA-485-A/光纤转换器的应用实例

ANSI TIA/EIA-485-A/光纤转换器也可在一个模块式的有源星型光耦合器内部实现。

K.1.7 光功率分配

K.1.7.1 概述

一个特定的光信号电平分配,可供沿着光纤链路以衰减形式消耗的两个节点之间使用。

可以利用有关制造厂商提供的规范来计算此特定的分配。

信号电平分配是指在无差错信号检测下光纤发送器的输出功率与光纤接收器所必需的输入功率之差。整个衰减必须在分配的过载电平与灵敏度之间。

以下各条给出用不同的光纤类型和发送器功率电平可以实现的网络范围实例。

K.1.7.2 限制条件

在解释表和光链路的尺寸时,必须考虑以下限制条件。

K.1.7.2.1 数值孔径(NA)

数值孔径(见 IEC 60793-2)。

K.1.7.2.2 输出功率

输出功率是在光纤中“0”信号的功率电平,该功率是所指定的光纤在整个温度范围内,考虑在发送器(连接器部件)上由光纤连接所引起散射和损耗。

K.1.7.2.3 接收器限值

这些值识别可接受的“0”信号(“光”亮)的信号范围(动态范围),其中“过载”是指最高可接受的信号电平(=最亮“光”),“灵敏度”是指最低的信号电平。超出动态范围不是引起数字传送中断的必要条件,但是会使信号定时的偏差超出特定的限制,以致增加传输出错的可能性。

K.1.7.2.4 电平分配

电平分配是所指定的发送器/接收器组合形成的动态范围。在这些限制范围内,比特差错率(BER)$<10^{-9}$。

K.1.7.2.5 总衰减

总衰减是指接收器过载保护所必需的最小衰减,或为利用接收器的整体灵敏度所必需的最大允许的衰减。

总衰减由以下部分组成:

——光缆的光纤衰减;

——插入式连接器与接头(如果使用)的耦合损失;

——系统裕度。

K.1.7.2.6 系统储备

系统储备考虑到发送器部件因老化而损失的输出功率。发送器部件的预期寿命通常由发送功率与新部件的发送功率值相比较已下降 3 dB 所持续的时间来确定。

在决定接收器的抗过载能力时,假定此“系统储备”未被消耗。

K.1.7.2.7 光纤衰减

光纤衰减是指光缆的最大允许衰减或最小必需的衰减。

K.1.7.2.8 特定光纤的衰减

特定光纤的衰减是每个长度单位的光缆的最大或最小衰减。它与光的波长有关。

光纤的衰减值在技术规范中不予规定,必须从相应光纤的数据单中取得。表中的数值均为基于经验的典型值。

注:发射光的峰值波长随发送器部件的工作温度而漂移。在确定特定光纤衰减的限定值时必须考虑波长漂移。

K.1.7.2.9 光纤长度

光纤长度通过因光纤衰减而形成的总衰减部分除以特定光纤的衰减而计算得出。

K.1.7.3　62.5 μm/125 μm 多模玻璃光纤

发送功率电平是按最小光纤链路长度为 0 m 时选定的，即用 62.5 μm /125 μm 光纤时不发生接收器过载。在表 K.1 中给出此引用光纤的电平分配计算的实例。

表 K.1　62.5 μm/125 μm 多模玻璃光纤的链路分配计算实例

62.5 μm/125 μm 多模玻璃光纤标准链路的链路分配(渐变折射率分布)　NA=0.275			
发送器输出功率	−20～−15		dBm
接收器限值	过载 −10	灵敏度 −24	dBm
电平分配	0	9	dB
总衰减	0	9	dB
系统储备	0	3	dB
光纤衰减	0	6	dB
特定光纤衰减	2.5	3.5	dB/km
光纤长度	最小 0	最大 1 700	m

K.1.7.4　9 μm/125 μm 单模玻璃光纤

此光纤类型是可实现较长光纤链路的一种。

发送功率电平是按最小光链路长度为 0 m 选定的，即用 9 μm/125 μm 光纤时不会发生接收器过载。

表 K.2 列出实际中的典型值，它并不是技术规范。

表 K.2　9 μm/125 μm 单模玻璃光纤的链路分配计算实例

9 μm/125 μm 单模玻璃光纤标准链路的链路分配(阶跃折射率分布)　NA=0.13			
发送器输出功率	−20～−15		dBm
接收器限值	过载 −10	灵敏度 −27	dBm
电平分配	0	7	dB
总衰减	0	7	dB
系统储备	0	2	dB
光纤衰减	0	5	dB
特定光纤衰减	0.3	0.5	dB/km
光纤长度	最小 0	最大 10 000	m

K.1.7.5　980 μm/1 000 μm 多模塑料光纤

由于多模塑料光纤的直径较大，所以降低了在安装期间对绝对机械公差的要求。一般而言这导致安装成本的降低。

但是，由于与玻璃光纤相比，塑料光纤的光纤衰减要高得多，所以一般来讲塑料光纤仅适用于较短的光链路。选择光信号的波长范围，使之与塑料材料的最小衰减相匹配。表 K.3 给出电平分配的数字实例。

表 K.3　980 μm/1 000 μm 多模塑料光纤的链路分配计算实例

980 μm/1 000 μm 多模塑料光纤标准链路的链路分配(阶跃折射率分布)　*NA*=0.47					
发送器输出功率	标　　准		增　　强		
输出功率	−11～−5.5		−6～0		dBm
接收器限值	过载 −5.0	灵敏度 −20.0	过载 0	灵敏度 −20.0	dBm
电平分配	−0.5	9.0	0	14.0	dB
总衰减	0	9.0	0	14.0	dB
系统储备	0	3.0	0	3.0	dB
光纤衰减	0	6.0	0	11.0	dB
特定光纤衰减	0.15	0.25(见注)	0.15	0.25(见注)	dB/m
光纤长度	最小 0	最大 24	最小 0	最大 44	m
注：由于光纤材料而加剧衰减，由于在发送器部件中的温度变化而使波长漂移。					

K.1.7.6　200 μm/230 μm 多模玻璃光纤

此光纤类型是可实现较长光纤链路的一种。表 K.4 给出电平分配的数字实例。

表 K.4　200 μm/230 μm 多模玻璃光纤的链路分配计算实例

200 μm/230 μm 多模玻璃光纤标准链路的链路分配(阶跃折射率分布)　*NA*=0.37			
发送器输出功率	−16.0～−8.0		dBm
接收器限值	过载 −8.0	灵敏度 −22.0	dBm
电平分配	0	6.0	dB
总衰减	0	6.0	dB
系统储备	0	3.0	dB
光纤衰减	0	3.0	dB
特定光纤衰减	5	10	dB/km
光纤长度	最小 0	最大 300	m

附　录　L
（资料性附录）
类型 3:异步传输、导线媒体、本质安全的异步传输参考设计例子

L.1　通信设备中的总线终端器

在本版中，总线终端器已经以电阻 R_t、R_u 和 R_d 的方式存在于设备中，如图 L.1 所示。被安装在总线段末端的终端器通过开关 S1 进行激活。

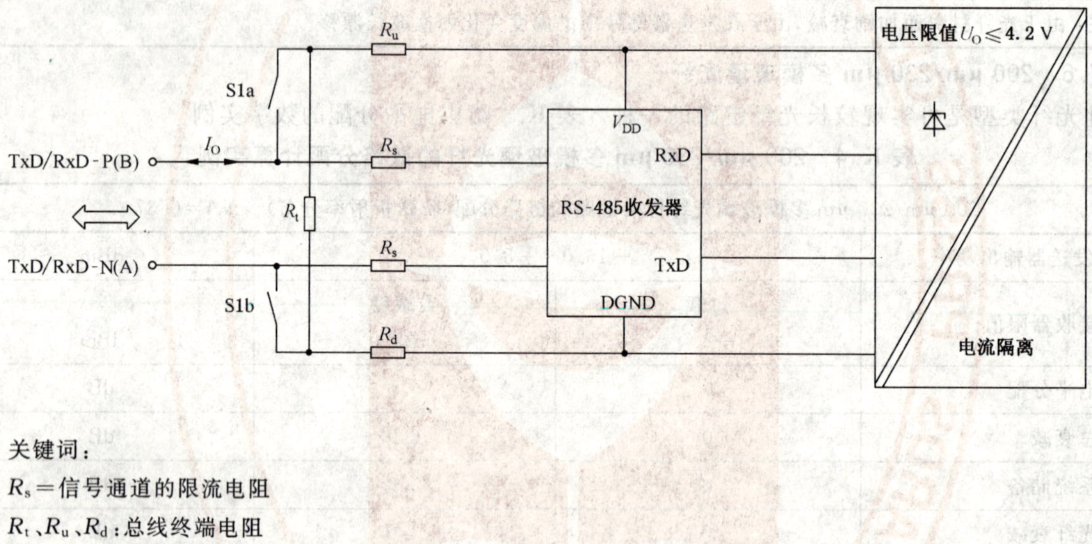

图 L.1　集成在通信设备中的总线终端

当测量最大输出电流 I_O 时，由于开关 S1，电阻 R_3 与 R_1 并联，R_4 与 R_2 并联。

注：也应遵循在“PTB-Mitteilungen, 113 Jahrgang, Heft 2/2003, Die Bewertung der Zündfähigkeit eigensicherer Stromkreise anhand eines Rechenverfahrens. Abschnitt: Dereigensichere RS 485 Feldbus als Anwendungsbeispiel”中描述的安全相关限制值。

部件的设计和所需的隔离间距应满足相关应用标准（如 GB 3836.4—2000）。

L.2　连接器中的总线终端器

在本版中，总线终端器在连接器中实现，如图 L.2 所示。为此，通信设备有必要提供合适的电源。被安装在总线段相关末端的终端器通过开关 S1 进行激活。

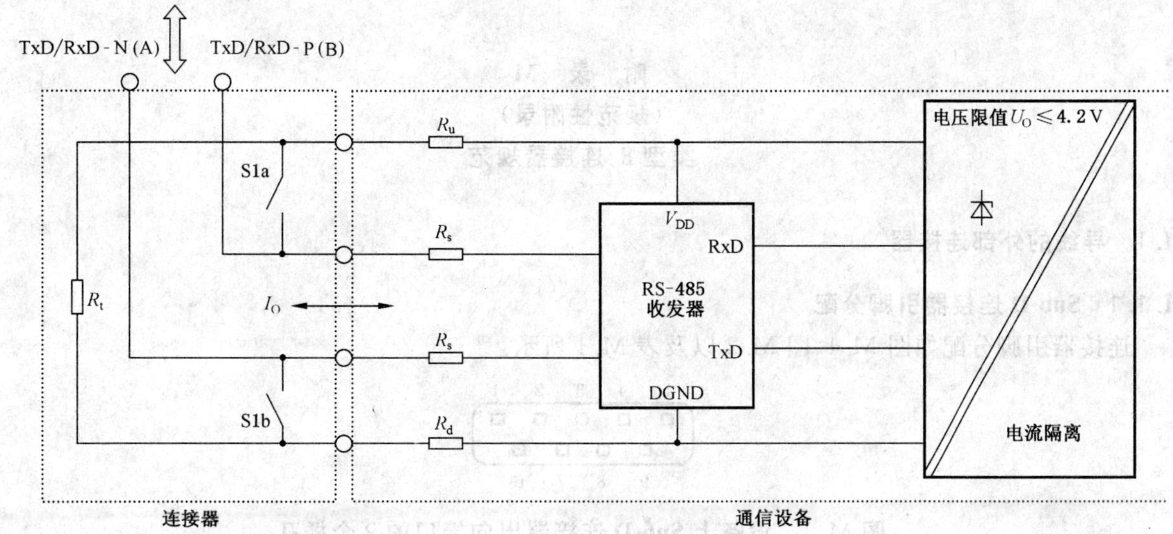

关键词：

R_s＝信号通道的限流电阻

R_t、R_u、R_d：总线终端电阻

图 L.2　连接器中的总线终端

L.3　外部总线终端器

辅助电源必须与现场总线电路进行电隔离，如图 111 所示。详见 22.2.4.3。

在本版中，总线终端器在设备外部实现，如图 L.3 所示。

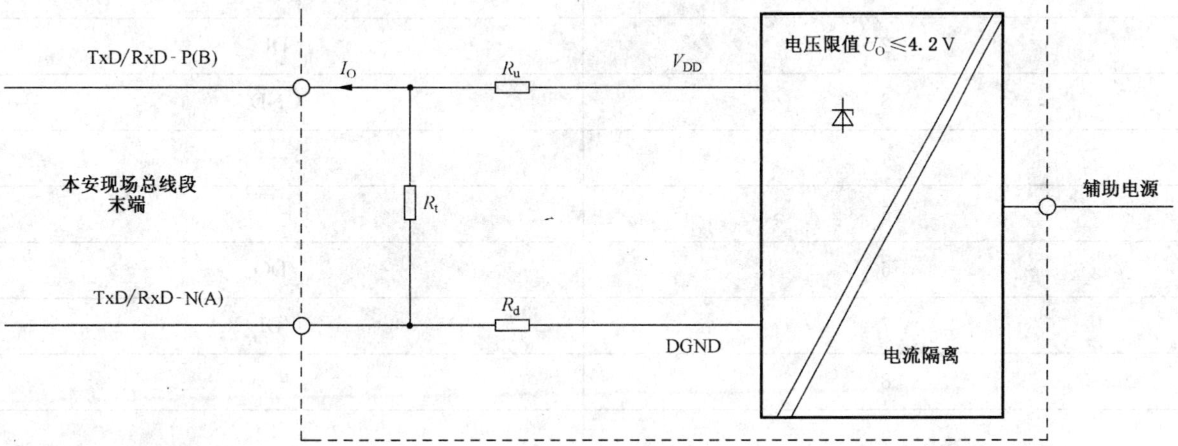

关键词：

R_t、R_u、R_d：总线终端电阻

图 L.3　外部总线终端

辅助电源必须与现场总线电路进行电隔离。

电阻 R_u 和 R_d 与最大输出电流 I_O 相关。在此，也应遵守外部总线终端器的安全相关限值。部件的设计和必需的隔离间距应满足相关应用标准（如 GB 3836.4—2000）。

附　录　M
（规范性附录）
类型 8:连接器规范

M.1　导线的外部连接器

M.1.1　Sub-D 连接器引脚分配

连接器引脚分配如图 M.1、图 M.2 以及表 M.1 所示。

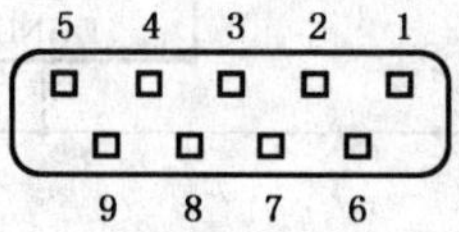

图 M.1　设备上 Sub-D 连接器出向接口的 9 个插孔

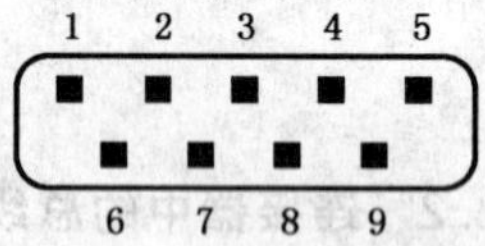

图 M.2　设备上 Sub-D 连接器入向接口的 9 个插针

表 M.1　Sub-D 连接器的 9 个引脚分配

引　脚　号	信　号　线
1	DO
2	DI
3	GND
4	—
5	—
6	/DO
7	/DI
8	—
9	—

M.1.2　终端连接器引脚分配

图 M.3 给出了终端连接器在设备上的位置，终端连接器的引脚分配见表 M.2。

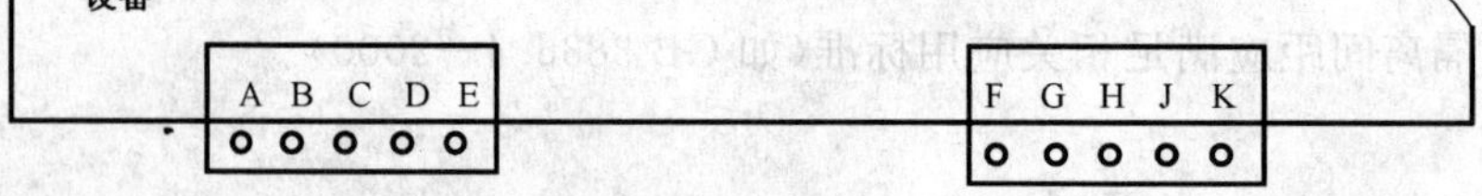

图 M.3　设备上的终端连接器

表 M.2 终端连接器的引脚分配

入 向 接 口		出 向 接 口	
引脚	标准	引脚	标准
A	/DO1	F	/DO2
B	DO1	G	DO2
C	/DI1	H	/DI2
D	DI1	I	DI2
E	GND1	J	GND

应当提供一个用于保护接地的独立的端子。

应遵守终端引脚顺序。

M.2 光纤外部连接器

位于设备之外且对电磁、化学、物理环境有防护必需的网络连接器应确定为外部连接器。

对于用光纤 MAU 作为设备级 CPIC 连接器的设备,当使用 IP20 或更低的防护等级时,在机械上应与 IEC 61754-22 规定的 F-SMA 连接器相匹配。用于塑料光纤(980 μm/1 000 μm)的光纤 F-SMA 连接器接头如图 M.4 所示。

单位为毫米

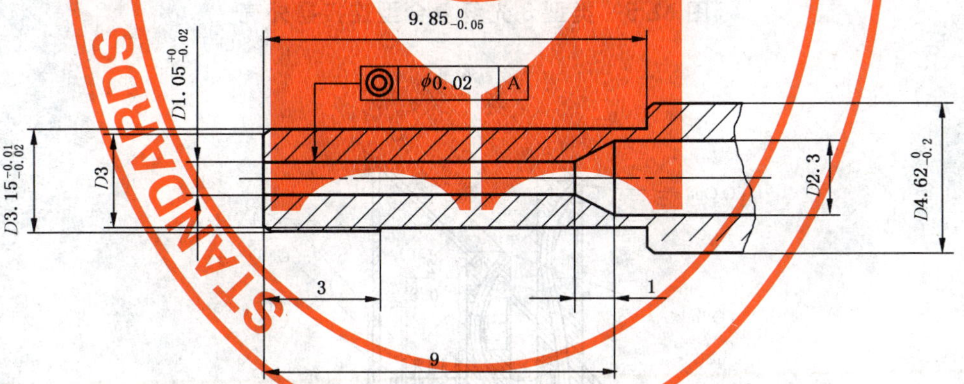

图 M.4 塑料光纤(980 μm/1 000 μm)的光纤 F-SMA 连接器接头

M.3 IP65 应用所使用的复合型连接器的外部连接器

如果在要求 IP65 或更高防护等级应用中的复合型连接器被用于拥有一个光学 MAU 实现的设备时,这个用于设备级 CPIC 的连接器应如图 M.5 和图 M.6 所示,连接器尺寸见表 M.3。

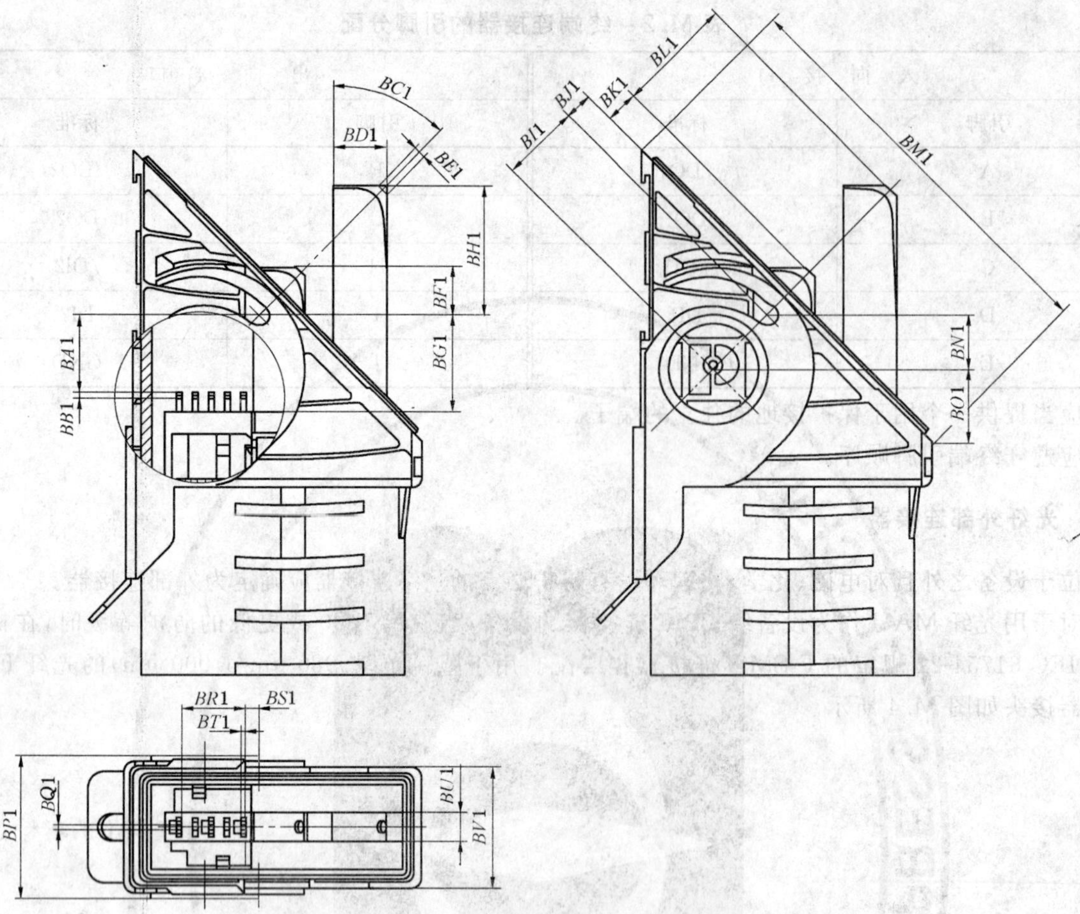

图 M.5　类型 8 光纤复合型连接器外壳

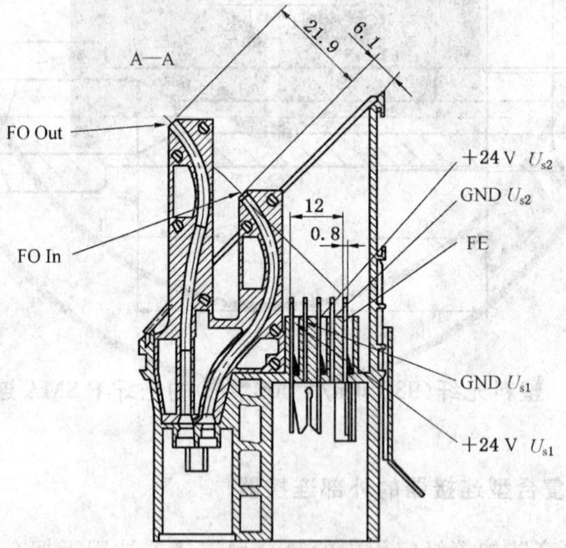

关键词：

U_{s1}＝传感器或总线模式供电

U_{s2}＝执行器供电

FO In＝连接到 FO 发生器

FO Out＝连接到 FO 接收器

图 M.6　类型 8 光纤复合型连接器说明

电源的电气插头应能承受在 24 V、16 A 的最大连续电流。

表 M.3 类型 8 光纤复合型连接器尺寸

符　　号	最大尺寸/mm	最小尺寸/mm	标称尺寸/mm
*BA*1	14.9	14.5	14.7
*BB*1	1.2	1	1.1
*BC*1	45.5	44.5	45
*BD*1	10.2	9.8	10
*BE*1	2.5	2.3	2.4
*BF*1	9	8.6	8.8
*BG*1	18.7	18.3	18.5
*BH*1	24.5	24.1	24.3
*BI*1	14.7	14.3	14.5
*BJ*1	5.3	5.1	5.2
*BK*1	6.3	5.9	6.1
*BL*1	22.1	21.7	21.9
*BM*1	78	77.6	77.8
*BN*1	10.45	10.05	10.25
*BO*1	13.85	13.45	13.65
*BP*1	27.2	26.8	27
*BQ*1	0.95	0.75	0.85
*BR*1	12.2	11.8	12
*BS*1	2.7	2.5	2.6
*BT*1	0.9	0.7	0.8
*BU*1	5.7	5.5	5.6
*BV*1	23.2	22.8	23

附 录 N
（规范性附录）
类型 16：连接器规范

光缆的连接器应

——符合 F-SMA 标准(见 IEC 61754-22)；

——至少具有 5 级的质量等级；

——具有金属连接器环。

发送器和接收器部分应安装在不透光的外壳内。

此外，建议光缆应具有应力消除。

附　录　O
（规范性附录）
类型 16:光网络拓扑结构

O.1　拓扑

拓扑应由点到点的光传输线和用户组成，一条传输线应由没有光分支的光缆组成，传输应仅是单向的。主站和从站也是网络的一部分(用户)。

图 O.1 显示了与控制单元和设备相关的结构。根据应用的需要，控制单元可能包括一个或更多的主站。在物理层和其上的协议层，一个主站应只负责一个网络。从站用于将设备连接到光纤网络。在物理层，一个从站可以代表一个或更多的设备与光纤网络之间的连接。逻辑上，一个从站和多个设备等同于多个从站和各自对应的一个设备的效果。虽然从站之间是通过光纤网络进行物理连接的，但主站和从站之间的信息传输是直接进行的。星型拓扑适用于每个主站只有一个从站的情况。

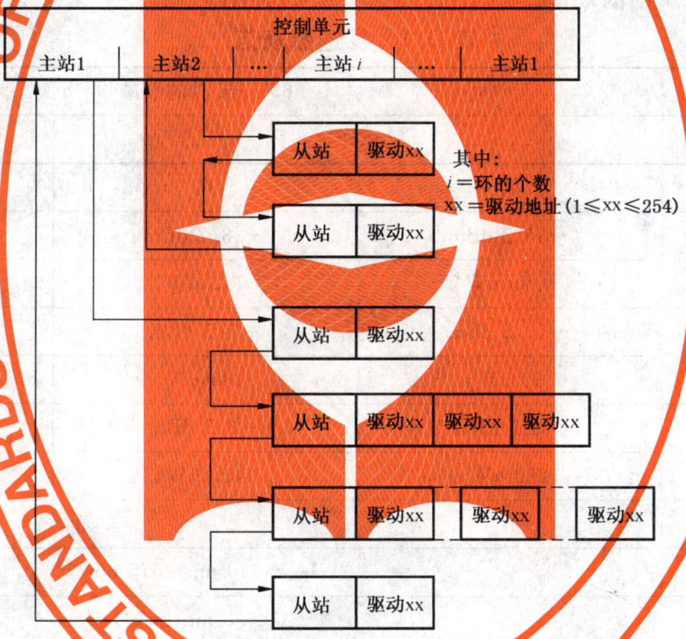

图 O.1　拓扑

从站在网络中的物理位置安排与它的设备地址以及传输确认报文的时序无关。

注：在一个网络中的设备数量是 $M=K$，AT 序列被标记为 1,2,…,M，而在 MDT 中的设备数据记录序列被记为 1,2,…,K。

CP16/1 和 CP16/2 接口决定一个网络内部任何信息交互，但网络间的任何协作则受控于控制单元而不属于本规范的范围。

O.2　光功率分配

O.2.1　传输线上的光信号

传输线中的光功率电平以 dBm 或 μW 为单位，它们之间的关系表示如下：

——$level[\mathrm{dBm}]=10\times\lg(level[\mu\mathrm{W}]/1\,000\ \mu\mathrm{W})$；

——$level[\mu\mathrm{W}]=10\ level[\mathrm{dBm}]/10\ \mathrm{dBm}\times 1\,000\ \mu\mathrm{W}$。

表 O.1、表 O.2 和表 O.4 给出的用于发送器、接收器和传输线的光信号，是通过表 O.3 中规定的线径 1 mm、长 1 m 的塑料光缆(POF)或者直径 200 μm、长 1 m 的玻璃光缆(HCS)测得的。

使用如下参数规定沿着传输线的光电平和边沿(状态变化):

a) P_{TmaxL},在光低电平时的最大传输功率,如果光信号低于该电平,则处于逻辑低状态。

b) P_{TminH},在光高电平时的最小传输功率,如果光信号高于该电平,则处于逻辑高状态。

c) P_{TmaxH},在光高电平时的最大传输功率,静态信号不得超过该限值。然而,一个上升的光脉冲会在瞬间超过光高电平的上限。这可能使上升沿陡峭(使上升时间最小化)。超限信号的幅度和时间都会受到限制。

d) K_{OS},光功率过冲因子,该参数指示最大光传输功率动态超限的因素。只有在光状态从低变为高时(上升信号边缘)期间,才允许超过功率电平。

注:P_{Rxxx}用于表示接收机的 P_{Txxx}对等物。

光信号应无失真地通过 P_{TmaxL}到 P_{TminH}(也就是说信号噪声小于 100 nW=−40 dBm),因此处于 P_{RmaxL}和 P_{RminH}之间的逻辑高电平可以在不产生任何额外的信号变化的情况下被识别出来。

O.2.2 发送器规范

除非另有规定,以下规范应该在从 0℃~+70℃的范围内有效。

发送器应符合表 O.1 中的规范。

表 O.1 发送器规范

位 置	650 nm 时的衰减		
光纤类型	POF		HCS
光发射功率	低	高	高
P_{TmaxL}	−31.2 dBm	−28.2 dBm	−33.2 dBm
	0.75 μW	1.5 μW	0.5 μW
P_{TminH}	−10.5 dBm	−7.5 dBm	−18 dBm
	90 μW	180 μW	16 μW
P_{TmaxH}	−5.5 dBm	−3.5 dBm	−10 dBm
	280 μW	450 μW	100 μW
发射二极管波长			
峰值波长	λ_{PK}=640 nm~675 nm		
光谱带宽	$\Delta\lambda \leqslant$30 nm(25℃)		
光谱	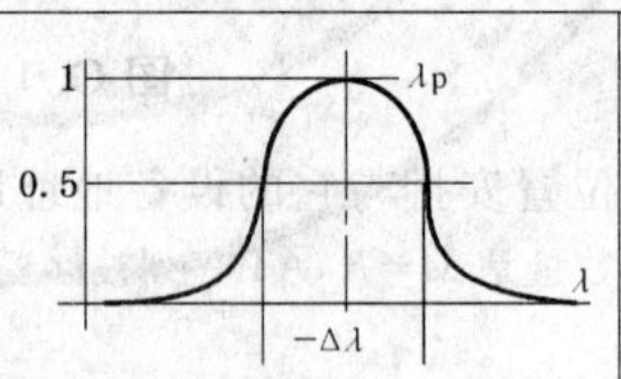		
K_{OS}	120%		
温度范围	0℃~70℃		
注:所有数据都适用于 λ_{PK}(上面插入图中为 λ_P)。			

O.2.3 接收器规范

除非另有规定,以下规范应该在从 0℃~+70℃的范围内有效。

为了能够正确地处理数据,接收器应满足表 O.2 的要求,由于光缆的带宽较宽,光信号的失真可以忽略。

表 O.2 接收器规范

波 长	650 nm	
光 纤 类 型	塑料光纤 POF	玻璃光纤 HCS
P_{TmaxL}	−31.2 dBm	−33.2 dBm
	0.75 μW	0.5 μW
P_{TminH}	−20 dBm	−22 dBm
	10 μW	6.3 μW
P_{TmaxH}	−5 dBm	−7 dBm
	316 μW	200 μW
动态功率(P_{RmaxH}～P_{RminH})	15 dB	
比特差错率	$\leqslant 10^{-9}$	
温度范围	0℃～70℃	
注：所有数据都适用于 λ_{pk}。		

O.2.4 光缆

光缆可由带有阶跃折射率分布或渐变折射率分布的塑料或玻璃组成。

图 O.2 和表 O.3 给出了实例。

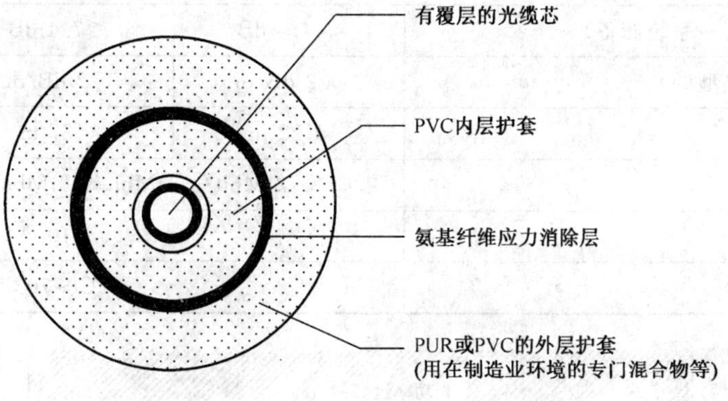

图 O.2 单芯光缆的结构(实例)

表 O.3 线缆规格(实例)

	塑料光纤 POF	玻璃光纤 HCS
线径	980 μm	200 μm
包层直径	1 000 μm	230 μm
数值孔径	0.47	0.37
带宽	≥5 MHz×1 km	≥10 MHz×1 km

O.2.5 光纤发送通道的系统数据

图 O.3 显示了光功率电平，它们应符合表 O.4 中的值。

表 O.4　在 650 nm 处光传输线的系统数据

光　纤　类　型		POF		HCS
光传输功率(见 30.1)		低	高	高
发射功率	P_{TmaxL}	−31.2 dBm	−28.2 dBm	−33.2 dBm
		0.75 μW	1.5 μW	0.5 μW
	P_{TminH}	−10.5 dBm	−7.5 dBm	−18 dBm
		90 μW	180 μW	16 μW
	P_{TmaxH}	−5.5 dBm	−3.5 dBm	−10 dBm
		280 μW	450 μW	100 μW
接收功率	P_{RmaxL}	−31.2 dBm		
		0.75 μW		
	P_{RminH}	−20 dBm		
		10 μW		
	P_{RmaxH}	−5 dBm		
		315 μW		
	动态功率(P_{RmaxH}～P_{RminH})	15 dB		
系统值	P_{TminH} 到 P_{RminH}	9.5 dB	12.5 dB	4 dB
系统储备(包括发射二极管的寿命)		≥5.1 dB		
线路衰减(系统值—系统储备)		≤4.4 dB	≤7.4 dB	≤2 dB
测量电缆衰减(典型的)		0.2 dB/m	0.2 dB/m	10 dB/m
电缆长度		≤22 m	≤37 m	≤200 m
传输速率(NRZI)		2 Mbit/s、4 Mbit/s、8 Mbit/s 和 16 Mbit/s		
比特差错率		$\leqslant 10^{-9}$		
温度范围		0℃～70℃		

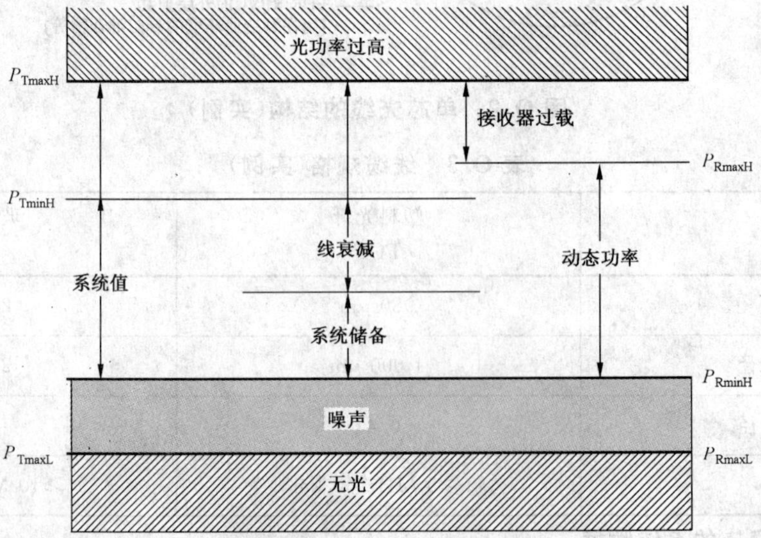

图 O.3　光功率电平

附 录 P
（资料性附录）
类型 16:参考设计实例

P.1 中继电路的功能原理

图 P.1 所示的是中继电路实现信号再生功能的一个实例。该电路的首要任务包括从采用 NRZI 编码的输入信号 IN 中恢复时钟 RCLK。这可以通过数字锁相环电路(DPLL)实现。此外，通过在合适的时间内对输入信号 IN 进行采样，可以产生再生的接收信号 RxD。NRZI 编码信号在网络结构中尤为有用。

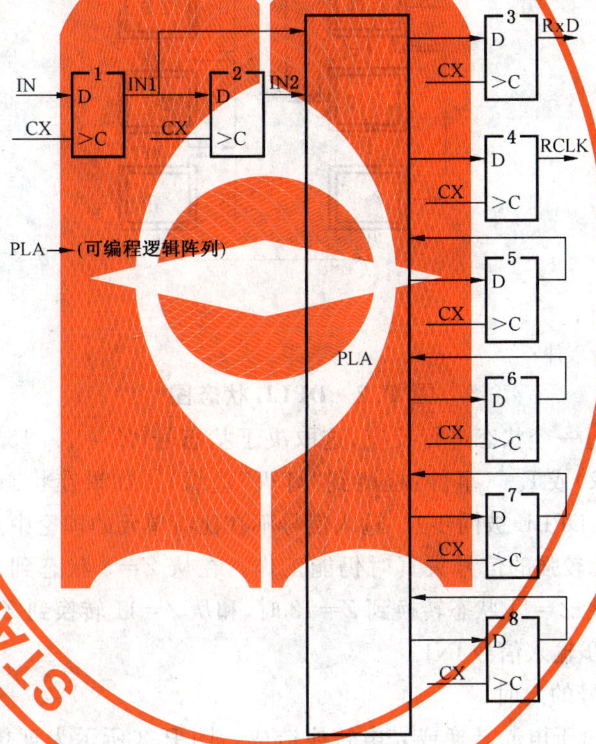

图 P.1 一个实现 DPLL 的例子

电路包含 8 个触发器和一个组合逻辑 PLA。触发器由一个公共时钟 CX 驱动。该时钟通过一个晶振产生。这个晶振的频率为数据传输速率的 16 倍，即传输速率为 2 Mbit/s 时，晶振频率为 32 MHz。

也允许实现具有不同采样速率的 DPLL。为了满足下列条件，需要一个至少 12 倍频的采样速率：

$$0 \leqslant t_{\text{cadreal}} \leqslant \frac{t_{\text{bitnom}}}{11}$$

触发器 1 用于初始同步输入信号。触发器 2 用于边缘检测。一般总有：如果 IN1=1 并且 IN2=0，表示已发现上升沿。与组合逻辑配合使用的触发器 5～8 用来实现一个有限状态机。

状态图 P.2 描绘了 DPLL 的行为。$Z=0$～$Z=15$ 的状态对应于由触发器 5～8 的输出信号给出的二进制值。

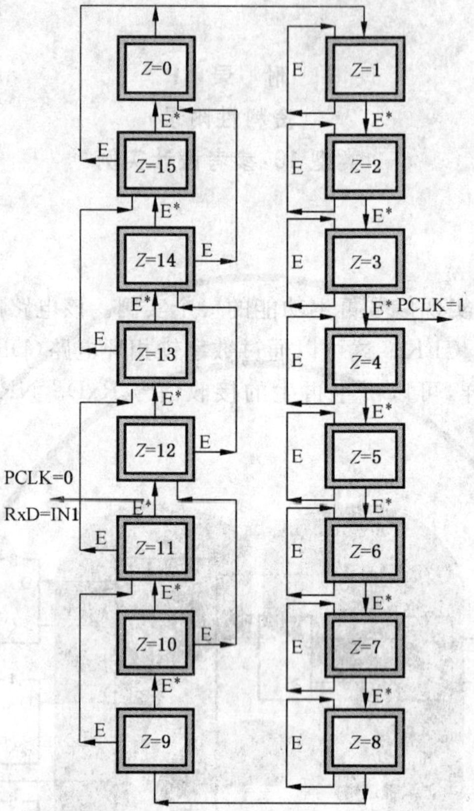

关键词：

E=检测到"灯亮"边沿事件；

E* =检测到无"灯亮"边沿事件。

图 P.2　DPLL 状态图

DPLL 通过重复或跳过一个状态进行反应，这取决于状态号（Z=0...15），该状态号可用于检测到E（事件：检测到"灯亮"边缘）或 E*（事件：检测到"灯灭"边缘）。如果在状态 Z=0 时检测到 E，DPLL 不转发（repeat）或跳过（如：DPLL 被同步）。输入信号不在比特单元的理论中点处采样，而是在其跳跃点采样。这使得系统即使在比较强的信号失真时仍能工作。在从 Z=3 状态到 Z=4 状态的转换时，设置 RCLK=1。当从 Z=10 或者 Z=11 状态转换到 Z=12 时，和从 Z=11 转换到 Z=13 时，设置 RCLK=0，并设置输出信号 RxD 等于同步输入信号 IN1。

图 P.3 描绘了不同信号的定时。

通常信号失真主要是由于电光转换或光电转换造成。图 P.3 所示为理想情况下的信号 IN1，以及它在最小和最大传输功率期间的典型形状。可以做出假定：一个 NRZI 编码的"0"序列被传输。这与周期为 $2*t_{BIT}$ 的矩形信号相对应。

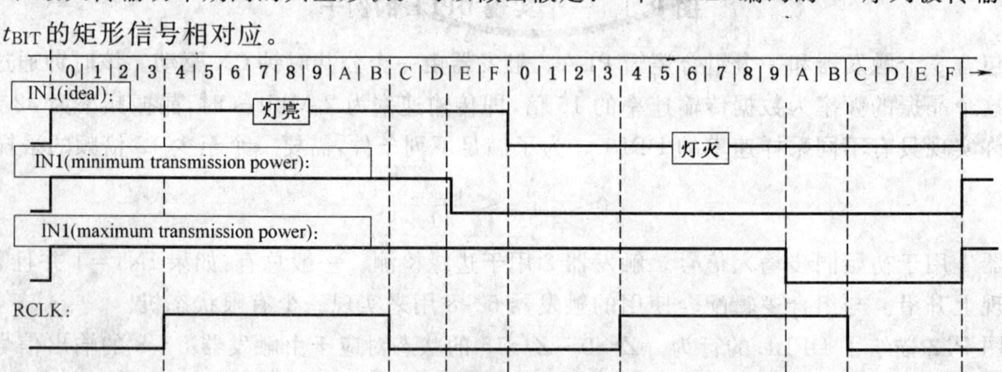

图 P.3　DPLL 时序图

逐渐增加的传输功率最终会使接收器过载。与光“灯亮”对应的电信号电平在接收器输出端上保持的时间比发送器输入端上产生电信号的时间长。鉴于信号 IN1 是非对称的,仅在信号的一个边缘同步锁相环是有效的。出于此目的,“灯亮”边缘似乎更稳定。无论是上升沿还是下降沿都可以用于 DPLL 的输入信号,这取决于物理情况(例如倒置或非倒置的接收器)。

P.2 传输线上的衰减

本资料性条列出了导致传输线上的衰减的因素。

规定了沿传输线的最大允许衰减的两个等级。一个发送器可以被切换,通过“低衰减”或者“高衰减”来驱动一个传输线。这将降低大范围衰减的影响(0 dB～7.4 dB)。

如下因素导致衰减:

——光缆;

——可能的附加耦合(例如:穿墙)。

附加可变耦合不包括在发送器输出端和接收器输入端的 F-SMA 插头连接器产生的插入衰减。

没有附加损耗(例如,沿线路 2 dB 衰减)的短传输线时,应当选择传输“低衰减”,反之有附加损耗(例如,沿线路 7 dB 衰减)的长传输线时应选择“高衰减”。在设计线路时,应当注意沿线路最大衰减不超过高衰减和低衰减规定的功率电平,例如传输功率电平应当最终适应沿线的预期衰减。

耦合造成的衰减常通过插头的技术数据规定。光缆产生的衰减不可能简单的确定,因为在所描述的波长范围内具体的光纤衰减不是恒定的。例如,一段有 220 dB/km 指定衰减的电缆可能事实上仅仅在一段很窄的波长范围内拥有这个衰减率,大概 650 nm。该特定衰减率可以很容易地增加到超过 350 dB/km 的数值(在大概 635 nm 的波长和大概 680 nm 的波长)。

考虑到发射二极管(λ_p 和 $\Delta\lambda$ 增加)辐射的波长会随温度升高跳跃到较长波长,光缆会造成发射光有效部分的衰减。

为了确定光缆造成的准确衰减,衰减和辐射光功率的乘积应在整个波长内积分。

一条 30 m 长的拥有一个典型的 220 dB/km 衰减率的光缆可能在整个 0℃～+55℃(取决于变化的波长)的温度范围拥有一个 6 dB～9 dB 的衰减间隔。

另一个导致沿线路衰减的不确定的因素是安装。一个光洁度很好、装配良好的插头与粗糙安装的插头相比有更低的插入衰减。

附 录 Q
（规范性附录）
类型 18:连接器规范

Q.1 概述

只有 18-PhL-P 定义了特殊的连接器。

Q.2 设备连接器

类型 18-PhL-P 设备连接器的要求尺寸见图 Q.1 和图 Q.2。图 Q.1 为 90°弯脚连接器，图 Q.2 为直插连接器。

单位为毫米

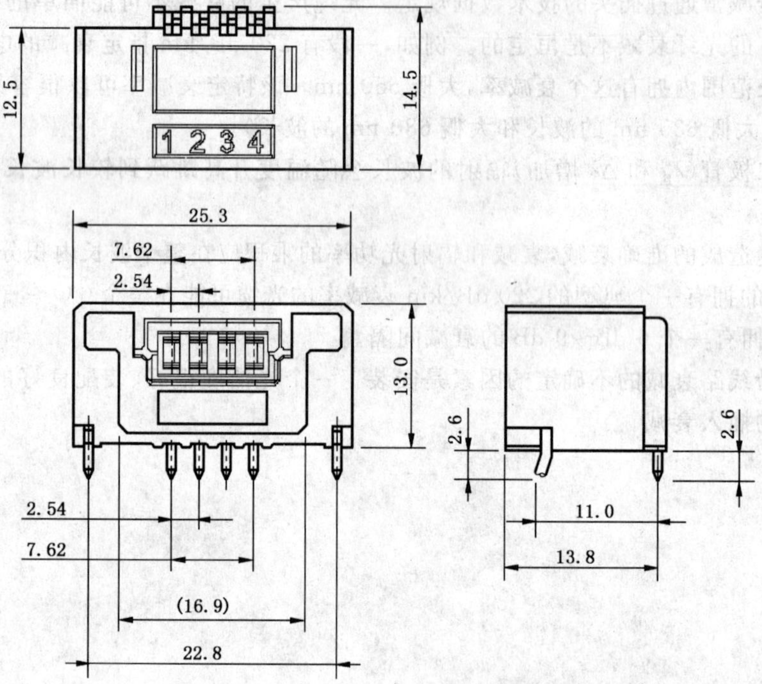

图 Q.1 PhL-P 设备连接器 r-a

单位为毫米

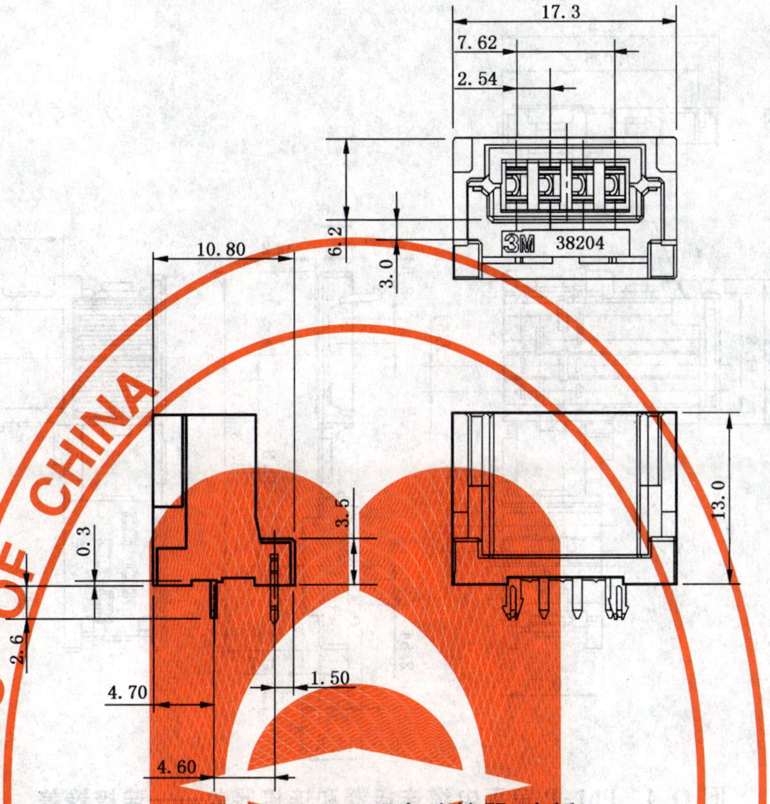

图 Q.2　PhL-P 设备连接器:直插

Q.3　扁平电缆连接器

类型 18-PhL-P 扁平电缆连接器的要求尺寸如图 Q.3 和图 Q.4 所示。

单位为毫米

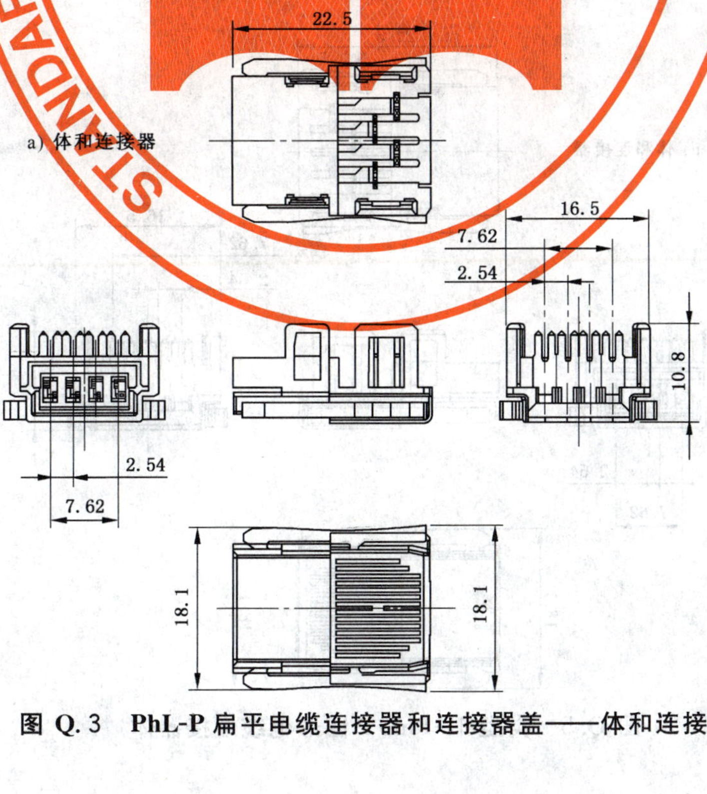

图 Q.3　PhL-P 扁平电缆连接器和连接器盖——体和连接器

单位为毫米

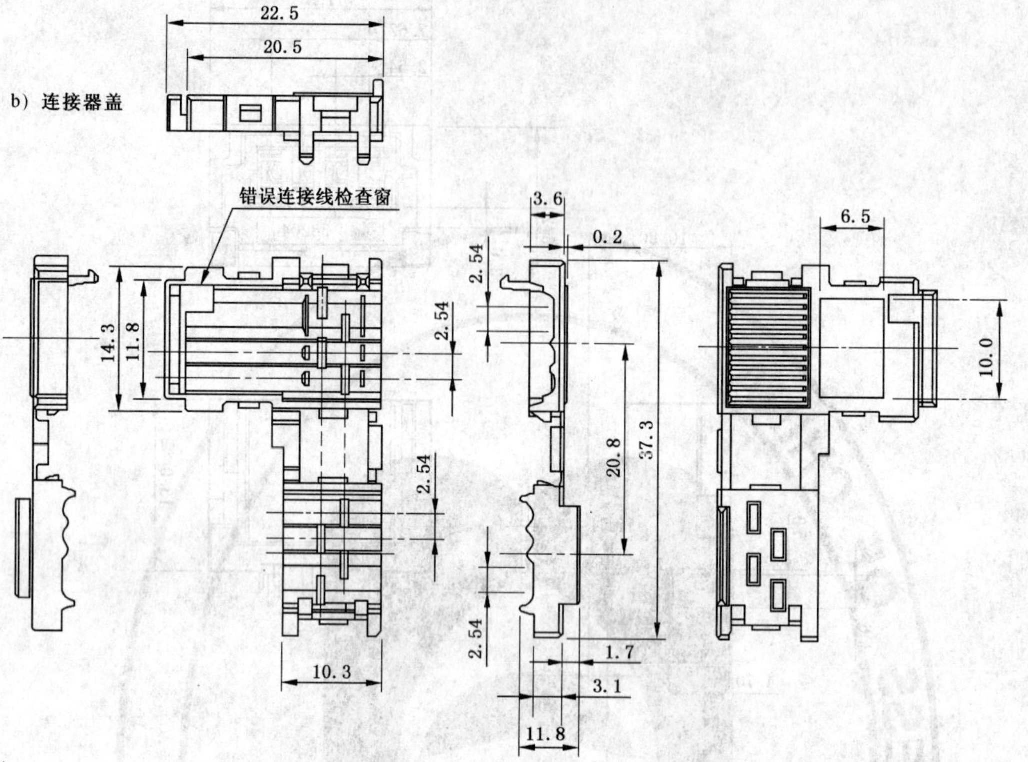

图 Q.4　**PhL-P** 扁平电缆连接器和连接器盖——连接器盖

Q.4　圆形电缆连接器

类型 18-PhL-P 圆形电缆连接器的要求尺寸如图 Q.5 和图 Q.6 所示。这个连接器可用于两种类型的 18-PhL-P 圆形电缆。

单位为毫米

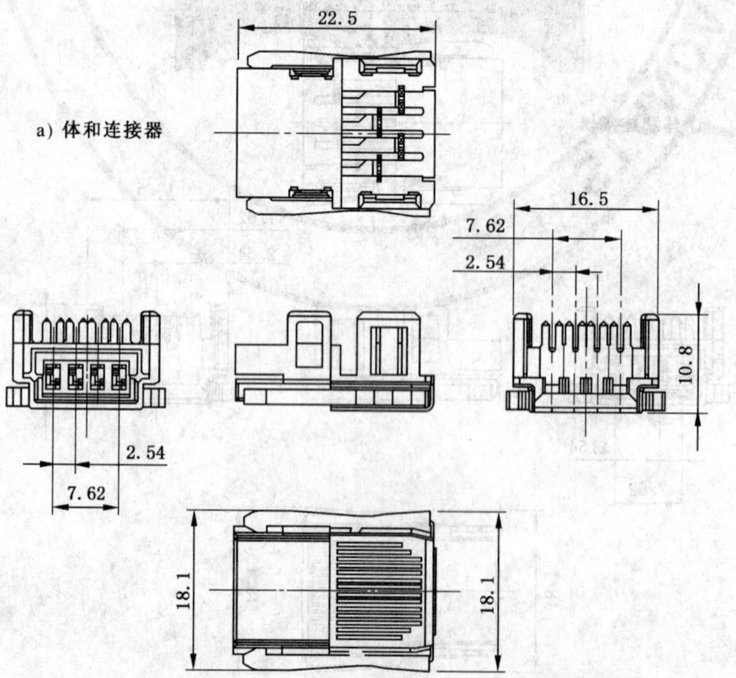

图 Q.5　类型 18-**PhL-P** 圆形电缆连接器体

单位为毫米

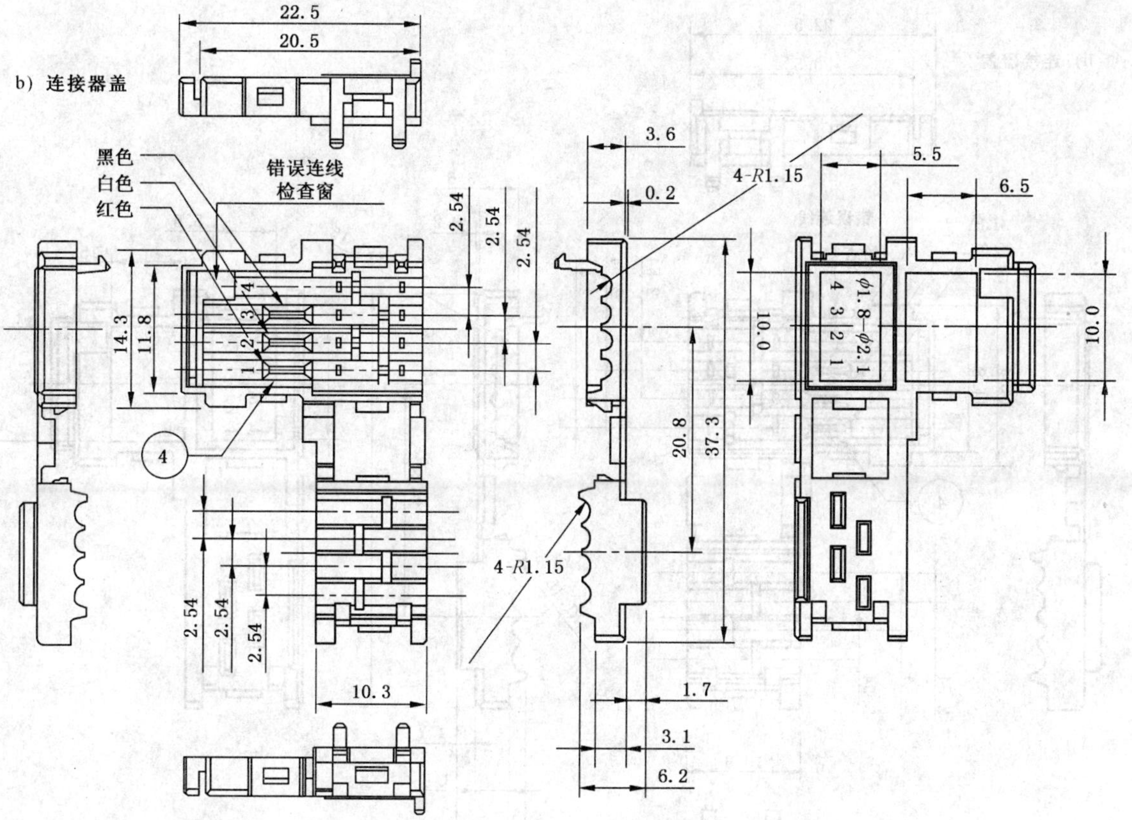

图 Q.6 类型 18-PhL-P 圆形电缆连接器盖

Q.5 可选圆形电缆连接器

类型 18-PhL-P 可选圆形电缆连接器必需的尺寸如图 Q.7 和图 Q.8 所示。

单位为毫米

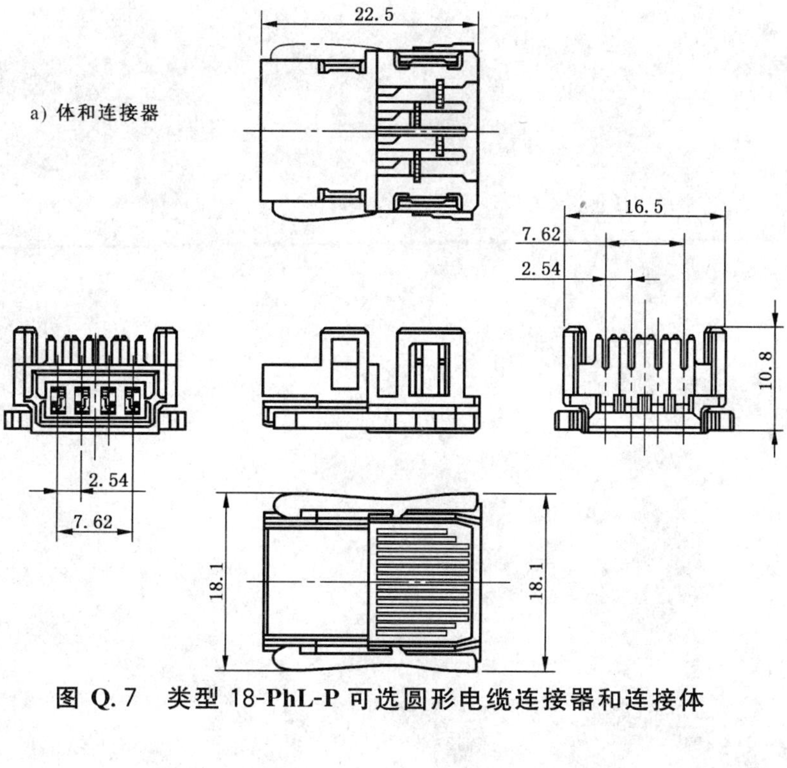

图 Q.7 类型 18-PhL-P 可选圆形电缆连接器和连接体

单位为毫米

b）连接器盖

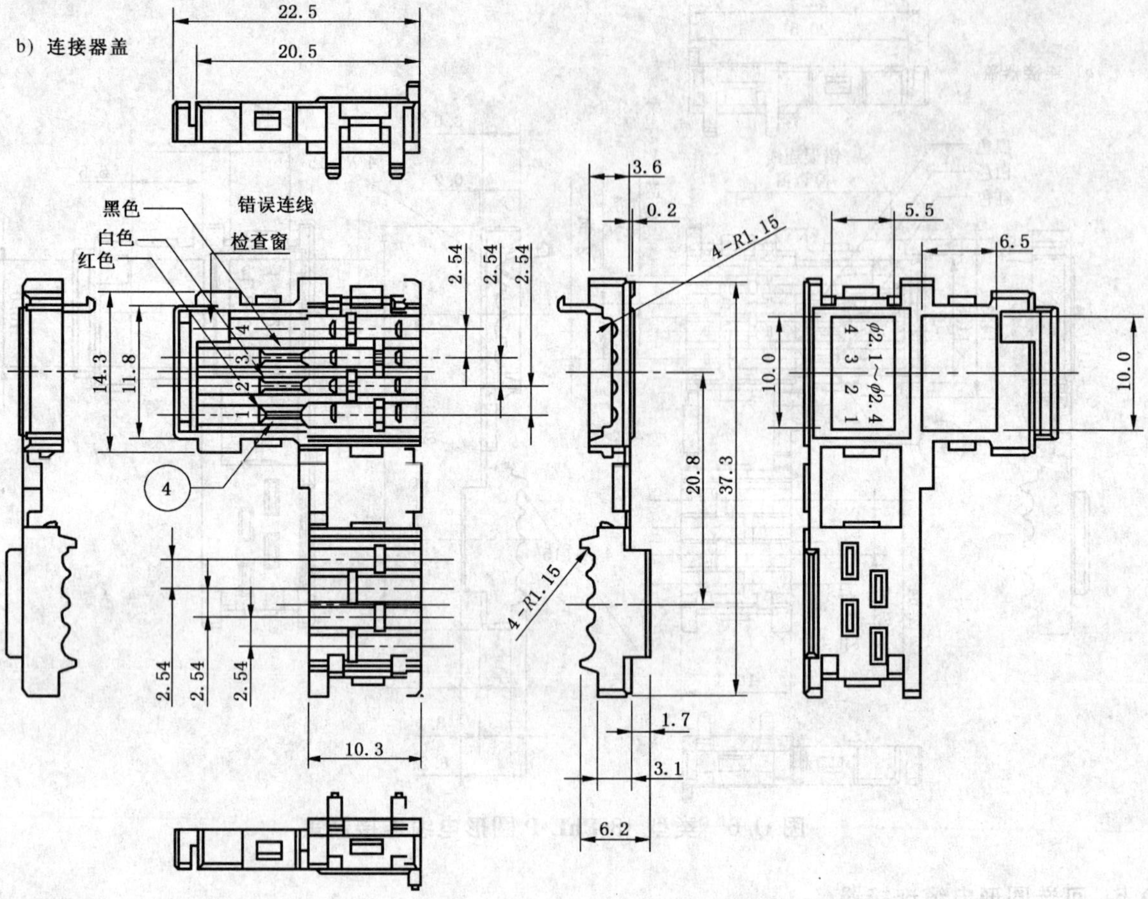

图 Q.8 类型 18-PhL-P 可选圆形电缆连接器盖

附 录 R
（规范性附录）
类型 18:媒体电缆规范

R.1 类型 18-PhL-B 电缆

在表 R.1 中描述了 3 芯双绞线电缆类型 18-PhL-B 媒体。

表 R.1 PhL-B 电缆规范

项目		规格
电缆类型		屏蔽绞合电缆
外径		≤8.0 mm
线芯数目		3
导线尺寸		20 AWG
绝缘体尺寸		0.55 mm～0.80 mm
排扰线		20 条/0.18 mm 或者 24 条/0.18 mm 在地面电缆束和铝带间分别插入或者成捆插入
导线阻抗(20℃)		≤37.8 Ω/km
绝缘电阻		≥10 000 MΩ/km
介电耐压		500 VDC 1 min
静电电容(1 kHz)		≤60 nF/km
特性阻抗	1 MHz	110±15 Ω
	5 MHz	110±6 Ω
衰减(20℃)	1 MHz	≤1.6 dB/100 m
	5 MHz	≤3.5 dB/100 m
横截面	绞合排扰	见图 R.1
	非绞合排扰	见图 R.2

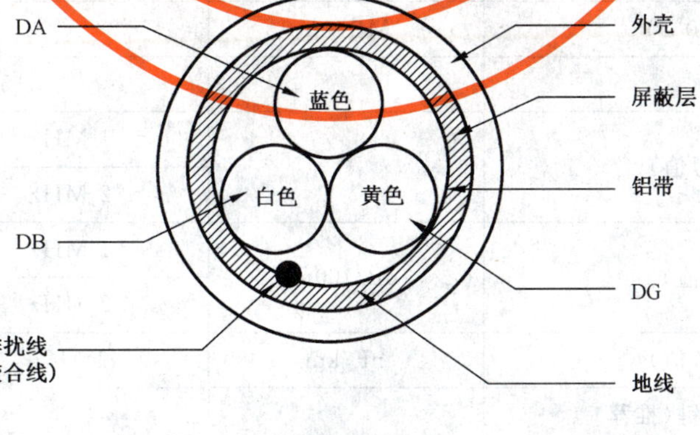

图 R.1 PhL-B 电缆横截面绞合排扰

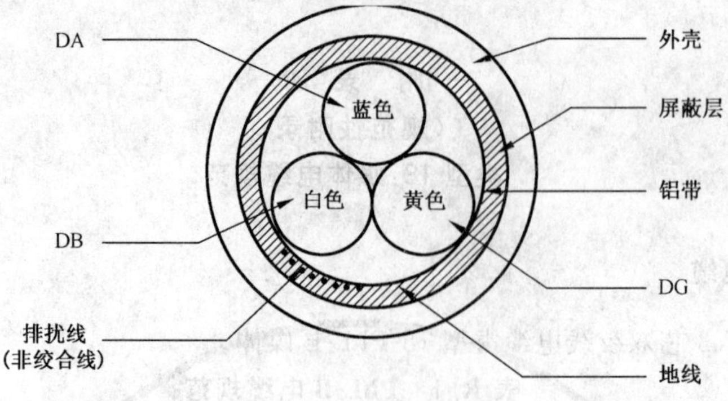

图 R.2　PhL-B 电缆横截面非绞合排扰

R.2　类型 18-PhL-P 电缆

R.2.1　扁平电缆

四芯非屏蔽扁平电缆类型 18-PhL-P 媒体在表 R.2 中描述。

表 R.2　PhL-P 扁平电缆规范

项　　目		单　　位	规　　格	
电缆类型		—	扁平电缆	
线芯数目		—	4	
导线	材料	—	镀锡软铜线(全搓合)	
	AWG	—	18	
	构造	条/mm	43/0.16,34/0.18,30/0.18	
	标准外形	mm	1.20～1.21	
	绞合线的旋距	mm	≤24.9	
绝缘材料	材料	—	挠性树脂	
	标准厚度	mm	0.66～0.67	
	外形(主轴×主轴)	mm	2.54±0.15×10.16±0.40	
	线距	—	2.54±0.10	
导线阻抗(在 20℃)		Ω/km	≤23.4	
绝缘电阻(在 20℃)		MΩ/km	≥10	
耐压值		—	500 VAC,1 min	
特性阻抗(参考值)		Ω	1 MHz	130±25
			2 MHz	
衰减量(参考值)		dB/100m	1 MHz	≤3.04
			2 MHz	≤4.83
静电电容(参考值)		nF/km	1 kHz	≤55
横截面——带定位键(推荐)		—	见图 R.3	
横截面——不带定位键		—	见图 R.4	
极性标记		—	见图 R.5	

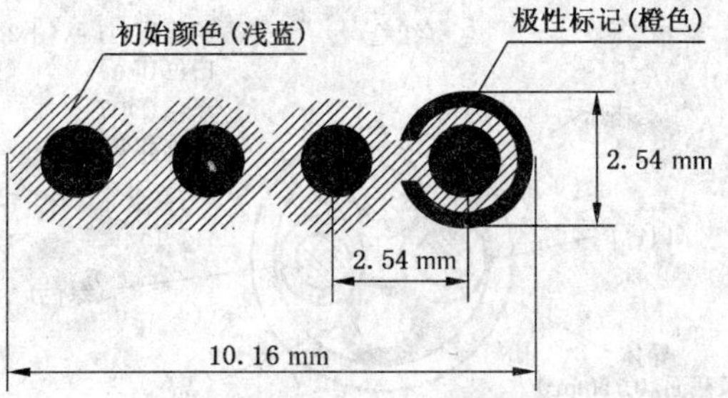

图 R.3　PhL-P 扁平电缆横截面——带定位键

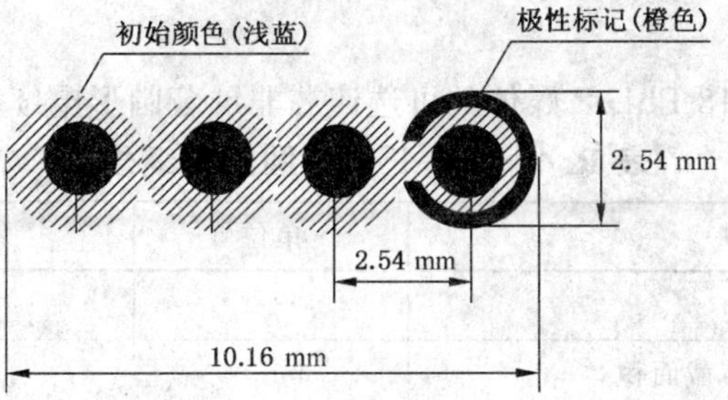

图 R.4　PhL-P 扁平电缆横截面——不带定位键

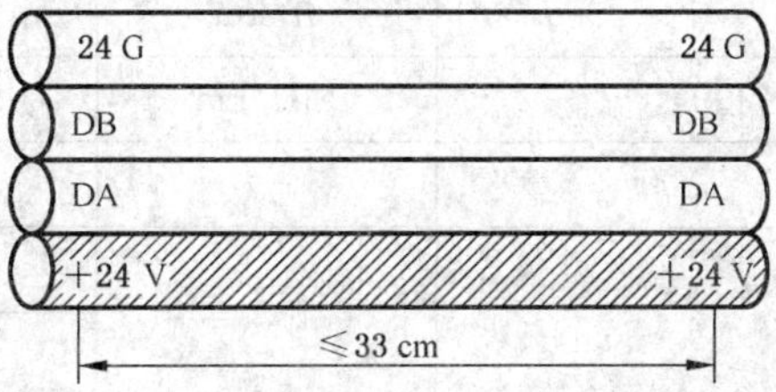

图 R.5　PhL-P 扁平电缆极性标志

R.2.2　圆形电缆——首选

类型 18-PhL-P 媒体首选的四芯非屏蔽圆形电缆见表 R.3。这种电缆也被称为 VCTF,并符合 IEC 60227-5。

表 R.3　PhL-P 圆形电缆规范——首选

项　　目		单位	规　　格
电缆类型		—	聚氯乙烯铠装圆形电缆
线芯数目		—	4
导线	标称横截面面积	mm^2	0.75
	线数/导线直径	条/mm	30/0.18
	外径	mm	1.1
绝缘体	厚度	mm	0.6
	外径(近似值)	mm	2.3
外壳	厚度	mm	1.0
	最外层外径(近似值)	mm	7.6
导线阻抗(在 20℃)		Ω/km	25.1
横截面		—	见图 R.6

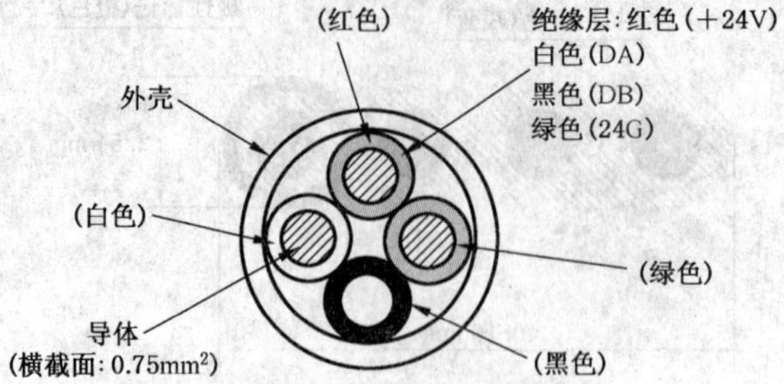

图 R.6 圆形电缆——首选,横截面

R.2.3 可选圆形电缆

在表 R.4 中描述了类型 18-PhL-P 媒体的可选四芯非屏蔽圆形电缆。

表 R.4 PhL-P 可选圆形电缆规范

项目		单位	规格	
线芯数目		—	4	
导线	横截面积	mm^2	0.75	
绝缘体	外径	mm	1.8~2.4	
导线电阻(在 20℃)		Ω/km	≤35	
导线电阻(在 20℃)(参考值)		MΩ/km	≥5	
耐压值(参考值)		—	500 VAC,1 min	
特性阻抗(参考值)		Ω	1 MHz	90±30
			2 MHz	
衰减分贝电平(参考值)		dB/100 m	1 MHz	≤4
			2 MHz	≤5
电容(参考值)		nF/km	1 MHz	≤100
横截面		—	见图 R.7	

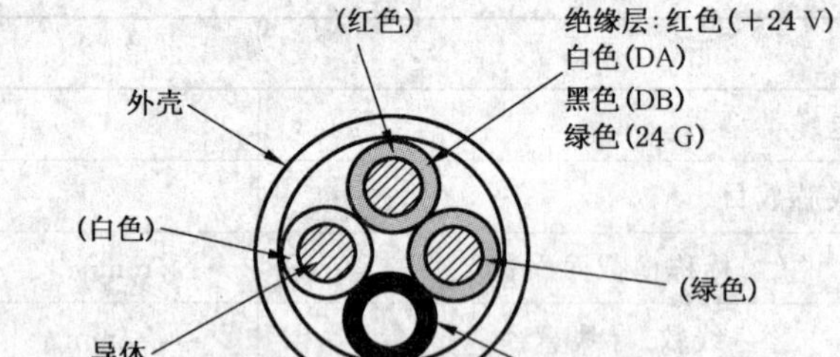

图 R.7 可选圆形电缆,横截面

参 考 文 献

注：在 IEC/TR 61158-1 的参考书目中可以寻找到与一些 IEC 61158 现场总线系列标准联合团体的相关文件列表。

[1] IEC Multilingual Dictionary: Electricity, Electronics and Telecommunications (on CD_ROM—2001 Edition).

[2] IEC 60050(131):2002 International Electrotechnical Vocabulary(IEV)—Part 131: Circuit theory.

[3] IEC 60079-0 Electrical apparatus for explosive gas atmospheres—Part 0: General requirements.

[4] IEC 60079-27 Electrical apparatus for explosive gas atmospheres—Part 27: Fieldbus intrinsically safe concept(FISCO) and Fieldbus non-incendive concept(FNICO).

[5] IEC 60227-5 Polyvinyl chloride insulated cables of rated voltages up to and including 450/750 V—Part 5: Flexible cables(cords).

[6] IEC 60875-1 Non-wavelength-selective fibre optic branching devices—Part 1: Generic specification.

[7] IEC 60947-5-2 Low-voltage switchgear and controlgear—Part 5-2: Control circuit devices and switching elements-Proximity switches.

[8] IEC 61300-3-4 Fibre optic interconnecting devices and passive components—Basic test and measurement procedures—Part 3-4: Examinations and measurements—Attenuation.

[9] IEC 61491 Electrical equipment of industrial machines—Serial data link for real-time communication between controls and drives.

[10] IEC 61596 Magnetic oxide EP-cores and associated parts for use in inductors and transformers—Dimensions.

[11] IEC 61784-1 Industrial communication networks—Profiles—Part 1: Fieldbus profiles ISO/IEC 8886:1996, Information technology—Open Systems Interconnection—Data link service definition.

[12] ISO/IEC 10022:1996 Information technology—Open Systems Interconnection—Physical service definition.

[13] ISO/TR 8509:1987 Information processing systems—Open Systems Interconnection—Service conventions.

[14] ITU-T V.11:1996 Electrical characteristics for balanced double-current interchange circuits operating at data signalling rates up to 10Mbit/s.

[15] IEEE Std 100 The IEEE Standard Dictionary of Electrical and Electronics Terms.

ICS 73.040
D 21

中华人民共和国国家标准

GB/T 16659—2008
代替 GB/T 16659—1996

煤中汞的测定方法

Determination of mercury in coal

(ISO 15237:2003,Solid mineral fuels—
Determination of total mercury content of coal,MOD)

2008-07-29 发布　　　　2009-05-01 实施

中华人民共和国国家质量监督检验检疫总局
中国国家标准化管理委员会　发布

前言

本标准修改采用ISO 15237:2003《固体矿物燃料——煤中总汞的测定》(英文版)。

本标准依据ISO 15237:2003重新起草。在附录A中列出了本标准章条编号与ISO 15237:2003章条编号的对照一览表。

考虑到我国国情,在采用ISO 15237:2003时,本标准做了一些修改。有关技术性差异已编入正文并在它们所涉及的条款的页边空白处用垂直单线标识。在附录B中给出了这些技术性差异及其原因的一览表以供参考。

本标准代替GB/T 16659—1996《煤中汞的测定方法》。

本标准与GB/T 16659—1996相比,主要变化如下:

——将原标准附录中的测定方法——冷原子吸收分光光度法列为正文方法。

本标准的附录A、附录B均为资料性附录。

本标准由中国煤炭工业协会提出。

本标准由全国煤炭标准化技术委员会归口。

本标准起草单位:重庆地质矿产研究院、连云港出入境检验检疫局。

本标准主要起草人:朱振忠、吴扬、杨洁、李金平。

本标准所代替标准的历次版本发布情况为:

——GB/T 16659—1996。

煤中汞的测定方法

1 范围

本标准规定了测定煤中汞的冷原子吸收分光光度法和基于原子荧光吸光度测定为原理的测汞仪法。

本标准适用于褐煤、烟煤和无烟煤。

2 规范性引用文件

下列文件中的条款通过本标准的引用而成为本标准的条款。凡是注日期的引用文件，其随后所有的修改单(不包括勘误的内容)或修订版均不适用于本标准，然而，鼓励根据本标准达成协议的各方研究是否可使用这些文件的最新版本。凡是不注日期的引用文件，其最新版本适用于本标准。

GB/T 6682 分析实验室用水规格和试验方法(GB/T 6682—2008,ISO 3696:1987,Water for analytical use—Specification and test methods, MOD)

3 冷原子吸收分光光度法

3.1 原理

以五氧化二钒为催化剂，用硝酸-硫酸分解煤样，使煤中汞转化为二价汞离子，再将汞离子还原为汞原子蒸气，用冷原子吸收分光光度计测定汞的含量。

3.2 试剂

3.2.1 本标准所用的水为符合 GB/T 6682 所规定的二级水要求的蒸馏水或者同等纯度的去离子水。

3.2.2 硝酸：优级纯，相对密度 1.42。

3.2.3 硫酸：优级纯，相对密度 1.84。

3.2.4 盐酸：优级纯，相对密度 1.19。

3.2.5 高锰酸钾。

3.2.6 过氧化氢。

3.2.7 五氧化二钒。

3.2.8 无水乙醇。

3.2.9 无水氯化钙。

3.2.10 硝酸溶液：1+1。

3.2.11 氯化亚锡溶液：0.2 g/mL。

称取 20 g 氯化亚锡(GB/T 638)于 150 mL 烧杯中，加入 10 mL 盐酸(3.2.4)溶解后，用水稀释至 100 mL，摇匀。

3.2.12 重铬酸钾溶液：0.05 g/mL。

称取 5 g 优级纯重铬酸钾(GB/T 642)于 150 mL 烧杯中，加少量水溶解后，用水稀释至 100 mL，摇匀。

3.2.13 固定溶液：0.5 g/L。

吸取 10 mL 重铬酸钾溶液(3.2.12)于 1 L 容量瓶中，加入适量水，再加入 50 mL 硝酸(3.2.2)，用水稀释至 1 L，摇匀。

3.2.14 汞标准贮备溶液：100 μg/mL。

准确称取 0.135 4 g±0.000 2 g 已在干燥器中充分干燥的优级纯二氯化汞于 100 mL 烧杯中，用固定溶液溶解后，移入 1 L 容量瓶中，再用固定溶液稀释至刻度，摇匀。

3.2.15　汞标准中间溶液：1 μg/mL。

准确吸取 5 mL 汞标准贮备溶液(3.2.14)于 500 mL 容量瓶中，用固定溶液稀释至刻度，摇匀。

3.2.16　汞标准工作溶液：0.1 μg/mL。

准确吸取 10 mL 汞标准中间溶液(3.2.15)于 100 mL 容量瓶中，用固定溶液稀释至刻度，摇匀。

3.2.17　高锰酸钾-硫酸溶液：0.01 g/mL。

称取 1 g 高锰酸钾(3.2.5)于 150 mL 烧杯中，加水约 60 mL 使之溶解，在不断搅拌下缓慢加入 10 mL硫酸，溶液冷却后用水稀释至 100 mL。

3.3　仪器设备

3.3.1　分析天平：感量 0.1 mg。

3.3.2　冷原子吸收分光光度计或与冷蒸汽汞分析系统组成封闭式循环系统或开放式单向系统的原子吸收分光光度计。

3.3.3　电热板：带调温装置。

3.3.4　汞蒸气发生瓶：带刻度的 50 mL 锥形瓶，带有配合紧密的塞，塞上有进、出气管，进气管末端距瓶底 5 mm～10 mm。

3.4　分析步骤

3.4.1　仪器调节

将吸收池安装在原子吸收分光光度计光路中，参考图 1 连接气路。加 30 mL 水于汞蒸气发生瓶(3.3.4)中，塞上瓶塞，将出气管与 U 形干燥管连接。开启真空泵，将抽气量调节至 800 mL/min 左右。关闭真空泵。

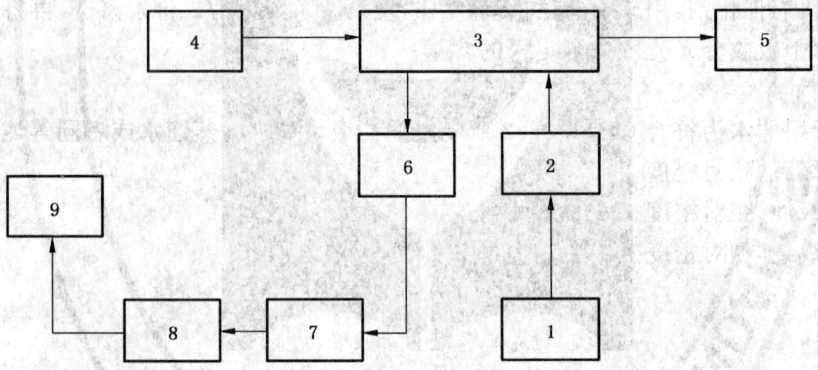

1——汞蒸气发生瓶；
2——U 形干燥管(内盛氯化钙)；
3——吸收池；
4——汞元素空心阴极灯；
5——原子吸收分光光度计检测器；
6——流量计；
7——余汞吸收瓶(内盛约 15 mL 硫酸-高锰酸钾吸收液)；
8——气体缓冲瓶；
9——真空泵。

图 1　气路连接方框示意图

3.4.2　煤样处理

3.4.2.1　称取粒度小于 0.2 mm 的空气干燥煤样约 0.1 g，称准到 0.000 2 g，于汞蒸气发生瓶中。

3.4.2.2　加入 50 mg 五氧化二钒(3.2.7)、数滴无水乙醇(3.2.8)使煤样润湿，再加入 10 mL 硝酸(3.2.2)，立即用瓷盖盖上汞蒸气发生瓶，放置过夜后加入 4 mL 硫酸(3.2.3)并置于电热板上，先在约 120 ℃温度下加热约 1.5 h；然后逐渐升高温度至 160 ℃左右继续加热至刚冒三氧化硫烟雾。如发现有黑色颗粒,说明煤样尚未分解完全,可补加 3 mL~5 mL 硝酸,再继续加热至刚冒三氧化硫烟雾。取下汞蒸气发生瓶,冷却。加入 20 mL 水、2 mL 过氧化氢(3.2.6),放置 5 min,置于电热板上加热煮沸,此时溶液应呈蓝色,若溶液为棕红色须补加过氧化氢再煮沸,取下汞蒸气发生瓶,冷却。

3.4.3 测定

3.4.3.1 测定条件

3.4.3.1.1 测定应在温度高于 10 ℃的室内进行。

3.4.3.1.2 测定用过的玻璃器皿应用硝酸溶液(3.2.10)浸泡 24 h,然后用水洗净。

3.4.3.2 工作曲线绘制

3.4.3.2.1 分别准确移取 0.00 mL、0.25 mL、0.50 mL、1.00 mL 和 1.50 mL 汞标准工作溶液(3.2.16)于 5 个汞蒸气发生瓶中,滴加重铬酸钾溶液(3.2.12)至溶液呈黄色,加 2 mL 无水乙醇,用水将溶液体积调至 30 mL,加入 1 mL 氯化亚锡溶液(3.2.11),立即塞上瓶塞,摇匀,放置片刻后将汞蒸气发生瓶接入冷原子吸收分光光度计。测定并记录最大吸收值。

3.4.3.2.2 以标准溶液的吸收值为纵坐标,其相应的汞质量为横坐标绘制工作曲线。每批测定均应同时绘制工作曲线。

3.4.3.3 煤样测定

用 3.4.2.2 所述的煤样处理液,除不加标准汞溶液外其他按 3.4.3.2 所述步骤测定并记录最大吸收值。从工作曲线上查得汞的质量。

3.4.3.4 空白试验

每测一批煤样,按 3.4.2.2 制备两个空白溶液(不加煤样)。按 3.4.3.3 步骤测定空白溶液中的汞含量,以其平均值作为空白值。

3.5 结果计算

煤中汞的含量按式(1)计算:

$$\mathrm{Hg}_{\mathrm{ad}} = \frac{m_1 - m_2}{m} \qquad \cdots\cdots(1)$$

式中:

$\mathrm{Hg}_{\mathrm{ad}}$——空气干燥煤样中汞的含量,单位为微克每克(μg/g);

m_1——从工作曲线上查出的汞的质量,单位为微克(μg);

m_2——空白试验测定的汞的质量,单位为微克(μg);

m——空气干燥煤样的质量,单位为克(g)。

计算结果保留到小数点后三位。

3.6 精密度

两次重复测定结果的绝对差值应不大于 0.060 μg/g。

4 测汞仪法

4.1 原理

以五氧化二钒为催化剂,用硝酸-硫酸分解煤样,使煤中汞转化为二价汞离子,再将汞离子还原为汞原子蒸气,用基于原子荧光吸光度测定为原理的测汞仪测定汞的含量。

4.2 试剂

分析过程中所用试剂应符合 3.2 的规定。

4.3 仪器设备

测汞仪:灵敏度不低于 0.1 μg/L。

4.4 分析步骤

4.4.1 仪器调节

开启测汞仪，预热 1 h～2 h。加 30 mL 水于汞蒸气发生瓶中，塞上瓶塞。将汞蒸气发生瓶和流量计接入测汞仪气路。开启泵开关，调节空气流速至 800 mL/min 左右。调节测汞仪零点等参数。

4.4.2 煤样处理

按 3.4.2 的要求处理煤样。

4.4.3 测定

4.4.3.1 测定条件

同 3.4.3.1。

4.4.3.2 工作曲线绘制

4.4.3.2.1 按 3.4.3.2.1 的要求在汞蒸气发生瓶中准备好标准系列溶液，摇匀，放置片刻后将汞蒸气发生瓶接入测汞仪。测定并记录最大吸收值。

4.4.3.2.2 以标准溶液的吸收值为纵坐标，其相应的汞的质量为横坐标绘制工作曲线。每批测定均应同时绘制工作曲线。

4.4.3.3 煤样测定

用按 3.4.2.2 处理所得煤样处理液，除不加汞标准溶液外其他按 4.4.3.2.1 所述步骤测定并记录最大吸收值。从工作曲线上查得汞的质量。

4.4.3.4 空白试验

空白试验同 3.4.3.4 的规定。

4.5 结果计算

同 3.5 的规定。

4.6 精密度

同 3.6 的规定。

附 录 A
（资料性附录）
本标准章条编号与 ISO 15237:2003(E)章条编号对照

表 A.1 给出了本标准章条编号与 ISO 15237:2003(E)章条编号对照一览表。

表 A.1 本标准章条编号与 ISO 15237:2003(E)章条编号对照

本标准章条编号	对应的国际标准的章条编号
1	1
2	2
3.1	3
3.2.1	4.1
3.2.10	4.3
—	4.2、4.6、4.7
3.2.2～3.2.9、3.2.12、3.2.13、3.2.17	—
3.2.11	4.8
3.2.14	4.4
3.2.15、3.2.16	4.5
3.3.1	5.1
3.3.2	5.4
3.3.3～3.3.4	—
—	5.2、5.3
3.4.1	—
3.4.2	7.1、7.2、8
3.4.3.1	9.1
3.4.3.2	9.2
3.4.3.4	8 的第三款
3.5	10
3.6	11
4	—
—	12
附录 A	—
附录 B	—

附 录 B
（资料性附录）
本标准与 ISO 15237:2003(E)技术性差异及其原因

表 B.1 给出了本标准与 ISO 15237:2003(E)技术性差异及其原因的一览表。

表 B.1 本标准与 ISO 15237:2003(E)技术性差异及其原因

本标准的章条号	技术性差异	原 因
1	增加了测汞仪测定煤中汞的方法;增加了本标准适用于褐煤、烟煤、无烟煤标准范围说明	测汞仪测汞是目前国内常用测汞方法。增加的标准范围说明使标准的使用范围更明确
3.1	增加了化学法分解煤样的表述,删除了氧弹燃烧法分解煤样的表述	国内一般采用化学分解法分解煤样
3.2.1	增加了分析用水满足 GB/T 6682 的表述,删除了满足 ISO 3696 的表述	用水要求有国家标准,故采用国家标准
3.2.2～3.2.9、3.2.12、3.2.13、3.2.17	增加的关于试剂和溶液的条款	根据惯例增加了配制溶液所用市售试剂的要求。由于分解煤样所用方法的差异,增加了相应试剂或者溶液
—	删除 ISO 15237:2003(E)4.2、4.6、4.7 的内容	化学法分解煤样不需要这三个条款所述试剂
3.2.11	删除了对溶液汞含量的要求	对配制溶液用市售试剂的纯度提出了要求,不再对配制后的溶液提要求
3.2.14、3.2.15、3.2.16	标准贮备液和标准溶液配制称样量和过程有差异	国际标准用高纯汞配制,国家标准用优级纯二氯化汞配制,故称样量和配制过程有差异
3.3.3、3.3.4	增加了分析用器具的要求	对分析中所用专门器具提出了明确要求
—	删除 ISO 15237:2003(E)5.2、5.3 的内容	化学法分解煤样后的检测不需要这两个条款所述的器具
3.4.1	增加了气路连接和仪器调节要求	对检测气路连接和仪器调节的要求更明确清晰
3.4.2	删除了氧弹燃烧法分解煤样的方法;增加了化学法分解煤样的方法	目前国内常用化学法分解煤样
3.4.3.2	标准系列标准配制个数由国际标准的 3 个增加为国家标准的 5 个	标准配制个数的增加更有利于标准曲线实际应用

表 B.1（续）

本标准的章条号	技术性差异	原　因
3.6	采用原国家标准中对精密度的要求	原国家标准精密度的确定有相应试验数据支持
4	增加了汞测定仪测定煤中汞的方法	该方法是国内常用的方法，也是原国家标准方法
—	删除 ISO 15237:2003(E)12 的内容	国内有一般规定标准明确对检测报告的要求

ICS 73.040
D 27

GB

中华人民共和国国家标准

GB/T 16660—2008
代替 GB/T 16660—1996

选煤厂用图形符号

Coal preparation plant—Graphical symbols

（ISO 561:1992,MOD）

2008-08-07 发布　　2009-03-01 实施

中华人民共和国国家质量监督检验检疫总局
中国国家标准化管理委员会　发布

前 言

本标准修改采用ISO 561:1992《选煤厂用图形符号》(英文版),以促进国际间科技、经济、信息等方面的交流与合作。

本标准根据ISO 561:1992重新起草。为了方便比较,在资料性附录A中列出了本国家标准条款和国际标准条款的对照一览表。

由于ISO 561:1992发布年代较早,许多符号未被列入,部分符号已经不再适用,本标准在采用国际标准时进行了增删,这些技术性差异用垂直线标识在它们所涉及的条款的页边空白处。在附录B中给出了技术性差异及其原因的一览表以供参考。

为便于使用,本标准还对ISO 561:1992做了下列编辑性修改:

a) “本国际标准”一词改为“本标准”。

b) 删除ISO 561:1992的前言和引言。

c) 增加了部分选煤常用符号及流程线表示方法(见附录A本标准章条号与ISO 561:1992章条编号对照表,附录C流程线表示方法)。

d) 删除ISO 561:1992中少数在我国不适用的符号。

e) 将符号按照用途进行分类并重新排序。

本标准代替GB/T 16660—1996《选煤厂用图形符号》。

本标准与GB/T 16660—1996相比的主要变化如下:

——基本符号表增加表头,“表1 基本符号”。

——基本符号表中的节和条的编号修改,“1 破碎筛分;2 分选;3 分级……”改为“4.1 破碎筛分;4.2 分选;4.3 分级……”。

——“7 管道”中各条的内容合并到“6 其他”中。

——基本符号表中的编号前均增加“4.”。

——取消基本符号表中的备注栏。

——增加“英文索引”。

——增加了附录的内容,并根据需要对顺序进行了调整。

——4.3.11、4.3.12条中的hyperbaric改为pressure,与ISO标准相同。

——4.3.13压滤机“pressure filter”改为“filter press”与“GB/T 7186 选煤术语”中“6.2.12 压滤机”的英文译法相同。

本标准的附录A、附录B是资料性附录;附录C是规范性附录。

本标准由中国煤炭工业协会提出。

本标准由全国煤炭标准化技术委员会归口。

本标准起草单位:中煤国际工程集团北京华宇工程有限公司。

本标准主要起草人:吴影、刘文欣、郭牛喜、邓晓阳、周巧珍。

本标准所代替标准的历次版本发布情况为:

——GB/T 16660—1980、GB/T 16660—1996。

选煤厂用图形符号

1 范围

本标准规定了选煤厂常用设备(设施)图形符号。

本标准适用于选煤厂流程图和其他选煤用图表、教材、设计、施工等文件中。

2 规范性引用文件

下列文件中的条款通过本标准的引用而成为本标准的条款。凡是注日期的引用文件,其随后所有的修改单(不包括勘误的内容)或修订版均不适用于本标准,然而,鼓励根据本标准达成协议的各方研究是否可使用这些文件的最新版本。凡是不注日期的引用文件,其最新版本适用于本标准。

GB/T 7186 选煤术语(GB/T 7186—2008,ISO 1213-1:1993,Solid mineral fuels—Vocabulary—Part 1: Terms relating to coal preparation,MOD)

GB/T 19094 选煤厂 流程图原则和规定(GB/T 19094—2003 ,ISO 924:1989,MOD)

3 符号绘制的规定

在绘制图形符号时,采用下列规定:

——图形符号的几何形状是标准化的,但对其尺寸未作具体规定。在使用时,应考虑适当的比例。

——本标准未规定的设备(设施)图形符号,可参照本标准进行推绎、派生,但应通过艺术手段力求简化和形象化,而不是对它的外形描述。

——图形符号用粗线条表示,物料流程线用细线条表示。

——流程线一般由图形符号上部或左侧进入,由下部或右侧引出。

——表示设备(设施)入料和排料的箭头数目应与实际相符。

4 基本符号

基本符号见表1。流程线表示方法见附录C。

按中文字母排序的索引见"汉语拼音索引";按英文字母排序的索引见"英文索引"。

表1 基本符号

编号	名 称	图 形 符 号
4.1 破碎筛分		
4.1.1	破碎机 crusher	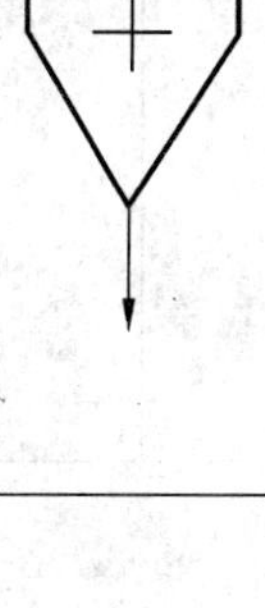

表 1（续）

编号	名　称	图 形 符 号
4.1.2	磨碎机 pulverizer	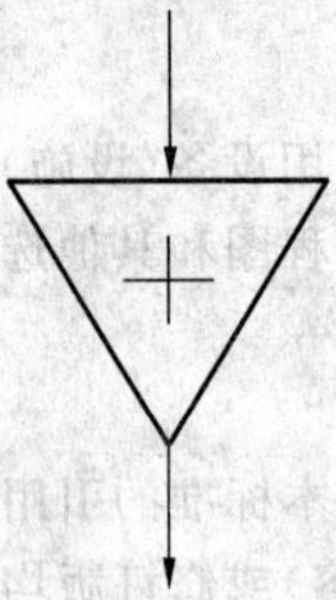
4.1.3	滚筒碎选机 rotary breaker	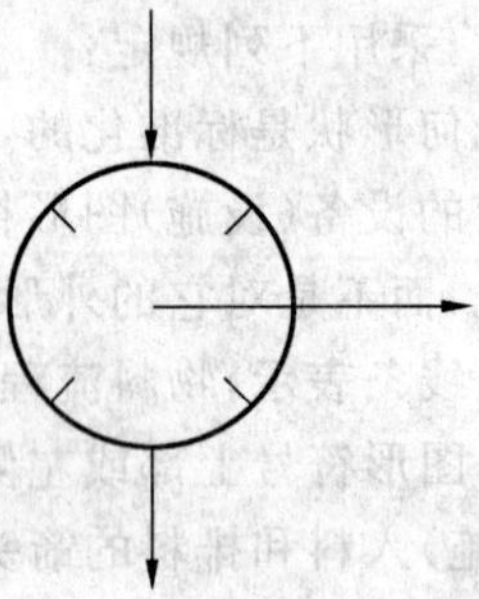
4.1.4	固定筛 fixed screen	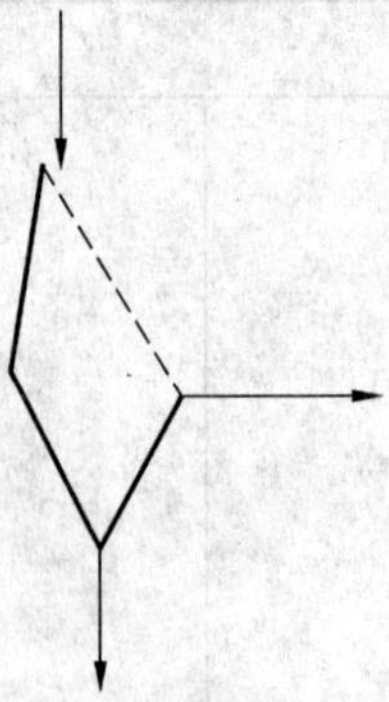

表 1（续）

编号	名　　称	图 形 符 号
4.1.5	弧形筛 sieve bend (curved sieve) a)　单段 single b)　双段 double	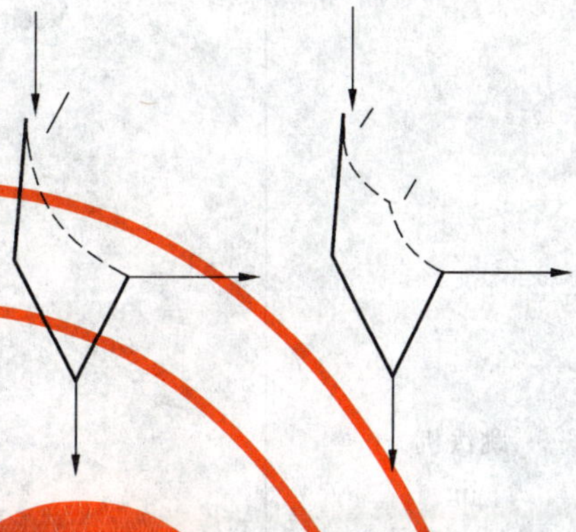 a)　　b)
4.1.6	筛分机(单层) screen (single deck) a)　一种筛下产品 one under-product b)　二种筛下产品 two under-product	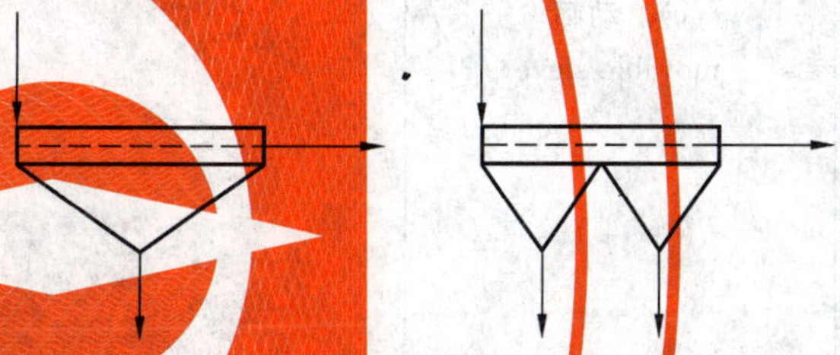 a)　　b)
4.1.7	筛分机(双层) screen (double deck) a)　一种筛下产品 one under-product b)　二种筛下产品 two under-product	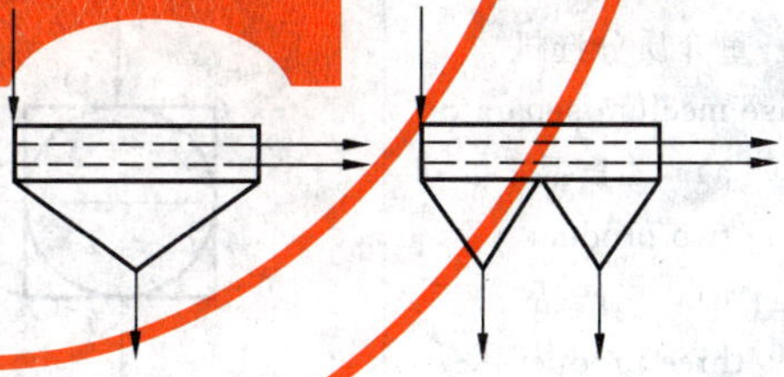 a)　　b)
4.1.8	香蕉筛 banana screen a)　一种筛下产品 one under-product b)　二种筛下产品 two under-product	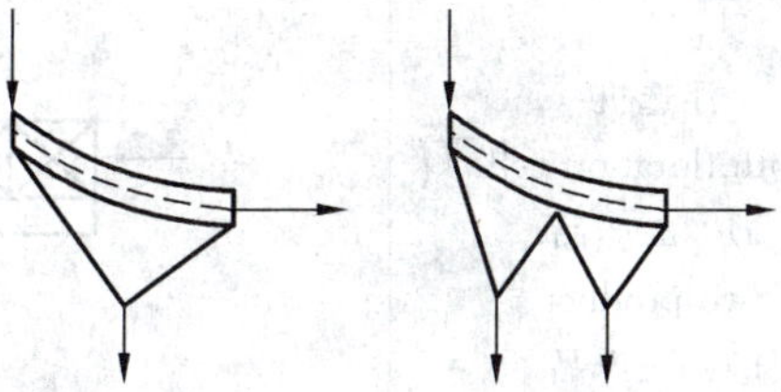 a)　　b)

表 1（续）

编号	名　　称	图　形　符　号
4.2　分选		
4.2.1	跳汰机 jig a）　二产品 two product b）　三产品 three product c）　动筛 movable sieve	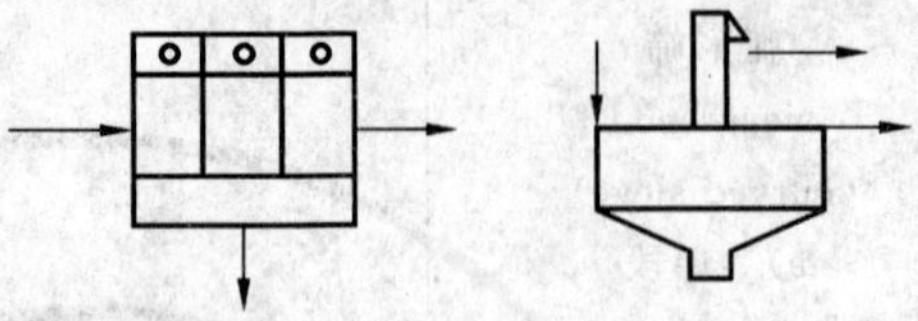 a） 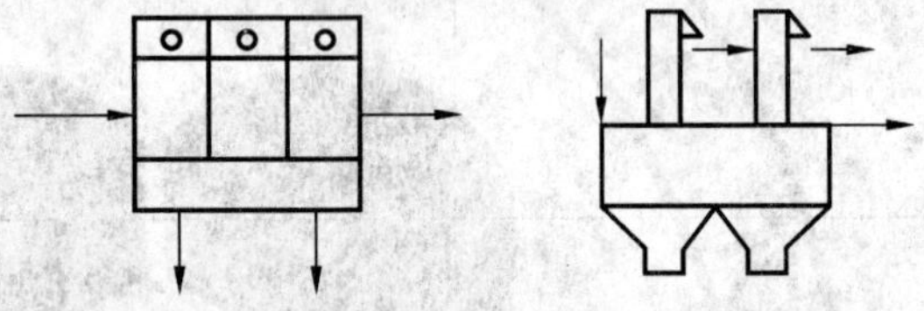 b） 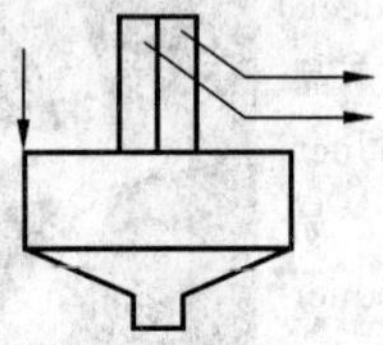 c）
4.2.2	重介质分选机 dense medium separator a）　二产品 two product b）　三产品 three product c）　浅槽 H.M vessel	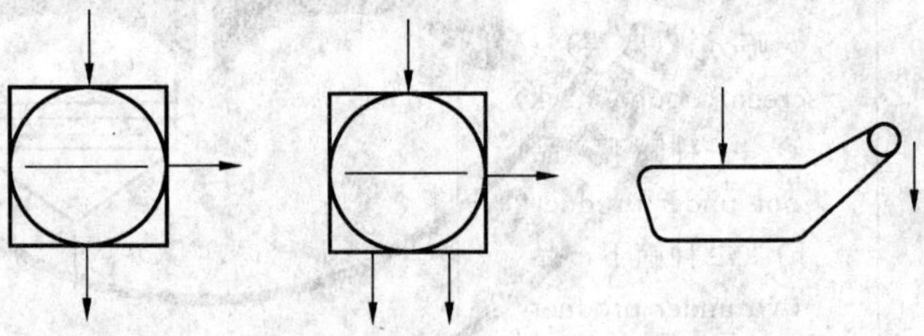 a）　b）　c）
4.2.3	浮选机 froth flotation cell a）　二产品 two product b）　三产品 three product	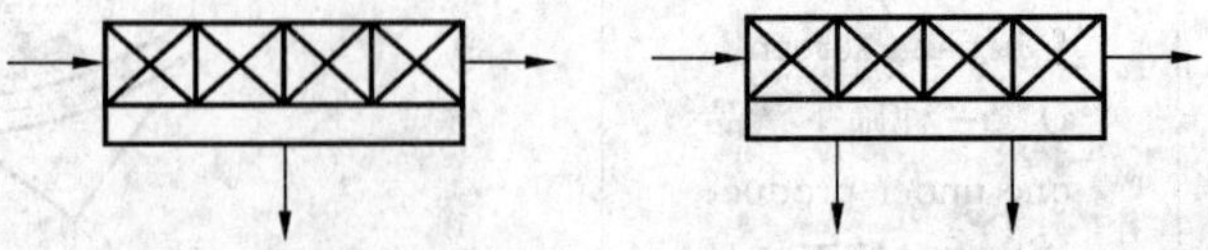 a）　b）

表 1（续）

编号	名　　称	图　形　符　号
4.2.4	浮选柱 flotation column a)　高柱型 tall style b)　短柱型 short style	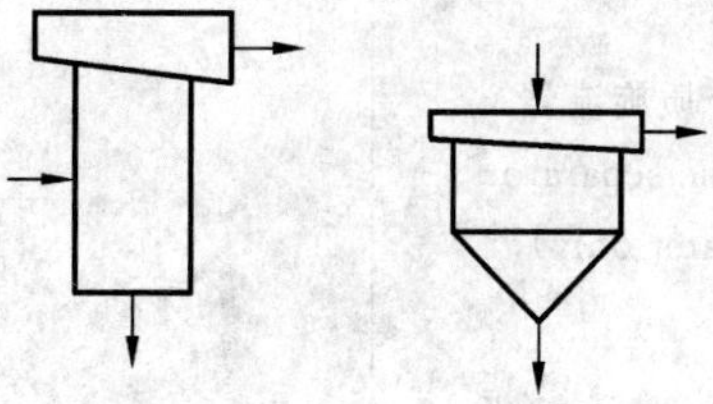 a)　　　　b)
4.2.5	摇床 concentration table	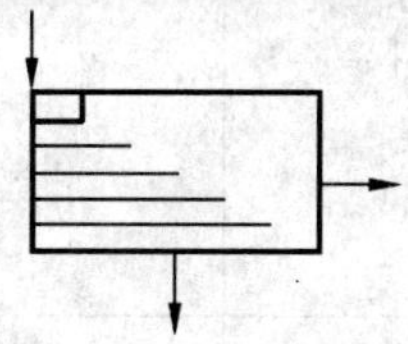
4.2.6	槽选机 trough washer	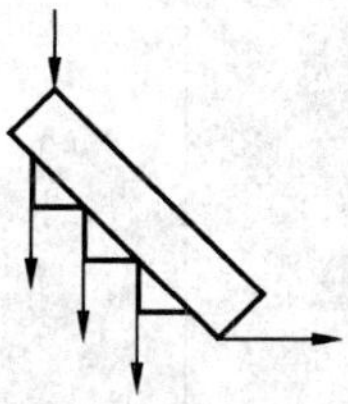
4.2.7	重介质旋流器 cyclone separator (dense medium) a)　二产品(有压) two product b)　三产品(有压) three product c)　二产品(无压) two product (no pressure) d)　三产品(无压) three product (no pressure)	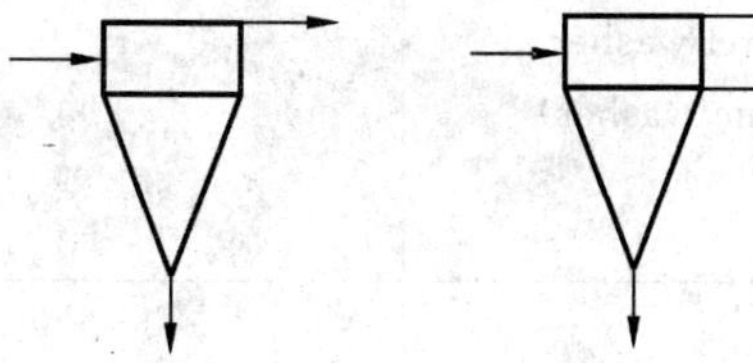 a)　　　　b) 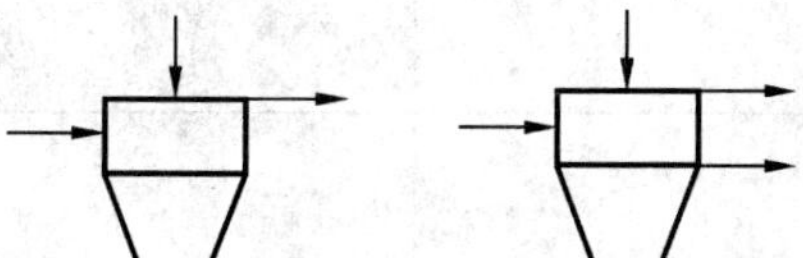 c)　　　　d)

表 1（续）

编号	名　　称	图　形　符　号
4.2.8	水介质旋流器 cyclone separator (water only)	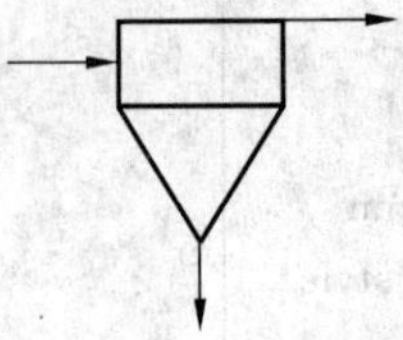
4.2.9	干选机 dry cleaner a)　二产品 two product b)　三产品 three product	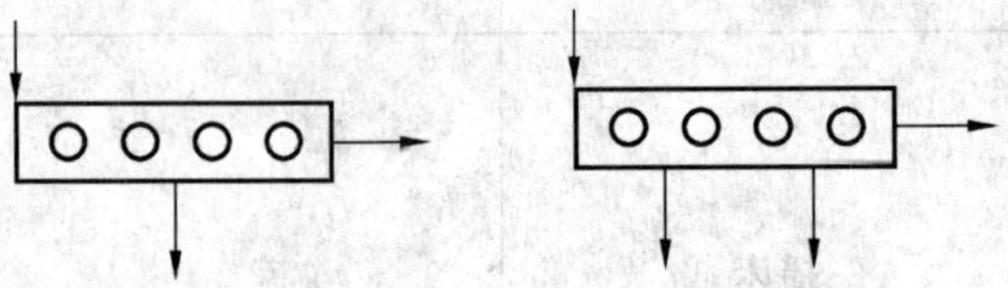 a)　b)
4.2.10	螺旋分选机 spiral a)　二产品 two product b)　三产品 three product	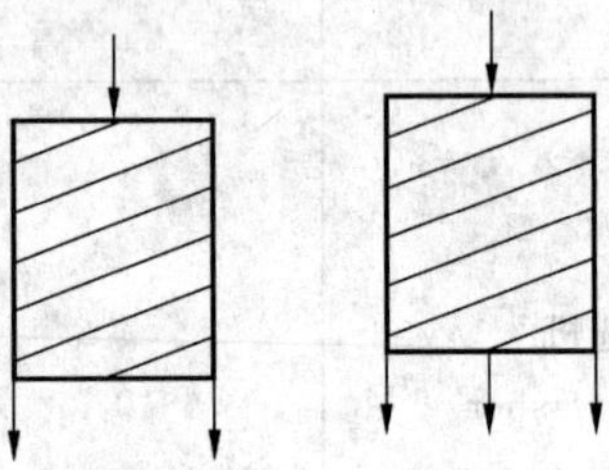 a)　b)
4.2.11	滚筒分选机 barrel washer (drum washer)	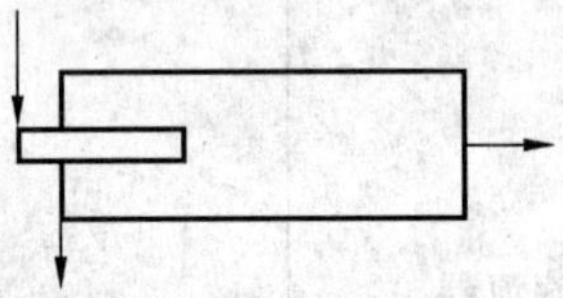
4.2.12	磁选机 magnetic separator (medium)	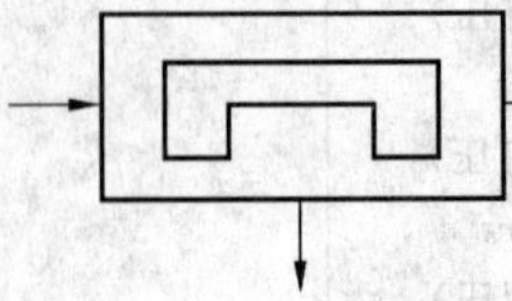
4.2.13	干扰床 teetered bed, separator	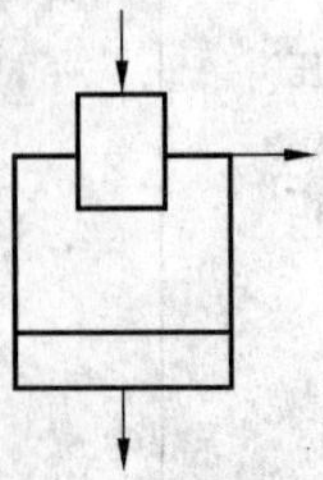

表 1（续）

编号	名　　称	图 形 符 号
4.3　分级、浓缩、脱水		
4.3.1	沉淀池 settling pond	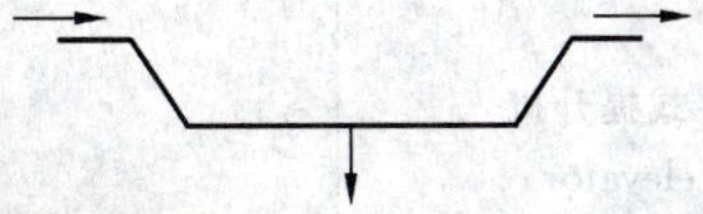
4.3.2	斜板沉淀槽 lamella, inclined plate depositing tank	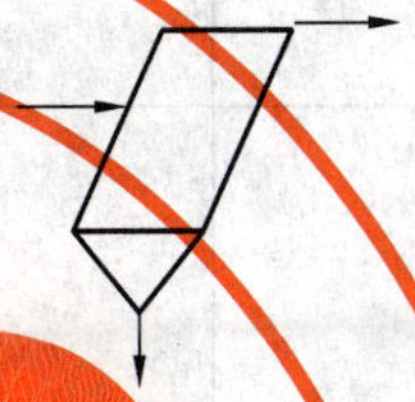
4.3.3	沉淀塔 settling cone, conical settling tank	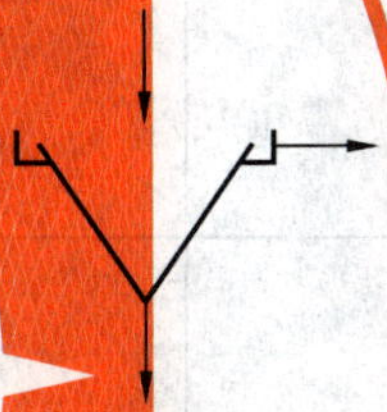
4.3.4	角锥沉淀池 spitzkasten	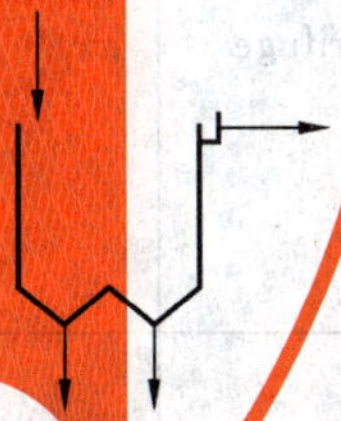
4.3.5	浓缩机 thickener a)　耙式 rake b)　深锥 deep cone	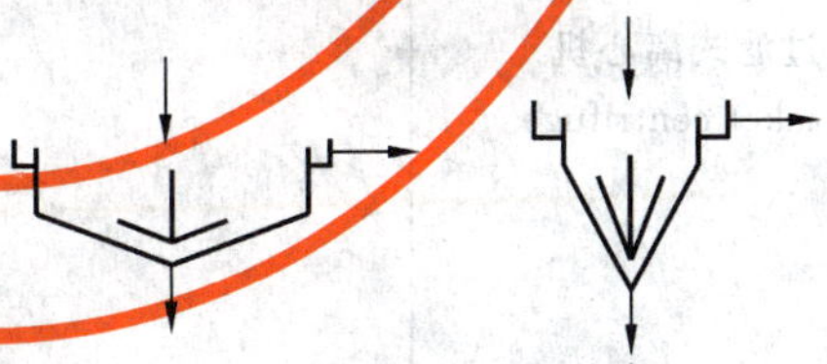 a)　　　　b)
4.3.6	捞坑 dredging sump	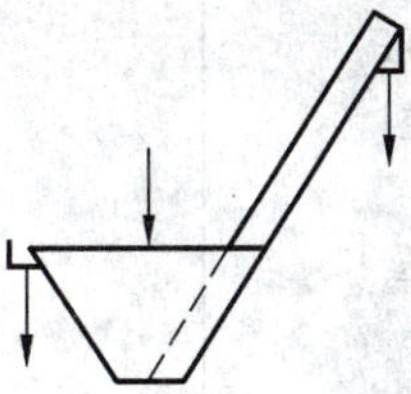

表 1（续）

编号	名　　称	图　形　符　号
4.3.7	斗式提升机 elevator	
4.3.8	沉降过滤式离心机 screen-bowl centrifuge	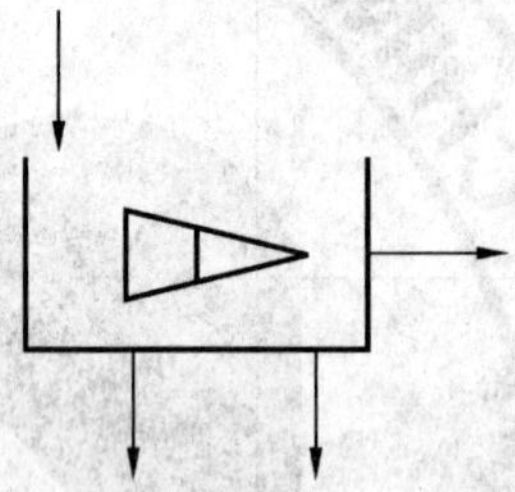
4.3.9	沉降式离心机 solid-bowl centrifuge	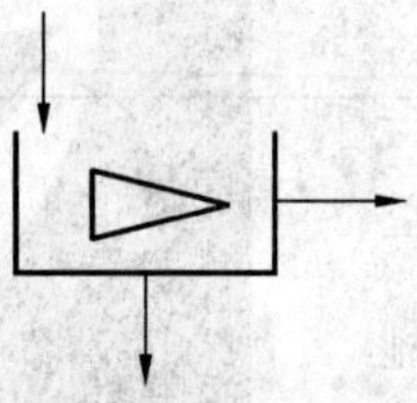
4.3.10	过滤式离心机 basket centrifuge	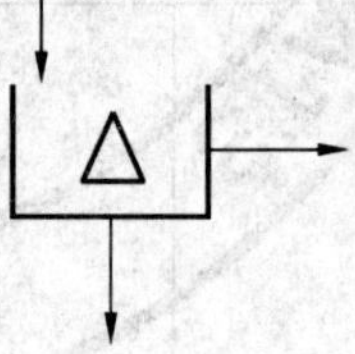
4.3.11	圆筒式过滤机 drum filter a）　真空 vacuum b）　加压 pressure	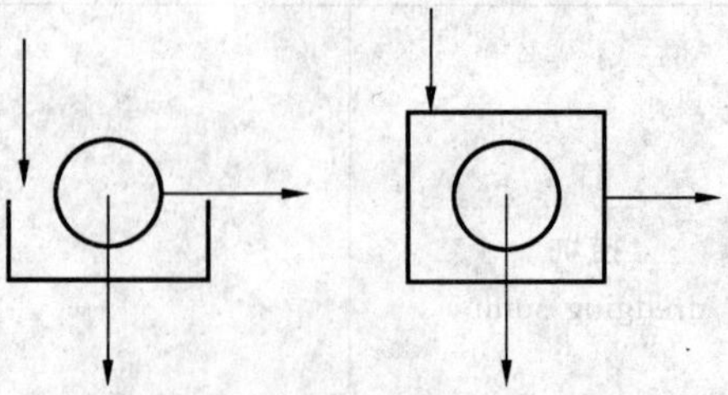 a)　　　　b)

表 1（续）

编号	名　　称	图　形　符　号
4.3.12	圆盘式过滤机 disc filter a)　真空 vacuum b)　加压 pressure	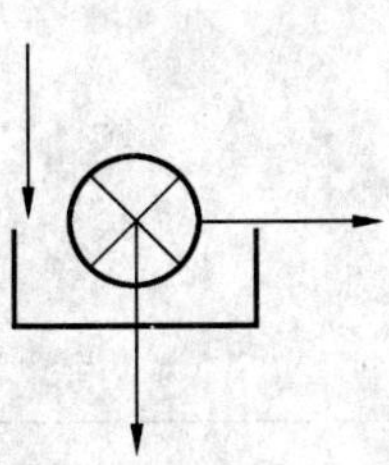 a)　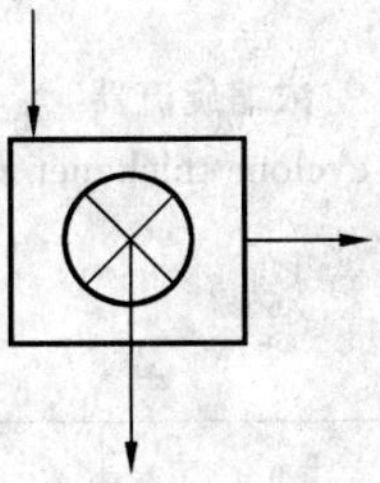 b)
4.3.13	压滤机 filter press	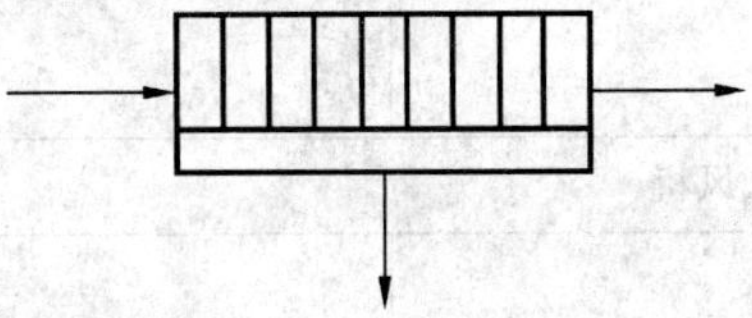
4.3.14	带式压滤机 pressure belt filter	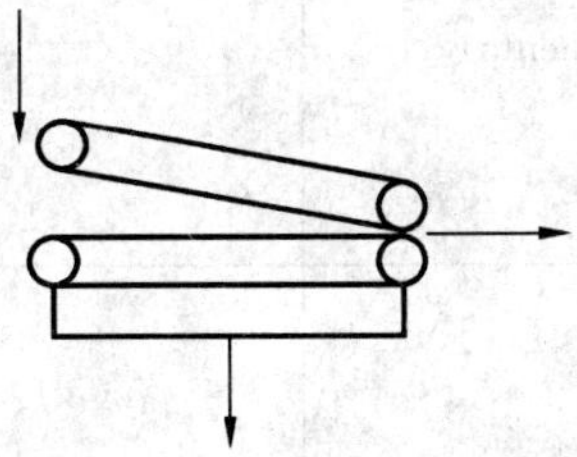
4.3.15	机械分级机 mechanical classifier	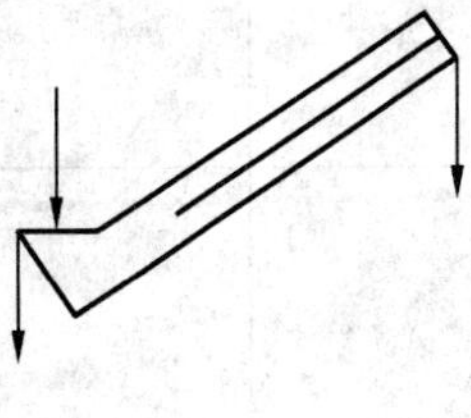
4.3.16	分级旋流器 cyclone classifier	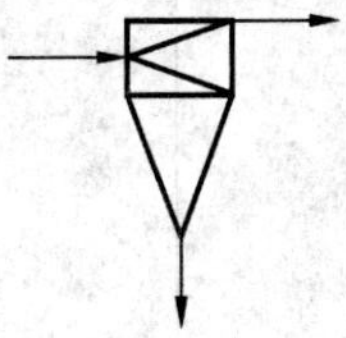

表 1（续）

编号	名 称	图 形 符 号
4.3.17	浓缩旋流器 cyclone thickener	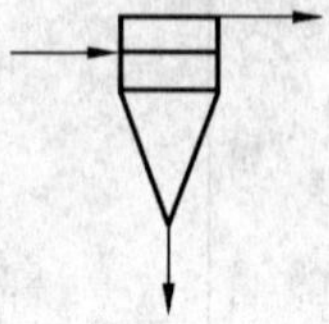
4.3.18	高频筛 high frequency screen	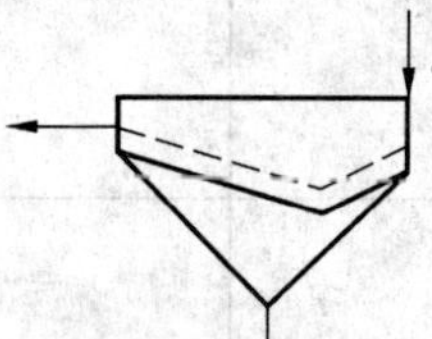
4.4 干燥、集尘、泵、风机		
4.4.1	混料机 mixer (multiple components)	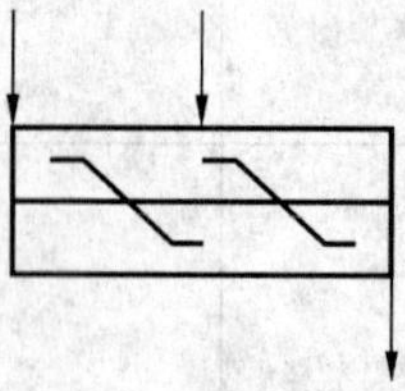
4.4.2	干燥机 dryer ,thermal	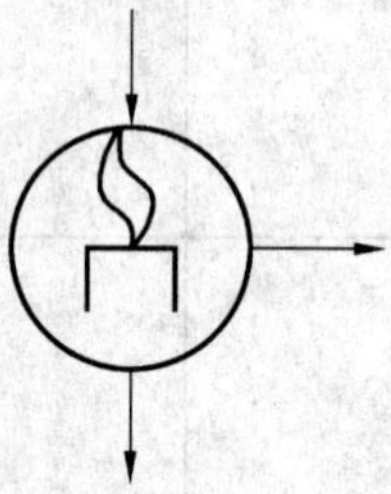
4.4.3	集尘器 dust collector	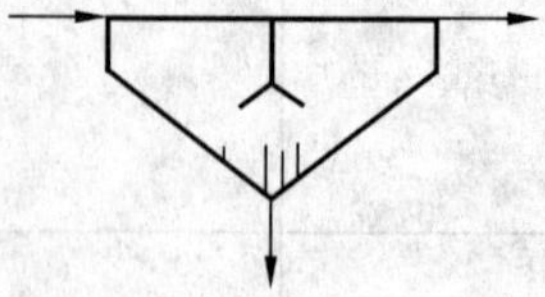
4.4.4	除尘器 de-duster	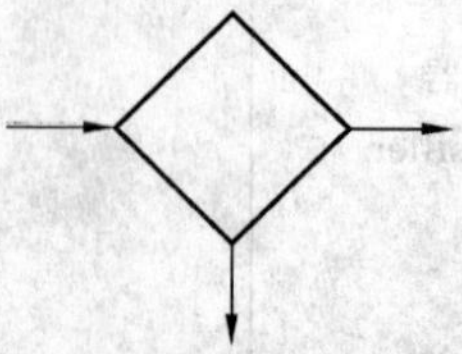

表 1（续）

编号	名　　称	图形符号
4.4.5	吸尘点 dust aspiration point	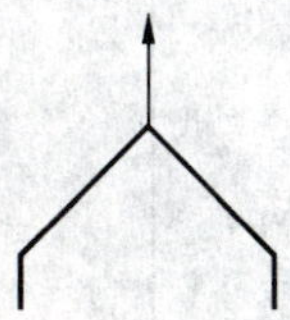
4.4.6	泵 pump	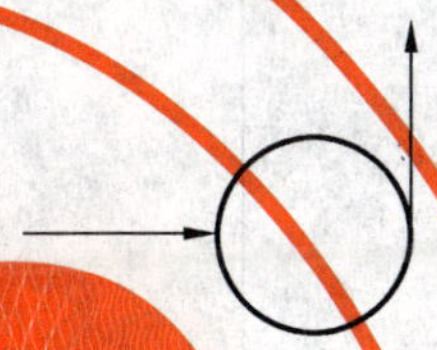
4.4.7	真空泵 vacuum pump	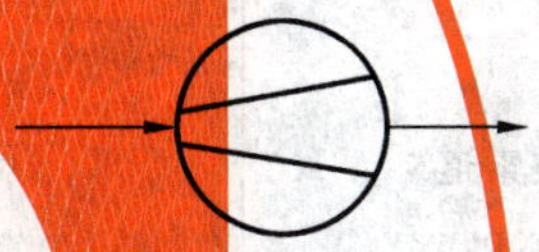
4.4.8	风机 fan	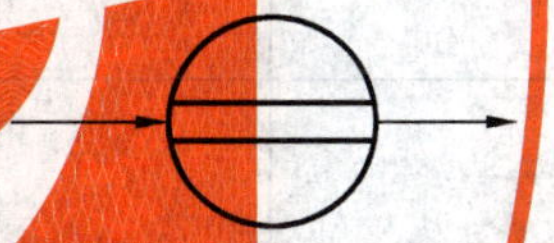
4.4.9	压风机 compressor	
4.5　起重运输		
4.5.1	电动葫芦 electric hoist	
4.5.2	起重机 crane	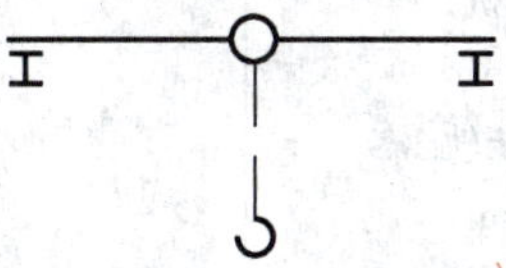

表 1（续）

编号	名　　称	图 形 符 号
4.5.3	抓斗起重机 grab crane a)　桥式 bridge type b)　门式 gauntry	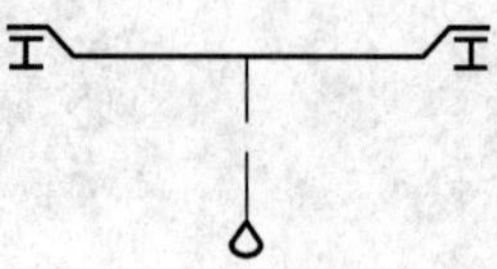 a)　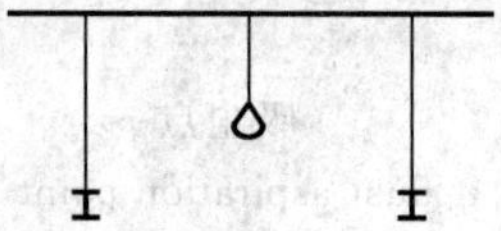 b)
4.5.4	绞车 winch	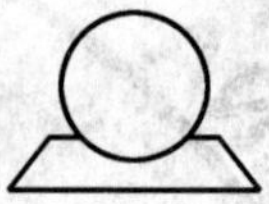
4.5.5	架空索道 aerial ropeway	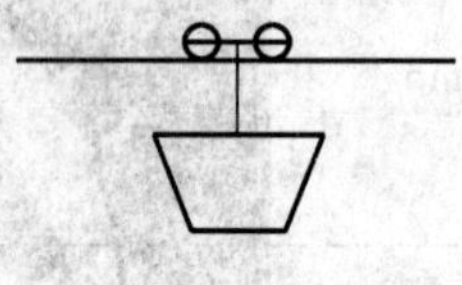
4.5.6	铁路车辆 wagon a)　准轨 standard-gauge b)　窄轨 tub	 a) 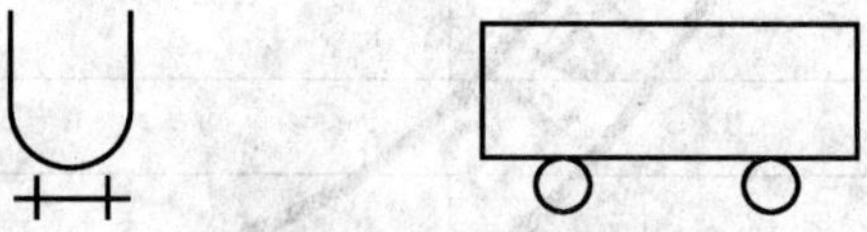 b)
4.5.7	卡车 truck	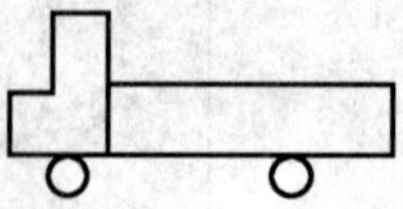
4.5.8	翻车机 tippler a)　准轨 wagon b)　窄轨 tub	 a)　 b)

表 1（续）

编号	名　　称	图 形 符 号
4.5.9	带式输送机 conveyor	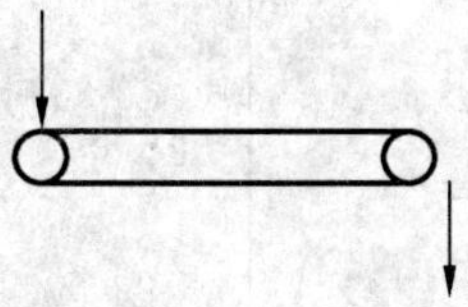
4.5.10	手选带式输送机 picking belt	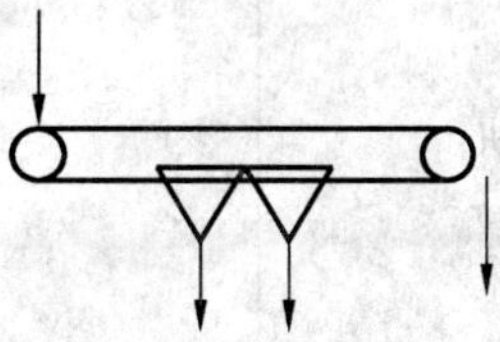
4.5.11	犁式卸料器 belt plough	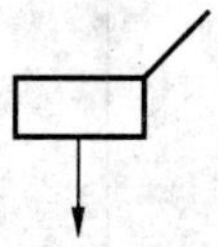
4.5.12	卸料小车(固定或移动) tripper(fixed or traveling)	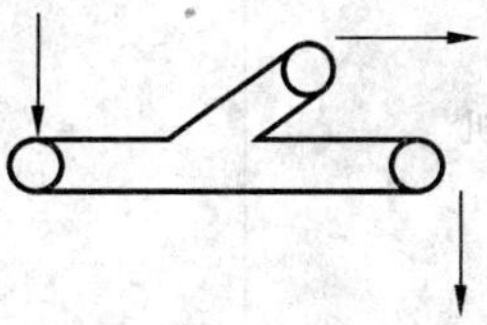
4.5.13	刮板输送机 conveyor，scraper a)　单点卸料 one discharge b)　多点卸料 multiple discharge	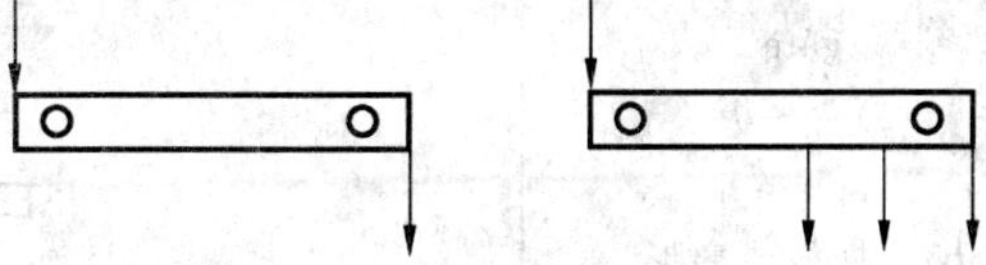 a)　　　　b)
4.5.14	螺旋输送机 conveyor，screw	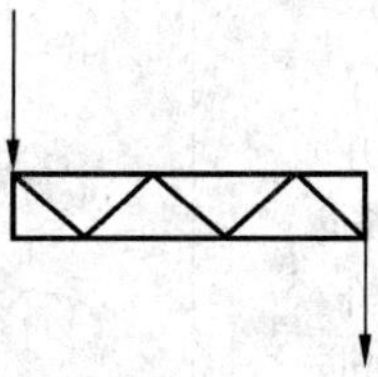

表 1（续）

编号	名　称	图形符号
4.5.15	取料机 reclaimer	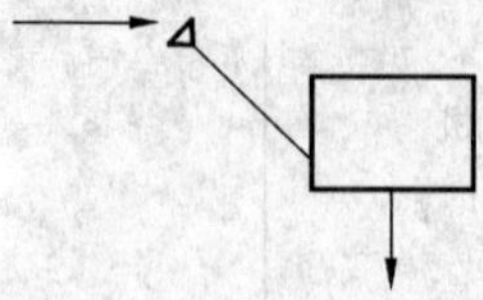
4.5.16	堆料机 stocker	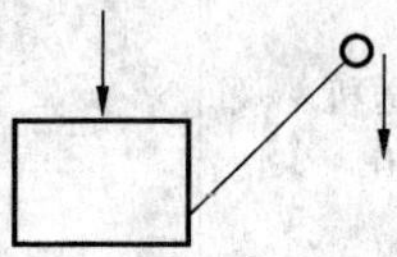
4.5.17	堆取料机 stocker-reclaimer	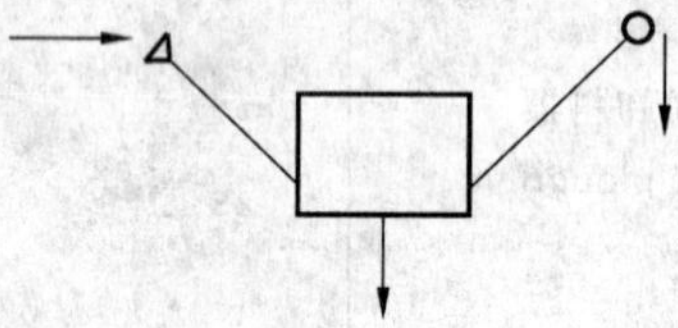
4.5.18	给料机 feeder	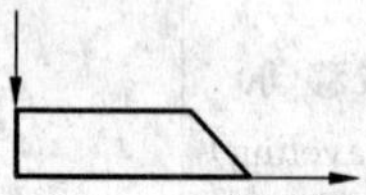
4.5.19	闸门 gate a)　平板 plate b)　插板或扇形 chute or sector	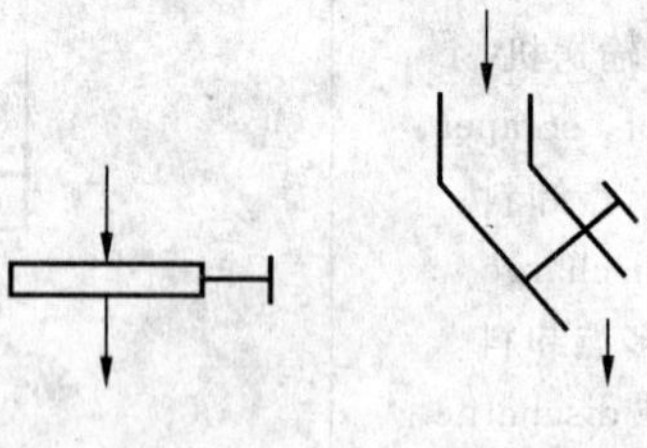 a)　　b)
4.5.20	箕斗 skip a)　垂直提升 vertical hoisting b)　斜坡提升 inclined hoisting	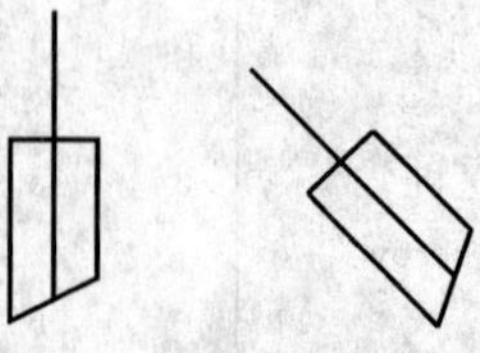 a)　　b)

表 1（续）

编号	名　称	图 形 符 号
4.5.21	卸矸架 transport and dumping bridge	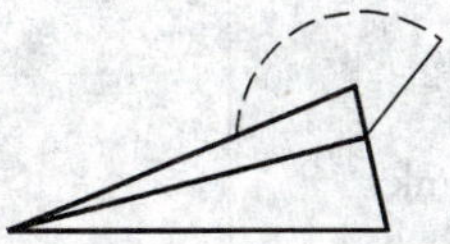
4.5.22	推土机 bulldozer	
4.5.23	装载机 loader	
4.6　其他		
4.6.1	喷水 water spray	
4.6.2	泵池 pump sump	
4.6.3	分配器 distributor	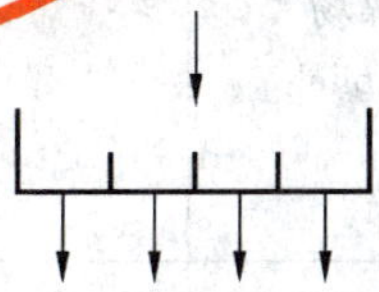
4.6.4	搅拌桶 mixing tank (multiple components)	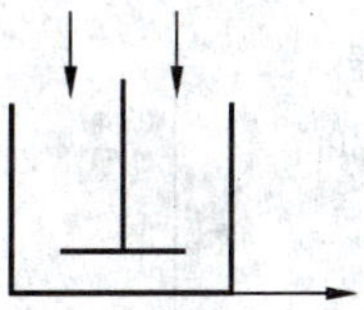

表 1（续）

编号	名　　称	图　形　符　号
4.6.5	药剂桶 reagent tank	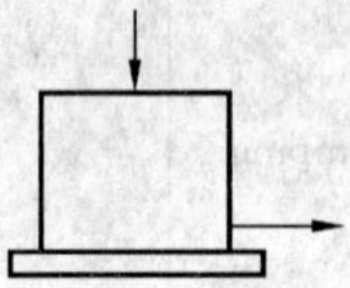
4.6.6	介质桶 medium tank	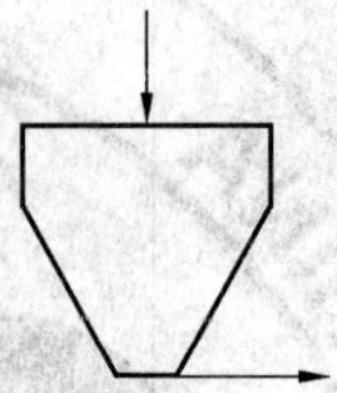
4.6.7	混料桶 blending tank	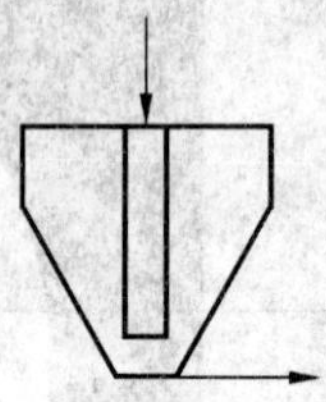
4.6.8	仓 bunker	
4.6.9	a）储煤场 stockpile b）层状储煤场 layered stockpile	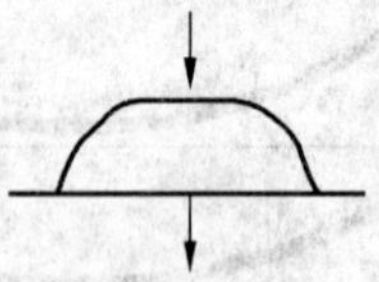 a) 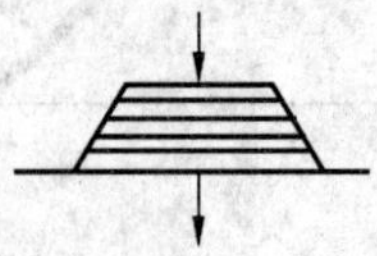 b)
4.6.10	气水分离器 moisture trap	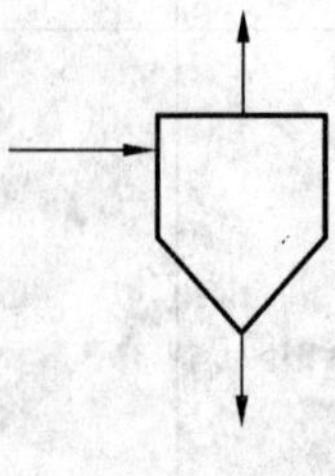

表 1（续）

编号	名　　称	图 形 符 号
4.6.11	风包 air receiver	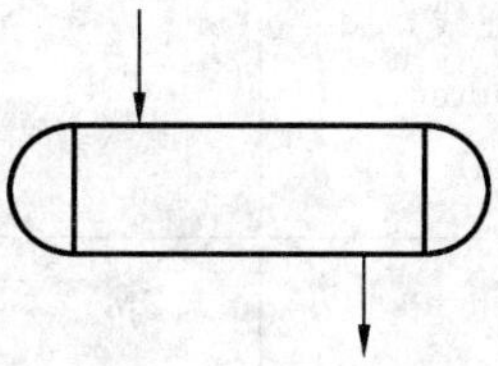
4.6.12	准备器 预处理器 conditioner	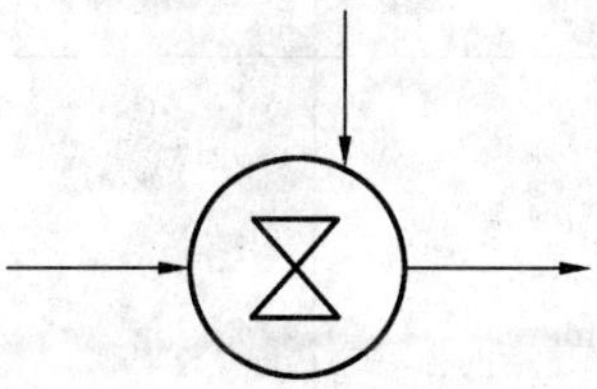
4.6.13	分流箱 splitter box	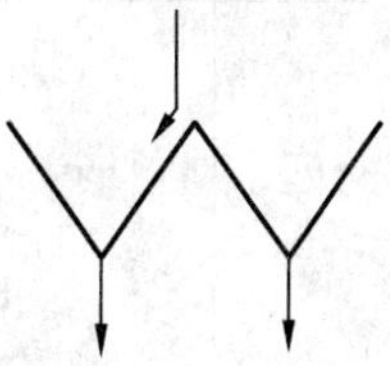
4.6.14	磁力吸铁器 magnetic separator （tramp iron） a） 悬挂式 suspended b） 滚筒式 drum type	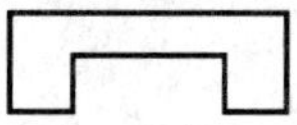 a) 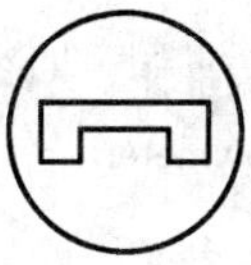 b)
4.6.15	给药机 reagent feeder	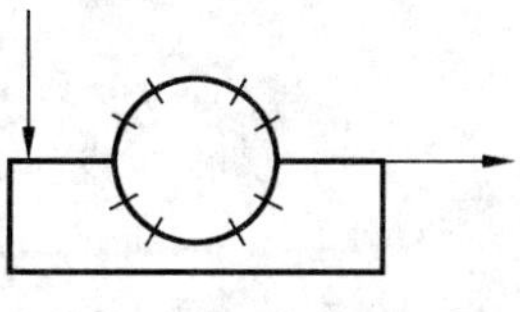
4.6.16	机械取样器 mechanical sampler	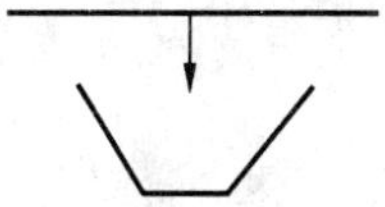
4.6.17	称重 weigher	

表 1（续）

编号	名　　称	图　形　符　号
4.6.18	灰分仪（在线） ash measurer (on line)	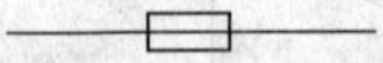
4.6.19	阀门 valve	
4.6.20	压力表 manometer	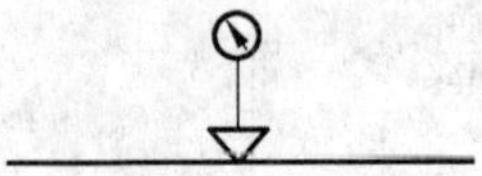
4.6.21	密度计 densimeter	
4.6.22	流量计 flowmeter	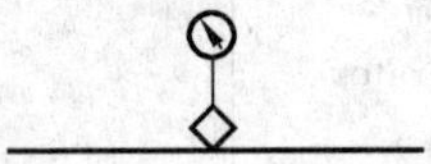

附 录 A
（资料性附录）
本标准章条编号与 ISO 561:1992 章条编号对照表

表 A.1 中给出了本标准章条编号与 ISO 561:1992 的章条编号对照一览表。

表 A.1 本标准章条编号与 ISO 561:1992 章条编号对照

本标准章条编号	对应的国际标准编号
1	1
2	2
3	3
4	4
4.1	—
4.1.1	第 4 章序号 21
4.1.2	第 4 章序号 22
4.1.3	第 4 章序号 17
4.1.4	第 4 章序号 29
4.1.5	第 4 章序号 28
4.1.6	第 4 章序号 24
4.1.7	第 4 章序号 25
4.1.8	—
4.2	—
4.2.1	第 4 章序号 37
4.2.2	第 4 章序号 40
4.2.3	第 4 章序号 51
4.2.4	—
4.2.5	第 4 章序号 38
4.2.6	第 4 章序号 39
4.2.7	第 4 章序号 41
4.2.8	第 4 章序号 42
4.2.9	第 4 章序号 36
4.2.10	第 4 章序号 69
4.2.11	—
4.2.12	第 4 章序号 63
4.2.13	—
4.3	—
4.3.1	第 4 章序号 49
4.3.2	—

表 A.1(续)

本标准章条编号	对应的国际标准编号
4.3.3	第4章序号48
4.3.4	第4章序号46
4.3.5	第4章序号47
4.3.6	—
4.3.7	第4章序号8
4.3.8	第4章序号55
4.3.9	第4章序号56
4.3.10	第4章序号57
4.3.11	第4章序号52
4.3.12	第4章序号53
4.3.13	第4章序号54
4.3.14	第4章序号68
4.3.15	第4章序号43
4.3.16	第4章序号44
4.3.17	第4章序号45
4.3.18	—
4.4	—
4.4.1	第4章序号58
4.4.2	第4章序号59
4.4.3	第4章序号20
4.4.4	第4章序号18
4.4.5	第4章序号19
4.4.6	第4章序号32
4.4.7	第4章序号33
4.4.8	第4章序号34
4.4.9	第4章序号35
4.5	—
4.5.1	—
4.5.2	—
4.5.3	—
4.5.4	—
4.5.5	第4章序号5
4.5.6	第4章序号1
4.5.7	—
4.5.8	第4章序号3

表 A.1（续）

本标准章条编号	对应的国际标准编号
4.5.9	第4章序号6
4.5.10	第4章序号15
4.5.11	—
4.5.12	—
4.5.13	第4章序号7
4.5.14	第4章序号9
4.5.15	—
4.5.16	—
4.5.17	—
4.5.18	第4章序号14
4.5.19	—
4.5.20	—
4.5.21	—
4.5.22	—
4.5.23	—
4.6	—
4.6.1	第4章序号30
4.6.2	第4章序号31
4.6.3	第4章序号61
4.6.4	第4章序号60
4.6.5	—
4.6.6	—
4.6.7	—
4.6.8	第4章序号10
4.6.9	第4章序号12
4.6.10	—
4.6.11	—
4.6.12	—
4.6.13	—
4.6.14	第4章序号64
4.6.15	第4章序号67
4.6.16	第4章序号66
4.6.17	第4章序号65
4.6.18	—
4.6.19	—

表 A.1（续）

本标准章条编号	对应的国际标准编号
4.6.20	—
4.6.21	—
4.6.22	—
附录 A	—
附录 B	—
附录 C	—
—	第 4 章序号 11
—	第 4 章序号 13
—	第 4 章序号 16
—	第 4 章序号 23
—	第 4 章序号 26
—	第 4 章序号 27
—	第 4 章序号 70

附　录　B
（资料性附录）
本标准与 ISO 561:1992 技术性差异及其原因

表 B.1 中给出了本标准与 ISO 561:1992 技术性差异及其原因的一览表。

表 B.1　本标准与 ISO 561:1992 技术性差异及其原因

本标准章条号	技术性差异	原　因
4.1.6	筛分机后增加括号说明(单层)	与筛分机(双层)对应
4.1.8	增加香蕉筛	实际需要
4.2.1	增加跳汰机的剖面符号,增加动筛跳汰机	流程图中跳汰机的剖面符号在我国选煤行业已被大量采用,有必要将其标准化; 动筛跳汰机在我国的实际应用已非常广泛,增加动筛跳汰机符号以满足实际应用上的需求
4.2.4	增加浮选柱	浮选柱在我国的实际应用已非常广泛,增加浮选柱符号以满足实际应用上的需求
4.2.7	增加无压入料方式的符号	现已广泛采用,满足实际需求
4.2.11	增加滚筒分选机	现已有采用,满足实际需求
4.2.13	增加干扰床	现已广泛采用,满足实际需求
4.3.1	修改符号	改后现已被广泛采用,有必要标准化
4.3.2	增加斜板沉淀槽	现已有采用,满足实际需求
4.3.5	增加深锥形式	现已有采用,满足实际需求
4.3.6	增加捞坑	早已广泛采用,满足实际需求
4.3.18	增加高频筛	早已广泛采用,满足实际需求
4.5.1	增加电动葫芦	实际广泛采用,满足需求
4.5.2	增加起重机	实际广泛采用,满足需求
4.5.3	增加抓斗起重机	实际广泛采用,满足需求
4.5.4	增加绞车	实际广泛采用,满足需求
4.5.6	增加大剖面符号	实际广泛采用,满足需求
4.5.7	增加卡车	实际广泛采用,满足需求
4.5.11	增加犁式卸料器	实际广泛采用,满足需求
4.5.12	增加卸料小车	实际广泛采用,满足需求
4.5.13	将 ISO 标准中的二点卸料改为多点卸料	实际应用中经常出现多点卸料情况,修改国标以方便使用
4.5.15	增加取料机	实际广泛采用,满足需求
4.5.16	增加堆料机	实际广泛采用,满足需求
4.5.17	增加堆取料机	实际广泛采用,满足需求
4.5.19	增加闸门	实际广泛采用,满足需求
4.5.20	增加箕斗	实际广泛采用,满足需求

表 B.1（续）

本标准章条号	技术性差异	原　因
4.5.21	增加卸矸架	实际广泛采用,满足需求
4.5.22	增加推土机	实际广泛采用,满足需求
4.5.23	增加装载机	实际广泛采用,满足需求
4.6.5	增加药剂桶	实际广泛采用,满足需求
4.6.6	增加介质桶	实际广泛采用,满足需求
4.6.7	增加混料桶	实际广泛采用,满足需求
4.6.10	增加气水分离器	实际广泛采用,满足需求
4.6.11	增加风包	实际广泛采用,满足需求
4.6.12	增加准备器顶　处理器	实际广泛采用,满足需求
4.6.14	增加滚筒式符号	实际广泛采用,满足需求
4.6.18	增加灰分仪(在线)	实际广泛采用,满足需求
4.6.19	增加阀门	实际广泛采用,满足需求
4.6.20	增加压力表	实际广泛采用,满足需求
4.6.21	增加密度计	实际广泛采用,满足需求
4.6.22	增加流量计	实际广泛采用,满足需求
—	删除 ISO 基本符号表中　序号 11　泄水仓	国内不常使用
—	删除 ISO 基本符号表中　序号 13　斗轮取料机	用取料机替代
—	删除 ISO 基本符号表中　序号 16　环式手选台	国内不常使用
—	删除 ISO 基本符号表中　序号 23　格筛或棒条筛	用固定筛替代
—	删除 ISO 基本符号表中　序号 26　筛子(分隔筛面)	国内不常使用
—	删除 ISO 基本符号表中　序号 27　脱水筛	各种筛分机可替代
—	删除 ISO 基本符号表中　序号 70　概率筛	国内不常使用
附录 C	增加内容	实际广泛采用,满足需求
汉语拼音索引	增加	满足国内使用者的需求

附 录 C
（规范性附录）
流程线表示方法

表 C.1 给出了流程线表示方法。

表 C.1 流程线表示方法

名　　称	符　　号
主要煤流线	————————
可能煤流线	—— —— —— ——
清水线	——————·——————
循环水线	—————··————·· ——————
煤泥水线	——— M ——— M ———
滴水、放水、溢水线	——— D ——— D ———
矸石线、灰渣线	——— G ——— G ———
空气线	——— K ——— K ———
浮选药剂线、输油线	——— Y ——— Y ———
合格介质线、磁选精矿线	——— H ——— H ———
稀介质线	——— X ——— X ———
磁选尾矿线	——— C ——— C ———
浮选尾矿线	——— W ——— W ———
絮凝剂线	——— N ——— N ———
硫化铁线	——— L ——— L ———
流程线汇集、分叉	┬　┴　┤　├
流程线通过而不汇交	┼

汉语拼音索引

英 文 索 引

P

R

S

T

V

W

ICS 77.120.99
H 65

中华人民共和国国家标准

GB/T 16661—2008
代替 GB/T 16661—1996

碳 酸 铈

Cerium carbonate

2008-03-31 发布 2008-09-01 实施

中华人民共和国国家质量监督检验检疫总局
中国国家标准化管理委员会 发布

前　言

本标准是对GB/T 16661—1996《碳酸铈》的修订。本标准与GB/T 16661—1996《碳酸铈》相比，主要变化如下：

——按GB/T 17803—1999《稀土产品牌号表示方法》的要求采用数字牌号表示方法；

——增加了023230A产品牌号；

——各牌号对稀土总量(REO)、部分稀土杂质和非稀土杂质CaO的考核指标进行了调整；

——各牌号对非稀土杂质的氯根及硫酸根含量分别进行了考核；

——各牌号增加了对非稀土杂质锌的考核指标。

本标准由国家发展和改革委员会稀土办公室提出。

本标准由全国稀土标准化技术委员会归口。

本标准由江西金世纪新材料股份有限公司负责起草。

本标准由广东珠江稀土有限公司、宜兴新威利成稀土有限公司参加起草。

本标准主要起草人：饶勇、袁萍、金燕华、俞志春。

本标准所代替标准的历次版本发布情况为：

——GB/T 16661—1996。

碳 酸 铈

1 范围

本标准规定了碳酸铈的要求、试验方法、检验规则与标志、包装、运输、贮存。

本标准适用于化学法制得的碳酸铈，主要供汽车尾气净化催化剂、工程塑料颜料、玻璃等用。

2 规范性引用文件

下列文件中的条款通过本标准的引用而成为本标准的条款。凡是注日期的引用文件，其随后所有的修改单（不包括勘误的内容）或修订版均不适用于本标准，然而，鼓励根据本标准达成协议的各方研究是否可使用这些文件的最新版本。凡是不注日期的引用文件，其最新版本适用于本标准。

GB/T 8170 数值修约规则

GB/T 12690（所有部分） 稀土金属及其氧化物中非稀土杂质化学分析方法

GB/T 16484.19 氯化稀土、碳酸稀土化学分析方法 氧化稀土总量的测定

GB/T 18115.2 稀土金属及其氧化物中稀土杂质化学分析方法 铈中镧、镨、钕、钐、铕、钆、铽、镝、钬、铒、铥、镱、镥和钇量的测定

3 要求

3.1 化学成分

产品牌号及化学成分应符合表 1 规定。需方如有特殊要求，供需双方可另行协议。

3.2 外观

3.2.1 产品为白色或略带淡黄色的粉末。

3.2.2 产品应洁净，无可见夹杂物。

4 试验方法

4.1 稀土总量（REO）的分析方法按照 GB/T 16484.19 的规定进行。

4.2 稀土杂质含量的分析方法参照 GB/T 18115.2 的规定进行。

4.3 除 SO_4^{2-} 外，其余非稀土杂质含量的分析方法按 GB/T 12690 的规定进行。

4.4 SO_4^{2-} 含量的分析方法按供方现行分析方法进行。

4.5 数值修约按 GB/T 8170 的规定进行。

4.6 产品外观用目视检查。

5 检验规则

5.1 检查与验收

5.1.1 产品由供方质量检验部门进行检验，保证产品质量符合本标准规定，并填写产品质量证明书。

5.1.2 需方应对收到的产品进行检验，如检验结果与本标准规定不符时，应在收到产品之日起两个月内向供方提出，由供需双方协商解决。如需仲裁，可委托双方认可的单位进行，并在需方共同取样。

5.2 组批

产品应成批提交检验，每批应由同一牌号的产品组成。

5.3 检验项目

每批产品应进行化学成分和外观的检验。

表 1

产品牌号	化学成分(质量分数)/ %																	
	REO 不小于	CeO_2/REO 不小于	杂质含量，不大于															
			稀土杂质 / REO						非稀土杂质									
			La_2O_3	Pr_6O_{11}	Nd_2O_3	Sm_2O_3	Y_2O_3	其他稀土杂质	Fe_2O_3	SiO_2	CaO	Al_2O_3	MgO	PbO	Na_2O	ZnO	Cl^-	SO_4^{2-}
023240	45	99.99	0.003	0.003	0.001	0.001	0.001	0.001	0.001	0.002	0.005	0.01	0.002	0.001	0.02	0.005	0.03	0.01
023235	45	99.95	0.02	0.01	0.01	0.001	0.001	0.008	0.005	0.005	0.01	0.02	0.003	0.002	0.05	0.008	0.05	0.01
023230A	60	99.9	合量 0.1						0.005	0.005	0.01	0.02	0.003	0.002	0.02	0.005	0.03	0.01
023230B	45	99.9	合量 0.1						0.01	0.01	0.01	0.02	0.003	0.003	0.05	0.01	0.05	0.02
023220	45	99.0	合量 1.0						0.01	0.01	0.02	—	—	—	—	0.03	0.08	0.03
023215	45	95.0	合量 5.0						0.02	0.03	0.03	—	—	—	—	0.05	0.1	0.05

5.4 取样与制样

化学成分分析的仲裁取样件数按表 2 规定。用插管在每件(袋)中心及周围等距离处取三点,每件(袋)取样量不少于 10 g,将试样混匀后,用四分法迅速缩分至试样所需数量,装入清洁的塑料瓶(袋)中并封口。

表 2

件(袋)数	1～5	6～49	50～100	>100
取样件(袋)数	件(袋)数的 100%	5	件(袋)数的 10 %取整数	件(袋)数的平方根取正整数

5.5 检验结果判断

化学成分仲裁分析结果与本标准规定不符时,则从该批产品中取双倍试样对不合格项目进行复验,如仍有一项结果不合格,则该批产品为不合格。

6 标志、包装、运输、贮存

6.1 标志、包装

桶(箱、袋)外注明:供方名称、产品名称、牌号、批号、净含量、毛重、出厂日期及"防潮"标志或字样。产品用双层塑料袋密封包装,再放置于塑料编织袋中,封紧袋口。每袋净重分别为 50 kg、500 kg、600 kg、1 000 kg。如需方有特殊要求,则由供需双方另行协商。

6.2 运输、贮存

产品运输时严防淋雨吸潮,需存放于干燥处,不得露天堆放。

6.3 质量证明书

每批产品应附上质量证明书,注明:

a) 供方名称;
b) 产品名称和牌号;
c) 批号;
d) 净含量和件数;
e) 各项分析检验结果及检验部门印记;
f) 标准编号;
g) 出厂日期。

ICS 91.140.01
P 40

中华人民共和国国家标准

GB/T 16662—2008
代替 GB/T 16662—1996

建筑给水排水设备器材术语

Terms of equipments and materials for building water supply and drainage

2008-09-18 发布　　　　2009-05-01 实施

中华人民共和国国家质量监督检验检疫总局
中国国家标准化管理委员会　发布

前　言

本标准代替 GB/T 16662—1996《建筑给水排水设备器材术语》。

本标准与 GB/T 16662—1996 相比主要内容变化如下：

——原标准第 2 章“卫生器具”取消“洗浴卫生器具”，直接分为“盥洗卫生器具”和“沐浴卫生器具”，删除“洗衣房设备和厨房设备”，增加“医用卫生器具和节水型卫生器具”；

——原标准第 3 章“加压提升设备”和第 4 章“流量调节设备”，合并为现标准的第 4 章“加压、调节和贮存设备”，第 4 章增加的水泵术语主要有：强自吸泵、切线泵和水动力泵等，增加的水箱术语有不同材质的水箱，还增加了管网叠压给水设备、无负压给水设备和箱式泵站等给水设备方面的术语；

——第 5 章“加热贮热设备”主要增加半即热式水加热器、半容积式水加热器、太阳能热水器、热泵和热水机组方面的术语；

——增加第 6 章“地漏”，地漏在原标准第 8 章“管道材料及管配件”中，增加了条形地漏、机械密封地漏等；

——增加第 7 章“检查井”，内容包括塑料检查井、管件型检查井、模块式检查井和检漏井；

——原标准第 6 章“建筑水处理设备”现改为第 8 章，术语按净水设备、软化和除垢设备、生活污水处理设备、中水处理设备、气浮处理设备、游泳池循环净化装置和消毒设备作了分类；

——增加第 9 章“游泳池、游乐池设备”，内容还包括即时安全气垫和制波装置；

——增加第 10 章“冷却设备”，冷却设备在原标准第 11 章“其他设备和器材”中，取消了横逆流混合型冷却塔；

——原标准第 7 章“水景设备”现改为第 11 章，增加水幕设备，删去水下灯、转盘和转筒等内容；

——增加第 12 章“雨水利用设备”，内容分：入渗设施、雨水收集系统、雨停监测装置和雨水储存设施；

——原标准第 8 章“管道材料及管配件”分为现标准的第 13 章“管材”和第 14 章“管件”，管材按金属管、塑料管和复合管等分类，重点增加新型管材；

——第 14 章“管件”主要增加异径三通、异径四通、过桥管、热熔管件和 AD 型接头等，取消了现已不再使用的环流器等排水特制配件；

——原标准第 8 章“管道附件”分为现标准的第 3 章“水嘴”和第 15 章“阀门”，阀门按制约类、调节类、安全类和特种阀门分类；

——原标准第 10 章“计量、检测仪表”改为现标准第 16 章，增加了电子远传水表和传感器等术语内容；

——原标准第 11 章“其他设备和器材”现改为第 17 章，保留隔振器材，增加管道支吊架、管道伸缩补偿器材、绝热材料、防水套管和阻火器材等内容。

本标准由中华人民共和国住房和城乡建设部提出。

本标准由住房和城乡建设部给水排水产品标准化技术委员会归口。

本标准起草单位：中国建筑金属结构协会给水排水设备分会、上海建筑设计研究院有限公司、中建国际设计顾问有限公司、同济大学建筑设计研究院、宁波市华涛不锈钢管材有限公司、大众阀门集团有限公司、广东东方管业有限公司、河北保定太行集团有限责任公司、青岛三利集团有限公司、惠州市新明水务工程有限公司、浙江盾安阀门有限公司、上海冠龙阀门机械有限公司、佛山市南海永兴阀门制造有限公司、金德管业集团有限公司、长沙华能供水设备有限公司、广州市思泊隆供水设备有限公司、浙江久田管业有限公司、浙江正康实业有限公司、澳华(沈阳)不锈钢有限公司、广州华润喷泉喷灌有限公司、申鹭达集团有限公司、浙江伟星新型建材股份有限公司。

本标准主要起草人:姜文源、华明九、徐凤、归谈纯、朱然、张晓燕、朱建荣、脱宁、周洪宏、周欣泳、熊敏、孟柔、缪德伟、廖志芳、林津强、魏德义、张明亮、翟思明、钱金明、余家荣、陈键明、王士良、李词元、吴卫东、陈献松、黄建聪、苏波、庞昱、洪建成、陶岳杰。

本标准所代替标准的历次版本发布情况为:

——GB/T 16662—1996。

建筑给水排水设备器材术语

1 范围

本标准规定了建筑给水排水设备和器材，包括卫生器具，水嘴，加压、调节和贮存设备，加热贮热设备，地漏，检查井，建筑水处理设备，游泳池、游乐池设备，冷却设备，水景设备，雨水利用设备，管材，管件，阀门，计量、检测仪表等方面的专用术语。

本标准适用于建筑给水排水设备和器材的专用术语。

2 卫生器具 sanitary ware; plumbing fixture

卫生设备
卫生洁具
收集和排出供水对人体或物品冲淋、擦洗、浸泡形成的废(污)水和污物的器具。

2.1

盥洗卫生器具 lavatory fixture; lavatory ware
盥洗设备
盥洗器具
供人们用于漱洗的卫生器具。

2.1.1

洗脸盆 lavatory; basin; washbasin; washbowl
洗面器
用于洗脸，其排水口有塞的盥洗卫生器具。

2.1.1.1

托架式洗脸盆 bracket fixing lavatory
安装在托架上的洗脸盆。

2.1.1.2

壁挂式洗脸盆 hung washbasin; wall mounted washbasin
安装在墙体上的洗脸盆。

2.1.1.3

立柱式洗脸盆 pedestal lavatory
柱脚式洗脸盆
立式洗面器
用立柱支撑并隐蔽其排水管道的洗脸盆。

2.1.1.4

台式洗脸盆 vanity basin; deck-mounted washbasin
嵌装在台板上(台板下)或与台板一体的无后背洗脸盆。

2.1.1.5

角式洗脸盆 corner lavatory
后背呈角形，适合安装在墙角处的洗脸盆。

2.1.2

盥洗槽 washstand, lavatory tray; lavatory sink
盥洗池
可供多人同时漱洗用的槽形盥洗卫生器具。

2.1.3

洗手盆　basin;hand sink

洗手器

用于洗手,其排水口无塞的盥洗卫生器具。

2.1.4

洗头盆　shampoo bowl

洗发盆

具有软管喷头和毛发滤网,前缘带有头枕凹槽,供人仰卧洗发用的盥洗卫生器具。

2.1.5

洗脚盆　foot-washing bowl

专用于洗脚和浸泡的盥洗卫生器具。

2.2

沐浴卫生器具　bathing fixture

沐浴器具

洗澡器具

用于清洗人体的卫生器具。

2.2.1

浴盆　bathtub

洗澡盆

澡盆

浴缸

浴槽

人可坐或躺在其中进行全身擦洗、浸泡用的沐浴卫生器具。

2.2.1.1

坐浴盆　hip bathtub;sit-down bathtub

可坐在其中擦洗全身的沐浴卫生器具。

2.2.1.2

按摩浴盆　whirlpool bathtub;eddy bathtub;Jacuzzi

漩涡浴盆

气泡浴盆

喷射浴缸

沸腾浴缸

利用水的循环与射流具有按摩功能的浴盆。

2.2.2

淋浴盆　shower receiver;shower tray

淋浴盘

淋浴底盘

收集和排除淋浴废水的浅盆。

2.2.3

淋浴房　shower room

由淋浴器、淋浴盆、隔断和门等组成,专用于淋浴的小间。

2.2.4

净身盆　bidet

净身器

下身盆
妇女卫生盆
女子洗器
坐浴盆
带喷水装置,供人冲洗下身用的洗浴器具。

2.3

洗涤卫生器具　washing fixture; cleaning ware
洗涤器具
用于洗涤器皿、衣物、食品等物品的卫生器具。

2.3.1

洗涤盆　sink; bowl
洗涤池
用于洗涤器皿、餐具、衣物、食品等物品的平底洗涤器具。

2.3.2

污水盆　slop sink; service sink; mop sink
拖布池
用于洗涤清扫工具、收集和排除污(废)水的洗涤器具。

2.3.3

化验盆　laboratory sink; lab sink
化验池
配有化验水龙头和防腐(防化学腐蚀)排水水封,专门用于供给化验用水,收集和排除化验废(污)水的洗涤器具。

2.3.4

洗瓶器　bottle wash
利用刷子或喷射方式洗净瓶、筒、杯等器皿用的洗涤器具。

2.3.5

医用卫生器具　medical sanitary ware
医疗机构用于治疗和检验的卫生器具。

2.3.5.1

洗眼器　eyewasher
用于当化学物品喷溅进眼睛时紧急冲洗眼睛的设备,也可清洗面部和双手等部位。

2.3.5.2

医疗器械清洗池　medical equipment washing sink
用于清洗、浸泡医院专用器械的水槽。

2.3.5.3

摄像底片洗片池　film-processing sink
用于显影、漂洗、定影X光片或摄像底片的水槽。

2.3.5.4

试管清洗池　cuvette washing sink
利用水的压力,用于清洗医院或化学实验室试管的水槽。

2.3.5.5

生化清洗池　sink for laboratory or clinical laboratory
用于医院检验科洗涤室、化学实验室,洗刷试管、烧瓶、量杯等的水槽。

2.3.5.6

石膏池　sink for plaster room

专用于医院外科石膏室石膏配制的水槽。

2.3.5.7

洗婴池　baby washing sink

专用于医院产科婴儿室洗澡的水槽。

2.3.5.8

漱口盆　cuspidor of dental unit

专用于医院口腔科病人漱口的器具,一般与口腔科综合治疗机连为一体。

2.4

便溺卫生器具　fixture for excrement and urine

便溺器具

便器

用于收集和排除粪便、尿液的卫生器具。

2.4.1

大便器　toilet;water closet

排水马桶

水洗恭桶

供人大便时用于收集和排除粪便的便溺器具。

2.4.1.1

蹲式大便器　squatting pan

蹲便器

适合蹲着使用的大便器。

2.4.1.2

平蹲式大便器　squatting pan without projecting die

上沿齐平、没有突起的蹲式大便器。

2.4.1.3

踏板式大便器　squatting pan with footboard

带有脚踏板的蹲式大便器。

2.4.1.4

儿童蹲便器　squatting pan for children

形体较窄,适合学龄前儿童使用的蹲式大便器。

2.4.1.5

坐式大便器　sit toilet

坐便器

坐桶

适合坐着使用的便器。

2.4.1.6

冲落式坐便器　wash-down toilet

利用水的冲力将便器中的粪便排至污水管道的坐式大便器。

2.4.1.7

虹吸式坐便器　siphon water closet;siphon toilet

利用虹吸作用将粪便随冲洗水排入污水管道的坐式大便器。

2.4.1.8

喷射虹吸式坐便器 siphon-jet toilet;siphon-jet water closet

在便器积水面以下,对着存水弯进口处设有喷水孔,冲洗时可形成强力喷射,强制快速造成虹吸作用的坐便器。

2.4.1.9

漩涡虹吸式坐便器 siphon-vortex toilet

冲洗时,自便器下部进入大股水流形成漩涡流,强制造成虹吸作用,将便器内的粪便、污物排入污水管道的坐式大便器。

2.4.1.10

压力排水坐便器 compressive air drainage closet seat

以水为载体,以压缩空气为动力排除便器中污物的节水型坐便器。

2.4.1.11

落地式坐便器 stall toilet

固定安装在地面上的坐式大便器。

2.4.1.12

壁挂式坐便器 wall-hung toilet;wall-hung sitting wc pan;wall-hung water closet

挂装在墙面上的坐式大便器。

2.4.1.13

儿童坐便器 child toilet

体形较小而低,适合学龄前儿童使用的坐式大便器。

2.4.1.14

自动坐便器 automatic closet seat

冲洗水箱的进水、污物的冲洗、下身的冲洗与吹干以及坐垫的加热等,均能自动完成的坐式大便器。

2.4.1.15

连体式坐便器 one piece water closet;integral water closet

与低水箱构成一个整体的坐便器。

2.4.1.16

分体式坐便器 two piece water closet

与冲洗水箱分开设置的坐便器。

2.4.1.17

生态坐便器 eco-toilet

不用水冲洗,固液分离、固体污物与锯末等混合、酵化并用作肥料、对生态无不良影响的坐便器。

2.4.1.18

真空排水大便器 vacuum drainage toilet

以水为载体,以真空为动力排除便器中污物的节水型大便器。

2.4.2

小便器 urinal

专供男性小便时用于收集和排除尿液的便溺卫生器具。

2.4.2.1

斗式小便器 small size wall-hung urinal

小便斗

外形呈斗式,不带水封的小型挂式小便器。

2.4.2.2

立式小便器 stall urinal

落地式小便器

靠墙落地固定安装的小便器。

2.4.2.3

壁挂式小便器 wall-hung urinal

挂装于墙壁上的小便器。

2.4.2.4

无水冲洗小便器 waterfree urinal;waterless urinal

无水小便器

不连接给水管,不用水冲洗的小便器。

2.4.3

冲洗水箱 cistern;flush tank

用于冲洗便器的水箱。

2.4.3.1

高位冲洗水箱 high flush tank

高水箱

高位水箱

水箱底离地面安装高度大于1.8 m的冲洗水箱。

2.4.3.2

低位冲洗水箱 low flush tank

低水箱

低位水箱

水箱底离地面安装高度小于1.8 m的冲洗水箱。

2.4.3.3

自动冲洗水箱 automatic flush tank

利用光电感应能在使用后或定时自动放水冲洗便器、便槽的水箱。

2.4.3.4

双档冲洗水箱 dual flush cistern;double switch wash tank

可供两种冲洗水量,分别用于冲洗大便和小便的节水型冲洗水箱。

2.4.3.5

虹吸式冲洗水箱 siphonic flush tank

利用虹吸作用,周期性放水冲洗便器或便槽的水箱。

2.4.3.6

塞封式冲洗水箱 flush tank with outlet plug

利用塞封排水阀控制放水的冲洗水箱。

2.4.3.7

气压式冲洗水箱 pressurized flush tank;pneumatic flush tank

借助给水管网的水压将密闭水箱内的空气压缩而贮能,在放水冲洗时,该能量释放可增强冲洗强度的冲洗水箱。

2.4.3.8

挂式冲洗水箱 wall-hung flush tank

挂箱

在墙上固定安装，用出水管与便器连接的冲洗水箱。

2.4.3.9

坐式冲洗水箱　flush tank fixed directly to toilet

直接坐落在大便器上的冲洗水箱。

2.4.3.10

隐蔽式水箱　concealed cistern

设置在墙内，用于便器的冲洗水箱。水箱只有冲洗按板外露，水箱损坏时，只需拆下按板，即可更换水箱配件。

2.4.4

倒便器　bedpan washer; bed pan sink

用于倾倒便盆(便壶)的器具。

2.5

节水型卫生器具　domestic water saving devices; water saving fixture

节水型生活用水器具

满足相同的饮用、厨用、洁厕、洗浴、洗衣等用水功能，较同类常规产品能减少用水量的器件、用具。

2.5.1

节水型大便器　water saving toilet

在保证卫生要求、使用功能和排水管道输送能力的条件下，一次冲洗水量不大于 6 L 水的大便器。

2.5.2

节水型便器系统　water saving toilet system

由便器和与其配套使用的水箱及配件、管材、管件、接口和安装施工技术组成，每次冲洗周期的用水量不大于 6 L，即能将污物冲离便器存水弯，排入重力排放系统的产品体系。产品采用大、小便分档冲洗的结构，大便冲洗用水量不大于 6 L，小便冲洗用水量不大于 4.2 L。

2.5.3

节水型小便器　water saving urinal

在保证卫生要求、使用功能的条件下，一次冲洗用水量不大于 3 L 的小便器。

2.5.4

节水型洗衣机　water saving washing machine

以水为介质，能根据衣物量、脏净程度自动或手动调整用水量，满足洗净功能且耗水量低的洗衣机产品。

2.6

无障碍卫生器具　plumbing fixture for the disabled

形式、尺寸、安装高度、安装方式、附属装置等便于行动不便的残疾人使用，并能保证其安全的卫生器具。

2.7

水疗设备　hydrotherapy fixture

利用水的压力作用喷射刺激、按摩，或利用水的温热作用，或利用水中所含特种成分的药物作用，治疗某些疾病的特殊医疗设备。按医疗方式分有喷射水流按摩水疗设备和疗效水沐浴水疗设备等。

2.8

浴室　bathroom

专用于沐浴的房间。

2.8.1

整体浴室　combination bathroom

浴室墙体、地面、顶盖和其中的卫生器具整体成型，整体安装就位的浴室。

2.8.2

蒸汽浴室　steam bathroom

使入浴者在蒸汽环境中发汗，达到促进新陈代谢、消除疲劳、镇痛和清洁身体作用的密闭小室。在该浴室的洗浴方式又称湿蒸。

2.8.3

桑拿浴室　sauna bathroom

采用加热到近 100 ℃的热风使空气保持干燥状态，使入浴者在干燥环境中发汗，加速新陈代谢，以利健身、减肥的北欧风格的热气浴室。在该浴室的洗浴方式又称干蒸。

2.9

卫生器具配件　plumbing fixture fitting

与卫生器具配套使用的部件，分给水配件（水嘴、角阀等）、排水配件（排水栓等）和固定支架等。

2.10

洗衣设备　laundry installation

洗衣机械

清除衣物等纤维制品上的污迹，并使其形状、式样恢复到原来形态所使用的机械设备，为洗衣机、脱水机、烘干机、熨平机、精整机、折叠机及其附属设备的总称。

2.10.1

洗衣机　washing machine; laundry washer

其槽（桶）内充有洗涤剂液（或不充有洗涤剂液），在回转筒或波轮的搅动下，可将衣物清洗干净的洗涤机械，按洗涤方式有干洗和湿洗（水洗）之分。

2.10.1.1

节水型洗衣机　water saving washing machine

以水为介质，能根据衣物量、脏净程度自动或手动调整用水量，满足洗净功能且耗水量低的洗衣机。当洗净比 0.8 以上时，单位容量用水量不大于 16 L/kg（滚筒式）或 22 L/kg（波轮式）。

2.10.2

脱水机　laundry extractor

甩干机

压干机

利用离心力或压力等脱除洗涤后衣物多余水分的机械设备。

2.10.3

洗衣脱水机　laundry washer extractor

兼有对衣物洗涤和脱水功能的洗涤机械。

3　水嘴　faucet; water tap; cock

向卫生器具或其他用水设备配水的终端管道附件。

3.1

普通水嘴　faucet

水龙头

水栓

供洗涤用水的水嘴。

3.2

盥洗水嘴　lavatory faucet

进水为角阀式的用于盥洗沐浴的水嘴。

3.2.1

陶瓷片密封式水嘴　ceramic cartridge faucet

利用陶瓷片相对旋转运动达到密封和通水、冷热水混合等功能的水嘴。

3.2.2

非陶瓷片密封式水嘴　nonceramic cartridge faucet

构造内无密封用陶瓷片，而采用其他方式达到密封、通水和冷热水混合等功能的水嘴。

3.2.2.1

轴筒式水嘴　faucet within rotatable cylinder

构造内有一垂直安装可旋转的轴筒，轴筒旋转而达到密封，通水和冷热水混合等功能的水嘴。

3.2.2.2

球阀式水嘴　ball valve faucet

构造内有一圆球，水嘴上阀体可围绕圆球转动，从而达到密封、通水和冷热水混合等功能的水嘴。

3.3

混合水嘴　mixing faucet

可调节冷热水比例并混合、启闭供水的配水装置。

3.3.1

单柄混合水嘴　mixing faucet with single handle

单手柄控制调温、调水量的混合水嘴。

3.3.2

恒温混合水嘴　constant temperature mixing faucet

设定供水水温后，能自行调节温度、供给水量的混合水嘴。

3.4

化验水嘴　faucet for laboratory use

鹅颈龙头

出口多为锥形螺纹尖嘴状、专用以化验洗涤用水的配水装置。

3.4.1

单联化验水嘴　gooseneck faucet without tap

单个鹅颈形出水管的化验水嘴。

3.4.2

双联化验水嘴　gooseneck faucet with one tap

一个化验龙头与鹅颈形出水管相连的组合水嘴。

3.4.3

三联化验水嘴　gooseneck faucet with two tap

两个化验龙头与鹅颈形出水管相连的组合水嘴。

3.5

特殊水嘴　special faucet

具有特殊用途、特殊功能、特殊构造的水嘴。

3.5.1

节水型水嘴　save-water faucet; water saving faucet

具有手动或自动启闭和控制出水口水流量功能，使用中能实现节水效果的水嘴。在水压 0.1 MPa 和管径 15 mm 下，最大流量不大于 0.15 L/s。

3.5.1.1

非接触式水嘴　sensor operated faucet

自动水嘴

不用肢体接触，根据光电效应、电容效应、红外感应、电磁感应等原理启闭和控制出水口流量的节水型水嘴。

3.5.1.2

定流量水嘴 fixed flow tap

阀瓣启闭程度对过水截面的流量无明显影响的节水型水嘴。

3.5.1.3

定水量水嘴 fixed water quantity tap

有延时措施保持一次使用水量定量的节水型水嘴。

3.5.1.4

轴压自闭式水嘴 axial press automatic close tap

靠水压力及预压弹簧的增压而自动密封关闭进水的节水型水嘴。

3.5.1.5

充气水嘴 foamed faucet

充气龙头

泡沫龙头

出水口装有使空气被流出水卷吸入混合出流配件的节水型水嘴。

3.5.2

肘动水嘴 elbow-action cock

用肘部控制手柄快速启闭的旋塞。

3.5.3

脚踏水嘴 foot-action cock

用脚控制踏板通过机械传动而快速启闭的旋塞。

3.5.4

饮水器喷嘴 drinking fountain nozzle

设置在饮水器上部、喷口朝上、供人们直接饮用水的喷嘴。

3.6

冲洗阀 flush valve

在水压直接作用下，用以冲洗便器的活塞阀。

3.6.1

自闭式冲洗阀 self-close flush valve

在水压直接作用下冲洗便器并能自闭的活塞阀。

3.6.1.1

延时自闭式冲洗阀 self-closing flush valve with delayed-time action

在整定的时间内冲洗便器后能自行关闭的冲洗阀。

3.6.1.2

节水型便器冲洗阀 water saving flushing valve for water closet

具有延时冲洗、自动关闭、一次冲洗水量符合节水标准和流量控制功能的便器用冲洗阀。水压为 0.3 MPa 时，大便器一次冲水量 6 L～8 L。小便器一次冲水量 2 L～4 L。

3.7

洒水栓 water tap；hose bib；wall hydrant；hose station

出水口处具有快速接头的配水装置。

3.7.1

人工洒水栓 manual water tap

人工手动操作和控制出水的洒水栓。

3.7.2

自动洒水栓　automatic water tap

自动喷头

利用水力自动旋转布水的洒水栓。

3.7.2.1

自动升降式洒水栓　automatic rising-down water tap

在垂直方向可上下移动的洒水栓，洒水时上升至地面上，不洒水时下降至地面下。

3.8

淋浴器　shower

花洒

带有喷头供洗浴用的配水装置。

3.8.1

莲蓬头　shower head

淋浴器的出水装置。

3.8.2

按摩淋浴器　massage shower

莲蓬头中设有转轮使水流周期变化，起按摩作用的淋浴器。

3.8.3

升降式淋浴器　rising-down shower

带有升降调节杆，莲蓬头高度可调节的淋浴器。

3.8.4

脚踏式淋浴器　foot-controlled shower

用脚控制踏板通过机械传动而启闭控制调节水量的淋浴器。

3.8.5

节水型淋浴器　water saving shower

采用接触或非接触控制方式启闭，并有水温调节和流量限制功能的淋浴器。在水压 0.1 MPa 和管径 15 mm 下，最大流量不大于 0.15 L/s。

3.8.6

充气式淋浴器　foamed shower

淋浴器出水口装有使水流吸气并与水混合出流装置的节水型淋浴器。

3.8.7

恒温淋浴器　shower with constant temperature

淋浴器出水口按设定水温恒温供水的淋浴器。

4　加压、调节、贮存设备　pressurizing; flow regulating and storage equipment

水泵、真空泵、水箱、气压给水设备、调速泵给水设备和管网叠压供水设备的总称。

4.1

水泵　pump

能给液体(水)做功并使其增加能量的机械。

4.1.1

离心泵　centrifugal pump

叶轮的比转速为 30～300 的泵。

4.1.1.1

离心清水泵　centrifugal pump for potablewater

适用于工作介质为清水的离心泵。

4.1.1.2

单级单吸离心泵　single-stage and single-suction centrifugal pump

具有一个叶轮和一个吸液口的离心泵。

4.1.1.3

单级双吸离心泵　single-stage and double-suction centrifugal pump

具有一个叶轮和两个吸液口的离心泵。

4.1.1.4

多级离心泵　multi-stage centrifugal pump

由两个或多个叶轮和壳体(中段)串联组成的离心泵。

4.1.1.5

卧式离心泵　horizontal type centrifugal pump

泵轴呈水平的离心泵。

4.1.1.6

立式离心泵　vertical type centrifugal pump

泵轴呈垂直的离心泵。

4.1.1.7

立式长轴泵　vertical mixed flow pump

垂直安装,泵轴超长的水泵,按叶轮结构分为闭式、半开式和开式。

4.1.2

自吸式水泵　self priming type pump

泵本身能自动抽去吸入管路中空气,并使之充满液体,无需人工灌水的水泵。

4.1.2.1

强自吸泵　strong self-suction pump

泵本身在极短时间(15 s)内,能抽去吸入管中的空气,并使之充满液体,因而启动时不需人工灌水的泵。

4.1.3

管道泵　inline pump

进出口中心线在同一直线,可直接安装在管路上的水泵。

4.1.4

微型泵　microtype pump

采用单相电源作动力的小型泵。

4.1.5

离心污水泵　centrifugal sewage pump

适用于工作介质带有固体颗粒的污水离心泵。

4.1.5.1

卧式污水泵　horizontal sewage pump

泵轴为水平方向的输送污水的水泵。

4.1.5.2

立式污水泵　vertical sewage pump

泵轴呈垂直输送污水的水泵。

4.1.5.3

液下泵　submergible pump

动力装置在地面,工作叶轮在液面下,通过弹性联轴转动的单级单吸立式离心泵。

4.1.5.4

轴流泵　axial flow pump

叶轮的比转数为 500～1 000 的泵,其叶片可调节角度或是固定的。

4.1.6

井泵　well pump

抽升井中地下水至地面以上的水泵。

4.1.6.1

深井泵　deep well pump

动力装置在地面,泵体在深井内地下动水位之下的单吸多级离心泵。

4.1.6.2

深井潜水泵　deep well subaqueous pump

电机和泵体一起浸没于深井内的水位之下的水泵。

4.1.7

潜水泵　subaqueous pump;submersible pump

整个泵体包括电机潜入水中运行的水泵。

4.1.7.1

潜水污水泵　subaqueous sewage pump

潜污泵

具有抗堵塞或撕碎构造的用于提升带有固体颗粒和纤维的污水的潜水泵。

4.1.8

旋涡泵　whirlpool pump

在叶轮外缘带有许多小叶片,在旋转过程中,水在叶片和泵体流道中反复旋涡运动而增压的水泵。

4.1.9

热水泵　hot water pump

输送超过 80 ℃热水的水泵。

4.1.10

耐腐蚀泵　corrosion-resistant pump

由耐腐蚀材料制造、用于输送腐蚀性液体的泵。

4.1.11

手动泵　manual pump

以人手动作为动力的提升水的机具。

4.1.12

往复泵　reciprocating pump

依靠塞、柱、膜等往复运动,使液体增加能量的机械。

4.1.12.1

活塞泵　piston pump

泵体运动部件为活塞的往复泵。

4.1.13

计量泵　measuring pump

具有计量液体流量的泵。

4.1.14

恒压泵　constant pressure pump

置备自动启闭电控装置，或配置减压稳压装置，能满足并维持管网中设定压力区间的泵。

4.1.14.1

切线泵　sundyne pump；tangent pump

叶片垂直于叶轮的切线，流量——扬程曲线平缓，扬程变化在5%以内的泵。

4.1.15

水动力泵　non-energy driven pump；non-dynamic pump

水力驱动泵

无原动机（电动机、柴油机、汽油机），以输送介质（水）为动力的泵。

4.1.16

磁力泵　magnetic pump

靠电力磁场力旋转叶轮的泵。

4.2

真空泵　vacuum pump

用抽吸空气使容器或管路造成一定真空度的泵类。

4.2.1

水环式真空泵　water ring vacuum pump

冷却结构型式为水环式构造，用于抽真空的泵。

4.2.2

旋叶式真空泵　rotary vane pump

旋叶真空泵

由泵体、转子、旋叶等组成，装有旋叶的偏置转子在泵腔内作回转运动，使由旋叶分隔的泵腔工作室容积周期性变化，以实现抽气的真空泵。具有高转速、低噪声、抽速快、效率高、振动小等性能，其真空度低于水环式真空泵；按润滑方式分油润滑和无油润滑两类。

4.3

水箱　water tank

贮存和输配水量的容器。

4.3.1

开式水箱　open water tank

贮存的水与大气相通的水箱。

4.3.2

闭式水箱　closed water tank

贮存的水不与大气相通的水箱。

4.3.3

组合钢板水箱　combination steel plate water tank

拼装式水箱

将钢板用模具冲压成所需模块，经拼装而成的水箱。

4.3.4

钢板水箱　steel plate water tank

用钢板或镀锌钢板拼装或焊接制作的水箱。

4.3.4.1

镀锌钢板水箱　galvanized steel plate water tank

钢板双面热镀锌，制成标准板块后，经拼装、焊接而成的水箱。

4.3.4.2

不锈钢板水箱　stainless steel water tank

将不锈钢板用模具冲压成所需标准板块，经拼装、焊接而成的水箱。

4.3.4.3

防腐瓷釉钢板水箱　ceramic coated anticorrosive steel plate water tank

防锈瓷釉钢板水箱

普通碳钢板冲压成有加强肋的薄壳结构的标准板块，内喷涂表面光滑平整，近似搪瓷的涂料，经拼装而成的水箱。

4.3.5

复合钢板水箱　compound steel plate water tank

碳钢和不锈钢板复合而成复合钢板，制成标准板块后，经拼装、焊接而成的水箱。

4.3.6

搪瓷钢板水箱　enameled steel plate water tank

钢板双面搪瓷，水线密封，制成标准板块后，经拼装而成的水箱。

4.3.7

玻璃钢水箱　FRP water tank

用玻璃纤维或玻璃布增强的塑料制作的水箱。

4.3.8

塑料水箱　plastic water tank

用塑料（聚乙烯等）制作的水箱。

4.4

气压给水设备　pneumatic water supply installation

由气压水罐、水泵机组、电控系统、管路等组成，在水泵运行或非运行时间均能自动、连续供水的设备。

4.4.1

补气式气压给水设备　air supplement pneumatic installation

气压水罐为补气式气压水罐的气压给水设备。

4.4.1.1

余量补气式气压给水设备　surplus air supplement pneumatic installation

在水泵每个运行周期水力自动补气装置向气压水罐补气一次，使补气量多于所需气量的补气式气压给水设备。

4.4.1.2

限量补气式气压给水设备　limited supplement pneumatic installation

在运行中气压水罐内气量达到所需气量时，水力自动补气装置不再向气压水罐输气或不从外界进气，而从罐内吸气再自行补气的补气式气压给水设备。

4.4.1.3

水力补气式气压给水设备　hydraulic air supplement pneumatic installation

利用水泵供水水流自动向气压水罐补气的一种气压给水设备。

4.4.2

隔膜式气压给水设备　diaphragm pneumatic installation

气压水罐为隔膜式气压水罐的气压给水设备。

4.4.3

顶压式气压给水设备　pressurized inert gas pneumatic installation

利用有压惰性气体，以顶压置换方式一次性将气压水罐的水送入给水管网，并投入使用的气压给水设备。

4.4.4

变压式气压给水设备 variable pressure pneumatic installation

在压力上限及压力下限设定值范围内供水的气压给水设备。

4.4.5

定压式气压给水设备 fixed pressure pneumatic installation

在压力设定值工况下供水的气压给水设备。

4.4.6

气压水罐 pneumatic vessel

气压罐

应用波义耳(Robert Boyle)气体定律,用外力将有压水充入并贮存在罐内,气体受到压缩后压力升高,利用水罐中气体压力供水的水罐。

4.4.6.1

补气式气压水罐 air supplement pneumatic vessel

补气罐

带有气体调节控制装置的、水与气接触的气压水罐。

4.4.6.2

隔膜式气压水罐 diaphragm pneumatic vessel

隔膜罐

由隔膜把水室与气室完全隔开的气压水罐。

4.4.6.2.1

半膜式气压水罐 semi-diaphragm pneumatic vessel

半膜罐

水和气均被隔膜(帽形隔膜)及罐体所包容的气压水罐。

4.4.6.2.2

全膜式气压水罐 complete-diaphragm pneumatic vessel

全膜罐

水或气完全被隔膜(囊形隔膜、球形隔膜或胆囊形隔膜)所包容的气压水罐。

4.4.7

橡胶隔膜 rubber diaphragm

用食品级橡胶经过硫化制造的橡胶膜。

4.4.7.1

帽形隔膜 cap type diaphragm

帽膜

外形如同礼帽状的橡胶隔膜。

4.4.7.2

囊形隔膜 bag type diaphragm

囊膜

外形如同袋状的橡胶隔膜。

4.4.7.3

球形隔膜 ball type diaphragm

球膜

外形如同圆球状的橡胶隔膜。

4.4.7.4

胆囊形隔膜　tank-bag type diaphragm

胆膜

外形如同气压水罐罐体的橡胶隔膜。

4.4.8

气体调节控制装置　air regulator and controller

用以调节和控制补气式气压水罐内空气量和空气压力，使补气式给水设备正常运行的装置。由补气、排气、止气等装置组成。

4.4.8.1

补气装置　air supplement unit

利用水泵启、停自动完成向补气式气压水罐补气的装置。

4.4.8.2

排气装置　exhaust unit

当气压水罐内空气量超过需要气量时，自动排出多余气量的装置。

4.4.8.3

止气装置　air stopping unit

当停电或故障时，能防止气体不致外泄的装置。

4.5

调速泵给水设备　governed speed pump water supply installation

改变交流电动机转速或离(偶)合器，以改变水泵转速，可调节水压水量的给水设备。

4.5.1

变频调速给水设备　VFGS water supply installation；variable-frequency governed speed water supply installation

变频泵

变速泵

变量泵

改变供电电源频率控制交流电动机转速，使水泵转速和流量可调节的给水设备。

4.5.1.1

恒压式变频调速给水设备　fixed-pressure VFGS water supply installation

定压变频调速给水设备

按设定的恒定供水压力值运行的变频调速给水设备。

4.5.1.2

变压式变频调速给水设备　variable-pressure VFGS water supply installation

按管网控制点设定恒定压力值，给水压力随给水量变化而改变的变频调速给水设备。

4.5.1.3

双恒压变频调速给水设备　dual fixed-pressure VFGS water supply installation

能按照两个设定压力值服务于两种压力工况自动运行的变频调速给水设备。

4.5.2

电磁调速给水设备　electromagnetic governed speed water supply installation

由节能电磁调速电机带动水泵无级调速运行，可实现定压变量给水和变压变量给水的设备。

4.5.3

变频式气压给水设备　variable frequency pneumatic installation

带有气压水罐具有气压给水功能的变频调速给水设备。

4.6

管网叠压给水设备　pressure-superposed water supply installation in pipe network

由水泵机组通过水质、水压保护装置，从供水管网直接吸水叠压供水(恒压供水或变压供水)，利用管网余压达到节能的目的，保证供水管网水压不小于设定压力值，不影响周围其他用户用水，且水质不被污染的给水设备。包括：管网增压稳流给水设备、直接加压供水设备、管网保护型全封闭直接供水设备、智能化全自动增压水箱、水泵直接吸水供水装置、全自动正压供水设备、智慧型稳流给水设备、智能型管网直接供水装置等。

4.7

无负压给水设备　non-negative pressure water supply equipment

直接串接到市政给水管网或有压管网上加压，有效利用原有管网压力达到节能的目的而对市政给水管网或有压管网不产生负压，不影响周围其他用户用水，能稳定和调节流量全封闭无污染的给水设备。主要由水泵、稳流补偿器、真空抑制器、控制柜、传感器、管道、阀门等组成。

4.8

箱式泵站　chamber pump

变频调速设备和水箱的组合体，水箱贮存一定水量，平时用水，变频泵从管网直接吸水，用水高峰时，变频泵从水箱吸水。

5　加热贮热设备　heating and storage equipment

制备与贮存热水的设备。

5.1

间接加热设备　indirect heating equipment

热交换设备

换热设备

热媒与被加热水不直接接触，通过传热壁加热的加热设备。

5.1.1

容积式水加热器　storage heat-exchanger

容积式热交换器

容积式换热器

承压并贮存一定热水量的间接加热设备。

5.1.1.1

卧式容积式水加热器　horizontal storage heat-exchanger

罐体卧置的容积式水加热器。

5.1.1.2

立式容积式水加热器　vertical storage heat-exchanger

罐体直立的容积式水加热器。

5.1.1.3

单管束容积式水加热器　one pipe set storage heat-exchanger

只有一组加热管束的容积式水加热器。

5.1.1.4

双管束容积式水加热器　dual pipe set storage heat-exchanger water supply installation

具有两组加热管束的容积式水加热器。

5.1.1.5

导流型容积式水加热器　storage type heat exchanger of guide flow type

带有引导被加热水流向加热管束的容积式水加热器。

5.1.1.6

U 形管型容积式水加热器　U type pipe-set storage heat-exchanger

加热盘管为 U 形的容积式水加热器。

5.1.2

快速式水加热器　instantaneous heat-exchanger

热媒与冷水通过高速流动，快速换热的间接加热设备

5.1.2.1

蒸汽-水快速加热器　steam to water instantaneous heat-exchanger

热媒为蒸汽的快速水加热器。

5.1.2.2

水-水快速加热器　water to water instantaneous heat-exchanger

热媒为热水的快速水加热器。

5.1.2.3

U 形管快速加热器　U type pipe-set instantaneous heat-exchanger

以 U 形管束为换热元件的快速水加热器。

5.1.2.4

板式快速加热器　plate type instantaneous heat-exchanger

以金属板为换热元件的快速水加热器。

5.1.2.4.1

波纹板式快速加热器　corrugate plate type instantaneous heat-exchanger

以薄金属波纹板为换热元件的快速水加热器。

5.1.2.4.2

螺旋板式快速水加热器　helical plate type instantaneous heat-exchanger

以两块两端密封卷制成具有平行螺旋通道的金属板组成的快速水加热器。

5.1.2.5

列管式快速加热器　parallel pipe set instantaneous heat-exchanger

以平行排列的管束为换热元件的快速水加热器。

5.1.3

半即热式水加热器　semi-instantaneous heat-exchanger

带有预测水温装置，储存容积较少的快速水加热器。

5.1.3.1

浮动盘管半即热式水加热器　floating coil semi-instantaneous heat-exchanger

加热盘管竖直安装，且具有自动除垢功能的半即热式水加热器。

5.1.3.2

弹性管束型半即热式水加热器　elastic tube bundles semi-instantaneous heat-exchanger

加热盘管水平安装，且具有自动除垢功能的半即热式水加热器。

5.1.4

半容积式水加热器　semi-storage heat-exchanger; half storage type heat exchanger

带有适量贮存与调节容积的内藏式快速水加热器。

5.1.4.1

导流型半容积式水加热器　semi-storage heat-exchanger of guide flow type

带有引导被加热水流向加热管束的半容积式水加热器。

5.1.4.2

弹性管束性半容积式水加热器　elastic tube bundles semi-storage heat-exchanger

加热盘管水平安装，且具有自动除垢功能的半容积式水加热器。

5.1.4.3

浮动盘管型半容积式水加热器　floating coil semi-storage heat-exchanger

加热盘管竖直安装，且具有自动除垢功能的半容积式水加热器。

5.1.5

壳体　shell of heat-exchanger

水加热器的金属外壳。

5.1.6

加热盘管　heating coil

换热盘管

两种不同温度的流体不直接接触进行热交换的加(换)热元件。

5.1.7

热管式水加热器　heating tube exchanger

以热管为换热元件的间接加热设备。

5.1.7.1

热管　heating tube

由封闭管段、管芯、工作液体组成，利用工作液体高速沸腾、凝结传热原理实现高效换热的元件。

5.1.8

电热水器　electric water heater

利用电能转换热的加热设备。

5.1.9

蒸汽盘管热水器　steam coil water heater

利用蒸汽为热媒、加热盘管为换热组件的间接加热设备。

5.1.10

太阳能热水器　solar energy water heater; solar water heater

将太阳能转化成热能以加热水所需的部件和附件组成的完整装置。通常包括集热器、贮水箱、连接管道、控制系统和其他部件。

5.1.10.1

集热器　heat collector

吸收太阳辐射热并向介质传递热量的装置。

5.1.10.1.1

平板型太阳能集热器　plate solar heat collector

吸热体表面基本为平板形状的非聚光型太阳能聚热器。

5.1.10.1.2

真空管型太阳能集热器　vacuum-tube solar heat collector

若干支真空太阳集热管按一定规则排成阵列与联集管，尾架和反射器等组装的太阳能集热器。

5.1.10.2

贮热水箱　heat storage tank

太阳能热水系统中储存热水的装置，简称贮水箱。

5.1.10.3

辅助热源加热设备　auxiliary heating device

在保证太阳能集热系统充分工作的条件下辅助运行的设备。

5.1.11

热泵　heat pump

利用逆向热力循环实现蒸发器与冷凝器功能转换的制冷或制热装置。

5.1.11.1

水源热泵　water source heat pump

以水为低温热源的热泵,通常有水/水热泵、水/空气热泵等形式。

5.1.11.2

空气源热泵　air source heat pump

以空气为低温热源的热泵,通常有空气/空气热泵、空气/水热泵等形式。

5.1.11.3

地源热泵　geothermal heat pump;ground coupled heat pump;ground source heat pump

以土壤、地下水为热源,水为载体在封闭环路中循环进行热交换的热泵。

5.1.11.4

地源热泵系统　ground source heat pump system

以岩土体或地下水为低温热源,由水源热泵机组、地热能交换系统、建筑物内系统组成的供热系统。

5.2

直接加热设备　direct heating equipment

不通过热媒来传递热量、或通过热媒但热媒不再回收的加热设备。

5.2.1

混合加热器　mixed heat-exchanger;heat-mixture

热媒与被加热水直接接触的直接加热设备。

5.2.1.1

汽—水混合加热器　steam-water heat-mixer

蒸汽与水直接混合加热的设备,兼有降低噪声的功能。

5.2.1.2

热水混合加热器　water-water heat-mixer

热媒水与冷水直接混合加热的设备。

5.2.2

热水锅炉　water boiler

以燃料为热源直接加热冷水以制备热水的直接加热设备。

5.2.2.1

燃气热水锅炉　gas fired water boiler

以燃气为热源的锅炉。

5.2.2.2

燃油热水锅炉　oil fired water boiler

以燃油为热源的锅炉。

5.2.2.3

燃煤热水锅炉　coal fired water boiler

以煤为热源的锅炉。

5.2.2.4

电锅炉　electric boiler

以电为热源的锅炉。

5.2.3

热水机组 burning oil and gas hot water heater

由燃烧器、水加热炉体、燃油、燃气供应系统等组成，以燃气或燃油为热源的设备组合体。

5.2.3.1

常压热水机组 burning oil and gas normal pressure hot water heater

机组水套与大气相通，机组本体始终保持常压状态的热水机组。

5.2.3.2

燃气热水机组 gas fired water heater

以燃气为热源的热水机组。

5.2.3.3

燃油热水机组 oil fired water heater

以燃油为热源的热水机组。

5.2.3.4

电热式热水机组 electric water heater

用电热元件加热冷水的热水机组。

5.2.3.5

直接加热热水机组 hot water heater of direct heating

以机组内被加热的水只经过一次换热直接供应热水的热水机组。

5.2.3.6

间接加热热水机组 hot water heater of indirect heating

以机组内被加热的热媒水间接加热冷水而供应热水的热水机组。

5.2.3.7

组环式热水机组 annulus water heater

由若干个相互分离的环状水套组成，水套作为加热器的受热构件的热水机组。

5.2.3.8

壳管式热水机组 shell and tube water heater

由壳体和装配在壳体内的换热管道组成的壳管式结构的热水机组。

5.2.3.9

真空式热水机组 vacuum water heater

水、汽换热置与始终处于负压状态的锅炉蒸发室内进行汽、水换热的热水机组。

5.2.4

家用燃气采暖热水两用炉 domestic gas boiler for both heating and hot water supply

以燃气为热源，用于加热住宅家庭用采暖和生活热水的锅炉。

5.3

开水器 boiling-water heater

开水炉

制备开水的设备。

5.3.1

蒸汽盘管开水炉 steam coil boiling-water heater

以蒸汽为热媒，加热盘管为换热组件制备开水的锅炉。

5.3.2

热管开水器 heating tube boiling-water heater

以热管为换热元件制备开水的设备。

5.3.3

电开水器　electric boiling-water heater

利用电能转变成热能制备开水的设备。

5.4

热水贮水箱、贮水罐　hot-water tank and vessel

开式和闭式贮热设备。

5.4.1

热水贮水箱　hot-water tank

开式(不承压)的贮热设备。

5.4.2

热水贮水罐　hot-water vessel

闭式(承压)的贮热设备。

5.5

热水膨胀水箱、膨胀罐　hot-water expansion tank and vessel

开式和闭式系统用以吸收热水膨胀量的设备。

5.5.1

热水膨胀水箱　hot-water expansion tank

吸收热水膨胀量并排出管网内积气的水箱。

5.5.2

热水膨胀水罐　hot-water expansion vessel;pneumatic vessel for expanding water

压力膨胀罐

吸收封闭式管网内热水膨胀量的水罐。

5.6

热水分水器、集水器、分汽缸　collector;distributor

实现主干管和分支管分流或集流的装置。

5.6.1

分集水器　supply and return header

一种由筒体、接头、橡胶密封圈、丝堵、放气阀等构成,实现主干管至各分支管的分流或把各分支管集流至主干管的一种连接装置。

5.6.1.1

热水分水器　hot-water distributor

将汇集的热水均匀分配至用户或给水分区的装置。

5.6.1.2

热水集水器　hot-water collector

将用户或给水分区的热水回水汇集的装置。

5.6.2

分汽缸　steam distributor

将汇集的蒸汽均匀分配至用户的装置。

6　地漏　floor drain;floor sink

接纳并排除地面积水的附件。

6.1

有水封地漏　floor drain within siphon;water seal type floor drain

带水封地漏

本身构造具有水封功能的地漏。

6.2

无水封地漏　floor drain without water seal

本身构造无水封功能的地漏。

6.2.1

直通式地漏　straight floor drain

接纳并排除地面积水且出水口垂直向下的无水封地漏。

6.3

多用型地漏　multi-useful floor drain

用于地面排水并兼有插洗衣机排水管功能或安装形式特殊的地漏。

6.3.1

快开地漏　quick-operating floor drain

密封盖板下设有弹簧能快速打开盖板的密闭地漏。

6.4

密闭地漏　closed floor drain;seal-type floor drain

带有密封盖板的地漏。其盖板具有需排水时人工打开、不需排水时可密闭的功能。其内部结构分有水封和无水封两种形式。

6.4.1

地漏盖板　cover of floor drain

安装在地漏表面没有孔隙的盖面，是密闭地漏的部件之一。

6.5

网框式地漏　grid-type floor drain

带网框地漏

内部带有拦截杂物的活动网框，并可取出倾倒的地漏。其内部结构分有水封和无水封两种形式。

6.6

防溢地漏　preventing overflow floor drain;forbidden-spill floor drain

防返溢地漏

具有防止废水在排放时冒溢出地面功能的有水封地漏。

6.7

多通道地漏　multi-way floor drain;multiple-connection floor drain

同时可接纳并排除地面积水和1～2个卫生器具排水的有水封地漏，同时接纳并排除地面积水和2个卫生器具排水的称为双通道地漏。

6.8

侧墙式地漏　wallside floor drain;side-drain floor drain

箅子为垂直方向安装且具有侧向接纳并排除地面积水功能的无水封地漏。

6.9

直埋式地漏　embedded floor drain

可直接安装在垫层且排出管不穿越楼层的有水封地漏。

6.10

防爆地漏　blastproof floor drain

防爆波地漏

战时能防止冲击波和毒气等进入防空地下室室内的地漏。

6.11

条形地漏　floor drain with strip strainer

地面进水的箅子形状为长条形平面，一般设置在浴盆边的地漏。

6.12

钟罩地漏　bell type floor drain；bucket floor drain

扣碗式地漏

利用钟罩（扣碗）与出水管形成水封阻气的地漏。

6.13

特殊地漏　special floor drain

与传统地漏构造不同，密封原理不同的地漏。

6.13.1

机械密封地漏　mechanical sealing floor drain

依靠机械构造来达到密封要求的地漏。

6.13.1.1

磁性密封翻斗式地漏　magnetic sealing tip floor drain

由本体和地漏芯子组成，芯子依靠磁铁复位实现机械密封的地漏。

6.14

地漏箅子　strainer of floor drain

地漏的进水格栅。

7　检查井　inspection chamber；manhole

为检查、清通和维护地下给水排水管道有出入口的井状装置，由井室、井筒、盖板、井盖等组成。

7.1

塑料检查井　plastic inspection chamber

以塑料树脂为原料，经加工或成型工艺生产的由井座、井筒、井盖（塑料井盖或铸铁防护井盖及塑料内盖）构成的成品检查井。

7.1.1

塑料污、废水检查井　plastic sewage inspection chamber

设置在污、废水管道上，内底设有流槽的塑料检查井。

7.1.2

塑料雨水检查井　plastic rainwater inspection chamber

设置在雨水管道上，内底设有沉泥室的塑料检查井。

7.1.3

沉泥室　silt settling pit

检查井底部用于沉淀泥沙的斗状空间。

7.1.4

井座　fundus of chamber；chamber body；base chamber of manhole

设置在塑料检查井底部的部件，其侧面设有排水管（流入管和流出管），连接用接口，上部设有井筒，连接用接口，下部设有流槽或沉泥室。

7.1.4.1

有流槽井座　drainage chamber body

用于污、废水检查井或雨水检查井（不设沉泥室时）的井座。

7.1.4.2

有沉泥室井座 rainwater chamber body

用于雨水检查井的井座。

7.1.5

井筒 shaft

连接井座和检查井井盖的部件。

7.1.6

井盖 chamber cover

直接安装在检查井上部用于开启和封闭井口的盖。

7.1.6.1

塑料井盖 plastic cover

直接安装在井筒上部的塑料材质盖,用于开启和封闭井口。

7.1.6.2

铸铁防护井盖 cover of inspection chamber in cast-iron protection

为避免车辆荷载等直接作用于塑料检查井塑料材质部件而设置在井筒上部外侧的铸铁井盖,由铸铁盖和盖座组成。

7.1.6.3

内盖 interior cover

设置铸铁防护井盖时用来盖住井筒上部的塑料盖。

7.1.6.4

基座 base

设置在铸铁防护井盖下部的塑料防沉降板。

7.1.6.5

盖座 cover frame

用以承托井盖的座。

7.2

管件型检查井 pipe-fitting type inspection chamber

一次注塑成型或用管件截切,拼接并焊接成整体的检查井。

7.3

模块式检查井 module type inspection chamber

井体加工成预制构件,在现场拼装成整体的检查井。

7.4

检漏井 leak inspection chamber

湿陷性黄土区用于及时发现管道漏水进行检修的检漏设施。

8 建筑水处理设备 building water and wastewater treatment equipment;plumbing appliance

对建筑给水或排水进行处理以使其达到使用或排放标准的设备。

8.1

净水设备 water purifying equipment

为提高供水水质标准对生活饮用水作进一步净化处理的设备。

8.1.1

活性炭净水器 activated carbon water purifier

以活性炭为过滤介质,去除水中臭、味、色和酚等微量有机物和一些重金属离子的装置。

8.1.2

饮用水一体化净水器　integrated water purifier

在有压或无压状态下将絮凝、沉淀(或澄清)、过滤组合在一起的饮用水净水装置。按型式分为压力式和重力式。

8.1.3

微孔过滤器　microporous filter

以微孔过滤元件去除水中微小的悬浮颗粒、细菌及其他杂质的装置。

8.1.4

砂过滤器　sand filter

以石英砂为滤料去除水中悬浮固体和混浊物的装置。

8.1.5

全自动反冲洗过滤器　automatic backwash filter

水由过滤器进水口进入机体，滤后水由出口至收集装置，待进出水口的压力差值达到预设定压差值(允许水头损失)时，反冲洗进水阀和排污阀自动开启，反冲洗结束后自动关闭，循环工作的装置。

8.1.6

膜处理设备　membrane treatment equipment

采用透过膜为主要原件，以物理方式去除水中杂质的水处理设备。

8.1.6.1

反渗透膜处理设备　reverse osmosis membrane treatment equipment

反渗透膜具有透过水而不透过溶质的选择性；反渗透膜处理是利用压力差为推动力的膜法水处理技术，去除水中大部分的杂质、各种离子、分子、有机胶体、细菌和病毒等，以完成溶液的分离、分级、提纯和浓缩。反渗透膜处理设备即按一定技术要求将反渗透膜元件与外壳等其他部件组装在一起的设备。

8.1.6.2

纳滤膜处理设备　nanofiltration membrane treatment equipment

纳滤是一种介于反渗透和超滤之间的膜分离技术，适合分离分子量在 200 g/mol 以上，分子尺寸在 1 nm～2 nm 左右的物质，可截留小分子有机物而使盐透过，以完成溶液的分离、分级、提纯和浓缩。纳滤膜处理设备即按一定技术要求将纳滤膜元件与外壳等其他部件组装在一起的设备。

8.1.6.3

超滤膜处理设备　ultra filtration membrane treatment equipment

超滤是一种介于纳滤与微滤之间的膜分离技术，相应孔径大小的近似值约为 50 Å～1 000 Å，分离过程以筛滤机理为主，阻止水中的悬浮物、微粒、胶体、大分子有机物和细菌等大于膜孔径的溶质通过，以完成溶液的分离、分级、提纯和浓缩。超滤膜处理设备即按一定技术要求将超滤膜元件与外壳等其他部件组装在一起的设备。

8.1.6.4

微孔滤膜处理设备　micro filtration membrane treatment equipment

微孔滤膜过滤的分离作用属于筛分过程，膜的孔径范围约为 0.1 μm～70 μm，可阻止水中的悬浮物、微粒和细菌等大于膜孔径的杂质透过，以完成溶液的分离、分级、提纯和浓缩。微孔滤膜过滤处理设备即按一定技术要求将微滤膜元件与外壳等其他部件组装在一起的设备。

8.2

软化和除垢设备　softening and demineralizing equipment

去除水中钙、镁等离子的设备。

8.2.1

软化设备　softening equipment

去除水中硬度盐类离子的设备。

8.2.1.1

离子交换器　ion exchanger

指利用离子交换剂，使交换剂和水溶液中某些盐类离子之间发生等物质量规则的可逆性交换的装置。

8.2.1.2

H 离子交换器　hydrogen-ion exchanger

通过离子交换器上的 H 离子置换，去除水中硬度盐类离子的装置。

8.2.1.3

Na 离子交换器　sodium-ion exchanger

通过离子交换器上的 Na 离子置换，去除水中硬度盐类离子的装置。

8.2.2

除垢装置　scale-borer；scale-cleaner

采用机械或物理方法清除管道或容器中水垢的装置。

8.2.3

防垢装置　scale preventer

防止用水设备、管道等结水垢的给水物理、物化处理装置。

8.3

生活污水处理设备　domestic sewage treatment equipment

为使生活污水达到排放标准或再次使用的水质要求，对其进行水质处理的设备。

8.3.1

毛发聚集器　hair interceptor

用于截留理发室、公共浴室等含有较多毛发和纤维的排水场所，可防止管道和水处理设备堵塞的装置。

8.3.2

水封井　trap well

以水封方式隔断上、下游管道的互通空间，防止污废水中可燃、有害气体通过管道蔓延的装置。

8.3.3

隔油池　oil separator

隔油器

利用水油比重差异来分离、阻截和收集废水中含有的动植物油脂的装置。

8.3.4

格栅　bar screen

用以拦截水中较大尺寸的漂浮物或其他固体杂质的一种栅条形的隔污装置。

8.3.5

格网　bar net

用以拦截水中较小尺寸的漂浮物或其他固体杂质的一种网状的隔污装置。

8.3.6

沉砂池　settling basin；grit chamber

去除比重大于水，能自然沉淀析出的较大粒径沙粒或杂粒的处理装置。

8.3.7

降温池　cooling tank

降低排水温度的处理装置。

8.3.8

化粪池 septic tank

将生活污水分格沉淀,并对污泥进行厌氧消化的处理装置。

8.3.9

净化槽 purifying tank

主要利用微生物的作用和物理化学作用,处理生活污水的一种装置。

8.3.10

曝气装置 aeration equipment

为污水的生物处理提供所需氧气,并在处理过程中具有搅拌混和作用的装置。

8.3.11

生物转盘 rotating biological disk

由盘片组或转筒、氧化槽、传动装置等构成的膜法好氧生物处理装置。

8.3.12

生物接触氧化塔 bio-contact oxidation tower

由浸没在污水中的填料和人工曝气系统构成的塔形处理装置。

8.3.13

生物栅 biology bar

是一种为参与污染物处理的微生物、原生动物、小型浮游动物等提供附着生长条件的处理装置。

8.3.14

生物净化床 biology purifying bed

利用微生物作为滤料,当污水通过时,滤料吸附的有机物质使微生物繁殖生长,并进一步吸附水中的悬浮物、胶体等物质,从而逐渐形成由细菌、真菌、原生动物等组成的生物膜的处理装置。

8.3.15

一元化污水处理装置 unified sewage treatment unit

将沉淀、生物处理和消毒合于一体的小规模生活污水综合处理装置。

8.4

中水处理设备 reclaimed water treatment equipment

指对中水水源进行处理并使其达到规定的水质标准,可在生活、市政和环境等范围内杂用的设备。

8.4.1

调节池 balance tank

为免受废水高峰流量或浓度变化的影响,在废水处理设施之前设置的流量调节装置。

8.4.2

沉淀池 sedimentation basin

应用沉淀作用去除水中悬浮物的一种处理装置。

8.4.3

气浮池 floatation tank

运用絮凝和浮选原理使液体中的杂质分离上浮而将其去除的处理装置。

8.4.4

过滤池 filter chamber

完成过滤工艺的处理装置。

8.5

气浮处理设备 floatation treatment equipment

在水中通入或产生大量的微细气泡,使其黏附于絮凝颗粒上,造成整体比重小于水的状况,使其迅速浮至水面，从而使固液分离的设备。

8.5.1

压力溶气罐　pressure dissolved air vessel

将压缩空气溶入压力水的密闭容器。

8.5.2

溶气释放器　dissolved air releaser

将压溶于水中的空气释放出来的装置。

8.6

游泳池循环净化装置　swimming pool circular water purifier

对使用过的游泳池的池水进行过滤净化以去除水中悬浮固体和胶体杂质，并对池水进行消毒杀菌的装置。

8.6.1

毛发聚集器　hair interceptor

见本标准 8.3.1。

8.6.2

压力滤器　pressure filter

在密闭容器中进行压力过滤的设备。

8.6.2.1

砂过滤器　sand filter

见本标准 8.1.4。

8.6.2.2

无烟煤过滤器　pressure filter filled with anthracite

以无烟煤为滤料的压力滤器。

8.6.2.3

轻质滤料过滤器　pressure filter filled with foaming polystyrene

以聚苯乙烯泡沫塑料珠为滤料的压力滤器。

8.6.2.4

硅藻土过滤器　DE filter;diatomaceous earth filter

以硅藻土为滤料的压力滤器。按过滤器结构分为板框式和筒装式。

8.6.3

矽硅土过滤器　filter filled with silica

以矽硅土为滤料的滤器。

8.7

消毒设备　disinfecting equipment

灭活原水中致病细菌和病毒的设备。

8.7.1

加氯机　chlorinator

对加氯量进行控制、计量和投加的装置。

8.7.2

次氯酸钠发生器　hypochlorite generator

电解盐水或海水制取次氯酸钠的装置。

8.7.3

臭氧发生器　ozone generator

通过无声放电等方法产生臭氧的装置。

8.7.4

氯片消毒器　chlorine tablet disinfector

使氯片与污水接触并定量溶解的装置。

8.7.5

二氧化氯消毒剂发生器　chlorine dioxide synergetic disinfectant generator

通过电解法或化学法产生ClO_2,Cl_2,H_2O_2,O_3等多种强氧化剂协同消毒的装置。

8.7.6

紫外线消毒器　ultraviolet disinfector

利用紫外线发生器对水进行消毒灭菌处理的装置。

8.7.7

水箱自洁消毒器　tank self-cleaning disinfector

利用水中自有成分,通过微电解产生氧化性物质,对水箱(池)或水塔中的水进行消毒和抑菌抑藻处理,并通过循环处理使含有消毒成分的水不断地清洁水箱(池)或水塔内壁的消毒设备。

9　游泳池、游乐池设备　equipment for swimming and amusement pool

游泳池、游乐池包括滑道、造浪、环流、按摩、戏水和循环、净化、消毒、进出水、安全装置等设备的总称。

9.1

游泳池　swimming pool

人工建造,供人们在水中进行活动的水池。

9.1.1

拼装式游泳池　combination swimming pool

工厂预制,在现场拼装的,供人们在水中进行活动的水池。

9.2

水上游乐池　amusement pool

人工建造的,供人们在水上或水中娱乐休闲和健身的各种游乐设施和水池。

9.2.1

滑道池　splash pool; waterslide splashdown

滑道跌落池

位于滑道末端下部位置,为保证人们安全地从高台通过滑道下滑到最低位置而建造的水池。

9.2.1.1

滑道　waterslide

一种供人们从高处通过板槽圆筒或半圆筒等形状的滑梯滑落到滑道跌落池的娱乐设施。滑道内保持有一定厚度并连续不断的水流,从滑道顶端流入水池。

9.2.2

造浪池　wave pool

人工建造的,配有造浪机房、池底斜坡、能模仿产生类似江海波浪的水池。造浪机房一般设于池子深端,池底按规定坡度由深端延伸至水面以上。

9.2.3

环流河　lazy river

人工建造的,通过水力机械推动其内水体以要求速度流动的环形弯曲河道。

9.2.4

按摩池　SPA pool; hot tub

人工制造或建造的，利用压缩空气、加压水泵、振动设施等形成满足要求的水射流或水波，能起到一定按摩作用的水池。

9.2.5

戏水池　paddling pool; wading pool

人工建造，池深较浅，配备有一定数量的趣味性戏水设施的娱乐水池。

9.2.5.1

儿童戏水池　paddling pool for children

人工建造的主要供儿童娱乐的水池。

9.3

进出水口　water inlet and outlet

安装在游泳池或水上游乐池池壁或池底进水口或出水口的总称。

9.3.1

给水口　water inlet of swimming pool

安装在游泳池或水上游乐池池壁或池底向池内送水的设有格栅盖的喇叭口状扩散口。

9.3.2

回水口　water outlet of swimming pool

安装在游泳池或水上游乐池池底或池岸溢流回水槽内的设有格栅盖的配件。

9.3.3

泄水口　main drain

安装在游泳池池底最低处能将池水完全泄空的排水口。

9.3.4

溢流水槽　overflow gutter

设在游泳池或水上游乐池岸上，位于池壁外侧的水槽。它收集池内溢水和消除、吸收泳池、游乐池的水波。槽内设有排水口，槽上设有组合式格栅盖。

9.3.5

溢流回水槽　overflow channel

同溢流水槽，但槽的尺寸和槽内排水口的数量按游泳池或水上游乐池的全部循环水量确定。

9.3.6

吸污接口　connector for sucking silt

当游泳池采用循环水净化系统时，供吸污器抽吸池底积污用的连接接口。

9.4

安全装置　safety equipment

为防止跳水运动员受伤而设置的即时安全气垫和制波装置的总称。

9.4.1

即时安全气垫　instant safety cushion

安全保护气垫

为消除跳水运动员的畏惧心态和防止碰伤，而在跳水池池底设置的空气喷射装置，使池水表面产生均匀的泡沫空气垫(枕)。

9.4.2

制波装置　wave making machine

竞赛用跳水池，用气泡、喷水或涌泉等方法使水面呈现均匀的波纹小浪的装置。

10 冷却设备 cooling equipment

喷水冷却池冷却和冷却塔冷却系统所采用的设备。

10.1

冷却塔 cooling tower

水和空气之间进行热交换或热质交换,使水冷却的塔式装置。

10.1.1

机械通风冷却塔 mechanical draft cooling tower

用风机进行强制通风的冷却塔。

10.1.1.1

抽风式机械通风冷却塔 induced draft mechanical cooling tower

风机设置在冷却塔空气出口处的冷却塔。

10.1.1.2

鼓风式机械通风冷却塔 forced draft mechanical cooling tower

风机设置在冷却塔进风口处的冷却塔。

10.1.1.3

横流式冷却塔 crossflow cooling tower

水流在塔上部垂直落下,空气水平流动通过淋水填料,气流与水流正交流动的冷却塔。

10.1.1.4

逆流式冷却塔 counterflow cooling tower

水流在塔内垂直落下,气流方向与水流方向相反的冷却塔。

10.1.2

喷射式冷却塔 spray cooling tower

不用电力风机作动力,借助喷射水流的诱导作用,将周围空气吸入塔内与喷雾水滴接触发生热质交换,而达到水冷却目的的冷却塔。

10.1.2.1

喷雾填料型喷射式冷却塔 spray cooling tower with packing

工艺构造有淋水填料的喷射式冷却塔。

10.1.2.2

喷雾通风型喷射式冷却塔 spray ventilation cooling tower

工艺构造有淋水筛网和喷雾装置的喷射式冷却塔。

10.1.3

自然通风冷却塔 nature draft cooling tower

无风机、纯自然通风方式的冷却塔。

10.1.4

封闭式冷却塔 closed-system cooling tower

将机械通风(湿式)冷却塔和热交换器(冷却盘管)组合而成的一种干-湿式冷却塔。

10.1.5

玻璃钢(玻璃纤维增强塑料)冷却塔 FRP cooling tower; fiberglass reinforced plastic cooling tower

单塔冷却水量 1 000 m^3/h 以下机械通风,装有淋水填料,玻璃纤维增强塑料(玻璃钢)与金属件组成混合结构冷却塔。

10.1.6

标准型玻璃钢冷却塔 standard FRP cooling tower

规定为标准工况型玻璃钢冷却塔的总称。

注：进水温度 $t_1=37$ ℃，出水温度 $t_2=32$ ℃，设计水温差 $\Delta t=5$ ℃，湿球温度 $\tau=28$ ℃，干球温度 $\theta=31.5$ ℃，大气压力 $p=100.4$ kPa。

10.1.7

中温型玻璃钢冷却塔　mid-temperature FRP cooling tower

规定为中温工况型玻璃钢冷却塔的总称。

注：进水温度 $t_1=40$ ℃，出水温度 $t_2=32$ ℃，设计水温差 $\Delta t=8$ ℃，湿球温度 $\tau=28$ ℃，干球温度 $\theta=31.5$ ℃，大气压力 $p=100.4$ kPa。

10.1.8

高温型玻璃钢冷却塔　high temperature FRP cooling tower

规定为高温工况型玻璃钢冷却塔的总称。

注：进水温度 $t_1=43$ ℃，出水温度 $t_2=33$ ℃，设计水温差 $\Delta t=10$ ℃，湿球温度 $\tau=28$ ℃，干球温度 $\theta=31.5$ ℃，大气压力 $p=100.4$ kPa。

11　水景设备　waterscape equipment

构成各种水流景观所使用的设备、装置、机械和器具的总称。

11.1

固定式水景设备　fixed waterscape equipment

固定安装，不能随意移动的水景设备。

11.2

移动式水景设备　moving waterscape equipment

可随意移动的小型水景设备。

11.2.1

微型水景　micro waterscape equipment

袖珍喷泉

微型喷泉设备

能结合室内陈设或盆景，构成水流景观或使水雾化的小型水景设备。

11.2.2

雾化盆景　foggy waterscape equipment

利用盆景底部装设的超声波振子使水雾化，形成雾气弥漫现象的微型水景设备。

11.3

半移动式水景设备　semi-movable waterscape equipment

除水池外，其他设备装置等均可随意移动的水景设备。

11.4

喷泉设备　fountain equipment

用于构成水流姿态的水泵、喷头等的组合装置。

11.4.1

程控喷泉设备　program-controlled fountain equipment

可按照预先编制的程序自动组合、变换水流姿态和照明灯光的喷泉设备。

11.4.1.1

音乐喷泉设备　synchronized fountain equipment

水流姿态与音乐、照明效果自动同步协调变换的喷泉设备。

11.4.2

组合式喷泉设备　fountain unit

将喷泉喷头、管道、阀门、水泵等组装在一起而构成的，能喷出一定水景造型的一体化成套喷泉设备。

11.4.3

造型喷泉设备　moulding fountain equipment

题材喷泉设备

与艺术造型相配合，以特殊姿态的水流与造型艺术相互陪衬、烘托以提高其艺术效果的喷泉设备。

11.4.4

时钟喷泉设备　time-indicate fountain unit

报时喷泉设备

可利用喷水形成字幕、图案指示时间的喷泉设备。

11.4.5

激光喷泉设备　laser fountain unit

用激光照到水幕或水帘上，形成各种图案或字幕或动画的喷泉设备。

11.5

水幕设备　water curtain

呈现为膜状水流的水景。

11.5.1

水幕系统　water curtain system

由水泵、稳流箱或整流器和布水器组成，由水泵将水流送至稳流箱或整流器，再沿开口部位形成膜流的水景设备。

11.6

喷泉喷头　fountain sprinkler head; fountain nozzle

具有各种形状的断面，能够约束喷出的水流造成各种姿态的喷水装置。

11.6.1

单式喷头　single flow style sprinkler head

单一的水流姿态的喷泉喷头。

11.6.2

复式喷头　multi-head

由数个单式喷头构成，可喷出多样水流姿态的喷泉喷头。

11.6.3

直流喷头　jet nozzle; straight stream sprinkler head

射流喷头

定向直射喷头

具有圆形等径或渐缩过水断面，流束在喷头内不改变方向的单式喷头。

11.6.3.1

可调直流喷头　adjustable jet nozzle

万向直流喷头

带有方向接头可改变流束方向的直流喷头。

11.6.3.2

直上喷头　upward jet nozzle

集流直射喷头

由数个大小不等的直流喷头组合，能向上（垂直或倾斜）喷出层次分明、主题突出的图案的复式喷头。

11.6.4

扁嘴喷头　flat-mouth sprinkler head

直缝喷头

玉带喷头

喷嘴过水断面为狭长形，能喷出膜状水流的单式喷头。

11.6.4.1

扇形喷头　fan-type sprinkler head

采用扁平喷头的结构原理，可喷出扇形膜状水流姿态的喷泉喷头。

11.6.4.2

缝隙喷头　crevice sprinkler head

喷嘴断面为一狭长缝隙，在压力水流通过时能喷出膜状或雾状水流的单式喷头。

11.6.4.3

环隙喷头　annular crevice sprinkler head

喷嘴断面为一环状缝隙，在压力水流通过时能喷出空心水膜或雾状水流的单式喷头。

11.6.5

折射喷头　refraction nozzle；refraction sprinkler head

折花式喷头

可将喷出的水流折射成一定形状水膜的单式喷头。

11.6.5.1

喇叭喷头　trumpet sprinkler head

牵牛花喷头

采用折射喷头的结构原理，可喷出喇叭形膜状水流姿态的喷泉喷头。

11.6.5.2

半球形喷头　dome sprinkler head

蘑菇喷头

采用折射式复合喷头的结构原理，可喷出半球形膜状水流姿态的喷泉喷头。

11.6.5.3

伞形喷头　umbrella sprinkler head

钟罩喷头

采用折射喷头的结构原理，可喷出伞形膜状水流姿态的喷泉喷头。

11.6.5.4

蒲公英喷头　dandelion sprinkler head

采用折射式复合喷头的结构原理，在球形配水室上辐射安装并组成较大的球形或半球形，可喷出形似蒲公英或孔雀开屏的喷泉喷头。

11.6.5.5

折花式喷头　break flower model sprinkler head

采用折射喷头与水雾喷头的结构原理，可喷出雾状花形姿态的喷泉喷头。

11.6.6

射流喷头　efflux nozzle

加气喷头

采用射流泵原理在喷头下方装设有射流管，高速射流时形成负压，可将周围的水或空气吸入与主水流混合，可喷出掺其他水流或空气的单式喷头。

11.6.6.1

吸气喷头　air absorbing nozzle；air absorbing sprinkler head

利用高速射流形成的负压吸入空气并与水流急速混合，可喷出掺气水流的单式喷头。

11.6.6.2

吸水喷头　water absorbing nozzle

利用高速射流形成的负压吸入其他水流，可喷出较粗壮水柱的单式喷头。

11.6.6.3

雪柱喷头　ice-tree sprinkler head

玉柱喷头

采用吸气喷头的结构原理，可喷出雪白柱状水流姿态的喷泉喷头。

11.6.6.4

雪松喷头　candle nozzle

冰塔喷头

冰树喷头

水松柏喷头

采用射流的结构原理，可喷出雪松状水流姿态的喷泉喷头。

11.6.6.5

涌泉喷头　foaming sprinkler head

鼓泡喷头

采用吸气等喷头的结构原理，可自水面下喷出涌流状水流姿态的喷泉喷头。

11.6.7

多孔喷头　multi-orifice sprinkler head

具有多孔状喷嘴，可喷出多股水流的单式喷头。

11.6.7.1

礼花喷头　fire-works sprinkler head

花柱喷头

花篮喷头

常采用多孔喷头式直流式复合喷头的结构原理，可喷出形似燃放的礼花水流姿态的喷泉喷头。

11.6.8

脉冲喷头　pulse nozzle

大泡喷头

子弹喷头

利用机械装置控制水流断续喷射，可喷出一股股脉冲水流的喷泉喷头。

11.6.9

撞击喷头　bumping nozzle; bumping sprinkler head

利用喷出的高速水流相互冲撞或与喷嘴壁撞击摩擦而将水流分散成微细水滴形成雾状的单式喷头。

11.6.10

旋流喷头　helix sprinkler head

具有螺旋形或螺壳式流道，压力水流通过时可形成高速旋转，可喷出雾状水流的单式喷头。

11.6.11

雾化喷头　foggy sprinkler head

采用旋流、撞击、缝隙等喷头的结构原理，可将喷出的水流分散成细微水滴构成雾状水流姿态的喷泉喷头。

11.6.12

摇摆喷头　swaying nozzle; swaying sprinkler head

在水流或机械作用下可边喷水边左右摆动的单式喷头或组合喷头。

11.6.13

旋转喷头　rotatory nozzle;rotatory sprinkler head

利用喷出水流的反作用力或其他动力推动喷头旋转,可边喷水、边水平旋转、或垂直旋转、或倾斜旋转的复式或单式喷头。

12　雨水利用设备　appliance for rainwater recycling utilization

雨水入渗、收集回用、调蓄排放等设备的总称。

12.1

入渗设施　infiltration equipment

使雨水分散并被渗透到地下的人工设施。

12.1.1

入渗井　infiltration well

雨水通过侧壁和井底进行入渗的水井。

12.1.2

渗透弃流井　infiltration-removal well; infiltration-overall rainwater well

具有一定贮存容积和过滤截污功能,将初期雨水渗透至地下,初期雨水主要悬浮污染物过滤截留在井内的装置。

12.1.3

雨水弃流装置　initial rainwater overall equipment

利用降雨厚度、雨水径流厚度控制初期径流排放量的装置。

12.1.4

入渗池　infiltration pool

利用侧壁和池底进行入渗的封闭水池。

12.1.5

渗透管沟　infiltration pipe

管壁上留有孔洞,管周围敷设填料储水,外层包土工布用以入渗雨水的管道。

12.1.6

渗透雨水口　infiltration rainwater inlet

具有渗透、截污、集水功能的一体式成品集水口。

12.1.7

渗透检查井　infiltration manhole

具有渗透功能和一定沉砂容积的管道检查维护装置。

12.1.8

集水渗透检查井　collect-infiltration junction manhole

具有收集、渗透功能和一定沉砂容积的管道检查维护装置。

12.2

雨水收集系统　rainwater collecting system

将降到屋面、路面、地面的雨水通过集水沟、集水口收集、汇合的系统总称。

12.2.1

天沟　roof gutter;cullis

屋面上沿沟长两侧收集雨水用于引导屋面雨水径流的集水沟。

12.2.2

边沟　brim gutter;edge gutter

屋面上由沟的单侧收集雨水用于引导屋面雨水径流的集水沟。

12.2.3

檐沟　eaves gutter

屋檐边的集水沟,沿沟长单边收集雨水且溢流雨水能沿沟边溢流到室外。

12.2.4

雨水斗　roof drain

装设在屋面天沟中和平屋面承接雨、雪水的配件。

12.2.5

重力流雨水斗　gravity roof drain

自由堰流式且能控制系统雨水流态,用于重力流屋面雨水排水系统的雨水斗。

12.2.6

虹吸式雨水斗　siphonic roof outlet

具有隔气或反涡流等功能作用。当斗前水位稳定达到设计水深时,系统内形成满管流和产生负压。用于虹吸式屋面雨水排水系统的雨水斗。

12.2.7

防冻型雨水斗　heated roof drain

在雨水斗斗体或出水短管处设有加热元件,用来融化冰雪。

12.2.8

斗体　body

雨水斗的主体部件,通常是带有防水翼环或法兰盘的圆形集水斗或集水盘。下部装有出水短管,集水斗上部装有格栅罩。

12.2.9

格栅罩　grating cover

用来拦截树叶等固体杂物兼有整流作用的雨水斗部件。

12.2.10

反涡流装置　anti-vortex device

虹吸雨水斗的重要部件,设置在集水斗内或集水盘上,用来疏导水流、消减旋涡和减少空气进入雨水斗的装置。

12.2.11

落水斗　roof outlet

屋面雨水外排水系统用于缓冲雨水流量的装置。

12.3

雨停监测装置　monitor of rain-stop

用于紊流雨水排放的自动控制,具有自动复位功能的雨停测控装置,可分为雨量法和流量法两种。降雨停止的监测装置,可采用雨量法和流量法。此装置应具有自动复位功能,用于弃流雨水排放的自动控制。

12.3.1

雨量法雨停监测装置　rain-stop monitor with rainfall principle

雨量法监测降雨量,当降雨量小于某一限定值时,表示降雨停止的雨停检测装置。

12.3.2

流量法雨停监测装置　rain-stop monitor with rainflow principle

流量法监测雨水收集管道的流量,当流量小于某一限定值时,表示降雨停止的雨停检测装置。

12.4

雨水储存设施　**rainwater storage equipment**

存储未经处理的雨水的设施。

13　管材　pipe

用于输送水的建筑器材。

13.1

金属管　**metal pipe**

具有一定长度、壁厚、几何形状和机械强度，用金属材料制成的中空筒状固体物。

13.1.1

钢管　**steel pipe**

含碳量小于2%的铁碳合金钢锭或钢坯，经轧制、卷焊或熔铸而成的金属管。

13.1.1.1

焊接钢管　**welding steel pipe**

钢板(带)经卷管及各种焊接方式焊制的具有焊缝的钢管。

13.1.1.1.1

低压流体输送用焊接钢管　**water-gas steel pipe**

应用于输送水与煤气的，管径在150 mm及以下的焊接钢管。

13.1.1.1.2

普通焊接钢管　**non-galvanized steel pipe**

非镀锌钢管

扁平钢坯经卷管及炉焊、电焊而成的焊接钢管。

13.1.1.1.3

镀锌焊接钢管　**galvanized steel pipe**

扁平钢坯经卷管、炉焊或电焊后，在内外表面热浸镀锌而成的焊接钢管。

13.1.1.1.4

直缝焊接钢管　**seam welding steel pipe**

带钢平面卷管，焊缝呈直线的焊接钢管。

13.1.1.1.5

螺旋缝焊钢管　**spiral seam steel pipe**

带钢螺旋形卷管，焊缝呈螺旋形的焊接钢管。

13.1.1.2

无缝钢管　**seamless steel pipe**

将碳钢或合金钢锭、钢坯，经穿轧、热轧、冷轧(冷拔)成型，或用铸造方式成型的无焊缝的钢管。

13.1.1.2.1

普通热轧无缝钢管　**hot-rolled seamless steel pipe**

将钢锭、钢坯热轧成型的无缝钢管。

13.1.1.2.2

普通冷轧(冷拔)无缝钢管　**cold-rolled seamless steel pipe**

将碳钢或合金钢锭、钢坯冷轧(冷拔)成型的无缝钢管。

13.1.1.2.3

锅炉用无缝钢管　**seamless steel pipe for boiler**

将优质碳素结构钢、合金结构钢或不锈耐热钢轧制成型的用于锅炉水管与烟(火)管的无缝钢管。

13.1.1.3

不锈钢管　stainless steel pipe

用少量铬等元素炼制的合金钢制作的圆管。具有抗腐蚀和耐高温能力，属合金钢管(alloy steel pipe)范畴。

13.1.1.3.1

薄壁不锈钢管　light (thin) gauge stainless steel pipe; thin-walled (thin wall) stainless steel pipes

薄壁(壁厚 δ 与内径 d_i 之比≤0.065)不锈钢带或不锈钢板，通过制管设备用自动氩弧焊或等离子焊等熔焊焊接制成的管材。

13.1.1.3.2

不锈钢无缝钢管　seamless stainless steel pipe

将不锈钢钢锭、钢坯轧制成型的无缝钢管。

13.1.2

铸铁管　cast-iron pipe(CIP)

含碳量大于2%的铁碳合金经熔融铸造成型的无缝金属管。

13.1.2.1

给水铸铁管　cast-iron water pipe

可承受内水压力、用于给水系统的铸铁管。

13.1.2.2

排水铸铁管　cast-iron soil pipe

用于重力流排水系统的铸铁管。

13.1.2.2.1

柔性接口排水铸铁管　cast-iron pipe with flexible joint

接口用橡胶圈止水的排水铸铁管。

13.1.2.2.2

承插式柔性接口铸铁管　bell (socket) and spigot flexible joint cast iron pipe

用于以插入法连接管道接头的铸铁管材和管件。用紧固件紧固承口法兰和插口法兰压盖，挤压设置在两者中间的橡胶密封圈以达到密封的要求。

13.1.2.2.3

卡箍式柔性接口铸铁管　coupling type flexible joint cast iron pipe

用于以卡箍方法连接管道接头的铸铁管材和管件。用紧固卡箍上的紧固件来挤压橡胶密封套以达到密封的要求。

13.1.2.3

灰口铸铁管　grey cast-iron pipe

含片状石墨成分的铸铁管。

13.1.2.4

球墨铸铁管　nodular cast-iron pipe; ductile iron pipe

含球形石墨成分的铸铁管。

13.1.3

铜管　copper pipe

以铜为原料制成的有色金属管。

13.1.3.1

紫铜管　red copper pipe

无缝铜水管

工业纯铜(含铜量≥99.90%)经拉制、挤制或轧制成型的无缝有色金属管。

13.1.3.2

黄铜管 brass pipe

铜锌合金经拉制或挤制成型的无缝有色金属管。

13.1.3.3

硬态铜管 hard copper pipe

硬度大于100(HV/5)的铜管。

13.1.3.4

半硬态铜管 half-hard copper pipe

硬度介于75(HV/5)~100(HV/5)之间的铜管。

13.1.3.5

软态铜管 annealed copper pipe

硬度小于75(HV/5)的铜管。

13.1.3.6

建筑给水铜管 copper pipe for building water supply

适用于建筑给水管道用的管壁较薄的铜管。

13.1.4

铝管 aluminum pipe

工业纯铝经轧制成型的无缝有色金属管。

13.1.5

铝合金管 aluminum alloy pipe

用防锈合金铝轧制成的无缝有色金属管。

13.2

塑料管 plastic pipe

以塑料为原料制成的非金属管。

13.2.1

硬聚氯乙烯(PVC-U)管 PVC-U pipe;unplasticised polyvinyl chloride pipe

聚氯乙烯树脂中加入稳定剂及其他助剂而挤出成型的热塑性塑料管。

13.2.1.1

硬聚氯乙烯给水管 PVC-U water supply pipe

应用于给水压力管的硬聚氯乙烯管。

13.2.1.2

硬聚氯乙烯排水管 PVC-U drainage pipe

应用于排水管道的硬聚氯乙烯管。

13.2.1.3

硬聚氯乙烯加筋管 reinforced PVC-U pipe

内壁光滑、外壁有垂直加强筋、用于埋地排水的硬聚氯乙烯管。

13.2.1.4

硬聚氯乙烯复合排水管 PVC-U compound pipe for water drainage

为减小排水水流噪声,管壁采用复合结构,用于排水管道的硬聚氯乙烯管。

13.2.2

软聚氯乙烯管 PVC-P pipe

聚氯乙烯树脂中加入增塑剂、稳定剂及其他助剂而挤出成型的可曲挠软质热塑性塑料管。

13.2.3

氯化聚氯乙烯管　PVC-C pipe;chlorinate poly (vinylchloride) pipe

聚氯乙烯与氯聚合反应,生成的有机高分子原料,加入非铅盐稳定剂,经专用机械加热挤出成型的塑料管。

13.2.4

高抗冲聚氯乙烯管　PVC pipe-high impact acrylic grast resin

丙烯酸共聚聚氯乙烯管

高抗冲聚氯乙烯亚克力树脂[PVC-HI(AGR)]重聚合管

将超微粒亚克力树脂充分融化在氯乙烯分子中进行聚合反应生成的树脂,采用无铅盐稳定剂用专用机械加热挤出成型,经冷却后生成的管材。

13.2.5

抗冲改性聚氯乙烯(PVC-M)管材　PVC-M modified PVC pipe

聚氯乙烯树脂采用物理方法进行改性,生成的有机高分子原料,加入非铅盐稳定剂,以专用机械经加热挤出成型,具有优良抗冲击性的管材。

13.2.6

聚乙烯(PE)管　PE pipe;polyethylene pipe

由聚乙烯树脂及助剂经挤压成型的热塑性塑料管。

13.2.6.1

高密度聚乙烯(HDPE)管　high density polyethylene pipe

密度为(0.941～0.965 8)g/cm^3;也称低压聚乙烯管。

13.2.6.2

高密度聚乙烯(HDPE)排水管　high density polyethylene drainage pipe

应用于排水管道的高密度聚乙烯管,密度为(0.941～0.965 8)g/cm^3 的,管系列数为 S12.5 和 S16。

13.2.6.3

高密度聚乙烯(HDPE)消音排水管　high density polyethylene silent drainage pipe

应用于生活污水排水管道,采用加强高密度聚乙烯材料的管道,密度为 1.7 g/cm^3。

13.2.6.4

交联聚乙烯(PE-X)管　crosslinked polyethylene pipe

聚乙烯经交联改性(辐射交联、过氧化物交联、硅烷交联)后的聚乙烯管,能用于热水供应系统。

13.2.6.5

耐热聚乙烯(PE-RT)管　polyethylene pipe of raised temperature resistance pipe

耐高温聚乙烯管

以乙烯——辛烯共聚物为主要原料,经聚合反应,具有耐高温、耐低温和可热熔接性的塑料管。

13.2.7

聚丙烯(PP)管　PP pipe;polypropylene pipe

由丙稀-乙烯共聚物加入适量稳定剂经挤出成型的热塑性塑料管。

13.2.7.1

无规共聚聚丙烯(PP-R)管　PP-R polypropylene random pipe

丙烯和另一种烯烃单体(或多种烯烃单体)共聚而成的无规共聚物挤出成型的塑料管。

13.2.7.2

强化聚丙烯(F-PP-R、FW-PP-R)管　F-PP-R pipe;FW-PP-R pipe

由聚丙烯树脂、超微细无机粉体物质、抗氧剂、光屏蔽剂、改性剂、着色剂为原料制成的,耐压可达 1.60 MPa 的塑料管。

13.2.8

聚丁烯(PB)管　PB pipe;polybutylene pipe

以聚丁稀树脂为原料挤出成型的热塑性塑料管。

13.2.9

ABS管　acrylonitrile-butadiene-styrene pipe

由丙烯腈-丁二烯-苯乙烯等类三元共聚物粒料经注射、挤出成型的热塑性塑料管。

13.3

复合管　composite pipe

两种或两种以上材料或由不同材质的同种材料组成管壁结构的圆管。

13.3.1

铝塑复合管　aluminum-plastic composite pipe;aluminum polyethylene composite pressure pipe;aluminum plastic compound pipe

铝塑复合压力管

以焊接铝管为中间层,内外层均为聚乙烯塑料或交联聚乙烯塑料,采用专用热熔胶,通过挤出成型方法成一体的复合管。

13.3.1.1

对接焊铝塑复合管　butt-weld aluminum plastic compound pipe

铝管对接焊接的铝塑复合管。

13.3.1.2

搭接焊铝塑复合管　overlap welding aluminum plastic compound pipe

铝管搭接焊接的铝塑复合管。

13.3.1.3

热熔型铝塑复合管　thermo-melt adhesive aluminum plastic compound pipe

热熔连接的铝塑复合管,又分为外热熔连接和内热熔连接。

13.3.2

钢塑复合管　steel-plastic complex pipe

在钢管内壁衬(涂)一定厚度塑料层复合而成的管材。钢塑复合管含衬塑钢管和涂塑钢管。

13.3.2.1

衬塑钢管　lining plastic steel pipe

衬塑复合钢管

采用紧衬复合工艺将塑料管衬于钢管内而制成的复合管。

13.3.2.2

涂塑钢管　coating plastic steel pipe

涂塑复合钢管

将塑料粉末涂料均匀地涂敷于钢管表面并经加工而制成的复合管。

13.3.2.3

钢骨架塑料复合管　steel skeleton PE composite pipe

在管壁内用钢丝网或钢板孔网钢板增强的塑料复合管的统称。

13.3.2.4

钢丝网骨架塑料复合管　steel mesh skeleton PE composite pipe

一种以缠绕或焊接成型的钢丝网为增强骨架,用塑料均匀挤出而形成整体管壁的、连续生产成型的钢塑复合管。

13.3.2.5

钢板孔网骨架塑料复合管 perforated steel-plate skeleton PE composite pipe

一种以直缝焊接或螺旋焊接成型的钢板孔网为增强骨架,用塑料均匀挤出而形成整体管壁的、连续生产成型的钢塑复合管。

13.3.2.6

聚乙烯塑钢缠绕排水管 PE plastic-metal drainage pipe

钢带与聚乙烯(中密度或高密度)通过挤出方式成型的复合带材,经缠绕焊接制成的复合管。

13.3.3

铝合金衬塑管 aluminum-alloy liner plastic pipeline

无缝铝合金衬塑管

以聚丙烯(PP)为内衬材料,以无缝铝合金管为基管的复合管。

13.3.4

内衬不锈钢复合钢管 stainless steel lined composite steel pipe

采用复合工艺,在碳钢管内壁衬一层薄壁不锈钢管的防腐内衬组成的复合管。

13.3.5

内衬铜复合钢管 copper lined composite steel pipe

采用复合工艺,在碳钢管内壁衬一层薄壁铜管的防腐内衬组成的复合管。

13.3.6

塑铝管 plastic-aluminum-plastic pipe;PAP pipe

铝管为中间层,不焊接,用以遮光和隔氧,内外层为塑料,采用专用热熔胶,通过挤出成型方法复合成一体的管材。其中内外层为耐热聚乙烯塑料的塑铝管称为耐热聚乙烯塑铝稳态复合管。

13.3.7

超薄壁不锈钢塑料复合管 extra-thin-wall stainless steel and plastic composite pipe

外层为不锈钢材料,其厚度不大于管材外径的1/60,内层为塑料,塑料与不锈钢间采用热熔胶或特种胶粘剂粘合而构成的复合管。

13.3.8

塑覆铜管 plastic coated copper pipe

外壁具有塑料包覆层的铜管。

13.3.9

覆塑不锈钢管 plastic coated stainless steel water pipe

外壁有塑料包覆层的不锈钢管。

13.4

硬聚氯乙烯(PVC-U)复合排水管 PVC-U compound pipe for water drainage

以聚氯乙烯树脂和中空玻璃微珠为主要原料,经复合共挤成型的复合管。

13.5

芯层发泡管 plastic sandwich pipe

指内外层为硬质塑料层和芯层由闭孔性发泡塑料组成的三层管壁结构的塑料管。属同种材质的塑料复合管,如PVC发泡塑料管、ABS发泡塑料管等。具有良好的隔热和隔音性能,可用于室内无压排水管道。

13.6

中空壁硬聚氯乙烯管 double-wall PVC-U noise-reducing pipes

空壁管

以硬聚氯乙烯(PVC-U)为主要原料,加入必要的添加剂,经挤出成型的具有中空壁的能降低排水噪声的管材。

13.7

螺旋管　inner spiral rib pipe

内螺旋管

挤压成型的内壁有数条凸出三角形螺旋肋的圆管。是建筑物内生活排水管道系统中可用作立管的专用管材。

13.7.1

普通型螺旋管　general inner spiral rib pipe

普通型内螺旋管

只控制螺旋肋高的螺旋管。

13.7.2

加强型螺旋管　strengthening spiral pipe

加强型内螺旋管

在螺旋肋数量、螺距、螺旋肋高和螺旋方向等四方面作出控制，排水工况得到进一步改善的螺旋管。

13.7.3

中空壁硬聚氯乙烯螺旋管　double-wall PVC-U noise-reducing spiral pipes

以硬聚氯乙烯(PVC-U)为主要原料，加入必要的添加剂，经挤出成型在内壁具有若干条凸出三角形螺旋肋的、能降低排水噪声和提高通水能力的管材。

13.8

玻璃纤维增强塑料管　fiberglass reinforced plastic pipe

纤维增强塑料管

玻璃钢管

以树脂等为胶粘剂，玻璃纤维或玻璃布为增强材料，再添加适量助剂、颜料和填料，用离心浇铸、缠绕、卷制、层压等法加工成型和固化制成的热固性塑料管。

13.9

混凝土管　concrete pipe (CP)

用混凝土制作的圆管。按成型工艺可分为离心管、悬辊管、立式挤压管和立式振捣管等。

13.9.1

钢筋混凝土管　reinforced concrete pipe(RCP)

用配有环筋和纵筋的混凝土制作的圆管。按成型工艺可分为离心管、悬辊管、立式挤压和立式振捣管等。

13.9.2

预应力混凝土管　prestressed concrete pipe(PCP)

在制管过程中用张拉高强钢丝的工艺使管体混凝土在环向和纵向均处于受压状态的圆管。按制管及环向张拉高强钢丝的不同工艺，分为管芯绕丝管，(指在混凝土管芯上缠绕环向预应力钢丝，使该管芯在环向处于受压状态下喷涂水泥砂浆保护面层制成的圆管，俗称三阶段管)和水力挤压管(俗称一阶段管)两类。

13.9.3

自应力混凝土管　self-prestressed concrete pipe; chemically prestressed concrete pipe

指在制管过程中利用膨胀水泥的化学作用使混凝土在固化阶段产生的膨胀作用，藉以张拉环向和纵向钢丝，使管体环向和纵向处于受压状态的圆管。

13.10

胶管　rubber pipe

橡胶管

以橡胶为原料的非金属管。

13.11

保温管　thermal insulation pipe

管外壁加覆保温材料，有防冻、绝热功能的管材。按结构区分有填充式、涂抹式、缠绕式、预制式等。

14　管件　pipe fitting

管配件

管道系统中用于连接、转弯、分支、变径及端部封闭等作用的零部件。

14.1

管接头　pipe joint

接头

直线或非直线方向连接管道用的管件。

14.1.1

内接头　nipple；external thread joint

外丝方角内接头

硬接头

端部具有外螺纹的管接头。

14.1.2

外接头　coupling；inner thread joint

内丝

管箍

端部具有内螺纹的管接头。

14.1.3

内外接头　bushing

补芯

内外均有螺纹，连接异径管子用的管接头。

14.1.4

活接头　union；detachable type joint；slip-on coupling

活箍

连接两根无需转动的管子的管接头。用套筒、压盖、弹性密封圈和螺栓等加工件组成的一种可拆卸的柔性接头的统称。

14.1.5

异径管　reducer；increaser

变径管

缩接渐缩管

大小头

连接两根不同管径管子的管接头。

14.1.5.1

偏心异径管　eccentric reducer (increaser)

偏心渐缩管

两端管径不在同一中轴线上的异径管。

14.1.5.2

同心异径管　straight reducer (increaser)

同心渐缩管

两端管径在同一中轴线上的异径管。

14.1.6

承盘短管　flange and bell

一端为承口，另端为法兰的管接头。

14.1.7

插盘短管　flange and spigot

一端为插口，另端为法兰的管接头。

14.1.8

乙字弯　offset

偏置管

直线方向平移轴线连接用的管接头。

14.1.9

快速接头　quick-operation joint

速接

以压紧、撞击、咬口等方式快速装或拆的管接头。

14.1.10

弯头　elbow; bend

弯管

连接不同方向管子的管件。

14.1.10.1

异径弯头　reducer bend

连接两根不同管径管子的弯头。

14.1.10.2

U 形弯头　return bend; U bend

U 形弯管

连接 180°转向管子的弯头。

14.1.11

三通　single-branch fitting

从主管上接出支管的具有三个接口的连接件的统称。

14.1.11.1

正三通　tee; T branch; single-T-branch fitting

丁字管

支管与主管呈直角连接的三通。

14.1.11.2

斜三通　Y branch; single-Y-branch fitting

支管与主管呈 45°角连接的三通。

14.1.11.3

TY 形三通　single-TY-branch fitting

支管与主管先呈 90°、后作 45°角连接的三通。

14.1.11.4

瓶口三通　neck bell tee

T 形瓶口管

外形似瓶颈形的三通。

14.1.11.5

导流三通　guide tee within lateral inflow reducing bend

引导热水回水支管水流与干管水流同向流动的 TY 型或内带导流片的顺水三通。

14.1.11.6

异径三通　reducing T branch

支管与主管管径不同的三通。

14.1.12

四通　double-branch fitting

从主管上接出两根支管的具有四个接口的连接件的统称。

14.1.12.1

正四通　cross;double-T-branch fitting

十字管

支管与主管呈直角连接的四通。

14.1.12.2

斜四通　double-Y-branch fitting

支管与主管呈 45°角连接的四通。

14.1.12.3

TY 形四通　double-TY-branch fitting

支管与主管先呈 90°、后作 45°角的连接的四通。

14.1.12.4

异径四通　reducing cross

支管与主管管径不同的四通。

14.1.13

过桥管　bend fitting

过桥接头

两端中心对准,中间段弯曲成圆弧形的管件。

14.2

热熔管件　heating melt welded fitting

热塑性塑料制作的管件,当与相同材料制作的管材连接时采用热熔连接方式。

14.3

电熔管件　electrical melt welded fitting

热塑性塑料制作,在连接处接触面内壁或外壁镶嵌电热元件的管件,当与相同材料制作的管材连接时采用电熔连接方式。

14.4

特殊管件　special use fitting

功能特殊、构造特殊的管件。

14.4.1

管帽　pipe cap

管子盖

带内螺纹用于封盖管子端头的配件。

14.4.2

管堵　pipe plug

堵头

塞头
管塞子
丝堵
带外螺纹用于封堵管子端头的配件。

14.4.3
过滤器 filter
用以截流和去除水中机械杂物,以保证阀门、水泵、水表等正常运行的装置。

14.4.3.1
Y形过滤器 Y type filter
外形为Y形,便于清除杂质的过滤器。

14.4.3.2
带桶型过滤软密封闸阀 barrel type filter attached to resilient-seated gate valve
外形为桶形,便于安装和消除杂质且水头损失很小与软密封闸阀连体的过滤器。

14.4.4
球形接头 ball joint
外观呈球形可在一定角度范围内转动的管接头。

14.4.5
马鞍形管接头 saddle joint
外观呈马鞍状可在不停水情况下连接主管钻孔接水的管接头。

14.4.6
伸缩接头 ball type expansion joint;expansion joint
在工作状态下,相邻管端允许有一定量的相对轴向位移用以补偿管道伸缩余量的接头。

14.4.7
泵联管 fitting for pump and pipe connection
专用于水泵与管道连接,便于系统安装和拆卸的管件。

14.4.8
分水器 water distributor
将汇集的水均匀分配至用户或给水分区的装置。

14.5
排水专用管件 drainage pipe fitting
专用于排水系统的管件。

14.5.1
检查口 checkhole;checkpipe
侧向带有盖板、用于检查清通管道的配件。

14.5.2
清扫口 cleanout
装设在排水横管始端或管段中间、带有内方外圆管堵作清通用的配件。

14.5.3
通气帽 cowl;vent cap
排水或通气管顶端用以通气的防止杂物入内的防护罩。

14.5.4
排水管特制配件 special fitting
特殊单立管排水系统用于横支管与立管连接、立管和横干管连接的专用配件。

14.5.4.1

苏维脱　sovent

混合器

气水混合器

苏维托

苏维特

速微特

为用于连接排水横支管与排水立管的特制配件，具有能满足气水混合、减缓立管中水流速度和消除水舌现象等功能要求的特制配件。

14.5.4.1.1

苏维脱单立管排水系统　sovent single stack drainage system

排水横支管与排水立管的连接采用苏维脱特制配件的单根排水立管的生活排水系统。

14.5.4.2

旋流器　cyclone

横管从切线方向面向立管右侧接入，使横向水流沿内壁呈逆时针螺旋流动的特制配件。

14.5.4.3

AD 型接头　AD pipe joint

AD 型特殊单立管排水系统特制配件。用于横支管与立管连接的为上部特制配件，有 AD 型细长接头或 AD 型小型接头；用于立管与横干管(或排出管)连接的为下部特制配件，有 AD 型底部接头或 AD 型加长型底部接头。

14.5.4.3.1

AD 型细长接头　AD slim pipe joint

内部有两片导流叶片，可连接 1～4 根排水横支管，专用于 AD 型特殊单立管排水系统的标准型上部特制配件。

14.5.4.3.2

AD 型小型接头　AD mini pipe joint

内部有一片导流叶片，可连接 1 根排水横支管，专用于 AD 型特殊单立管排水系统的小型上部特制配件。

14.5.4.3.3

AD 型底部接头　AD bottom pipe joint

出水口做了扩大处理，大曲率半径，过流断面为蛋形，专用于 AD 型特殊单立管排水系统的标准型下部特制配件。

14.5.4.3.4

AD 型加长型底部接头　AD long bottom pipe joint

对 AD 型底部接头在垂直方向作了加长处理的下部特制配件。

14.5.4.4

角笛式弯头　horn type elbow

管容积与曲率半径均较大的用于连接立管和横干管的弯头。

14.5.4.5

导向弯头　guide vane elbow

具有导向叶片且曲率半径较大的用于连接立管和横干管的弯头。

14.5.4.6

旋转进水型管件　turn-around inlet fittings; turn-around inlet vertical pipe fittings

侧向进水型管件

一种面对立管从右侧接入的三通和四通管件。具有侧向导流使进水沿内壁呈逆时针螺旋流动，是横管接入内螺旋管立管的专用管件。

14.5.5

存水弯 trap

返水弯

内有水封防止排水管道气体窜流入室内的管件。

14.5.5.1

管式存水弯 tube trap

管子弯曲制成的存水弯。

14.5.5.2

P 形存水弯 P type trap

P 弯

形似字母 P 的管式存水弯。

14.5.5.3

S 形存水弯 S type trap

S 弯

形似字母 S 的管式存水弯。

14.5.5.4

U 形存水弯 U type trap;running trap

U 弯

形似字母 U 的管式存水弯。

14.5.5.5

筒式存水弯 drum trap

水封盒

存水盒

利用圆筒下部进水上部出水形成水封的存水弯。

14.5.5.6

瓶式存水弯 bottle trap

进水管或进出水管伸入密闭筒体内形成水封的存水弯。

14.5.5.7

碗式存水弯 bowl trap

利用碗形部件反扣罩在突出的出水管口上形成水封的存水弯。

14.5.5.8

防虹吸存水弯 anti-siphonage trap

出水管上设有补气或通气装置以破坏真空防止水封破坏的存水弯。

14.5.6

排水漏斗 floor drain funnel

上口放大，不产生溅水、溢流，用于间接排水方式的装置。

14.5.7

H 管 H vent pipe;H pipe

H 形管

连接排水立管与通气立管形如 H 的专用配件。

15 阀门　valve

阀

阀件

启闭、控制管道内流体的流向、流速(量)与压力的管道附件。

15.1

制约类阀门　restrained valve

控制流量的阀门总称。

15.1.1

截止阀　globe valve

球形阀

阀瓣(启闭件)由阀杆带动沿其轴向作升降运动而启闭孔道控制流量的阀门。

15.1.1.1

隔膜阀　diaphragm valve

启闭件为可隔开阀体内腔和阀盖内腔橡塑隔膜的截止阀。

15.1.1.2

角阀　angle valve

直角阀

进出水方向成直角的截止阀。

15.1.1.3

柱塞式截止阀　piston valve

启闭体为柱塞状的截止阀。

15.1.1.4

针阀　needle valve

阀瓣为倒锥针形用以精微调节控制的截止阀。

15.1.2

闸阀　gate valve

闸门

水门

水擎

闸板(启闭件)由阀杆带动沿其轴向作升降运动而改变通道截面控制流量的阀门。

15.1.2.1

明杆闸阀　rising-stem gate valve

升杆闸阀

阀杆随闸板升降,开启时阀杆明露在阀体外的闸阀。

15.1.2.2

暗杆闸阀　non-rising-stem gate valve

开启时阀杆不露出在阀体外的闸阀。

15.1.2.3

双闸板闸阀　dual-gate-valve

升降阀杆带动两块平行闸板封闭两边管口的闸阀。

15.1.2.4

楔形闸阀　wedge valve

闸板为楔形具有良好密闭性能的闸阀。

15.1.2.5

刀阀 knife valve

楔形闸板下端成锋利刀形，具有良好密闭性能的闸阀，按水流方向有单向和双向两种。

15.1.2.6

软密封闸阀 flexible sealed gate valve

阀板用橡胶、塑料等软性材料包覆密封的闸阀。

15.1.2.7

直埋式闸阀 embedded gate valve

闸阀埋设于地下，地面设置阀盒，通过阀盒内加长杆的传动帽以操作启闭的闸阀。

15.1.3

蝶阀 butterfly valve

盘状圆板启闭件绕其自身中轴旋转改变与管道轴线间的夹角而控制水流通道的阀门。

15.1.3.1

对夹式蝶阀 wafer butterfly valve

阀体无法兰，串夹在管道法兰中的蝶阀。

15.1.3.2

法兰式蝶阀 flanged butterfly valve

阀体有法兰的蝶阀，按水流方向有单向和双向两种。

15.1.3.3

中线蝶阀 centre-line butterfly valve;concentric butterfly valve

三维空间任一空间都不偏心的蝶阀。

15.1.3.4

偏心蝶阀 eccentric butterfly valve

15.1.3.4.1

单偏心蝶阀 mono-eccentric butterfly valve

密封面与阀杆轴线为偏心的蝶阀。

15.1.3.4.2

双偏心蝶阀 bi-eccentric butterfly valve

密封面与阀杆轴线的偏心为一个偏心，阀杆轴线与阀体通道轴线的偏心称为另一个偏心的蝶阀。

15.1.3.4.3

三偏心蝶阀 tri-eccentric butterfly valve

三维空间都为偏心的蝶阀。

15.1.4

旋塞阀 cock

旋塞

带孔锥形阀芯在0°～90°旋转范围内控制通道截面改变流量大小的阀门。

15.1.5

球阀 ball valve

球心阀

球心旋塞

阀芯呈球形的改进形旋塞阀。

15.1.5.1

半球阀 semi-ball valve

阀芯呈半球形的旋塞阀。

15.1.5.2

偏心半球阀　eccentric semi-ball valve

阀轴中心轴线与半球中心轴线形成尺寸偏置，且仅在阀体一侧设置密封副的阀门。

15.1.5.3

旋球阀　portable rotary ball valve

是一种双向流硬密封(metal to metal-hermetic)阀门，在正反向水流作用下都能良好密封，适用在环状管网上的阀门。

15.1.5.4

旋切阀　portable rotary plug valve

具有弧形，沿切线方向可转动双阀芯的启闭省时省力的阀门。

15.1.6

止回阀　check valve

单向阀

逆止阀

单流阀

阀体内具有单向开启阀瓣以阻止管中介质倒流的阀门。

15.1.6.1

缓闭止回阀　slow-closed check valve

靠液压阻尼或机械装置使水流倒流时阀瓣缓慢关闭的止回阀。

15.1.6.2

速闭止回阀　quick-closed check valve

靠装置在阀瓣上的弹簧机构，在水流倒流前阀瓣即自动关闭的止回阀。

15.1.6.3

消声止回阀　noise-eliminated check valve

能减少水泵停泵水锤噪声的止回阀。

15.1.6.4

升降式止回阀　rising-down check valve

阀瓣作上下移动水平安装的止回阀。

15.1.6.5

旋启式止回阀　swing check valve

阀瓣一端固定作旋转支点的摇摆运动式止回阀。

15.1.6.6

球形止回阀　ball check valve

启闭件为球形的止回阀。

15.1.6.7

梭式止回阀　shuttle check valve

利用压差梭动原理制成的止回阀。

15.1.6.8

蝶形止回阀　butterfly check valve

阀瓣为两片，中间固定作旋转支点的旋启式止回阀。

15.1.6.9

导流式止回阀　check valve of guide flow type

导流式静音止回阀

快速关闭，能有效防止水锤发生或大幅度降低水锤波压力，且内附导流体，流阻低的止回阀。

15.1.6.10

消水锤止回阀　check valve without water hammer

兼有水锤消除功能的止回阀。

15.1.6.11

球形污水止回阀　ball type check valve for sewage pump

阀芯为圆球体，停泵时圆球会自行滚落，封闭水流通道，专用于污水泵出口处的止回阀。

15.1.6.12

底阀　foot valve

吸水阀

滤水阀

装设在离心泵吸水管进口阻止水倒流的止回阀。

15.1.7

浮球阀　float valve; ball cock

由浮球带动杠杆机构控制进水阀启闭的阀门。

15.1.7.1

液压水位控制阀　liquid-pressure water level controller

利用液压启闭的浮球阀。

15.1.7.1.1

直传先导液压水位控制阀　direct pilot liquid-pressure water-level controller

由浮筒直接控制导阀工作，带动主阀启闭的水位控制阀。

15.1.7.1.2

远传先导活塞式水位控制阀　remote pilot piston water-level controller

由远端控制阀控制活塞上腔压力，采用活塞作敏感元件，带动阀瓣启闭的水位控制阀。

15.1.7.2

遥控浮球阀　remote control float valve

利用控制浮球升降来控制主阀的开启和关闭，达到自动控制设定液位的阀门。

15.1.8

水力控制阀　hydraulic control valve

由不同的导管利用水力控制原理来控制启闭的阀门总称。

15.1.8.1

双级水力控制阀　double hydraulic control valve

阀体内有两个阀瓣的水力控制阀。

15.1.9

温控阀　temperature control valve

用加热设备或热水管热水温度自动控制阀门启闭而能调节热水温度的阀门。

15.2

调节类阀门　regulating type valve

调节压力和调节流量的阀门总称。

15.2.1

减压阀　pressure reducing valve

使阀后压力降低到设定压力值的阀门。

15.2.1.1

给水减压阀　static pressure reducing valve

静压减压阀

使阀前液体传递至阀后的静水压力降(减)低到规定值的减压阀。

15.2.1.2

薄膜减压阀　diaphragm reducing valve;spring diaphragm reducing valve

弹簧减压阀

利用阀前阀后压差控制薄膜带动阀杆移动调节阀门开度的减压阀。

15.2.1.3

比例式减压阀　ratio pressure reducing valve

定比式减压阀

活塞式减压阀

按阀芯两端截面积不同而压强各异的原理制造的给水减压阀。

15.2.1.3.1

矿用比例减压阀　ratio pressure reducing valve for mining

适用于矿井使用,耐腐蚀,不易被尘埃堵塞的比例式减压阀。

15.2.1.4

可调式减压阀　adjustable pressure reducing valve

阀后设定压力在一定范围内可调的减压阀。

15.2.1.4.1

双级可调式减压阀　double adjustable pressure reducing valve

一个阀体有两次减压功能的减压阀。通常用在压差很大的场所。

15.2.1.5

先导式减压阀　pilot reducing valve

15.2.1.5.1

先导阀　pilot valve

控制主阀启闭,在主阀动作前先行动作的小型阀门。

15.2.1.5.2

分体先导式减压稳压阀　separate pilot pressure stably reducing valve

通过与主阀分体的导阀实施可调节的放大控制,对主阀进行先导并使主阀的活塞或膜片驱动启闭件动作,实现出口减压稳压的一种阀门。

15.2.1.6

支管减压阀　branch pressure reducing valve

小口径,仅设置在支管位置,用于减压的阀门。

15.2.2

稳压阀　constant pressure valve

通过改变阀门开度,用以调节阀后压力并保持压力稳定的阀门。

15.2.3

调节阀　adjusting valve

通过改变阀门开度来调节或限制供热介质参数和流量的阀门。

15.2.3.1

自动调节阀　automatic adjusting valve

由输送介质本身的温度或压力作用下,自行调整阀门开度的调节阀。

15.2.3.2

自力式调节阀　self-operated adjusting valve

工作时不依赖外部动力的自动调节阀。

15.2.3.3

温度调节阀　temperature regulating valve

控制温度参数的调节阀。

15.2.3.4

压力调节阀　pressure regulating valve

控制压力参数的调节阀。

15.2.3.5

定压差阀　fixed pressure-difference valve

维持阀前阀后压力差稳定的阀门。

15.2.4

流量阀　flow valve

控制流量参数的调节阀。

15.2.4.1

定流量阀　fixed flow valve

保持通过流量恒定的阀门。

15.2.5

节流阀　throttle valve

改变流通截面调节流量或压力的阀门。

15.2.6

平衡阀　balancing valve

用于以水为介质的变流量系统的水力平衡调节的阀门。

15.3

安全类阀门　valve for safety

防止系统因水锤、超压而损坏，或因回流而污染的阀门总称。

15.3.1

多功能水泵控制阀　multi-function control valve for pumping system

由阀体、阀盖、膜片座、膜片、主阀板、缓闭阀板、衬套、阀杆、主阀板座、缓闭阀板座和控制管系统等组成，兼有控制阀、止回阀和水锤消除装置等三大功能的阀门。

15.3.2

安全阀　safety valve; pressure-relief valve; relief valve

安装在承受内压的管道、设备上起自动释压安全作用的阀门。

15.3.2.1

弹簧式安全阀　spring safety valve

靠预先设定的超压弹簧力而动作的安全阀。

15.3.2.2

杠杆式安全阀　lever safety valve

靠杠杆重锤作用而释放超压的安全阀。

15.3.3

泄压阀　decompression valve; pressure release valve

紧急开启阀

采用膜片做敏感元件，由泄压导阀控制膜片上腔压力，带动阀瓣启闭的泄压阀。

15.3.3.1

泄压导阀　pressure release pilot valve

以主阀的进口端压力作为传感信号，对主阀双室控制的上室压力进行先导，当管网压力达到整定压力(开启压力)时控制主阀开启向大气排水泄压；到复位压力(关闭压力)时，控制主阀关闭。

15.3.4

持压阀　pressure continuous valve

用自动排出部分介质来调节和稳定管道压力的阀门。阀门开启压力在一定范围内可以调节。当压力恢复至设定值以下时，阀门自动关闭，阻止介质继续排出。

15.3.5

紧急关闭阀　emergency close valve

一种安全类压力自动控制阀门，当管路压力超过设定值时，阀门自动关闭。常用在消防与生产生活合并供水系统中。

15.3.6

倒流防止器　backflow preventer

确保管道中的压力水只能单向流动的水力控制组合装置。

15.3.6.1

减压型倒流防止器　reduced pressure backflow preventer (RPBP); reduced-pressure principle backflow prevention assembly

由两级相互独立的止回阀和一个水力控制排水阀组成，具有确保管道中有压水单向流动、有效防止回流的作用，是安装在管道上的特种水力控制阀门。简称倒流防止器。

15.3.6.2

非减压型倒流防止器　non-reduced pressure backflow preventer; backflow preventer with intermediate atmospheric vent

由两级止回阀和排水阀组成，但无减压腔的水力控制阀门，是用于防止回流污染的装置，也是另一种压力型真空破坏器。

15.3.6.3

低阻力倒流防止器　low-resistance backflow preventer

大气隔断型倒流防止器

空气隔断型倒流防止器

由同轴双级水力控制止回结构的主阀和感应进出口压差的自动排水器组成，主阀关闭时确保中间腔形成空气隔断；在常规流速下，阻力损失为 0.02 MPa～0.03 MPa 的倒流防止器。

15.3.6.4

真空破坏器　pressure vacuum breaker; vacuum breaker

一种能破坏水流真空状态的防回流污染装置。分为压力型、大气型和软管接头型。可防止虹吸回流，不能防止背压回流。

15.3.6.5

防污水封阀　anti-pollution siphon valve

防止市政排水系统中排水道气体倒灌污染地下水池中贮水的装置。

15.3.7

水锤消除器　water hammer arrestor; shock arrestor

为消除或消减因突然停泵或迅速关闭阀门所产生的水锤压力的装置。

15.3.7.1

下开式水锤消除器　down-operated water hammer arrestor

在停泵水锤时,使消除器打开,从而消除水锤压力,但需人工复位的水锤消除器。

15.3.7.2

自闭式水锤消除器　self-closed water hammer arrestor

利用管道压力能自行复位,关闭消除正压水锤波的排水阀瓣的水锤消除器。

15.3.7.3

气囊式水锤消除器　gas bag water hammer arrestor

在压力容器内设置气囊,利用气体压缩性能吸收或抑制输水管中发生的直接或间接水锤的装置。

15.3.8

信号阀　signal valve

具有输出启闭状态信号功能的阀门。

15.3.8.1

信号闸阀　signal gate valve

具有输出启闭状态信号功能的闸阀。

15.3.8.2

信号蝶阀　signal butterfly valve

具有输出启闭状态信号功能的蝶阀。

15.4

特种阀门　special valve

用以排气、进气、排泥、阻汽疏水等特殊用途阀门的总称。

15.4.1

排气阀　exhaust valve;air inflow and release valve

进排气阀

一种同时具备大、小进排气孔,当管道空管充水时实现快速排气,当管道内产生负压时又能快速进气,且在工作压力下可排出管道中集结的微量空气的阀门。按结构型式分为整体式和分体式。

15.4.1.1

复合式排气阀　composite exhaust valve

复合式进排气阀

具有自动进排气功能,排气量大、吸气能力强、大量排放时,浮球抗瞬时冲击强度大、水密封压力适应范围广的排气阀。

15.4.1.2

高速排气阀　high-speed exhaust valve

高速进排气阀

进排气速度较快的排气阀。

15.4.1.3

微量排气阀　micro-flow quantity exhaust valve

微量进排气阀

进排气量较小的排气阀。

15.4.1.4

缓冲塞阀　cushion valve to prevent exhaust valve from shocking

安装在复合式排气阀进口,用在管线送水时压力突变及瞬时大流量冲击,防止复合式排气阀的大量喷水及有效减缓对于主阀内件的冲击,以延长排气阀寿命,具有缓冲水击而不影响主阀的大量吸排气功能的阀门。

15.4.2

膜片式快开排泥阀　film fast sludge-drainage valve

膜片式快开排泥阀由一个依靠液压操作的双室膜片传动机构和角式截止阀组成，外装二位四通液控换向阀改变驱动介质的流向，通过双室膜片传动机构控制阀门的启闭，快速排除淤泥的阀门。

15.4.3

疏水阀　condensate trap

疏水器

阻气排水阀

隔汽具

阻汽具

回水盆

自动排除蒸汽冷凝水并阻止蒸汽逸出的装置。

15.4.3.1

浮桶式疏水阀　float cylinder trap

利用桶形浮子升降启闭排水阀作间歇式排除冷凝水的疏水阀。

15.4.3.2

浮球式疏水阀　float ball trap

利用球形浮子升降启闭排水阀作连接式排除冷凝水的疏水阀。

15.4.3.3

热动力式疏水阀　heat dynamic trap

利用蒸汽与水的热力性质差异性使金属片阀瓣直接启闭防止逆流的间歇式排除冷凝水的疏水阀。

15.4.3.4

热膨胀式疏水阀　heat expansion trap

利用蒸汽与冷凝水的温差使膨胀元件动作带动阀瓣启闭而排除冷凝水的疏水阀。

15.4.3.5

脉冲式疏水阀　pulse condensate trap

利用倒锥形元件和缸内顶端带有控制盘沟阀瓣的动作排出冷凝水的疏水阀。

15.4.4

吸气阀　air admittance valve(AAV)

补气阀

安装在排水系统中，当管道内出现负压时，只允许空气进入排水系统，平衡排水管道内压力，不允许排水系统内有害气体逸出的单向阀。

15.5

手动、电动、液动、气动阀　manual, motor driven, hydraulic control and pneumatic valve

启闭方式为手动、电动、液动或气动阀门的总称。

15.5.1

手动阀　manual valve

人力使用手轮、杠杆、链轮等启闭的阀门。

15.5.2

电动阀　motor driven valve

靠电机驱动启闭的阀门。

15.5.3

电磁阀 electromagnetic valve

用电磁力执行阀孔开关的阀门。

15.5.4

液动阀 hydraulic control valve

液压阀

液开阀

具有一定压力的液体推动液压缸内的活塞而驱动启闭的阀门。

15.5.5

气动阀 pneumatic valve

用压缩气体驱动启闭闸板、闸瓣的阀门。

15.5.6

鸭咀阀 duck-bill valve

由橡胶制作形状类似鸭咀的多功能水封气封装置,应用于清水池溢流尾管和消音隔臭排水检查井等部位,在满足排水顺畅的同时阻挡了臭气的返窜,还能防止下水道排水回灌至室内。

15.5.7

液力自动阀 multi-function automatic control valve for pump

启闭件为斜置蝶板式的多功能水泵控制阀,采用蝶阀结构,体积小,重量轻,阻力小。

16 计量、检测仪表 flow measuring instrument

对水量、流量、压力、温度、水位进行计量和检测的仪表总称。

16.1

水表 water meter

用于计量承压管道中流过水量的仪表。

16.1.1

流速式水表 velocity water meter

利用水流的流速与流量成正比的原理制成的水表。

16.1.1.1

旋翼式水表 vane wheel water meter

翼轮式水表

壳体内装有叶轮,且叶轮的转轴垂直水流方向,藉水流推动叶轮旋转带动计数器动作的流速式水表。

16.1.1.2

螺翼式水表 horizontal helix type water meter

涡轮式水表

壳体内装有螺旋式叶轮,且叶轮的转轴平行水流方向,藉水流推动叶轮旋转带动计数器动作的流速式水表。

16.1.1.3

干式水表 dry type water meter

计数器不与被计量水接触的水表。

16.1.1.4

湿式水表 wet type vane wheel water meter

计数器浸在被计量水中的水表。

16.1.1.5

复式水表　compound water meter

由主表与副表并联组合成的流速式水表。

16.1.1.6

文丘利分流管式水表　venturi-branch tube water meter

由文丘利管和较小口径的旋翼式水表(或螺翼式水表)并联构成的流速式水表。

16.1.2

容积式水表　volumetric water meter

以转动元件与壳体间形成的一定容积为计量单位,藉转动元件不断将充满其空间的水输送出来并加以计数而计量的水表。

16.1.3

冷水水表　cold-water meter

用于常温水的水表。

16.1.4

热水水表　hot-water meter

用于生活热水的水表。

16.1.5

立式水表　vertical type water meter

垂直安装、水流向上流动的水表。

16.1.6

电子远传水表　electronic remote-reading water meter

基表与电子装置的组合,具有计量、数据处理与存储、信号远程传输等功能的水表。

16.1.7

IC 卡水表　IC card water meter

由控制器和电磁阀组成的水表。

16.2

流量计　flow meter

用于管道或渠道中显示流体瞬时或累计流量的仪表。

16.2.1

差压流量计　differential pressure flow meter

由节流部件与差压变送器组成,以节流部件前后的压差为依据计量管道内流量的流量计。

16.2.2

转子流量计　rotormeter

浮子流量计

以锥形管内的浮子上浮高度为依据计量管道内流体流量的流量计。

16.2.3

电磁流量计　electric-magnetic flow meter

由变送器与电磁流量转换器组成,利用电磁感应原理计量管道内导电性液体流量的流量计。

16.2.4

冲塞式流量计　striking-plug type volumetric flow meter

能进行瞬时流量与累积流量显示的液体容积式流量计。

16.2.5

插入式涡轮流量计　insertion-paddle type turbine flow meter

由变送器与显示仪表组成,以插入管道中轴线处涡轮头的流速为依据计量大中型管道内洁净流体瞬时流量和累计值的仪表。

16.2.6

超声流量计　ultrasonic flowmeter

传播速度差法

多普勒法

由测量主机、换能器和信号电缆三部分所组成。利用超声波在液体中顺、逆流传播速度变化和多普勒效应来测量圆管内流速而计算出流量与累积流量的流量计。

16.3

压力表、真空表　pressure and vacuum gauge

用于测量液体正压和负压的仪表总称。

16.3.1

压力表　pressure gauge; manometer

压力计

压强计

用于测量密闭容器或管道中流体相对压强的仪表。

16.3.2

电接点压力表　electric contact pressure gauge

由单圈弹簧管压力表与电接点组、调节装置等组成，可就地指示，亦可按整定的压力参数发出报警或控制信号的压力表。

16.3.3

真空表　vacuum gauge

真空计

真空规

用于测量密闭容器或管道中负压强的仪器。

16.3.4

电接点真空表　electric contact vacuum gauge

由单圈弹簧管真空表与电接点组、调节装置等组成，可就地指示，亦可远传并报警的真空表。

16.3.5

压力真空表　pressure vacuum gauge

兼有压力表和真空表功能的仪表。

16.4

温度计　thermometer; temperature gauge

用于测量介质温度的仪表。

16.4.1

玻璃温度计　glass-stem thermometer

在玻璃壳体内充有水银、有机液体等感温物质的膨胀式温度计。

16.4.2

压力式温度计　pressure thermometer

利用密闭测温系统内感温介质（气体或液体）的压力随温度变化而测量物质温度的接触式温度计。

16.4.3

热电偶温度计　thermocouple thermometer

利用热电效应原理制成的接触式温度计。

16.5

液位计　liquid level gauge

用于测定有压容器或开口容器内液位高低的仪表。

16.5.1

玻璃管液位计　glass liquid level gauge

用玻璃管制作直接显示有压容器或开口容器内液位的仪表。

16.5.2

翻板液位计　turning plate liquid level gauge

以带色翻板指示液位的仪表。

16.5.3

磁耦合液位计　magnetic coupling liquid level gauge

通过磁浮筒随液位上下浮动，显示实际液位的仪表。

16.5.4

干簧管水位控制器　spring-tube water level gauge

设有干簧管、尼龙导管和水位控制箱，可用于水池水位报警和按水位控制水泵启停的仪表。

16.5.5

浮球液位计　float gauge

设有浮球，用于连续测量水池和水塔水位，并有上下限越限报警功能的仪表。

16.6

传感器　sensor

又称敏感元件。将被测量的量(物理量、化学量、生物量等)按一定规律，以单值函数关系、稳定而准确地换成便于处理和传输的另一种物理量(一般为电量)的元件。

16.6.1

压力传感器　pressure sensor

用于测量、处理和传输压力参数的传感器。

16.6.2

温度传感器　temperature sensor

用于测量、处理和传输温度参数的传感器。

16.6.3

水位传感器　water-level sensor; liquid-level sensor

液位传感器

用于测量、处理和传输水位参数的传感器。

17　其他设备和器材　other equipment and material

除卫生器具，水嘴，加压、调节和贮存设备，加热贮热设备，地漏，检查井，建筑水处理设备，游泳池、游乐池设备，冷却设备，水景设备，雨水利用设备，管材，管件，阀门，计量、检测仪表以外的设备和器材总称。

17.1

隔振器材　vibration isolating equipment

具有弹性，用以隔断及抑制从振源向外界振动传递的器材。

17.1.1

水泵机组隔振元件　vibration isolating elements of pump

为了减少水泵机组产生的扰力对建筑结构，环境和人的有害影响所采取的隔振措施，即减小振动输出的元件。

17.1.1.1

橡胶隔振垫　rubber anti-vibration pad

用橡胶制成的垫状隔振元件。

17.1.1.1.1

压力型橡胶隔振垫　rubber anti-vibration pad

双面或单面有凸台,肋条或凹沟(坑),因受压力而变形的橡胶隔振垫。

17.1.1.1.2

剪切型橡胶隔振垫　shearing rubber anti-vibration pad

双面或单面有凸台、肋条或凹沟(坑),因受剪切力而变形的橡胶隔振垫。

17.1.1.2

橡胶隔振器　rubber vibration isolator

用橡胶与金属制成的材料复合型隔振元件。

17.1.1.2.1

压缩型橡胶隔振器　pressing rubber vibration isolator

橡胶体压缩受力而变形的橡胶隔振器。

17.1.1.2.2

剪切型橡胶隔振器　shearing rubber vibration isolator

橡胶体剪切受力而变形的橡胶隔振器。

17.1.1.2.3

复合型橡胶隔振器　combined force rubber vibration isolator

橡胶体同时受剪切力和压缩力而变形的橡胶隔振器。

17.1.1.3

弹簧隔振器　spring vibration isolator

用金属弹簧制成的隔振元件。

17.1.1.3.1

阻尼弹簧隔振器　spring vibration isolator with damping

增加部件或结构的阻尼,以消除弹簧所特有的共振振幅激增现象的弹簧隔振器。

17.1.1.4

复合型隔振器　combination vibration isolator

橡胶隔振垫和橡胶隔振器,或橡胶隔振垫和弹簧隔振器组成一体的隔振元件。

17.1.1.5

钢丝绳隔振器　steel wire rope vibration isolator

用钢丝绳缠绕成型,可避免橡胶老化的隔振器。

17.1.2

管道隔振元件　anti-vibration element for pipe

用于管道系统以减小振动输出的隔振元件。

17.1.2.1

可曲挠橡胶接头　flexible rubber joint;flexible rubber expansion joint

由织物增强的橡胶件与平形活接头或金属法兰松套组成的,用于金属管道位移补偿和隔振的接头。

17.1.2.1.1

单球体可曲挠橡胶接头　single ball flexible rubber joint

外形曲线似单驼峰的可曲挠橡胶接头。

17.1.2.1.2

双球体可曲挠橡胶接头　dual-ball flexible rubber joint

外形曲线似双驼峰的可曲挠橡胶接头。

17.1.2.1.3

可曲挠橡胶弯头　flexible rubber elbow

以橡胶为隔振材料，兼有位移补偿和隔振功能的弯头。

17.1.2.1.4

可曲挠橡胶异径接头　flexible rubber reducer joint

以橡胶为隔振材料，兼有位移补偿和隔振功能的异径管。

17.1.3

支架隔振元件　vibration isolator for support

用于管道支架以减小振动输出的隔振元件。

17.1.3.1

弹性支架　elastic support

减振支架

用支承方式衰减振动的支架。

17.1.3.2

弹性托架　elastic bracket

减振托架

用支承方式衰减振动的托架。

17.1.3.3

弹性吊架　elastic bracket

用悬吊方式衰减振动的吊架。

17.2

管道支吊架　pipe support and bracket

管道支架、管道吊架和管道托架的总称。

17.2.1

管道支架　pipeline trestle; pipe support

将管道或支座所承受的作用力传到建筑结构或地面的管道构件。

17.2.1.1

固定支架　fixing trestle

不允许管道与其有相对位移的管道支架。

17.2.1.2

活动支架　movable trestle

允许管道与其有相对位移的管道支架。

17.2.1.3

滑动支架　sliding trestle

导向支架

允许管道有轴向位移的活动支架。

17.2.1.4

悬吊支架　pipe-hanging hook

管道悬吊在支架下，除允许管道有水平方向的位移外，还允许有少量垂直位移的活动支架。

17.2.2

管道吊架　pipe hanger;pipe rail

管道标高较高,板底采用悬吊方式固定管道的支架。

17.2.3

管道托架　pipe bracket

管道标高较低,从地面采用支承方式固定管道的支架。

17.2.4

管道支墩　pipe pier

设置在管道下方、弯头或三通处,用混凝土或砖砌制成,用以固定管道和管道附件(阀门)的设施。

17.3

管道伸缩补偿器材　expansion equipment

设置在管道上用以位移补偿的装置总称。

17.3.1

伸缩器　expansion joint

伸缩节

一种设置在管道上允许相邻管端伸缩,剪切或角变位的装置的统称。

17.3.1.1

套管式伸缩器　pipe casing slip joint

由承口和插口两个短管组成的可伸缩的装置,用法兰压盖压紧承口内密封圈密封。短管与管端用法兰连接,用于补偿轴向伸缩量的装置。

17.3.1.2

Π形伸缩器　Π-shaped expansion joint;U-shaped expansion joint

Π形伸缩器节

外形为Π形的伸缩器(节)。

17.3.1.3

Ω形伸缩器　Ω-shaped expansion joint;horse shoe bend expansion joint

Ω形伸缩器节

外形为Ω形的伸缩器(节)。

17.3.1.4

环形伸缩器　loop expansion joint

环形伸缩器节

外形构成圆环的伸缩器(节)。

17.3.1.5

Z形伸缩器　Z-shaped expansion joint

Z形伸缩器节

外形构成两个折弯的伸缩器(节)。

17.3.1.6

L形伸缩器　L-shaped expansion joint

L形伸缩器节

外形构成一个折弯的伸缩器(节)。

17.3.1.7

多球橡胶伸缩器　multi-ball rubber expansion joint

多球橡胶伸缩器节

橡胶材质，外形呈连续球形的伸缩器(节)。

17.3.2

波纹管伸缩器　bellow expansion joint

波纹管伸缩器节

靠有波状突起部件的波形变化实现热补偿的伸缩器(节)，材质有不锈钢和碳钢。

17.4

绝热材料　insulating material

用于管道、设备，绝热保温材料的总称。

17.4.1

岩棉　rock wool

由熔融天然火山岩制成的，用于管道保温的矿物棉。

17.4.2

超细玻璃棉　extra-fine glass fiber

由石灰、石块、石英粉等矿物质在熔炉中熔化后经高速离心或喷拉制而成的直径在 6 μm 米以下的人造无机纤维，再经成型设备制成的保温材料。

17.4.3

聚氨酯泡沫塑料　rigid polyurethane foam

聚氨酯硬泡

闭孔结构，具有绝热效果好、重量轻、强度大、施工方便等优良特性，同时还具有隔音、防震、电绝缘、耐热、耐寒、耐溶剂等特点的管道保温材料。按发泡时的压力可分为高压发泡及低压发泡；按成型方式可分为浇注发泡及喷涂发泡。

17.4.4

橡塑泡沫塑料　elastomeric foam

以聚氯乙烯和丁腈橡胶(或聚氯乙烯和三元乙丙橡胶)的橡塑共混体为基材，加各种填料和添加剂如抗老化剂、阻燃剂、发泡剂、增塑剂、稳定剂、硫化促进剂等，经密炼、混炼、挤出、发泡和冷却定型，加工而成的具有闭孔结构的弹性体保温材料。

17.4.5

憎水珍珠岩管壳　waterproof perlite tube-shell

是一种酸性岩浆喷出而形成的玻璃质熔岩，因其具有珍珠裂隙结构而得名。膨胀珍珠岩是由珍珠岩经过破碎、焙烧而成。普通的膨胀珍珠岩经过憎水处理后，具有更好的保温性能。

17.4.6

电伴热装置　electric trace heating device；electric heat tracing device

在有可能结冰的管道的保温层中设置电热带，以防止管道冻坏，或在需保持一定温度的管道和设备的保温层中设置电热带来补充通过保温层所损失的热量以达到使用要求的一种装置。

17.5

防水套管　water resisting sleeves；water string

管道穿墙防止水渗漏的防水器材。

17.5.1

刚性防水套管　rigid water-tight sleeves；rigid water-proof sleeves；rigid water string

适用于管道穿墙处不受管道振动和伸缩变形的构(建)筑物的防水套管。

17.5.1.1

防水翼环　water-proof annular plate

适用于管道穿墙处不受管道振动和伸缩变形的构(建)筑物，且穿墙空间有限场所的防水套管。

17.5.2

柔性防水套管　flexible water-tight sleeves; flexible water-proof sleeves; flexible water string

适用于有振动或不均匀沉降设防要求场所的防水套管。

17.6

阻火器材　fire-resisting equipment; fire protection equipment

用于塑料管外壁，阻燃热膨胀材料受热后膨胀，可阻止火势蔓延的器材。

17.6.1

阻火圈　firestops collar

由阻燃膨胀剂制成的套在塑料管道外壁的套圈。火灾时，阻燃剂受热膨胀挤压塑料管道，使之封堵，起到阻止火势蔓延的作用。

17.6.2

阻火胶带　fire retardant insulating tape

防火胶带

在金属或纸质薄带上覆盖一定厚度的有粘性的阻燃膨胀材料，使用时缠绕在塑料管外壁。火灾时，阻燃膨胀材料受热后迅速膨胀，挤压塑料管道，封堵介质通道，阻止火势蔓延。

中 文 索 引

E

F

T

U

W

英 文 索 引

A

B

G

H

I

T

U

V

W

Y

Z

ICS 35.180
L 63

中华人民共和国国家标准

GB/T 16685—2008/ISO/IEC 10561:1999
代替 GB/T 16685—1996

信息技术　办公设备　打印设备　吞吐量的测量方法　1类和2类打印机

Information technology—Office equipment—Printing devices—Method for measuring throughput—Class 1 and Class 2 printers

(ISO/IEC 10561:1999, IDT)

2008-07-16 发布　　2008-12-01 实施

中华人民共和国国家质量监督检验检疫总局
中国国家标准化管理委员会　发布

前　言

本标准等同采用国际标准 ISO/IEC 10561:1999《信息技术　办公设备　打印设备 吞吐量的测量方法　1类和2类打印机》(英文版)。

国际标准 ISO/IEC 10561:1999 中 8.3 和附录 A 的数据有误,在采用时做了更正,并增加脚注 2 和表的脚注[a] 进行说明。

本标准还对 ISO/IEC 10561:1999 做了下列编辑性修改:

——ISO/IEC 10561 的"前言"去掉;

——增加了国家标准前言;

——标准正文中的"国际标准"统一改为"标准";

——第 2 章规范性引用文件的引导语改为常用的固定引导语;

——附录 A 表格后对表格内容说明的三句话以表格注的形式移到附录 A 表格中;

——在采用国际标准时,因已将"cpi"译为"字符每英寸",将"lpi"译为"行每英寸",所以去掉了原文的脚注 1)和 2)及其说明。

本标准是对 GB/T 16685—1996《信息技术　打印设备　测量打印机吞吐量的方法》的修订。

本标准代替 GB/T 16685—1996,与 GB/T 16685—1996 相比,主要变化如下:

——标准名称中增加了"办公设备"和"1 类和 2 类打印机";

——标准的目次及标准正文分别增加了第 2 章"规范性引用文件"及"附录 E(资料性附录)打印机的分类　1 类和 2 类"。

本标准的附录 A、附录 B、附录 C 和附录 D 为规范性附录,附录 E 为资料性附录。

本标准由中华人民共和国工业和信息化部提出。

本标准由全国信息技术标准化技术委员会归口。

本标准起草单位:天威飞马打印耗材有限公司、中国电子技术标准化研究所、国家办公设备及耗材质量监督检验中心、天津复印技术研究所。

本标准主要起草人:张希平、高健、马燕、安博萍。

本标准所代替标准的历次版本发布情况为:

——GB/T 16685—1996。

信息技术　办公设备　打印设备
吞吐量的测量方法　1类和2类打印机

1　范围

本标准规定了测量1类和2类打印机吞吐量的方法。1类和2类打印机的定义在ISO/IEC 11160-1标准中给出。本标准定义了三种不同的测试样张：

——标准的商业信函；

——数据报表；

——图形。

另外，本标准还定义了性能测试和耐久性测试的方法。

这些测试只用于测量打印机对测试样张类文件的吞吐量，而不评价打印机的其他特性，如字符形状、打印压缩、网络/控制器性能、颜色等。本方法适用于1类和2类打印机（例如：点阵式、菊花字轮式、喷墨式、热转印式打印机）及所有配置（例如：牵引送纸、单页送纸、80列和超过132列的打印宽度等）。对于其他类的打印设备如高速页面式打印机和彩色打印机的性能比较，本方法不是最适宜的。

这种测试方法是为打印机制造厂商和测试机构使用而设计的，以获取测试报告的通用格式。报告也能使用户快速简捷地比较不同打印机的吞吐量。

2　规范性引用文件

下列文件中的条款通过本标准的引用而成为本标准的条款。凡是注日期的引用文件，其随后所有的修改单（不包括勘误的内容）或修订版均不适用于本标准，然而，鼓励根据本标准达成协议的各方研究是否可使用这些文件的最新版本。凡是不注日期的引用文件，其最新版本适用于本标准。

ISO/IEC 11160-1:1996　信息技术　办公设备　规格表中包含的最基本信息　打印机　第1部分:1类和2类打印机[1)]

DIN 32751　办公和数据系统技术　打印机　按测试样张测试打印速度

3　符合性

声明符合本标准的测试结果应是按照本标准规定的方法获得的。

4　测试原理

4.1　概述

对每种测试，规定的测试样张都应在受测试的设备上打印若干次。测试应在第5章规定的条件下进行，每次单独测试的打印机初始设置条件都应记录。测试一旦开始，就不应中断。

性能测试设计为能在典型的用户使用的打印任务下对打印机进行测试。

耐久性测试设计为能显现出持续高负荷打印任务由于打印机内部限制因素（如点密度限制，温度升高等），对打印吞吐量的所有影响。

对两种测试，吞吐量的单位应为“打印页数每小时”，并按下式计算得出。

$$\frac{\text{打印页数} \times 3\,600\ \text{s/h}}{\text{测量时间(秒)}}$$

---

1)　ISO/IEC 10561:1999 中该引用文件时间(1995)有误，“第1部分”前漏“打印机”。

4.2 性能测试

在性能测试中，测试样张应从主机发送五次，或者发送一个五页的文件，或发送五个一页的文件。

时间的测量应从数据到打印机接口的时刻开始。如果能证明对测试结果的影响不超过1%，也允许测试时间从按下主机上"开始"键时开始。

使用单页纸进行测试时，测试应在纸处于正常的打印方式位置时开始。对预先装打印纸的打印机而言，每次测试前要清理纸的通路。测试所需时间的测量在第五张纸输出后结束。

如打印机使用连续纸，测试应在纸走到格式位置的顶部时开始。这种测试所需求时间的测量在第五张纸打印结束并完成换页动作后结束。

测试结果报告中应包含测试使用的打印机的点阵信息。

4.3 耐久性测试

在测试中，测试样张应从主机反复发送1 h。

时间的测量应从数据到打印机接口的时刻开始。如果能证明对测试结果的影响不超过1%，也允许测试时间从按下主机上"开始"键时开始。

使用单页纸进行测试时，测试应在纸处于正常的打印方式位置时开始。对预先装打印纸的打印机而言，每次测试前要清理纸的通路。

如打印机使用连续纸，测试应在纸走到格式位置的顶部时开始。耐久性测试所需求时间的测量在1h后的第一张纸打印完(输出)时结束(1 h n s)，以便打印出完整张数。

1 h的测试时间应包括再装纸、换色带盒、补充墨水/墨粉等所需的任何时间。假定测试开始时使用装有最大容量的新耗材。

测试结果报告中应包含测试使用的打印机的点阵信息。

5 测试条件

5.1 测试环境

测试应在下列环境下进行：

温度：18 ℃～25 ℃

相对湿度：30%～70%

打印机应设置为处于正常运行的状态，并在测试环境下通电放置至少1 h。

5.2 电压

打印机测试时连接的电源电压应保持在规定的工作电压正常值±10%的范围内。

5.3 数据输入

数据发送到打印机的速度应不使打印机等待数据，否则会误导出一个低的吞吐量数据。

5.4 测试序列

每个测试序列应无间断地完成。

每个测试序列完成后，应允许打印机重新稳定(冷却)到它正常通电时的状态。

5.5 打印纸

所用纸质量要求如下：

——单页纸　60 g/m²～90 g/m²；

——单层连续纸　60 g/m²～80 g/m²；

——多层连续纸　符合制造厂商规范。

用多层连续纸测试时，要用一张原稿加两张复写纸的类型。制造厂商应指出纸和复写纸的型号。

配用连续纸(牵引式、链轮式或摩擦进纸式)的打印机，应优先装载345.4 mm(13.6 in)宽的规格纸。如果不可能，则可装入近似等宽的打印纸，样张的打印可能超过一页，打印机的"跳过页缝线"的功能应设为无效状态。

配用单页纸的打印机应在自动方式下操作，不应设为手动送纸方式。应使用A4纸或近似相等尺寸的纸。如果不是A4纸，则尺寸应记录在测试结果中。

打印机应使用单层纸和三层纸(一张原稿和两张复写纸)来测试。多层纸的测试只适用于能处理至少三层纸(一张原稿和两张复写纸，带或不带纸层间的复写纸)的打印机。

6 信函测试

6.1 概述

本测试模拟了一个典型的用户打印信函的应用。

6.2 测试样张

附录B中定义了两个测试样张。第一张(样张A)是DIN 32751中定义的标准信函。第二张(样张B)是一封用于打印的英文信函，不含附加符号。两个测试样张的结果没有可比性，测试结果中应指明所使用的测试样张。

打印机应设为0.4个字符每毫米(10个字符每英寸)和0.24行每毫米(6行每英寸)的操作。如果制造厂商提供了多种打印质量模式，则做测试1时，打印机应设为最差打印质量模式，测试2和3设为最佳打印质量模式。

6.3 测试1——性能

打印机设置为最差打印质量模式。

6.4 测试2——性能

打印机设置为最佳打印质量模式。

6.5 测试3——耐久性

打印机设置为最佳打印质量模式。

7 数据报表测试

7.1 概述

本测试模拟了一个典型的用户打印数据报表的应用。

如果制造厂商声明称提供了多种打印质量模式，则做测试时打印机应设为最差打印质量模式及0.24行每毫米(6行每英寸)。

7.2 测试样张

测试样张应为附录C中的132列的数据报表。

7.3 测试1——性能

打印机应设为0.4个字符每毫米(10个字符每英寸)。行宽小于33.5 cm(13.2 in)的打印机不进行此项测试。

7.4 测试2——性能

打印密度应设为压缩模式，一般为0.67个字符每毫米(17个字符每英寸)。如果没有此选项，就应选择压缩比达到0.65到0.71个字符每毫米(16.5～18个字符每英寸)之间。

8 图形测试

8.1 概述

测试样张发送给打印机时应使用图形方式打印(向量、位图)，不应使用字符方式打印(如块图形字符)。

定义的尺寸为最小尺寸，如果尺寸误差使图形变大而不是变小，任何较小的尺寸偏差都是允许的。

图形测试仅适用于2类打印机。

8.2 测试样张

测试版样张应按附录D复制。

8.3 测试1——性能

被测试的最小密度为横向2.36[2)]个点每毫米×纵向2.83个点每毫米（横向60个点每英寸、纵向72个点每英寸）。

9 测试报告

第6章至第8章规定的测试的记录结果应按附录A中规定的数据报表形式来表示。测试所用配置也应记录在报告中。

建议:在所有技术规格表、销售宣传页和产品信息中使用的试验报告内容,都应让打印机使用者阅读到。

2) ISO/IEC 10561:1999的8.3中为2.63有误。

附 录 A
（规范性附录）
测试结果报告

打印机类型：

配置：

信函测试样张：

		使用点阵	单层连续纸	多层连续纸	单页纸
信函——性能 5 页，0.4 个字符每毫米 （10 个字符每英寸）	最差打印质量				
	最佳打印质量				
信函——耐久性 1 h， 0.4 个字符每毫米 （10 个字符每英寸）	最佳打印质量				
图形，5 页性能					
数据报表，5 页性能 203.2 毫米（8 英寸） 打印宽度	0.67 个字符每毫米 （17 个字符每英寸） 最差打印质量				
数据报表，5 页性能 335.3 毫米[a]（13.2 英寸） 打印宽度	0.4 个字符每毫米 （10 个字符每英寸） 最差打印质量				

注 1：测试结果为每小时打印页数。

注 2：使用点阵指的是点数（横向×纵向）每毫米（英寸）。

注 3：根据打印机型号的不同，某些结果可能为空。

[a] ISO/IEC 10561:1999 附录 A 的表中为 355.3 有误。

附 录 B
（规范性附录）
信函测试样张

两张测试样张在后面两页中定义和表示。

本标准如被翻译为其他语言，为了确保不同位置之间测试的可比性，标准信函的文本内容不应翻译。

为方便用户使用本标准，指示文本不同部分的相对位置，在测试样张的顶部和底部设置了一条虚线，这些虚线不是信函文本的组成部分。

样张 A

DIN 32751 的标准测试信函。信函的内容从字 Eilzustellung 开始，到字 Mustervordrucke 结束。

样张 B

本测试样张是为不能打印附加符号的打印机准备的。信函的内容从字 E X P R E S S 开始，到数字 34921-2654 结束。

测试样张 A

---------! ---------! ---------! ---------! ---------! ---------! ---------! ---------!

Eilzustellung

Norddeutsche Farbenwerke KG

Herrn Dr. Grauert

Große Elbstraße 64

2000 Hamburg 4

Org. III 5/37 H-A 4 34 22.04.75

17.04.75 Volkmann

Vordruckgestaltung für den allgemeinen Schriftverkehr,

für das Bestell- und Rechnungswesen E i l t

Sehr geehrter Herr Dr. Grauert,

Sie können das Schreiben der Briefe, Bestellungen, Rechnungen usw.

sowie das Bearbeiten des Schriftgutes rationalisieren, wenn die

Vordrucke Ihres Unternehmens den folgenden Normen entsprechen:

DIN 676 Geschäftsbrief; Vordrucke A4

DIN 677 -; Vordruck A5

DIN 679 Geschäftspostkarte; Vordruck A6

DIN 4991 Vordrucke im Lieferantenverkehr; Rechnung

DIN 4992 -; Bestellung (Auftrag)

DIN 4993 -; Bestellungsannahme (Auftragsbestätigung)

DIN 4994 -; Lieferschein/Lieferanzeige

DIN 4998 Entwurfsblätter für Vordrucke

Diese Normen enthalten alle Einzelheiten für den sinnvollen und

zweckmäßigen Aufdruck. Wenn dazu bei der Beschriftung genormter

Vordrucke DIN 5008 "Regeln für Maschinenschreiben" beachtet wird,

entstehen übersichtliche und werbewirksame Schriftstücke.

Die beigefügten 6 Mustervordrucke zeigen, daß das Beachten der

Normen die künstlerische und werbewirksame Gestaltung der Vordrucke

nicht ausschließt.

Da wir uns auf die Herstellung genormter Vordrucke spezialisiert

haben, können wir besonders billig liefern. Eine Probebestellung

wird Sie und Ihre Geschäftsfreunde von den Vorteilen überzeugen.

Mit bester Empfehlung

NORAG

Druckerei und Verlagshaus KG

Hermann

<u>Anlagen</u>

6 Mustervordrucke

---------! ---------! ---------! ---------! ---------! ---------! ---------! ---------!

测试样张 B

---------! ---------! ---------! ---------! ---------! ---------! ---------! ---------!

E X P R E S S M A I L

October 17,1990

Northern Lights Color Works, Inc.

Dr. Harold M. Smith

8934A North Main Street W105 97H

North Rutherford, New Jersey 78916-9596

Re: X3/SD-10, October,1989

Accredited Standards Committee: X3 - Information Processing Systems

Dear Dr. Smith:

Following our recent discussion, I want to provide you this additional information on X3 Standing Documents.

There is a series of documents. They were developed by X3 and the X3 Secretariat. The series provides an information data base on Accredited Standards Committee X3 - Information Processing Systems. The documents are updated periodically, each on an individual basis.

This series is designed to serve several needs:

first, they describe X3, and explain its program;

second,they teach members of X3 committees the operational procedures of X3; and

third, they insure systematic administration according to procedural requirements of the American National Standards Institute and the X3 Secretariat.

We have found that this set of documents serves well as guidance to the Secretariat staff, as well as to the several working subgroups, members and officers.

You had asked for a partial listing of the Standing Documents. I am pleased to provide them as follows:

X3/SD-0 Informational Brochure - January 1989

X3/SD-1 Master Plan - January 1988

X3/SD-1B Master Plan (Operational) - April 1989

X3/SD-2 Organization and Procedures - July 1987

X3/SD-3 Project Proposal Guide - May 1987

X3/SD-4 Projects Manual - August 1988

X3/SD-5 Standards Criteria - September 1984

Perhaps a few more words of explanation about the last document would be helpful to you.

X3 subgroups produce a required annual report to X3 using the format described in this report. They do so according to the schedule defined in X3/SD-6, Membership and Officers.

I hope that this additional information is helpful to you. Should you wish to obtain copies of the listed documents, I will be pleased to provide them to you.

With warm personal regards,

Jonathan

ABC Institute NEDET

Washington, D. C. 34921-2654

---------! ---------! ---------! ---------! ---------! ---------! ---------! ---------!

附 录 C
（规范性附录）
数据报表测试样张

下页为数据报表测试样张。

数据报表的内容以字 SPREADSHEET 开始，以右下角最后一行的 12 个双下划线符号结束。

为方便用户使用本标准，指示版面不同部分的相对位置，在测试样张的顶部和底部设置了一条虚线，这些虚线不是数据报表的组成部分。

本标准如被翻译为其他语言，为了确保不同位置之间测试的可比性，开头的七个英文词和月份的缩写应保留为英文。

下面一页中的文本不是作为判断打印样张实际表示内容的一个指标。

SPREADSHEET TEST

TYPICAL YEARLY CASH FLOW ACCOUNT

	Oct. *	Nov. *	Dec. *	Jan. *	Feb. *	Mar. *	Apr. *	May. *	Jun. *	Jul. *	Aug. *	Sep. *	Total *
REVENUE													
Salary	12345	67890	12345	67890	12345	01234	56789	01234	56789	01234	50123	44567	901234567358
	-----	-----	-----	-----	-----	-----	-----	-----	-----	-----	-----	-----	------------
OUTGOING EXPENSES													
Property Rates	123	456	7890	1234	5678	9012	2123	4501	2345	6789	0123	4567	89012194678
Car Repayment	123	4567	8901	2345	6789	0123	4501	2345	6789	0123	4567	8901	23450543224
Food Purchase	1234	4567	9012	3456	7890	1234	5012	3456	7890	1234	5678	9012	34501659100
Personal Taxes	1234	4567	9012	3456	7890	1234	5012	3456	7890	1234	5678	9019	34501543224
Gas			012			012			012			012	0012210876
Electricity		123			123			123			123		1232486050
Insurance		908							123				8905432243
Car Repairs		234		567			895						1237358004
House Repairs				678			901						6781946780
Entertainment	55	22	33	45	65	75	85	95	05	16	25	32	4547934568
Pension Fund	909	129	349	569	539	695	691	696	914	149	051	493	41495807081
Sundry	566	766	866										9017483242
Accountancy	123	456					7890						72345041253
Telephone			234			403			055			550	12347413106
Travelling Expenses	455	295	395	095	059	359	451	251	929	051	590	959	52251291405
HOUSE EXPENDITURE													
House Repayments	051	011	921	4519	2519	5059	9299	9540	2040	8544	655	351	95125715432
House Insurance			3185		3185			0592			3512		38512795382
	-----	-----	-----	-----	-----	-----	-----	-----	-----	-----	-----	-----	------------
TOTAL OUTGOINGS	7358	1946	54322	6591	21007	34225	56789	01234	40123	44567	90123	45678	901234765502
	-----	-----	-----	-----	-----	-----	-----	-----	-----	-----	-----	-----	------------
NET BALANCE	1234	4567	901	2345	6789	0123	4501	2345	6789	01234	5678	9012	345240743358
BALANCE B/FWD	-1234	4567	912	3456	78901	23450	12345	67890	12345	67890	12354	12345	-12345406810
	-----	-----	-----	-----	-----	-----	-----	-----	-----	-----	-----	-----	------------
BALANCE C/FWD	1234	4567	9017	23457	78907	12345	05570	45199	25199	52259	12549	25959	25159109152
	=====	=====	=====	=====	=====	=====	=====	=====	=====	=====	=====	=====	===========

附 录 D
（规范性附录）
图形测试样张

下图为图形测试样张。其中含有 4 个黑色矩形块的 127 mm×165.1 mm 的方框是测试样张的内容。

测试样张应在离打印纸左侧 25.4 mm 的位置上打印。

用毫米标注的尺寸不是测试样张的组成部分。

附 录 E
（资料性附录）
打印机分类 1类和2类

1类和2类打印机在ISO/IEC 11160-1中定义,3类和4类打印机在ISO/IEC 11160-2中定义。

序号			1类	2类	3类	4类
1	打印单位	小于一页	×	×		
		一页				
2	输入数据	字符数据或编码的字符数据	×	×	×	×
		光栅数据		×	×	×
		向量数据				×
3	注释			如果系统有主机光栅图像处理器(RIP),来自用户的源文件可以有向量数据,但发送到打印机的文件不能包含任何向量数据。 不能处理数据的打印机(DUMP打印机)也包含在这一类	如果系统有主机有光栅图像处理器(RIP),来自用户的源文件可以有向量数据,但发送到打印机的文件不能包含任何向量数据。 1类和/或2类打印机的仿真可被支持。 输入数据可以是压缩的。 不能处理数据的打印机(DUMP打印机)也包含在这一类	支持PDL语言。 1类和/或2类打印机的仿真可被支持
4	打印机例子		字符打印机 仅限于 菊花字轮式 撞针点式 喷墨式 热转印式	个人计算机(PC)和硬拷贝打印机 撞针点式 喷墨式 热转印式	激光 LED式 LCD式 喷墨式	激光 LED式 LCD式 喷墨式 热转印式

分类是依据打印机的最大能力来定义的。

设计本附录是为了打印机制造厂商分类他们的打印机以便生成基于ISO/IEC 11160-1的1类和2类机或ISO/IEC 11160-2的3类和4类机适用的规格。

ICS 35.100.70
L 79

中华人民共和国国家标准

GB/T 16687.1—2008/ISO/IEC 8650-1:1996
代替 GB/T 16687—1996

信息技术 开放系统互连 面向连接的联系控制服务元素协议 第1部分:协议规范

Information technology—Open Systems Interconnection—Connection-oriented protocol for the Association Control Service Element—Part1: Protocol specification

(ISO/IEC 8650-1:1996,IDT)

2008-08-19 发布 2009-01-01 实施

中华人民共和国国家质量监督检验检疫总局
中国国家标准化管理委员会 发布

前　言

GB/T 16687《信息技术　开放系统互连　面向连接的联系控制服务元素协议》分为以下几个部分：

——第1部分：协议规范；

——第2部分：协议实现的一致性声明(PICS)形式表。

本部分为第1部分。

本部分等同采用国际标准ISO 8650-1:1996《信息技术　开放系统互连　面向连接的联系控制服务元素协议:协议规范》,并根据ISO 8650-1:1996/Amd.1:1997《修改单1》和ISO 8650-1:1996/ Amd.2:1998《修改单2》进行了相应修改并在相应条文处用“‖”标明：

——修改了9.1、7.1.3和8.1等的内容；

——增加了6.4和12.4等的内容。

本部分代替GB/T 16687—1996《信息技术　开放系统互连　联系控制服务元素协议规范》。

本部分与GB/T 16687—1996相比主要变化如下：

——修改了3、4、6.1、7.1、7.2、9.1、9.2和附录A等的内容；

——增加了6.2、6.4、8.1.2.3、8.1.3.3和12.4等的内容。

本部分的附录A、附录B是规范性附录。

本部分由全国信息技术标准化技术委员会提出并归口。

本部分起草单位：山东省计算中心、中国电子技术标准化研究所、山东省计算机网络重点实验室。

本部分主要起草人：徐全平、董火民、刘勇、李刚、王英龙、李文华。

本部分于1996年首次发布。

引　言

GB/T 16687 的本部分是为了便于信息处理系统互连而制定的一组标准之一。它与开放系统互连参数模型(GB/T 9387.1—1998)所定义的一组标准中的其他标准有关。参考模型把互连标准化的范围细分成一系列规模可管理的规范的层。

开放系统互连的目标是使用互连标准之外的最少的技术协定来达到信息处理系统的互连，这些信息处理系统：

——来自不同制造厂商；

——在不同的管理之下；

——具有不同的复杂程度；

——具有不同的技术。

本部分规定应用服务元素的应用联系控制协议：联系控制服务元素(Association Control Service Element，ACSE)。ACSE 提供建立和释放应用联系的服务。ACSE 协议还包括一个可选的功能单元用于交换数据以支持联系建立时的鉴别。这些 ACSE 服务适用于广泛范围的应用进程通信要求。

本部分包括一个用状态表描述 ACSE 协议机的附录。该协议机被称为联系控制协议机(ACPM)。

在本部分中定义的协议还要受到表示服务(GB/T 15695—2008)和会话服务(GB/T 15128—2008)用法的制约。

服务质量(QOS)是 A-ASSOCIATE 服务的参数。为了给 QOS 提供贯穿 OSI 参考模型所有层的综合处理，以及为了确保每层服务的各自处理以一致的方式满足总的服务质量目的，QOS 的工作仍在进行，所以本部分以后可能会增加一个补篇来反应 QOS 的发展和综合。

快速联系机制允许以信息的压缩表来建立会话连接，包括它的嵌入式表示连接和应用联系，而该信息也会以其他方式在 S-CONNECT 交换中发送出去。这个压缩表被称作上层上下文标识符，是对上层上下文规范的引用，它是在完整形式连接信息上可以发送的应用、ACSE、表示和会话协议的名称字段的定义。可以将上层上下文标识符进行参数化，以包含被上层的完整形式协议所允许的可变字段的值。

在 ACSE 协议中，附加以下内容：从 AARQ 语义中的建立 P-CONNECT 原语的用户概述参数的定义和响应的 A-ASSOCIATE 原语中的用户概述参数的定义。

信息技术　开放系统互连　面向连接的联系控制服务元素协议　第1部分:协议规范

1　范围

ACSE 支持两种通信方式:面向连接的和无连接的。ACSE 服务定义(GB/T 16688—2008)包括两种通信方式。GB/T 16687 的本部分为面向连接的通信方式提供协议规范,无连接通信方式的协议规范可见 GB/T 17545.1—1998。

本部分定义了在开放系统互连环境中面向连接方式的希望互连的系统间通信实例规程。本部分包括了用于建立和释放应用联系的核心功能单元。在联系建立期间不增加新的服务时鉴别功能单元可以提供支持鉴别信息的附加的设施。ACSE 鉴别设施可以用于支持有限类别的鉴别方法。在联系建立期间应用上下文协商功能单元可以提供附加的设施以选择应用上下文。

本部分规定了:

a)　为应用联系控制和应用实体鉴别传送信息的规程;

b)　在 ACSE 协议机和发生外部表示事件之间的交互;

c)　表示 ACSE APDUs 的抽象语法。

按照下述方式定义 ACSE 规程:

a)　通过使用表示服务在对等 ACSE 协议机之间的交互;

b)　ACSE 协议机与其服务用户之间的交互。

本规范还对实现这些规程的系统规定一致性的要求。它不包括可用来证明一致性的测试。

2　规范性引用文件

下列文件中的条款通过 GB/T 16687 的本部分的引用而成为本部分的条款。凡是注日期的引用文件,其随后所有的修改单(不包括勘误的内容)或修订版均不适用于本部分,然而,鼓励根据本部分达成协议的各方研究是否可使用这些文件的最新版本。凡是不注日期的引用文件,其最新版本适用于本部分。

GB/T 9387.1—1998　信息技术　开放系统互连　基本参考模型　第1部分:基本模型(idt ISO/IEC 7498-1:1994)

GB/T 9387.2—1995　信息技术　开放系统互连　基本参考模型　第2部分:安全体系结构(idt ISO/IEC 7498-2:1989)

GB/T 9387.3—2008　信息技术　开放系统互连　基本参考模型　第3部分:命名与编址(ISO/IEC 7498-3:1997,IDT)

GB/T 15128—2008　信息技术　开放系统互连　会话服务定义(ISO/IEC 8326:1996,IDT)

GB/T 15695—2008　信息技术　开放系统互连　表示服务定义(ISO/IEC 8822:1994,IDT)

GB/T 16262.1—2006　信息技术　抽象语法记法一(ASN.1)　第1部分:基本记法规范(ISO/IEC 8824-1:2002,IDT)

GB/T 16263.1—2006　信息技术　ASN.1 编码规则　第1部分:基本编码规则(BER)、正则编码规则(CER)和非典型编码规则(DER)规范(ISO/IEC 8825-1:2002,IDT)

GB/T 16264.2—2008　信息技术　开放系统互连　目录　第2部分:模型(ISO/IEC 9594-2:

1995,IDT)

GB/T 16688—2008 信息技术 开放系统互连 联系控制服务元素服务定义(ISO/IEC 8649:1996,IDT)

GB/T 17176—1997 信息技术 开放系统互连 应用层结构 (idt ISO/IEC 9545:1994)

GB/T 17545.1—1998 信息技术 开放系统互连 联系控制服务元素的无连接协议 第1部分:协议规范 (idt ISO/IEC 10035-1:1995)

GB/T 17967—2000 信息技术 开放系统互连 基本参考模型 OSI服务定义约定(idt ISO/IEC 10731:1994)

GB/T 17969.1—2000 信息技术 开放系统互连 OSI登记机构的操作规程 第1部分:一般规程(eqv ISO/IEC 9834-1:1993)

GB/T 17969.6—2000 信息技术 开放系统互连 OSI登记机构的操作规程 第6部分:应用进程和应用实体(eqv ISO/IEC 9834-6:1993)

ISO 6523:1984 数据交换 用于标识组织的结构

ISO/IEC 8327-1:1996 信息技术 开放系统互连 面向连接的会话协议:协议规范

CCITT X.410:1984 文电处理系统 远程操作与可靠传送服务

3 术语和定义

下列术语和定义适用于GB/T 16687的本部分:

3.1 参考模型定义

3.1.1 基本参考模型定义

本部分以GB/T 9387.1—1998中建立的概念为基础,并使用其中定义的下列术语:

a) 应用层;

b) 应用进程;

c) 应用实体;

d) 应用服务元素;

e) 应用协议数据单元;

f) 应用协议控制信息;

g) 表示服务;

h) 表示连接;

i) 会话服务;

j) 会话协议;

k) 会话连接。

3.1.2 安全体系定义

本部分使用GB/T 9387.2—1995中定义的下列术语:

口令。

3.1.3 命名和编址定义

本部分使用GB/T 9387.3—2008中定义的下列术语:

a) 应用进程标题;

b) 应用实体限定符;

c) 应用实体标题[1];

1) 根据GB/T 9387.3—2008的定义,应用实体标题由应用进程标题和应用实体限定符构成。ACSE服务通过传送应用实体标题的两个分量值来传送它的值。

d) 应用进程调用标识符；
e) 应用实体调用标识符；
f) 表示地址。

3.2 服务约定定义

本部分使用 GB/T 17967—2000 中定义的下列术语：

a) 服务提供者；
b) 服务用户；
c) 证实型服务；
d) 非证实型服务；
e) 提供者发起型服务；
f) 原语；
g) 请求(原语)；
h) 指示(原语)；
i) 响应(原语)；
j) 证实(原语)。

3.3 表示服务定义

本部分使用 GB/T 15695—2008 中定义的下列术语：

a) 抽象语法；
b) 抽象语法名；
c) 缺省上下文；
d) 已定义上下文集合；
e) 功能单元(表示)；
f) 常规方式(表示)；
g) 表示上下文；
h) 表示数据值；
i) X.410:1984 方式(表示)。

3.4 应用层结构定义

本部分使用 GB/T 17176—1997 中定义的下列术语：

a) 应用上下文；
b) 应用实体调用；
c) 控制功能；
d) 应用服务客体。

3.5 ACSE 服务定义

本部分使用 GB/T 16688—2008 中定义的下列术语：

a) 应用联系;联系；
b) 联系控制服务元素；
c) ACSE 服务用户；
d) ACSE 服务提供者；
e) 请求者；
f) 接受者；
g) 联系发起者；
h) 联系响应者；
i) 鉴别；

j) 鉴别功能;
k) 鉴别值;
l) 鉴别机制;
m) 常规方式;
n) X.410:1984 方式;
o) 中止。

3.6 联系控制协议规范定义

本部分采用下列术语和定义。

3.6.1

联系控制协议机 association control protocol machine

联系控制服务元素的协议机在本部分中定义。

3.6.2

请求联系控制协议机 requesting association control protocol machine

服务用户是特定联系控制服务元素的请求者的联系控制协议机。

3.6.3

接受联系控制协议机 accepting association control protocol machine

服务用户是特定联系控制服务元素的接受者的联系控制协议机。

3.6.4

外部事件(对 ASE 来说) external event(to an ASE)

一种服务原语,ASE 并不直接使用,但该原语可中止 ASE 的服务进程。

4 缩略语

下列缩略语适用于 GB/T 16687 的本部分。

4.1 数据单元

APDU	应用协议数据单元

4.2 应用协议数据单元的类型

对在本部分中定义的应用协议数据单元规定了下列缩略语:

AARQ	联系请求 APDU
AARE	联系响应 APDU
RLRQ	释放请求 APDU
RLRE	释放响应 APDU
ABRT	联系夭折 APDU

4.3 其他缩略语

本部分使用下列缩略语:

ACPM	联系控制协议机
ACSE	联系控制服务元素
AE	应用实体
AEI	应用实体调用
AP	应用进程
APCI	应用协议控制信息
ASE	应用服务元素
ASO	应用服务客体
ASN.1	抽象语法表记法 1

CF	控制功能
cnf	证实原语
ind	指示原语
OSI	开放系统互连
req	请求原语
ROA	辨识操作代理
QOS	服务质量

5 约定

本部分采用表格法来表示 APDU 的字段。在第 7 章中，每个 ACSE APDU 各用一个表来表示。每个字段用如下记号来概括：

M	存在是必备的
O	存在是 ACPM 的选项
U	存在是 ACSE 服务用户的选项
req	源是有关的请求原语
ind	宿是有关的指示原语
rsp	源是有关的响应原语
cnf	宿是有关的证实原语
ACPM	宿或源是 ACPM

在第 9 章中用 ASN.1(GB/T 16262)抽象语法标记法一来规定每个 ACSE APDU 的结构。

6 协议综述

6.1 提供的服务

本部分给出了在 GB/T 16688—2008 中定义的面向连接的服务。表 1 列出了面向连接和无连接的服务。无连接的 A-UNIT-DATA 服务协议在 GB/T 17545.1—1998 中规定。

对于特定的联系来说，ACSE 面向连接的服务或者以常规方式操作或者以 X.410:1984 方式操作。操作方式由 A-ASSOCIATE request 原语中的方式参数确定。

表 1 ACSE 服务

通信模式	服　务	类　型
面向连接	A-ASSOCIATE	证实型
	A-RELEASE	证实型
	A-ABORT	非证实型
	A-P-ABORT	提供者发起
无连接	A-UNIT-DATA	非证实型

6.2 功能单元

本部分使用功能单元在联系建立期间协商 ACSE 用户需求，定义了以下功能单元：

a) 核心功能单元；

b) 鉴别功能单元；

c) 应用上下文协商功能单元。

使用 AARQ 和 AARE APDUs 的 ACSE 需求字段用来为联系选择功能单元。

核心功能单元总是可用的，它是默认的功能单元。为了包括鉴别功能单元和应用上下文名功能单元，他们应显式地在 AARQ APDU 中请求并在 AARE APDU 中接受。

鉴别功能单元的选择支持 AARQ、AARE、ABRT 和 RLRQ APDUs 中的附加字段。应用上下文协商功能单元的选择支持 AARQ 和 AARE APDUs 中的字段。两者均不会影响规程元素。表 2 列出了与 ACSE 功能单元相关的服务、APDUs 和 APDU 字段。

表 2 功能单元的 APDU 和字段

功能单元	服务	APDU	字段名
核心	A-ASSOCIATE	AARQ	协议版本
			应用上下文名
			主呼 AP 标题
			主呼 AP 限定符
			主呼 AP 调用标识符
			主呼 AE 调用标识符
			被呼 AP 标题
			被呼 AP 限定符
			被呼 AP 调用标识符
			被呼 AE 调用标识符
			实现信息
			用户信息
			用户概要
		AARE	协议版本
			应用上下文名
			响应 AP 标题
			响应 AE 限定符
			响应 AP 调用标识符
			响应 AE 调用标识符
			结果
			结果源一诊断
			实现信息
			用户信息
	A-RELEASE	RLRQ	原因
			用户信息
		RLRE	原因
			用户信息
	A-ABORT	ABRT	夭折源
			用户信息
鉴别	A-ASSOCIATE	AARQ	ACSE 需求
			鉴别机制名
			鉴别值
		AARE	同上
		ABRT	诊断
应用上下文协商	A-ASSOCIATE	AARQ	应用上下文名列表
			ACSE 需求
		AARE	同上

6.3 表示服务的使用

在一个联系上 ACSE 对表示服务的使用是由 ACSE 操作方式确定的，规定如下：

a) ACSE 常规方式：ACPM 使用表示服务的常规方式(GB/T 15695—2008)。ACPM 使用表示服务的核心功能单元来与它的对等 ACPM 交换 APCI 和可选的 ACSE 服务用户信息(即 ACSE APDU)。使用附加表示服务功能单元是 ACSE 服务用户的选择。这个选择不影响

ACPM 的操作。

b) ACSE X.410:1984 方式:ACPM 使用表示服务的 X.410:1984 方式。当使用表示服务的 X.410:1984 方式时,只有核心功能单元可用。在这个方式下,ACPM 不和它的对等 ACPM 交换 APCI。它只是简单地让由 ACSE 服务用户或表示服务提供的信息穿过。

本部分假定 ACPM 是 P-CONNECT、P-RELEASE、P-U-ABORT 和 P-P-ABORT 服务的唯一用户。ACSE 既不使用也不限制任何其他表示服务。

ACPM 不使用 P-RESYNCHRONIZE、P-U-EXCEPTION-REPORT 或 P-P-EXCEPTION-REPORT 服务。但是,在联系中,如果这些表示服务的原语发生在联系上,A-RELEASE 规程将会中止。通过外部事件的发生,使得这种中止对 ACPM 是可见的。

如果表示服务是由会话协议(ISO/IEC 8327-1:1996)支持的话,则表示服务的用户数据参数要受长度限制。本部分假定本地机制能检测违反限制的进行,并通知 ACSE 的服务用户。对 A-ABORT 规定了编码优化,以便缓和这个问题(见 7.3.3.1)。

6.4 与会话服务的关系

支持表示连接(进而支持联系)的会话连接所要求的会话功能单元是由 A-ASSOCIATE 服务的请求者和接受者决定的。它们是通过使用 A-ASSOCIATE 原语中的会话需求参数来完成的。会话功能单元在 GB/T 15128—2008 中描述。

会话服务的规则影响 ACPM 的操作及其服务用户。ACSE 服务用户必须知道这些限制。本部分假定由本地机制来实施这些。会话服务的限制影响到 ACSE 服务用户的例子是:

a) 协商释放的可用性;

b) 释放碰撞的可能性。

6.4 bis 用户概要机制

如果在联系建立期间使用快速联系机制,则同 P-CONNECT request 中用户数据参数将为表示服务提供者忽略构成 AARQ APDU 一样,初始 APCM 也会在 P-CONNECT request 的用户概要参数忽略 AARQ 的语义内容。用户概要参数与一个上层上下文规范有关,是一个纯粹的抽象参数。如果存在 A-ASSOCIATE request 用户信息参数,它的语义内容将应用到 A-ASSOCIATE request 中的用户概要参数,并被概念性地包含在 P-CONNECT 请求中的用户概要参数中。

如果表示层提供者(通过会话层服务和协议)使用了快速联系机制,则响应的 ACPM 将只接收到 P-CONNECT indication 的用户概要参数而不是用户数据。响应的实现将重新构造曾经在 P-CONNECT 用户数据中出现的 AARQ 的语义内容,并并发出具有用户概要参数而不是用户数据发出一个 A-ASSOCIATE indication。

类似地,通过参考同样的上层上下文规范,响应的 ACPM 将在来自 AARE APDU 的 P-CONNECT response 上形成用户概要参数,其中包括 A-ASSOCIATE response(如果有的话)的用户概要参数的语义内容。初始 ACPM 重新构造 AARE。

注:用户概要参数的传递和来自表示用户概要参数的 ACSE APDUs 的重新构造是抽象的。对于完成这些动作的实现没有要求。

6.5 模型

联系控制协议机(ACPM)被模型化为有限状态机,其规范在本部分中给出。ACPM 通过在 GB/T 16688—2008 中定义的 ACSE 服务原语与其服务用户 ACPM 与其表示服务提供者通过由 GB/T 15695—2008 定义的表示服务进行通信。

注 1:引用 ACSE 的 ASE 标准不需要指明使用与其操作无关的 ACSE 服务原语。ACSE 的控制功能(CF)可以被模型化,从而在 ACPM 和与这些参数相关的 AEI 之间传递它们。

ACPM是通过接受来自其ACSE服务用户和它的表示服务提供者的输入事件来驱动的,该表示服务提供者提供支持该联系的表示连接。来自ACSE服务用户的输入事件是ACSE的request和response原语。而来自表示服务提供者的输入事件是表示indication和confirm原语。

ACPM通过向其表示服务提供者和其ACSE服务用户发出输出事件来响应输入事件。发向其表示服务提供者的输出事件是表示request和response原语。发向其ACSE服务用户的输出事件是ACSEindication和confirm原语。

当外部事件发生在支持其联系的表示连接上时(见6.2),ACPM应该可知。这些外部事件的发生可能会改变ACPM的状态。

接收到输入事件、产生相应的动作以及产生输出事件被认为是不可分割的动作。同样,外部事件和由此产生的变化被认为是不可分割的动作。

在两个应用实体间建立联系期间,总是认为存在着对请求应用实体和响应应用实体实例的调用。怎样创建它们超出本部分范围。

当收到一个A-ASSOCIATE request原语或一个P-CONNECT indication原语时,就是用新的ACPM调用。每次这种调用正好控制一个联系。

注2:端系统中可以通过本地机制来标识每个联系。使得ACSE服务用户和ACPM能引用该联系。

对给定的联系,ACPM被模型化为按两种方式之一操作,即常规方式和X.410:1984方式,规定如下:

a) 当按常规方式操作时,通过传送第9[2)]章中定义的ACSE应用协议数据单元(APDU),ACPM与支持一个联系的对等ACPM通信。ACSE APDU是作为表示数据值来传送的,它位于支持它的表示连接使用的表示原语的用户数据参数中。

b) 当按X.410:1984方式操作时,ACPM在其对等的ACPM之间传送ACSE APDU。在这种情况下,发送和接收表示原语本身即是有意义的协议事件。

7 规程元素

ACSE协议由以下规程组成:

a) 联系建立;

b) 联系正常释放;

c) 联系异常释放。

本章汇总介绍了每个规程元素的概要。它包括相关的APDU汇总、ACSE服务之间的关系的高层综述、涉及的APDU和使用到的表示服务。第8章描述怎样使用表示服务的参数。在第9章中,用ASN.1(GB/T 16262)的记法给出了ACSE APDU的详细规范。附录A介绍ACPM的状态表。

7.1 联系建立

7.1.1 目的

联系建立规程用于建立两个应用实体之间的联系。它支持A-ASOCIATE服务。

7.1.2 用到的APDU

联系建立规程使用A-ASSOCIATE-REQUEST(AARQ)和A-ASSOCIATE-RESPONSE(AARE)APDU。表3列出了AARQ APDU的各个字段,表4列出了AARE APDU的各个字段。

---

2) 这是正确的,但是有一个例外。如果联系是会话协议(ISO/IEC 8327)版本1支持的,则请求ACPM不把ACSE ACPI当作P-U-ABORT request原语的用户数据进行传送。在这种情况下,不出现ACSE APCI并不意味着该联系正在按X.410:1984方式操作(见6.4.6和7.3.3.1)。

表 3 AARQ APDU 字段

字段名	存在	源	宿
协议版本	O	ACPM	ACPM
应用上下文名	M	req	ind
应用上下文名列表	U	req	ind
主呼 AP 标题	U	req	ind
主呼 AE 限定符	U	req	ind
主呼 AP 调用标识符	U	req	ind
主呼 AE 调用标识符	U	req	ind
被呼 AP 标题	U	req	ind
被呼 AE 限定符	U	req	ind
被呼 AP 调用标识符	U	req	ind
被呼 AE 调用标识符	U	req	ind
ACSE 请求	U	req	ind
鉴别机制名	U	req	ind
鉴别值	U	req	ind
实现信息	O	ACPM	ACPM
用户信息	U	req	ind
注 1：仅当 ACSE 请求字段中包含鉴别功能单元时才出现鉴别机制值字段。 注 2：应用上下文名列表只有在 ACSE 需求包含应用上下文协商功能单元时才存在。应用上下文名参数的值可不同于应用上下文名列表参数中的任一名，也可能与其中之一名相同。			

7.1.3 联系建立规程

本规程由下列事件驱动：

a) 来自请求者的 A-ASSOCIATE request 原语；

b) 作为 P-CONNECT indication 原语中的用户数据或用户概要参数时的 AARQ APDU； ‖

c) 来自接受者的 A-ASSOCIATE response 原语；

d) P-CONNECT confirm 原语(可能包含或不包含 AARE APDU 或有一个用户概要参数)。 ‖

表 4 AARE APDU 字段

字段名	存在	源	宿
协议版本	O	ACPM	ACPM
应用上下文名	M	rsp	cnf
应用上下文名列表	U	rsp	cnf
响应 AP 标题	U	rsp	cnf
响应 AE 限定符	U	rsp	cnf
响应 AP 调用标识符	U	rsp	cnf
响应 AE 调用标识符	U	rsp	cnf
结果	M	rsp/ACPM	cnf
结果源诊断	M	rsp/ACPM	cnf
ACSE 请求	U	rsp	cnf
鉴别机制名	U	rsp	cnf
鉴别值	U	rsp	cnf
实现信息	O	ACPM	ACPM
用户信息	U	rsp	cnf
注 1：仅当 ACSE 请求字段中包含鉴别功能单元时才出现鉴别机制值字段。 注 2：应用上下文名列表字段只有在 ACSE 需求字段包含应用上下文协商功能单元并且结果＝rejected 时才存在。应用上下文名参数的值可能不同于应用上下文名列表参数中的任一参数，也可能与其中之一相同。			

7.1.3.1 **A-ASSOCIATE request 原语**

请求 ACPM 用 A-ASOCIATE request 原语中的参数值以及可选的协议版本和实现信息来形成 AARQ APDU。它还使用 A-ASOCIATE request 原语中的信息来发出 P-CONNECT request 原语。P-CONNECT request 原语中的用户数据参数包含了 AARQ APDU。如果支持快速联系机制,请求的 ACPM 在 P-CONNECT 请求的用户概要参数中标识出了 AARQ 的语义内容,其中包括用户数据。

请求 ACPM 等待来自表示服务提供者的原语,并且除 A-ABORT request 原语外,不接受任何来自请求者的原语。

7.1.3.2 **AARQ APDU**

接受 ACPM 接收来自其对等 ACPM 的 AARQ APDU,它是作为 P-CONNECT indication 原语中的用户数据。或者重新构造来自 P-CONNECT indication 原语的用户概要参数的 AARQ APDU。

ACPM 根据扩展性规则(见 7.4)来决定是否可以接受 AARQ APDU。如果该 AARQ APDU 是不可接受的,则产生协议差错(见 7.3.3.4)。联系建立规程被中止。不发出 A-ASSOCIATE indication 原语。不建立联系。

ACPM 接着检查 AARQ APDU 中协议版本字段[3]的值。如果 ACPM 不支持公共协议版本,则它形成带有下列已经赋值的字段的 AARE APDU:

a) 协议版本字段(可选),它的值指示出它能支持的协议版本号(见 7.1.5.1);
b) 应用上下文名字段,它的值与 AARQ APDU 中相同;
c) 结果字段,它的值为“rejected(permanent)”;和结果源-诊断字段,它的值为“ACSE service-provider”和“no common ACSE version”。

在这种情况下,ACPM 将 AARE APDU 作为 P-CONNECT response 原语的用户数据发送,而 P-CONNECT response 原语带有值为“user-rejection”的结果参数。ACPM 不发出 A-ASSOCIATE indication 原语。不建立联系。

如果 P-CONNECT indication 原语及其 AARQ APDU 是可以接受的,则当 ACSE 请求字段存在时,ACPM 检查该字段,并移去其不支持的功能单元,然后 ACPM 向接受者发出 A-ASSOCIATE indication 原语。A-ASSOCIATE indication 原语的参数是从 AARQ APDU 和 P-CONNECT indication 原语中导出的。ACPM 等待来自接受者的原语。

7.1.3.3 **A-ASSOCIATE response 原语**

如果接受 ACPM 收到 A-ASSOCIATE response 原语,则结果参数规定了服务用户是否已经接受还是拒绝联系。ACPM 用 A-ASSOCIATE response 原语中的参数形成 AARE APPU,ACPM 将结果源-诊断字段置为“ACSE service-user”和取自 response 原语诊断参数的值。作为 P-CONNECT response 原语中的用户数据参数发出 AARE APDU。如果支持快速联系机制,通过对接收到的 P-CONNECT indication 的用户概要参数所标识的上层上下文规范的引用,接受的 ACPM 在 P-CONNECT response 的用户概要参数中标识出了 AARE 的语义内容,其中包括用户数据。

如果接受者接受了联系请求,则有关的 P-CONNECT response 原语中的结果参数指定为“acceptance”,外出的 AARE APDU 中的结果字段也指定为“accepted”,联系被建立。

如果接受者拒绝了联系请求,则有关的 P-CONNECT response 原语中的结果参数指定为“user-rejection”,AARE APDU 中的结果字段包含适当的拒绝值,不建立联系。

7.1.3.4 **P-CONNECT confirm 原语**

请求 ACPM 收到 P-CONNECT confirm 原语,可能是下列情况:

a) 联系已被接受;
b) 接受 ACPM 或接受者已经拒绝联系;
c) 表示服务提供者已经拒绝有关的表示连接。

如果联系被接受了,P-CONNECT confirm 原语中的结果参数指定为“acceptance”。用户数据参数

3) 如果在 AARQ APDU 中不出现协议版本字段,则认为是版本 1。

包含 AARE APDU,AARE APDU 的结果字段指定为"accepted"。或者用户数据参数包含一个 AARE APDU;或者用户概要参数是一个值,请求 ACPM 可以使用它们重新构造 AARE APDU。联系被建立。

如果联系被接受 ACPM 或接受者拒绝,则有关的 P-CONNECT confirm 原语中的结果参数指定为"user-rejection"。用户数据参数包含有 AARE APDU。

请求 ACPM 把从 P-CONNECT confirm 原语中的参数和 AARE APDU 导出的 A-ASSOCIATE confirm 原语发给请求者。A-ASSOCIATE confirm 原语的结果参数指定为"rejected (transient)"或"rejected(permanent)"。结果源参数指示为"ACSE service-user"或"ACSE service-provider"。不建立联系。

如果表示连接被表示服务提供者拒绝,则 P-CONNECT confirm 原语中的结果参数指定为"provider-rejection"。在这种情况下,不使用用户数据字段。请求 ACPM 发出结果参数值为"rejected (permanent)"的 A-ASSOCIATE confirm 原语。结果源参数指示为"presentation service-provider"[4)]。不建立联系。

7.1.4 AARQ APDU 字段的用法

请求和接收 ACPM 按如下说明来使用 AARQ APDU 字段。

7.1.4.1 协议版本

对于请求 ACPM:赋于这个字段的值是由 ACPM 的实现确定的。这是一个位串,其中置成 1 的位分别指出该 ACPM 所支持的 ACSE 协议版本。位 0 表示版本 1;位 1 表示版本 2 等。多个位置 1 指出支持多个版本。但不可以包含高于请求 ACPM 所能支持的本部分的最高版本的尾随位。即将该位串的最后一位置 1。

对于接受 ACPM:ACPM 略去本字段中高于指出它所能支持的本部分的最新版本的尾随位。

7.1.4.2 应用上下文名

对于请求 ACPM:这个值是由 A-ASSOCIATE request 原语中应用上下文名参数的值确定的。

对于接受 ACPM:如果发出 A-ASSOCIATE indication 原语的话,则这个值用来确定该原语中的应用上下文名参数的值。

7.1.4.3 主呼 AP 标题

对于请求 ACPM:这个值由 A-ASSOCIATE request 原语中的主呼 AP 标题参数的值确定。

对于接受 ACPM:如果发出 A-ASSOCIATE indication 原语的话,则这个值用来确定该原语中的 AP 标题参数的值。

7.1.4.4 主呼 AE 限定符

对于请求 ACPM:这个值由 A-ASSOCIATE request 原语中的主呼 AE 限定符参数确定。

对于接受 ACPM:如果发出 A-ASSOCIATE indication 原语的话,则这个值用来确定该原语中的主呼 AE 限定符参数的值。

7.1.4.5 主呼 AP 调用标识符

对于请求 ACPM:这个值由 A-ASSOCIATE request 原语中的主呼 AP 调用标识符参数的值确定。

对于接受 ACPM:如果发出 A-ASSOCIATE indication 原语的话,这个值用来导出该原语中的主呼 AP 调用标识符参数的值。

7.1.4.6 主呼 AE 调用标识符

对于请求 ACPM:这个值由 A-ASSOCIATE request 原语中的主呼 AE 调用标识符参数的值确定。

对于接受 ACPM:如果发出 A-ASSOCIATE indication 原语的话,这个值用来导出该原语中的主呼 AE 调用标识符参数的值。

---

4) 表示服务(GB/T 15695—2008)目前尚未在 P-CONNECT response 中定义诊断参数。但是,为了贯穿 OSI 参考模型所有层中对于"结果"有关的参数提供综合处理,这方面的工作仍在进行,所以,以后本部分可能会提供附录来反映进一步的发展和综合。

7.1.4.7 **被呼 AP 标题**

对于请求 ACPM:这个值由 A-ASSOCIATE request 原语中的被呼 AP 标题参数的值确定。

对于接受 ACPM:如果发出 A-ASSOCIATE indication 原语的话,这个值用来确定该原语中的被呼 AP 标题参数的值。

7.1.4.8 **被呼 AE 限定符**

对于请求 ACPM:这个值由 A-ASSOCIATE request 原语中的被呼 AE 限定符参数的值确定。

对于接受 ACPM:如果发出 A-ASSOCIATE indication 原语的话,这个值用来确定该原语中的被呼 AE 标题参数的值。

7.1.4.9 **被呼 AP 调用标识符**

对于请求 ACPM:这个值由 A-ASSOCIATE request 原语中的被呼 AP 调用标识符参数的值确定。

对于接受 ACPM:如果发出 A-ASSOCIATE indication 原语的话,这个值用来确定该原语中的被呼 AP 调用标识符参数的值。

7.1.4.10 **被呼 AE 调用标识符**

对于请求 ACPM:这个值由 A-ASSOCIATE request 原语中的被呼 AE 调用标识符参数的值确定。

对于接受 ACPM:如果发出 A-ASSOCIATE indication 原语的话,这个值用来确定该原语中的被呼 AE 调用标识符参数的值。

7.1.4.11 **ACSE 请求**

对于请求 ACPM:赋给这个字段的值是由 A-ASSOCIATE request 原语中的 ACSE 请求参数的值确定的。

对于接受 ACPM:如果发送 A-ASSOCIATE indication 原语的话,这个值用来确定该原语中 ACSE 需求参数的值。ACPM 检查 ACSE 需求字段并在把它发送到服务用者之前删掉它不支持的功能单元。

7.1.4.12 **鉴别机制名**

对于请求 ACPM:赋给这个字段的值是由 A-ASSOCIATE request 原语中的 ACSE 鉴别机制名参数的值确定。

对于接受 ACPM:如果发送 A-ASOCIATE indication 原语的话,这个值用来确定该原语中的鉴别机制名参数的值的。

7.1.4.13 **鉴别值**

对于请求 ACPM:赋给这个字段的值是由 A-ASSOCIATE request 原语中的 ACSE 鉴别值参数的值确定。

对于接受 ACPM:如果发送 A-ASSOCIATE indication 原语的话,这个值用来确定该原语中的鉴别值参数的值。

7.1.4.14 **实现信息**

对于请求 ACPM:赋给这个字段的值是由 ACPM 的实现确定的。它包含 ACPM 特定实现的信息细节。协商时不使用它。

对于接受 ACPM:这个字段不影响 ACPM 的操作。对它的使用与请求和接受 ACPM 之间的共同理解有关。

7.1.4.15 **用户信息**

对于请求 ACPM:这个值由 A-ASSOCIATE request 原语中的用户信息参数的值确定。

对于接受 ACPM:如果发出 A-ASSOCIATE indication 原语的话,这个值用来确定该原语中的用户信息参数的值。

7.1.4.16 **应用上下文名列表**

对于请求 ACPM:赋给这个字段的值是由与 A-ASSOCIATE request 原语的应用上下文名列表参数的值确定的。

对于接受 ACPM:赋给这个字段的值是由与 A-ASSOCIATE indication 原语(如果有的话)的应用上下文名列表参数的值确定的。

7.1.5 AARE APDU 字段的用法

请求和接受 ACPM 按如下规定来使用 AARE APDU 字段。

7.1.5.1 协议版本

对于接受 ACPM:由 ACPM 赋于本字段的值是由 ACPM 和接受者是否接受或拒绝该联系请求确定的,规定如下:

a) 如果联系被接受,则由 ACPM 所赋的值是一个可变长的位串,它指出 ACPM 从 AARQ APDU 所建议的协议版本中选出的协议版本。只有那个指出所选版本的位才被置成 1。它是该位串中的最后一位。

b) 如果联系被拒绝,则由 ACPM 所赋的值是一个可变长的位串,它指出该 ACPM 能支持的本部分的协议版本。

对于请求 ACPM:本字段中值的使用是由联系请求被接受还是被拒绝来决定的,规定如下:

a) 如果联系被接受,这个值定义该联系要用的本部分的协议版本;

b) 如果联系被拒绝,这个值的使用是本地选项。

7.1.5.2 应用上下文名

对于接受 ACPM:这个值由 A-ASSOCIATE response 原语中的应用上下文名参数的值确定。

对于请求 ACPM:这个值用来确定 A-ASSOCIATE confirm 原语中的应用上下文名参数的值。

7.1.5.3 响应 AP 标题

对于接受 ACPM:这个值由 A-ASSOCIATE response 原语中的响应 AP 标题参数的值确定。

对于请求 ACPM: 如果发出 A-ASSOCIATE confirm 原语的话,这个值用来确定该原语中的响应 AP 标题参数的值。

7.1.5.4 响应 AE 限定符

对于接受 ACPM:这个值由 A-ASSOCIATE response 原语中的响应 AE 限定符参数值确定。

对于请求 ACPM:如果发出的话,这个值用来确定 A-ASSOCIATE confirm 原语中的响应 AE 限定符参数的值。

7.1.5.5 响应 AP 调用标识符

对于接受 ACPM: 这个值由 A-ASSOCIATE response 原语中的响应 AP 调用标识符参数的值确定。

对于请求 ACPM:如果发出 A-ASSOCIATE confirm 原语的话,这个值用来确定该原语中的响应 AP 调用标识符参数的值。

7.1.5.6 响应 AE 调用标识符

对于接受 ACPM: 这个值由 A-ASSOCIATE response 原语中的响应 AE 调用标识符参数的值确定。

对于请求 ACPM:如果发出 A-ASSOCIATE confirm 原语的话,这个值用来确定该原语中响应 AE 调用标识符参数的值。

7.1.5.7 结果

对于接受 ACPM:该值由 ACPM 或由接受者按如下规定确定:

a) 如果 AARQ APDU 被 ACPM 拒绝(即没有向接受者发出 A-ASSOCIATE indication 原语),则 ACPM 就将此值赋为"rejected(permanent)"或"rejected(transient)"。

b) 否则,该值由 A-ASSOCIATE response 原语中的结果参数确定。

对于请求 ACPM:这个值用来确定 A-ASSOCIATION confirm 原语结果参数的值。

7.1.5.8 结果源—诊断

本字段包含结果源值和诊断值。

7.1.5.8.1 结果源值

对于接受 ACPM:这个值由 ACPM 按如下规定赋值:

a) 如果 AARQ APDU 被 ACPM 拒绝(即未向接受者发出 A-ASSOCIATE indication 原语),则

将值赋为“ACSE service-provider”;

b) 否则 ACPM:这个值用来确定 A-ASSOCIATE confirm 原语中的结果源参数的值。

7.1.5.8.2 **诊断值**

对于接受 ACPM:这个值由 ACPM 或者由接受者按如下规定确定:

a) 如果 AARQ APDU 被 ACPM 拒绝(即未向接受者发出 A-ASSOCIATE indication 原语)则 ACPM 为其赋一个适当的值。

b) 否则,该值由 A-ASSOCIATE response 原语中诊断参数的值确定。如果 response 原语未包括诊断参数,则 ACPM 将此值赋为“null”。

对于请求 ACPM:这个值用来确定 A-ASSCIATE confirm 原语中诊断参数的值为“null”。在这种情况下,则不包含诊断值。

7.1.5.9 **ACSE 需求**

对于接受 ACPM:赋给这个字段的值是由 A-ASSOCIATE response 原语中的 ACSE 需求参数的值确定的。该值应该只包括 indication 原语中的功能单元。

对于请求 ACPM:这个值用来确定 A-ASSOCIATE confirm 原语中的 ACSE 需求参数的值。

7.1.5.10 **鉴别机制名**

对于接受 ACPM:赋给这个字段的值是由 A-ASSOCIATE response 原语中的鉴别机制名参数的值确定的。

对于请求 ACPM:这个值用来确定 A-ASSOCIATE confirm 原语中的鉴别机制名参数的值。

7.1.5.11 **鉴别值**

对于接受 ACPM:赋给这个字段的值是由 A-ASSOCIATE response 原语中的鉴别值参数的值确定的。

对于请求 ACPM:这个值用来确定 A-ASSOCIATE confirm 原语中的鉴别值参数的值。

7.1.5.12 **实现信息**

对于接受 ACPM:赋给这个字段的值是由 ACPM 实现确定的。它包含特定于 ACPM 实现的信息细节。协商时不使用它。

对于请求 ACPM:这个字段不影响 ACPM 的操作。对它的使用取决于请求 ACPM 和接受 ACPM 间的共同理解。

7.1.5.13 **用户信息**

对于接受 ACPM:这个值是由 A-ASSOCIATE response 原语中的用户信息参数的值确定。

对于请求 ACPM:这个值用来确定 A-ASSOCIATE confirm 原语中的用户信息参数的值。

7.1.5.14 **应用上下文名列表**

对于接受 ACPM:赋给这个字段的值是由 A-ASSOCIATE response 原语的应用上下文名列表参数的值确定。

对于接受 ACPM:赋给这个字段的值是由 A-ASSOCIATE confirm 原语的应用上下文名列表参数的值确定。

7.1.6 **碰撞和交互**

7.1.6.1 **A-ASSOCIATE 服务**

对于一个给定的 ACPM,不会发生 A-ASSOCIATE 的碰撞(见 6.5)。对于给定的 AE,会涉及两个不同表示两个不同联系的处理的 ACPM。

a) 一个 ACPM 对初始的 A-ASSOCIATE request 原语进行处理,导致把 AARQ 作为 P-CONNECT request 原语中的用户数据送出;

b) 一个 ACPM 对随后收到作为 P-CONNECT indication 原语中的用户数据的 AARQ APDU 进行处理。

7.1.6.2 **A-ABORT、P-U-ABORT 或 P-P-ABORT 服务**

如果 ACPM 收到 A-ABORT request 原语、P-U-ABORT indication 原语或 P-P-ABORT indication

原语,则它就停止正常的联系建立规程,接着执行异常释放规程。

7.2 联系正常释放

7.2.1 目的

这个过程用于 AE 正常释放联系而且不在迁移中丢失数据。它支持 A-RELEASE 服务。

7.2.2 用到的 APDU

正常释放过程使用 A-RELEASE REQUEST (RLRQ) APDU 和 A-RELEASE RESPONSE (RLRE) APDU。表 5 和表 6 分别列出 RLRQ APDU 和 RLRE APDU 的字段。

表 5 RLRQ APDU 字段

字段名	存在	源	宿
原因	U	req	ind
用户信息	U	req	ind

表 6 RLRE APDU 字段

字段名	存在	源	宿
原因	U	rep	cnf
用户信息	U	rep	cnf

7.2.3 正常释放过程

这个过程由如下事件驱动:

a) 请求者的 A-RELEASE request 原语;

b) P-RELEASE indication 原语中用户数据的 RLRQ APDU;

c) 接受者的 A-RELEASE response 原语;

d) P-RELEASE confirm 原语中用户数据的 RLRE APDU;

e) 被一个外部事件中止。

7.2.3.1 A-RELEASE request 原语

当 ACPM 收到 A-RELEASE request 原语时,它把 RLRQ APDU 作为 P-RELEASE request 原语中的用户数据发送,该 P-RELEASE request 原语使用来自 A-RELEASE request 原语中的参数。

注:为发出 A-RELEASE request 原语,请求者必须满足表示(和会话)需求(见 6.3 和 6.4)。

请求 ACPM 等待来自表示服务提供者的原语。除 A-ABORT request 原语外,它不接受任何来自请求者的原语。

7.2.3.2 RLRQ APDU

当接受 ACPM 收到作为 P-RELEASE indication 原语中用户数据的 RLRQ APDU 时,它向接受者发出 A-RELEASE indication 原语。除 A-RELEASE response 原语和 A-ABORT request 原语外,它不接受任何来自它的服务用户的原语。

7.2.3.3 A-RELEASE response 原语

A-RELEASE response 原语中的结果参数指定接受者是否接受或拒绝释放联系。接受 ACPM 用这个 response 原语中的参数形成 RLRE APDU。这个 RLRE APDU 作为 P-RELEASE response 原语中的用户数据发出。

a) 接受者接受释放,则 P-RELEASE response 原语中的结果参数具有“affirmative”的结果参数值。联系被释放;

b) 接受者拒绝释放,则 P-RELEASE response 原语中的结果参数具有“negative”的结果参数值。联系继续存在。

注:若要给出否定的响应,接受者必须满足有关的表示(和会话)需求(见 6.4)。

7.2.3.4 RLRE APDU

请求 ACPM 收到 P-RELEASE confirm 原语,该原语包含来自对等 ACPM 的 RLRE APDU。P-RELEASE confirm 原语中的结果参数规定接受者是否同意释放联系。请求 ACPM 用 RLRE APDU

字段来形成 A-RELEASE confirm 原语。

a) 如果 P-RELEASE confirm 原语中的结果参数指定“affirmative”,则联系被释放;

b) 如果 P-RELEASE confirm 原语中的结果参数指定“negative”,则联系继续存在。请求 ACPM 再次接受来自它的服务用户的原语。

7.2.3.5 **A-RELEASE 服务碰撞**

当 ACPM 将 RLRQ APDU 作为 P-RELEASE request 原语中的用户数据发出后(作为收到来自它的服务用户的 A-RELEASE request 原语的结果),没有收到预期来自它的对等 ACPM 的,并作为 P-RELEASE confirm 原语中用户数据的 RLRE APDU,却收到作为 P-RELEASE indication 原语中用户数据的 RLRQ APDU,则发生 A-RELEASE 服务碰撞。

ACPM 向它的服务用户发出 A-RELEASE indication 原语。ACPM 随后的过程取决于它的服务用户是联系发起者还是联系响应者。

a) 对于联系发起者:

1) ACPM 等待来自它的服务用户的 A-RELEASE response 原语。当它收到 response 原语时,该 ACPM 用 response 原语的参数来形成 RLRE APDU。把 RLRE 作为 P-RELEASE response 原语中的用户数据发出。联系继续存在。

2) 然后这个 ACPM 等待来自它的对等 ACPM,并作为 P-RELEASE confirm 原语中用户数据的 RLRE。除 A-ABORT request 原语外,它不接受任何来自它的服务用户的原语。

3) 当 ACPM 收到 RLRE,它用 RLRE 中的字段来形成 A-RELEASE conform 原语,并把它送给服务用户。联系就被释放。

总之,驱动联系请求者的 ACPM 的事件序列是:

——A-RELEASE request 原语;

——RLRQ APDU(引起碰撞);

——A-RELEASE response 原语;

——RLRE APDU。

b) 对于联系响应者:

1) ACPM 等待来自它的对等 ACPM 的,并作为 P-RELEASE confirm 原语中用户数据的 RLRE。除 A-ABORT reques 原语外,它不接受任何来自它的服务用户的原语。

2) 当 ACPM 收到 RLRE,它用 RLRE 中的字段来形成 A-RELEASE confirm 原语。联系继续存在。

3) 然后,ACPM 等待来自它的服务用户的 A-RELEASE response 原语。当它收到 response 原语,它用 response 原语的参数来形成 RLRE APDU。RLRE 作为 P-RELEASE response 原语的用户数据送出。联系就被释放。

总之,驱动联系响应者的 ACPM 的事件序列是:

——A-RELEASE request 原语;

——RLRQ APDU(引起碰撞);

——RLRE APDU;

——A-RELEASE response 原语。

7.2.3.6 **被外部事件中止**

7.2.3.6.1 正常的释放规程可能会被以下服务发出的服务原语导致发生外部事件而中止:

a) P-RESYNCHRONIZE;

b) P-U-EXCEPTION-REPORT;

c) P-P-EXCEPTION-REPORT。

7.2.3.6.2 当常规的释放规程被中止时,由于 A-RELEASE 规程未执行,该联系仍然可用。

7.2.4 **RLRQ APDU 字段的用法**

请求和接受 ACPM 按如下规定使用 RLRQ APDU 中的字段。

7.2.4.1 原因

对于请求 ACPM:这个值由 A-RELEASE request 原语中原因参数的值确定。

对于接受 ACPM:这个值用来确定 A-RELEASE indication 原语中原因参数的值。

7.2.4.2 用户信息

对于请求 ACPM:这个值由 A-RELEASE request 原语中用户信息参数的值确定。

对于接受 ACPM:这个值用来确定 A-RELEASE indication 原语中用户信息参数的值。

7.2.5 RLRE APDU 字段的使用法

请求和接受 ACPM 按如下规定使用 RLRE APDU 中的字段。

7.2.5.1 原因

对于接受 ACPM:这个值由 A-RELEASE response 原语中原因参数的值确定。对于请求 ACPM:这个值用来确定 A-RELEASE confirm 原语中原因参数的值。

7.2.5.2 用户

信息对于接受 ACPM:这个值由 A-RELEASE response 原语中用户信息参数的值确定。

对于请求 ACPM:这个值用来确定 A-RELEASE confirm 原语中用户信息参数的值。

7.2.6 碰撞和中止

7.2.6.1 A-RELEASE 服务碰撞

对于一个的 ACPM,可能会发生 A-RELEASE 服务碰撞。这样的碰撞过程处理在 7.2.3.5 中描述。

注:对于联系未选择任何对话标记(session tokens)时才可能会发生一个 A-RELEASE 服务碰撞。

7.2.6.2 A-RELEASE 服务中止

当 ACPM 收到一个 A-ABORT request 原语、P-U-ABORT indication 原语或一个 P-P-ABORT indication 原语时,常规释放过程会中止。异常的释放过程后跟着对此 ACPM 的处理。

7.3 联系异常释放

7.3.1 目的

两个应用实体中的任何一个请求者、两个 ACPM 中的任何一个 ACPM 或表示服务提供者都可以在任何时候使用异常释放过程来强制突然的释放联系。在试图建立联系时使用了异常释放过程,就不再建立联系。异常释放过程支持 A-ABORT 和 A-P-ABORT 服务。

7.3.2 用到的 APDU

异常释放过程使用 A-ABORT(ABRT)APDU。表 7 列出了 ABRT APDU 的字段。

注:由于 P-P-ABORT 服务直接映射到 A-P-ABORT 服务,所以没有为 A-P-ABORT 服务定义 APDU。

表 7 ABRT APDU 字段

字段名	存在	源	宿
夭折源	M	ACPM	ind
诊断	U	req	ind
用户信息	U	req	ind

7.3.3 异常释放过程

本过程由下列事件驱动:

a) 来自请求者的 A-ABORT request 原语;

b) P-U-ABORT indication 原语;

c) P-P-ABORT indication 原语;

d) 由 ACPM 检测到的协议差错。

7.3.3.1 A-ABORT request 原语

当 ACPM 收到来自它的服务用户的 A-ABORT request 原语,它所进行的处理取决于支持它的会话协议(ISO/IEC 8327-1:1996)的版本,并按如下规定支持联系:

a) 对版本 1, ACPM 不向它的对等 ACPM 发出 APCI 。它仅发出一个 P-U-ABORT request 原

语如果在 A-ABORT request 原语中包含用户信息，则把该用户信息作为 P-U-ABORT request 原语中的用户数据来传递。联系被释放。

b) 对其他版本，ACPM 把 ABRT APDU 作为 P-U-ABORT request 原语中的用户数据送出。夭折源字段被置成“ACSE service-user”。如果 A-ABORT indication 原语中包含用户数据，则该用户数据就被包含在 A-ABORT indication 原语的用户信息参数中。联系被释放。

7.3.3.2 **P-U-ABORT indication 原语**

当 ACPM 收到 P-U-ABORT indication 原语，其用户数据参数可能包含[5)]，ABRT APDU：

a) 如果 indication 原语不包含 ABRT APDU，则 ACPM 发出 A-ABORT 原语，其中夭折源参数被指定为“ACSE service-user”。如果 P-U-ABORT indication 原语中包含用户数据，则该用户数据就被包含在 A-ABORT indication 原语的用户信息参数中。联系被释放。

b) 如果 indication 原语包含 ABRT APDU，则 ACPM 使用 ABRT APDU 中的夭折源字段来发出 A-ABORT indication 原语。如果 ABRT APDU 中包含用户信息字段，则该字段就被包含在 A-ABORT indication 原语中。联系被释放。

7.3.3.3 **P-P-ABORT indication 原语**

当 ACPM 收到 P-P-ABORT indication 原语，则 ACPM 向接受者发出 A-P-ABORT indication 原语。联系被释放。

7.3.3.4 **协议差错**

有两种可能的 ACSE 协议差错类型：

a) 在特定的 ACPM 状态，收到一个未期望的 APDU；

b) 在处理外来 APDU 时遇到一个非法字段(见 7.4)。

如果收到一个未期望的 APDU，则调用异常释放过程。如果由 ACSE 过程检测到一个无效字段，则该过程被中止，并调用异常释放过程。

作为异常释放过程的一部分，ACPM 向其服务用户发出 A-ABORT indication 原语，差错发生在作为收到无效 AARQ 的结果的联系建立过程[6)]（见 7.4）。如果发出 indication 原语，则夭折源的值为“ACSE service-provider”。正如下面说明的，不使用用户信息参数。

ACPM 随后所进行的处理取决于下面会话协议版本(ISO/IEC 8327-1:1996)，该版本按如下规定支持联系：

a) 对版本 1，ACPM 发出 P-U-ABORT request 原语，不包含用户信息；

b) 对其他版本，ACPM 把 ABRT APDU 作为 P-U-ABORT request 原语的用户数据发出，其夭折源字段被定为“ACSE service-provider”。不使用用户信息字段。

此两种情况，联系都被释放。

7.3.4 **ABRT APDU 字段的用法**

请求与接受 ACPM 按如下规定使用 ABRT APDU 中的字段。

7.3.4.1 **夭折源**

对于请求 ACPM，ACPM 按如下规定赋这个值：

a) 如果这个 ACPM 发起夭折过程，则该 ACPM 赋该值为：“ACSE service-provider”；

b) 否则，ACPM 赋这个值为“ACSE service-user”。

对于接受 ACPM：这个值用来确定 A-ABORT indication 原语中的夭折源参数的值。

7.3.4.2 **诊断**

对于请求 ACPM：这个值由 A-ABORT request 原语中的诊断参数的值确定。

5) 如果联系是由会话协议(ISO/IEC 8327-1:1996)版本 1 支持，则用户数据参数不包含 ABRT APDU(见 7.3.3.1)。在这种情况下，没有 APDU 并不意味着应用层是按 X.410:1984 方式操作的。

6) 因为不会发出 A-ASSOCIATE indication 原语，则 A-ABORT indication 原语是毫无意义的，因此也就不发出 A-ABORT indication 原语。

对于接受 ACPM:这个值用来确定 A-ABORT indication 原语中的诊断参数的值。

7.3.4.3 用户信息

对于请求 ACPM:这个值由 A-ABORT request 原语中的用户信息参数的值确定。

对于接受 ACPM:这个值用来确定 A-ABORT indication 原语中的用户信息参数的值。

7.3.5 碰撞和交互

在联系已经建立,联系正在建立或联系已在正常释放过程中的任何时候,都可以使用异常释放过程。这个过程中止任何其他当前正在活动的过程。P-P-ABORT indication 原语可能中止 A-ABORT 过程,并丢失 A-ABORT 信息。ABRT APDU 间的碰撞由 P-U-ABORT 服务解决(见 GB/T 15695—2008)。

7.4 扩充用规则

当处理一个外来的 AARQ 时,接受 ACPM 必须:

a) 略去所有在本部分抽象语法中未定义的带标记的值;

b) 略去位串中所有不知道名字的位的赋值。

在联系已建立后或联系建立期间,只可以发出那些在本部分协商版本的 ASN.1 描述中所定义的 ACSE APDU 以及有关的 APDU 字段。

收到那些在本部分商定版本的 ASN.1(GB/T 16262.1—2006)描述中未定义的 APDU 或未定义的 APDU 中的字段,应作为协议差错处理。

8 映射到表示服务

本章规定 ACPM 怎样使用表示服务原语。这个用法取决于对联系所选择的方式(见 6.3)。

a) 对于请求 ACPM:联系的方式由调用 A-ASSOCIATE request 原语中的方式参数的值确定。如果 request 原语不包含方式参数,则使用缺省值“normal”。

b) 对于接受 ACPM:方式由外来的 P-CONNECT indication 原语中的方式参数的值确定。

8.1~8.3 规定常规方式的表示服务的用法。8.4~8.6 规定 X.410:1984 方式的表示服务的用法。表 8 概括了两种方式下 ACSE 原语及其有关 APDU(常规方式)与所用的表示服务之间的映射。

表 8 映射综述

ACSE 原语	APDU[a]	表示原语
A-ASSOCIATE request/indication	AARQ	P-CONNECT request/indication
A-ASSOCIATE response/confirm	AARE	P-CONNECT response/confirm
A-RELEASE request/indication	RLRQ	P-RELEASE request/indication
A-RELEASE response/confirm	RLRE	P-RELEASE response/confirm
A-ABORT request/indication	ABRT	P-U-ABORT request/indication
A-P-ABORT indication	—	P-P-ABORT indication

[a] 在 X.410:1984 方式中没有使用 ACSE APDU。

8.1 联系建立(常规方式)

联系建立过程使用 P-CONNECT 服务。联系建立与支持它的表示连接的建立同时发生。

8.1.1 直接映射参数

对 P-CONNECT 原语:ACPM 不引用如下参数,它们被直接映射到 A-ASSOCIATE 原语相应的参数中:

a) 主呼表示地址;

b) 被呼表示地址;

c) 响应表示地址;

d) 表示上下文定义表;

e) 表示上下文定义结果表；
f) 缺省[表示]上下文名；
g) 缺省[表示]上下文结果；
h) 服务质量；
i) 表示需求；
j) 户会话需求；
k) 初始同步点序号；
l) 初始权标赋值；
m) 会话连接标识符。

8.1.2 P-CONNECT request 和 indication 原语中的其他参数的用法

ACPM 引用 P-CONNECT request 和 indication 原语中的方式和用户数据参数。

8.1.2.1 方式

对于 P-CONNECT request 原语：方式参数被置成 A-ASSOCIATE request 原语中方式参数的值。对 ACSE 操作的常规方式，这个参数有值“normal”。它对表示服务指出该表示连接按常规方式操作。

对于 P-CONNECT indication 原语：对 ACSE 操作的常规方式，这个参数有值“normal”。该值指出对这个联系接受 ACM 按常规方式操作。A-ASSOCIATE indication 原语中的方式参数被置成值“normal”。

8.1.2.2 用户数据

对于 P-CONNECT request 和 indication 原语：用户数据参数按如下规定用来携带 AARQ APDU。

a) 标准中的 ACSE 的抽象语法用来表示 AARQ APDU 中的 APCI。由 A-ASOCIATE request 原语中的请求者指定的表示上下文定义参数的值必须包含这个抽象语法。

注：请求和接受 ACPM 通过本地机制来知道包含抽象语法的表示上下文。

b) A-ASSOCIATE request 原语的用户信息（如果有的话）被包含在 AARQ APDU 中，并使用请求者在 A-ASSOCIATE request 原语中指定的一个或多个表示上下文来表示。

8.1.2.3 用户概要

如果使用的话，用户概要参数利用上层上下文规范概要了 AARQ 的语义内容。

8.1.3 其他 P-CONNECT response 和 confirm 原语参数的用法

ACPM 引用 P-CONNECT response 和 confirm 原语中的用户数据和结果参数。

8.1.3.1 结果[7)]

对于 P-CONNECT response 原语：接受 ACPM 按如下规定置结果参数。

a) 接受 ACPM 本身拒绝联系，则结果参数置为“user-rejection”；
b) 接受 ACPM 接受请求，则根据 A-ASSOCIATE response 原语中对应结果参数的值来确定结果参数值置为“acceptance”或“user-rejection”。

对于 P-CONNECT confirm 原语：请求 ACPM 用结果参数来确定 P-CONNECT confirm 原语的用户数据参数是否按如下规定包含 AARE APDU。

a) 结果参数有值“provider-rejection”，则表示服务提供者拒绝请求。预期的接受 ACPM 从未收到过 AARQ APDU。用户数据参数不包含 AARE APDU。
b) 否则，“acceptance”或“user-rejction”。接受 ACPM 收到 AARQ APDU 并且返回 AARE APDU，它是包含在用户数据参数中的。

8.1.3.2 用户数据

用户数据字段仅当 P-CONNECT request 原语不被表示服务提供者拒绝时才有意义（见 8.1.3.1）。

对于 P-CONNECT response 和 confirm 原语：用户数据参数按如下规定用来携带 AARE APDU。

---

7) AARE APDU 也有一个结果字段。并且必须与这里的表示参数的值相对应。A-ASSOCIATE confirm 原语的结果参数由 AARE APDU 的结果字段确定。

a) 使用本部分的 ACSE 抽象语法来表示 AARE APDU 中的 APCI。由 A-ASSOCIATE response 原语中的接受者所选择的表示上下文定义参数的值必须包含这个抽象语法。

b) 在 AARE APDU 中包含来自 A-ASSOCIATE response 原语中的用户信息(如果有的话),并用在 A-ASSOCIATE response 原语中接受者所选择的一个或多个表示上下文来表示。

8.1.3.3 用户概要

正如在 P-CONNECT 请求和指示中使用的用户概要参数一样,如果使用的话,用户概要参数利用上层上下文规范概要了解 AARQ 的语义内容。

8.2 联系正常释放(常规方式)

正常释放过程使用 P-RELEASE 服务。联系的正常释放与支持它的表示连接的正常释放同时发生。

8.2.1 P-RELEASE request 和 indication 参数的用法

ACPM 引用 P-RELEASE request 和 indication 原语中的用户数据参数。

对于 P-RELEASE request 和 indication 原语:用户数据参数按如下规定用来携带 RLRQ APDU。

a) 用本部分中的 ACSE 抽象语法来表示 RLRQ APDU 中的 APCI。这个抽象语法必须是可用的表示上下文中的一个。

b) 在 RLRQ APDU 中包含来自 A-RELEASE request 原语中的用户信息(如果有的话),并用一个或多个可用的表示上下文来表示。

8.2.2 P-RELEASE response 和 confirm 参数的用法

ACPM 引用 P-RELEASE response 和 confirm 原语中的结果和用户数据参数。

8.2.2.1 结果

对于 P-RELEASE response 原语:这个结果参数被置成 A-RELEASE response 原语中的结果参数的值(即"affirmative"或"negative")。这个值向表示服务提供者指出下面的表示连接被释放或者继续存在。

对 P-RELEASE confirm 原语:这个结果参数的值用来置 A-RELEASE confirm 原语中的结果参数的值,并向请求 ACPM 指出联系被释放或者继续存在。

8.2.2.2 用户数据

对于 P-RELEASE response 和 confirm 原语:用户数据参数按如下规定用来携带 RLRE APDU。

a) 使用本部分中的 ACSE 抽象语法来表示 RLRE APDU 中的 APCI。这个抽象语法必须是可用的表示上下文中的一个。

b) 在 RLRQ APDU 中包含来自 A-RELEASE response 原语中的用户信息(如果存在的话)。它是用一个或多个可用的表示上下文来表示。

8.3 联系异常释放(常规方式)

异常释放过程使用 P-U-ABORT 和 P-P-ABORT 服务。联系异常释放和支持它的表示连接的异常释放同时发生。

8.3.1 P-U-ABORT request 和 indication 参数的用法

ACPM 引用 P-U-ABORT request 和 indication 原语中的用户数据参数[8)]。

对于 P-U-ABORT request 和 indication 原语:用户数据按如下规定用来携带 ABRT APDU。

a) 使用本部分中的 ACSE 抽象语法来表示 ABRT APDU 中的 APCI 。这个抽象语法必须是可用的表示上下文中的一个抽象语法。

b) 使用一个或多个可用的表示上下文来表示 A-ABORT request 原语的用户数据(如果有的话)。

8.3.2 P-P-ABORT indication 参数的用法

由提供者发起的 P-P-ABORT indication 原语中的原因参数被直接映射 A-P-ABORT indication 原

---

8) 如果联系是由会话协议(ISO/IEC 8327-1-1996)版本 1 支持,则用户数据参数不被 ACPM 引用(因为长度限制),并且被直接映射到 A-ABORT 原语的用户数据信息(见 7.3.3.1)。

语中的相应参数。

8.4 联系建立(X.410:1984 方式)

联系建立规程使用 P-CONNECT 服务。

8.4.1 直接映射的参数

ACPM 不引用下述参数,这些参数被直接映射到 A-ASSOCIATE 原语中的相应参数:

a) 用户数据[9];

b) 主呼表示地址;

c) 被呼表示地址;

d) 响应表示地址;

e) 服务质量;

f) 会话要求;

g) 初始同步点序列号;

h) 初始权标赋值;和

i) 会话连接标识符。

8.4.2 其他 P-CONNECT request 和 indication 参数的用法

ACPM 引用 P-CONNECT request 和 indication 原语中的方式参数。

对于 P-CONNECT request 原语:方式参数的值被置为 A-ASSOCIATE request 原语的方式参数的值。对于 X.410:1984 方式的 ACSE 操作,该参数的值为"X.410:1984"。对表示服务来说这意味着它将在这个表示连接的 X.410:1984 方式下操作。

对于 P-CONNECT indication 原语:对 ACSE 操作的 X.410:1984 方式来说,该参数的值为"X.410:1984"。该值意味着接受 ACPM 将在该联系的 X.410:1984 方式下操作。A-ASSOCIATE indication 原语中的方式参数被置值为"X.410:1984"。

8.4.3 其他 P-CONNECT response 和 confirm 参数的用法

P-CONNECT response 和 confirm 原语中的结果参数由操作于 X.410:1984 方式下的 ACPM 使用。

对于 P-CONNECT response 原语:按表 9 所示从 A-ASSOCIATE 结果参数的结果参数映射得到的结果参数的值。

表 9 映射 ACSE 的结果(X.410-1984 方式)

A-ASSOCIATE 结果参数(from)	P-CONNECT 结果参数(to)
accepted	acceptance
rejected(permanent)	user-rejection
rejected(transient)	user-rejection

对于 P-CONNECT confirm 原语:按表 10 所示从结果参数映射得到 A-ASSOCIATE confirm 原语的结果和结果源参数。

表 10 映射表示结果(X.410-1984 方式)

P-CONNECT 结果参数(from)	A-ASSOCIATE 结果参数(to)	A-ASSOCIATE 结果参(to)
acceptance	acceptance	ACSE service-user
user-rejection	rejected(permanent)	ACSE service-user
provider-rejection	rejected(permanent)	Presentation service-provider

8.5 联系正常释放(X.410:1984 方式)

正常释放过程使用 P-RELEASE 服务。ACPM 不引用下列参数,而是把它映象到 A-RELEASE 原语的相应参数中:

9) 用户数据被直接映射到 A-ASOCIATE 用户信息参数。对它没有可用的显式表示上下文。

a) 结果;

b) 用户数据。

8.6 联系异常释放(X.410:1984 方式)

异常释放过程使用 P-U-ABORT 和 P-P-ABORT 服务。

8.6.1 P-U-ABORT request 和 indication 参数的用法

对于 P-U-ABORT request 和 indication 原语:ACPM 不引用用户数据参数,而是把它直接映射到对应 A-ABORT 原语中的用户信息参数。

8.6.2 P-P-ABORT indication 参数的用法

对于 P-P-ABORT indication 原语:ACPM 不引用原因参数,而是把它直接映射到 A-P-ABORT indication 原语中的对应参数。

9 ACSE APDU 的结构与编码

9.1 ACSE APDU 的抽象语法

本章使用 GB/T 16262.1—1996 来规定每个 ACSE APDU 的抽象语法。

```
ACSE-1 {joint-iso-itu-t association-control(2) modules(0) apdus(0) version1(1)}
-- ACSE 版本 1
DEFINITIONS ::=
BEGIN

EXPORTS
  acse-as-id, ACSE-apdu, aCSE-id, Application-context-name, AP-title,
    AE-qualifier, AE-title, AP-invocation-identifier, AE-invocation-identifier,
    Mechanism-name, Authentication-value, ACSE-requirements;
IMPORTS
  Name, RelativeDistinguishedName
    FROM InformationFramework {joint-iso-itu-t ds(5) module(1)
   informationFramework(1) 2};

--  数据类型 Name 和 RelativeDistinguishedName 由 GB/T 16264.2—2008 引入。
--  客体标识符对齐
acse-as-id OBJECT IDENTIFIER ::=
  {joint-iso-itu-t association-control(2) abstract-syntax(1) apdus(0)
   version1(1)}

--  可用来对 ACSE APDU 的抽象语法进行参考
aCSE-id OBJECT IDENTIFIER ::=
  {joint-iso-itu-t association-control(2) ase-id(3) acse-ase(1) version(1)}

--  可用来指出联系控制 ASEmay be used to identify the Association Control ASE.
--  高层 CHOICE
ACSE-apdu ::= CHOICE  {
  aarq   AARQ-apdu,
  aare   AARE-apdu,
  rlrq   RLRQ-apdu,
  rlre   RLRE-apdu,
```

```
  abrt    ABRT-apdu,
  …
}

AARQ-apdu ::= [APPLICATION 0] IMPLICIT SEQUENCE {
  protocol-version             [0] IMPLICIT BIT STRING {version1(0)} DEFAULT {version1},
  application-context-name              [1]  Application-context-name,
  called-AP-title                       [2]  AP-title OPTIONAL,
  called-AE-qualifier                   [3]  AE-qualifier OPTIONAL,
  called-AP-invocation-identifier      [4]  AP-invocation-identifier OPTIONAL,
  called-AE-invocation-identifier      [5]  AE-invocation-identifier OPTIONAL,
  calling-AP-title                      [6]  AP-title OPTIONAL,
  calling-AE-qualifier                  [7]  AE-qualifier OPTIONAL,
  calling-AP-invocation-identifier     [8]  AP-invocation-identifier OPTIONAL,
  calling-AE-invocation-identifier     [9]  AE-invocation-identifier OPTIONAL,
  -- 如果仅使用了核心,则不应使用以下字段
  sender-acse-requirements              [10] IMPLICIT ACSE-requirements OPTIONAL,
  -- 应只在选择了鉴别功能单元时才使用以下字段
  mechanism-name                          [11] IMPLICIT Mechanism-name OPTIONAL,
  -- 应只在选择了鉴别功能单元时才使用以下字段
  calling-authentication-value        [12] EXPLICIT Authentication-value OPTIONAL,
  application-context-name-list [13] IMPLICIT Application-context-name-list OPTIONAL,
  -- 应只在选择了应用上下文协商功能单元时才使用上述字段
  implementation-information            [29] IMPLICIT Implementation-data OPTIONAL,
  …,
  …,
  user-information        [30] IMPLICIT Association-information OPTIONAL
}

AARE-apdu ::= [APPLICATION 1] IMPLICIT SEQUENCE {
  protocol-version             [0] IMPLICIT BIT STRING {version1(0)} DEFAULT {version1},
  application-context-name                [1]  Application-context-name,
  result                                    [2]  Associate-result,
  result-source-diagnostic                [3]  Associate-source-diagnostic,
  responding-AP-title                       [4]  AP-title OPTIONAL,
  responding-AE-qualifier                   [5]  AE-qualifier OPTIONAL,
  responding-AP-invocation-identifier    [6]  AP-invocation-identifier OPTIONAL,
  responding-AE-invocation-identifier    [7]  AE-invocation-identifier OPTIONAL,
  -- 如果仅使用了核心,则不应使用以下字段
  responder-acse-requirements              [8] IMPLICIT ACSE-requirements OPTIONAL,
  -- 应只在选择了鉴别功能单元时才使用以下字段
  mechanism-name                              [9] IMPLICIT Mechanism-name OPTIONAL,
  -- 应只在选择了鉴别功能单元时才使用以下字段
  responding-authentication-value       [10] EXPLICIT Authentication-value OPTIONAL,
  application-context-name-list       [11] IMPLICIT Application-context-name-list OPTIONAL,
```

```
  -- 应只在选择了应用上下文协商功能单元时才使用上述字段
  implementation-information      [29] IMPLICIT Implementation-data OPTIONAL ,
  ... ,
  ... ,
  user-information      [30] IMPLICIT Association-information OPTIONAL
}

RLRQ-apdu ::= [APPLICATION 2] IMPLICIT SEQUENCE {
  reason                  [0] IMPLICIT Release-request-reason OPTIONAL ,
  ... ,
  ... ,
  user-information   [30] IMPLICIT Association-information OPTIONAL
}

RLRE-apdu ::= [APPLICATION 3] IMPLICIT SEQUENCE {
  reason                  [0] IMPLICIT Release-response-reason OPTIONAL ,
  ... ,
  ... ,
  user-information   [30] IMPLICIT Association-information OPTIONAL
}

ABRT-apdu ::= [APPLICATION 4] IMPLICIT SEQUENCE {
  abort-source           [0] IMPLICIT ABRT-source,
  abort-diagnostic   [1] IMPLICIT ABRT-diagnostic OPTIONAL ,
  -- 如果仅使用了核心,则不应使用本字段
  ... ,
  ... ,
  user-information   [30] IMPLICIT Association-information OPTIONAL
}

ABRT-diagnostic ::= ENUMERATED {
  no-reason-given(1), protocol-error(2),
  authentication-mechanism-name-not-recognized(3),
  authentication-mechanism-name-required(4), authentication-failure(5),
  authentication-required(6), ...
  }

ABRT-source ::= INTEGER {acse-service-user(0), acse-service-provider(1)
}

ACSE-requirements ::= BIT STRING {
  authentication(0), application-context-negotiation(1)}
Application-context-name-list ::= SEQUENCE OF Application-context-name
Application-context-name ::= OBJECT IDENTIFIER
```

```
-- 以下是应用实体标题结果(非字母序)
AP-title ::= CHOICE {
  ap-title-form1    AP-title-form1,
  ap-title-form2    AP-title-form2,
  ...
}

AE-qualifier ::= CHOICE {
  ae-qualifier-form1    AE-qualifier-form1,
  ae-qualifier-form2    AE-qualifier-form2,
  ...
}

-- 当在一个 AARQ 或 AARE APDU 中同时有 AP 标题和 AE 标识符时,它们必须是同样的形式,以便允许 GB/T 17969.6—2000 中所述的 AE 标题的构建。
AP-title-form1 ::=    Name

-- 分配给 AP-title-form1 的值是一个应用进程标题的目录名(Directory Name)。
AE-qualifier-form1 ::=    RelativeDistinguishedName

-- 分配给 AP-title-form1 的值是由 AP-title-form1 指出的应用进程的一个具体应用实体的相对可区分的名称。
AP-title-form2 ::= OBJECT IDENTIFIER
AE-qualifier-form2 ::= INTEGER
AE-title ::= CHOICE {
  ae-title-form1    AE-title-form1,
  ae-title-form2    AE-title-form2,
  ...
}

-- 如同 GB/T 9387.3—2008 中所述,一个应用实体标题由一个应用进程标题和一个应用实体标识符组成。ACSE 协议利用组件值的传递来传递应用实体。但是,以下数据类
-- 型提供给为 AE 标题引入了一个简单语法结构的标准。
AE-title-form1 ::=    Name

-- 为了访问目录(GB/T 16264.2—2008 所述),一个 AE 标题有 AE-title-form1。该值可以由 AARQ 或 AARE APDU 中包含的 AP-title-form1 和 AE-qualifier-form1 构造而成。GB/T 17969.6—2000 中讲述了如何构造。
AE-title-form2 ::= OBJECT IDENTIFIER

-- GB/T 17969.6—2000 中讲述了如何用 AP-title-form2 和 AE-qualifier-form2 构造 AE-title-form2。
AE-invocation-identifier ::= INTEGER
AP-invocation-identifier ::= INTEGER
```

```
-- 应用实体标题生成过程完成。
Associate-result ::= INTEGER {
  accepted(0), rejected-permanent(1), rejected-transient(2)}

Associate-source-diagnostic ::= CHOICE {
  acse-service-user       [1] INTEGER
           {null(0), no-reason-given(1),
          application-context-name-not-supported(2),
          calling-AP-title-not-recognized(3),
          calling-AP-invocation-identifier-not-recognized(4),
          calling-AE-qualifier-not-recognized(5),
          calling-AE-invocation-identifier-not-recognized(6),
          called-AP-title-not-recognized(7),
          called-AP-invocation-identifier-not-recognized(8),
          called-AE-qualifier-not-recognized(9),
          called-AE-invocation-identifier-not-recognized(10),
          authentication-mechanism-name-not-recognized(11),
          authentication-mechanism-name-required(12),
          authentication-failure(13),
          authentication-required(14)}
  acse-service-provider        [2] INTEGER
           {null(0), no-reason-given(1), no-common-acse-version(2)}
}

Association-information ::= SEQUENCE SIZE (1, ... , 0 | 2.. MAX) OF EXTERNAL

Authentication-value ::= CHOICE {
  charstring   [0] IMPLICIT GraphicString ,
  bitstring    [1] IMPLICIT BIT STRING ,
  external     [2] IMPLICIT EXTERNAL ,
  other    [3] IMPLICIT SEQUENCE {other-mechanism-name
                        MECHANISM-NAME. &id({ObjectSet}),
                      other-mechanism-value
                        MECHANISM-NAME. &Type
                          ({ObjectSet}{@. other-mechanism-name})}
}
```

-- (呼叫和响应)鉴别值的抽象语法由联系建立过程中使用的鉴别机制确定。鉴别机制或者由 MECHANISM-NAME 类中的 id 字段明示,或者在双方之前的协议中已经确认。如果选中了"其他"组件,那么"机制名"组件的出现应与 GB/T 16262.1—2006 中保持一致。如果值"机制名"在 AARQ-apdu 或 AARE-apdu 中出现,那么,它的值就与"其他机制名"(other-mechanism-name)相同。

```
Implementation-data ::= GraphicString
Mechanism-name ::= OBJECT IDENTIFIER
MECHANISM-NAME ::= TYPE-IDENTIFIER
```

```
ObjectSet MECHANISM-NAME ::=
  {…}
Release-request-reason ::= INTEGER {normal(0), urgent(1), user-defined(30)
}(0|1|30,… )

Release-response-reason ::= INTEGER {
  normal(0), not-finished(1), user-defined(30)} (0|1|30, …)
 END
```

9.2 传送语法的编码规则

命名为{joint-iso-itu-t asn(1) basic-encoding(1)}且在 GB/T 16263.1—2006 中规定的编码规则集,用于参考 ACSE 抽象语法定义上下文中的 ACSE APDU 传送语法。

10 一致性

一个声明实现了本部分中所规定的规程的系统必须符合 10.1～10.3 的要求。

认可的两种一致性的方式:

a) 常规方式;

b) X.410:1984 方式。

X.410:1984 方式的存在是为了与实现 CCITT X .410:1984 给出协议的消息处理系统保持一致。

10.1 声明要求

实现者必须声明如下:

a) 系统是作为联系发起者,或作为联系响应者,还是作为两者;

b) 系统实现的 ACSE 功能单元;

c) 系统是否实现:

 1) ACSE 协议的常规方式;

 2) ACSE 协议的 X.410:1984 方式,因为它支持 MHS 实现 CCITT X.410:1984 系列建议;

 3) 常规方式和由上面第 2 项给出原因的 X.410:1984 方式。

10.2 静态要求

为了满足应用实体与其对等实体建立和释放通信的最小需求,需要使用联系控制服务元素。

10.2.1 常规方式

如果实现了常规方式,系统应该:

a) 作为联系发起者(通过送出一个 AARQ APDU),或作为联系接受者(通过使用适当的 AARE APDU 来响应 AARQ APDU),或两者都是。

b) 为了交换 ACSE APCI,应支持(至少)把 ASN.1(GB/T 16262)的基本编码规则应用到第 9 章中规定的 ASN.1(GB/T 16262)所得到的编码。

10.2.2 X.410:1984 方式

如果实现了 X.410:1984 方式,则系统应作为发起者,或作为接受者或两者都是。

10.3 动态要求

10.3.1 常规方式

如果实现了常规方式,则系统应该:

a) 遵循第 7 章中所规定的所有规程(包括可扩充性规则)和附录 A;

b) 支持映射到在 8.1～8.3 中定义的表示服务。

请求 AE 可以选择发送类型 1 或类型 2 为 AP 标题和 AE 限定符。接收 AE 可以响应任意一种类型。请求 AE 和接收 AE 必需能够接收两种类型。

10.3.2 X.410:1984 方式

如果实现了 X.410:1984 方式,系统应支持把表示服务原语中的参数直接映射到 8.4～8.6 中规定的 ACSE 原语。

11 优先

本部分的某些章中规定了 ACSE 协议的规则。本章则说明在多处指定相同协议规则而引起明显矛盾的场合时的优先规则。所包括的协议规范的有关规则是：

a) 顺序规则；

b) 映射到表示服务；

c) ACSE APDU 的结构和编码。

本部分附录 A 和第 7 章规定了对控制 ACPM 行为的规程元素。在声称或者隐含明显矛盾的顺序规则时，附录 A 要优先于本部分中任何其他章。

第 8 章规定了 ACPM 怎样使用表示服务原语。在声称或者隐含映射到表示服务时，第 8 章要优先于本部分任何其他部分。

第 9 章规定了 ACSE APDU 的结构和编码。在声称或者隐含 ACSE APDU 的结构和编码时。第 9 章要优先于本部分中任何其他部分。

注：任何人发现本协议规范中的错误或歧义，都被请求及时告知其 ISO/IEC 的国家成员体或 ITU 的电信标准化局，以对该事宜进行调查并采取合适的行动。

12 登记要求

本部分标识四种信息客体的登记需求：

——应用标题；

——应用上下文；

——鉴别机制；

——上层上下文规范。

下面一一讨论。

目前还没有国际登记授权机构计划登记上述任一客体。上述三种客体名的指定除下述规定外，应与 GB/T 17969.1—2000 中的一般规定相符。

根据 GB/T 17969.1—2000，一个组织如果想要对上述客体命名的话，应找到命名树的合适的上级。该上级将命名树的一部分指定给该组织。这样该组织就可以在这部分下命名。

注：登记树的合适上级包括 ISO/IEC 各成员国，具有根据 ISO 6523:1984 指定的国际码命名者的组织，ITU-T 的网络管理机构及被认可的私人代理(ROA)。

12.1 应用标题

要求登记的应用标题是应用进程标题、应用实体限定符和应用实体标题。这些信息客体的登记要求包含在 GB/T 17176—1997 的第 9 章中。GB/T 17969.6—2000 给出了这些信息客体之间的关系和登记它们的规程。

12.2 应用上下文应用

上下文的登记要求包含在 GB/T 17176—1997 的第 9 章中。GB/T 17969.1—2000 给出了登记规程。

12.3 鉴别机制

鉴别机制可以作为一项标准予以规定。例如，本部分的附录 B 给出了一个基于 AE 标题和口令的鉴别机制。这样的鉴别机制实际上在该标准中给出和得到登记。

鉴别机制也可以在国际标准之外规定。在这种情况下，GB/T 17969.1—2000 给出登记该鉴别机制的规程。

12.4 上层上下文规范

对于一个给定的应用上下文和给定的对等表示地址，上层上下文规范是安排完整形式的 ACSE 以及表示和会话建立 PDU 所需要的所有字段值的定义。

注：在实际工作中，期望将上层上下文规范参数化，以便允许在两个对等实体之间交换对于每个建立所期望的不同值（例如 ACSE 用户信息），或在不同对等实体之间交换对于相同应用所期望的不同值（例如编址信息）。

一个上层上下文规范可以作为一个标准的一部分进行规定。

一个上层上下文规范也可以在标准之外进行规定，这时 GB/T 17969.1—2000 规定了注册一个上层上下文规范的规程。

附 录 A
(规范性附录)
ACPM 状态表

A.1 概述

本附录用状态表来定义单联系控制协议机(ACPM)。状态表指出 ACPM 的状态,协议中发生的外来事件,采取的动作以及最后 ACPM 的结果状态之间的相互关系。

ACPM 状态表不构成 ACPM 的形式定义。在本部分包含它是为了对第 7 章中定义的规程元素提供更精确的规范。

本附录包含下列表:

a) 表 A.1 规定了每个外来事件的缩略语名、源和名/描述。源是:
   1) ACSE 服务用户(AC-user);
   2) 对等 ACPM(AC peer);
   3) 表示服务提供者(PS vrovider)。
b) 表 A.2 规定了每个状态的缩略语名。
c) 表 A.3 规定了每个外出事件的缩略语名、描述。客体是:
   1) ACSE 服务用户(AC-user);
   2) 对等 ACPM(AC-peer)。
d) 表 A.4 规定了谓词。
e) 表 A.5 用上述表中的缩略语名来规定 ACPM 的状态表。

A.2 约定

外来事件(行)和状态(列)的交叉处是表元。

在状态表中,空白表元表示外来事件和状态的组合,在 ACPM 中没有定义(见 A.3.1)。

一个非空表元表示在 ACPM 中定义了一个外来事件和状态(的组合)。这种表元包含一个或多个动作表。动作表既可以是必备的,也可以是有条件的。如果表元中包含一个必备的动作表,则它是该表元中唯一的动作表。

必备动作表包含:

a) 外出事件;
b) 结果状态。

条件动作表包含:

a) 由谓词和布尔操作符(表示布尔非)组成的谓词表达式;
b) 必备动作表(仅当谓词表达式为真时才使用这个必备的动作表)。

A.3 ACPM 采取的动作

ACPM 状态表通过 ACPM 外出事件和结果状态来定义 ACPM 采取的动作。

A.3.1 无效交叉

空白表元指出外来事件和状态的无效交叉。如果发生这种交叉,采取下列动作之一:

a) 如果外来事件来自 ACSE 的服务用户,则 ACPM 采取的任何动作都是本地事情。
b) 如果外来事件与收到的 APDU 或与表示服务提供者的事件有关,则 ACPM 发出 A-ABRind 外出事件(向它的 AC-user)和 ABRT 外出事件(向它的对等 ACPM)。

A.3.2 有效交叉

如果状态和外来事件的交叉是有效的，则采取下列动作之一：

a) 如果表元中包含一个必备的动作表，则 ACPM 采取规定的动作；

b) 如果表元中包含一个或多个条件动作表，对每个为真的谓词表达式，ACPM 采取规定的动作，如果没有一个谓词表达式为真，则 ACPM 采取在 A.3.1 中定义的动作之一。

A.4 与表示和其他应用服务素的关系

ACPM 状态表(见表 A.5)定义了 ACPM、ACSE 服务用户和 ACPM 使用的表示服务之间的交互。以下表示服务不被 ACPM 使用但可能会影响其状态：

a) P-RESYNCHRONIZE；

b) P-U-EXCEPTION-REPORT；

c) P-P-EXCEPTION-REPORT。

这些外部事件也在 ACPM 状态表描述(见表 A.5)的考虑之内。

其他表示服务或其他应用服务元素的事件由于不会影响 ACPM，所以不在 ACPM 状态表之内。

表 A.1 外来事件表

缩略语	源	名和描述
A-ASCreq	AC-user	A-ASSOCIATE request 原语
A-ASCrsp＋	AC-user	A-ASSOCIATE response 原语 (结果＝“accepted”)
A-ASCrsp－	AC-user	A-ASSOCITE response 原语 (结果＝“rejected(permanent)”) 或“rejected(transient)”
AARQ	AC-peer	A-ASSOCIATE-RESPONSE APDU (结果＝“accepted”) AARE＋是 P-CONNECT confirm 原语中的用户数据
AARE＋	AC-peer	A-ASSOCIATE-RESPONSE APDU (结果＝“accepted”) AARE＋是 P-CONNECT confirm 原语中的用户数据 (结果＝“acceptancee”)
AARE－	AC-peer	A-ASSOCIATER-RESPONSE APDU (结果＝rejected(permanent)或“rejected(transient)”) AARE＋是 P-CONNECT confirm 原语中的用户数据 (结果＝“user-rejection”)
P-CONcnf－	PS-provider	P-CONNECT confirm 原语 (结果＝“provider-rejection”)
A-RLSreq	AC-user	A-RELEASE request 原语
A-RLSrsp＋	AC-user	A-RELEASE response 原语 (结果＝“affirmative”)
A-RLSrsp－	AC-user	A-RELEASE response 原语 (结果＝“negative”)
RLRQ	AC-peer	A-RELEASE-REQUEST APDU RLRQ 是 P-RELEASE indication 原语中的用户数据
RLRE＋	AC-peer	A-RELEASE-RESPONSE APDU RLRE＋是 P-RELEASE confirm 原语中的用户数据 (结果＝“affirmative”)
RLRE－	AC-peer	A-RELEASE-RESPONSE APDU

表 A.1(续)

缩略语	源	名和描述
		RLRE-是 P-RELEASE confirm 原语中的用户数据 (结果="negative")
A-ABRreq	AC-user	A-ABORT request 原语
ABRT[a]	AC-peer	A-ABORT APDU ABRT 是 P-U-ABORT indication 原语中的用户数据
P-PABind	PS-provider	P-P-ABORT indication 原语
EXTRN-1	AC-user PS-provider	P-RESYNCHRONIZEindication 原语 P-U-EXCEPTION-REPORTindication 原语(从 AC-peer 的 AE 接收) P-P-EXCEPTION-REPORTindication 原语
EXTRN-2	AC-user PS-provider	P-RESYNCHRONIZErequest 原语 P-U-EXCEPTION-REPORTindication 原语(从 AC-peer 的 AE 发出) P-P-EXCEPTION-REPORTindication 原语

[a] 当受到会话(见 ISO/IEC 8327-1:1996)的支持时,A-ABORT APDU 没有 APCI。接受 P-U-ABORT indication 隐含着存在 APCI。

表 A.2 ACPM 状态

缩略语	描述
STA0	空闲:未建立联系
STA1	等待 AARE APDU
STA2	等待 A-ASSOCIATE response
STA3	等待 RLRE APDU
STA4	等待 A-RELEASE response
STA5	已建立联系
STA6	等待 A-RELEASE response
	(联系发起者)
STA7	等待 RLRE APDU
	(联系响应者)

表 A.3 外出事件表

缩略语	目标	名和描述
A-ASCind	AC-user	A-ASSOCIATE request 原语
A-ASCcnf+	AC-user	A-ASSOCIATE confirm 原语
		(结果="accepted")
A-ASCcnf−	AC-USER	A-ASSOCIATE confirm 原语
		(结果="rejected(permanent)"
		或"rejected(transient)")
AARQ	AC-peer	A-ASSOCIATE-REQUEST APDU
		把 AARQ 当作 P-CONNECT request 原语中的用户数据送出去
AARE+	AC-peer	A-ASSOCIATE-RESPONSE APDU
		(结果="accepted")

表 A.3(续)

缩略语	目标	名和描述
		把 AARE+当作 P-CONNECT+response 原语中的用户数据发送出去
		(结果=“acceptance”)
AARE−	AC-peer	A-ASSOCIATE-RESPONSE APDU
		(结果=“rejected(permanent)”或“rejected(transient)”)
		把 AARE-作为 P-CONNECT response 原语中的用户数据发送出去
		(结果=“user-rejection”)
A-RLSind	AC-user	A-RELEASE indication 原语
A-RLScnf+	AC-user	A-RELEASE confirm 原语
		(结果=“affirmative”)
A-RLScnf	AC-user	A-RELEASE confirm 原语
		(结果=“negative”)
RLRQ	AC-peer	A-RELEASE-RESUEST APDU
		把 RLRQ 作为 P-RELEASE request 原语中的用户数据发送出去
RLRE+	AC-peer	A-RELEASE-RESPONSE APDU
		把 RLRE+作为 P-RELEASE response 原语中的用户数据发送出去
		(结果=“affirmative”)
A-ABRind	AC-user	A-ABORT indication 原语
		(源=“ACSE service-user”或“ACSE service-provider”)
ABRT[a]	AC-peer	A-ABORT APDU
		(源=“ACSE service-user”或“ACSE service-provider”)
		把 ABRT 当作 P-U-ABORT request 原语中的用户数据发送出去
A-PABind	AC-user	P-P-ABORT indication 原语

[a] 当受到会话协议(见 ISO/IEC 8327-1:1996)的支持时,A-ABORT APDU 没有 APCI。后来接受的 P-U-ABORT indication 隐含着存在 APCI。

表 A.4 调词表

编码	意义
P1	ACPM 能支持所请求的连接
P2	ACPM 已发起这个联系

表 A.5 ACPM 状态表

	STA0 空闲-无联系	STA1 等待 AARE	STA2 等待 A-ASCrsp	STA3 等待 RLRE	STA4 等待 A-RLSrs	STA5 已建立联系	STA6 碰撞联系 发起者	STA7 碰撞联系 响应者
A-ASCrep	P1 AARQ STA1							
A-ASCrsp+			AARQ+ STA5					

表 A.5（续）

	STA0 空闲-无联系	STA1 等待 AARE	STA2 等待 A-ASCrsp	STA3 等待 RLRE	STA4 等待 A-RLSrs	STA5 已建立联系	STA6 碰撞联系 发起者	STA7 碰撞联系 响应者
A-ASCrep−			AARE− STA0					
AARQ	P1 A-ASCind STA2 ¬P1: AARE− STA0							
AARE+		A-ASCcnf+ STA5						
AARE−		A-ASCcnf STA0						
A-RLSreq						RLRQ STA3		
A-RLSrsp+					RLRE+ STA0		RLRE+ STA3	
A-RLSrsp					RLRE− STA5			
RLRQ					P2 A-RLSind STA6 ¬P2 A-RLSind STA7		A-RLSind STA4	
RLRE+				A-RLScnf+ STA0				A-RLScnf+ STA4
RLRE−				A-RLScnf− STA5				
A-ABRreq		ABRT STA0	ABRT STA0	ABRT STA0	ABRT STA0	ABRT STA0	ABRT STA0	ABRT STA0
ABRT		A-ABRind STA0	A-ABRind STA0	A-ABRind STA0	A-ABRind STA0	A-ABRind STA0	A-ABRind STA0	A-ABRind STA0
P-PABind		A-PABind STA0	A-PABind STA0	A-PABind STA0	A-PABind STA0	A-PABind STA0	A-PABind STA0	A-PABind STA0

附 录 B
(规范性附录)
使用口令的鉴别机制

B.0 引言

本附录规定了一个使用AE标题口令的鉴别机制。本鉴别机制作为一般用途。它也是一个鉴别机制规范的例子。

B.1 指定名

将下述名(具有ASN.1数据类型OBJECT IDENTIFIER)赋予该鉴别机制:

{Joint-iso-itu-t association-control(2) authentication mechanism(3) password-1(1)}

B.2 鉴别值ASN.1数据类型

对鉴别机制而言,口令是鉴别值。根据第9章中的"authentication-value"产生式,鉴别值的数据类型应为"GraphicString"。

B.3 处理规范

在本附录中,术语"发送"表示AEI(或它的鉴别功能)请求它的对等实体鉴别。术语"接收"表示AEI(或它的鉴别功能)执行它的对等实体请求的鉴别。

B.3.1 请求鉴别

发送鉴别功能为它的AEI从存储数据中检索到将由接收AEI证实的口令值。口令值映射到B.2中定义的鉴别值数据类型。

当发送AEI发出一个A-ASSOCIATE request或response原语时,鉴别值参数应包含该值。原语也应包含适当的AP标题和指示AE标题的AE限定符。

根据先前发送AE和接收AE的认同,鉴别机制名(在第B.1中定义)可以包含也可以不包含在A-ASSOCI ATE原语中。

B.3.2 实施鉴别

接收鉴别功能能够从A-ASSOCI ATE request或response原语中得到鉴别值参数的值。

根据先前发送AE和接收AE的认同,鉴别机制名(在B.1中定义)可以包含也可以不包含在A-ASSOCIATE原语中。

若需要鉴别机制名却没有接收到,鉴别功能指示将发送一个A-ABORT request原语。诊断参数的值应为"authentication-mechanism name required"。

若包含鉴别机制名,它应该与B.1中给出的语义等同。若鉴别机制名不正确,则功能指示将发出一个A-ABORTrequest原语。诊断参数的值应为"authentication-mechanism name not recognized"。

然后,鉴别机制功能根据发送AEI的AE标题检查发送AEI是否允许该鉴别机制(即本附录所定义的鉴别机制)。如果不允许该鉴别机制,则鉴别功能指示应发出一个A-ABORTrequest原语。诊断参数的值应为"authentication failure"。

若该鉴别机制合法,鉴别功能将鉴别值参数的值与该机制的基于发送者AE标题的存储数据相比较。若两者语义相等,鉴别功能将指示鉴别成功。

若两个值的语义不相等,则鉴别功能指示将发出一个A-ABORTrequest原语。诊断参数的值应为"authentication failure"。

ICS 35.100.70
L 79

中华人民共和国国家标准

GB/T 16688—2008/ISO/IEC 8649:1996
代替 GB/T 16688—1996

信息技术　开放系统互连
联系控制服务元素服务定义

Information technology—Open Systems Interconnection—Service definition for the Association Control Service Element

(ISO/IEC 8649:1996,IDT)

2008-08-19 发布　　2009-01-01 实施

中华人民共和国国家质量监督检验检疫总局
中国国家标准化管理委员会　发布

前 言

本标准等同采用国际标准 ISO/IEC 8649:1996《信息技术 开放系统互连 联系控制服务元素服务定义》,并根据 ISO/IEC 8649:1996/Amd.1:1997《修改单 1》和 ISO/IEC 8649:1996/Amd.2:1998《修改单 2》进行了相应修改:

——更改了 7.2、8.2.1 等的内容;

——增加了 9.1.1.18、9.5.1.15、9.5.1.16、9.5.1.17 等的内容。

本标准代替 GB/T 16688—1996《信息处理系统 开放系统互连 联系控制服务元素服务定义》。

本标准与 GB/T 16688—1996 相比主要变化如下:

——更改了 3.4、3.5、7.2、8.2.1 和 9.1.1.2 等的内容;

——增加 9.1.1.18、9.5.1.15、9.5.1.16、9.5.1.17 等的内容。

本标准由全国信息技术标准化技术委员会提出并归口。

本标准起草单位:山东省计算中心、中国电子技术标准化研究所、山东省计算机网络重点实验室。

本标准主要起草人:徐全平、董火民、刘勇、李刚、王英龙、李文华。

本标准于 1996 年首次发布。

引　言

本标准是为了便于信息处理系统互连而制定的一组标准之一。它与开放系统互连参考模型(GB/T 9387)所定义的一组标准中的其他标准有关。参考模型把互连标准化的范围细分成一系列规模可管理的规范的层。

开放系统互连的目标是使用互连标准之外的最少技术协定来达到信息处理系统的互连，这些信息处理系统：

——来自不同的制造厂商；

——在不同的管理下；

——具有不同的复杂程度；

——具有不同的技术。

本标准认识到应用进程互相通信的原因是多种多样的，但是任何通信都要求具有与通信原因无关的某些服务性能。这里定义的应用服务元素提供此种服务。

本标准定义由应用联系控制的应用服务元素，即联系控制服务元素(ACSE)所提供的服务。ACSE提供两个应用实体间应用联系控制的基本业务，而应用实体是通过表示连接进行通信。ACSE包括两个功能单元，一个功能单元用来交换信息以支持联系建立过程中的鉴别，另一个功能单元支持联系建立过程中的应用上下文协商。ACSE服务应用到广泛的应用进程通信。

ACSE服务应用到广泛的应用进程通信的要求。

已经认识到，为了提供贯穿对OSI参考模型所有层的服务质量(QOS)的综合处理以及为了确保每层服务的各自处理以一致方法满足总的服务质量目的，关于在第9章中描述的ACSE服务质量的工作仍在进行，所以本标准以后可能会增加一个补篇来反映QOS的发展和综合。

快速联系机制允许以信息的压缩形式来建立会话连接，包括它的嵌入式表示连接和应用联系，而该信息也会以其他方式在S-CONNECT交互中发送出去。这个压缩形式被称作上层上下文标识符，是对上层上下文规范的引用，它是在完整形式连接信息上可以发送的应用、ACSE、表示和会话协议的名称字段的定义。可以将上层上下文标识符进行参数化，以包含被上层的完整形式协议所允许的可变字段的值。

在ACSE服务中，附加的只有：概述A-ASSOCIATE原语中的用户信息内容的概念性参数。

信息技术　开放系统互连　联系控制服务元素服务定义

1　范围

本标准定义了在开放系统互连环境中应用联系控制的ACSE服务。ACSE支持两种方式的通信服务:面向连接和无连接。

通过使用面向连接的ACSE协议(GB/T 16687.1—2008)和面向连接的表示服务(GB/T 15695—1995)提供ACSE面向连接服务,这些ACSE服务作为使用面向连接的表示服务核心功能单元的最小集。

通过使用无连接的ACSE协议(GB/T 17545.1—1998)和无连接方式的表示服务来提供ACSE无连接方式服务(A-UNIT-DATA)。

ACSE中定义了三个功能单元。必备的核心功能单元用来建立和释放应用联系。ACSE包括两种可选的功能单元,可选的鉴别功能单元为联系建立过程中的鉴别信息交换提供支持,可选的鉴别功能单元为交换信息提供附加的业务,在没有增加服务的情况下以支持联系建立过程中的鉴别,ACSE鉴别业务可以用于支持有限类别的鉴别方法。第二个可选的功能单元用于支持联系建立过程中应用上下文的协商。ACSE服务应用于更广范围的应用进程通信。

本标准既不规定各个实现或产品,也不约束在一种计算机系统内实体和接口的实现。

本标准没有规定任何一致性的要求。

2　规范性引用文件

下列文件中的条款通过本标准的引用而成为本标准的条款。凡是注日期的引用文件,其随后所有的修改单(不包括勘误的内容)或修订版均不适用于本标准,然而,鼓励根据本标准达成协议的各方研究是否可使用这些文件的最新版本。凡是不注日期的引用文件,其最新版本适用于本标准。

GB/T 9387.1—1998　信息技术　开放系统互连　基本参考模型　第1部分:基本模型(idt ISO/IEC 7498-1:1994)

GB/T 9387.2—1995　信息技术　开放系统互连　基本参考模型　第2部分:安全体系结构(idt ISO/IEC 7498-2:1989)

GB/T 9387.3—2008　信息技术　开放系统互连　基本参考模型　第3部分:命名与编址(ISO/IEC 7498-3:1997,IDT)

GB/T 15128—2008　信息技术　开放系统互连　会话服务定义(ISO/IEC 8326:1996,IDT)

GB/T 15695—2008　信息技术　开放系统互连　表示服务定义(ISO/IEC 8822:1994,IDT)

GB/T 16687.1—2008　信息技术　开放系统互连　面向连接的联系控制服务元素协议　第1部分:协议规范 (ISO/IEC 8650.1—1996,IDT)

GB/T 17176—1997　信息技术　开放系统互连　应用层结构 (idt ISO/IEC 9545:1994)

GB/T 17545.1—1998　信息技术　开放系统互连　联系控制服务元素的无连接协议　第1部分:协议规范(idt ISO/IEC 10035-1:1995)

GB/T 17967—2000　信息技术　开放系统互连　基本参考模型　OSI服务定义约定 (idt ISO/IEC 10731:1994)

GB/T 17969.1—2000　信息技术　开放系统互连　OSI登记机构的操作规程　第1部分:一般规

程（eqv ISO/IEC 9834-1:1993）

ISO 6523:1984　数据交换　用于标识组织的结构

ISO/IEC 8327-1:1996　信息技术　开放系统互连　面向连接的会话协议:协议规范

CCITT X.410:1984　文电处理系统　远程操作与可靠传送服务

3　定义

本标准采用下列定义。

3.1　参考模型定义

3.1.1　基本参考模型定义

本标准以 GB/T 9387.1—1998 中建立的概念为基础,并使用其中定义的下列术语:

a)　应用实体;

b)　应用功能;

c)　应用层;

d)　应用进程;

e)　应用协议控制信息;

f)　应用协议数据单元;

g)　应用服务元素;

h)　无连接方式表示服务;

i)　(N)无连接方式传输;

j)　(N)功能;

k)　表示连接;

l)　表示服务;

m)　会话连接;

n)　会话协议;

o)　会话服务。

3.1.2　安全体系定义

本标准使用 GB/T 9387.2—1995 中定义的下述术语:

a)　凭证;

b)　口令;

c)　对等实体鉴别。

3.1.3　命名和编址定义

本标准使用 GB/T 9387.3—2008 中定义的下列术语:

a)　应用进程标题;

b)　应用实体限定符;

c)　应用实体标题;

注:根据 GB/T 9387.3—2008 的定义,应用实体标题由应用进程标题和应用实体限定符构成。ACSE 服务通过传送应用实体标题的二个分量值来传送它的值。

d)　应用进程调用标识符;

e)　应用实体调用标识符;

f)　表示地址。

3.2　服务约定定义

本标准使用 GB/T 17967—2000 中定义的下列术语:

a)　服务提供者;

b) 服务用户；

c) 证实型服务；

d) 非证实型服务；

e) 提供者发起型服务；

f) 原语；

g) 请求(原语)；

h) 指示(原语)；

i) 响应(原语)；

j) 证实(原语)。

3.3 表示服务定义

本标准使用 GB/T 15695—1995 中定义的下列术语：

a) 抽象语法；

b) 抽象语法名；

c) 无连接方式(表示)；

d) 缺省上下文；

e) 已定义上下文集；

f) 功能单元(表示)；

g) 常规方式(表示)；

h) 表示上下文；

i) 表示数据值；和

j) X.410:1984 方式(表示)。

3.4 应用层结构定义

本标准使用 GB/T 17176—1997 中定义的下述术语：

a) 应用上下文；

b) 应用实体调用；

c) 控制功能；

d) 应用服务客体。

3.5 ACSE 服务定义

本标准采用下列术语和定义。

3.5.1

应用联系 application-association

联系 association

应用实体调用之间的一种合作关系，该关系能使信息进行通信并协调它们对通信实例的联合操作。这种关系可以通过使用表示层服务传送应用协议控制信息来形成。

3.5.2

联系控制服务元素 association control service element

本标准中定义的特定应用服务元素。

3.5.3

ACSE 服务用户 ACSE service-user

应用实体中使用 ACSE 服务的那部分。

3.5.4

ACSE 服务提供者 ACSE service-provider

向对等 ACSE 服务用户提供 ACSE 服务的那些实体的抽象总和。

3.5.5

请求者 requestor

发出特定 ACSE 服务请求原语的 ACSE 服务用户。对证实型服务,它还要接收证实原语。

3.5.6

接受者 acceptor

接收特定 ACSE 服务指示原语的 ACSE 服务用户。对证实型服务,它还要发出响应原语。

3.5.7

联系发起者 association-initiator

发起特定联系的 ACSE 用户,即建立该联系的 A-ASSOCIATE 服务的请求者。

3.5.8

联系响应者 association-responder

不是特定联系发起者的 ACSE 服务用户,即建立该联系的 A-ASSOCIATE 服务的接受者。

3.5.9

鉴别 authentication

与联系建立相关的客体实体的身份证实,例如这些客体能包括多个 AE、多个 AP 和一个应用的用户。

注:为了表明这不仅仅是对等实体鉴别而是指更大范围意义上的鉴别,本术语已经在 GB/T 9387.2—1995 中定义过。

3.5.10

鉴别功能 authentication-function

是一个应用实体调用中的应用功能,它处理鉴别并且与一个对等鉴别功能交换鉴别值。

3.5.11

鉴别值 authentication-value

是一个鉴别功能的输出,它作为一个对等鉴别功能的输入被传送到对等 ACSE 服务用户。

3.5.12

鉴别机制 authentication-mechanism

是一组特定的用于定义、处理和传送鉴别值的鉴别功能规则规范。

3.5.13

常规方式 normal mode

一种导致使用表示服务来传送 ACSE 语义的方式。

3.5.14

X.410:1984 方式 X.410:1984 mode

ACSE 的一种操作方式,它允许 ACSE 服务用户使用在 CCITT X.410:1984 中所规定的协议进行协作。使用这种方式不传送任何 ACSE 的语义。

3.5.15

中止 disrupt

如果一个服务产生的服务原语不能按另一个服务的规程所规定的那样被使用,则后者被前者中止。

4 缩略语

本标准使用如下缩略语:

ACSE	联系控制服务元素	Association Control Service Element
AE	应用实体	application-entity

AEI	应用实体调用	application-entity invocation
AP	应用进程	application process
ASE	应用服务元素	application-service-element
CF	控制功能	control function
cnf	证实原语	confirm primitive
ind	指示原语	indication primitive
OSI	开放系统互连	Open Systems Interconnection
QOS	服务质量	quality of service
req	请求原语	request primitive

5 约定

本标准根据 GB/T 17967—2000 中定义的下列约定来定义 ACSE 服务。在第 9 章中,每个 ACSE 服务的定义包括一个表,表中列出它的原语参数。对给定原语,用下列值之一来描述每个出现的参数:

Blank	不用的
C	有条件的
M	必备的
P	按 GB/T 15695—1995 中所定义的条件而定
U	用户选项

此外,记号(=)表示参数值在语义上等于该表中左边的值。

6 基本概念

6.1 概述

在参考模型(GB/T 9387.1—1998)中,一对应用进程(AP)间的通信是通过它们的使用表示服务的应用实体(AE) 间的通信表示的。AE 的功能被分解为许多应用服务元素(ASE),AE 间的交互是通过使用它们的 ASE 的服务来描述的。

本标准支持应用联系和应用上下文的模型化概念。

应用联系是两个 AEI 间的合作关系。为了应用实体调用(AEI)能够有效地互工作,应用联系在 AEI 间提供了所需的参照框架。这种关系是通过使用表示服务的 AEI 之间交换应用协议控制信息形成的。

应用上下文是应用服务元素有关选项以及在一个应用联系上应用实体互工作所需要的任何其他信息的显式标识的集合(见 GB/T 17176—1997)。

ACSE 是一个 ASE 的模型化。ACSE 的主要目的是在两个 AEI 之间建立和释放应用联系和决定该联系的应用上下文。ACSE 支持两种通信方式:面向连接和无连接。对于面向连接方式,通过引用 ACSE 的面向连接服务(见 7.1)来建立和释放应用联系。对于无连接方式,在单个 ACSE 无连接方式服务[A-UNIT-DATA(见 7.2)]的运行期间,应用联系存在。

ACSE 服务使用者是使用 ACSE 服务的应用实体的那部分,它可以是一个控制功能(CF) 或 ASE,也可以是两者的组合。

引用规范不必规定使用与其操作不相关的 ACSE 服务原语参数。这种参数可以通过在 ACSE 服务提供者和与参数相关的 AEI 那部分之间的 CF 来传递。

作为一个例子,考虑 6.2 讨论的鉴别功能单元的鉴别参数。CF 可以作为在鉴别功能和 ACSE 服务提供者之间传递鉴别值的一个模型。引用 ACSE 的 ASE 不必关心这些参数。

ACSE 利用服务定义中的服务原语与其服务用户通信。ACSE 根据 GB/T 16687.1—2008 定义的引用表示层服务原语来发送和接收其语义内容。尽管 ACSE 不引用一些其他表示层服务原语来发送或接收其语义,但这些原语也会影响 ACSE 原语的顺序(见 10.2.4)。

6.2 鉴别

本标准包括鉴别功能单元。鉴别功能单元允许多个 API、多个 AEI 和它们的相关客体之间在联系建立时交换的鉴别信息。

6.2.1 鉴别概念

本标准包括鉴别功能、鉴别机制、鉴别机制名和鉴别值的模型概念,下面一一讨论。

6.2.1.1 鉴别功能

对本标准而言鉴别由一对鉴别功能支持。鉴别功能被模型化为一个对 ACSE 服务用户可用的应用功能[即定义在 GB/T 9837.1—1998 中的(N) 功能]。每个鉴别功能包含在相关的多个 AEI 中。

按这种方式模型化鉴别功能,可以使 ACSE 不需要理解交换的安全信息语义及如何使用这些语义就可以处理鉴别通信要求。

6.2.1.2 鉴别机制

鉴别机制是由一对鉴别应用功能执行的一特殊处理规范。该规范包含鉴别需要的创建、发送、接收和处理信息的规则。

GB/T 16687.1—2008 附录 B 是鉴别机制的一个例子。它定义了通过发送 AE 的标题及其口令实现的发送 AEI 鉴别过程,口令包含在鉴别值中。

6.2.1.3 鉴别机制名

鉴别机制名用来指明一特殊的鉴别机制,例如,GB/T 16687.1—2008 附录 B 中指明的鉴别机制的名字在该附录中指定(即登记)。该值具有 OBJECT IDENTIFIER 数据类型。

鉴别机制名也可以用来指明一个更通用的包括鉴别机制的安全机制。通用的安全机制的例子是一个为其服务用户提供安全设施的 ASE。

鉴别机制名和通用的安全机制名须登记在 OSI 中(见 GB/T 16687.1—2008 的第 12 章)。

6.2.1.4 鉴别值

鉴别值包含由一对执行鉴别的鉴别功能使用的信息。它可以包括诸如凭证、时间戳和数字签名等的信息。它也能标识需鉴别的客体(AE 或一个用户)的类型和/或名称。

鉴别值的语义结构由涉及到的鉴别机制指明。

鉴别功能为它的 AEI 提供一个发送到对等 AEI 的鉴别值。对等 AEI 的鉴别功能接收和处理鉴别值。例如它可以使用此值来鉴别发送 AEI 的客体。

鉴别机制可以是为其一个服务用户提供安全设施的 ASE 的一部分。在这种情况下,鉴别机制名标识该 ASE,鉴别值为一个 ASE 的 APDU。

6.2.2 ACSE 鉴别设施

ACSE 核心功能单元不支持鉴别。但是 AP 标题、AE 限定符、AP 调用标识符和 AE 调用标识符的值在联系建立过程中可以有选择地被传送。它们可以用来标识主呼、被呼和响应多个 AEI。

ACSE 鉴别功能单元能作为 A-ASSOCIATE 服务的部分,支持鉴别值的传送。ACSE 把鉴别值作为一个原子项来对待,它的语义对 ACSE 服务提供者透明。

鉴别功能单元的设施可以用来传送其他安全相关信息,这可以在联系建立过程中通过鉴别信息来做到。

7 服务综述

ACSE 支持面向连接和无连接方式的操作。以下讨论每种方式。表 1 列出了所有 ACSE 服务,其中也指出了通信方式和服务类型。

表 1 ACSE 服务

方式	服务	类型
面向连接	A-ASSOCIATE A-RELEASE A-ABORT A-P-ABORT	证实型 证实型 非证实型 提供者发起
无连接	A-UNIT-DATA	非证实型

7.1 面向连接方式

ACSE 的面向连接方式基于对表示服务的面向连接方式(GB/T 15695—1995)的使用。

7.1.1 ACSE 服务

本标准定义下列单联系控制的服务:

a) A-ASSOCIATE;

b) A-RELEASE;

c) A-ABORT;

d) A-P-ABORT。

A-ASSOCIATE 服务使得由应用上下文名参数的值标识的那些 ASE 规程开始使用一个联系。

注:几个 ASE 使用一个联系是一个正在研究中的课题。

A-RELEASE 服务如果成功,将导致 ASE 规程结束对一个在迁移中不丢失信息的联系的使用。这些 ASE 规程是由有效的应用上下文标识。然而,A-RELEASE 服务的成功可以协商。

A-ABORT 服务使得有可能在迁移中丢失的信息的联系非正常释放。

A-P-ABORT 服务指出联系非正常释放是由支持它的表示服务产生的动作结果。有可能丢失迁移中的信息。

对特定联系,ACSE 服务按下列方式之一操作:

a) 常规方式;

b) X.410:1984 方式。

常规方式的操作允许 ACSE 服务用户充分使用 ACSE 和表示服务(GB/T 15695—1995)所提供的功能。在此方式下,ACSE 服务提供者用表示服务的常规方式传送它的语义。

X.410:1984 方式的操作允许 ACSE 服务用户使用 CITTX.410:1984 所规定的协议与对等的服务用户协作。在此方式下,ACSE 服务提供者不传送任何它自身的语义,并使用表示服务的 X.410:1984 方式。

7.1.2 功能单元

在联系建立时本标准使用功能单元来标识 ACSE 用户要求。下面定义了三个功能单元。

a) 核心功能单元;

b) 鉴别功能单元;

c) 应用上下文协商功能单元。

核心功能单元总是可用的,它包括 7.1 中标识的基本服务。

鉴别功能单元支持联系建立时的鉴别。在联系建立时对该功能单元的可用性进行协商。该功能单元不包含附加的服务。它在 A-ASSOCIATE 和 A-ABORT 服务中增加参数。

联系建立期间,应用上下文协商功能单元支持应用上下文的协商。联系建立期间,应用上下文协商功能单元允许联系发起者向联系接受者建议应用上下文名列表,联系接受者选择一个名。这个功能单元不包括附加服务。它向发起 A-ASSOCIATE 和 A-ABORT 服务增加一个参数。

表 2 示出了与面向连接方式的 ACSE 功能单元相关的服务与参数,这些服务与它们的参数将在第 9 章中讨论。

7.2 无连接方式

ACSE 的无连接方式基于对无连接方式表示服务的使用。这种服务定义为 ACSE 的无连接方式定义了单个服务(A-UNIT-DATA)。A-UNIT-DATA 服务同时建立和释放一个联系。这就是说,在 A-UNIT-DATA服务调用期间,该应用联系存在。

7.2.1 功能单元

本服务定义使用功能单元来表示 ACSE 用户的要求。定义了两种功能单元:

a) 核心功能单元;

b) 鉴别功能单元。

核心功能单元总是可用的。

鉴别功能单元支持点对等实体鉴别。它不包括附加服务(additional services),并为 A-UNIT-DATA 服务添加参数。

表 2 功能单元服务及其参数(面向连接的)

功能单元	服务	参数
核心	A-ASSOCIATE	方式 应用上下文名 主呼 AP 标题 主呼 AE 限定符 主呼 AP 调用标识符 主呼 AE 调用标识符 被呼 AP 标题 被呼 AE 限定符 被呼 AP 调用标识符 被呼 AE 调用标识符 响应 AP 标题 响应 AE 限定符 响应 AP 调用标识符 响应 AE 调用标识符 用户信息 用户摘要 结果 结果源 诊断 主呼表示地址 被呼表示地址 响应表示地址 表示上下文定义表

表 2（续）

功能单元	服务	参数
		表示上下文定义结果表
		缺省表示上下文名
		缺省表示上下文结果
		服务质量
		会话要求
		初始同步点序列号
		初始权标赋值
		会话连接标识符
	A-RELEASE	原因
		用户信息
		结果
	A-ABORT	夭折源
		用户信息
	A-P-ABORT	提供者原因
鉴别	A-ASSOCIATE	鉴别机制名
		鉴别值
		ACSE 要求
	A-ABORT	诊断
应用上下文协商	A-ASSOCIATE	应用上下文名表
		ACSE 要求

表 2 bis 展示了与无连接通信方式下 ACSE 功能单元有关的服务与参数。

表 2　bis 功能单元服务和参数(无连接方式)

功能单元	服务	参数
核心	A-UNIT-DATA	应用上下文名
		主呼 AP 标题
		主呼 AE 标识符
		主呼 AP 调用标识符
		主呼 AE 调用标识符
		被呼 AP 标题
		被呼 AE 标识符
		被呼 AP 调用标识符
		被呼 AE 调用标识符
		用户信息
		主呼表示地址
		被呼表示地址

表 2（续）

功能单元	服务	参数
		表示上下文定义表 服务质量
鉴别	A-UNIT-DATA	鉴别机制名 鉴别值 ACSE 要求

8 与其他 ASE 和下层服务的关系

8.1 其他应用服务元素

为了支持特定信息处理任务，ACSE 与其他 ASE 一起使用。因此可以期望在所有的应用上下文说明中包含 ACSE。

为了以协调方式使用表示服务的业务，要求在应用上下文中包括 ACSE 和其他 ASE 服务元素的集合。

8.2 表示服务

8.2.1 面向连接方式

在应用联系和表示连接之间存在一一对应关系。

面向连接的 ACSE 服务要求访问 P-CONNECT、P-RELEASE、P-U-ABORT 和 P-P-ABORT 服务。ACSE 服务应该是这些表示服务的唯一使用者。ACSE 服务既不使用任何其他表示服务，也不对它们的用法进行限制。但是，A-RELEASE 服务可以被 P-RESYNCHRONIZE、P-U-EXCEPTION-REPORT 或 P-P-EXCEPTION-REPORT 服务的请求或指示原语中断。

A-ASSOCIATE 服务的请求者和接受者使用下列 A-ASSOCIATE 的参数来确定下层表示连接的方式、缺省表示上下文和初始定义上下文集：

——方式；

——表示要求；

——表示上下文定义表；

——表示上下文定义结果表；

——缺省表示上下文名；

——缺省表示上下文结果。

如果请求者指定方式参数的值为“normal”，则上述后五个参数根据表示服务(GB/T 15695—1995)常规方式的规则来确定该联系的表示上下文业务。在 A-ASSOCIATE 规程结束时，请求者和接受者必须已经获得了表示上下文，该表示上下文支持在 GB/T 16687.1—2008 中为 ACSE 应用协议数据单元规定的抽象语法。

注：ACSE 服务提供者通过本地机制来了解包含抽象语法的表示上下文。

如果请求者指定方式参数的值为“X.410:1984”，则 ACSE 服务提供者不传送 ACSE 语义，因此，就它的抽象语法而言，也不要求表示上下文。然而，对于表示服务(GB/T 15695—1995)的 X.410:1984 方式，ACSE 服务提供者传送的用户信息使用无名的缺省表示上下文。

注：表 3 中指出了在“X.410:1984”方式中不使用的 A-ASSOCIATE 服务参数。任何与表示上下文有关的参数都不使用。

8.2.2 无连接方式

无连接 ACSE 服务(A-UNIT-DATA)需要访问 P-UNIT-DATA 服务。A-UNIT-DATA 的请求者和接受者为下层的 P-UNIT-DATA 确定已定义的上下文集合。这通过使用在 A-UNIT-DATA request

原语和 indication 原语中的表示上下文定义表来完成。

8.3 会话服务

8.3.1 面向连接方式

A-ASSOCIATE 服务的请求者和接受者使用会话要求参数来确定下层的会话服务(GB/T 15128—2008)功能单元。

下层会话服务的规则和参数值的长度限制会影响 ACSE 服务。ACSE 服务用户必须明了这些限制。

注:这些限制的例子是:

a) 版本 1 的会话协议(GB/T 16687.1—2008)限制用户的数据长度,它影响 ACSE 原语参数。使用 A-ABORT服务要特别考虑(见 9.3);

b) 对特定联系上的会话功能单元的选择会影响 ACSE 服务的使用规则。例如,选择会话权标可以控制协商释放和释放碰撞。

8.3.2 无连接方式

对于无连接的方式,会话层的功能并不会在应用层上反映。也就是说,无连接方式下,A-UNIT-DATA 服务并不包含影响会话层的参数。

9 服务定义

下面将讨论在面向连接和无连接通信方式下的每个 ACSE 服务。

9.1 A-ASSOCIATE 服务

使用 A-ASSOCIATE 服务来开始使用联系:这是一种证实型服务。

9.1.1 A-ASSOCIATE 参数

表 3 列出了 A-ASSOCIATE 服务的参数。此外,定义以下几组参数以供其他 ASE 引用:

a) 主呼 AE 标题由主呼 AP 标题和主呼 AE 限定符参数组成;

b) 被呼 AE 标题由被呼 AP 标题和被呼 AE 限定符参数组成;

c) 响应 AE 标题由响应 AP 标题和响应 AE 限定符参数组成。

AE 标题的两个分量(AP 标题和 AE 限定符)在 GB/T 9387.3—2008 中定义。

表 3 A-ASSOCIATE 参数

参数名	请求	指示	响应	证实
方式	U	M		
应用上下文名[a]	M	M(=)	M	M(=)
应用上下文表	C	C(=)	C	C(=)
主呼 AP 标题[a]	U	C(=)		
主呼 AE 限定符[a]	U	C(=)		
主呼 AP 调用标识符[a]	U	C(=)		
主呼 AE 调用标识符[a]	U	C(=)		
被呼 AP 标题[a]	U	C(=)		
被呼 AE 限定符[a]	U	C(=)		
被呼 AP 调用标识符[a]	U	C(=)		
被呼 AE 调用标识符[a]	U	C(=)		
响应 AP 标题[a]			U	C(=)

表 3（续）

参 数 名	请求	指示	响应	证实
响应 AE 限定符[a]			U	C(=)
响应 AP 调用标识符[a]			U	C(=)
响应 AE 调用标识符[a]			U	C(=)
ACSE 要求[a]	U	C	C	C(=)
鉴别机制名值[a]	U	C(=)	U	C(=)
鉴别值[a]	U	C(=)	U	C(=)
用户信息	U	C(=)	U	C(=)
用户概要	U	C(=)	U	C(=)
结果			M	M
结果源				M
诊断[a]			U	C(=)
主呼表示地址	P	P		
被呼表示地址	P	P		
响应表示地址			P	P
表示上下文定义表[a]	P	P		
表示上下文定义结果表[a]		P	P	P
缺省表示上下文名[a]	P	P		
缺省表示上下文结果[a]			P	P
服务质量	P	P	P	P
表示要求[a]	P	P	P	P
会话要求	P	P	P	P
初始同步点序号	P	P	P	P
初始权标分配	P	P	P	P
会话连接标识符	P	P	P	P
[a] 在 X.410:1984 方式中不用。				

9.1.1.1 **方式**

本参数规定了 ACSE 服务将对该联系的操作方式。它取下列符号值之一：

——normal；

——X.410:1984。

如果在请求原语中不包括该参数，则 ACSE 服务提供者使用缺省值“normal”。在指示原语中，该参数总是存在。

9.1.1.2 **应用上下文名**

请求者(即联系发起者)使用应用上下文名参数来标识旨在建议用于该联系的单个应用上下文名。

注 1：如果请求者为该联系建议了应用上下文协商功能单元(见 9.1.1.15)，则它也可以通过使用应用上下文名列表参数来建议应用上下文名(见 9.1.1.2a)。

注 2：应用上下文名参数的值可以不同于应用上下文名列表参数中的任何名，也可以取其中之一。

接受者(即联系响应者)使用应用上下文名参数来为该联系选择应用上下文名。

如果没有为该联系选择应用上下文协商功能单元，则接受者可能会在响应原语中返回任一值。

注3：在这种情况下，接受者提供的可替换的应用上下文名会为有限的协商提供一个可能的机制。但是，这种交换的语义与规则完全是用户特定的。如果请求者不能在该应用的应用上下文名中进行操作，则它可以发出A-ABORT request原语。

如果为该联系选择了应用上下文协商功能单元，则接受者被限制使用在响应原语中返回的值。它应返回来自在指示原语中的应用上下文名参数的值，或者来自在指示原语中的应用上下文名列表参数（如果有的话）的值中。

如果ACSE服务提供者不能支持请求的联系，则ACSE服务提供者不发出指示原语。因此，ACSE服务用户不发出响应原语。这种情况下，当发出证实原语时，它不包括应用上下文名参数。

如果ACSE服务提供者不能支持请求的联系，则ACSE服务提供者不能发出指示原语。结果，ACSE服务的响应用户不能返回响应原语。这种情况下，在证实原语中不能存在有应用上下文名参数。

9.1.1.2a 应用上下文名表

请求者（即应用发起者）可以使用应用上下文名表参数来标识出能支持该联系的应用上下文名的表。

如果接受了该联系，则该参数应不被包括在响应原语中。如果拒绝了该联系，接受者可以在响应原语中使用这个参数来表达能已经能够支持该联系的应用上下文名表。如果为该联系选择了应用上下文协商，才可以使用应用上下文表参数。

9.1.1.3 主呼AP标题

该参数标识AP，该AP包含A-ASSOCIATE服务的请求者。

9.1.1.4 主呼AE限定符

该参数标识AP的特定AE，该AP包含A-ASSOCIATE服务的请求者。

9.1.1.5 主呼AP调用标识符

该参数标识AP调用，该AP调用包含A-ASSOCIATE服务的请求者。

9.1.1.6 主呼AE调用标识符

该参数标识AE调用，该AP调用包含A-ASSOCIATE服务的请求者。

9.1.1.7 被呼AP标题

该参数标识AP，该AP包含A-ASSOCIATE服务所期望的接受者。

9.1.1.8 被呼AE限定符

该参数标识AP的特定AE，该AP包含A-ASSOCIATE服务所期望的接受者。

9.1.1.9 被呼AP调用标识符

该参数标识AP调用，该AP调用包含A-ASSOCIATE服务所期望的接受者。

9.1.1.10 被呼AE调用标识符

该参数标识AE调用，该AP调用包含A-ASSOCIATE服务所期望的接受者。

9.1.1.11 响应AP标题

该参数标识AP，该AP包含A-ASSOCIATE服务的实际接受者。

9.1.1.12 响应AE限定符

该参数标识AP的特定AE，该AP调用包含A-ASSOCIATE服务的实际接受者。

9.1.1.13 响应AP调用标识符

该参数标识AP调用，该AP调用包含A-ASSOCIATE服务的实际接受者。

9.1.1.14 响应AE调用标识符

该参数标识AE调用，该AP包含A-ASSOCIATE服务的实际接受者。

9.1.1.15 ACSE要求

该参数由请求者用于指示所需要的功能单元。若不存在，则只有核心功能单元对联系可用，为了支持这种协商机制,ACSE 服务提供者在发送指示原语给接受者之前删除不支持的功能单元。

接受者用这个参数指示哪些请求的功能单元是接受者选择的。如果在指示原语中没有被要求的话,接受者在响应原语中不应选择功能单元。

在响应原语中的参数值不作更改地被传递到证实原语中。

这个参数采用以下的符号值:

——鉴别;

——应用上下文协商。

9.1.1.16 **鉴别机制命名**

只有在 ACSE 要求参数中包含鉴别功能单元时,才使用这个参数。如果它存在,则其参数值标识出所使用的鉴别机制。如果不存在,则通信 AEIS 必须隐含地知道(比如通过优先的理解)所使用的机制。

注 1:一些鉴别机制可以要求这个参数,如果是这样的话,在它们的规范中会指明这一点。

注 2:这个参数可以指定更通用的鉴别机制。例如,它可以指定某 ASE,为它的服务用户提供安全机制。

9.1.1.17 **鉴别值**

只有在 ACSE 要求参数中包含鉴别功能单元时,才使用这个参数。

按下述定义使用鉴别值参数:

a) 如果该参数包含在请求和响应原语中,则它包括由发送服务原语的 AEI 中的鉴别功能所产生的鉴别值。它被用于对等者的鉴别功能。

b) 如果该参数包含在指示和证实原语中,则它包括由发送相应的请求或响应原语的 AEI 中的鉴别功能所产生的鉴别值。它被用于对等者的鉴别功能。

9.1.1.18 **用户信息**

请求者或接受者都可以有选择地包含用户信息。其意义依赖于伴随原语的应用上下文。

注 1:例如,可以使用该参数来携带包含在应用上下文中的其他应用服务元素的初始化信息,其中,应用上下文是用伴随的应用上下文名参数指定的。

注 2:该参数可以包含多个数据片断,它们提供了应用上下文命名列表参数中标识的每个应用上下文标识符的应用服务元素的初始信息。

9.1.1.18 **bis 用户概要**

用户概要是一个参数,它使用一个上层上下文规范概述了用户信息的语义内容。

9.1.1.19 **结果**

该参数可以由接受者、ACSE 服务提供者或表示服务提供者提供。它指示建立联系的请求被接受还是被拒绝。它取下述符号值之一:

——接受;

——拒绝(永久性);

——拒绝(暂时性)。

如果参数值是“接受”,则该联系被建立,否则该联系没有建立。

9.1.1.20 **结果源**

该参数的值是由 ACSE 服务提供者提供的。如果存在,该参数标识产生结果参数和诊断参数的源。它取下列符号之一:

——ACSE 服务用户;

——ACSE 服务提供者,或者

——表示服务提供者。

注:如果结果参数取值“accepted”,那么该参数的值是“ACSE service-user”。

9.1.1.21 诊断

接受者使用该参数，提供联系建立时的诊断信息。

注：该参数的使用与结果参数的值无关。

如果结果源参数取值"ACSE service-provider"，则该参数取下列符号值之一：

——未给出原因 no reason given；或者

——无公用 ACSE 版本。

如果结果源参数取值"ACSE service-user"，则该参数取下列符号值之一：

——no reason given；

——application context name not supported；

——calling AP title not recognized；

——calling AE qualifier not recognized；

——calling AP invocation-identifier not recognized；

——calling AE invocation-identifier not recognized；

——called AP title not recognized；

——called AE qualifier not recognized；

——called AP invocation-identifier not recognized；

——called AE invocation-identifier not recognized；

——Authentication-mechanism Name not recognized；

——Authentication-mechanism Name required；

——Authentication failure；或者

——Authentication required。

9.1.1.22 主呼表示地址

该参数在 GB/T 15695—1995 中定义。

9.1.1.23 被呼表示地址

该参数在 GB/T 15695—1995 中定义。

9.1.1.24 响应表示地址

该参数在 GB/T 15695—1995 中定义。

9.1.1.25 表示上下文定义表

该参数在 GB/T 15695—1995 中定义。

9.1.1.26 表示上下文定义结果表

该参数在 GB/T 15695—1995 中定义。

9.1.1.27 缺省表示上下文名

该参数在 GB/T 15695—1995 中定义。

9.1.1.28 缺省表示上下文结果

该参数在 GB/T 15695—1995 中定义。

9.1.1.29 服务质量

该参数在 GB/T 15695—1995 中定义。

9.1.1.30 表示要求

该参数在 GB/T 15695—1995 中定义。

9.1.1.31 会话要求

该参数在 GB/T 15695—1995 中定义。

9.1.1.32 **初始同步点序列号**

该参数在 GB/T 15695—1995 中定义。

9.1.1.33 **初始权标赋值**

该参数在 GB/T 15695—1995 中定义。

9.1.1.34 **会话连接标识符**

该参数在 GB/T 15695—1995 中定义。

9.1.2 **A-ASSOCIATE 服务规程**

A-ASSOCIATE 服务规程与 GB/T 15695—1995 中定义的 P-CONNECT 服务一一对应。当使用 A-ASSOCIATE 服务时,同时创建联系及其下面的表示连接。

想要建立联系的 ACSE 服务用户发出 A-ASSOCIATE request 原语。被呼 AE 用请求原语的参数标识。在收到 A-ASSOCIATE confirm 原语前,请求者不能发出除 A-ABORT request 原语之外的任何原语。

ACSE 服务提供者向接受者发出 A-ASSOCIATE indication 原语。

接受者通过发出带有适当结果参数的 A-ASSOCIATE response 原语来接受或拒绝联系。ACSE 服务提供者发出带有相同结果参数的 A-ASSOCIATE confirm 原语。给结果源参数赋以符号值"ACSE service user"。

如果接受者接受联系,则该联系可以使用。两个 AE 中的请求者从此可以使用有效的应用上下文中所包括的 ASE 所提供的任何服务(A-ASSOCIATE 除外)。

如果接受者拒绝联系,则该联系没有建立。

ACSE 服务提供者可能不能支持所请求的联系。这时,它向请求者返回一个带有适当结果参数的 A-ASSOCIATE confirm 原语。给结果源参数相应地分配有"ACSE service-provider"或"presentation service-provider"的符号值。不发出指示原语。不建立联系。

在两个 AE 中的任何一个请求者,可以通过发出 A-ABORT request 原语来中止 A-ASSOCIATE 的服务规程。接受者接受一个 A-ABORT indication 原语。不建立联系。

9.2 **A-RELEASE 服务**

在两个 AE 中的任何一个请求者使用 A-RELEASE 服务来结束使用联系,这是一个证实型服务。如果该联系选择了会话协商释放功能单元,则接受者可以否定地响应(8.3.1)。这导致能成功地结束 A-RELEASE 服务,联系继续存在并且迁移中的信息不会丢失。

9.2.1 **A-RELEASE 参数**

表 4 列出了 A-RELEASE 参数。

表 4 A-RELEASE 参数

参数名	请求	指示	响应	确认
原因[a]	U	C(=)	U	C(=)
用户信息[a]	U	C(=)	U	C(=)
结果			M	M(=)
[a] 在 X.410:1984 方式中不使用。				

9.2.1.1 **原因**

当在请求原语中使用时,该参数标识该请求的紧迫程度。它取如下符号值之一:

——normal;

——urgent;

——user defined。

注：例如，如果对联系选择了会话协商释放功能单元，则当请求者想急于释放该联系时。在请求原语中可以使用值“urgent”。

当在响应原语中使用时，该参数标识接受者为何接受或拒绝释放请求的有关信息。它取如下符号值之一：

——normal；

——not finished；

——user defined。

注：例如，如果对联系未选择会话协商释放功能单元，则当接受者被迫释放联系而又希望给出它还要发出或接受其他信息的警告时，在响应中可以使用取值“not finished”。

9.2.1.2　**用户信息**

请求者或接受者都可以在请求或响应原语中可选地包含用户信息。其意义依赖于有效的应用上下文。

9.2.1.3　**结果**

接受者用该参数指示正常释放联系的请求是否可被接受。它取如下符号值之一：

——affirmative；

——negative。

9.2.2　**A-RELEASE 服务规程**

A-RELEASE 服务规程与 GB/T 15695—1995 中定义的 P-RELEASE 服务有着一一对应的关系。当使用 A-RELEASE 服务时，同时释放联系及其下面的表示连接。

想要释放联系的 ACSE 服务用户发出 A-RELEASE request 原语，在接收到 A-RELEASE confirm 原语之前，该请求者不能再发出除 A-ABORT request 原语之外的任何原语。

为了发出 A-RELEASE request 原语，请求者需要满足发出 P-RELEASE request 原语的所有要求(见 8.2)。

ACSE 服务提供者向接受者发出 A-RELEASE indication 原语。此后接受者就不能发出除 A-RELEASE response 原语和 A-ABORT request 原语以外的任何 ACSE 原语。

接受者通过发出带有结果参数值为“affirmative”或“negative”的 A-RELEASE response 原语来回答 A-RELEASE indication 原语。仅当对联系选择了会话协商释放功能单元时，接受者才可以给出否定的响应(见 8.3)。

如果接受者提供了否定响应，则它可以再次使用包含在有效应用上下文中的应用服务元素所提供的任何服务(A-ASSOCIATE 服务除外)。如果它提供肯定的响应，则以后就不能再发出对于该联系的任何原语。

ACSE 服务提供者发出带有结果参数值为“affirmative”或“negative”的 A-RELEASE confirm 原语。如果值是“negative”，则请求者可以再使用包含在当前应用上下文中的应用服务元素所提供的任何服务(A-ASSOCIATE 除外)。

如果结果参数值是“affirmative”，则联系及支持它的表示连接已被释放。

在两个应用实体中的任何一个的请求者可以通过发出 A-ABORT request 原语来终止 A-RELEASE 服务规程。接受者接受到一个 A-ABORT indication。联系被释放，但在迁移中可能会丢失信息。

当两个应用实体中的请求者同时发出 A-RELEASE 服务原语时，会导致 A-RELEASE 服务规程的碰撞。仅当在该联系上没有可用的会话权标时，才可能发生(见 8.3)。在这种情况下，两个 ACSE 服务用户都会接受到一个未期望的 A-RELEASE indication 原语，并按下列序列来完成该联系的正常释放：

a) 联系发起者发出 A-RELEASE response 原语；

b) 联系接受者等待它的对等者来的 A-RELEASE confirm 原语。当该联系接受者接到此证实原语时，它再发出一个 A-RELEASE confirm 原语；

c) 联系发起者接受到 A-RELEASE confirm 原语。

当两个 ACSE 服务用户都接收到 A-RELEASE confirm 原语时。联系被释放。

9.3 A-ABORT 服务

在两个应用实体中的任何一个请求者都可以用 A-ABORT 服务来异常释放联系。这是非证实型服务。然而由于可能发生 A-ABORT 服务规程的碰撞(见 10.3.5)，所以，不能保证指示原语的递交。但是两个应用实体都知道联系已被释放。

9.3.1 A-ABORT 参数

表 5 列出了 A-ABORT 参数。

表 5 A-ABORT 参数

参数名	请 求	指 示
夭折源[a]		M
诊断[a]	U	C(=)
用户信息	U	C(=)

[a] 在 X.410:1984 方式中不使用。

9.3.1.1 夭折源

该参数指示发起本次夭折的源。它取下列符号值之一：

——ACSE service-user；或者

——ACSE service-provider。

9.3.1.2 诊断

请求方在请求原语中可包括诊断信息。它取下述符号值之一：

——No reason given；

——Protocol error；

——Authentication-mechanism Name not recognized；

——Authentication-mechanism Name required；

——Authentication failure；或

——Authentication required。

9.3.1.3 用户信息

请求者可以在请求原语中可选地包含用户信息。其意义依赖于有效应用上下文。

注：当 ACSE 是由版本 1 会话协议(ISO/IEC 8327-1:1996)支持时，本参数受到 8.3 中提到的长度限制。因为使用版本 1 时，A-ABORT 服务规程不传送任何有关它自身的语义，所以对用户信息参数的表示数据值允许最大的可能长度。在这种情况下 A-ABORT indication 原语的夭折源参数总是指示“ACSE service-user”。

9.3.2 A-ABORT 服务规程

A-ABORT 服务规程与 GB/T 15695—1995 定义的 P-U-ABORT 服务有一一对应关系。当使用 A-ABORT 服务时联系及支持它的表示连接同时异常释放。

想要异常释放联系的 ACSE 服务用户发出 A-ABORT request 原语。该请求者不能对该联系再发出任何原语。

ACSE 服务提供者向接受者发出 A-ABORT indication 原语。ACSE 服务提供者给夭折源参数赋值“ACSE service-user”。联系和支持它的表示连接已被释放。

由于 ACSE 服务提供者检测到内部差错，因而它自己可以引起联系的异常释放。在这种情况下，

ACSE 服务提供者向两个 AE 中的接受者发出 A-ABORT indication 原语。ACSE 服务提供者给夭折源参数赋值"ACSE service-provider"。不使用用户信息参数。

9.4 A-P-ABORT 服务

由于应用层以下的服务中的问题，ACSE 服务提供者使用 A-P-ABORT 服务来发出使联系异常释放的信号。出现这种情况，表明迁移中的信息可能丢失。A-P-ABORT 是提供者发起的服务。

9.4.1 A-ABORT 参数

表 6 列出了 A-P-ABORT 的参数。

表 6 A-P-ABORT 参数

参数名	指示
提供者原因	P

9.4.1.1 提供者原因

该参数采用 GB/T 15695—1995 中的定义。

9.4.2 A-P-ABORT 服务规程

当表示服务提供者发送一个 P-P-ABORT indication 原语时，一个相应的 A-P-ABORT indication 原语被发送到 ACSE 服务提供者。该联系被异常释放。

9.5 A-UNIT-DATA 服务

使用无连接方式表示服务的 AEI 通过 A-UNIT-DATA 服务来传送信息。它是非证实型服务。

9.5.1 A-UNIT-DATA 参数

表 7 列出了 A-UNIT-DATA 服务参数，此外，定义以下几组参数以供其他 ASE 引用：

a) 主呼 AE 标题是主呼 AP 标题和主呼 AE 限定符参数的综合；

b) 被呼 AE 标题是被呼 AP 标题和被呼 AE 限定符参数的综合。

上述 AE 标题的两个组成部分(AP 标题和 AE 限定符)在 GB/T 9387.3—2008 中定义。

表 7 A-UNIT-DATA 参数

参数名	请求	指示
应用上下文名	M	M(=)
主呼 AP 标题	U	C(=)
主呼 AE 限定符	U	C(=)
主呼 AP 调用标识符	U	C(=)
主呼 AE 调用标识符	U	C(=)
被呼 AP 标题	U	C(=)
被呼 AE 限定符	U	C(=)
被呼 AP 调用标识符	U	C(=)
被呼 AE 调用标识符	U	C(=)
用户信息	M	M(=)
主呼表示地址	P	P
被呼表示地址	P	P
表示上下文定义表	P	P
服务质量	P	
ACSE 要求	U	C
鉴别机制名	U	C(=)
鉴别值	U	C(=)

9.5.1.1　**应用上下文名**

该参数标识应用到通信实例的应用上下文。它由请求者命名。

9.5.1.2　**主呼 AP 标题**

该参数标识一个 AP，该 AP 的调用包含 A-UNIT-DATA 服务的请求者。

9.5.1.3　**主呼 AE 限定符**

该参数标识 AP 中一个特殊的 AE，该 AP 的调用包含在当前的交换中。相联系的 AE 调用包含 A-UNIT-DATA服务的请求者。

9.5.1.4　**主呼 AP 调用标识符**

该参数标识包含 A-UNIT-DATA 服务请求者的 AP 调用。

9.5.1.5　**主呼 AE 调用标识符**

该参数标识包含在当前交换之中的特殊 AE 调用。相联系的 AE 调用包含 A-UNIT-DATA 服务的请求者。

9.5.1.6　**被呼 AP 标题**

该参数标识一个 AP，该 AP 的调用包含 A-UNIT-DATA 服务的期望接受者。

9.5.1.7　**被呼 AP 限定符**

该参数标识 AP 中的一个特殊 AE，该 AP 的调用包含在当前的交换中。相联系的 AE 调用包含 A-UNIT-DATA服务的期望接受者。

9.5.1.8　**被呼 AP 调用标识符**

该参数标识包含 A-UNIT-DATA 服务的期望接受者的 AP 调用。

9.5.1.9　**被呼 AE 调用标识符**

该参数标识包含在当前交换中的特殊的 AE 调用。相联系的 AE 调用包含 A-UNIT-DATA 的接受者。

9.5.1.10　**用户信息**

用户信息参数是必备的，该参数的含义依赖原语所处的应用上下文。

注：能够传送的用户信息量受到支持它的表示服务提供者的限制。

9.5.1.11　**主呼表示地址**

该参数在 GB/T 15695—1995 中定义。

9.5.1.12　**被呼表示地址**

该参数在 GB/T 15695—1995 中定义。

9.5.1.13　**表示上下文定义表**

该参数在 GB/T 15695—1995 中定义。

9.5.1.14　**服务质量**

该参数在 GB/T 15695—1995 中定义。

9.5.1.15　**ACSE 要求**

请求者使用此参数来指出为数据单元传送请求的功能单元。如果该参数不存在，则只使用核心功能单元。

该参数取以下符号值：

——authentication。

9.5.1.16　**鉴别机制名**

只有在 ACSE 要求参数包含鉴别功能单元时才使用此参数。当此参数存在时，该参数的值标识使用中的鉴别机制。当此参数不存在时，正在通信的 AEI 必须隐式地知道使用中的机制(如，通过预先了解)。

9.5.1.17 鉴别值

只有在 ACSE 要求参数包含鉴别功能单元时才使用此参数。

当使用此参数时，它包含由发出服务原语的 AEI 中的鉴别功能产生的鉴别值。目的是用于对等鉴别功能。

9.5.2 A-UNIT-DATA 规程

A-UNIT-DATA 规程与为 P-UNIT-DATA 服务而定义的规程直接相关。

请求者发出一个 A-UNIT-DATA request 原语。被呼 AEI 由请求原语中的参数来标识。使用 A-UNIT-DATA服务受无连接操作的限制。

ACSE 服务提供者发出一个 A-UNIT-DATA indication 原语给接受者。

接受者接受 A-UNIT-DATA 指示。不返回任何响应原语。

10 顺序信息

本章对特定联系定义 ACSE 服务规程的交互。

10.1 A-ASSOCIATE

10.1.1 服务类型

A-ASSOCIATE 是证实型服务。

10.1.2 用法限制

在已建立的联系上不可以使用 A-ASSOCIATE 服务。

10.1.3 被中止服务规程

A-ASSOCIATE 服务规程不中止任何其他的服务规程。

10.1.4 中止服务规程

A-ASSOCIATE 服务规程可被 A-ABORT 和 A-P-ABORT 服务规程中止。

10.1.5 碰撞

当两个 AE 中的请求者同时向对方发出 A-ASSOCIATE request 原语时，将导致 A-ASSOCIATE 服务规程碰撞。服务者给两个 ACE 服务用户发出代表不同联系的两个 A-ASSOCIATE indication 原语。两个用户通过发出具有适当结果参数值的 A-ASSOCIATE response 原语来选择接受或拒绝被指示的联系。这将导致建立一个或两个联系，或者根本不建立联系。

注：如果一个应用实体有几个并发的联系，就需要用一个局部机制来区分它们。

10.2 A-RELEASE

10.2.1 服务类型

A-RELEASE 是证实型服务。

10.2.2 用法限制

仅在已建立的联系上使用 A-RELEASE 服务。

10.2.3 被中止服务规程

A-RELEASE 服务规程不中止任何其他的服务规程。

10.2.4 中止服务规程

A-RELEASE 服务规程可被 A-ABORT 或 A-P-ABORT 服务规程中止。A-RELEASE 服务可以被 P-RESYNCHRONIZE、P-U-EXCEPTION-REPORT 或 P-P-EXCEPTION-REPORT 请求或指示原语中止。联系可以再次使用。

10.2.5 碰撞

当两个 AE 中的请求者同时发出 A-RELEASE request 原语时，将导致 A-RELEASE 服务规程的碰撞。A-RELEASE 服务规程碰撞的处理已在 9.2.2 中描述。

10.2.6 进一步的顺序信息

A-RELEASE 服务的使用受 GB/T 15128—2008 中定义的 S-RELEASE 服务的限制(见 8.3)。

10.3 A-ABORT

10.3.1 服务类型

A-ABORT 是非证实型服务。

10.3.2 用法限制

仅对正处于建立过程中的联系、已建立的联系和正处于释放过程中的联系使用时,A-ABORT 服务才起作用。

10.3.3 被中止服务规程

A-ABORT 服务规程中止 A-ASSOCIATE 和 A-RELEASE 服务规程。

10.3.4 中止服务规程

A-ABORT 服务规程可被 A-P-ABORT 服务规程中止。

10.3.5 碰撞

当两个 AE 中的请求者同时发出 A-ABORT request 原语时,将导致 A-ABORT 服务规程的碰撞。碰撞处理是由 GB/T 15695—1995 中定义的 P-U-ABORT 服务管理的。在这种情况下,任何一方都不发出 A-ABORT indication 原语。

10.3.6 进一步的顺序信息

对 A-ABORT 服务的任何使用将导致或者联系的异常释放,或者 A-ASSOCIATE 服务规程的异常释放,或者 A-RELEASE 服务规程的异常终止,并且可能会有信息丢失。

10.4 A-P-ABORT

10.4.1 服务类型

A-P-ABORT 是提供者发起型服务。

10.4.2 用法限制

对本服务的出现不加任何限制。

10.4.3 被中止服务规程

A-P-ABORT 服务规程中止所有其他的服务规程。

10.4.4 中止服务规程

A-P-ABORT 服务规程不会被任何其他的服务规程中止。

10.5 A-UNIT-DATA

10.5.1 服务类型

A-UNIT-DATA 是非证实型服务。

10.5.2 用法限制

A-UNIT-DATA 服务不会被已建立的联系使用。

10.5.3 被中止服务

A-UNIT-DATA 服务不会中止任何服务。

10.5.4 中止的服务

A-UNIT-DATA 服务不会被任何服务中止。

10.5.5 碰撞

如果两个 AEI 同时发起一个 A-UNIT-DATA 请求,两个 A-UNIT-DATA 提示都会被接受。不会导致碰撞。

ICS 01.080.10
A 22

GB

中华人民共和国国家标准

GB 16690—2008
代替 GB 16690—1996

香港特别行政区区徽

Regional emblem of Hong Kong special administrative region

2008-06-19 发布　　　　2009-06-01 实施

中华人民共和国国家质量监督检验检疫总局
中国国家标准化管理委员会　发布

前　言

本标准的全部技术内容是强制性的。

本标准是对 GB 16690—1996《香港特别行政区区徽》的修订。

本标准与 GB 16690—1996 相比主要变化如下：

——将原标准中附录 A、附录 B 修订为“规范性引用文件”。

本标准的附录 A 是规范性附录。

本标准由国务院港澳事务办公室提出。

本标准由全国颜色标准化技术委员会归口。

本标准负责起草单位：中国科学院心理研究所、深圳市海川实业股份有限公司。

本标准主要起草人：韩布新、孙秀如、黄端、何唯平、郑炜。

本标准所代替标准的历次版本发布情况为：

——GB 16690—1996。

香港特别行政区区徽

1 范围

本标准规定了用于悬挂的中华人民共和国香港特别行政区区徽(以下简称区徽)的技术要求、试验方法、检验规则、标志和包装。

本标准适用于以纤维增强塑料或铝合金制作的区徽。以印刷等工艺制作的其他材质的平面区徽图案亦应参照本标准的相关要求执行。

2 规范性引用文件

下列文件中的条款通过本标准的引用而成为本标准的条款。凡是注日期的引用文件,其随后所有的修改单(不包括勘误的内容)或修订版均不适用于本标准,然而,鼓励根据本标准达成协议的各方研究是否可使用这些文件的最新版本。凡是不注日期的引用文件,其最新版本适用于本标准。

GB/T 1449 纤维增强塑料弯曲性能试验方法

GB/T 1720 漆膜附着力测定法

GB/T 1733 漆膜耐水性测定法(GB/T 1733—1993, neq ГОСТ 9.403:1980)

GB/T 1740 漆膜耐湿热测定法

GB/T 1766 色漆和清漆 涂层老化的评级方法

GB/T 1771 色漆和清漆 耐中性盐雾性能的测定(GB/T 1771—2007, ISO 7253:1996,IDT)

GB/T 3854 增强塑料巴柯尔硬度试验方法

GB/T 3979 物体色的测量方法

GB/T 4380—2004 圆度误差的评定 两点、三点法

GB/T 6739 色漆和清漆 铅笔法测定漆膜硬度(GB/T 6739—2006,ISO 15184:1998,IDT)

GB/T 9274 色漆和清漆 耐液体介质的测定(GB/T 9274—1988, eqv ISO 2812:1974)

GB/T 9754 色漆和清漆 不含金属颜色的色漆漆膜之 20°、60°和 85°镜面光泽的测定(GB/T 9754—2007,ISO 2813:1994,IDT)

GB/T 11186.2—1989 涂膜颜色的测量方法 第二部分:颜色的测量(GB/T 11186.2—1989, eqv ISO 7724-2:1984)

GB/T 11186.3—1989 涂膜颜色的测量方法 第三部分:色差计算(GB/T 11186.3—1989, eqv ISO 7724-3:1984)

GB/T 11337—2004 平面度误差检测

GB 15093 国徽

中华人民共和国香港特别行政区基本法

中华人民共和国香港特别行政区区旗、区徽使用暂行办法

3 术语和定义

下列术语和定义适用于本标准。

3.1

香港特别行政区区徽 regional emblem of Hong Kong special administrative region

表征中华人民共和国设立的香港特别行政区中间是五星花蕊的紫荆花、周围写有“中華人民共和國香港特別行政區”和英文“Hong Kong”(香港)的徽。

3.2

紫荆花瓣白　white color of bauhinia petal

区徽徽面上紫荆花瓣所使用的特定反射比的白色。

4　技术要求

4.1　区徽形状和图案

4.1.1　区徽形状和图案应符合《中华人民共和国香港特别行政区基本法》中的有关规定。

4.1.2　区徽图案如图1所示。

图1　中华人民共和国香港特别行政区区徽图案

4.2　标准区徽尺寸和允许误差

4.2.1　标准区徽各部尺寸应符合《中华人民共和国香港特别行政区区旗、区徽使用暂行办法》中的有关规定。

4.2.2　标准区徽各部尺寸和允许误差见表1、图2和图3。

4.2.3　标准区徽制作解析图及数据见附录A。

4.2.4　需要制作非标准尺寸区徽时，应按区徽标准尺寸和允许误差成比例放大或缩小。

表1　标准区徽各部尺寸和允许误差

单位为毫米

项　目	图2中的代号	标准尺寸和允许误差		
		1号	2号	3号
徽面直径	ϕ	1 000±6	800±5	600±4
红色总体厚度	T	46±3	36±2	28±1
红色环形窄边宽度	B	10±0.5	8±0.5	6±0.5
红色紫荆花蕊宽度	B_1	2.5±1	2±1	1.5±1

表 1（续）　　单位为毫米

项　　目	图 2 中的代号	标准尺寸和允许误差		
		1 号	2 号	3 号
红色内圆直径	ϕ_1	780±3	624±2	468±1.5
白色紫荆花外接圆直径	ϕ_2	600±3	480±2	360±1.5
红色五角星外接圆直径	ϕ_3	50±2	40±1.5	30±1
中文字区夹角	α	220°±1°	220°±1°	220°±1°
英文字区夹角	α_1	80°±1°	80°±1°	80°±1°
五角星定位角	α_2	110°±1°	110°±1°	110°±1°
紫荆花瓣定位角	α_3	14°±2°	14°±2°	14°±2°
徽面外边斜角	α_4	5°～8°	5°～8°	5°～8°
中文、英文、五角星定位半径	R_1	440±2	352±1.5	264±1
中文字高	H	70±2.5	56±2	42±1.5
英文字母高	H_1	60±2.5	48±2	36±1.5
五角星深度	T_1	10±1	8±1	5±1
红色内圆厚度	T_2	10±1	8±1	5±1
中、英文字厚度	T_3	10±1	8±1	5±1
紫荆花瓣厚度	T_4	10±1	8±1	5±1
紫荆花蕊深度	T_5	3.5+0.5	2.5+0.5	1.5+0.5
红色环形窄边内侧厚度	T_6	15±1	12±1	8±1
徽面不平度	E_1	2	1.5	1
徽面不圆度	S	3	2	2
徽底面不平度	E_2	5	4	3
徽背面安装螺孔	M	12×1.5	10×1.5	8×1.25
	R	由生产企业和用户协商确定		

4.3　区徽徽面颜色和允许误差

4.3.1　徽面红色：纤维增强塑料、铝合金材质的区徽徽面红色和允许误差分别以 GB 15093 中纤维增强塑料和铝合金材质的国徽红色和允许误差为准。

4.3.2　紫荆花瓣白：纤维增强塑料、铝合金材质的区徽紫荆花瓣白色的刺激值 Y_{10} 不得低于 80。

4.3.3　其他材质的区徽徽面红色和允许误差，以 GB 15093 中铝合金的国徽红和允许误差为准。紫荆花瓣白色的刺激值 Y_{10} 应与本标准 4.3.2 中规定一致。

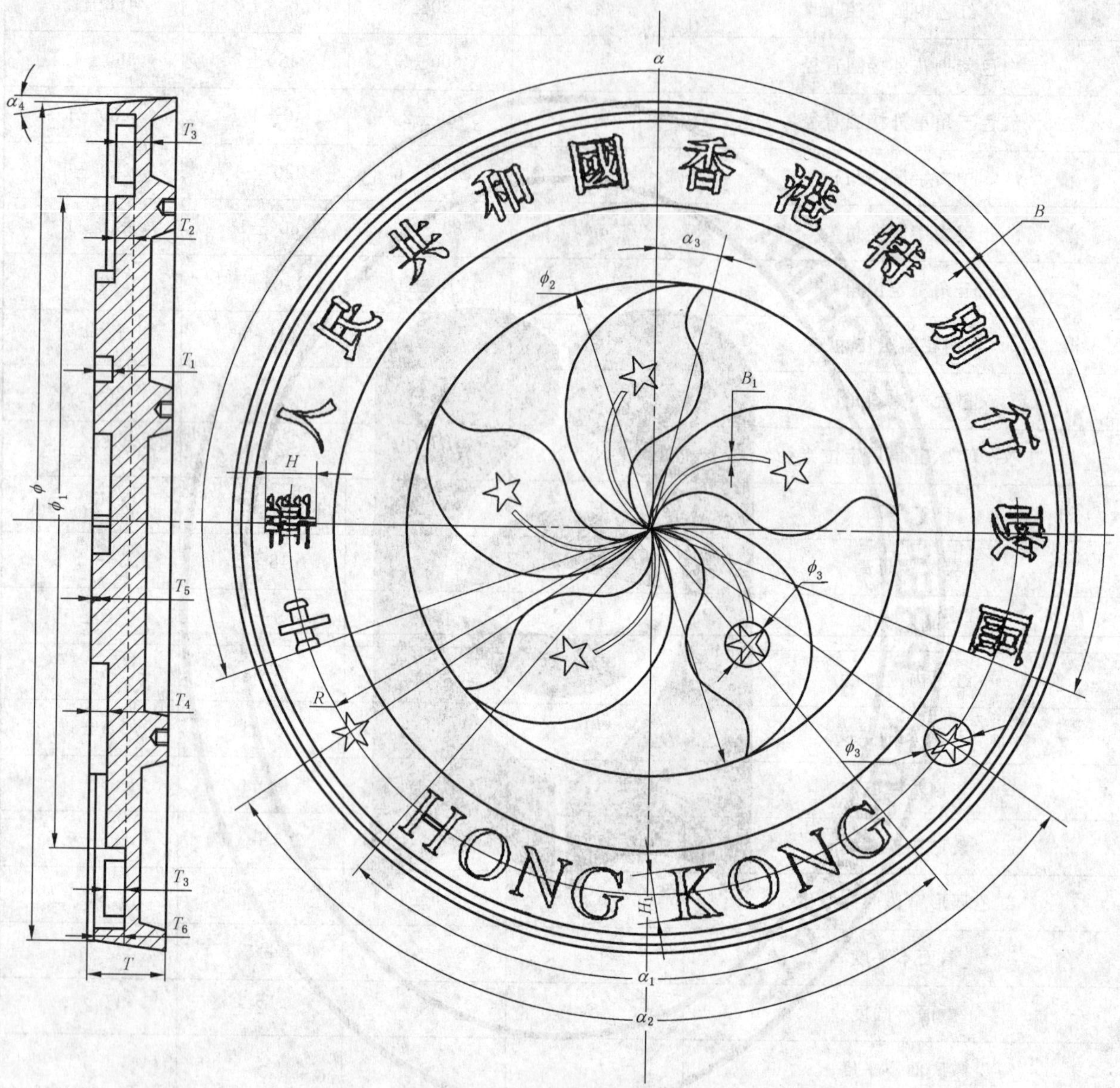

α
α₃
φ₂
B
B₁
H
φ₃
R
φ₃
中華人民共和國香港特別行政區
HONG KONG
H₁
α₁
α₂
α₄
T₃
T₂
T₁
φ
φ₁
T₅
T₄
T₃
T₆
T

图 2　标准区徽各部尺寸

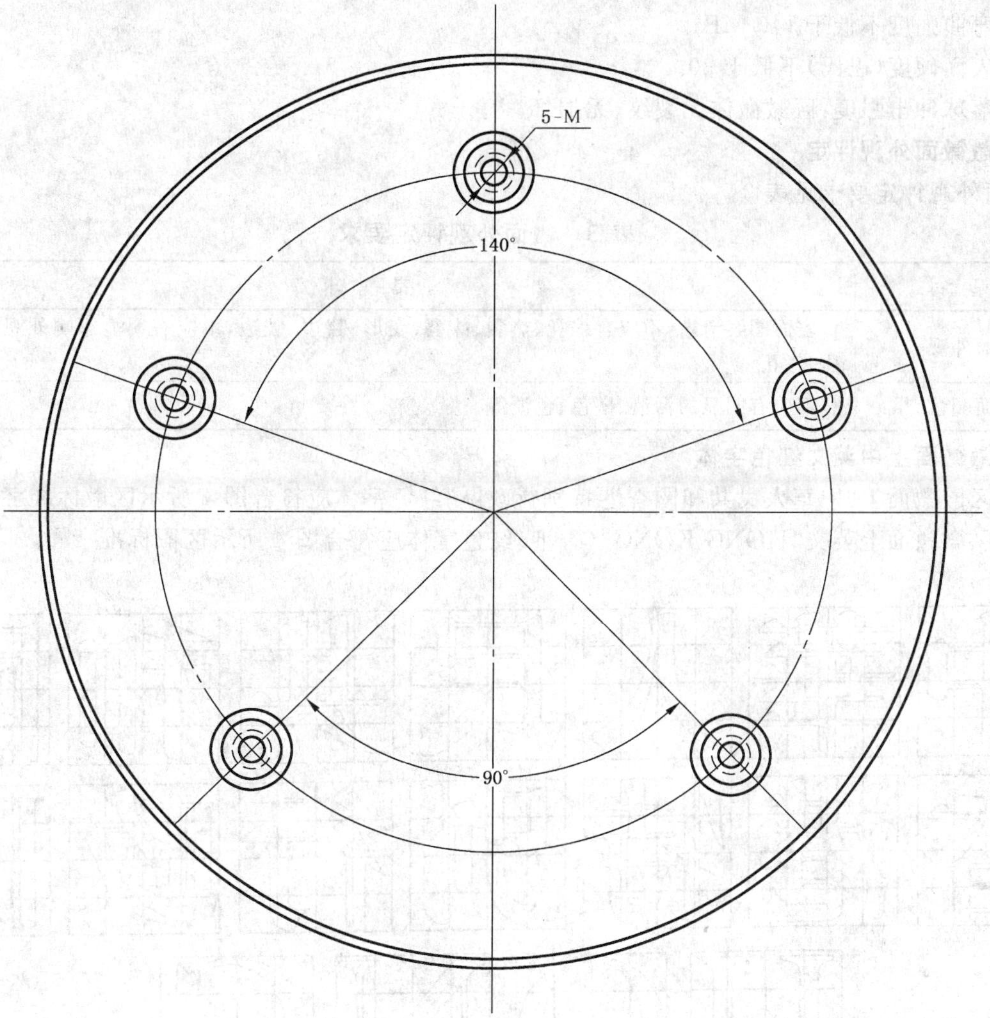

注:区徽背面安装孔直径及安装孔距徽背中心的半径由生产企业和用户协商后确定。

图 3　区徽背面安装孔示意图

4.4　色度数据计算

4.3 中的色度数据以 CIE 标准照明体 D_{65} 和 CIE1964 标准色度系统计算。

4.5　区徽徽面漆膜性能

徽面漆膜性能见表 2。

表 2　徽面漆膜性能

项　　目	指　　标
漆膜颜色和外观	颜色符合本标准 4.3 的要求,漆膜平整光亮
光泽(60°)/%	>90
附着力/级	>2
硬度(巴氏)	>2
耐气候/级	<1
耐水性(24 h)	不起泡、不脱落
耐湿热性(7 d)/级	1
耐盐雾性(7 d)/级	1

4.6 **区徽徽体材质强度**

4.6.1 弯曲强度不低于140 MPa。

4.6.2 表面硬度(巴氏)不低于30。

4.6.3 落球冲击强度:区徽徽体无裂纹、无损坏。

4.7 **区徽徽面外观评定**

徽面外观评定要求见表3。

表3 徽面外观评定要求

项 目	要 求
徽面外观	表面图案清晰,不应有缩孔、热裂、冷裂、变形、豁边、破边,不应有明显影响外观的沙粒、杂质、气孔
徽面颜色	不应有明显的污渍、搭色、色渍等

4.8 **区徽徽面上中英文红色字体**

4.8.1 区徽徽面上"中華人民共和國香港特別行政區"红色字体应符合图4所示区徽标准字样。

4.8.2 区徽徽面上英文"HONG KONG"(香港)红色字体应符合图4所示区徽标准字样。

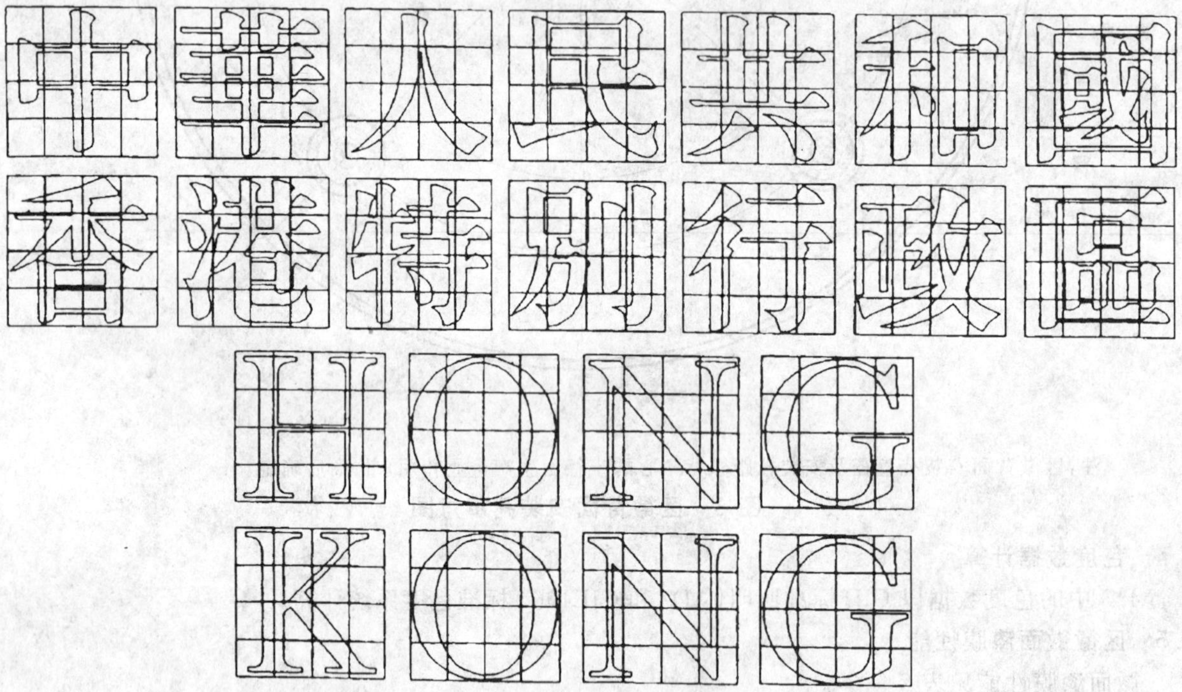

图4 区徽徽面上中英文标准字样

5 试验方法

5.1 标准区徽各部图形尺寸和允许误差的计量应使用检验合格的、准确度不低于0.5%的量具。

5.2 色度测量应按GB/T 3979、GB/T 11186.2—1989和GB/T 11186.3—1989的规定进行。

5.3 区徽徽面漆膜性能应按GB/T 1720、GB/T 1733、GB/T 1740、GB/T 1766、GB/T 1771、GB/T 6739、GB/T 9274和GB/T 9754的规定进行测定。

5.4 强度试验

5.4.1 弯曲强度试验应按GB/T 1449的规定进行。

5.4.2 硬度测定应按GB/T 3854的规定进行。

5.4.3　落球冲击：将区徽样件正面向上，水平铺放在水泥地面上，在离样件上方 1 m 处放置一个重 112 g 钢球，使钢球自由坠落在徽面同一平面部位。重复三次，观察样件表面有无裂纹、变形、脱层等。

5.5　徽面和徽底面不平度测试应按 GB/T 11337—2004 中 4.4b 的方法进行。

5.6　徽体不圆度测试应按 GB/T 4380—2004 中 2.3 两点测量的方法进行。

5.7　徽面外观评定：应在明亮的自然光下距离徽面 1 m、目视评定；在灯光下进行评定时需采用照度不低于 750 lx 的日光色荧光灯。

6　检验规则

6.1　检验分类

6.1.1　出厂检验

每面区徽产品出厂时都应进行出厂检验。出厂检验内容包括区徽的形状、图案和各部尺寸及徽面外观、颜色质量评定。

出厂检验时，所有检验项目全部合格时，判定为合格品，否则为不合格品。不合格品不得出厂。

6.1.2　型式检验

当徽体材质、徽面漆配方、生产工艺发生变化时，应进行型式检验。第 4 章规定的所有质量要求全部合格时，判定为型式检验合格，允许正式生产。

7　标志、包装

7.1　标志

每面区徽背面应标明生产企业名称和地址、产品编号及生产日期。

7.2　包装

7.2.1　每面区徽需单独包装。包装应确保区徽质量不受损坏，便于运输、贮存。外包装外侧应注明产品名称、规格、材质、包装尺寸、重量、生产企业名称和地址、商标和执行国家标准的编号、运输标志。外包装内应附有安装时必要的配件、安装与保管说明和检验合格证。检验合格证上应标明区徽规格、材质、产品编号、出厂日期、生产企业名称及地址、商标、检验员姓名(或代号)。

7.2.2　批量区徽的包装应确保区徽质量不受损坏，便于运输。包装外表上应标明产品名称、规格、材质、数量、包装尺寸、重量、生产企业名称和地址、运输标志。

附　录　A
（规范性附录）
中华人民共和国香港特别行政区
区徽制作解析图

A.1　使 AB 等于 CD，并垂直相交于中点。以该点为圆心 C_1，二分之一 AB 为半径作第一个圆。作一正五角星于该圆内，作为辅助线之用(图 A.1)。

图 A.1

A.2 以 AC_1 中点为圆心 C_2，二分之一 AC_1 为半径，作第二个圆(图 A.2)。

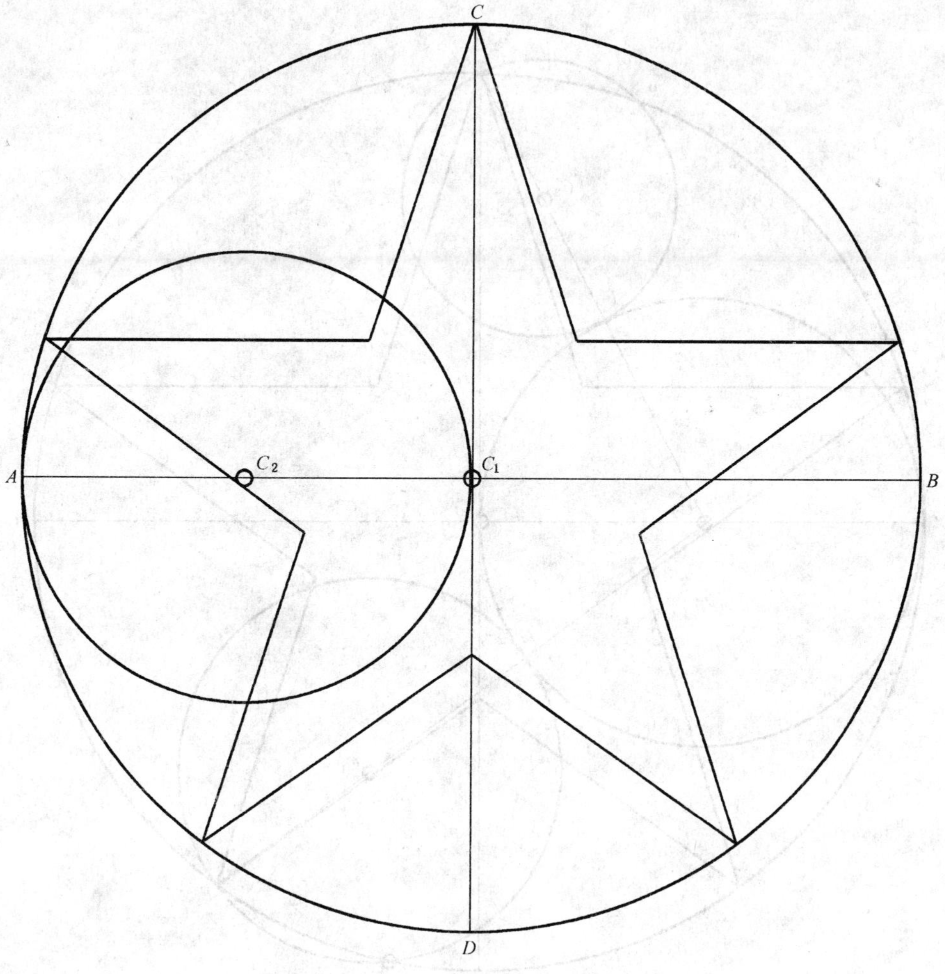

图 A.2

A.3 连接 C_2 和 C,得到交叉点 F,以 CF 中点为圆心 C_3,二分之一 CF 为半径,作第三个圆。连接 C_2 和 E,得到交叉点 G,以 GE 中点为圆心 C_4,二分之一 GE 为半径,作第四个圆(图 A.3)。

图 A.3

A.4 取消不必要的弧线，得到一个独立花瓣的基本外形（图 A.4）。

图 A.4

A.5 以 C_2 为圆心，$0.35AC_2$ 为半径作第五个圆。C_5 圆心等于 C_2。以 J 点作一垂直线交于 HI 连线上得到 C_6 点。以 C_6 点为圆心，C_6C_2 为半径作第六个圆(图 A.5)。

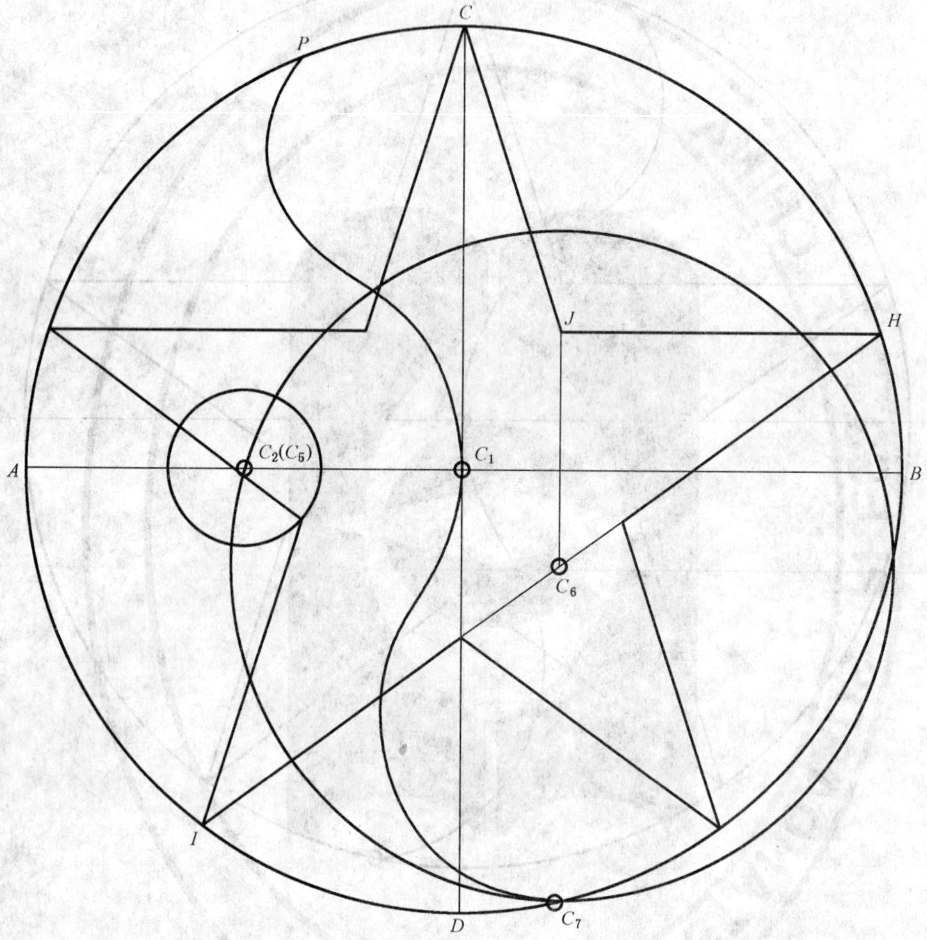

图 A.5

A.6 在第五个圆作一五角星，并使其中一角朝向 C_1 点。保留第六圆的 C_7C_5 弧段，并向外平行复制该弧，间距等于六十分之一 AC_1（图 A.6）。

图 A.6

A.7 修整双弧于第五圆的交接处，并随即取消第五个圆(图 A.7)。

图 A.7

A.8 取消辅助线，得到单一花瓣的最后线条(图 A.8)。

图 A.8

A.9 以 C_7 点为圆心，原紫荆花瓣的 C_7P 连线长为半径，作一辅助圆，并使 C_7P 连线和垂直线成 14°的夹角(图 A.9)。

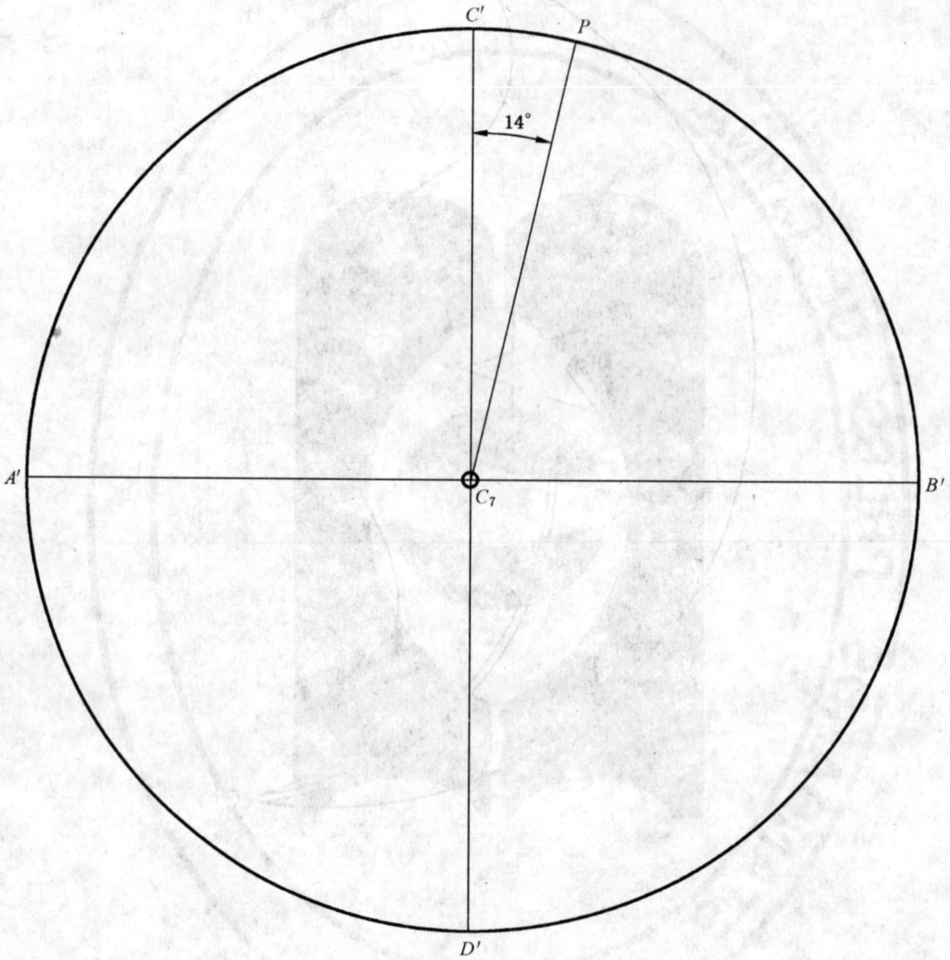

图 A.9

A.10 把原紫荆花瓣放置于辅助圆之内，使 C_7P 两点对应于 14°的夹角(图 A.10)。

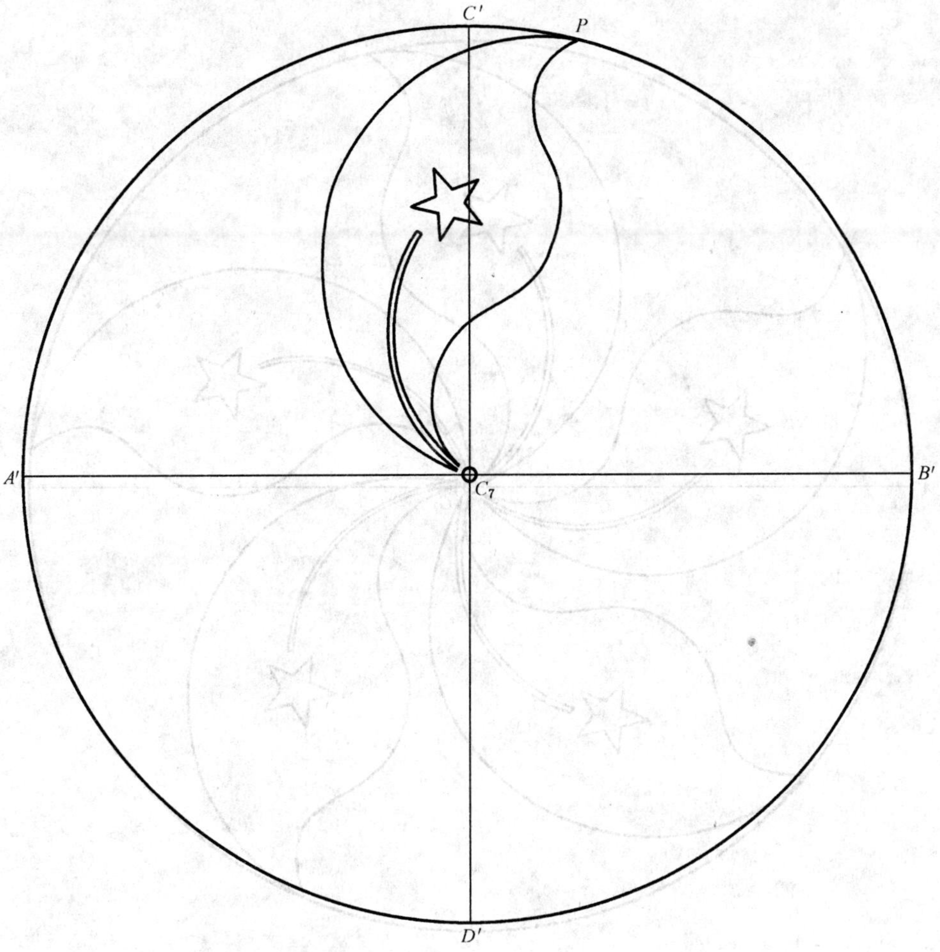

图 A.10

A.11 以 C_7 点为圆心，旋转复制基本花瓣四次，得到完整的五花瓣图形（图 A.11）。

图 A.11

A.12 环形窄边的宽度为区徽直径的百分之一；文字区外圈的宽度为区徽直径的十分之一；紫荆花外接圆直径为区徽直径的十分之六。

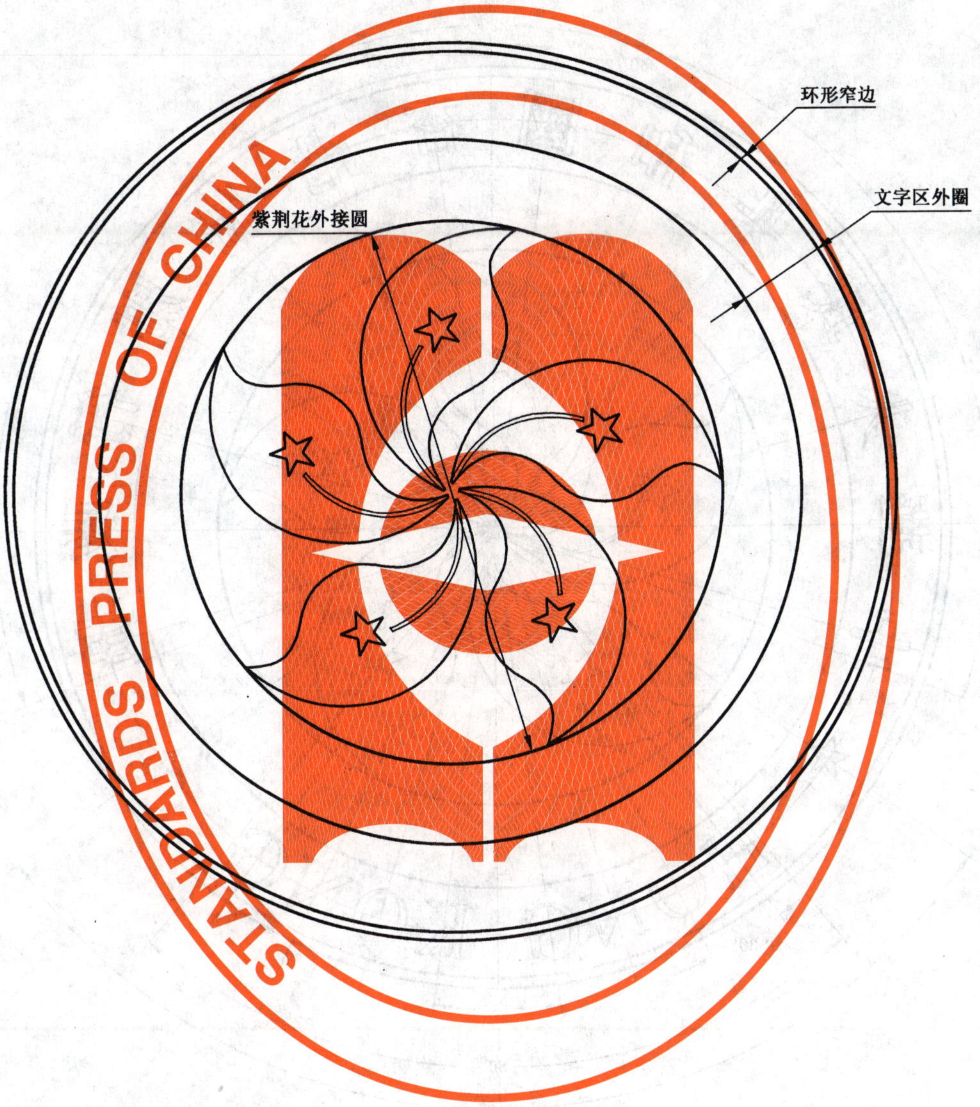

图 A.12

A.13 依中垂直径上端对称之220°内为中文字分布区域；依中垂直径下端对称之80°内为英文字分布区域；中文字高为文字区外圈宽度的十分之七；英文字高为文字区外圈宽度的十分之六；文字区外圈内五角星外接圆直径与紫荆花中五角星外接圆直径一致。

图 A.13

A.14 取消所有辅助线，最后求得完成的区徽图案(图 A.14)。

图 **A.14**